LEÇONS
D'ALGÈBRE

A L'USAGE

DES ELÈVES DE LA CLASSE DE MATHÉMATIQUES SPÉCIALES

ET DES

CANDIDATS A L'ÉCOLE NORMALE SUPÉRIEURE ET A L'ÉCOLE POLYTECHNIQUE

PAR

E. PRUVOST

Inspecteur général de l'Instruction publique,
Ancien Professeur de Mathématiques spéciales au Lycée Louis-le-Grand

ET

D. PIÉRON

Inspecteur de l'Académie de Paris,
Ancien Professeur de Mathématiques spéciales au Lycée Saint-Louis

PREMIÈRE PARTIE

PARIS

PAUL DUPONT, ÉDITEUR

4, RUE DU BOULOI, 4

1893

LEÇONS D'ALGÈBRE

Paris. — Imprimerie PAUL DUPONT, 4, rue du Bouloi (Cl.) 73. de 90.

LEÇONS D'ALGÈBRE

A L'USAGE DES ÉLÈVES

DE LA CLASSE DE MATHÉMATIQUES SPÉCIALES

ET DES CANDIDATS

A L'ÉCOLE NORMALE SUPÉRIEURE ET A L'ÉCOLE POLYTECHNIQUE

PAR MM.

E. PRUVOST

Inspecteur général de l'Instruction publique,
Ancien Professeur de Mathématiques spéciales au Lycée Louis-le-Grand,

ET

D. PIÉRON

Inspecteur de l'Académie de Paris,
Ancien Professeur de Mathématiques spéciales au Lycée Saint-Louis.

PREMIÈRE PARTIE

PARIS

IMPRIMERIE ET LIBRAIRIE ADMINISTRATIVES ET CLASSIQUES

PAUL DUPONT, Éditeur

4, RUE DU BOULOI, 4

1893

PRÉFACE

En écrivant ces leçons d'Algèbre, nous nous sommes proposés surtout d'être utiles à cette jeunesse d'élite qui se prépare à subir les examens des Écoles Normale Supérieure et Polytechnique.

On trouvera dans notre ouvrage toutes les théories d'Algèbre exigées par le programme d'admission à l'École Polytechnique ; toutefois, nous n'avons pas cru devoir nous astreindre à développer uniquement les questions indiquées dans ce programme, malheureusement trop souvent modifié.

La théorie générale des fonctions a été considérablement perfectionnée dans ces derniers temps ; nous avons essayé de l'exposer d'une manière élémentaire, en nous aidant des travaux de M. Darboux (*Mémoires sur les fonctions discontinues*) et de ceux de M. Tannery (*Introduction à la théorie des fonctions d'une variable*).

Notre but sera atteint si nous avons réussi à faciliter l'étude de l'Algèbre aux élèves des classes de mathématiques spéciales et à leur inspirer le désir de lire plus tard les travaux publiés par les géomètres.

LEÇONS D'ALGÈBRE

CHAPITRE PREMIER

DIVISION DES POLYNOMES

1. Définitions. — *On appelle polynôme entier par rapport à une quantité x une somme de termes proportionnels à des puissances entières et positives de cette quantité.*

Le degré du polynôme est le degré du terme où la lettre x entre avec l'exposant le plus élevé.

Le terme indépendant de x, s'il existe, est considéré comme étant de degré zéro.

On dit que le polynôme est ordonné par rapport aux puissances décroissantes de x, quand ses termes sont écrits dans un ordre tel que l'exposant de x diminue d'un terme au suivant.

On dit que le polynôme est ordonné par rapport aux puissances croissantes de x, quand ses termes sont écrits dans un ordre tel que l'exposant de x augmente d'un terme au suivant.

Polynômes identiques. — *On dit que deux polynômes entiers par rapport à une même quantité x sont identiques quand ils sont composés des mêmes termes.*

Pour exprimer que deux polynômes A et B sont identiques, on écrit

$$A \equiv B ;$$

relation qu'on lit en disant A *identique* avec B.

2. Étant donnés deux polynômes A, B entiers par rapport à une même lettre x, le degré de B ne surpassant pas celui de A, on peut se proposer de chercher s'il existe un polynôme Q entier par rapport à x, et tel que le produit BQ soit un polynôme identique avec le polynôme A.

Résoudre ce problème, c'est effectuer la division du polynôme A par le polynôme B.

Ainsi *diviser un polynôme* A *par un polynôme* B, *c'est trouver un polynôme* Q *qui, multipliant* B, *reproduise identiquement* A.

Quand le polynôme Q existe, on dit que A est divisible par B, ou encore que B est un diviseur de A.

Les polynômes A, B, Q sont appelés respectivement : *Dividende, Diviseur* et *Quotient*.

Pour établir la règle qui permet de reconnaître si le quotient Q existe et de le calculer, nous distinguerons deux cas.

3. Premier cas. — *Le dividende* A *et le diviseur* B *sont ordonnés par rapport aux puissances décroissantes d'une même lettre* x. — Supposons qu'il existe un polynôme Q tel que l'on ait l'identité

$$A \equiv BQ$$

et proposons-nous de calculer Q, ce polynôme étant aussi ordonné suivant les puissances décroissantes de x. A cet effet, posons

$$B = b_1 + b_2 + \ldots + b_n$$
$$Q = q_1 + q_2 + \ldots + q_p$$

les degrés des termes b_1, b_2, …, b_n allant en diminuant, ainsi que les degrés des termes q_1, q_2, …, q_p.

Par hypothèse, on a l'identité

$$(1) \qquad A \equiv (b_1 + b_2 + \ldots + b_n)(q_1 + q_2 + \ldots + q_p).$$

Dans le second membre de cette identité, le terme de degré le plus élevé en x est $b_1 q_1$, et ce terme ne peut se réduire avec aucun autre ; le produit $b_1 q_1$ est donc identiquement égal au premier terme du dividende A, et l'on obtiendra le premier terme q_1 du quotient en divisant le premier terme de A par le premier terme b_1 de B. On est ainsi ramené à diviser un monôme par un monôme, opération que l'on sait faire.

Du dividende A retranchons le produit du diviseur B par le premier terme q_1 du quotient, et posons

$$A - B q_1 \equiv R_1.$$

Le polynôme R_1 est appelé le premier reste de la division.

L'identité (1) dans laquelle on remplace A par $Bq_1 + R_1$ devient

$$(2) \qquad R_1 \equiv (b_1 + b_2 \ldots + b_n)(q_2 + q_3 + \ldots + q_p).$$

L'identité (2) exprime que le polynôme $q_2 + q_3 + \ldots + q_p$ est le *quotient* de la division du reste R_1 par B ; on obtiendra donc q_2 en divisant le premier terme de R_1 par le premier terme b_1 de B.

En continuant de la même manière, on calculera successivement tous les termes du quotient, dans l'hypothèse où ce quotient existe. On est ainsi conduit à la règle suivante :

4. Règle. — *Pour trouver le quotient de deux polynômes entiers en x, ordonnés suivant les puissances décroissantes de x, on divise le premier terme du dividende par le premier terme du diviseur, ce qui donne le premier terme du quotient. On retranche du dividende le produit du diviseur par le premier terme du quotient ; on obtient ainsi un premier reste qu'on ordonne suivant les puissances décroissantes de x, et on divise le premier terme de ce reste par le premier terme du diviseur, ce qui donne le second terme du quotient. On retranche du premier reste le produit du diviseur par le second terme du quotient, et on opère sur le second reste comme sur le premier. En continuant ainsi jusqu'à ce qu'on arrive à un reste nul, on obtiendra tous les termes du quotient.*

5. Exemple. — Soit à diviser le polynôme

$$A = 30\,a^2x^5 - 28\,a^3x^4 - 3\,a^4x^3 + 5\,a^5x^2 - 14\,a^6x + 3\,a^7$$

par le polynôme

$$B = 5\,ax^3 - 3\,a^2x^2 - 4\,a^3x + a^4.$$

On dispose l'opération de la manière suivante :

$$
\begin{array}{l|l}
30\,a^2x^5 - 28\,a^3x^4 - 3\,a^4x^3 + 5\,a^5x^2 - 14\,a^6x + 3\,a^7 & 5\,ax^3 - 3\,a^2x^2 - 4\,a^3x + a^4 \\
\underline{-30\,a^2x^5 + 18\,a^3x^4 + 24\,a^4x^3 - 6\,a^5x^2} & 6\,ax^2 - 2\,a^2x + 3\,a^3 \\
\quad -10\,a^3x^4 + 21\,a^4x^3 - a^5x^2 - 14\,a^6x + 3\,a^7 & \\
\quad \underline{+10\,a^3x^4 - 6\,a^4x^3 - 8\,a^5x^2 + 2\,a^6x} & \\
\qquad\qquad +15\,a^4x^3 - 9\,a^5x^2 - 12\,a^6x + 3\,a^7 & \\
\qquad\qquad \underline{-15\,a^4x^3 + 9\,a^5x^2 + 12\,a^6x - 3\,a^7} & \\
\qquad\qquad\qquad\qquad 0 &
\end{array}
$$

Les deux polynômes A et B sont ordonnés par rapport aux puissances décroissantes de x. Le premier terme du quotient $6\,ax^2$ s'obtient en divisant $30\,a^2x^5$ par $5\,ax^3$. Pour retrancher du dividende le produit du diviseur par $6ax^2$, on écrit ce produit au-dessous du dividende en changeant les signes de tous ses termes, et en écrivant chaque terme au-dessous du terme semblable du dividende. En effectuant ensuite la réduction des termes semblables, on trouve le premier reste

$$R_1 = -\,10a^3x^4 + 21\,a^4x^3 - a^5x^2 - 14\,a^6x + 3\,a^7.$$

On opère sur ce reste comme sur le dividende, et on obtient ainsi le second terme du quotient $-2\,a^2x$ et le second reste

$$R_2 = +\,15\,a^4x^3 - 9\,a^5x^2 - 12\,a^6x + 3\,a^7.$$

En divisant $+15a^4x^3$ par $5ax^3$, on trouve le dernier terme du quotient $3a^3$; le troisième reste R_3 étant nul, la division est possible et le quotient Q est

$$Q = 6\,ax^2 - 2\,a^2x + 3\,a^3.$$

6. Remarque I. — Pour établir la règle de la division de deux polynômes A et B, nous avons supposé l'existence d'un polynôme Q qui, multipliant B, reproduise A. En général, on ne sait pas à l'avance si ce polynôme Q existe; pour compléter cette règle, il faut donc montrer qu'en l'appliquant on pourra reconnaître, *après un nombre limité d'opérations*, si le polynôme A est ou n'est pas divisible par le polynôme B.

Dans le second membre de l'identité (1), lorsque cette identité existe, le terme du degré le moins élevé est $b_n q_p$, et il ne peut se réduire avec aucun autre; si la division est possible, on pourra donc calculer directement le dernier terme q_p du quotient en divisant le dernier terme de A par le dernier terme de B. Désignons par Cx^r le quotient ainsi obtenu; quand, en appliquant la règle de la division, on sera conduit à écrire au quotient un terme de degré r en x, il faudra, pour que la division soit possible : 1° *que le coefficient de ce terme soit égal à* C; 2° *que le reste correspondant soit nul.*

Ces conditions, qui sont *nécessaires*, sont d'ailleurs évidemment *suffisantes.*

La règle donnée pour la division de deux polynômes permettra donc : 1° *de calculer le quotient, s'il existe ;* 2° *de reconnaître, après un nombre limité d'opérations, que la division est impossible.*

7. Remarque II. — Le dividende et le diviseur étant ordonnés par rapport aux puissances décroissantes de la lettre x, il est facile de voir que les degrés des restes vont en diminuant. On a, en effet, les identités

$$
\begin{aligned}
\text{A} - \text{B}q_1 &\equiv \text{R}_1 \\
\text{R}_1 - \text{B}q_2 &\equiv \text{R}_2 \\
\text{R}_2 - \text{B}q_3 &\equiv \text{R}_3
\end{aligned}
$$

(3)

$$
\cdots\cdots\cdots
$$

Dans les différences $\text{A}-\text{B}q_1,\ \text{R}_1-\text{B}q_2,\ \text{R}_2-\text{B}q_3,\ldots$, les termes du degré le plus élevé se détruisent ; donc le degré de R_1 est inférieur à celui de A, le degré de R_2 inférieur à celui de R_1, et ainsi de suite.

Cela étant, on pourra reconnaître que la division de A par B est impossible quand on sera conduit à écrire un reste d'un degré inférieur au degré du diviseur B.

Soit R ce reste, dont le degré est inférieur à celui de B, et soit q_p le terme correspondant, trouvé en appliquant la règle donnée (§ 4), pour chercher le quotient Q des polynômes A et B. La dernière des identités (3) sera

$$
\text{R}_{p-1} - \text{B}q_p \equiv \text{R}.
$$

On aura donc la suite d'identités

$$
\begin{aligned}
\text{A} - \text{B}q_1 &\equiv \text{R}_1 \\
\text{R}_1 - \text{B}q_2 &\equiv \text{R}_2 \\
\text{R}_2 - \text{B}q_3 &\equiv \text{R}_3 \\
\cdots\cdots\cdots \\
\text{R}_{p-2} - \text{B}q_{p-1} &\equiv \text{R}_{p-1} \\
\text{R}_{p-1} - \text{B}q_p &\equiv \text{R}.
\end{aligned}
$$

(4)

En ajoutant ces identités membre à membre, et posant

$$
\text{Q} \equiv q_1 + q_2 + \cdots + q_{p-1} + q_p,
$$

on en déduit l'identité

$$A - BQ \equiv R.$$

La considération de cette identité conduit naturellement à une généralisation de la définition de la division de deux polynômes ordonnés suivant les puissances décroissantes d'une lettre x.

8. Définition. — *Diviser un polynôme* A *ordonné par rapport aux puissances décroissantes de x par un polynôme* B *ordonné de la même manière, c'est trouver un polynôme* Q *tel que l'on ait identiquement*

$$(5) \qquad A \equiv BQ + R,$$

R *désignant un polynôme entier en x dont le degré est inférieur à celui de* B.

Nous venons de voir qu'en appliquant aux polynômes A et B la règle énoncée au paragraphe 4, on obtient une solution du problème posé dans la définition précédente.

Il est facile de montrer que ce problème n'a pas d'autres solutions.

En effet, si, outre l'identité (5), on pouvait avoir aussi l'identité

$$(6) \qquad A \equiv BQ' + R'$$

dans laquelle on suppose que Q' et R' désignent des polynômes entiers, et que le degré de R' est *inférieur* à celui de B, on en déduirait, en retranchant les deux identités membre à membre,

$$(7) \qquad B(Q - Q') \equiv R' - R.$$

Or, cette dernière identité est impossible si l'on n'a pas

$$Q \equiv Q' \quad \text{et} \quad R \equiv R'.$$

En effet, si Q et Q' n'étaient pas des polynômes identiques, le produit B $(Q - Q')$ serait d'un degré au moins égal au degré de B ; il ne pourrait donc pas être identique avec la différence $R' - R$ de deux polynômes qui sont l'un et l'autre d'un degré inférieur à celui de B.

9. Remarque. — On représente par le symbole $\dfrac{A}{B}$ le quotient de la division de A par B, et on dit que $\dfrac{A}{B}$ est une fraction rationnelle. Lorsque A n'est pas divisible par B, on peut transformer cette fraction en se servant de l'identité

$$A \equiv BQ + R.$$

On en déduit

$$\frac{A}{B} \equiv Q + \frac{R}{B},$$

identité dans laquelle R est un polynôme entier de degré inférieur au degré de B ; cette transformation n'est d'ailleurs possible que d'une seule manière.

10. Exemples. — On trouve par la méthode précédente :

1°
$$x^5 + x^2 + 1 \equiv (x^2 + 1)(x^3 - x + 1) + x$$

ou

$$\frac{x^5 + x^2 + 1}{x^2 + 1} \equiv x^3 - x + 1 + \frac{x}{x^2 + 1};$$

2°
$$x^6 - 2x^5 + 3x^4 + 14x^3 - 17x + 25 \equiv (x^4 + x^3 - 2x^2 - x + 3)(x^2 - 3x + 8) + x^3 + 10x^2 + 1$$

ou

$$\frac{x^6 - 2x^5 + 3x^4 + 14x^3 - 17x + 25}{x^4 + x^3 - 2x^2 - x + 3} \equiv x^2 - 3x + 8 + \frac{x^3 + 10x^2 + 1}{x^4 + x^3 - 2x^2 - x + 3}.$$

11. Deuxième cas. — *Le dividende A et le diviseur B sont ordonnés par rapport aux puissances croissantes d'une même lettre x, et on admet que le premier terme de B est du degré zéro.* — Supposons qu'il existe un polynôme Q tel que l'on ait l'identité

$$A \equiv B.Q.$$

Soient :

$$B \equiv b_1 + b_2 + \cdots + b_n$$
$$Q \equiv q_1 + q_2 + \cdots + q_p$$

le diviseur et le quotient inconnu, ordonnés l'un et l'autre par rapport aux puissances *croissantes* de x, le terme b_1 étant du *degré zéro*.

En raisonnant sur l'identité

$$(8) \qquad A \equiv (b_1 + b_2 + \ldots + b_n)(q_1 + q_2 + \ldots + q_p)$$

comme on l'a fait, dans le premier cas, sur l'identité (1), on établira sans difficulté la règle suivante :

12. Règle. — *Pour trouver le quotient de deux polynômes entiers en x, ordonnés suivant les puissances croissantes de x, on divise le premier terme du dividende par le premier terme du diviseur, ce qui donne le premier terme du quotient. On retranche du dividende le produit du diviseur par le premier terme du quotient ; on obtient ainsi un premier reste qu'on ordonne suivant les puissances croissantes de x, et on divise le premier terme de ce reste par le premier terme du diviseur, ce qui donne le second terme du quotient. On retranche du premier reste le produit du diviseur par le second terme du quotient, et on opère sur le second reste comme sur le premier. En continuant ainsi jusqu'à ce qu'on arrive à un reste nul, on obtiendra tous les termes du quotient.*

13. Remarque I. — En établissant cette règle on a supposé, comme dans le premier cas, l'existence d'un polynôme Q qui, multipliant B, reproduise A. En général, on ne sait pas à l'avance si ce polynôme Q existe ; pour compléter la règle précédente, il faut donc démontrer qu'en l'appliquant on pourra reconnaître, *après un nombre limité d'opérations*, si le polynôme A est ou n'est pas divisible par le polynôme B.

Dans le second membre de l'identité (8), lorsque cette identité existe, le terme du degré le plus élevé est $b_n q_p$, et il ne peut se réduire avec aucun autre ; si la division est possible, on pourra donc calculer directement le dernier terme q_p du quotient en divisant le dernier terme de A par le dernier terme de B.

Désignons par Cx^r le quotient ainsi obtenu ; quand, en appliquant la règle donnée (§ 12), on sera conduit à écrire au quotient un terme de degré r en x, il faudra, pour que la division soit possible : 1° *que le coefficient de ce terme soit égal à* C ; 2° *que le reste correspondant soit nul.*

Ces conditions, qui sont *nécessaires*, sont d'ailleurs évidemment *suffisantes.*

La règle considérée permettra donc : 1° *de calculer le quotient,
s'il existe ; 2° de reconnaître, après un nombre limité d'opérations,
que la division est impossible.*

14. Remarque II. — Le dividende et le diviseur étant ordonnés
par rapport aux puissances croissantes de la lettre x, il est facile
de voir que les degrés des premiers termes des restes vont
en augmentant.

On a, en effet, les identités

$$A - Bq_1 \equiv R_1$$
$$R_1 - Bq_2 \equiv R_2$$
$$R_2 - Bq_3 \equiv R_3$$
$$. \quad . \quad . \quad . \quad . \quad .$$

Dans les différences $A - Bq_1$, $R_1 - Bq_2$, $R_2 - Bq_3$, ..., les
termes du degré le moins élevé se détruisent; donc le degré du
premier terme de R_1 est supérieur au degré du premier terme
de A, le degré du premier terme de R_2 est supérieur au degré du
premier terme de R_1, et ainsi de suite.

Il résulte de là qu'en appliquant la règle donnée (§ 12) au cas
où la division de A par B est impossible, l'opération ne se terminera pas, puisque le premier terme de chaque reste sera toujours
divisible par le premier terme du diviseur.

Dans cette hypothèse, supposons qu'en cherchant le quotient Q
d'après cette règle on ait calculé p termes

$$q_1, q_2, \ldots q_{p-1}, q_p.$$

En désignant les restes correspondants par

$$R_1, R_2, \ldots R_{p-1}, R_p,$$

on aura les identités

$$A - Bq_1 \equiv R_1$$
$$R_1 - Bq_2 \equiv R_2$$
$$. \quad . \quad . \quad . \quad . \quad .$$
$$R_{p-1} - Bq_p \equiv R_p.$$

En les ajoutant membre à membre, et posant

$$Q \equiv q_1 + q_2 + \cdots + q_{p-1} + q_p,$$

on en déduit l'identité

$$(9) \qquad A - BQ \equiv R_p.$$

Soit α le degré du polynôme Q, c'est-à-dire le degré de son dernier terme q_p; comme ce terme s'obtient en divisant le premier terme de R_{p-1} par le premier terme de B qui est de *degré zéro*, on voit que le premier terme de R_{p-1} est de degré α; il en résulte que le premier terme de R_p est de degré supérieur à α. On peut donc poser.

$$R_p \equiv x^{\alpha+1}R,$$

R étant un polynôme entier, et l'identité (9) deviendra

$$(10) \qquad A \equiv BQ + x^{\alpha+1}R.$$

La considération de l'identité (10) conduit naturellement à une généralisation de la définition de la division de deux polynômes ordonnés suivant les puissances *croissantes* de la variable.

15. Définition. — *Diviser un polynôme* A *ordonné par rapport aux puissances croissantes de* x *par un polynôme* B *ordonné de la même manière et dont le premier terme est de degré zéro, c'est trouver un polynôme* Q *de degré* α *au plus, tel que l'on ait identiquement*

$$(10) \qquad A \equiv BQ + x^{\alpha+1}R,$$

R *désignant un polynôme entier en* x.

Nous venons de voir qu'en appliquant aux polynômes A et B la règle énoncée au paragraphe 12 on obtient une solution du problème posé dans la définition précédente.

Il est facile de montrer que ce problème n'a pas d'autres solutions.

En effet, si, outre l'identité (10), on pouvait avoir aussi l'identité

$$(11) \qquad A \equiv BQ' + x^{\alpha+1}R'$$

dans laquelle on suppose que Q' et R' désignent des polynômes entiers, le degré de Q' ne surpassant pas α, on en déduirait, en retranchant ces identités membre à membre,

$$B(Q - Q') \equiv x^{\alpha+1}(R' - R).$$

Or, cette dernière identité est impossible si l'on n'a pas en même temps

$$Q \equiv Q' \quad \text{et} \quad R \equiv R'.$$

En effet, si Q et Q' n'étaient pas des polynômes identiques, le produit $B(Q - Q')$ ordonné par rapport aux puissances croissantes de x aurait pour premier terme le produit du premier terme de B, qui est de degré zéro, par le premier terme de $Q - Q'$, qui est au plus de degré α; ce terme serait donc aussi de degré α au plus, et, par conséquent, ne pourrait pas appartenir au produit $x^{\alpha+1}(R' - R)$.

16. Corollaire. — Il résulte de la proposition précédente que la fraction rationnelle $\dfrac{A}{B}$ peut être mise sous la forme

$$\frac{A}{B} \equiv Q + x^{\alpha+1}\frac{R}{B}$$

et ne peut être mise sous cette forme que *d'une seule manière*, Q et R désignant des polynômes entiers, et le degré de Q ne surpassant pas α.

17. Exemples. — On a

$$1° \qquad \frac{1}{1-x} \equiv 1 + x + x^2 + \ldots + x^\alpha + \frac{x^{\alpha+1}}{1-x};$$

$$2° \quad \frac{1}{1+x^2} \equiv 1 - x^2 + x^4 - \ldots + (-1)^n x^{2n} + \frac{(-1)^{n+1}x^{2n+2}}{1+x^2};$$

$$3° \quad \frac{x}{(1-x)^2} \equiv x + 2x^2 + 3x^3 + \ldots + \alpha x^\alpha + \frac{\alpha+1-\alpha x}{(1-x)^2} x^{\alpha+1}.$$

Quotient et reste de la division d'un polynôme par $x - a$.

18. Théorème. — *Le reste de la division d'un polynôme entier par $x - a$ s'obtient en remplaçant x par a dans ce polynôme.*

Soit un polynôme entier par rapport à x, que nous représenterons par le symbole $f(x)$; nous poserons donc

$$f(x) = A_0 x^m + A_1 x^{m-1} + \ldots + A_p x^{m-p} + \ldots + A_{m-1} x + A_m.$$

Désignons par Q le quotient entier de la division de ce polynôme par $x - a$, et par R le reste ; ce reste sera indépendant de x, et on aura l'identité

$$f(x) \equiv (x - a)\,Q + R.$$

Les deux membres de cette égalité sont des polynômes identiques ; ils sont donc *égaux quel que soit x*. Faisons $x = a$, et observons que le polynôme entier Q prenant une valeur finie pour $x = a$, le produit $(x - a)Q$ sera nul ; nous aurons

$$f(a) = R.$$

Corollaire. — *Pour qu'un polynôme entier soit divisible par $x - a$, il faut et il suffit que ce polynôme s'annule quand on y remplace x par a.*

Calcul des coefficients du quotient.

19. Posons

$$Q = B_1 x^{m-1} + B_2 x^{m-2} + \ldots + B_p x^{m-p} + \ldots + B_m.$$

On a l'identité

$$f(x) \equiv (x - a)\,Q + R.$$

Ordonnons le second membre de cette identité par rapport aux puissances décroissantes de x et écrivons que dans les deux membres les coefficients des termes semblables sont égaux ; nous aurons les relations

$$(12)\quad
\begin{cases}
A_0 & = B_1 \\
A_1 & = B_2 - B_1 a \\
A_2 & = B_3 - B_2 a \\
\vdots & \quad \vdots \\
A_{p-1} & = B_p - B_{p-1} a \\
\vdots & \quad \vdots \\
A_{m-1} & = B_m - B_{m-1} a \\
A_m & = R - B_m a
\end{cases}
\quad\text{ou}\quad (13)\quad
\begin{cases}
B_1 & = A_0 \\
B_2 & = B_1 a + A_1 \\
B_3 & = B_2 a + A_2 \\
\vdots & \quad \vdots \\
B_p & = B_{p-1} a + A_{p-1} \\
\vdots & \quad \vdots \\
B_m & = B_{m-1} a + A_{m-1} \\
R & = B_m a + A_m.
\end{cases}$$

Des égalités (13) résulte la règle suivante pour le calcul du quotient et du reste :

Règle. — *Quand on divise un polynôme entier par le binôme $x - a$ et qu'on ordonne le quotient suivant les puissances décroissantes de x :*

1° *Le coefficient du premier terme du quotient est égal au coefficient du premier terme du dividende ;*

2° *On obtient le coefficient du terme de degré $m - p$ du quotient en multipliant par a le coefficient du terme de degré $m - p + 1$ de ce quotient et ajoutant au produit le coefficient du terme de même degré du dividende ;*

3° *On obtient le reste de la division en multipliant par a le dernier terme du quotient et ajoutant à ce produit le terme de degré zéro du dividende.*

20. — **Valeurs des coefficients du quotient et du reste.** — En résolvant les équations (13), on trouve successivement

$$
\begin{aligned}
B_1 &= A_0 \\
B_2 &= A_0 a \quad\; + A_1 \\
B_3 &= A_0 a^2 \quad + A_1 a \quad\; + A_2 \\
&\;\vdots \\
B_p &= A_0 a^{p-1} + A_1 a^{p-2} + \ldots + A_{p-2} a + A_{p-1} \\
&\;\vdots \\
B_m &= A_0 a^{m-1} + A_1 a^{m-2} + \ldots + A_{m-2} a + A_{m-1} \\
R &= A_0 a^m \quad + A_1 a^{m-1} + \ldots \qquad\quad + A_{m-1} a + A_m .
\end{aligned}
$$

APPLICATIONS

1° *Calculer la valeur que prend un polynôme entier $f(x)$ quand on y remplace x par a.*

On a vu que cette valeur $f(a)$ est égale au reste de la division du polynôme $f(x)$ par $(x - a)$; on obtiendra donc $f(a)$ en calculant ce reste d'après la règle donnée au paragraphe 19.

Exemple. — *Trouver la valeur que prend le polynôme*

$$f(x) = x^5 - 3x^4 + 9x - 1$$

quand on y remplace x par 2.

En calculant les coefficients du quotient et le reste, on a successivement

$$B_1 = 1, \quad B_2 = 2B_1 - 3 = -1, \quad B_3 = 2B_2 + 0 = -2, \quad B_4 = 2B_3 + 0 = -4,$$
$$B_5 = 2B_4 + 9 = +1, \quad R = 2B_5 - 1 = +1.$$

Ainsi

$$f(2) = +1.$$

2° *Le binôme $x^m - a^m$ est divisible par $x - a$.* En effet, on a

$$R = a^m - a^m = 0.$$

On peut donc écrire

$$\frac{x^m - a^m}{x - a} \equiv x^{m-1} + ax^{m-2} + a^2 x^{m-3} + \ldots + a^{m-2}x + a^{m-1}.$$

3° *Le binôme $x^m + a^m$ n'est pas divisible par $x - a$.* En effet, on a

$$R = a^m + a^m = 2a^m$$

et, comme conséquence, l'identité

$$\frac{x^m + a^m}{x - a} \equiv x^{m-1} + ax^{m-2} + \ldots + a^{m-2}x + a^{m-1} + \frac{2a^m}{x - a}.$$

4° *Le binôme $x^m - a^m$ est divisible par $x + a$ quand m est pair; la division n'est pas possible quand m est impair, et, dans ce cas, le reste est égal à $-2a^m$.*

On a donc l'identité

$$\frac{x^m - a^m}{x + a} \equiv x^{m-1} - ax^{m-2} + a^2 x^{m-3} - \ldots + a^{m-2}x - a^{m-1}$$

si m est *pair*, et l'identité

$$\frac{x^m - a^m}{x + a} \equiv x^{m-1} - ax^{m-2} + a^2 x^{m-3} - \ldots - a^{m-2}x + a^{m-1} \frac{2a^m}{x + a}$$

si m est *impair*.

5° *Le binôme $x^m + a^m$ est divisible par $x + a$ quand m est impair; la division n'est pas possible quand m est pair, et, dans ce cas, le reste est égal à $2a^m$.*

On a donc l'identité

$$\frac{x^m + a^m}{x + a} \equiv x^{m-1} - ax^{m-2} + a^2 x^{m-3} - \ldots - a^{m-2}x + a_1^{m-1}$$

si m est impair, et l'identité

$$\frac{x^m + a^m}{x + a} \equiv x^{m-1} - ax^{m-2} + a^2 x^{m-3} - \ldots + a^{m-2}x - a^{m-1} + \frac{2a^m}{x + a}$$

si m est pair.

21. Théorème. — *Lorsqu'un polynôme entier $f(x)$ est divisible séparément par $(x - a)^\alpha$, $(x - b)^\beta$, $(x - c)^\gamma$, ..., a, b, c, ..., étant des nombres différents, il est divisible par le produit $(x - a)^\alpha (x - b)^\beta (x - c)^\gamma$, ...*

Posons

$$f(x) \equiv (x - a)^\alpha \varphi(x) \qquad \text{et} \qquad f(x) \equiv (x - b)^\beta \psi(x)$$

$\varphi(x)$ et $\psi(x)$ désignant les quotients de la division de $f(x)$ par $(x - a)^\alpha$ et par $(x - b)^\beta$.

On aura

$$(14) \qquad (x - a)^\alpha \varphi(x) \equiv (x - b)^\beta \psi(x).$$

Dans cette identité, remplaçons x par b, nous obtiendrons

$$(b - a)^\alpha \varphi(b) = 0.$$

Comme $b - a$ n'est pas nul, par hypothèse, nous aurons

$$\varphi(b) = 0.$$

ce qui prouve que $\varphi(x)$ est divisible par une certaine puissance β' de $x - b$. Posons.

$$\varphi(x) \equiv (x - b)^{\beta'} \varphi_1(x)$$

avec la condition $\varphi_1(b) \gtrless 0$; nous allons démontrer que l'on a $\beta = \beta'$. A cet effet, remplaçons dans l'identité (14) $\varphi(x)$ par $(x-b)^{\beta'}\varphi_1(x)$; nous aurons

$$(15) \qquad (x-a)^\alpha(x-b)^{\beta'}\varphi_1(x) \equiv (x-b)^\beta\psi(x).$$

Si β' était plus petit que β, on pourrait diviser les deux membres de l'identité (15) par $(x-b)^{\beta'}$, et, en faisant $x=b$ dans les quotients on trouverait

$$(b-a)^\alpha\varphi_1(b) = 0,$$

égalité impossible, puisque les deux facteurs $(b-a)^\alpha$ et $\varphi_1(b)$ sont différents de zéro.

On ne peut donc pas supposer $\beta' < \beta$; on démontrerait de même qu'on ne peut pas supposer $\beta' > \beta$. On a donc $\beta' = \beta$, et, par suite,

$$\varphi(x) \equiv (x-b)^\beta\varphi_1(x) ;$$

donc

$$f(x) \equiv (x-a)^\alpha(x-b)^\beta\varphi_1(x).$$

En continuant le même raisonnement, on verra que $\varphi_1(x)$ est divisible par $(x-c)^\gamma$ et $f(x)$ par $(x-a)^\alpha(x-b)^\beta(x-c)^\gamma$, et ainsi de suite.

POLYNÔMES ENTIERS PAR RAPPORT A PLUSIEURS LETTRES

22. Définition. — *On dit qu'un polynôme est entier par rapport à plusieurs lettres lorsqu'il est entier séparément par rapport à chacune de ces lettres.*

Ainsi un polynôme entier par rapport aux lettres x, y, z est une somme de termes de la forme $Ax^\alpha y^\beta z^\gamma$, A étant un coefficient indépendant des lettres x, y, z, et α, β, γ, désignant des entiers positifs qui peuvent être nuls. Nous représenterons ce polynôme par $f(x, y, z)$, et nous dirons qu'il est de degré m, lorsque la somme des exposants des lettres x, y, z est égale à m dans l'un au moins de ses termes, et ne surpasse pas m dans les autres termes.

Le polynôme est dit *homogène* et de degré m lorsque *tous* ses termes sont de degré m.

Théorème. — *Lorsqu'un polynôme $f(x,y,z)$, entier par rapport aux lettres x, y, z, est divisible séparément par $(x-y)^\alpha$, $(y-z)^\beta$, $(z-x)^\gamma$, il est divisible par le produit $(x-y)^\alpha (y-z)^\beta (z-x)^\gamma$.*

Posons

$$f(x,y,z) \equiv (x-y)^\alpha \varphi(x,y,z) \quad \text{et} \quad f(x,y,z) \equiv (y-z)^\beta \psi(x,y,z).$$

Les quotients $\varphi(x,y,z)$ et $\psi(x,y,z)$ seront entiers par rapport aux lettres x, y, z.

On aura

$$(16) \qquad (x-y)^\alpha \varphi(x,y,z) \equiv (y-z)^\beta \psi(x,y,z).$$

Si, dans cette identité, on remplace y par z, on obtient

$$(x-z)^\alpha \varphi(x,z,z) \equiv 0.$$

Le polynôme $\varphi(x,y,z)$, entier par rapport à y, s'annulant pour $y=z$, est divisible par une certaine puissance β' de $y-z$, et on peut poser

$$\varphi(x,y,z) \equiv (y-z)^{\beta'} \varphi_1(x,y,z),$$

$\varphi_1(x,y,z)$ étant un polynôme entier qui ne s'annule pas pour $y=z$.

Nous allons démontrer qu'on a $\beta' = \beta$.

En remplaçant $\varphi(x,y,z)$ par $(y-z)^{\beta'} \varphi_1(x,y,z)$, l'identité (16) devient

$$(x-y)^\alpha (y-z)^{\beta'} \varphi_1(x,y,z) \equiv (y-z)^\beta \psi(x,y,z),$$

et on démontrera, comme au paragraphe 21, que l'on a $\beta' = \beta$, et, par suite,

$$f(x,y,z) \equiv (x-y)^\alpha (y-z)^\beta \varphi_1(x,y,z).$$

On verra de même que $\varphi_1(x,y,z)$ est divisible par $(z-x)^\gamma$, et on aura finalement l'identité

$$f(x,y,z) \equiv (x-y)^\alpha (y-z)^\beta (z-x)^\gamma \varphi_2(x,y,z),$$

$\varphi_2(x,y,z)$ étant un polynôme entier par rapport aux lettres x, y, z. Le théorème est donc démontré.

EXERCICES

1° Démontrer que pour trouver le quotient entier de la division d'un polynôme $f(x)$ par un produit de polynômes u, v, w on peut diviser $f(x)$ par u, le quotient obtenu par v, et enfin ce second quotient par w; le troisième quotient sera égal au quotient entier cherché.

En déduire que si l'on désigne par a_1, a_2, ..., a_m, m nombres distincts, un polynôme entier quelconque $f(x)$ de degré m, pourra se mettre sous la forme

$$f(x) \equiv B_0 + B_1(x - a_1) + B_2(x - a_1)(x - a_2) + \ldots + B_m(x - a_1)(x - a_2)\ldots(x - a_m);$$

les coefficients B_0, B_1, ... B_m étant des constantes.

2° Démontrer que tout polynôme entier $f(x)$ peut se mettre sous la forme

$$f(x) \equiv \varphi(x^p) + x\varphi_1(x^p) + x^2\varphi_2(x^p) + \ldots + x^{p-1}\varphi_{p-1}(x^p);$$

$\varphi(x^p)$, $\varphi_1(x^p)$, ..., $\varphi_{p-1}(x^p)$ désignant des polynômes entiers par rapport à x^p. (*p entier et positif.*)

En déduire que le reste de la division de $f(x)$ par $x^p - u$ est égal à

$$\varphi(u) + x\varphi_1(u) + x^2\varphi_2(u) + \ldots + x^{p-1}\varphi_{p-1}(u).$$

En appliquant ce résultat, trouver dans quel cas $x^m \pm a^m$ est divisible par $x^p \pm a^p$.

3° Démontrer que si le polynôme entier $f(x, y)$ satisfait à l'identité

$$f(x, y) + f(y, x) \equiv 0$$

il est divisible par $x - y$.

4° Démontrer que si le polynôme entier $f(x, y)$ est symétrique par rapport aux lettres x et y, c'est-à-dire satisfait à l'identité

$$f(x, y) \equiv f(y, x),$$

il sera divisible par $(x - y)^2$, toutes les fois qu'il s'annulera pour $x = y$.

5° Démontrer que si un polynôme $f(x)$, à coefficients entiers, est divisible par un polynôme $\varphi(x)$, dont les coefficients sont des nombres entiers *premiers* entre eux, le quotient aura ses coefficients entiers.

6° Démontrer que si n et p sont des entiers positifs, premiers entre eux, le produit $(x^{np} - 1)(x - 1)$ est divisible par le produit $(x^n - 1)(x^p - 1)$.

7° Démontrer que le produit

$$(x^{n+1} - 1)(x^{n+2} - 1)\ldots(x^{n+p} - 1)$$

est divisible par

$$(x - 1)(x^2 - 1)\ldots(x^p - 1).$$

8° Démontrer que

$$1 + x^n + x^{2n} + \ldots + x^{np-n}$$

est divisible par

$$1 + x + x^2 + \ldots + x^{p-1},$$

les nombres entiers p et n étant premiers entre eux.

9° Si α désigne une racine primitive du nombre premier p, c'est-à-dire si les nombres 1, α, α^2, ..., α^{p-2} divisés par p donnent, peu importe dans quel ordre, des restes égaux à tous les entiers inférieurs à p, le polynôme

$$1 + x + x^\alpha + x^{\alpha^2} + \ldots + x^{\alpha^{p-2}}$$

est divisible par $1 - x^p$.

10° α et p étant des nombres entiers définis, comme dans l'exercice précédent, si l'on pose

$$x - x^\alpha + x^{\alpha^2} - x^{\alpha^3} + \ldots - x^{\alpha^{p-2}} = M,$$

$M^2 \mp p$ sera divisible par

$$1 + x + x^2 + \ldots + x^{p-1}.$$

CHAPITRE II

ARRANGEMENTS. — PERMUTATIONS. — COMBINAISONS
FORMULE DU BINOME

ARRANGEMENTS

23. Définition. — *On appelle arrangements de m lettres prises
p à p, les résultats obtenus en plaçant p quelconques de ces m lettres
les unes à la suite des autres dans tous les ordres possibles.*

*Deux arrangements sont regardés comme différents quand l'un
contient au moins une lettre qui n'entre pas dans l'autre, ou quand
ils contiennent les mêmes lettres, mais disposées dans des ordres
différents.*

Par exemple, avec les trois lettres a, b, c, prises *deux à deux*,
on peut former les arrangements suivants :

$$ab \quad ac \quad ba \quad bc \quad ca \quad cb.$$

Les arrangements (ab, ba), (ac, ca), (bc, cb) ne diffèrent respectivement que par l'ordre des lettres ; au contraire, les arrangements ab, ac, bc diffèrent par la nature d'une lettre.

Nous représenterons par le symbole A_m^p le nombre des arrangements de m lettres prises p à p.

Nous nous proposons de trouver l'expression de A_m^p, connaissant les nombres m et p.

Pour cela, considérons un premier tableau T_1 contenant tous
les arrangements des m lettres

$$a \quad b \quad c \quad ... \quad h \quad l$$

prises $p-1$ à $p-1$.

Chaque terme de ce tableau contient $p-1$ des m lettres considérées ; il y a donc $m-p+1$ de ces m lettres n'entrant pas dans
ce terme. A la suite de ce terme, écrivons successivement chacune des $m-p+1$ lettres qui n'y entre pas, nous obtiendrons

$m - p + 1$ résultats qui seront évidemment *des* arrangements de ces m lettres prises p à p.

Répétons la même opération sur chaque terme du tableau T_1, et écrivons tous les résultats obtenus dans un deuxième tableau T_2 ; les termes de ce tableau seront *des* arrangements des m lettres prises p à p, et leur nombre aura pour expression

$$(m - p + 1) A_m^{p-} .$$

Nous allons montrer que ce nombre a aussi pour expression A_m^p. La démonstration se compose de deux parties :

1° *Le tableau T_2 renferme tous les arrangements des m lettres prises p à p.* — Imaginons, en effet, un arrangement quelconque de ces m lettres prises p à p et, dans cet arrangement, supprimons la dernière lettre, qui sera la lettre f, par exemple. Les $p - 1$ lettres qui restent forment un arrangement des m lettres prises $p - 1$ à $p - 1$, c'est-à-dire un terme du tableau T_1.

Maintenant, pour faire passer ce terme du tableau T_1 dans le tableau T_2, nous avons écrit successivement à sa droite chacune des $m - p + 1$ lettres qu'il ne contient pas, et en particulier la lettre f. L'arrangement considéré se trouve donc dans le tableau T_2.

2° *Tous les termes du tableau T_2 sont distincts.* — En effet, deux termes du tableau T_2 provenant d'un même terme du tableau T_1 diffèrent par la *dernière* lettre, et deux termes provenant de deux termes distincts du tableau T_1 diffèrent soit par la nature, soit par l'ordre des $p - 1$ premières lettres.

On voit donc que le tableau T_2 est identique avec celui qui contiendrait tous les arrangements des m lettres prises p à p ; le nombre de ses termes est donc A_m^p, et l'on a la relation

$$A_m^p = (m - p + 1) A_m^{p-1}.$$

Dans cette relation, remplaçons successivement le nombre p par 2, 3, ..., $p - 1$, p, nous aurons

$$A_m^2 = (m - 1) A_m^1$$
$$A_m^3 = (m - 2) A_m^2$$
$$A_m^4 = (m - 3) A^3$$
$$. . . . .$$
$$A_m^p = (m - p + 1) A_m^{p-1}.$$

En multipliant ces égalités membre à membre et remarquant que $A_m^1 = m$, on obtient la formule

$$A_m^p = m(m-1)(m-2)\ldots(m-p+1).$$

Cette formule, énoncée en langage ordinaire, donne le théorème suivant :

Théorème. — *Le nombre des arrangements de m lettres prises p à p est égal au produit de p nombres entiers consécutifs décroissant à partir de m.*

24. Formation du tableau des arrangements de m **lettres prises** p **à** p. — De ce qui précède résulte une méthode pour former tous les arrangements de m lettres

$$a \quad b \quad \ldots \quad h \quad l$$

prises p à p.

Les arrangements de ces lettres *une* à *une* sont les lettres elles-mêmes ; en écrivant successivement à la suite de chacune d'elles les $m-1$ autres lettres, on aura les arrangements des m lettres prises *deux* à *deux*.

En écrivant successivement à la suite de chaque arrangement *deux* à *deux* les $m-2$ lettres que cet arrangement ne contient pas, on obtiendra les arrangements des m lettres *trois* à *trois*, et ainsi de suite.

On obtient ainsi les tableaux suivants :

a	b	h	l	$\}$ Arrangements un à un.

ab	ac	al	
ba	bc	bl	
. . .	. . .	. . .	$\}$ Arrangements deux à deux.
ha	hb	hl	
la	lb	lh	

abc	abd	abl	
acb	acd	acl	
. . .	. . .	. . .	$\}$ Arrangements trois à trois.
lha	lhb	lhg	

et ainsi de suite.

PERMUTATIONS

25. Définition. — *On appelle permutations de m lettres les résultats obtenus en plaçant ces m lettres les unes à la suite des autres dans tous les ordres possibles.*

Par exemple, avec les trois lettres a, b, c, on peut former les permutations suivantes :

$$abc \quad acb \quad cab \quad bac \quad bca \quad cba.$$

Nous représenterons par le symbole P_m le nombre des permutations de m lettres. Les permutations de m lettres ne sont pas autre chose que les arrangements de m lettres prises m à m ; leur nombre est donc A_m^m, et l'on a

$$P_m = m(m-1)\ldots 3.2.1$$

ou, en intervertissant l'ordre des facteurs,

$$P_m = 1.2.3\ldots m.$$

De cette formule résulte le théorème suivant :

Théorème. — *Le nombre des permutations de m lettres est égal au produit des m premiers nombres entiers.*

Remarque. — Pour abréger l'écriture, on représente souvent le produit $1.2\ldots m$ par le symbole $m!$ que l'on énonce *factorielle* m. On a alors

$$P_m = m!$$

26. Démonstration directe. — On peut établir la formule qui donne le nombre des permutations de m lettres a, b, ..., h, l, sans la déduire de celle des arrangements.

Pour cela, considérons un premier tableau T_1 contenant toutes les permutations des $m-1$ lettres a, b, c, ..., h.

A la suite de chaque terme de ce tableau écrivons la lettre l, puis faisons rétrograder successivement cette lettre d'un rang vers la gauche jusqu'à ce qu'elle occupe le premier rang ; nous obtiendrons ainsi *des* permutations des m lettres a, b, ..., h, l, que nous écrirons dans un tableau T_2.

Chaque terme du tableau T_1 nous donne m termes dans le tableau T_2, car la lettre l peut y occuper m places ; le nombre des termes du tableau T_2 a donc pour expression $m P_{m-1}$; nous allons montrer qu'il est aussi égal à P_m.

La démonstration se compose de deux parties.

1° *Le tableau T_2 renferme toutes les permutations des m lettres.* — Imaginons, en effet, une permutation de ces m lettres ; si l'on y supprime la lettre l, il reste une permutation des $m-1$ autres lettres, c'est-à-dire un terme du tableau T_1. Maintenant, pour faire passer ce terme du tableau T_1 dans le tableau T_2, nous avons écrit à sa droite la lettre l que nous avons placée ensuite à tous les rangs possibles. La permutation imaginée se trouve donc dans le tableau T_2.

2° *Tous les termes du tableau T_2 sont distincts.* — En effet, les termes du tableau T_2 provenant d'un même terme du tableau T_1 diffèrent par la place occupée par la lettre l. Quant à ceux qui proviennent de deux termes distincts du tableau T_1, ils diffèrent par l'ordre dans lequel sont placées les $m-1$ lettres autres que l.

On voit que le tableau T_2 est identique avec celui qui contiendrait toutes les permutations des m lettres ; le nombre de ses termes est donc P_m, et l'on a la relation

$$P_m = m P_{m-1}.$$

En remplaçant successivement m par les nombres $2, 3, \ldots, m-1, m$, nous aurons les égalités

$$P_2 = 2 P_1 \quad P_3 = 3 P_2 \ldots P_{m-1} = (m-1) P_{m-2} \quad P_m = m P_{m-1}.$$

En multipliant ces égalités membre à membre et remarquant que $P_1 = 1$, on retrouve la formule

$$P_m = 1.2.3 \ldots m = m!$$

Remarque. — Pour obtenir le tableau des permutations de m lettres, il suffit de former celui des arrangements de ces lettres prises m à m.

La question a été résolue précédemment.

Combinaisons.

27. Définition. — *On appelle combinaisons de m lettres prises p à p les résultats obtenus en groupant ensemble p quelconques de ces m lettres de toutes les manières possibles.*

L'ordre des lettres ne joue aucun rôle dans la définition des combinaisons; pour que deux combinaisons soient différentes, il faut que l'une contienne au moins une lettre qui n'entre pas dans l'autre.

Par exemple, avec les trois lettres a, b, c, prises deux à deux, on peut former les combinaisons suivantes :

$$ab \quad ac \quad bc.$$

Nous représenterons par le symbole C_m^p le nombre des combinaisons de m lettres prises p à p. La formule qui donne l'expression de C_m^p se déduit de celle des arrangements et de celle des permutations.

Pour l'obtenir, considérons un premier tableau T_1 contenant toutes les combinaisons des m lettres a, b, c, ..., h, l, prises p à p.

Si, dans chaque terme du tableau T_1, nous permutons les p lettres qu'il renferme, nous obtiendrons *des* arrangements des m lettres prises p à p que nous écrirons dans un second tableau T_2. Le nombre des termes écrits dans ce tableau T_2 sera $P_p \, C_m^p$; nous allons montrer qu'il est aussi égal à A_m^p.

La démonstration se compose de deux parties :

1° *Le tableau T_2 renferme tous les arrangements des m lettres prises p à p.* — Imaginons en effet un arrangement quelconque de ces m lettres prises p à p; les p lettres qu'il renferme forment une combinaison des m lettres prises p à p, c'est-à-dire un terme du tableau T_1. Maintenant, pour faire passer ce terme du tableau T_1 dans le tableau T_2, on en a permuté les p lettres; on a donc formé l'arrangement imaginé.

2° *Tous les termes du tableau T_2 sont distincts.* — En effet, ceux qui proviennent d'un même terme du tableau T_1 diffèrent par l'ordre des lettres, et ceux qui proviennent de deux termes distincts du tableau T_1 diffèrent au moins par la nature d'une lettre.

On voit que le tableau T_2 est identique avec celui qui contiendrait tous les arrangements des m lettres prises p à p; le nombre de ses termes est donc A_m^p, et l'on a la relation

$$A_m^p = P_p C_m^p \, ;$$

on en déduit

$$C_m^p = \frac{A_m^p}{P_p},$$

c'est-à-dire

$$C_m^p = \frac{m(m-1)\ldots(m-p+1)}{1.2\ldots \qquad p}.$$

Multiplions les deux termes de la fraction précédente par $1.2\ldots(m-p)$, nous obtiendrons la formule

$$C_m^p = \frac{P_m}{P_{m-p} P_p}.$$

28. Démonstration directe. — On peut établir la formule qui donne le nombre des combinaisons de m lettres $a, b, \ldots, h, l$, prises p à p sans la déduire de celle des arrangements et de celle des permutations.

Représentons par x le nombre qui exprime combien de fois une lettre déterminée, a par exemple, entre dans les combinaisons de ces m lettres prises p à p; nous allons exprimer x successivement en fonction de C_m^p et de C_{m-1}^{p-1}.

Pour exprimer x en fonction de C_m^p, remarquons que le nombre total des lettres distinctes ou non contenues dans toutes les combinaisons des m lettres prises p à p est $p C_m^p$, car chacune d'elles contient p lettres. Maintenant ce nombre est aussi égal à mx, car chacune des m lettres entre un même nombre de fois x dans ces combinaisons; on a donc

$$p C_m^p = mx \qquad \text{d'où} \qquad x = \frac{p}{m} C_m^p.$$

Pour exprimer x en fonction de C_{m-1}^{p-1}, supprimons la lettre a dans toutes les combinaisons des m lettres prises p à p, qui renferment cette lettre. Il est facile de voir que les combinaisons ainsi tronquées représentent toutes les combinaisons des

$m-1$ lettres b, c, ..., h, l, prises $p-1$ à $p-1$, et que chacune d'elles n'est obtenue qu'une fois.

On a donc

$$x = C_{m-1}^{p-1}.$$

En égalant les deux expressions de x, on obtient la relation

$$C_m^p = \frac{m}{p} C_{m-1}^{p-1}.$$

ou, d'une manière générale, la relation

$$C_{m-\alpha}^{p-\alpha} = \frac{m-\alpha}{p-\alpha} C_{m-\alpha-1}^{p-\alpha-1}.$$

En remplaçant successivement α par les nombres $0, 1, 2, ..., p-2$, on obtient les égalités

$$C_m^p = \frac{m}{p} C_{m-1}^{p-1}$$

$$C_{m-1}^{p-1} = \frac{m-1}{p-1} C_{m-2}^{p-2}$$

$$\cdots\cdots\cdots\cdots$$

$$C_{m-p+2}^2 = \frac{m-p+2}{2} C_{m-p+1}^1.$$

En les multipliant membre à membre et remarquant que $C_{m-p+1}^1 = \frac{m-p+1}{1}$, nous retrouvons la formule

$$C_m^p = \frac{m(m-1)\ldots(m-p+1)}{1.2\ldots p}.$$

29. Formation du tableau des combinaisons de m lettres prises p à p. — Les m lettres étant toujours $a, b, ..., h, l$, leurs combinaisons *une* à *une* seront

$$a \quad b \quad c \quad \ldots \quad h \quad l.$$

Pour avoir leurs combinaisons *deux* à *deux*, on écrira à la gauche de chaque lettre du tableau précédent chacune des lettres qui la précède dans *l'ordre alphabétique*. On obtient ainsi le tableau suivant :

$$ab \quad ac \quad ad \ldots\ldots ah \quad al$$
$$bc \quad bd \ldots\ldots bh \quad bl$$
$$cd \ldots\ldots ch \quad cl$$
$$\vdots \qquad \vdots$$
$$gh \quad gl$$
$$hl.$$

Pour avoir leurs combinaisons trois à trois, on écrira à la gauche de chaque terme du tableau précédent chacune des lettres qui précède, dans *l'ordre alphabétique*, la première lettre écrite dans ce terme. On obtient ainsi le tableau suivant :

$$abc \quad abd \ldots\ldots abh \quad abl$$
$$acd \ldots\ldots ach \quad acl$$
$$bcd \ldots\ldots bch \quad bcl$$
$$\vdots \qquad \vdots$$
$$ghl.$$

et ainsi de suite.

Propriétés des combinaisons.

30. Théorème I. — *Le nombre des combinaisons de m lettres prises p à p est égal au nombre des combinaisons de ces lettres prises m — p à m — p.*

Première démonstration. — Reprenons la formule

$$C_m^p = \frac{m(m-1)(m-2)\ldots(m-p+1)}{1.2.3\ldots p}.$$

et multiplions par 1, 2, 3, ... $(m-p)$ les deux termes de la fraction écrite dans le second membre ; nous aurons

$$C_m^p = \frac{P_m}{P_p . P_{m-p}}.$$

Le second membre de cette égalité ne change pas quand on y remplace p par $m - p$, donc on a

$$C_m^p = C_m^{m-p}.$$

Deuxième démonstration. — Supposons m lettres placées dans une urne et tirons p lettres de cette urne. Ces p lettres formeront *une et une seule* combinaison des m lettres prises p à p et les $m - p$ lettres qui restent dans l'urne formeront *une et une seule* combinaison de ces m lettres prises $m - p$ à $m - p$.

Ainsi, à chaque combinaison contenant p lettres correspond une combinaison contenant $m - p$ lettres, et réciproquement. On a donc

$$C_m^p = C_m^{m-p}.$$

Théorème II. — *Le nombre des combinaisons de m lettres prises p à p est égal au nombre des combinaisons de $m - 1$ lettres prises $p - 1$ à $p - 1$, plus le nombre des combinaisons de $m - 1$ lettres prises p à p.*

Il s'agit de démontrer que l'on a

$$C_m^p = C_{m-1}^{p-1} + C_{m-1}^p.$$

La vérification de cette égalité au moyen de la formule des combinaisons est facile; on peut aussi l'établir directement de la manière suivante.

Les combinaisons de m lettres prises p à p peuvent être divisées en deux groupes : le premier groupe contenant toutes les combinaisons qui renferment la lettre a par exemple, et le deuxième groupe toutes celles qui ne renferment pas cette lettre.

Le nombre des combinaisons du premier groupe est égal à C_{m-1}^{p-1}; en effet, pour les obtenir, il suffit de former d'abord les combinaisons des $m - 1$ lettres b, c, $\ldots$, h, l, prises $p - 1$ à $p - 1$, puis d'ajouter à chacune d'elles la lettre a.

Quant au nombre des combinaisons du second groupe, il est évidemment égal à celui des combinaisons des $m - 1$ lettres b, c, $\ldots$, h, l, prises p à p ou à C_{m-1}^p.

On a donc

$$C_m^p = C_{m-1}^{p-1} + C_{m-1}^p.$$

31. Probabilités. — *On appelle probabilité d'un événement le rapport du nombre des cas favorables à cet événement au nombre total des cas possibles, tous les cas étant supposés également possibles.*

Par exemple, supposons une urne contenant 14 boules de même diamètre et formées avec la même matière, parmi lesquelles 9 sont blanches et 5 sont rouges. On tire une boule de l'urne et l'on veut savoir quelles sont les probabilités pour chaque couleur.

Il y a 14 cas possibles, et également possibles, parmi lesquels 9 sont favorables à la couleur blanche et 5 à la couleur rouge. La probabilité est donc $\frac{9}{14}$ pour la sortie d'une boule blanche et $\frac{5}{14}$ pour celle d'une boule rouge.

Nous allons appliquer ce qui précède à l'ancienne loterie.

Cette loterie se composait de 90 numéros, et, à chaque tirage, il en sortait 5 pris au hasard.

Prendre un *extrait*, c'était parier que, parmi ces 5 numéros, se trouverait un numéro déterminé, le nombre 15 par exemple.

Prendre un *ambe*, un *terne*, un *quaterne*, c'était parier que, parmi les 5 numéros sortants, se trouveraient *deux*, *trois* ou *quatre* numéros désignés à l'avance.

Cherchons la probabilité que l'on avait de gagner en prenant un extrait, par exemple.

Le nombre des cas possibles est égal à C_{90}^5; le nombre des cas favorables est égal à C_{89}^4. En effet, ce nombre est égal à celui des combinaisons des 90 numéros pris 5 à 5 qui contiennent le nombre désigné 15, par exemple, c'est-à-dire à C_{89}^4 (§ 28).

La probabilité de gagner un extrait est donc égale au quotient de C_{89}^4 par C_{90}^5 ou à $\frac{1}{18}$. Ainsi, sur 18 cas possibles, il y en a 1 favorable à la personne qui a pris l'extrait et 17 à l'administration de la loterie. L'administration, au lieu de donner au gagnant 17 fois sa mise, lui donnait seulement 15 fois cette mise.

Pour un ambe, la probabilité est $\frac{2}{801}$; au lieu de multiplier la mise du gagnant par $\frac{799}{2}$, on la multipliait par 270.

Pour un terne, la probabilité est $\frac{1}{11\,748}$, pour un quaterne elle est $\frac{1}{511\,038}$. Les mises du gagnant étaient seulement multipliées par les nombres 5 500 ou 75 000.

ARRANGEMENTS AVEC RÉPÉTITION

32. Définition. — *On appelle arrangements avec répétition de m lettres prises p à p les résultats obtenus en plaçant p quelconques de ces m lettres les unes à la suite des autres dans tous les ordres possibles, une même lettre pouvant être répétée jusqu'à p fois.*

Ainsi avec les lettres a, b, c, prises deux à deux, on peut former les arrangements avec répétition suivants :

$$ab \quad ba \quad ac \quad ca \quad bc \quad cb \quad aa \quad bb \quad cc.$$

Nous représenterons par le symbole α_m^p le nombre des arrangements avec répétition de m lettres prises p à p.

Pour calculer ce nombre, considérons un premier tableau T_1 contenant tous les arrangements avec répétition des m lettres $a, b, c, \ldots, h, l$, prises $p-1$ à $p-1$.

A la suite de chaque terme de ce tableau, écrivons successivement les m lettres considérées et écrivons dans un tableau T_2 les résultats ainsi obtenus dont le nombre est $m\,\alpha_m^{p-1}$.

Les termes de ce deuxième tableau seront des arrangements avec répétition des m lettres prises p à p.

On démontrera comme pour les arrangements ordinaires les propositions suivantes :

1° *Le tableau* T_2 *contient tous les arrangements avec répétition des m lettres prises p à p* ;

2° *Tous les termes du tableau* T_2 *sont distincts.*

On a donc

$$\alpha_m^p = m\,\alpha_m^{p-1},$$

d'où l'on déduit facilement la formule

$$\alpha_m^p = m^p.$$

PERMUTATIONS AVEC RÉPÉTITION

33. Définition. — *On appelle permutations avec répétition des lettres a, b, $\ldots$, h, l, les résultats obtenus en plaçant ces lettres les unes à la suite des autres dans tous les ordres possibles, la lettre a étant répétée α fois dans chaque résultat, la lettre b étant répétée β fois $\ldots$ et la lettre l étant répétée λ fois.*

Nous représenterons par N le nombre de ces permutations.

Pour le calculer, considérons un premier tableau T_1 contenant toutes les permutations dans lesquelles les lettres $a, b, \ldots, l$ sont respectivement répétées α, β, $\ldots$, λ fois.

Dans chacun des termes de ce tableau, donnons l'indice 1 à

la première des lettres a que l'on rencontre à partir de la gauche, l'indice 2 à la deuxième, ..., l'indice α à la dernière. Effectuons les mêmes modifications pour les lettres b, c, ..., h, l.

Les lettres étant ainsi affectées d'indices, permutons d'abord les indices des lettres a dans chaque terme du tableau T_1.

Dans les résultats ainsi formés dont le nombre est NP_α, permutons ensuite les indices des lettres b.

Dans ces nouveaux résultats dont le nombre est $NP_\alpha P_\beta$ permutons les indices des lettres c et continuons de la même manière jusqu'à ce que nous arrivions à permuter les indices de la lettre l.

Écrivons maintenant dans un tableau T_2 les *derniers* résultats obtenus dont le nombre est $NP_\alpha P_\beta P_\gamma \ldots P_\lambda$.

Les termes du tableau T_2 seront évidemment *des* permutations *ordinaires* des lettres.

$$a_1, a_2, \ldots, a_\alpha, b_1, b_2, \ldots, b_\beta, \ldots, l_1 l_2, \ldots, l_\lambda.$$

Nous allons démontrer que le nombre des termes du tableau T_2 est justement P_m, en posant

$$\alpha + \beta + \gamma + \cdots + \lambda = m.$$

La démonstration se compose de deux parties :

1° *Le tableau T_2 renferme toutes les permutations ordinaires des m lettres*

$$a_1, a_2, \ldots, a_\alpha, b_1, b_2, \ldots, b_\beta, \ldots l_1, l_2, \ldots, l_\lambda.$$

En effet, considérons une de ces permutations et supprimons les indices de chaque lettre, nous obtiendrons un terme du tableau T_1.

Pour faire passer ce terme du tableau T_1 dans le tableau T_2, on a donné des indices aux lettres a, b, ..., l, puis permuté les indices des lettres a, ceux des lettres b, ..., enfin ceux des lettres l. On a donc formé la permutation considérée.

2° *Tous les termes du tableau T_2 sont distincts.* — En effet, ceux qui proviennent d'un même terme du tableau T_1 diffèrent par l'ordre des indices, et ceux qui proviennent de deux termes distincts de ce tableau diffèrent par l'ordre des lettres $a, b, \ldots, h, l$.

De ce qui précède résulte l'égalité

$$NP_{\alpha}P_{\beta}P_{\gamma}\ldots P_{\lambda}=P_{m}.$$

D'où

$$N=\frac{P_{m}}{P_{\alpha}P_{\beta}\ldots P_{\lambda}}.$$

COMBINAISONS AVEC RÉPÉTITION OU COMPLÈTES

34. Définition. — *On appelle combinaisons avec répétition ou complètes de m lettres prises p à p les résultats obtenus en groupant ensemble p de ces m lettres de toutes les manières possibles, une même lettre pouvant être répétée jusqu'à p fois.*

Nous représenterons par le symbole Γ_m^p le nombre de ces combinaisons.

Pour le calculer, représentons par x le nombre qui exprime combien de fois une lettre déterminée, a par exemple, entre dans les combinaisons; nous exprimerons x successivement en fonction de Γ_m^p et de Γ_m^{p-1}.

Le nombre total des lettres distinctes ou non contenues dans les combinaisons est égal à $p\Gamma_m^p$; il est aussi égal à mx, et l'on a

$$p\Gamma_m^p=mx \quad \text{d'où} \quad (1)\; x=\frac{p\Gamma_m^p}{m}.$$

Pour obtenir l'expression de x en fonction de Γ_m^{p-1}, supprimons la lettre a *une fois* et *une seule*, dans toutes les combinaisons complètes qui la contiennent. Les combinaisons tronquées seront encore formées avec les m lettres données, mais chacune d'elles ne contiendra que $p-1$ lettres; leur nombre est Γ_m^{p-1}, car, par un raisonnement déjà plusieurs fois répété, on démontrera que ces combinaisons tronquées représentent *toutes* les combinaisons complètes des m lettres prises $p-1$ à $p-1$.

Les combinaisons tronquées renferment encore la lettre a; on aura le nombre qui exprime combien de fois cette lettre entre dans ces combinaisons en remplaçant p par $p-1$ dans la formule (1), ce qui donne $\dfrac{p-1}{m}\Gamma_m^{p-1}$.

La lettre a ayant déjà été supprimée Γ_m^{p-1} fois des combinaisons complètes des m lettres prises p à p, on a

$$x = \Gamma_m^{p-1} + \frac{p-1}{m}\,\Gamma_m^{p-1} = \frac{m+p-1}{m}\,\Gamma_m^{p-1}.$$

En égalant les deux expressions de x on obtient la relation

$$\Gamma_m^p = \frac{m+p-1}{p}\,\Gamma_m^{p-1}.$$

En remplaçant successivement p par les nombres $p, p-1, \ldots, 3, 2$, et observant que $\Gamma_m^1 = 1$, on obtient facilement la formule

$$\Gamma_m^p = \frac{(m+p-1)(m+p-2)\ldots(m+1)m}{1.2\ldots p}$$

que l'on peut écrire de la manière suivante :

$$\Gamma_m^p = C_{m+p-1}^p.$$

Cette dernière formule donne le théorème suivant :

Théorème. — *Le nombre des combinaisons complètes de m lettres prises p à p est égal au nombre des combinaisons ordinaires de m + p — 1 lettres prises p à p.*

Remarque. — D'après une propriété des combinaisons ordinaires, la formule

$$\Gamma_m^p = C_{m+p-1}^p$$

peut être remplacée par la suivante :

$$\Gamma_m^p = C_{m+p-1}^{m-1}.$$

On emploiera la première si l'on a $p < m-1$, et la deuxième dans le cas contraire.

35. Formation du tableau des combinaisons complètes. — Pour rendre l'exposition plus facile, nous supposerons, dans tout ce qui suit, que les lettres qui entrent dans chaque combinaison ont été placées dans *l'ordre alphabétique*. Cela est permis, puisqu'une combinaison est indépendante de l'ordre des lettres.

Supposons formé le tableau T_1 des combinaisons complètes des m lettres a, b, c, ..., h, l prises $p-1$ à $p-1$.

Écrivons la lettre a à la gauche de chaque terme du tableau T_1, la lettre b à la gauche des termes *ne contenant pas* a, la lettre c à la gauche des termes *ne contenant ni* a *ni* b, et ainsi de suite.

Les résultats ainsi obtenus que nous réunirons dans un tableau T_2 seront *des* combinaisons complètes des m lettres prises p à p. Il est aisé de montrer qu'on a ainsi obtenu toutes ces combinaisons sans qu'aucune soit répétée.

1° *Le tableau T_2 renferme toutes les combinaisons complètes des m lettres prises p à p.* — Imaginons, en effet, une de ces combinaisons; si l'on supprime sa première lettre, qui sera f par exemple, on obtient un terme du tableau T_1. Ce terme ne contient aucune des lettres qui précèdent f; donc, en le faisant passer du tableau T_1 dans le tableau T_2, on aura certainement écrit à sa gauche la lettre f et formé la combinaison imaginée.

2° *Tous les termes du tableau T_2 sont distincts.* — Cela est évident pour deux termes qui ne commencent pas par la même première lettre, car celle de ces premières lettres qui occupe le rang le moins élevé dans l'ordre alphabétique n'entre pas dans l'autre combinaison. En ce qui concerne deux termes commençant par la même lettre, ils diffèrent au moins par la nature d'une des lettres suivantes.

Ce qui précède donne le moyen de former le tableau des combinaisons complètes de m lettres prises p à p, en formant *successivement* les combinaisons de ces lettres prises *une à une, deux à deux, trois à trois*, etc.

Les combinaisons des lettres prises *une à une* sont

$$a \quad b \quad c \qquad \qquad h \quad l$$

D'après la règle que nous venons d'indiquer, les combinaisons *deux à deux* seront

aa	ab	ac		ah	al
	bb	bc		bh	bl
		cc		ch	cl
			. . . .		
				hh	hl
					$ll.$

Pour former les combinaisons *trois* à *trois*, on écrira la lettre a à la gauche de tous les termes précédents, la lettre b à la gauche de ceux qui ne contiennent pas a, la lettre c à la gauche de ceux qui ne contiennent ni a ni b, et ainsi de suite.

36. Comme application de la formule des combinaisons complètes, nous résoudrons le problème suivant:

Problème. — *Trouver le nombre des termes contenus dans un polynôme de degré m à p variables x_1, x_2, ..., x_p.*

Rendons le polynôme *homogène* en remplaçant chaque variable x_r par $\dfrac{x_r}{x_{p+1}}$ et multipliant ensuite par $(x_{p+1})^m$. Un terme quelconque du nouveau polynôme, abstraction faite du coefficient, sera de la forme

$$T = x_1^{\alpha_1} x_2^{\alpha_2} \ldots x_p^{\alpha_p} x_{p+1}^{\alpha_{p+1}}$$

avec $\alpha_1 + \alpha_2 + \ldots + \alpha_p + \alpha_{p+1} = m$.

En écrivant le produit T de la manière suivante :

$$x_1 x_1 , \ldots x_1 . x_2 x_2 \ldots x_2 \ldots x_p \ldots x_p . x_{p+1} \cdots x_{p+1},$$

on voit que les lettres qui le composent forment une combinaison *complète* des $p+1$ lettres

$$x_1, \ x_2, \ \ldots, \ x_p, \ x_{p+1}$$

prises m à m.

Réciproquement à toute combinaison complète de ces $p+1$ lettres prises m à m correspond un terme du polynôme. Le nombre N des termes est donc égal à Γ_{p+1}^m.

Pour un polynôme du degré m à *deux* variables, on aura

$$N = \Gamma_3^m = C_{m+2}^m = C_{m+2}^2 = \frac{(m+2)(m+1)}{2}.$$

Pour un polynôme du second degré à trois variables, on aura

$$N = \Gamma_4^2 = C_5^2 = \frac{5.4}{1.2} = 10.$$

FORMULE DU BINÔME

37. Définition. — *On appelle binôme de Newton une formule qui donne le développement de $(x + a)^m$ ordonné suivant les puissances de x.*

Pour établir cette formule, nous commencerons par former le produit P de m facteurs binômes

$$P = (x + a)(x + b)(x + c) \ldots (x + h)(x + l)$$

en l'ordonnant par rapport aux puissances décroissantes de x.

Le résultat ainsi obtenu nous sera souvent utile.

Dans ce qui suit, nous désignerons par S_p la somme des produits des m quantités a, b, $\ldots$, h, l, prises p à p.

D'après la règle de la multiplication, on obtiendra le produit P en faisant la somme des produits obtenus en prenant de toutes les manières possibles un facteur et un seul dans chaque binôme.

Pour obtenir le terme de degré m, il faut prendre la lettre x dans *chaque* facteur ; ce terme est donc x^m.

Pour obtenir le terme de degré $m - 1$, on peut former les combinaisons des m lettres a, b, $\ldots$, h, l, prises *une à une*, prendre la lettre qui compose chacune d'elles dans le facteur binôme qui la contient et la lettre x dans les $m - 1$ facteurs restants. Le terme de degré $m - 1$ sera donc $S_1 x^{m-1}$.

En général, pour obtenir le terme de degré $m - p$, on pourra former les combinaisons des m lettres a, b, $\ldots$, h, l, prises p à p, prendre les p lettres qui composent chacune d'elles dans les facteurs binômes qui les contiennent et la lettre x dans les $m - p$ facteurs restants. Le terme de degré $m - p$ sera donc $S_p x^{m-p}$.

Quant au terme indépendant de x, il sera évidemment S_m.

En résumé, on a

$$(2) \quad (x + a)(x + b) \ldots (x + l) = x^m + S_1 x^{m-1} + \ldots + S_p x^{m-p} + \ldots + S_{m-1} x + S_m.$$

38. Dans la relation précédente faisons $a = b = c = \ldots = h = l$, le premier membre deviendra $(x + a)^m$.

Dans le second membre, chaque terme de S_p devient a^p ; quant au nombre de ces termes, il est égal à C_m^p, car S_p représentait la somme des combinaisons de m lettres prises p à p, chaque combinaison étant considérée comme un produit de p facteurs. Il résulte de là que S_p devient $C_m^p\, a^p$, et l'on a

$$(x + a)^m = x^m + C_m^1 ax^{m-1} + C_m^2 a^2 x^{m-2} + \ldots + C_m^p a^p x^{m-p} + \ldots + C_m^m a^m,$$

ou bien

$$(x + a)^m = x^m + \frac{m}{1} ax^{m-1} + \frac{m(m-1)}{1.2} a^2 x^{m-2} + \ldots + \frac{m}{1} a^{m-1} x + a^m.$$

Telle est la formule connue sous le nom de *formule du binôme*.

Remarque. — Dans cette formule, le nombre des termes est $m + 1$, car les exposants de x, à partir du premier terme, sont

$$m \quad m - 1 \quad m - 2 \ldots \quad\quad 1 \quad 0.$$

Il est aussi utile d'observer que l'exposant de a dans un terme indique le nombre des termes qui *précèdent* celui-là.

Coefficients du binôme. — *On appelle coefficients du binôme les facteurs qui dans chaque terme sont indépendants de a et de x.*

Ainsi le coefficient du terme de rang $p + 1$ est C_m^p.

Terme général. — *On appelle terme général dans la formule du binôme l'expression d'un terme quelconque en fonction de son rang.*

Si l'on désigne par T_p le terme qui en a p avant lui, on aura

$$T_p = C_m^p a^p x^{m-p}.$$

Règle pour passer d'un terme au suivant. — On a

$$T_{p-1} = C_m^{p-1} a^{p-1} x^{m-p+1} \quad\quad T_p = C_m^p a^p x^{m-p}$$

d'où

$$\frac{T_p}{T_{p-1}} = \frac{C_m^p}{C_m^{p-1}} \frac{a}{x} = \frac{m-p+1}{p} \frac{a}{x}.$$

De cette relation, on déduit la règle suivante :

Règle. — *Pour passer du terme de rang p au terme de rang $p + 1$, on multiplie le coefficient du premier de ces termes* *par l'exposant de x dans ce terme et on le divise par l'exposant de a augmenté d'une unité.*

On augmente ensuite l'exposant de a d'une unité et l'on diminue celui de x d'une unité.

39. Avant d'appliquer cette règle à des exemples, nous démontrerons deux théorèmes qui permettent d'abréger les calculs et de les vérifier.

Théorème I. — *Les coefficients des termes à égale distance des extrêmes dans la formule du binôme sont égaux.*

En effet, le terme qui en a p avant lui a pour coefficient C_m^p; le terme qui en a p après lui, en ayant $m - p$ avant lui, a pour coefficient C_m^{m-p}, et l'on a vu que

$$C_m^p = C_m^{m-p}.$$

Théorème II. — *Les coefficents de la formule du binôme vont en augmentant jusqu'au terme du milieu si m est pair, et jusqu'aux deux termes du milieu si m est impair; ils diminuent ensuite jusqu'au dernier terme.*

En effet, on a

$$\frac{C_m^p}{C_m^{p-1}} = \frac{m - p + 1}{p};$$

les coefficients iront donc en croissant tant que l'on aura

$$\frac{m - p + 1}{p} > 1 \quad \text{d'où} \quad p < \frac{m + 1}{2}.$$

Pour étudier la dernière inégalité, nous distinguerons deux cas :

1° *m est pair.* — Soit $m = 2r$, l'inégalité devient

$$p < r + \frac{1}{2}.$$

La plus grande valeur de l'entier p qui y satisfasse est $p = r$. Les coefficients augmenteront à partir du premier terme jusqu'au terme qui en a r avant lui, c'est-à-dire jusqu'au terme du milieu;

en effet, ce terme en a r après lui, puisque le nombre des termes est $2r + 1$.

$2° \ m$ *est impair*. — Soit $m = 2r + 1$, l'inégalité devient

$$p \leqslant r + 1.$$

L'entier p ne peut pas surpasser $r + 1$, mais il peut être égal à ce nombre. Il y a donc deux termes qui ont des coefficients égaux ; ces coefficients sont

$$C_m^r \quad \text{et} \quad C_m^{r+1}.$$

Le premier est celui du terme qui en a r avant lui, le second est celui du terme qui en a $r + 1$ avant lui et, par suite, r après lui, car le nombre des termes est $2r + 2$.

Ainsi quand m est impair, les coefficients vont en augmentant jusqu'aux deux termes du milieu qui ont des coefficients égaux.

Les coefficients des deux termes du milieu seront les coefficients maximums.

Remarque. — De ce qui précède, il résulte que, pour développer $(x + a)^m$, il suffira de former, d'après la règle donnée plus haut, les $\dfrac{m + 1}{2}$ premiers termes du développement si m est impair. On obtiendra les termes restants en permutant les lettres x et a dans les termes déjà calculés.

Si m est pair, on formera d'après la règle les $\dfrac{m}{2} + 1$ premiers termes du développement ; on obtiendra les termes restants en permutant les lettres x et a dans les $\dfrac{m}{2}$ premiers termes déjà calculés.

En appliquant la remarque précédente au développement de $(x + a)^7$ et de $(x + a)^8$, on a

$$(x+a)^7 = x^7 + 7\,ax^6 + 21\,a^2x^5 + 35\,a^3x^4 + 35\,a^4x^3 + 21\,a^5x^2 + 7\,a^6x + a^7$$
$$(x+a)^8 = x^8 + 8\,ax^7 + 28\,a^2x^6 + 56\,a^3x^5 + 70\,a^4x^4 + 56\,a^5x^3 + 28\,a^6x^2 + 8\,a^7x + a^8.$$

40. Remarque. — En remplaçant a par $-a$ dans la formule du binôme, on obtient la relation

$$(x-a)^m = x^m - C_m^1 ax^{m-1} + C_m^2 a^2 x^{m-2} - \ldots + (-1)^p C_m^p a^p x^{m-p} \ldots + (-1)^m a^m$$

qui donne le développement de $(x - a)^m$.

Somme des coefficients du binôme. — Dans le développement de $(x + a)^m$, posons $x = a = 1$, nous aurons

$$1 + C_m^1 + C_m^2 + \dots + C_m^m = 2^m\,;$$

donc *la somme des coefficients du développement de $(x + a)^m$ est égale à 2^m.*

Dans le développement de $(x - a)^m$, posons $x = a = 1$, nous aurons

$$1 - C_m^1 + C_m^2 - \dots + (-1)^m C_m^m = 0\,;$$

donc, *dans le développement de $(x + a)^m$, la somme des coefficients des termes de rang pair est égale à la somme des coefficients des termes de rang impair.*

41. Problème. — *Calculer la somme des coefficients du binôme en prenant les termes de deux en deux à partir du premier, puis à partir du second.*

Il s'agit de calculer les sommes

$$S_1 = 1 + C_m^2 + C_m^4 + \dots$$
$$S_2 = C_m^1 + C_m^3 + C_m^5 + \dots\,;$$

or, on a

$$S_1 + S_2 = 2^m \quad \text{et} \quad S_1 - S_2 = 0\,;$$

donc

$$S_1 = S_2 = 2^{m-1}.$$

Corollaire. — *Dans le développement de $(x + a)^m$: 1° la somme des coefficients est égale à 2^m ; 2° la somme des coefficients des termes de rang impair est égale à celle des coefficients des termes de rang pair ; ces deux sommes ont pour valeur commune 2^{m-1}.*

EXERCICES

1° Trouver le nombre des points d'intersection des diagonales d'un polygone de n côtés considérés comme des droites indéfinies.

Le polygone étant supposé convexe, trouver le nombre des points d'intersection des diagonales intérieurs au polygone.

Dans ces deux questions, les sommets du polygone ne sont pas regardés comme des points d'intersection des diagonales.

2° Trouver le nombre N des diagonales d'un polyèdre d'espèce donnée en ne comptant pas les diagonales des faces.

Réponse : $$8N = (L + 2)(L + 4) - 4M ;$$

on a posé

$$L = n_3 + 2n_4 + 3n_5 + \ldots$$
$$M = 1.3\,n_3 + 2.4\,n_4 + 3.5\,n_5 + \ldots$$

et représenté par n_p le nombre des faces ayant la forme d'un polygone de p côtés.

3° Démontrer les relations

$$C_m^p + C_m^{p-1} C_n^1 + \ldots + C_{m-\alpha}^{p-\alpha} C_n^\alpha + \ldots + C_m^1 C_n^{p-1} + C_n^p = C_{m+n}^p$$

$$C_m^p - C_m^1 C_m^{p-1} + C_{m+1}^2 C_m^{p-2} + \ldots + (-1)^p C_{m+p-1}^p = 0.$$

Que devient la première relation quand on suppose $n = p = m$?

Si l'on représente par le symbole C_r^s non plus le nombre des combinaisons de r lettres prises s à s, mais la fraction $\dfrac{r(r-1)\ldots(r-s+1)}{s!}$, les deux relations précédentes subsistent quand, p restant toujours entier et positif, on remplace m par un nombre quelconque positif ou négatif.

4° Si m est un nombre impair, on a, pour $p < m - 1$, la relation

$$C_{m-1}^p - C_m^1 C_{m-2}^{p-1} + C_m^2 C_{m-3}^{p-2} + \ldots + (-1)^p C_m^p = (-1)^p.$$

5° Dans une permutation de n nombres 1, 2, ..., n, on dit qu'il y a dérangement quand un nombre est suivi immédiatement ou non d'un autre plus petit que lui ; démontrer que le nombre total D_n des dérangements contenus dans les permutations de ces n nombres est donné par la formule

$$D_n = P_n \frac{n(n-1)}{4}.$$

On établira la relation

$$D_n = n D_{n-1} + \frac{n-1}{2} P_n$$

qui, en posant $D_n = P_n \Delta_n$, *devient*

$$\Delta_n = \Delta_{n-1} + \frac{n-1}{2}.$$

Cette dernière relation donne facilement Δ_n.
On pourra aussi s'appuyer sur la propriété suivante :
Si l'on groupe ensemble les permutations inverses des nombres 1, 2, 3, ..., n, la somme des dérangements présentés par les deux permutations de chaque groupe est la même pour chacun d'eux.

On dit que deux permutations de n lettres sont inverses quand on passe de l'une à l'autre en renversant l'ordre des lettres.

6° Trouver de combien de manières on peut décomposer un polygone de n côtés en triangles par des diagonales.

En désignant ce nombre par P_p pour un polygone de p côtés, on établira les relations

$$P_{n+1} = P_n + P_{n-1}P_3 + P_{n-2}P_4 + \cdots + P_3 P_{n-1} + P_n$$

$$P_n = \frac{n}{2n-6} (P_{n-1}P_3 + P_{n-2}P_4 + \cdots + P_3 P_{n-1})$$

d'où l'on déduira l'égalité

$$P_{n+1} = \frac{4n-6}{n} P_n.$$

On obtient la première relation en calculant le nombre des décompositions dans lesquelles entre un triangle ayant pour base le côté $A_1 A_2$ d'un polygone de $n+1$ côtés.

On obtient la deuxième relation en calculant le nombre des décompositions dans lesquelles chacune des diagonales issues du sommet A_1 d'un polygone de n côtés est employée.

7° Trouver la somme S des carrés des coefficients du développement de $(x+a)^m$.

Réponse : $S = C_{2m}^m$ ou $S = \dfrac{2 \cdot 6 \cdot 10 \cdots (4m-2)}{m!}$.

Trouver la somme des produits deux à deux des mêmes coefficients.

8° On peut mettre l'expression $\left[a + b\left(x + \dfrac{1}{x}\right)\right]^n$ sous la forme

$$A_0 + A_1 \left(x + \frac{1}{x}\right) + A_2 \left(x^2 + \frac{1}{x^2}\right) + \cdots$$

Calculer les coefficients A_0, A_1, A_2 ...
Si l'on pose $\alpha\beta = b$, $\alpha^2 + \beta^2 = a$, on a identiquement

$$a + b\left(x + \frac{1}{x}\right) = (\alpha + \beta x)\left(\alpha + \frac{\beta}{x}\right)$$

Calculer, en partant de cette identité, le coefficient du terme indépendant de x et de $\dfrac{1}{x}$ dans le développement de $\left[a + b\left(x + \dfrac{1}{x}\right)\right]^n$.

Comparer les deux valeurs trouvées pour A_0 dans le cas ou l'on suppose $a = 2b$.

8° Trouver le coefficient de x^p dans le développement du produit

$$f(x) = (1 + ax)(1 + a^2 x) \cdots (1 + a^n x);$$

déduire de ce résultat la formule du binôme.

On comparera les expressions $f(x)$ et $f(ax)$.

9° Démontrer l'inégalité

$$\left(\frac{a_1+a_2+\ldots+a_n}{n}\right)^p < \frac{a_1^p+a_2^p+\ldots+a_n^p}{n},$$

$a_1, a_2, \ldots, a_n$ désignant des nombres positifs.

Déduire de là le minimum de la somme des puissances $p^{èmes}$ de n nombres positifs dont la somme est constante.

10° Si p est un nombre premier et a un entier quelconque, on a

$$a^p - a = (a-1)^p - (a-1) + \mathrm{E}p,$$

E désignant un nombre entier. — Déduire de cette relation le théorème de Fermat.

11° Trouver le maximum de $\sqrt[n]{n}$.

12° Démontrer les inégalités

$$\sqrt[n]{n} < n! < \left(\frac{n+1}{2}\right)^n.$$

CHAPITRE III

APPLICATIONS DE LA FORMULE DU BINOME

42. Nous nous proposons de trouver le développement de l'expression

$$(1) \qquad (a+b+c+\ldots+k+l)^m$$

ordonnée suivant les puissances des lettres a, b, $\ldots$, l.

Ce problème est une généralisation de la formule du binôme et peut être facilement résolu à l'aide de cette formule.

Le terme général du développement cherché est évidemment de la forme

$$C a^\alpha b^\beta \ldots l^\lambda,$$

le coefficient C étant indépendant de a, b, $\ldots$, l, et les entiers *non négatifs* α, β, $\ldots$, λ satisfaisant à la relation

$$(2) \qquad \alpha+\beta+\gamma+\ldots+\lambda=m.$$

Pour calculer le coefficient C, posons

$$x = b + c + \ldots + l;$$

l'expression (1) deviendra $(a+x)^m$, et, d'après la formule du binôme, la partie qui, dans le développement de $(a+x)^m$, contiendra a^α sera

$$(A) \qquad C_m^\alpha a^\alpha x^{m-\alpha} = \frac{P_m}{P_\alpha P_{m-\alpha}} a^\alpha x^{m-\alpha}.$$

Posons maintenant

$$y = c + d + \ldots + l,$$

nous aurons

$$x^{m-\alpha} = (b+y)^{m-\alpha}$$

et la partie qui, dans le développement de $(b+y)^{m-\alpha}$ contiendra b^β sera

$$\frac{P_{m-\alpha}}{P_\beta P_{m-\alpha-\beta}}\, b^\beta y^{m-\alpha-\beta}.$$

En mettant cette quantité au lieu de $x^{m-\alpha}$ dans l'expression (A), le résultat obtenu

$$(B) \qquad \frac{P_m}{P_\alpha P_\beta P_{m-\alpha-\beta}}\, a^\alpha b^\beta y^{m-\alpha-\beta}$$

représentera la partie qui, dans le développement de l'expression (1), contient la lettre a avec l'exposant α et la lettre b avec l'exposant β.

En continuant de la même manière, on sera ramené à calculer le terme en $k^\varkappa l^\lambda$ dans le développement d'une certaine puissance $m-\alpha-\beta-\ldots-\varphi$ du binôme $k+l$, et l'on trouvera que le terme général du développement de $(a+b+\ldots+l)^m$ a pour valeur

$$(U) \qquad \frac{P_m}{P_\alpha P_\beta \ldots P_\lambda}\, a^\alpha b^\beta \ldots l^\lambda.$$

Remarque. — Pour que l'expression précédente soit générale, il faut convenir de remplacer par l'unité le symbole P_0 qui n'a aucun sens par lui-même.

Supposons, par exemple, $\alpha = 0$, on devra, dans le développement de $(a+x)^m$, prendre le terme qui ne contient pas a, c'est-à-dire x^m. L'application de la méthode précédente donnera dans le développement de $(a+b+\ldots+l)^m$ le terme

$$(U') \qquad \frac{P_m}{P_\beta P_\gamma \ldots P_\lambda}\, b^\beta c^\gamma \ldots l^\lambda$$

les entiers non négatifs β, γ, $\ldots$, λ satisfaisant à la relation

$$\beta + \gamma + \ldots + \lambda = m.$$

Si l'on fait $\alpha = 0$ dans l'expression (U), elle devient

$$\frac{P_m}{P_0 P \ldots P_\lambda}\, b^\beta c^\gamma \ldots l^\lambda\,;$$

cette expression s'accordera avec la valeur (U′), si l'on convient de remplacer P_0 par l'unité.

Cette remarque étant faite, on peut poser

$$(3) \qquad (a + b + \ldots + l)^m = \Sigma \frac{P_m}{P_\alpha P_\beta \ldots P_\lambda} \, a^\alpha b^\beta \ldots l^\lambda,$$

le symbole Σ indiquant la somme de tous les termes obtenus en remplaçant les entiers non négatifs α, β, ..., λ par toutes les solutions de l'équation

$$\alpha + \beta + \ldots + \lambda = m.$$

43. Autre méthode. — On peut obtenir directement le développement de $(a + b + \ldots + l)^m$ sans se servir de la formule du binôme ; cette méthode directe donne comme cas particulier une nouvelle démonstration de la formule du binôme.

La quantité $(a + b + \ldots + l)^m$ est égale au produit

$$P = (a + b + \ldots + l)(a + b + \ldots + l) \ldots (a + b + \ldots + l)$$

de m facteurs égaux à $a + b + \ldots + l$.

D'après la règle de la multiplication, on obtiendra le produit P en faisant la somme des produits obtenus en prenant, *de toutes les manières possibles*, un terme et un seul, dans chaque facteur du produit P.

Si l'on prend la lettre a dans α facteurs, la lettre b dans β facteurs, ..., la lettre l dans λ facteurs, on obtiendra un terme U qui, abstraction faite de son coefficient C, sera de la forme

$$(u) \qquad\qquad a^\alpha b^\beta \ldots l^\lambda,$$

Pour calculer le coefficient C, écrivons dans un premier tableau T chaque terme de la forme (u) déduit, comme il a été dit, du produit P, en plaçant au premier rang la lettre prise dans le premier facteur, au deuxième rang la lettre prise dans le deuxième facteur et, en général, au n^e rang la lettre prise dans le n^e facteur.

Chaque terme du tableau T sera une permutation formée avec α lettres a, β lettres b, ..., λ lettres l, et toutes ces permutations seront distinctes.

Nous allons montrer maintenant que le tableau T contient *toutes* les permutations formées avec α lettres a, β lettres b, ..., λ lettres l.

Pour cela, imaginons le tableau T' de ces permutations et convenons, pour former les différents termes du tableau T', de prendre la première lettre de chacun d'eux dans le premier facteur du produit P, la deuxième dans le deuxième facteur et, en général, la n^e dans le n^e facteur.

En opérant ainsi, nous n'aurons jamais, pour former deux termes du tableau T', pris toutes les mêmes lettres dans les mêmes facteurs du produit P.

Il résulte de là que les tableaux T et T' sont identiques et que le coefficient inconnu C du terme (u) est égal au nombre des termes du tableau T', c'est-à-dire à

$$\frac{P_m}{P_\alpha P_\beta \ldots P_\lambda}.$$

On a donc

$$(3) \qquad (a+b+\ldots+l)^m = \Sigma \frac{P_m}{P_\alpha P_\beta \ldots P_\lambda} a^\alpha b^\beta \ldots l^\lambda,$$

le symbole $\dot{\Sigma}$ indiquant la somme de tous les termes obtenus en remplaçant les entiers non négatifs α, β, ..., λ par toutes les solutions de l'équation (2).

Remarque I. — Pour que la formule précédente soit générale, il faut encore convenir de remplacer par l'unité le symbole P_0.

On le voit en remarquant que le raisonnement précédent donne pour le coefficient du terme contenant b, c, ..., l, respectivement avec les exposants β, γ, ..., λ, l'expression

$$\frac{P_m}{P_\beta P_\gamma \ldots P_\lambda}.$$

Remarque II. — En posant $c = d = \ldots = l = 0$, l'égalité (3) devient.

$$(a+b)^m = \Sigma \frac{P_m}{P_\alpha P_{m-\alpha}} a^\alpha b^{m-\alpha} = \Sigma C_m^{m-\alpha} a^\alpha b^{m-\alpha};$$

on retrouve la formule du binôme.

44 Nombre des termes du développement de $(a + b + \ldots + l)^m$.
— Chaque terme de ce développement, abstraction faite du coefficient, est un produit de α facteurs égaux à a, de β facteurs égaux à b, $\ldots$, de λ facteurs égaux à l ; chacun des entiers α, β, $\ldots$, λ pouvant prendre les valeurs 0, 1, 2, $\ldots$, m, et le nombre total des facteurs étant toujours m.

Il résulte de là que les termes du développement représentent *toutes* les combinaisons *avec répétition* des r lettres a, b, $\ldots$, l, prises m à m.

En désignant par N le nombre des termes du développement, on a donc

$$N = \Gamma_r^m = C_{m+r-1}^m = C_{m+r-1}^{r-1} = \frac{(m+r-1)(m+r-2)\ldots(m+1)}{1.2\ldots(r-1)}.$$

45. Formation des différents termes du développement de $(a + b + \ldots + l)^m$. — La démonstration de l'égalité (3) déduite de la formule du binôme donne le moyen de calculer les différents termes du second membre de cette égalité.

En posant $x = b + c + \ldots + l$, on a

$$(a + b + \ldots + l)^m = a^m + C_m^1 a^{m-1} x + \ldots + C_m^\alpha a^\alpha x^{m-\alpha} + \ldots + x^m \, ;$$

on est donc ramené à développer des quantités de la forme x^p où x désigne un polynôme de $r - 1$ termes.

En posant $y = c + d + \ldots + l$, on sera ramené à développer des puissances d'un polynôme de $r - 2$ termes, et, en continuant de la même manière, on sera enfin ramené à développer des puissances d'un binôme.

Proposons-nous, par exemple, de développer $(a + b + c)^3$; on a

$$(a + b + c)^3 = [a + (b + c)]^3$$

ou

$$(a + b + c)^3 = a^3 + 3a^2(b + c) + 3a(b + c)^2 + (b + c)^3.$$

En développant $(b + c)^3$ et $(b + c)^2$, on trouve

$$(a + b + c)^3 = a^3 + b^3 + c^3 + 6abc + 3(a^2 b + a^2 c + b^2 a + b^2 c + c^2 a + c^2 b).$$

46. Autre méthode. — Le coefficient du terme $a^\alpha b^\beta \ldots l^\lambda$ du développement de $(a + b + \ldots + l)^m$ est

$$\frac{P_m}{P_\alpha P_\beta \ldots P_\lambda};$$

tout revient donc à former les termes de ce développement indépendamment de leurs coefficients. Quand on supprime les coefficients, les termes sont les combinaisons complètes des r lettres $a, b, \ldots, l$, prises m à m; il suffira donc de former le tableau de ces combinaisons complètes par la méthode indiquée au paragraphe 35.

47. Comme application du développement de $(a + b + \ldots + l)^m$, nous allons établir une proposition connue sous le nom de théorème de Fermat.

Dans ce développement, isolons les termes qui contiennent $a, b, \ldots, l$ avec l'exposant m; la formule (3) deviendra

$$(4) \quad (a + b + \ldots + l)^m = a^m + b^m + \ldots + l^m + \Sigma \frac{P_m}{P_\alpha P_\beta \ldots P_\lambda} a^\alpha b^\beta \ldots l^\lambda;$$

le symbole Σ indiquant ici la somme de tous les termes obtenus en remplaçant les entiers non négatifs α, β, $\ldots$, λ par toutes les solutions de l'équation

$$\alpha + \beta + \ldots + \lambda = m,$$

aucun de ces entiers ne pouvant prendre ni la valeur 0 ni la valeur m.

Supposons que m soit un nombre premier absolu, l'entier $\dfrac{P_m}{P_\alpha P_\beta \ldots P_\lambda}$ sera un multiple de m, puisque les entiers α, β, $\ldots$, λ sont moindres que m.

Cela posé dans la relation (4), posons $a = b = \ldots = l = 1$, nous aurons

$$r^m = r + \mathrm{E}\,m,$$

r désignant toujours le nombre des termes du polynôme $a + b + \ldots + l$, et E un nombre entier.

De la dernière relation, on tire

$$(5) \qquad r^{m} - r = \mathrm{E}\,m,$$

ce qui donne le théorème suivant :

Théorème. — *Si m est un nombre premier absolu et r un entier quelconque, la différence $r^{m} - r$ est divisible par m.*

Supposons maintenant que l'entier r, au lieu d'être quelconque, soit premier avec m, et mettons la relation (5) sous la forme

$$r(r^{m-1} - 1) = \mathrm{E}\,m.$$

Le nombre premier m divise le produit $r(r^{m-1} - 1)$, mais il ne divise pas r ; il divise donc le facteur $r^{m-1} - 1$, et l'on peut énoncer la proposition suivante, qui constitue le théorème de Fermat.

Théorème de Fermat. — *Tout nombre premier m qui ne divise pas un entier r divise la différence $r^{m-1} - 1$.*

La démonstration que nous venons de donner de ce théorème est due à Euler.

Sommation des puissances semblables des termes d'une progression arithmétique.

48. Soient

$$a \quad b \quad c \ \ldots \ h \quad l,$$

n termes consécutifs d'une progression arithmétique ayant pour raison le nombre r. Posons

$$\mathrm{S}_{p} = a^{p} + b^{p} + \ldots + h^{p} + l^{p},$$

l'exposant p étant entier ; nous nous proposons de calculer S_{p}.

On a identiquement

$$\left(x+\frac{r}{2}\right)^{p+1} - \left(x-\frac{r}{2}\right)^{p+1} = r\left\{\mathrm{C}^{1}_{p+1}x^{p} + \mathrm{C}^{3}_{p+1}x^{p-2}\left(\frac{r}{2}\right)^{2} + \mathrm{C}^{5}_{p+1}x^{p-4}\left(\frac{r}{2}\right)^{4} + \ldots\right\}.$$

Dans cette identité, remplaçons successivement x par les quantités

$$a \quad b = a + r \quad c = a + 2r \ldots h = a + (n-2)r \quad l = a + (n-1)r,$$

nous aurons les relations

$$\left\{a + \frac{r}{2}\right\}^{p+1} - \left\{a - \frac{r}{2}\right\}^{p+1} = r\left\{C_{p+1}^1 a^p + C_{p+1}^3 a^{p-2}\left(\frac{r}{2}\right)^2 + C_{p+1}^5 a^{p-4}\left(\frac{r}{2}\right)^4 + \ldots\right\}$$

$$\left\{a + \frac{3r}{2}\right\}^{p+1} - \left\{a + \frac{r}{2}\right\}^{p+1} = r\left\{C_{p+1}^1 b^p + C_{p+1}^3 b^{p-2}\left(\frac{r}{2}\right)^2 + C_{p+1}^5 b^{p-4}\left(\frac{r}{2}\right)^4 + \ldots\right\}$$

$$\cdots \cdots \cdots \cdots \cdots \cdots \cdots \cdots \cdots$$

$$\left\{a + \left(n - \frac{3}{2}\right)r\right\}^{p+1} - \left\{a + \left(n - \frac{5}{2}\right)r\right\}^{p+1} = r\left\{C_{p+1}^1 h^p + C_{p+1}^3 h^{p-2}\left(\frac{r}{2}\right)^2 + C_{p+1}^5 h^{p-4}\left(\frac{r}{2}\right)^4 + \ldots\right\}$$

$$\left\{a + \left(n - \frac{1}{2}\right)r\right\}^{p+1} - \left\{a + \left(n - \frac{3}{2}\right)r\right\}^{p+1} = r\left\{C_{p+1}^1 l^p + C_{p+1}^3 l^{p-2}\left(\frac{r}{2}\right)^2 + C_{p+1}^5 l^{p-4}\left(\frac{r}{2}\right)^4 + \ldots\right\}$$

En les ajoutant membre à membre, on obtient l'identité

$$(6) \quad \left\{a + \left(n - \frac{1}{2}\right)r\right\}^{p+1} - \left\{a - \frac{r}{2}\right\}^{p+1} = r\left\{C_{p+1}^1 S_p + C_{p+1}^3 \left(\frac{r}{2}\right)^2 S_{p-2} + C_{p+1}^5 \left(\frac{r}{2}\right)^4 S_{p-4} + \ldots\right.$$

Si p est pair, l'identité (6) a pour dernier terme

$$C_{p+1}^p \left(\frac{r}{2}\right)^p S_0 = \left(\frac{r}{2}\right)^p S_0$$

et devient

$$(7) \quad \left\{a + \left(n - \frac{1}{2}\right)r\right\}^{p+1} - \left\{a - \frac{r}{2}\right\}^{p+1} = r\left\{C_{p+1}^1 S_p + C_{p+1}^3 \left(\frac{r}{2}\right)^2 S_{p-2} + \ldots + \left(\frac{r}{2}\right)^p S_0\right\}.$$

On a $S_0 = n$, et la relation précédente, dans laquelle on remplacera successivement p par les nombres pairs 2, 4, 6, …, fera connaître de proche en proche S_2, S_4, S_6, …

Si p est impair, l'identité (6) a pour dernier terme

$$C_{p+1}^p \left(\frac{r}{2}\right)^{p-1} S_1 = (p+1)\left(\frac{r}{2}\right)^{p-1} S_1$$

et devient

$$(8) \quad \left\{a + \left(n - \frac{1}{2}\right)r\right\}^{p+1} - \left\{a - \frac{r}{2}\right\}^{p+1} = r\left\{C_{p+1}^1 S_p + C_{p+1}^3 \left(\frac{r}{2}\right)^2 S_{p-2} + \ldots + (p+1)\left(\frac{r}{2}\right)^{p-1} S_1\right\}$$

En y remplaçant successivement p par les nombres impairs $1, 3, 5, \ldots$, elle fera connaître de proche en proche $S_1, S_3, S_5, \ldots$

49. Considérons en particulier le cas où la progression est formée par les n premiers nombres entiers; on doit poser $a = 1, r = 1$, et

$$S_p = 1^p + 2^p + \cdots + n^p.$$

Les relations (7) et (8) deviennent

$$(9) \qquad \frac{(2n+1)^{p+1} - 1}{2^{p+1}} = C^1_{p+1} S_p + C^3_{p+1} \frac{1}{2^2} S_{p-2} + \cdots + \frac{1}{2^p} S_0,$$

p étant un nombre pair, et

$$(10) \qquad \frac{(2n+1)^{p+1} - 1}{2^{p+1}} = C^1_{p+1} S_p + C^3_{p+1} \frac{1}{2^2} S_{p-2} + \cdots + \frac{p+1}{2^{p-1}} S_1,$$

p étant un nombre impair.

Remarque. — Les formules (9) et (10) ont été établies par M. Gilbert à l'aide de considérations moins élémentaires (*Nouvelles Annales*, 2° série, tome VIII). Elles sont comprises dans la formule symbolique

$$(2n+1)^{p+1} - 1 = (2S+1)^{p+1} - (2S-1)^{p+1},$$

où l'on convient de regarder les exposants de S comme des *indices*.

50. Nous allons appliquer les formules (9) et (10) au calcul des sommes S_1, S_2, S_3.

1° Somme des n premiers nombres entiers. — Dans la formule (10), faisons $p = 1$, nous aurons

$$\frac{(2n+1)^2 - 1}{2^2} = 2S_1 \qquad \text{d'où} \qquad S_1 = \frac{n(n+1)}{2}.$$

2° **Somme des carrés des n premiers nombres entiers.** — Dans la formule (9), faisons $p = 2$, nous aurons

$$\frac{(2n+1)^3 - 1}{2^3} = 3\,S_2 + \frac{n}{2^2},$$

d'où

$$3\,S_2 = \frac{(2n+1)^3 - (2n+1)}{2^3} = \frac{2n+1}{2^3}\,[(2n+1)^2 - 1]$$

et enfin

$$S_2 = \frac{n(n+1)(2n+1)}{6}.$$

3° **Somme des cubes des n premiers nombres entiers.** — Dans la formule (10), faisons $p = 3$, nous aurons

$$\frac{(2n+1)^4 - 1}{2^4} = 4\,S_3 + S_1,$$

d'où

$$4\,S_3 = \frac{[(2n+1)^2 + 1]n(n+1)}{2^2} - \frac{n(n+1)}{2} = \frac{n(n+1)}{2^2}\,[(2n+1)^2 - 1]$$

et enfin

$$S_3 = \left[\frac{n(n+1)}{2}\right]^2 = S_1^2.$$

Sommation des piles de boulets.

Les projectiles sont aujourd'hui de deux espèces : les uns, destinés aux canons rayés, ont une forme cylindro-conique ; les autres, destinés aux pièces lisses, ont une forme sphérique.

51. Projectiles cylindro-coniques. — On dispose sur un terrain horizontal une première file de projectiles se touchant deux à deux tout le long de deux génératrices des parties cylindriques ; nous désignerons par n le nombre des boulets de cette première file. Au-dessus de cette première file et dans les intervalles laissés par deux projectiles consécutifs, on place une seconde file qui contient $n - 1$ projectiles. Au-dessus de la deuxième file, on en place une troisième contenant $n - 2$ projectiles, et ainsi de suite.

L'avant-dernière file contient deux projectiles et la dernière un seul.

Le nombre des projectiles contenus dans le triangle ainsi formé est égal à la somme des n premiers nombres entiers ou à $\dfrac{n(n+1)}{2}$.

Pour obtenir plus de solidité, on juxtapose un certain nombre p de triangles identiques à celui dont nous venons d'indiquer la formation. Le nombre total des projectiles contenus dans la pile ainsi constituée est

$$p\,\dfrac{n(n+1)}{2}.$$

52. Projectiles sphériques. — Les projectiles sphériques ou boulets sont disposés de manière à former des piles ayant pour base un carré, un triangle ou un rectangle.

Pile carrée ou quadrangulaire. — La base de cette pile est un carré formé par n files de n boulets juxtaposés; le nombre des boulets de cette base est n^2. Au-dessus de cette base et dans chacun des creux laissés par les boulets qui la composent, on place un boulet; on obtient ainsi une seconde assise qui a la forme d'un carré dont le côté contient $n-1$ boulets.

En continuant de la même manière, on obtient une pile dont l'avant-dernière assise contient 4 boulets et la dernière un seul.

Le nombre des boulets de cette pile est égal à la somme des carrés des n premiers nombres ou à

$$\dfrac{n(n+1)(2n+1)}{6}.$$

Pile triangulaire. — La base de cette pile est un triangle équilatéral formé par n files de boulets juxtaposés; ces files contiennent respectivement n, $n-1$, ..., 2, 1 boulets, et le nombre des boulets de la base est

$$\dfrac{n(n+1)}{2}=\dfrac{n^2}{2}+\dfrac{n}{2}.$$

Sur cette base, en choisissant convenablement les creux laissés par les boulets qui la composent, on peut placer une deuxième assise qui a la forme d'un triangle équilatéral dont le côté contient $n-1$ boulets.

En continuant de la même manière, on obtient une pile dont l'avant-dernière assise contient 3 boulets et la dernière un seul.

Le nombre des boulets de la base étant $\dfrac{n^2}{2}+\dfrac{n}{2}$, on voit que le nombre des boulets de la pile est égal à la demi-somme des n premiers nombres entiers augmentée de la demi-somme de leurs carrés, c'est-à-dire à

$$\frac{n(n+1)}{4}+\frac{n(n+1)(2n+1)}{12}=\frac{n(n+1)(n+2)}{6}.$$

Pile rectangulaire. — La base de cette pile est un rectangle formé par des files de boulets juxtaposés. Nous représenterons par p le nombre des boulets contenus dans le plus petit côté du rectangle, et par $p+r$ le nombre des boulets contenus dans le plus grand côté.

Au-dessus de la base, comme dans la pile quadrangulaire, on dispose une seconde assise ayant la forme d'un rectangle dont le petit côté contient $p-1$ boulets et le plus grand $p-1+r$ boulets. En continuant de la même manière, on obtient une pile dans laquelle l'avant-dernière assise est un rectangle dont le plus petit côté contient 2 boulets et le plus grand côté en contient $2+r$. La dernière assise est formée par une file de $1+r$ boulets.

Le nombre des boulets contenus dans la base a pour expression $p(p+r)=p^2+rp$, donc le nombre total des boulets de la pile sera

$$\sum_{x=1}^{x=p}x^2+r\sum_{x=1}^{x=p}x=\frac{p(p+1)(2p+1)}{6}+r\frac{p(p+1)}{2}$$

ou, après réduction,

$$\frac{p(p+1)(3r+2p+1)}{6}.$$

53. Remarque. — On voit que la sommation des piles de boulets repose sur la formule qui donne la somme des carrés des n premiers nombres entiers.

Il est facile d'établir rapidement cette formule sans la déduire des formules générales démontrées au paragraphe 49.

On a identiquement

$$\left(x+\frac{1}{2}\right)^3 - \left(x-\frac{1}{2}\right)^3 = 3x^2 + \frac{1}{4}.$$

En remplaçant x successivement par les nombres $n, n-1\ldots 2, 1$, on obtient les relations

$$\left(n+\frac{1}{2}\right)^3 - \left(n-\frac{1}{2}\right)^3 = 3n^2 + \frac{1}{4}$$

$$\left(n-\frac{1}{2}\right)^3 - \left(n-\frac{3}{2}\right)^3 = 3(n-1)^2 + \frac{1}{4}$$

$$\cdot \quad \cdot \quad \cdot \quad \cdot \quad \cdot \quad \cdot \quad \cdot \quad \cdot$$

$$\left(\frac{5}{2}\right)^3 - \left(\frac{3}{2}\right)^3 = 3.2^2 + \frac{1}{4}$$

$$\left(\frac{3}{2}\right)^3 - \left(\frac{1}{2}\right)^3 = 3.1^2 + \frac{1}{4}$$

qui donnent par addition

$$\left(n+\frac{1}{2}\right)^3 - \left(\frac{1}{2}\right)^3 = 3S_2 + \frac{n}{4}.$$

On tire de là

$$3S_2 = \left(n+\frac{1}{2}\right)\left[\left(n+\frac{1}{2}\right)^2 - \frac{1}{2^2}\right] = \left(n+\frac{1}{2}\right)n(n+1),$$

puis

$$S_2 = \frac{n(n+1)(2n+1)}{6}.$$

EXERCICES

1° Le nombre de manières dont on peut amener une somme de points égale à p avec μ dés à jouer est le coefficient de x^p dans le développement de $(x + x^2 + x^3 + x^4 + x^5 + x^6)^\mu$.

2° Si l'on pose $S_p = 1^p + 2^p + \ldots + n^p$, la somme S_p est un polynôme entier par rapport à $n + \dfrac{1}{2}$ et de la forme

$$A_0\left(n + \frac{1}{2}\right)^{p+1} + A_2\left(n + \frac{1}{2}\right)^{p-1} + A_3\left(n + \frac{1}{2}\right)^{p-3} + \ldots$$

elle ne contient que des puissances paires de $\left(n + \dfrac{1}{2}\right)$ si p est impair, et que des puissances impaires du même binôme si p est pair.

La somme S_p est divisible par S_3 quand p est impair et plus grand que l'unité; elle est divisible par S_2 quand p est pair sans être nul. (**Jacobi.**)

3° Étant donné le produit continuel

$$P = (x + 1)(x + 2)(x + 3) \ldots (x + n - 1)$$

on propose de le développer suivant les puissances de x.

En posant

$$P = x^{n-1} + A_1 x^{n-2} + \ldots + A_p x^{n-p-1} + \ldots + A_{n-1}$$

on a

$$p A_p = C_n^{p+1} + C_{n-1}^p A_1 + C_{n-2}^{p-1} A_2 + \ldots + C_{n-p+1}^2 A_{p-1}.$$

Démontrer que si n est un nombre premier, les entiers $A_1, A_2, \ldots, A_{n-2}$ sont divisibles par n et que la somme $A_{n-1} + 1$ est aussi divisible par n.

Déduire de là le théorème de Wilson.

En général, quel que soit le nombre entier x, la somme

$$P - x^{n-1} + 1$$

est divisible par le nombre n, si ce nombre est premier.

Déduire de cette dernière remarque le théorème de Fermat.

(La démonstration du théorème de Wilson indiquée dans cet exercice est due à Lagrange; elle paraît être la première que l'on ait donnée de ce théorème.) **Œuvres de Lagrange** (t. III, p. 425).

4° On désigne par S_μ la somme des puissances μ^{es} des termes d'une progression arithmétique, par a le premier terme, par l le dernier et par r la raison; démontrer la formule symbolique

$$l^{m+1} - a^{m+1} = (S + r)^{m+1} - S^{m+1}.$$

Dans le développement du second membre, on regarde les exposants de S comme des indices.

5° Sur un terrain horizontal, on juxtapose des boulets de manière à former un hexagone régulier dont le côté contient n boulets.

Montrer que sur cette base on peut, en plaçant des boulets dans des intervalles convenablement choisis, disposer une assise de boulets ayant la forme d'un hexagone irrégulier dont trois côtés non consécutifs contiennent n boulets et les trois autres $n-1$ boulets.

Sur cette seconde assise, on pourra en placer une troisième ayant la forme d'un hexagone régulier dont le côté contiendra $n-1$ boulets.

En continuant de la même manière, on arrivera à une assise ayant la forme d'un hexagone régulier dont le côté contiendra 2 boulets. L'assise suivante aura la forme d'un triangle équilatéral contenant 3 boulets, et la dernière assise se composera d'un seul boulet.

Démontrer que le nombre des boulets contenus dans la pile ainsi obtenue est égal à $n\dfrac{4n^2-3n+1}{2}$.

6° On considère un carré ABCD divisé en n^2 carrés ou cases par des parallèles à ses côtés, et dans chaque case on écrit des nombres.

Pour faire les sommes de ces nombres, on peut additionner séparément ceux qui sont écrits dans chaque ligne parallèle à AB et ajouter les résultats.

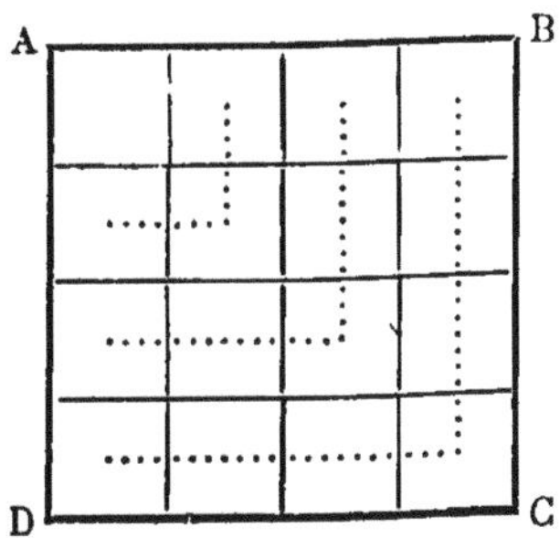

On peut aussi additionner les nombres écrits dans les cases de la ligne et de la colonne de rang p, en partant des côtés AD, AB, jusqu'à la case commune à cette ligne et à cette colonne, et ajouter les résultats obtenus pour chaque groupe de ligne et de colonne. En égalant les deux sommes ainsi formées, on obtient des résultats remarquables si l'on choisit convenablement les nombres écrits dans les cases.

Cas particuliers. — *Les nombres écrits dans les cases sont tous égaux à l'unité;* on trouve la relation

$$1+3+5+\ldots+2n-1=n^2.$$

Les nombres écrits dans les cases de chaque ligne parallèle à AB *à partir du côté* AD *sont les n premiers nombres entiers;* on trouve la relation

$$3S_2-S_1=n^2(n+1),$$

qui fait connaître la somme des carrés des n premiers nombres.

Les nombres écrits dans les cases forment une table de Pythagore donnant les produits deux à deux des n premiers nombres; on trouve la relation

$$S_3 = (S_1)^2.$$

Les nombres écrits dans les cases sont les carrés des termes de la table de Pythagore; on trouve la relation

$$2S_5 + S_3 = 3(S_2)^2;$$

on a posé suivant l'usage

$$S_\mu = 1^\mu + 2^\mu + \ldots + n^\mu.$$

Ed. Lucas.

CHAPITRE IV

TRIANGLE ARITHMÉTIQUE DE PASCAL

54. Nous allons faire connaître un tableau de nombres appelé *triangle arithmétique* de Pascal, et montrer comment on peut en déduire les formules

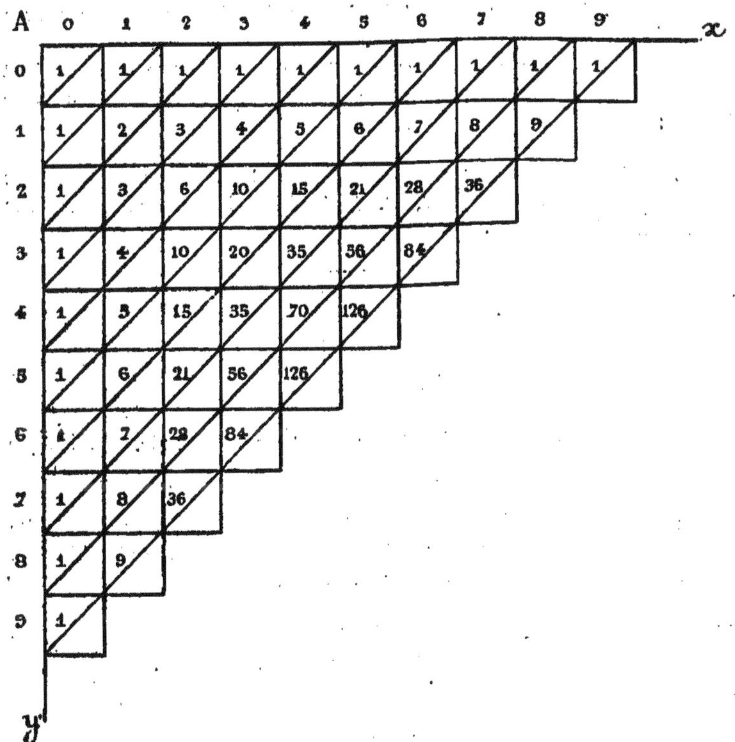

des combinaisons ordinaires ou complètes ainsi que la formule du binôme.

Nous conserverons la disposition adoptée par Pascal pour la formation du triangle arithmétique.

D'un point quelconque A, menons une horizontale Ax, une verticale Ay, et, sur chacune de ces deux droites, prenons à partir du point A une suite de longueurs égales que nous désignerons par les indices 0, 1, 2, 3, ..., placés sur Ax et sur Ay.

Par les points de division de Ax menons des verticales et par les points de division de Ay menons des horizontales, nous formerons des carrés que Pascal a appelés *cellules*.

Les lignes qui joignent les points de division de Ax et de Ay équidistants du point A forment avec Ax et Ay des triangles rectangles; elles sont appelées *bases*.

La base ayant pour extrémités les points de division qui occupent sur Ax et sur Ay les rangs $n+1$ à partir du point A, est considérée comme ayant l'indice n.

Les cellules placées dans une même rangée verticale forment une *colonne*, et les cellules placées dans une même rangée horizontale forment une *ligne*.

Les nombres écrits sur Ax sont les indices de colonnes, et les nombres écrits sur Ay sont les indices de lignes.

Dans les cellules des colonnes et des lignes dont l'indice est 0 on écrit l'unité, et dans les autres cellules des nombres formés d'après la règle suivante :

Règle. — *Le nombre d'une cellule quelconque* C *est égal à la somme des nombres écrits dans les cellules* C′, C″, *placées immédiatement l'une au-dessus de* C *et l'autre à sa gauche.*

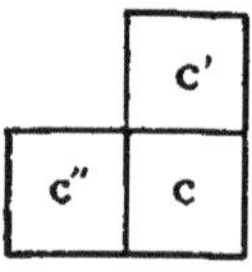

Le tableau des nombres ainsi obtenus constitue le triangle arithmétique de Pascal.

Remarque. — De la loi de formation du triangle arithmétique, il résulte que les nombres écrits dans deux cellules situées sur une même base à égale distance de ses extrémités sont égaux entre eux.

55. Nombres figurés. — Les nombres écrits dans les cellules d'une ligne quelconque d'indice p sont appelés *nombres figurés d'ordre p*.

Ainsi, les nombres figurés de l'ordre zéro sont

$$1 \quad 1 \quad 1 \quad ...$$

Ceux du premier ordre sont

$$1 \quad 2 \quad 3 \quad 4 \quad ..$$

Ceux du deuxième ordre sont

$$1 \quad 3 \quad 6 \quad 10 \quad \ldots$$

et ainsi de suite.

Nous désignerons par le symbole F_m^p le m^e nombre figuré de l'ordre p.

Ce nombre est dans la ligne d'indice p, dans la colonne d'indice $m-1$ et sur la base d'indice $m+p-1$.

D'après la loi de formation du triangle arithmétique, on a la relation

$$(1) \qquad F_m^p = F_m^{p-1} + F_{m-1}^p.$$

Remarque. — Il est bon d'observer que l'on a $F_m^0 = 1$ quel que soit m, et $F_1^p = 1$ quel que soit p.

PROPRIÉTÉS DES NOMBRES FIGURÉS.

56. Théorème I. — *Le m^e nombre figuré de l'ordre p est égal à la somme des m premiers nombres figurés de l'ordre $p-1$.*

En effet, en ajoutant les relations

$$F_m^p = F_m^{p-1} + F_{m-1}^p \quad F_{m-1}^p = F_{m-1}^{p-1} + F_{m-2}^p \cdots \quad F_2^p = F_2^{p-1} + F_1^p$$

et remarquant que $F_1^p = 1 = F_1^{p-1}$, on obtient l'égalité

$$(2) \qquad F_m^p = F_m^{p-1} + F_{m-1}^{p-1} + \cdots + F_2^{p-1} + F_1^{p-1}.$$

57. Expression du nombre figuré F_m^p en fonction de m et de p. — Pour obtenir l'expression du nombre figuré F_m^p en fonction de m et de p, nous nous appuierons sur le lemme suivant démontré par Pascal.

Lemme. — *Soient F_m^p, F_{m-1}^{p+1} deux nombres figurés situés dans deux cellules a, b contiguës sur une même base d'indice $m+p-1$; on a la relation*

$$\frac{F_m^p}{F_{m-1}^{p+1}} = \frac{p+1}{m-1}.$$

Cette relation est vraie pour les cellules de la base dont l'indice est 1, car les nombres écrits dans les deux cellules qui correspondent à cette base sont

$$1 = F_1^1 \quad 1 = F_2^0$$

et l'on a bien

$$\frac{F_2^0}{F_1^1} = \frac{1}{1}.$$

Tout revient donc à démontrer que si la propriété est vraie pour la base d'indice $m+p-2$, par exemple, elle subsiste pour la suivante, dont l'indice est $m+p-1$.

Considérons sur la base d'indice $m+p-2$ trois cellules contiguës a', b', c', situées respectivement dans les lignes d'indices $p-1, p, p+1$, et dans les colonnes d'indices $m-1, m-2, m-3$; les nombres figurés écrits dans ces cellules seront respectivement F_m^{p-1}, F_{m-1}^{p}, F_{m-2}^{p+1}.

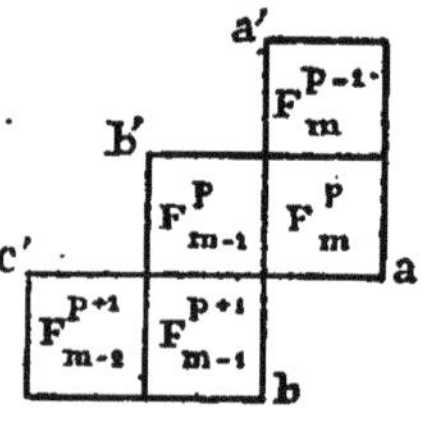

Par hypothèse, on a les relations

$$\frac{F_m^{p-1}}{F_{m-1}^p} = \frac{p}{m-1} \qquad \frac{F_{m-1}^p}{F_{m-2}^{p+1}} = \frac{p+1}{m-2},$$

d'où l'on déduit

$$\frac{F_m^{p-1}+F_{m-1}^p}{F_{m-1}^p} = \frac{m+p-1}{m-1} \qquad \frac{F_{m-1}^p}{F_{m-1}^p+F_{m-2}^{p+1}} = \frac{p+1}{m+p-1},$$

c'est-à-dire

$$\frac{F_m^p}{F_{m-1}^p} = \frac{m+p-1}{m-1} \qquad \frac{F_{m-1}^p}{F_{m-1}^{p+1}} = \frac{p+1}{m+p-1}.$$

En multipliant membre à membre les deux dernières égalités, on obtient la relation

$$(3) \qquad \frac{F_m^p}{F_{m-1}^{p+1}} = \frac{p+1}{m-1}.$$

Mais les nombres F_m^p, F_{m-1}^{p+1} sont écrits dans deux cellules contiguës a, b de la base d'indice $m+p-1$; la première est adjacente aux cellules a', b', et la deuxième est adjacente aux cellules b', c'.

Le lemme énoncé est donc démontré.

Cela posé, la relation (3) peut être écrite de la manière suivante :

$$F_{m-\alpha}^{p+\alpha} = \frac{p+1+\alpha}{m-1-\alpha} F_{m-1-\alpha}^{p+1+\alpha}.$$

En remplaçant successivement α par les nombres 0, 1, 2, ..., $m-2$, on obtient les égalités

$$F_m^p = \frac{p+1}{m-1} F_{m-1}^{p+1}$$

$$F_{m-1}^{p+1} = \frac{p+2}{m-2} F_{m-2}^{p+2}$$

$$\cdots\cdots\cdots\cdots\cdots$$

$$\cdots\cdots\cdots\cdots\cdots$$

$$F_2^{m+p-2} = \frac{m+p-1}{1} F_1^{m+p-1}.$$

En les multipliant membre à membre et remarquant que $F_1^{m+p-1}=1$, on a, pour exprimer F_m^p, la formule

(4)
$$F_m^p = \frac{(p+1)(p+2)\ldots(m+p-1)}{1.2\ldots(m-1)},$$

que l'on peut encore écrire de la manière suivante :

(5)
$$F_m^p = \frac{m(m+1)\ldots(m+p-1)}{1.2\ldots p},$$

en supposant toutefois $p \leqq 0$.

Ces formules donnent

$$F_m^0 = 1 \qquad F_m^1 = \frac{m}{1} \qquad F_m^2 = \frac{m(m+1)}{1.2} \qquad F_m^3 = \frac{m(m+1)(m+2)}{1.2.3} \ldots$$

APPLICATIONS DU TRIANGLE ARITHMÉTIQUE

58. Combinaisons ordinaires. — Théorème. — *Les nombres écrits sur la base d'indice m et dans les colonnes d'indices* 1, 2, 3, ..., *sont respectivement égaux au nombre des combinaisons ordinaires de m lettres prises une à une, deux à deux, trois à trois, etc.*

Le théorème est vrai pour la base d'indice 1 ; il sera donc général si l'on démontre qu'étant supposé vrai pour la base d'indice $m-1$, il subsiste pour la base d'indice m.

Soient a, b deux cellules contiguës de la base d'indice $m-1$ et placées respectivement dans les colonnes d'indices p et $p-1$.

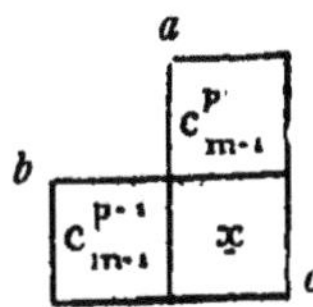

Par hypothèse, les nombres écrits dans les cellules a et b sont égaux à C_{m-1}^{p} et C_{m-1}^{p-1}. D'un autre côté, d'après la loi de formation du triangle arithmétique, le nombre x écrit dans la cellule c contiguë à la fois aux cellules a, b et située sur la base d'indice m satisfera à la relation

$$x = C_{m-1}^{p-1} + C_{m-1}^{p};$$

donc on a $x = C_{m}^{p}$. (§ 30. — **Démonstration directe.**)

Expression de C_{m}^{p}. — La cellule c, où est écrit le nombre C_{m}^{p}, étant sur la base d'indice m et dans la colonne d'indice p, se trouve dans la ligne d'indice $m - p$.

On a donc

$$C_{m}^{p} = F_{p+1}^{m-p} = \frac{m(m-1)\ldots(m-p+1)}{1.2.. \; p}.$$

Combinaisons complètes. — Lemme. — *Le nombre des combinaisons complètes de m lettres prises p à p est égal au nombre des combinaisons complètes de m — 1 lettres prises p à p plus le nombre des combinaisons complètes de m lettres prises p — 1 à p — 1.*

En effet, les combinaisons complètes des m lettres a, b, ..., l prises p à p peuvent être divisées en deux groupes : le premier groupe contenant toutes les combinaisons qui renferment la lettre a par exemple, et le deuxième groupe toutes celles qui ne renferment pas cette lettre.

Le nombre des combinaisons du premier groupe est égal à Γ_{m}^{p-1}; en effet, pour les obtenir, il suffit de former d'abord les combinaisons complètes des m lettres prises $p - 1$ à $p - 1$, puis d'ajouter à chacune d'elles la lettre a. Quant au nombre des combinaisons du deuxième groupe, il est évidemment égal à celui des combinaisons complètes des $m - 1$ lettres b, c, ..., l prises p à p ou à Γ_{m-1}^{p}.

On a donc

$$\Gamma_{m}^{p} = \Gamma_{m}^{p-1} + \Gamma_{m-1}^{p}.$$

Cette relation est absolument semblable à celle qui lie les nombres figurés F_{m}^{p}, F_{m}^{p-1}, F_{m-1}^{p}; de plus, on vérifie sans difficulté que l'on a $F_{m}^{1} = \Gamma_{m}^{1}$ et $F_{m}^{2} = \Gamma_{m}^{2}$; par suite on a,

$$F_{m}^{p} = \Gamma_{m}^{p}.$$

On peut donc énoncer le théorème suivant :

Théorème III. — *Le m⁰ nombre figuré d'ordre p est égal au nombre des combinaisons complètes de m lettres prises p à p.*

Somme des puissances semblables des n **premiers nombres entiers.** — On a $F_{n}^{1} = n$; donc

$$S_{1} = F_{1}^{1} + F_{2}^{1} + \ldots + F_{n}^{1} = F_{n}^{2} = \frac{n(n+1)}{2}.$$

On a $F_n^2 = \dfrac{n(n+1)}{2} = \dfrac{n^2}{2} + \dfrac{n}{2}$; donc

$$\frac{S_2 + S_1}{2} = F_1^2 + F_2^2 + \cdots + F_n^2 = F_n^3 = \frac{n(n+1)(n+2)}{6}.$$

On tire de là

$$S_2 = \frac{n(n+1)(n+2)}{3} - S_1 = \frac{n(n+1)(2n+1)}{6}.$$

L'expression de F_n^3 fera connaître S_3, celle de F_n^4 fera connaître S_4, et ainsi de suite.

Piles de boulets. — Les nombres des boulets contenus dans les différentes assises de la pile triangulaire sont respectivement égaux à F_n^2, F_{n-1}^2, ..., F_1^2; donc le nombre total des boulets contenus dans cette pile est égal à F_n^3 ou à $\dfrac{n(n+1)(n+2)}{6}$.

Remarque I. — Les nombres figurés du deuxième ordre qui représentent le nombre des boulets contenus dans les triangles équilatéraux formant les assises de la pile triangulaire ont été appelés par Pascal *nombres triangulaires*.

Les nombres figurés du troisième ordre qui représentent le nombre des boulets contenus dans les piles triangulaires ont été appelés *nombres pyramidaux*.

Remarque II. — Le triangle arithmétique permettant de calculer la somme S_2 des carrés des n premiers nombres entiers donne aussi la somme des boulets contenus dans les piles quadrangulaires et rectangulaires; en effet, la sommation de ces piles se déduit, comme nous l'avons vu, de l'expression de S_2.

Formule du binôme. — **Lemme.** — *Si* 1, A_1, A_2, ..., *sont les coefficients des termes du développement de* $(x+a)^m$, *les nombres*

$$1 \qquad 1+A_1 \qquad A_1+A_2 \qquad \cdots$$

seront les coefficients des termes du développement de $(x+a)^{m+1}$.

En effet, si l'on multiplie par $x+a$ la relation

$$(x+a)^m = x^m + A_1 a x^{m-1} + A_2 a^2 x^{m-2} + \cdots + A_m a^m$$

qui a lieu par hypothèse, on obtient l'égalité

$$(x+a)^{m+1} = x^{m+1} + (1+A_1) a x^m + (A_1+A_2) a^2 x^{m-1} + \cdots + A_m a^{m+1}.$$

La loi de récurrence qui permet de déduire des coefficients de $(x+a)^m$ ceux de $(x+a)^{m+1}$ est justement la loi de formation du triangle arithmétique;

d'un autre côté, les nombres écrits sur la base d'indice 1 de ce triangle sont les coefficients de $(x + a)^1$; donc les nombres écrits sur la base d'indice 2 sont les coefficients du développement de $(x + a)^2$ et, en général, les nombres écrits sur la base d'indice m sont les coefficients du développement de $(x + a)^m$ ordonné par rapport aux puissances décroissantes de x.

Dans cette base, le nombre écrit dans la cellule placée dans la colonne d'indice p est C_m^p; donc le terme général du développement de $(x + a)^m$ est

$$C_m^p\, a^p\, x^{m-p}.$$

EXERCICES

1° Étant donnée la progression arithmétique $a_1, a_2, \ldots, a_n$ dont la raison est r, trouver la somme

$$a_1 a_2 \ldots a_p + a_2 a_3 \ldots a_{p+1} + \cdots + a_{n-p+1} \ldots a_n.$$

On s'appuiera sur l'identité

$$a_q a_{q+1} \ldots a_{q+p} - a_{q-1} a_q \ldots a_{q+p-1} = (p+1)\, r \cdot a_q a_{q+1} \ldots a_{q+p-1}.$$

Appliquer le résultat trouvé à la progression formée par les n premiers nombres entiers; en déduire de proche en proche les expressions des nombres figurés des ordres 2, 3, …

2° Démontrer que la somme des carrés des nombres écrits sur la base d'indice m du triangle de Pascal est égale au nombre écrit sur la base d'indice $2m$ dans la cellule placée à égale distance des extrémités de cette base.

CHAPITRE V

THÉORIE ÉLÉMENTAIRE DES DÉTERMINANTS

59. Inversions. — Soient n nombres

$$r_1, r_2, \ldots, r_{n-1}, r_n$$

formant une suite croissante; on pourra former avec les éléments de cette suite des permutations dont le nombre est égal au produit $1.2.3.\ldots(n-1).n$.

On dit que, dans une permutation, deux éléments quelconques présentent une *inversion* quand celui de ces éléments qui occupe le premier rang, à partir de la gauche, est plus grand que l'autre élément, ce qui a lieu ici quand l'indice du premier élément est supérieur à l'indice du deuxième.

Par exemple dans la permutation

$$r_3\, r_2\, r_4\, r_1$$

il y a quatre inversions; elles se présentent entre les éléments

$$(r_3, r_2), \quad (r_3, r_1), \quad (r_2, r_1), \quad (r_4, r_1).$$

Dans la permutation

$$r_4\, r_2\, r_3\, r_1$$

il y a cinq inversions; elles se présentent entre les éléments

$$(r_4, r_2), \quad (r_4, r_3), \quad (r_4, r_1), \quad (r_2, r_1), \quad (r_3, r_1).$$

On divise en deux classes les permutations des nombres

$$r_1, r_2, \ldots, r_n.$$

On dit qu'une permutation est de *première* classe ou de classe *paire* quand elle contient un nombre *pair* d'inversions, et qu'elle est de *deuxième* classe ou de classe *impaire* quand elle contient un nombre *impair* d'inversions.

Ainsi la permutation $r_3 r_2 r_4 r_1$ appartient à la première classe, et la permutation $r_4 r_2 r_3 r_1$ à la deuxième classe.

60. Théorème. — *Une permutation change de classe quand on échange deux éléments.*

Nous distinguerons deux cas :

1° *On échange deux éléments consécutifs.* — Soit

$$(1) \qquad A\, r_\alpha r_\beta\, B$$

une permutation dans laquelle A représente l'ensemble des éléments qui précèdent r_α, et B l'ensemble de ceux qui suivent r_β.

Si l'on échange les deux éléments consécutifs r_α, r_β, la permutation devient

$$(2) \qquad A\, r_\beta r_\alpha\, B.$$

Ces deux permutations sont de classes différentes.

En effet, on trouve le même nombre d'inversions dans chacune d'elles, en comparant deux à deux tous les éléments r_p, r_q, tels que *l'un au moins* des indices p ou q ne soit pas égal à α ou à β, car ces éléments s'y succèdent alors dans le même ordre.

Il suffit donc de comparer les éléments r_α, r_β. Comme une des deux permutations $r_\alpha r_\beta$, $r_\beta r_\alpha$ présente une inversion et que l'autre n'en présente pas, les permutations (1) et (2) sont de classes différentes.

2° *On échange deux éléments non consécutifs.* — Soit

$$(3) \qquad A r_\alpha B r_\beta C$$

une permutation dans laquelle A désigne l'ensemble des éléments qui précèdent r_α, C l'ensemble de ceux qui suivent r_β et B l'ensemble des éléments placés entre r_α et r_β; nous désignerons par p le nombre des éléments contenus dans B.

Faisons rétrograder l'élément r_β successivement de $p + 1$ rangs vers la gauche, nous obtiendrons la permutation

$$(4) \qquad A\,r_\beta r_\alpha\,BC.$$

Dans la permutation (4), faisons avancer successivement l'élément r_α de p rangs vers la droite, nous obtiendrons la permutation

$$(5) \qquad A r_\beta B r_\alpha C.$$

En résumé, la permutation (5) peut se déduire de la permutation (3) en effectuant successivement $p+1+p = 2p+1$ échanges entre deux éléments consécutifs; donc ces permutations sont de classes différentes.

Corollaire. — *Le nombre des permutations de première classe est égal à celui des permutations de deuxième classe.*

Soient, en effet, deux éléments r_α, r_β; on peut faire correspondre à une permutation quelconque $A r_\alpha B r_\beta C$ la permutation de classe différente $A r_\beta B r_\alpha C$.

Définition du déterminant d'un système de n^2 éléments.

61. Notations. — Soient n^2 quantités disposées de manière à former un tableau carré T contenant n rangées horizontales et n rangées verticales.

On donne aux rangées horizontales le nom de *lignes*, et aux rangées verticales le nom de *colonnes;* il y a n éléments dans chaque ligne et n éléments dans chaque colonne.

Pour faciliter le langage, nous représenterons un élément quelconque par le symbole

$$a_\alpha^\beta \qquad (\alpha, \beta) = 1, 2, \ldots, n.$$

L'indice inférieur α marquera le rang de la ligne et l'indice supérieur β marquera le rang de la colonne dans lesquels se trouve l'élément a_α^β.

Nous appellerons *indice de ligne* l'indice inférieur α et *indice de colonne* l'indice supérieur β.

Cela étant, le tableau T présentera la disposition suivante :

$$
\text{(T)} \qquad
\begin{aligned}
&a_1^1 \, a_1^2 \, \ldots \, a_1^n \\
&a_2^1 \, a_2^2 \, \ldots \, a_2^n \\
&\ \ \vdots \qquad \vdots \\
&a_n^1 \, a_n^2 \, \ldots \, a_n^n
\end{aligned}
$$

62. Définition. — *On appelle déterminant d'un système de n^2 éléments a_α^β, disposés suivant n lignes et n colonnes de manière à former un tableau carré T, la somme algébrique des produits obtenus en prenant, de toutes les manières possibles, un élément et un seul, dans chaque ligne et dans chaque colonne de ce tableau.*

Ces produits sont appelés *termes* du déterminant et chacun d'eux est affecté d'un signe qui est fixé par la règle suivante.

Règle des signes. — *On fait précéder un terme du signe $+$ quand le nombre total des inversions des indices de lignes et de colonnes est pair; on le fait précéder du signe $-$ quand ce nombre est impair.*

Remarques. — 1° De la définition d'un déterminant il résulte que, dans chacun de ses termes, l'ordre des facteurs est arbitraire ; il est donc nécessaire, pour légitimer la règle des signes, de montrer que la parité du nombre total des inversions des indices de lignes et de colonnes est indépendante de l'ordre des facteurs.

Cela résulte de ce qu'en permutant deux facteurs dans un terme on permute en même temps deux indices de lignes et deux indices de colonnes; chacune des deux permutations formées par ces indices change donc de classe et, par suite, le nombre total des inversions ne change pas de parité.

2° Si l'on désigne par i le nombre total des inversions des indices de lignes et de colonnes dans un terme du déterminant, on peut dire que le signe placé devant ce terme sera celui de $(-1)^i$.

3° Convenons de représenter par le symbole

$$(\alpha_1 \, \alpha_2 \, \ldots \, \alpha_n)$$

un nombre égal à $+1$ ou à -1, suivant que la permutation $\alpha_1 \alpha_2 \ldots \alpha_n$, formée avec les nombres $1, 2, \ldots, n$, appartient à la classe paire ou à la classe impaire, un terme quelconque du déterminant aura pour expression

$$(\alpha_1 \alpha_2 \ldots \alpha_n)(\beta_1 \beta_2 \ldots \beta_n)\, a_{\alpha_1}^{\beta_1} a_{\alpha_2}^{\beta_2} \ldots a_{\alpha_n}^{\beta_n}.$$

63. Représentation symbolique d'un déterminant. — On représente un déterminant D en plaçant un trait vertical à la droite et à la gauche du tableau T ; on a donc

$$D = \begin{vmatrix} a_1^1 & a_1^2 & \ldots & a_1^n \\ a_2^1 & a_2^2 & \ldots & a_2^n \\ \cdot & \cdot & \cdot & \cdot \\ a_n^1 & a_n^2 & \ldots & a_n^n \end{vmatrix}.$$

Degré d'un déterminant. — Chaque terme d'un déterminant de n^2 éléments est un produit de n de ces éléments ; pour cette raison, nous dirons que ce déterminant est du *degré n*.

Terme principal. — Les éléments a_1^1, a_2^2, $\ldots$, a_n^n sont appelés éléments *principaux*, et la diagonale qui les contient s'appelle diagonale *principale*.

Le produit

$$a_1^1 a_2^2 \ldots a_n^n$$

des éléments principaux est le *terme principal* du déterminant D.

MÉTHODE POUR DÉDUIRE TOUS LES TERMES D'UN DÉTERMINANT
DU TERME PRINCIPAL

64. Dans l'expression

$$(\alpha_1 \alpha_2 \ldots \alpha_n)(\beta_1 \beta_2 \ldots \beta_n)\, a_{\alpha_1}^{\beta_1} a_{\alpha_2}^{\beta_2} \ldots a_{\alpha_n}^{\beta_n}$$

d'un terme quelconque du déterminant, on peut changer l'ordre des facteurs a_α^β de manière à amener les indices inférieurs, par exemple, à occuper l'ordre $1, 2, 3, \ldots, n$, et cette expression prendra la forme

$$(1\, 2 \ldots n)(\beta_1 \beta_2 \ldots \beta_n)\, a_1^{\beta_1} a_2^{\beta_2} \ldots a_n^{\beta_n}$$

ou plus simplement

$$(\beta_1 \beta_2 \ldots \beta_n)\, a_1^{\beta_1} a_2^{\beta_2} \ldots a_n^{\beta_n},$$

car on a $(1\ 2\ 3\ \ldots\ n) = +\,1$.

Le déterminant D sera la somme des résultats obtenus en remplaçant successivement dans l'expression précédente la suite $\beta_1, \beta_2, \ldots, \beta_n$ des indices supérieurs par toutes les permutations des nombres 1, 2, 3, ..., n; on a donc

$$D = \Sigma\, (\beta_1 \beta_2 \ldots \beta_n)\, a_1^{\beta_1} a_2^{\beta_2} \ldots a_n^{\beta_n}.$$

Ainsi on peut déduire tous les termes du déterminant D du terme principal

$$a_1^1 a_2^2 a_3^3 \ldots a_n^n$$

en permutant les indices supérieurs de ce terme principal sans changer l'ordre des indices inférieurs; on fait précéder chaque terme ainsi obtenu du signe $+$ ou du signe $-$ suivant que la permutation de ses indices supérieurs appartient à la classe paire ou à la classe impaire.

Remarque I. — Tout ce qui précède reste vrai quand on remplace les mots *indices supérieurs* par les mots *indices inférieurs*, et inversement; on a donc aussi

$$D = \Sigma\, (\alpha_1 \alpha_2 \ldots \alpha_n)\, a_{\alpha_1}^1 a_{\alpha_2}^2 \ldots a_{\alpha_n}^n.$$

Remarque II. — Au lieu de prendre les nombres 1, 2, ..., n pour désigner les indices de lignes et de colonnes, on pourrait choisir les termes d'une suite *quelconque* de n nombres *croissants*

$$r_1\, r_2 \ldots r_n.$$

Si l'on représente par $\alpha_1 \alpha_2 \ldots \alpha_n$ et par $\beta_1 \beta_2 \ldots \beta_n$ deux permutations de ces n nombres, le produit

$$(\alpha_1 \alpha_2 \ldots \alpha_n)(\beta_1 \beta_2 \ldots \beta_n)\, a_{\alpha_1}^{\beta_1} a_{\alpha_2}^{\beta_2} \ldots a_{\alpha_n}^{\beta_n}$$

sera un terme quelconque du déterminant D, et l'on aura

$$D = \Sigma\, (\beta_1 \beta_2 \ldots \beta_n)\, a_{r_1}^{\beta_1} a_{r_2}^{\beta_2} \ldots a_{r_n}^{\beta_n}$$

et

$$D = \Sigma\,(\alpha_1\,\alpha_2\,\ldots\,\alpha_n)\,a_{\alpha_1}^{r_1}\,a_{\alpha_2}^{r_2}\,\ldots\,a_{\alpha_n}^{r_n}.$$

65. Nombre des termes d'un déterminant de degré n. — La méthode que nous avons donnée pour déduire tous les termes d'un déterminant de degré n de son terme principal montre que le nombre total des termes est égal à celui des permutations de n nombres distincts, c'est-à-dire au produit $1.\,2.\,3.\,\ldots\,n$.

Le nombre des permutations de la classe paire étant égal à celui des permutations de la classe impaire, on en conclut que dans un déterminant il y a autant de termes affectés du signe $+$ que de termes affectés du signe $-$.

Application. — Soit le déterminant du troisième degré

$$D = \begin{vmatrix} x & y & z \\ x' & y' & z' \\ x'' & y'' & z'' \end{vmatrix}.$$

Représentons ses éléments par le symbole

$$a_\alpha^\beta \quad \text{avec} \quad (\alpha,\beta) = 1, 2, 3$$

nous aurons

$$D = \begin{vmatrix} a_1^1 & a_1^2 & a_1^3 \\ a_2^1 & a_2^2 & a_2^3 \\ a_3^1 & a_3^2 & a_3^3 \end{vmatrix}$$

et en permutant les indices supérieurs du terme principal $a_1^1\,a_2^2\,a_3^3$

$$D = +\,a_1^1 a_2^2 a_3^3 - a_1^1 a_2^3 a_3^2 + a_1^3 a_2^1 a_3^2 - a_1^2 a_2^1 a_3^3 + a_1^2 a_2^3 a_3^1 - a_1^3 a_2^2 a_3^1.$$

Remplaçons les symboles a_α^β par leurs valeurs, nous obtiendrons

$$D = xy'z'' - xz'y'' + zx'y'' - yx'z'' + yz'x'' - zy'x''.$$

Propriétés élémentaires des déterminants.

66. Théorème I. — *Si dans un déterminant* D *on permute chaque ligne avec la colonne de même rang, on obtient un nouveau déterminant* D' *qui est égal au premier.*

En effet, après ces permutations, l'élément qui, dans le déterminant D, se trouve dans la ligne de rang α et dans la colonne de rang β viendra se placer dans la ligne de rang β et dans la colonne de rang α du déterminant D'. Cet élément sera donc représenté dans les deux déterminants par le même symbole a_α^β, pourvu que, dans le nouveau déterminant D', on convienne de prendre les indices supérieurs pour indices de lignes et les indices inférieurs pour indices de colonnes.

Un terme quelconque du déterminant D

$$(\alpha_1\, \alpha_2\, \ldots\, \alpha_n)\, (\beta_1\, \beta_2\, \ldots\, \beta_n)\, a_{\alpha_1}^{\beta_1}\, a_{\alpha_2}^{\beta_2}\, \ldots\, a_{\alpha_n}^{\beta_n}$$

sera donc aussi un terme du déterminant D', et on aura

$$D' = D.$$

Théorème II. — *Si, dans un déterminant* D, *on permute les éléments homologues de deux lignes ou de deux colonnes, on obtient un nouveau déterminant* D' *qui est égal au premier multiplié par* — 1.

Soit, en effet,

$$T = (\alpha_1\, \alpha_2\, \ldots\, \alpha_p\, \ldots\, \alpha_q\, \ldots\, \alpha_n)\, (\beta_1\, \beta_2\, \ldots\, \beta_p\, \ldots\, \beta_q\, \ldots\, \beta_n)\, A\,g\,B\,h\,C$$

un terme quelconque du déterminant D, pour lequel g désigne l'élément pris dans la ligne et dans la colonne de rangs α_p, β_p, et h l'élément pris dans la ligne et dans la colonne de rangs α_q, β_q.

Supposons, pour fixer les idées, qu'on permute les éléments homologues des lignes de rangs α_p, α_q.

Dans le déterminant D' ainsi obtenu, l'élément g appartiendra toujours à la colonne de rang β_p, mais il sera dans la ligne de rang α_q; de même l'élément h appartiendra toujours à la colonne de rang β_q, mais il sera dans la ligne de rang α_p.

Il y aura donc dans le déterminant D' le terme

$$T' = (\alpha_1\, \alpha_2\, \ldots\, \alpha_q\, \ldots\, \alpha_p\, \ldots\, \alpha_n)\, (\beta_1\, \beta_2\, \ldots\, \beta_p\, \ldots\, \beta_q\, \ldots\, \beta_n)\, A\,g\,B\,h\,C$$

qui ne diffère du terme T que par l'échange des indices α_p, α_q dans le coefficient $(\alpha_1\, \alpha_2\, \ldots\, \alpha_p\, \ldots\, \alpha_q\, \ldots\, \alpha_n)$ du terme T; on en conclut que $T' = -T$.

Les déterminants D et D′ ayant leurs termes égaux deux à deux et de signes contraires, il en résulte

$$D' = -D.$$

Corollaire I. — Si l'on fait successivement p permutations des éléments homologues de deux lignes ou de deux colonnes d'un déterminant D, et qu'on appelle D′ le nouveau déterminant ainsi obtenu, on aura

$$D' = (-1)^p D.$$

Corollaire II. — Si, dans un déterminant D, on permute les lignes et les colonnes de manière que les lignes de rangs $\alpha_1, \alpha_2, \ldots, \alpha_n$ et les colonnes de rangs $\beta_1, \beta_2, \ldots, \beta_n$ soient disposées dans l'ordre $1, 2, \ldots, n$, et qu'on appelle D′ le nouveau déterminant ainsi obtenu, on aura

$$(\alpha_1 \alpha_2 \ldots \alpha_n)(\beta_1 \beta_2 \ldots \beta_n) D' = D.$$

En effet, les deux membres de cette égalité ne peuvent différer que par le signe; il suffit donc de montrer qu'un terme du premier membre figure au second membre avec le même signe. Or, le terme principal de D′ étant $a_{\alpha_1}^{\beta_1} a_{\alpha_2}^{\beta_2} \ldots a_{\alpha_n}^{\beta_n}$, il y a au premier membre le terme

$$(\alpha_1 \alpha_2 \ldots \alpha_n)(\beta_1 \beta_2 \ldots \beta_n) \, a_{\alpha_1}^{\beta_1} a_{\alpha_2}^{\beta_2} \ldots a_{\alpha_n}^{\beta_n},$$

et on sait que ce terme appartient aussi à D.

Corollaire III. — *Un déterminant est nul quand il a deux lignes ou deux colonnes identiques.*

En effet, si on permute les éléments homologues de deux lignes ou de deux colonnes identiques, le déterminant ne change pas; mais, d'après le théorème II, il est multiplié par -1; on a donc

$$D = -D$$

et par suite

$$D = 0.$$

Développement d'un déterminant.

67. Nous commencerons par définir ce que l'on entend par *déterminants mineurs* d'un déterminant D.

Définitions. — *On appelle déterminants mineurs du premier ordre d'un déterminant* D *les déterminants obtenus en supprimant une ligne et une colonne dans le déterminant proposé.*

Si le déterminant D est de degré n, ses déterminants mineurs du premier ordre sont de degré $n-1$, et leur nombre est n^2.

En général, on appelle déterminants mineurs de l'ordre p *les déterminants obtenus en supprimant* p *lignes et* p *colonnes dans le déterminant* D.

Nous désignerons par D_α^β le déterminant mineur du premier ordre obtenu en supprimant dans D la ligne de rang α et la colonne de rang β; nous dirons que ce déterminant mineur correspond à l'élément a_α^β.

En général, nous désignerons par le symbole $D_{\alpha_1 \alpha_2 \ldots \alpha_p}^{\beta_1 \beta_2 \ldots \beta_p}$ le déterminant mineur d'ordre p obtenu en supprimant dans D les lignes de rangs α_1, α_2, ..., α_p, et les colonnes de rangs β_1, β_2, ..., β_p; enfin nous désignerons par le symbole $D\left({\beta_1 \beta_2 \ldots \beta_p \atop \alpha_1 \alpha_2 \ldots \alpha_p}\right)$ le déterminant de degré p déduit de D, en prenant les éléments communs aux lignes de rangs $\alpha_1, \alpha_2, \ldots, \alpha_p$ et aux colonnes de rangs $\beta_1, \beta_2, \ldots, \beta_p$.

Nous dirons que les deux déterminants

$$D_{\alpha_1 \alpha_2 \ldots \alpha_p}^{\beta_1 \beta_2 \ldots \beta_p} \qquad D\left({\beta_1 \beta_2 \ldots \beta_p \atop \alpha_1 \alpha_2 \ldots \alpha_p}\right)$$

sont *correspondants* ou *complémentaires*.

Théorème III. — *Quand tous les éléments de la première ligne ou de la première colonne d'un déterminant* D *sont nuls à l'exception du premier* a_1^1, *ce déterminant est égal au produit de l'élément* a_1^1 *par le déterminant mineur du premier ordre correspondant.*

Soient le déterminant

$$D = \begin{vmatrix} a_1^1 & a_1^2 & a_1^3 & \ldots & a_1^n \\ 0 & a_2^2 & a_2^3 & \ldots & a_2^u \\ 0 & a_3^2 & a_3^3 & \ldots & a_3^n \\ \vdots & \vdots & \vdots & & \\ 0 & a_n^2 & a_n^3 & \ldots & a_n^n \end{vmatrix}$$

dans lequel tous les éléments de la première colonne sont nuls à l'exception de l'élément a_1^1, et

$$D_1^1 = \begin{vmatrix} a_2^2 & a_2^3 & \ldots & a_2^n \\ a_3^2 & a_3^3 & \ldots & a_3^n \\ \vdots & & & \\ a_n^2 & a_n^3 & \ldots & a_n^n \end{vmatrix}$$

le déterminant mineur correspondant à cet élément, nous allons démontrer que l'on a

$$D = a_1^1 D_1^1.$$

On sait que

$$D = \Sigma (\alpha_1 \alpha_2 \ldots \alpha_n) a_{\alpha_1}^1 a_{\alpha_2}^2 \ldots a_{\alpha_n}^n ;$$

or, $a_{\alpha_1}^1$ est nul quand α_1 n'est pas égal à l'unité. Pour avoir dans D des termes qui ne soient pas nuls, on devra donc prendre $\alpha_1 = 1$; les termes ainsi obtenus contiendront a_1^1 en facteur et l'on aura

$$D = a_1^1 \Sigma (1 \, \alpha_2 \alpha_3 \ldots \alpha_n) a_{\alpha_2}^2 a_{\alpha_3}^3 \ldots a_{\alpha_n}^n.$$

Dans cette formule, le symbole Σ désigne la somme de tous les termes obtenus en prenant pour α_2, α_3, $\ldots \alpha_n$ toutes les permutations des nombres

$$2, 3, \ldots n.$$

Comme le nombre 1 est plus petit que chacun d'eux, on a

$$(1 \, \alpha_2 \alpha_3 \ldots \alpha_n) = (\alpha_2 \alpha_3 \ldots \alpha_n)$$

et par suite

$$D = a_1^1 \Sigma (\alpha_2 \alpha_3 \ldots \alpha_n) a_{\alpha_2}^2 a_{\alpha_3}^3 \ldots a_{\alpha_n}^n = a_1^1 D_1^1.$$

Théorème IV. — *Quand tous les éléments de la ligne de rang α ou de la colonne de rang β d'un déterminant D sont nuls à l'exception de l'élément a_α^β, ce déterminant est égal au produit de l'élément a_α^β par le déterminant mineur correspondant multiplié préalablement par $(-1)^{\alpha + \beta}$.*

Supposons que l'on ait

$$a_1^\beta = a_2^\beta = \ldots = a_{\alpha-1}^\beta = a_{\alpha+1}^\beta = \ldots a_n^\beta = 0 \quad \text{et} \quad a_\alpha^\beta \gtrless 0 ;$$

nous allons démontrer que l'on a

$$D = (-1)^{\alpha+\beta} a_\alpha^\beta D_\alpha^\beta.$$

Pour ramener ce cas au précédent, permutons : 1° la ligne de rang α successivement avec chacune de celles qui la précèdent ; 2° la colonne de rang β successivement avec chacune de celles qui la précèdent.

Nous aurons permuté successivement $\alpha - 1$ lignes et $\beta - 1$ colonnes ; donc le déterminant Δ ainsi obtenu sera lié au déterminant D par la relation

$$\Delta = D \, (-1)^{\alpha+\beta-2},$$

d'où l'on déduit

$$D = \Delta \, (-1)^{\alpha+\beta}.$$

Dans Δ, tous les éléments de la première colonne sont nuls, à l'exception du premier qui est a_α^β, on a donc

$$\Delta = a_\alpha^\beta \Delta_1^1$$

ou bien

$$\Delta = a_\alpha^\beta D_\alpha^\beta,$$

car $\Delta_1^1 = D_\alpha^\beta$. On conclut de là la relation

$$D = (-1)^{\alpha+\beta} a_\alpha^\beta D_\alpha^\beta.$$

Ce dernier théorème va nous permettre de ramener le développement d'un déterminant de degré n au développement de plusieurs déterminants de degré $n - 1$.

Si l'on se reporte à la définition des déterminants, on voit que chaque terme d'un déterminant D contient un élément et *un seul*, appartenant à la colonne de rang β par exemple ; ce déterminant est donc une fonction linéaire et homogène des éléments de cette colonne, et l'on peut poser

$$(6) \qquad D = A_1^\beta a_1^\beta + A_2^\beta a_2^\beta + \ldots + A_\alpha^\beta a_\alpha^\beta + \ldots + A_n^\beta a_n^\beta.$$

Les coefficients A_1^β, A_2^β, ..., A_α^β, ..., A_n^β sont indépendants des éléments de la colonne de rang β ; on pourra donc, pour les calculer, attribuer telles valeurs que l'on voudra à ces éléments.

Cherchons, par exemple, le coefficient A_α^β; il suffira de poser

$$a_1^\beta = a_2^\beta = \ldots = a_{\alpha-1}^\beta = a_{\alpha+1}^\beta = \ldots = a_n^\beta = 0,$$

$$a_\alpha^\beta = 1.$$

Si l'on désigne par D' la valeur que prend alors le déterminant D, on aura d'après la formule précédente

$$D' = A_\alpha^\beta.$$

D'un autre côté, le théorème IV donne

$$D' = (-1)^{\alpha+\beta} D_\alpha^\beta$$

donc on a

$$A_\alpha^\beta = (-1)^{\alpha+\beta} D_\alpha^\beta$$

et la formule (6) devient

$$(7) \quad D = (-1)^{\beta+1} (D_1^\beta a_1^\beta - D_2^\beta a_2^\beta + \ldots + (-1)^{n-1} D_n^\beta a_n^\beta).$$

En ordonnant le déterminant par rapport aux éléments de la ligne de rang α, on trouvera de la même manière

$$(8) \quad D = (-1)^{\alpha+1} (D_\alpha^1 a_\alpha^1 - D_\alpha^2 a_\alpha^2 + \ldots + (-1)^{n-1} D_\alpha^n a_\alpha^n).$$

En particulier, si l'on prend $\beta = 1$ et $\alpha = 1$, on a

$$(9) \quad D = D_1^1 a_1^1 - D_2^1 a_2^1 + \ldots + (-1)^{n-1} D_n^1 a_n^1$$

et

$$(10) \quad D = D_1^1 a_1^1 - D_1^2 a_1^2 + \ldots + (-1)^{n-1} D_1^n a_1^n.$$

Les relations (7) ou (8) ramènent le développement du déterminant D de degré n au développement de n déterminants de degré $n-1$; chacun de ces derniers pourra être calculé au moyen de $n-1$ déterminants de degré $n-2$, et ainsi de suite. On sera conduit finalement à développer plusieurs déterminants du deuxième degré dont on a immédiatement les valeurs.

68. Exemple I. — Développer le déterminant

$$D = \begin{vmatrix} x & y & z \\ x' & y' & z' \\ x'' & y'' & z'' \end{vmatrix}.$$

En ordonnant par rapport aux éléments de la première colonne, on a

$$D = x \begin{vmatrix} y' & z' \\ y'' & z'' \end{vmatrix} - x' \begin{vmatrix} y & z \\ y'' & z'' \end{vmatrix} + x'' \begin{vmatrix} y & z \\ y' & z' \end{vmatrix}$$

ou

$$D = x(y'z'' - y''z') - x'(yz'' - y''z) + x''(yz' - y'z).$$

Exemple II. — Développer le déterminant

$$D = \begin{vmatrix} 0 & 1 & 1 & 1 \\ 1 & 0 & c^2 & b^2 \\ 1 & c^2 & 0 & a^2 \\ 1 & b^2 & a^2 & 0 \end{vmatrix}.$$

En ordonnant par rapport aux éléments de la première colonne, on a

$$D = - \begin{vmatrix} 1 & 1 & 1 \\ c^2 & 0 & a^2 \\ b^2 & a^2 & 0 \end{vmatrix} + \begin{vmatrix} 1 & 1 & 1 \\ 0 & c^2 & b^2 \\ b^2 & a^2 & 0 \end{vmatrix} - \begin{vmatrix} 1 & 1 & 1 \\ 0 & c^2 & b^2 \\ c^2 & 0 & a^2 \end{vmatrix}.$$

En ordonnant de même chacun de ces trois nouveaux déterminants par rapport aux éléments de sa première ligne, on a

$$D = -(-a^4 + a^2b^2 + a^2c^2) + (-a^2b^2 + b^4 - b^2c^2) - (a^2c^2 + b^2c^2 - c^4)$$

ou

$$D = a^4 + b^4 + c^4 - 2b^2c^2 - 2c^2a^2 - 2a^2b^2.$$

Règle de Sarrus pour développer un déterminant du troisième degré.

69. Considérons le déterminant du troisième degré

$$D = \begin{vmatrix} a & b & c \\ a' & b' & c' \\ a'' & b'' & c'' \end{vmatrix}.$$

Sous les trois lignes de ce déterminant, écrivons successivement la première ligne, puis la deuxième; nous obtiendrons le
tableau rectangulaire suivant :

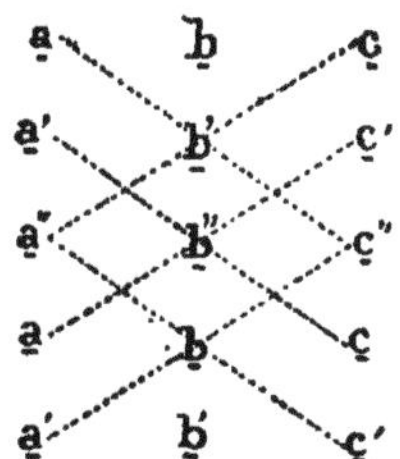

Dans ce tableau, traçons la diagonale principale du carré formé
par les éléments du déterminant D, et menons-lui deux parallèles
par les éléments a' et a''; traçons de même la deuxième diagonale
du déterminant D, et menons-lui deux parallèles par les éléments c' et c''. Chacune de ces six lignes rencontrera trois
éléments du tableau.

Cela posé, on vérifie sans difficulté que le déterminant D est
égal à la somme des produits des éléments situés respectivement
dans les trois premières lignes, diminuée de la somme des produits des éléments situés respectivement dans les trois dernières
lignes.

En appliquant la règle de Sarrus, on a

$$D = ab'c'' + a'b''c + a''bc' - a''b'c - ab''c' - a'bc''.$$

70. Le théorème III conduit immédiatement aux deux propositions suivantes :

Théorème V. — *Lorsque tous les éléments situés d'un côté de la
diagonale principale sont nuls, le déterminant se réduit à son
terme principal.*

En appliquant le théorème III successivement aux déterminants D, D_1^1, D_{12}^{12}, D_{123}^{123}, ..., on obtient en effet

$$D = a_1^1 a_2^2 a_3^3 \ldots a_n^n.$$

Remarque. — Lorsque tous les éléments situés d'un côté de la deuxième diagonale sont nuls, le déterminant se réduit au produit des éléments de cette diagonale multiplié par $(-1)^{\frac{n(n-1)}{2}}$.

Le seul terme qui ne soit pas nul est, en effet,

$$(12 \ldots n)(n\,n-1\,n-2 \ldots 21)\,a_1^n a_2^{n-1} a_3^{n-2} \ldots a_{n-1}^2 a_n^1$$

ou

$$(-1)^{\frac{n(n-1)}{2}}\,a_1^n a_2^{n-1} a_3^{n-2} \ldots a_{n-1}^2 a_n^1.$$

Théorème VI. — *On peut, sans changer la valeur d'un déter-minant de degré n, élever son degré d'une unité; il suffit de le border d'abord supérieurement par une ligne dont les n derniers éléments sont nuls, puis à gauche par une colonne dont le premier élément est égal à l'unité, les n derniers étant quelconques.*

Ainsi on a, quels que soient α, β, γ

$$\begin{vmatrix} a & b & c \\ a' & b' & c' \\ a'' & b'' & c'' \end{vmatrix} = \begin{vmatrix} 1 & 0 & 0 & 0 \\ \alpha & a & b & c \\ \beta & a' & b' & c' \\ \gamma & a'' & b'' & c'' \end{vmatrix}.$$

71. Reprenons les relations

$$(6) \qquad D = A_1^\beta a_1^\beta + A_2^\beta a_2^\beta + \ldots + A_n^\beta a_n^\beta$$

et

$$(6') \qquad D = A_\alpha^1 a_\alpha^1 + A_\alpha^2 a_\alpha^2 + \ldots + A_\alpha^n a_\alpha^n$$

elles mettent en évidence plusieurs propriétés des déterminants que nous allons faire connaître.

Théorème VII. — *Quand on multiplie par un même nombre tous les éléments d'une ligne ou d'une colonne, le déterminant est multiplié par ce nombre.*

En effet, si l'on multiplie par k tous les éléments de la colonne de rang β ou tous ceux de la ligne de rang α, les seconds membres des relations (6) ou (6') sont multipliés par k.

Corollaire. — *Un déterminant est nul quand les éléments homologues de deux lignes ou de deux colonnes sont proportionnels.*

En effet, si l'on a par exemple

$$\frac{a_\alpha^1}{a_\beta^1} = \frac{a_\alpha^2}{a_\beta^2} = \ldots = \frac{a_\alpha^n}{a_\beta^n} = h;$$

en multipliant par h tous les éléments de la ligne de rang β du déterminant D, on obtiendra un nouveau déterminant hD qui sera nul comme ayant deux lignes identiques.

Ainsi le déterminant

$$D = \begin{vmatrix} 1 & -2 & 2 \\ -1 & 2 & 3 \\ -3 & 6 & 1 \end{vmatrix}$$

est nul, car les éléments de la deuxième colonne sont respectivement égaux aux éléments homologues de la première colonne multipliés par -2.

Théorème VIII. — *Si tous les éléments d'une ligne ou d'une colonne d'un déterminant D sont des polynômes contenant m termes, ce déterminant est égal à la somme de m déterminants déduits du premier en réduisant successivement chacun de ces polynômes aux termes de rangs 1, 2, …, m.*

Supposons, par exemple, que l'on ait

$$a_1^\beta = p_1 + q_1 + r_1$$
$$a_2^\beta = p_2 + q_2 + r_2$$
$$\vdots$$
$$a_n^\beta = p_n + q_n + r_n.$$

En portant ces valeurs dans la relation (6), on aura

$$D = \begin{cases} A_1^\beta p_1 + A_2^\beta p_2 + \ldots + A_n^\beta p_n \\ + A_1^\beta q_1 + A_2^\beta q_2 + \ldots + A_n^\beta q_n \\ + A_1^\beta r_1 + A_2^\beta r_2 + \ldots + A_n^\beta r_n. \end{cases}$$

Le théorème est démontré, car, dans la relation précédente, les sommes écrites dans les lignes horizontales sont respectivement égales aux déterminants déduits de D, en remplaçant successivement les éléments de la colonne de rang β par $p_1, p_2, \ldots, p_n$, puis par $q_1, q_2, \ldots, q_n$, et enfin par $r_1, r_2 \ldots, r_n$.

Corollaire. — *Un déterminant* D *ne change pas de valeur quand on ajoute aux éléments d'une ligne ou d'une colonne les éléments homologues d'une autre ligne ou d'une autre colonne, préalablement multipliés par un même nombre.*

En effet, le nouveau déterminant est la somme du déterminant D et d'un deuxième déterminant qui est nul comme ayant deux lignes ou deux colonnes composées d'éléments proportionnels.

En appliquant plusieurs fois de suite la transformation précédente, on est conduit au théorème suivant :

Théorème IX. — *Un déterminant* D *ne change pas de valeur quand on ajoute aux éléments d'une ligne ou d'une colonne les éléments homologues de plusieurs autres lignes ou colonnes, après avoir multiplié les éléments de chacune de ces lignes ou colonnes par un même nombre.*

Applications.

72. Les théorèmes que nous venons d'établir sont d'une grande utilité ; ils permettent souvent de transformer les déterminants et d'en simplifier le calcul. Nous allons le montrer sur quelques exemples.

Dans ce qui suit, pour faciliter le langage, nous désignerons par L_α et par C_β la ligne de rang α et la colonne de rang β.

Exemple I. — *Calculer le déterminant*

$$D = \begin{vmatrix} 1 & 4 & 3 & 4 \\ 2 & 9 & 8 & 14 \\ 3 & 16 & 18 & 44 \\ 4 & 22 & 26 & 69 \end{vmatrix}.$$

Ajoutons respectivement aux lignes L_2, L_3, L_4 les produits de la ligne L_1 par $-2, -3, -4$, nous aurons

$$D = \begin{vmatrix} 1 & 4 & 3 & 4 \\ 0 & 1 & 2 & 6 \\ 0 & 4 & 9 & 32 \\ 0 & 6 & 14 & 53 \end{vmatrix} = \begin{vmatrix} 1 & 2 & 6 \\ 4 & 9 & 32 \\ 6 & 14 & 53 \end{vmatrix}.$$

Ajoutons aux colonnes C_2 et C_3 de ce dernier déterminant les produits de la colonne C_1 par -2 et -6, nous aurons

$$D = \begin{vmatrix} 1 & 2 & 6 \\ 4 & 9 & 32 \\ 6 & 14 & 53 \end{vmatrix} = \begin{vmatrix} 1 & 0 & 0 \\ 4 & 1 & 8 \\ 6 & 2 & 17 \end{vmatrix} = \begin{vmatrix} 1 & 8 \\ 2 & 17 \end{vmatrix} = 1.$$

Exemple II. — *Calculer le déterminant*

$$D = \begin{vmatrix} 0 & 1 & 1 & 1 \\ 1 & 0 & c^2 & b^2 \\ 1 & c^2 & 0 & a^2 \\ 1 & b^2 & a^2 & 0 \end{vmatrix}.$$

Multiplions chacune des lignes de ce déterminant par abc, nous aurons

$$a^4 b^4 c^4 D = \begin{vmatrix} 0 & abc & abc & abc \\ abc & 0 & abc^3 & acb^3 \\ abc & abc^3 & 0 & bca^3 \\ abc & acb^3 & bca^3 & 0 \end{vmatrix}.$$

Dans ce nouveau déterminant, divisons d'abord les lignes L_2, L_3, L_4, puis les colonnes C_2, C_3, C_4 respectivement par bc, ca, ab, nous aurons

$$(A) \qquad D = \begin{vmatrix} 0 & a & b & c \\ a & 0 & c & b \\ b & c & 0 & a \\ c & b & a & 0 \end{vmatrix}.$$

Sous cette forme, on voit que D est un polynôme entier et homogène du quatrième degré par rapport aux lettres a, b, c; ce polynôme est divisible par $a+b+c$, car, si à la ligne L_1 on ajoute les lignes L_2, L_3, L_4, tous les éléments de la première ligne deviennent égaux à $a + b + c$.

En remplaçant les éléments de la première ligne successivement par ceux qui correspondent aux combinaisons

$$L_1 + L_2 - L_3 - L_4, \quad L_1 - L_2 + L_3 - L_4, \quad L_1 - L_2 - L_3 + L_4,$$

on verra que D est divisible par les trois facteurs

$$-a + b + c, \quad a - b + c, \quad a + b - c.$$

D'après un théorème démontré ($\S$ 23), on aura

$$(B) \quad D = Q(a + b + c)(-a + b + c)(a - b + c)(a + b - c),$$

Q étant une constante.

Pour déterminer cette constante, formons le terme en c^4 dans les deux expressions A et B de D.

Dans l'expression A, ce terme est

$$(1234)(4321)c^4 = (-1)^6 c^4 = + c^4.$$

Dans l'expression B, ce même terme a pour valeur $-Qc^4$.

On a donc $Q = -1$, et par suite

$$D = -(a + b + c)(-a + b + c)(a - b + c)(a + b - c).$$

Ce déterminant a déjà été développé (§ 68, *Ex.* II); il est égal à $-16S^2$, en désignant par S la surface du triangle qui aurait pour côtés a, b, c.

73. Remarque. — Un procédé fréquemment employé pour calculer la valeur d'un déterminant consiste à le transformer de manière que tous les éléments d'une ligne ou d'une colonne soient nuls, à l'exception d'un seul. Cette transformation s'effectue facilement lorsque l'un des éléments du déterminant est égal à l'unité, comme on l'a vu dans le premier exemple. Il y a donc un certain intérêt à résoudre le problème suivant :

Problème. — *Transformer un déterminant de manière que l'un de ses éléments devienne égal à l'unité.*

Pour fixer les idées, considérons le déterminant

$$D = \begin{vmatrix} a_1^1 & a_1^2 & a_1^3 & a_1^4 \\ a_2^1 & a_2^2 & a_2^3 & a_2^4 \\ a_3^1 & a_3^2 & a_3^3 & a_3^4 \\ a_4^1 & a_4^2 & a_4^3 & a_4^4 \end{vmatrix} ;$$

nous allons transformer ce déterminant de manière que l'élément a_1^1 soit remplacé par l'unité.

Pour cela, divisons par a_1^1 tous les éléments de la colonne C_1, puis multiplions par a_1^1 tous les éléments des lignes L_2, L_3, L_4, le déterminant D sera multiplié par $(a_1^1)^2$, et nous aurons

$$(a_1^1)^2 D = \begin{vmatrix} 1 & a_1^2 & a_1^3 & a_1^4 \\ a_2^1 & a_1^1 a_2^2 & a_1^1 a_2^3 & a_1^1 a_2^4 \\ a_3^1 & a_1^1 a_3^2 & a_1^1 a_3^3 & a_1^1 a_3^4 \\ a_4^1 & a_1^1 a_4^2 & a_1^1 a_4^3 & a_1^1 a_4^4 \end{vmatrix} .$$

Le problème est donc résolu.

Si maintenant on ajoute aux lignes L_2, L_3, L_4 les éléments de la ligne L_1 multipliés respectivement par $-a_2^1$, $-a_3^1$, $-a_4^1$, on aura

$$(a_1^1)^2 D = \begin{vmatrix} 1 & a_1^2 & a_1^3 & a_1^4 \\ 0 & b_2^2 & b_2^3 & b_2^4 \\ 0 & b_3^2 & b_3^3 & b_3^4 \\ 0 & b_4^2 & b_4^3 & b_4^4 \end{vmatrix} = \begin{vmatrix} b_2^2 & b_2^3 & b_2^4 \\ b_3^2 & b_3^3 & b_3^4 \\ b_4^2 & b_4^3 & b_4^4 \end{vmatrix} ,$$

en posant

$$b_\alpha^\beta = a_\alpha^\beta a_1^1 - a_1^\beta a_\alpha^1 .$$

Appliquons ces transformations au calcul du déterminant

$$D = \begin{vmatrix} 3 & 13 & 17 & 4 \\ 6 & 28 & 33 & 8 \\ 10 & 40 & 54 & 13 \\ 8 & 37 & 46 & 11 \end{vmatrix} .$$

On aura successivement

$$D = \frac{1}{9} \begin{vmatrix} 1 & 13 & 17 & 4 \\ 6 & 84 & 99 & 24 \\ 10 & 120 & 162 & 39 \\ 8 & 111 & 138 & 33 \end{vmatrix} = \frac{1}{9} \begin{vmatrix} 1 & 13 & 17 & 4 \\ 0 & 6 & -3 & 0 \\ 0 & -10 & -8 & -1 \\ 0 & 7 & 2 & 1 \end{vmatrix}$$

ou

$$D = \frac{1}{9} \begin{vmatrix} 6 & -3 & 0 \\ -10 & -8 & -1 \\ 7 & 2 & 1 \end{vmatrix} = \frac{1}{3} \begin{vmatrix} 2 & -1 & 0 \\ -3 & -6 & 0 \\ 7 & 2 & 1 \end{vmatrix} = \begin{vmatrix} +2 & -1 \\ -1 & -2 \end{vmatrix} = -5.$$

Déterminant de Vandermonde.

Comme dernier exemple, nous considérerons le déterminant

$$D = \begin{vmatrix} 1 & x_1 & x_1^2 & \dots & x_1^{n-1} \\ 1 & x_2 & x_2^2 & \dots & x_2^{n-1} \\ 1 & x_3 & x_3^2 & \dots & x_3^{n-1} \\ \vdots & \vdots & \vdots & & \vdots \\ 1 & x_n & x_n^2 & \dots & x_n^{n-1} \end{vmatrix}$$

dans lequel les éléments des colonnes sont formés avec les *puissances* des degrés

$$0, 1, 2, \dots, n-1$$

des n quantités

$$x_1, x_2, x_3, \dots, x_n.$$

Ce déterminant est un polynôme entier et homogène de degré

$$1 + 2 + \dots + (n-1) = \frac{n(n-1)}{2}$$

par rapport aux lettres $x_1, x_2, \dots, x_n$. Il s'annule quand deux des quantités x_p, x_q deviennent égales, car il a alors deux lignes identiques; il est donc divisible par $x_p - x_q$, c'est-à-dire par l'une quelconque des différences formées avec deux des n quantités

$$x_1, x_2, \ldots, x_n.$$

D'après un théorème démontré (§ 23), D sera divisible par le produit de toutes ces différences, ou par le produit

$$
\begin{aligned}
\mathrm{P} = (x_2 - x_1)(x_3 - x_1)(x_4 - x_1) &\cdots\cdots (x_n - x_1)\\
(x_3 - x_2)(x_4 - x_2) &\cdots\cdots (x_n - x_2)\\
(x_4 - x_3) &\cdots\cdots (x_n - x_3)\\
&\cdots\cdots\\
&\cdots (x_n - x_{n-1}).
\end{aligned}
$$

P étant le produit de $\dfrac{n(n-1)}{2}$ facteurs est aussi un polynôme entier et homogène de degré $\dfrac{n(n-1)}{2}$ par rapport aux lettres $x_1, x_2 \ldots, x_n$. On peut donc poser

$$\mathrm{D} = \mathrm{P} \cdot \mathrm{Q},$$

le quotient Q étant une constante.

Pour calculer cette constante, remarquons que dans D le terme principal

$$x_2 x_3^2 x_4^3 \ldots x_n^{n-1}$$

ne peut se réduire avec aucun autre terme; d'un autre côté, le produit P . Q contient le terme

$$\mathrm{Q} \cdot x_2 x_3^2 x_4^3 \ldots x_n^{n-1} ;$$

on l'obtient en prenant la première lettre dans chaque facteur binôme, et il ne peut se réduire avec aucun autre terme du produit. On a donc Q = 1, et par suite

$$\mathrm{D} = \mathrm{P}.$$

EXERCICES

1° On n'altère pas la valeur d'un déterminant quand on change les signes des éléments dont la somme des indices est impaire. (**Janni.**)

2° Démontrer l'égalité

$$\begin{vmatrix} 0 & 1 & 1 & 1 \\ 1 & a & b & c \\ 1 & a' & b' & c' \\ 1 & a'' & b'' & c'' \end{vmatrix} = \begin{vmatrix} 0 & 1 & 1 & 1 \\ 1 & a+\alpha+\beta & b+\alpha+\beta' & c+\alpha+\beta'' \\ 1 & a'+\alpha'+\beta & b'+\alpha'+\beta' & c'+\alpha'+\beta'' \\ 1 & a''+\alpha''+\beta & b''+\alpha''+\beta' & c''+\alpha''+\beta'' \end{vmatrix}.$$

(Sylvester.)

3° Démontrer l'égalité

$$\begin{vmatrix} a & b & c & d \\ a' & b' & c' & d' \\ a+\alpha & b+\beta & c+\gamma & d+\delta \\ a'+\alpha & b'+\beta & c'+\gamma & d'+\delta \end{vmatrix} = 0.$$

4° En désignant par C_q^r le nombre des combinaisons de q lettres prises r à r, démontrer l'égalité

$$\begin{vmatrix} 1 & C_p^1 & C_p^2 & \cdots C_p^{n-1} \\ 1 & C_{p+1}^1 & C_{p+1}^2 & \cdots C_{p+1}^{n-1} \\ 1 & C_{p+2}^1 & C_{p+2}^2 & \cdots C_{p+2}^{n-1} \\ \cdot & \cdot & \cdot & \cdots \\ \cdot & \cdot & \cdot & \cdots \\ 1 & C_{p+n-1}^1 & C_{p+n-1}^2 & \cdots C_{p+n-1}^{n-1} \end{vmatrix} = 1.$$

5° Développer le déterminant

$$D = \begin{vmatrix} x & a & b & c \\ a & x & c & b \\ b & c & x & a \\ c & b & a & x \end{vmatrix}.$$

Réponse :

$$D = (x+a+b+c)(x+a-b-c)(x+b-a-c)(x+c-a-b).$$

6° Calculer le déterminant

$$D = \begin{vmatrix} 0 & 1 & 1 & 1 & \cdots & 1 \\ -1 & -a_1 & x & x & \cdots & x \\ -1 & x & -a_2 & x & \cdots & x \\ -1 & x & x & -a_3 & \cdots & x \\ \vdots & \vdots & \vdots & \vdots & & \vdots \\ -1 & x & x & x & \cdots & -a_n \end{vmatrix}.$$

Réponse :

$$D = (x-a_1)(x-a_2) \cdots (x-a_n)\left(\frac{1}{x-a_1} + \frac{1}{x-a_2} + \cdots + \frac{1}{x-a_n}\right).$$

7° Calculer le déterminant

$$D = \begin{vmatrix} a_1 & x_2 & x_3 & \cdots & x_n \\ x_1 & a_2 & x_3 & \cdots & x_n \\ x_1 & x_2 & a_3 & \cdots & x_n \\ \vdots & \vdots & \vdots & & \vdots \\ x_1 & x_2 & x_3 & \cdots & a_n \end{vmatrix}.$$

Réponse :

$$D = (a_1 - x_1)(a_2 - x_2) \cdots (a_n - x_n)\left(1 + \frac{x_1}{a_1 - x_1} + \frac{x_2}{a_2 - x_2} + \cdots + \frac{x_n}{a_n - x_n}\right).$$

(Salmon.)

8° Calculer le déterminant

$$D = \begin{vmatrix} x+a & x+2a & x+3a & \cdots & x+na \\ x+na & x+a & x+2a & \cdots & x+(n-1)a \\ x+(n-1)a & x+na & x+a & \cdots & x+(n-2)a \\ \cdots & \cdots & \cdots & \cdots & \cdots \\ \cdots & \cdots & \cdots & \cdots & \cdots \\ x+2a & x+3a & x+4a & \cdots & x+a \end{vmatrix}.$$

Réponse :
$$D = (-na)^{n-1}\left(x + \frac{n+1}{2}a\right).$$

(Michaël Roberts.)
(Painvin.)

Cas particulier : $x = 0$, $a = 1$.

on trouve
$$D = \begin{vmatrix} 1 & 2 & 3 & \cdots & n \\ n & 1 & 2 & \cdots & n-1 \\ n-1 & n & 1 & \cdots & n-2 \\ \cdots & \cdots & \cdots & \cdots & \cdots \\ 2 & 3 & 4 & \cdots & 1 \end{vmatrix} = (-n)^{n-1} \cdot \frac{n+1}{2}.$$

9° Calculer le déterminant

$$D = \begin{vmatrix} a_0 x & a_1 x & a_2 x & \cdots & a_{n-2}x & a_{n-1}x + a_n \\ -1 & x & 0 & \cdots & 0 & 0 \\ 0 & -1 & x & \cdots & 0 & 0 \\ 0 & 0 & -1 & \cdots & 0 & 0 \\ \cdots & \cdots & \cdots & \cdots & \cdots & \cdots \\ \cdots & \cdots & \cdots & \cdots & \cdots & \cdots \\ 0 & 0 & 0 & \cdots & -1 & x \end{vmatrix}.$$

Réponse :

$$D = a_0 x^n + a_1 x^{n-1} + a_2 x^{n-2} + \ldots + a_{n-1} x + a_n.$$

10° Démontrer l'égalité

$$D = \begin{vmatrix} 0 & a^2 & b^2 & c^2 \\ a^2 & 0 & c'^2 & b'^2 \\ b^2 & c'^2 & 0 & a'^2 \\ c^2 & b'^2 & a'^2 & 0 \end{vmatrix} = \begin{vmatrix} 0 & aa' & bb' & cc' \\ aa' & 0 & cc' & bb' \\ bb' & cc' & 0 & aa' \\ cc' & bb' & aa' & 0 \end{vmatrix},$$

d'où

$$D = -(aa' + bb' + cc')\,(-aa' + bb' + cc')\,(aa' - bb' + cc')\,(aa' + bb' - cc').$$

11° Calculer le déterminant

$$D = \begin{vmatrix} 1 & x & x^2 \ldots x^n \\ x^n & 1 & x \ldots x^{n-1} \\ x^{n-1} & x^n & 1 \ldots x^{n-2} \\ \cdot & \cdot & \cdot \cdot \cdot \cdot \\ \cdot & \cdot & \cdot \cdot \cdot \cdot \\ x & x^2 & \ldots \quad 1 \end{vmatrix}.$$

Réponse : $\qquad D = (1 - x^n)^{n-1}.$

12° **Définition.** — *On appelle déterminant gauche un déterminant dont les éléments, placés symétriquement par rapport à la première diagonale, sont égaux et de signes contraires, les éléments de cette diagonale étant nuls, de sorte que l'on a*

$$a_\alpha^\beta = -a_\beta^\alpha \qquad \text{et} \qquad a_\alpha^\alpha = 0.$$

Cela posé, démontrer qu'un déterminant gauche de degré pair est un carré parfait, et qu'un déterminant gauche de degré impair est nul.

13° Le déterminant

$$\begin{vmatrix} \text{Sin } \alpha & \text{Sin } 2\alpha & \ldots & \text{Sin } n\alpha \\ \text{Sin } 3\alpha & \text{Sin } 6\alpha & \ldots & \text{Sin } 3n\alpha \\ \vdots & & & \\ \text{Sin } (2n-1)\alpha & \text{Sin } (4n-2)\alpha & \ldots & \text{Sin } (2n-1)n\alpha \end{vmatrix}$$

peut être mis sous la forme d'un monôme.

CHAPITRE VI

ÉQUATIONS LINÉAIRES

74. Définition. — *On appelle équation linéaire une équation dans laquelle les inconnues n'entrent qu'au premier degré.*

Deux systèmes d'équations sont dits *équivalents* lorsqu'ils admettent les *mêmes* solutions.

La résolution d'un système d'équations linéaires repose sur quelques propositions que nous allons établir.

Lemme I. — *L'expression d'un déterminant D ordonnée suivant les éléments d'une ligne ou d'une colonne s'annule quand on remplace ces éléments par les éléments homologues d'une autre ligne ou d'une autre colonne.*

En effet, par cette substitution, on obtient un nouveau déterminant qui a deux lignes ou deux colonnes identiques.

Ainsi, soit le déterminant

$$
D = \begin{vmatrix}
a_1^1 & a_1^2 & \cdots & a_1^q & \cdots & a_1^n \\
a_2^1 & a_2^2 & \cdots & a_2^q & \cdots & a_2^n \\
\vdots & \vdots & & \vdots & & \vdots \\
a_r^1 & a_r^2 & \cdots & a_r^q & \cdots & a_r^n \\
\vdots & \vdots & & \vdots & & \vdots \\
a_n^1 & a_n^2 & \cdots & a_n^q & \cdots & a_n^n
\end{vmatrix}.
$$

En ordonnant ce déterminant suivant les éléments de la colonne de rang q, ou suivant ceux de la ligne de rang r, on obtient les deux expressions suivantes :

$$D = A_1^q a_1^q + A_2^q a_2^q + \ldots + A_n^q a_n^q,$$

$$D = A_r^1 a_r^1 + A_r^2 a_r^2 + \ldots + A_r^n a_r^n.$$

On en déduit les relations

$$0 = A_1^q a_1^s + A_2^q a_2^s + \ldots + A_n^q a_n^s,$$

$$s = (1, 2, \ldots, q-1, q+1, \ldots, n)$$

et

$$0 = A_r^1 a_t^1 + A_r^2 a_t^2 + \ldots + A_r^n a_t^n,$$

$$t = (1, 2, \ldots, r-1, r+1, \ldots, n).$$

Lemme II. — *Soient*

$$Y_1 = B_1^1 X_1 + B_2^1 X_2 + \ldots + B_p^1 X_p$$

$$Y_2 = B_1^2 X_1 + B_2^2 X_2 + \ldots + B_p^2 X_p$$

$$\cdot \quad \cdot \quad \cdot \quad \cdot \quad \cdot \quad \cdot \quad \cdot \quad \cdot \quad \cdot$$

$$Y_p = B_1^p X_1 + B_2^p X_2 + \ldots + B_p^p X_p,$$

p fonctions linéaires et homogènes des quantités $X_1, X_2, \ldots, X_p$, B^q désignant le coefficient de l'élément b_r^q du déterminant

$$\Delta = \begin{vmatrix} b_1^1 & b_1^2 & \ldots & b_1^n \\ b_2^1 & b_2^2 & \ldots & b_2^n \\ \cdot & \cdot & \cdot & \cdot \\ \cdot & \cdot & \cdot & \cdot \\ b_n^1 & b_n^2 & \ldots & b_n^n \end{vmatrix} ;$$

si le déterminant Δ n'est pas nul, les quantités $X_1, X_2, \ldots, X_p$ seront aussi des fonctions linéaires et homogènes de $Y_1, Y_2, \ldots, Y$.

En effet, considérons l'expression

$$b_r^1 Y_1 + b_r^2 Y_2 + \ldots + b_r^p Y_p.$$

Dans cette expression, le coefficient de X_r sera

$$B_r^1 b_r^1 + B_r^2 b_r^2 + \ldots + B_r^p b_r^p = \Delta,$$

et celui de X_t sera

$$B_t^1 b_r^1 + B_t^2 b_r^2 + \ldots + B_t^p b_t^p = 0$$

$$t = (1, 2, \ldots, r-1, r+1, \ldots, n).$$

On a donc l'égalité

$$\Delta X_r = b_r^1 Y_1 + b_r^2 Y_2 + \ldots + b_r^p Y_p$$

$$r = (1, 2, \ldots, p).$$

Comme Δ est, par hypothèse, différent de zéro, on voit que l'une quelconque des quantités X_1, X_2, ..., X_p est égale à une fonction linéaire et homogène de Y_1, Y_2, ..., Y_p.

Lemme III. — *Soit*

(1) $$X_1 = 0, \ X_2 = 0, \ldots, X_p = 0$$

un système de p équations et

$$\Delta = \begin{vmatrix} b_1^1 & b_1^2 & \ldots & b_1^p \\ b_2^1 & b_2^2 & \ldots & b_2^p \\ \vdots & & & \\ b_p^1 & b_p^2 & \ldots & b_p^p \end{vmatrix}$$

un déterminant qui n'est pas nul. Posons

$$Y_1 = B_1^1 X_1 + B_2^1 X_2 + \ldots + B_p^1 X_p$$

$$Y_2 = B_1^2 X_1 + B_2^2 X_2 + \ldots + B_p^2 X_p$$

$$\cdots \cdots \cdots \cdots \cdots$$

$$\cdots \cdots \cdots \cdots \cdots$$

$$Y_p = B_1^p X_1 + B_2^p X_2 + \ldots + B_p^p X_p,$$

B_r^q *désignant le coefficient de l'élément* b_r^q *du déterminant* Δ, *le système des équations*

$$(2) \qquad Y_1 = 0 \quad Y_2 = 0 \quad \dots \quad Y_p = 0$$

est équivalent au système (1).

En effet, d'après le lemme II, les premiers membres des équations de chaque système sont des fonctions linéaires et homogènes des premiers membres des équations de l'autre système ; toute solution de l'un des systèmes appartiendra donc à l'autre.

Remarque. — Il est utile de faire observer qu'on obtient la fonction Y_q en remplaçant les éléments de la colonne de rang q du déterminant Δ respectivement par X_1, X_2, ..., X_p, c'est-à-dire que l'on a

$$Y_q = \begin{vmatrix} b_1^1 & b_1^2 & \dots & b_1^{q-1} & X_1 & b_1^{q+1} & \dots & b_1^p \\ b_2^1 & b_2^2 & \dots & b_2^{q-1} & X_2 & b_2^{q+1} & \dots & b_2^p \\ \dots & \dots & & \dots & \dots & \dots & & \dots \\ \dots & \dots & & \dots & \dots & \dots & & \dots \\ b_p^1 & b_p^2 & \dots & b_p^{q-1} & X_p & b_p^{q+1} & \dots & b_p^p \end{vmatrix}$$

$$q = (1, 2 \dots p).$$

APPLICATION A LA RÉSOLUTION D'UN SYSTÈME
D'ÉQUATIONS LINÉAIRES

75. Soit un système de n équations à m inconnues

$$X_1 = a_1^1 x_1 + a_1^2 x_2 + \dots + a_1^m x_m - u_1 = 0$$

$$X_2 = a_2^1 x_1 + a_2^2 x_2 + \dots + a_2^m x_m - u_2 = 0$$

$$(3) \qquad \dots \dots \dots \dots \dots \dots \dots \dots$$

$$\dots \dots \dots \dots \dots \dots \dots \dots$$

$$X_n = a_n^1 x_1 + a_n^2 x_2 + \dots + a_n^m x_m - u_n = 0$$

le nombre n pouvant être *supérieur, égal* ou *inférieur* à m.

Formons avec les coefficients des inconnues le tableau rectangulaire

$$(T) \qquad \left\|\begin{array}{cccc} a_1^1 & a_1^2 & \cdots & a_1^m \\ a_2^1 & a_2^2 & & a_2^m \\ \vdots & \vdots & & \vdots \\ a_n^1 & a_n^2 & & a_n^m \end{array}\right\| .$$

Dans ce tableau, l'élément qui se trouve à l'intersection de la ligne de rang r avec la colonne de rang q est le coefficient de l'inconnue x_q dans l'équation $X_r = 0$.

Nous pouvons écarter immédiatement le cas où tous les éléments de ce tableau sont nuls.

En effet, dans cette hypothèse, les équations (3) se réduisent à

$$-u_1 = 0, \quad -u_2 = 0, \quad \ldots, \quad -u_n = 0 ;$$

elles sont incompatibles si l'une au moins des quantités $u_1, u_2, \ldots, u_n$ n'est pas nulle ; il y a indétermination *totale* et l'on peut donner des valeurs *arbitraires* à *chacune* des inconnues quand toutes ces quantités sont nulles.

Déterminant principal. — Ce cas particulier étant écarté, on pourra, en prenant dans le tableau (T) les éléments communs à un certain nombre de lignes et à un *même* nombre de colonnes, former au moins un déterminant jouissant des propriétés suivantes :

1° *Ce déterminant n'est pas nul ;*

2° *Tout autre déterminant de degré supérieur au sien déduit du tableau* (T), *comme il a été dit, est nul.*

En effet, les coefficients a_r^q n'étant pas tous nuls, il est impossible que tous les déterminants déduits du tableau (T), comme il a été dit, soient nuls, *quel que soit leur degré.*

Si plusieurs déterminants jouissent des deux propriétés précédentes, on choisira l'un d'eux à volonté.

M. Rouché a donné au déterminant δ ainsi choisi le nom de *déterminant principal* du système (3) ; nous désignerons par p son degré, qui ne peut évidemment surpasser le plus petit des nombres m ou n.

On peut d'ailleurs, par une disposition convenable des équations proposées (3), supposer, sans introduire aucune restriction, que les éléments du déterminant principal δ sont les coefficients des inconnues

$$x_1, \quad x_2, \quad \ldots, \quad x_p$$

dans les équations

$$X_1 = 0, \quad X_2 = 0, \quad \ldots, \quad X_p = 0.$$

Nous poserons donc

$$\delta = \begin{vmatrix} a_1^1 & a_1^2 & \ldots & a_1^p \\ a_2^1 & a_2^2 & \ldots & a_2^p \\ \vdots & \vdots & & \\ a_p^1 & a_p^2 & \ldots & a_p^p \end{vmatrix}.$$

76. Déterminants caractéristiques. — Considérons l'équation $X_{p+\alpha} = 0$, par exemple, et bordons inférieurement le déterminant δ par une ligne ayant pour éléments les coefficients

$$a_{p+\alpha}^1, \ a_{p+\alpha}^2, \ \ldots, \ a_{p+\alpha}^p$$

des inconnues

$$x_1, \quad x_2, \quad \ldots, \quad x_p$$

dans cette équation et, *à droite*, par une colonne ayant pour éléments les termes tout connus

$$u_1, \ u_2, \ \ldots, \ u_p, \ u_{p+\alpha}$$

dans les équations

$$X_1 = 0, \ X_2 = 0, \ \ldots, \ X_p = 0, \ X_{p+\alpha} = 0 \, ;$$

nous obtiendrons ainsi $n - p$ déterminants de degré $p + 1$, tels que

$$\delta_{p+\alpha} = \begin{vmatrix} a_1^1 & a_1^2 & \ldots & a_1^p & u_1 \\ a_2^1 & a_2^2 & \ldots & a_2^p & u_2 \\ \vdots & \vdots & & \vdots & \vdots \\ a_p^1 & a_p^2 & \ldots & a_p^p & u_p \\ a_{p+\alpha}^1 & a_{p+\alpha}^2 & \ldots & a_{p+\alpha}^p & u_{p+\alpha} \end{vmatrix},$$

$$\alpha = (1, 2, \ldots, n - p).$$

M. Rouché a donné à ces déterminants le nom de *déterminants caractéristiques* du système (3).

Remarque. — La définition des déterminants caractéristiques est en défaut lorsque p est égal à n, car les éléments du déterminant principal δ sont alors empruntés à *toutes* les équations (3).

Pour lever cette difficulté, il suffit d'ajouter aux équations (3) l'équation identique

$$0\,x_1 + 0\,x_2 + \ldots + 0\,x_m - 0 = 0;$$

le nouveau système, qui est évidemment équivalent au premier, a un seul déterminant caractéristique, et ce déterminant est *nul*, puisque sa dernière ligne a tous ses éléments nuls.

77. Ces définitions posées, nous allons démontrer le théorème suivant :

Théorème. — *Étant données n équations linéaires à m inconnues :*

1° *Ces équations sont incompatibles si tous les déterminants caractéristiques ne sont pas nuls;*

2° *Elles ont une solution unique si, tous les déterminants caractéristiques étant nuls, le degré p du déterminant principal est égal au nombre des inconnues;*

3° *Elles sont indéterminées si, tous les déterminants caractéristiques étant nuls, le degré p du déterminant principal est inférieur au nombre des inconnues.*

Pour étudier les équations (3), nous leur appliquerons le lemme III, qui nous permettra de les remplacer par un système équivalent composé des équations

$$(4) \qquad Y_1 = 0 \qquad Y_2 = 0 \qquad Y_n = 0.$$

Il faut d'abord former le déterminant désigné dans ce lemme par le symbole Δ. Pour cela, nous prendrons un déterminant de degré n dont les p premières colonnes seront identiques avec les p premières colonnes du tableau T, les éléments de chacune des $n - p$ dernières colonnes étant *nuls*, sauf les éléments placés dans la diagonale principale, qui sont tous égaux à *l'unité*.

Le déterminant Δ ainsi formé sera

$$\Delta = \begin{vmatrix} a_1^1 & a_1^2 & \ldots & a_1^p & 0 & 0 & \ldots & 0 \\ a_2^1 & a_2^2 & \ldots & a_2^p & 0 & 0 & & 0 \\ \vdots & \vdots & & & & \vdots & & \\ a_p^1 & a_p^2 & \ldots & a_p^p & 0 & 0 & \ldots & 0 \\ a_{p+1}^1 & a_{p+1}^2 & \ldots & a_{p+1}^p & 1 & 0 & & 0 \\ \vdots & \vdots & & \vdots & & 0 & 1 & \ldots & 0 \\ a_n^1 & a_n^2 & \ldots & a_n^p & 0 & 0 & \ldots & 1 \end{vmatrix}.$$

En ordonnant le déterminant Δ successivement par rapport aux éléments des colonnes de rangs n, $n-1$, $\ldots$, $p+1$, on voit facilement que l'on a $\Delta = \delta$; d'où il résulte que Δ *n'est pas nul*.

Maintenant, pour obtenir les équations du système (4) qui est équivalent au système (3), par exemple l'équation $Y_q = 0$, il faut, comme on l'a vu (§ 74. **Remarque**), remplacer dans le déterminant Δ les éléments de la colonne de rang q respectivement par X_1, X_2, . ., X_n.

Pour transformer l'expression ainsi trouvée pour Y_q, nous distinguerons deux cas.

1° *L'entier q est un des nombres* 1, 2, $\ldots$, p. — Pour plus de clarté, posons

$$v_r = a_r^{p+1} x_{p+1} + a_r^{p+2} x_{p+2} + \ldots + a_r^m x_m - u_r,$$

$$r = (1, 2, \ldots, n),$$

les équations (3) prendront la forme

$$X_1 = a_1^1 x_1 + a_1^2 x_2 + \ldots + a_1^p x_p - v_1 = 0$$

$$X_2 = a_2^1 x_1 + a_2^2 x_2 + \ldots + a_2^p x_p - v_2 = 0$$

$$\cdot \cdot \cdot \cdot \cdot \cdot \cdot \cdot \cdot \cdot \cdot \cdot \cdot \cdot \cdot \cdot$$

$$(5) \qquad X_p = a_p^1 x_1 + a_p^2 x_2 + \ldots + a_p^p x_p - v_p = 0$$

$$\cdot \cdot \cdot \cdot \cdot \cdot \cdot \cdot \cdot \cdot \cdot \cdot \cdot \cdot \cdot \cdot$$

$$X_n = a_n^1 x + a_n^2 x_2 + \ldots + a_n^p x_p - v_n = 0$$

L'entier q étant au plus égal à p, tous les éléments des $n-p$ dernières colonnes du déterminant qui représente Y_q sont *nuls*, sauf les éléments placés dans la diagonale principale, qui sont tous égaux à *l'unité*.

En ordonnant Y_q successivement par rapport aux éléments des colonnes de rangs n, $n-1$, ..., $p+1$, on aura

$$Y_q = \begin{vmatrix} a_1^1 & a_1^2 & \ldots & a_1^{q-1} & X_1 & a_1^{q+1} & \ldots & a_1^p \\ a_2^1 & a_2^2 & \ldots & a_2^{q-1} & X_2 & a_2^{q+1} & \ldots & a_2^p \\ \vdots & \vdots & & \vdots & & & & \vdots \\ a_p^1 & a_p^2 & \ldots & a_p^{q-1} & X_p & a_p^{q+1} & \ldots & a_p^p \end{vmatrix} .$$

Dans cette nouvelle expression de Y_q, remplaçons les polynômes X_1, X_2, ..., X_p par leurs valeurs *prises sous la forme* (5), Y_q sera la somme de $p+1$ déterminants obtenus en réduisant successivement les polynômes X_1, X_2, ..., X_p à leurs termes de rangs 1, 2, ..., p, $p+1$.

Si l'on réduit chacun de ces polynômes à son terme de rang r, $(r \leqslant p)$, on obtient le déterminant partiel

$$\begin{vmatrix} a_1^1 & a_1^2 & \ldots & a_1^{q-1} & a_1^r x_r & a_1^{q+1} & \ldots & a_1^p \\ a_2^1 & & \ldots & a_2^{q-1} & a_2^r x_r & a_2^{q+1} & \ldots & a_2^p \\ \vdots & & \vdots & \vdots & \vdots & & & \vdots \\ a_p^1 & & \ldots & a_p^{q-1} & a_p^r x_r & a_p^{q+1} & \ldots & a_p^p \end{vmatrix} = \begin{vmatrix} a_1^1 & a_1^2 & \ldots & a_1^{q-1} & a_1^r & a_1^{q+1} & \ldots & a_1^p \\ a_2^1 & & \ldots & a_2^{q-1} & a_2^r & a_2^{q+1} & \ldots & a_2^p \\ \vdots & & \vdots & \vdots & \vdots & & & \vdots \\ a_p^1 & & \ldots & a_p^{q-1} & a_p^r & a_p^{q+1} & \ldots & a_p^p \end{vmatrix} x_r .$$

Pour $r=q$, ce déterminant partiel est égal à δx_q; il est *nul* comme ayant deux colonnes identiques pour

$$r = (1, 2, \ldots, q-1, q+1, \ldots, p).$$

Si l'on réduit maintenant chacun des polynômes X_s à son terme de rang $p+1$ qui est $-v_s$, on obtient le déterminant

$$-\begin{vmatrix} a_1^1 & a_1^2 & \ldots & a_1^{q-1} & v_1 & a_1^{q+1} & \ldots & a_1^p \\ a_2^1 & a_2^2 & \ldots & a_2^{q-1} & v_2 & a_2^{q+1} & \ldots & a_2^p \\ \vdots & \vdots & & \vdots & \vdots & & & \vdots \\ a_p^1 & a_p^2 & \ldots & a_p^{q-1} & v_p & a_p^{q+1} & \ldots & a_p^p \end{vmatrix}$$

que nous désignerons par $-V_q$.

En résumé, on a

$$(6) \qquad Y_q = \delta x_q - V_q \qquad q = (1, 2, \ldots, p).$$

2° L'entier q est supérieur à p. — Posons

$$q = p + \alpha \qquad \alpha = (1, 2, \ldots, n - p).$$

Dans le déterminant qui représente $Y_{p+\alpha}$, les éléments des colonnes de rangs $p + 1, p + 2, \ldots, p + \alpha - 1, p + \alpha + 1, \ldots, n$ sont *nuls*, sauf les éléments placés dans la diagonale principale, qui sont tous égaux à *l'unité*.

En ordonnant $Y_{p+\alpha}$ successivement par rapport aux éléments de ces colonnes, on aura

$$(7) \qquad Y_{p+\alpha} = \begin{vmatrix} a_1^1 & \ldots & a_1^p & X_1 \\ a_2^1 & \ldots & a_2^p & X_2 \\ \vdots & & \vdots & \\ a_p^1 & \ldots & a_p^p & X_p \\ a_{p+\alpha}^1 & \ldots & a_{p+\alpha}^p & X_{p+\alpha} \end{vmatrix}.$$

Dans cette dernière expression de $Y_{p+\alpha}$, remplaçons les polynômes $X_1, X_2, \ldots, X_{p+\alpha}$ par leurs valeurs *prises sous la forme* (3), $Y_{p+\alpha}$ sera la somme de $m + 1$ déterminants obtenus en réduisant successivement les polynômes $X_1, X_2, \ldots, X_{p+\alpha}$ à leurs termes de rangs $1, 2, \ldots, m, m + 1$.

Si l'on réduit chacun de ces polynômes à son terme de rang r, $(r \leqslant m)$, on obtient le déterminant partiel

$$\begin{vmatrix} a_1^1 & \ldots & a_1^p & a_1^r \\ a_2^1 & \ldots & a_2^p & a_2^r \\ \vdots & & & \\ a_{p+\alpha}^1 & \ldots & a_{p+\alpha}^p & a_{p+\alpha}^r \end{vmatrix} x_r$$

qui est nul pour toutes les valeurs que l'on doit attribuer à r.

En effet, si r est égal à un des nombres $1, 2, \ldots, p$, le coefficient de x_r dans l'expression précédente est un déterminant ayant deux colonnes identiques.

Si r est égal à l'un des nombres $p+1$, $p+2$, ..., m, le coefficient de x_r est nul par hypothèse, car ce coefficient est un déterminant déduit du tableau T et dont le degré $p+1$ surpasse le degré p du déterminant principal δ.

Il résulte de là que $Y_{p+\alpha}$ se réduit au déterminant obtenu en remplaçant dans l'expression (7) les polynômes X_1, X_2, ..., $X_{p+\alpha}$ par $-u_1$, $-u_2$, ..., $-u_{p+\alpha}$; on a donc

$$(8) \quad Y_{p+\alpha} = - \begin{vmatrix} a_1^1 & a_1^2 & \ldots & a_1^p & u_1 \\ a_2^1 & a_2^2 & \ldots & a_2^p & u_2 \\ \vdots & \vdots & & \vdots \\ a_{p+\alpha}^1 & a_{p+\alpha}^2 & \ldots & a_{p+\alpha}^p & u_{p+\alpha} \end{vmatrix} = -\delta_{p+\alpha},$$

$$\alpha = (1, 2, \ldots, n-p).$$

En résumé, en tenant compte des formules (6) et (8), on voit que le système des équations (3) est *équivalent* à celui des équations

$$(9) \quad \begin{cases} \delta x_1 - V_1 = 0 & \delta x_2 - V_2 = 0 & \ldots & \delta x_p - V_p = 0 \\ \delta_{p+1} = 0 & \delta_{p+2} = 0 & \ldots & \delta_n = 0. \end{cases}$$

Le système (9) conduit immédiatement aux résultats suivants :

1° *Si les déterminants caractéristiques* δ_{p+1}, δ_{p+2}, ..., δ_n *ne sont pas tous nuls, les équations* (9) *et par suite les équations* (3) *sont incompatibles.*

2° *Si tous les déterminants caractéristiques sont nuls, et si l'on a en outre* $p=m$, *les équations* (3) *admettent une seule solution.*

En effet, les $n-p$ dernières équations du système (9) se réduisent à des identités, et, dans les p premières équations, les quantités V deviennent des constantes, puisque les quantités v deviennent égales aux quantités u.

3° *Si tous les déterminants caractéristiques sont nuls et si l'on a en outre* $p < m$, *les équations* (3) *sont indéterminées, en ce sens que l'on peut prendre arbitrairement les* $m-p$ *inconnues* x_{p+1}, x_{p+2}, ..., x_m.

En effet, les $n-p$ dernières équations du système (9) se réduisent encore à des identités et les p premières donnent pour chacune des inconnues x_1, x_2, ..., x_p une seule valeur après qu'on a attribué aux inconnues x_{p+1}, x_{p+2}, ..., x_m des valeurs *arbitraires*.

78. Pour compléter l'étude des équations (3), il nous reste à énoncer les règles qui donnent les valeurs des inconnues x_1, x_2, ..., x_p quand ces équations ne sont pas incompatibles.

Dans le deuxième cas, on a $p = m$ et tous les déterminants caractéristiques sont nuls; on peut alors énoncer la règle suivante :

Règle I. — *Les valeurs des inconnues x_1, x_2, ..., x_m sont des fractions ayant pour dénominateur commun le déterminant principal δ.*

On obtient le numérateur de l'inconnue x_q en remplaçant dans le déterminant δ les coefficients $a_1^q, a_2^q, ..., a_m^q$ qui correspondent à cette inconnue respectivement par les termes tout connus $u_1, u_2, ..., u_m$.

Remarque. — Quand on a à la fois $p = n = m$, le problème revient à résoudre un système de m équations à m inconnues; le déterminant principal δ est formé avec les coefficients des m inconnues dans les m équations, et la règle précédente porte alors le nom de règle de Cramer.

Dans le troisième cas, on a $p < m$ et tous les déterminants caractéristiques sont nuls; on peut alors énoncer la règle suivante :

Règle II. — *Les p inconnues dont les coefficients forment les éléments du déterminant principal δ s'expriment en fonction des autres inconnues qui restent arbitraires, par des fractions ayant pour dénominateur commun le déterminant principal δ. On obtient le numérateur de la fraction relative à l'inconnue x_q en remplaçant dans le déterminant δ les coefficients $a_1^q, a_2^q, ..., a_p^q$, qui correspondent à cette inconnue respectivement par $v_1, v_2, ..., v_p$.*

ÉQUATIONS LINÉAIRES ET HOMOGÈNES

79. Dans les équations (3), posons

$$u_1 = u_2 = u_3 = \ldots = u_n = 0$$

nous obtiendrons un système de n équations linéaires et homogènes par rapport aux inconnues $x_1, x_2, \ldots, x_m$.

Ces équations ne sont jamais *incompatibles*, puisque tous les déterminants caractéristiques sont nuls, les éléments de leur dernière colonne étant tous égaux à zéro.

Cela est d'ailleurs évident, car ces équations admettent la solution

$$x_1 = x_2 = \ldots = x_m = 0.$$

Dans le cas des équations linéaires et homogènes, le théorème de M. Rouché s'énonce de la manière suivante :

Théorème. — *Un système de n équations linéaires et homogènes à m inconnues $x_1, x_2, \ldots, x_m$ admet la solution unique*

$$x_1 = x_2 = \ldots = x_m = 0$$

quand le degré du déterminant principal est égal au nombre m des inconnues.

Il y a indétermination quand le degré du déterminant principal est inférieur au nombre m des inconnues.

Les équations admettent alors une infinité de systèmes de solutions pour chacun desquels les inconnues ne sont pas toutes nulles.

Remarque. — *Dans le cas particulier où le nombre m des inconnues surpasse le nombre n des équations, il y a toujours indétermination.*

En effet, le degré du déterminant principal étant alors au plus égal à n sera inférieur au nombre m des inconnues.

CONDITIONS NÉCESSAIRES ET SUFFISANTES POUR QU'UN DÉTERMINANT SOIT NUL

80. Théorème. — *Pour qu'un déterminant soit nul, il faut et il suffit que les éléments homologues des lignes ou des colonnes satisfassent à une même relation linéaire et homogène.*

1° *La condition est nécessaire.* — Considérons, en effet, le déterminant

$$ D = \begin{vmatrix} a_1^1 & a_1^2 & \ldots & a_1^n \\ a_2^1 & a_2^2 & \ldots & a_2^n \\ \vdots & \vdots & & \vdots \\ a_n^1 & a_n^2 & \ldots & a_n^n \end{vmatrix} ; $$

si ce déterminant est nul, le système des équations linéaires et homogènes

$$ (10) \quad \begin{aligned} a_1^1 x_1 + a_1^2 x_2 + \ldots + a_1^n x_n &= 0 \\ a_2^1 x_1 + a_2^2 x_2 + \ldots + a_2^n x_n &= 0 \\ &\ \ \cdot \\ &\ \ \cdot \\ a_n^1 x_1 + a_n^2 x_2 + \ldots + a_n^n x_n &= 0. \end{aligned} $$

est *indéterminé;* en effet, le degré du déterminant principal de ces équations est nécessairement inférieur au degré de D et, par suite, au nombre m des inconnues.

Les équations (10) sont dès lors vérifiées par des valeurs

$$ x_1 = \lambda_1 \quad x_2 = \lambda_2 \quad \ldots \quad x_n = \lambda_n $$

qui ne sont pas toutes nulles.

Il résulte de là que l'on a entre les éléments homologues des lignes du déterminant D la relation linéaire et homogène

$$ (11) \qquad a_r^1 \lambda_1 + a_r^2 \lambda_2 + \ldots + a_r^n \lambda_n = 0 $$

$$ r = (1, 2, \ldots, n). $$

2° *La condition est suffisante.* — Supposons, en effet, que l'on ait entre les éléments homologues des lignes du déterminant D la relation (11), les quantités $\lambda_1, \lambda_2, \ldots, \lambda_n$ n'étant pas toutes nulles.

Cette relation exprime que les équations (10) linéaires et homogènes sont *indéterminées.* Il résulte de là que le degré du déterminant principal de ces équations est inférieur au nombre n des inconnues et que l'on a par conséquent D = 0.

APPLICATIONS ET EXEMPLES

81. Exemple I. — *Résoudre les équations homogènes*

$$ax + by + cz = 0$$
$$a'x + b'y + c'z = 0.$$

Supposons d'abord que le déterminant principal soit du deuxième degré et égal à $ab' - ba'$.

En appliquant la règle II du paragraphe 78, on trouve les formules

$$x = \frac{bc' - cb'}{ab' - ba'} z \qquad y = \frac{ca' - ac'}{ab' - ba'} z$$

qui deviennent

$$x = (bc' - cb')\lambda \quad y = (ca' - ac')\lambda \quad z = (ab' - ba')\lambda$$

en posant $\dfrac{z}{ab' - ba'} = \lambda$.

On aura toutes les solutions des équations proposées en faisant varier le paramètre arbitraire λ.

Supposons maintenant que le déterminant principal soit du premier degré et égal au coefficient a.

De la première équation on tire

$$x = -\frac{b}{a}y - \frac{c}{a}z,$$

et cette valeur de x satisfait à la deuxième équation, quels que soient y et z, puisque, par hypothèse, tous les déterminants $ab' - ba'$, $bc' - cb'$, $ca' - ac'$ sont nuls.

On peut donc alors attribuer à y et à z des valeurs arbitraires.

Exemple II. — *Résoudre les n équations linéaires et homogènes*

$$
\begin{aligned}
a_1^1 x_1 + a_1^2 x_2 + \ldots + a_1^n x_n &= 0 \\
a_2^1 x_1 + a_2^2 x_2 + \ldots + a_2^n x_n &= 0
\end{aligned}
$$

$$(12) \qquad \cdot \ \cdot \ \cdot \ \cdot \ \cdot \ \cdot \ \cdot \ \cdot \ \cdot \ \cdot \ \cdot \ \cdot$$

$$a_n^1 x_1 + a_n^2 x_2 + \ldots + a_n^n x_n = 0$$

dans le cas où le déterminant principal est du degré $n - 1$.

Le déterminant formé avec les coefficients des inconnues est

$$
D = \begin{vmatrix}
a_1^1 & a_1^2 & \cdots & a_1^n \\
a_2^1 & a_2^2 & \cdots & a_2^n \\
\cdot & \cdot & & \cdot \\
\cdot & \cdot & & \cdot \\
\cdot & \cdot & & \cdot \\
a_n^1 & a_n^2 & \cdots & a_n^u
\end{vmatrix}.
$$

Supposons, pour fixer les idées, que le déterminant principal soit le coefficient A_n^n de l'élément a_n^n. D'après la règle II du paragraphe 78, l'inconnue x_q sera donnée par l'équation

$$
A_u^n x_q = - \begin{vmatrix}
a_1^1 & \cdots & a_1^{q-1} & a_1^n x_n & a_1^{q+1} & \cdots & a_1^{n-1} \\
a_2^1 & \cdots & a_2^{q-1} & a_2^n x_n & a_2^{q+1} & \cdots & a_2^{n-1} \\
\vdots & & \vdots & \vdots & \vdots & & \vdots \\
a_{n-1}^1 & \cdots & a_{n-1}^{q-1} & a_{n-1}^n x_n & a_{n-1}^{q+1} & \cdots & a_{n-1}^{n-1}
\end{vmatrix}
= (-1)^{n-q} \begin{vmatrix}
a_1^1 & \cdots & a_1^{q-1} & a_1^{q+1} & \cdots & a_1^n \\
a_2^1 & \cdots & a_2^{q-1} & a_2^{q+1} & \cdots & a_2^n \\
\vdots & & \vdots & \vdots & & \vdots \\
a_{n-1}^1 & \cdots & a_{n-1}^{q-1} & a_{n-1}^{q+1} & \cdots & a_{n-1}^n
\end{vmatrix} x_n,
$$

c'est-à-dire par l'équation

$$
(13) \qquad A_n^u x_q = (-1)^{n-q} D_n^q x_n = A_n^q x_n
$$

$$
q = (1, 2, \ldots, n-1).
$$

Dans les $n-1$ équations comprises dans l'équation (13), x_n reste arbitraire ; ces équations deviennent

$$
(14) \qquad x_1 = A_n^1 \lambda \quad x_2 = A_n^2 \lambda \quad \ldots \quad x_n = A_n^n \lambda
$$

en posant $\dfrac{x_n}{A_n^u} = \lambda$.

On aura toutes les solutions des équations proposées en faisant varier le paramètre arbitraire λ.

Application. — Nous allons appliquer le résultat précédent à la démonstration d'une propriété du déterminant adjoint d'un déterminant D.

Définition. — *On appelle déterminant adjoint d'un détermi-*

nant D *de degré n le déterminant*

$$\Delta = \begin{vmatrix} A_1^1 & A_1^2 & \ldots & A_1^n \\ A_2^1 & A_2^2 & \ldots & A_2^n \\ \vdots & \vdots & & \vdots \\ A_n^1 & A_n^2 & \ldots & A_n^n \end{vmatrix}$$

obtenu en remplaçant chaque élément a_p^q de D par le coefficient correspondant A_p^q.

Théorème. — *Lorsqu'un déterminant D est nul, tous les déterminants mineurs d'ordres égaux ou inférieurs à $n-2$ du déterminant adjoint Δ sont nuls.*

Remarquons d'abord que si les déterminants mineurs d'ordre $n-2$ sont nuls, il en est de même des déterminants mineurs d'ordre $n-3$ qui sont des fonctions linéaires et homogènes des précédents.

Pour la même raison, les déterminants mineurs des ordres $n-4$, $n-5$, ..., sont nuls.

Tout revient donc à démontrer que les déterminants mineurs d'ordre $n-2$ de Δ sont nuls.

Cette propriété est évidente quand tous les déterminants mineurs du premier ordre de D sont nuls; car, dans cette hypothèse, tous les éléments de Δ sont nuls.

Supposons donc que l'un au moins des déterminants mineurs du premier ordre de D ne soit pas nul, par exemple le déterminant mineur $D_n^n = A_n^n$.

Dans cette hypothèse, toutes les solutions des équations (12) sont données par les formules (14).

Maintenant, D étant nul, on a la relation

$$A_r^1 a_q^1 + A_r^2 a_q^2 + \ldots + A_r^n a_q^n = 0$$

pour $q = (1, 2, \ldots, r, \ldots, n)$; il en résulte que les équations (12) admettent la solution

$$x_1 = A_r^1 \quad x_2 = A_r^2 \quad \ldots \quad x_n = A_r^n.$$

Cette solution doit être donnée par les formules (14) quand on attribue à λ une valeur convenable μ; on aura donc les relations

$$(15) \qquad A_r^1 = A_n^1 \mu \quad \ldots \quad A_r^p = A_n^p \mu \quad \ldots \quad A_r^t = A_n^t \mu \quad \ldots \quad A_r^n = A_n^n \mu.$$

Pour une autre valeur s attribuée à r, on aura de même

$$(16) \qquad A_s^1 = A_n^1 \mu' \quad \ldots \quad A_s^p = A_n^p \mu' \quad \ldots \quad A_s^t = A_n^t \mu' \quad \ldots \quad A_s^n = A_n^n \mu'.$$

Des relations (15) et (16) on tire

$$\begin{vmatrix} A_r^p & A_r^t \\ A_s^p & A_s^t \end{vmatrix} = \mu\mu' \begin{vmatrix} A_n^p & A_n^t \\ A_n^p & A_n^t \end{vmatrix} = 0.$$

La proposition se trouve donc démontrée.

Exemple III. — *Résoudre les équations*

$$
\begin{aligned}
x_1 + x_2 \qquad &+ \ldots + x_n \qquad = u_0 \\
a_1 x_1 + a_2 x_2 \qquad &+ \ldots + a_n x_n \qquad = u_1 \\
(a_1)^2 x_1 + (a_2)^2 x_2 \quad &+ \ldots + (a_n)^2 x_n \quad = u_2 \\
\cdots \qquad & \qquad \cdots \\
(a_1)^{n-1} x_1 + (a_2)^{n-1} x_2 &+ \ldots + (a_n)^{n-1} x_n = u_{n-1}.
\end{aligned}
$$

$$(17)$$

Le dénominateur commun des inconnues est le déterminant de Vandermonde,

$$(18) \qquad D = \begin{vmatrix} 1 & 1 & \ldots & 1 \\ a_1 & a_2 & \ldots & a_n \\ a_1^2 & a_2^2 & \ldots & a_n^2 \\ \vdots & \vdots & & \vdots \\ a_1^{n-1} & a_2^{n-1} & \ldots & a_n^{n-1} \end{vmatrix}.$$

Nous supposerons que les n quantités a_1, a_2, $\ldots$, a_n sont *distinctes;* dans ces conditions, le déterminant D ne sera pas nul.

Si nous le désignons par le symbole $P(a_1, a_2, \ldots, a_n)$, nous aurons (§ 73)

$$(19) \quad P(a_1 a_2 \ldots a_n) = (a_2 - a_1)(a_3 - a_1) \ldots (a_n - a_1) P(a_2 a_3 \ldots a_n).$$

Cela posé, la règle de Cramer donne, pour déterminer x_1, la relation

$$(20) \qquad x_1 \, \mathrm{P}(a_1 a_2 \ldots a_n) = \begin{vmatrix} u_0 & 1 & \ldots 1 \\ u_1 & a_2 & \ldots a_n \\ u_2 & a_2^2 & \ldots a_n^2 \\ \vdots & \vdots & \quad\vdots \\ u_{n-1} & a_2^{n-1} & \ldots a_n^{n-1} \end{vmatrix} = \mathrm{D}_1 .$$

La valeur du déterminant D_1 ordonnée par rapport aux éléments de la première colonne est de la forme

$$\mathrm{D}_1 = \mathrm{A}_0 u_0 + \mathrm{A}_1 u_1 + \ldots \mathrm{A}_{n-1} u_{n-1} .$$

Pour obtenir des expressions simples des coefficients A_0, A_1, ..., A_{n-1}, remarquons qu'en prenant le déterminant D, d'abord sous la forme (18), puis sous la forme (19), on a

$$\mathrm{D} = \mathrm{A}_0 + \mathrm{A}_1 a_1 + \mathrm{A}_2 (a_1)^2 + \ldots + \mathrm{A}_{n-1}(a_1)^{n-1}$$

et

$$\mathrm{D} = \left[\mathrm{S}_{n-1}^1 - a_1 \mathrm{S}_{n-2}^1 + (a_1)^2 \mathrm{S}_{n-3}^1 + \ldots + (-1)^{n-1}(a_1)^{n-1} \right] \mathrm{P}(a_2 a_3 \ldots a_n)$$

en désignant par le symbole S_p^1 la somme des produits des $n-1$ quantités $a_2, a_3, \ldots, a_n$ prises p à p.

En comparant les deux dernières expressions de D, on a les relations

$$\mathrm{A}_0 = \quad \mathrm{S}_{n-1}^1 \mathrm{P}(a_2 a_3 \ldots a_n)$$

$$\mathrm{A}_1 = - \mathrm{S}_{n-2}^1 \mathrm{P}(a_2 a_3 \ldots a_n)$$

$$\cdots \cdots \cdots \cdots \cdots \cdots$$

$$\cdots \cdots \cdots \cdots \cdots \cdots$$

$$\mathrm{A}_{n-1} = (-1)^{n-1} \mathrm{P}(a_2 a_3 \ldots a_n)$$

qui déterminent les coefficients A_0, A_1, .., A_{n-1}.

On a donc pour calculer x_1 la formule

$$x_1 = \frac{u_0 \mathrm{S}_{n-1}^1 - u_1 \mathrm{S}_{n-2}^1 + \ldots + (-1)^{n-1} u_{n-1}}{(a_2 - a_1)(a_3 - a_1) \ldots (a_n - a_1)} .$$

En permutant dans cette formule la quantité a_1 successivement avec les quantités $a_2, a_3, \ldots, a_n$, on obtiendra les valeurs de $x_2, x_3, \ldots, x_n$.

Cas particulier. — Dans les équations proposées, posons

$$u_0 = 1 \quad u_1 = t \quad u_2 = t^2 \quad \ldots \quad u_{n-1} = t^{n-1},$$

le déterminant D_1 de la formule (20) est égal à ce que devient le déterminant D quand on y remplace a_1 par t, c'est-à-dire à

$$(a_2 - t)(a_3 - t) \ldots (a_n - t)\,\mathrm{P}(a_2 a_3 \ldots a_n) ;$$

on a donc alors

$$x_1 = \frac{(a_2 - t)(a_3 - t) \ldots (a_n - t)}{(a_2 - a_1)(a_3 - a_1) \ldots (a_n - a_1)}.$$

82. Définition. — *Éliminer n inconnues $x_1, x_2, \ldots, x_n$ entre $n + p$ équations linéaires, c'est trouver les conditions nécessaires et suffisantes pour que ces équations admettent au moins une solution commune.*

Le théorème de M. Rouché donne immédiatement la solution de ce problème.

On cherchera le déterminant principal des $n + p$ équations et l'on formera les déterminants caractéristiques. En les égalant à zéro, on obtiendra les conditions nécessaires et suffisantes pour que les $n + p$ équations admettent au moins une solution commune.

Si, le nombre des équations étant $n + 1$, le déterminant principal est du degré n, il n'y aura qu'un déterminant caractéristique et, par suite, qu'une équation de condition.

On obtiendra cette condition en égalant à zéro le déterminant ayant pour éléments les coefficients des inconnues et les termes tout connus dans les $n + 1$ équations.

Problème. — *Étant donné un système de n équations linéaires à n inconnues, trouver la valeur que prend une fonction linéaire V de ces inconnues.*

Soit

$$(21) \qquad a_r^1 x_1 + a_r^2 x_2 + \ldots + a_r^n x_n - u_r = 0$$

$$r = (1, 2, \ldots, n)$$

un système de n équations à n inconnues, nous nous proposons de trouver, sans résoudre ces équations, la valeur que prend une fonction linéaire

$$(22) \qquad V = \alpha_1 x_1 + \alpha_2 x_2 + \ldots + \alpha_n x_n - \beta$$

des inconnues x_1, x_2, ..., x_n quand on remplace ces inconnues par leurs valeurs tirées des équations (21).

Les n équations proposées et la relation (22) forment un système de $n+1$ équations à $n+1$ inconnues x_1, x_2, ..., x_n, V.

En appliquant la règle de Cramer, V sera donné par l'équation

$$V \begin{vmatrix} a_1^1 & a_1^2 & \ldots & a_1^n & 0 \\ a_2^1 & a_2^2 & \ldots & a_2^n & 0 \\ \vdots & & & & \vdots \\ a_n^1 & a_n^2 & & a_n^n & 0 \\ \alpha_1 & \alpha_2 & & \alpha_n & -1 \end{vmatrix} = \begin{vmatrix} a_1^1 & a_1^2 & \ldots & a_1^n & u_1 \\ a_2^1 & a_2^2 & \ldots & a_2^n & u_2 \\ & & & & \\ a_n^1 & a_n^2 & \ldots & a_n^n & u_n \\ \alpha_1 & \alpha_2 & \ldots & \alpha_n & \beta \end{vmatrix}.$$

On voit que le dénominateur de l'inconnue V est égal au dénominateur commun D des inconnues du système (21) multiplié par -1.

Remarque. — En supposant $V = 0$ et $D \gtrless 0$, on retrouve la condition nécessaire et suffisante pour que $n+1$ équations aient une solution commune.

EXERCICES

1° Étudier les équations

$$\begin{aligned} a x + b y + c z + d t &= \alpha \\ b x + a y + d z + c t &= \beta \\ c x + d y + a z + b t &= \gamma \\ d x + c y + b z + a t &= \delta. \end{aligned}$$

2° Résoudre les équations

$$\begin{aligned} x_0 + a x_1 + a^2 x_2 + \ldots + a^n x_n + a^{n+1} &= 0 \\ x_0 + b x_1 + b^2 x_2 + \ldots + b^n x_n + b^{n+1} &= 0 \\ & \vdots \\ & \\ x_0 + l x_1 + l^2 x_2 + \ldots + l^n x_n + l^{n+1} &= 0. \end{aligned}$$

3° Résoudre les équations

$$x_1 + x_2 + \ldots + x_n = 1$$
$$x_1 + 3^2 x_2 + \ldots + (2n-1)^2 x_n = 0$$
$$x_1 + 3^4 x_2 + \ldots + (2n-1)^4 x_n = 0$$
$$\cdots \cdots \cdots \cdots \cdots \cdots \cdots \cdots$$
$$\cdots \cdots \cdots \cdots \cdots \cdots \cdots \cdots$$
$$x_1 + 3^{2n-2} x_2 + \ldots + (2n-1)^{2n-2} x_n = 0.$$

Fourier. — Théorie de la chaleur (Œuvres, t. I, p. 150).
4° Résoudre les équations

$$x_2 + x_3 + \ldots + x_n = u_0$$
$$x_1 + a_1 x_2 + a_2 x_3 + \ldots + a_{n-1} x_n = u_1$$
$$2 a_1 x_1 + a_1^2 x_2 + a_2^2 x_3 + \ldots + a_{n-1}^2 x_n = u_2$$
$$\cdots \cdots \cdots \cdots \cdots \cdots \cdots \cdots$$
$$\cdots \cdots \cdots \cdots \cdots \cdots \cdots \cdots$$
$$(n-1) a_1^{n-2} x_1 + a_1^{n-1} x_2 + \ldots + a_{n-1}^{n-1} x_n = u_{n-1}.$$

5° Résoudre les équations

$$\frac{x_1}{\rho_1 - a_1} + \frac{x_2}{\rho_1 - a_2} + \ldots + \frac{x_n}{\rho_1 - a_n} = 1$$
$$\frac{x_1}{\rho_2 - a_1} + \frac{x_2}{\rho_2 - a_2} + \ldots + \frac{x_n}{\rho_2 - a_n} = 1$$
$$\cdots \cdots \cdots \cdots \cdots \cdots \cdots \cdots$$
$$\cdots \cdots \cdots \cdots \cdots \cdots \cdots \cdots$$
$$\frac{x_1}{\rho_n - a_1} + \frac{x_2}{\rho_n - a_2} + \ldots + \frac{x_n}{\rho_n - a_n} = 1.$$

6° Résoudre les équations

$$\frac{x_{2p}}{a+1} + \frac{x_{2p-2}}{a+3} + \ldots + \frac{x_2}{a+2p-1} + \frac{1}{a+2p+1} = 0$$
$$\frac{x_{2p}}{a+3} + \frac{x_{2p-2}}{a+5} + \ldots + \frac{x_2}{a+2p+1} + \frac{1}{a+2p+3} = 0$$
$$\cdots \cdots \cdots \cdots \cdots \cdots \cdots \cdots$$
$$\frac{x_{2p}}{a+2p-1} + \frac{x_{2p-2}}{a+2p+1} + \ldots + \frac{x_2}{a+4p-3} + \frac{1}{a+4p-1} = 0.$$

Cas particuliers. — $a = 0$, $a = 1$.

7° Résoudre les équations

$$a_1 x_1 + a_2 x_2 + \ldots + a_{n-1} x_{n-1} + a_n x_n \qquad = u_1$$
$$a_n x_1 + a_1 x_2 + \ldots + a_{n-2} x_{n-1} + a_{n-1} x_n = u_2$$
$$\cdots$$
$$\cdots$$
$$a_2 x_1 + a_3 x_2 + \ldots + a_n x_{n-1} \qquad + a_1 x_n = u_n.$$

On supposera successivement que l'entier n est un nombre pair, puis un nombre impair.

Cas particuliers. — $n = 3$, $n = 4$.

8° Résoudre les $n - 1$ équations.

$$x_1 \operatorname{Sin} r\alpha + x_2 \operatorname{Sin} 2r\alpha + \ldots + x_{n-1} \operatorname{Sin}(n-1)r\alpha = S_r$$
$$r = (1, 2, \ldots, n-1).$$

On suppose $\alpha = \dfrac{\pi}{2m}$.

Lagrange. — **Recherches sur la nature et la propagation du son** (Œuvres, t. I, p. 80).

CHAPITRE VII

COMPLÉMENTS DE LA THÉORIE DES DÉTERMINANTS

Règle de Laplace.

83. Nous avons donné au paragraphe 67 une règle permettant de développer un déterminant en l'ordonnant par rapport aux éléments d'une même ligne ou d'une même colonne ; cette règle a été généralisée par Laplace qui a indiqué le moyen de développer un déterminant en l'ordonnant par rapport aux déterminants de degré p dont les éléments sont pris dans p lignes ou dans v colonnes *déterminées* du déterminant D.

Dans ce qui suit, nous aurons à considérer deux suites de nombres entiers $\alpha_1, \alpha_2, \ldots, \alpha_p$ et $\beta_1, \beta_2, \ldots, \beta_p$; nous supposerons toujours ces nombres rangés par *ordre de grandeur croissante*.

Nous rappellerons encore que nous avons désigné par le symbole

$$D\begin{pmatrix} \beta_1 \, \beta_2 \, \cdots \, \beta_p \\ \alpha_1 \, \alpha_2 \, \cdots \, \alpha_p \end{pmatrix}$$

le déterminant mineur formé avec les éléments communs aux lignes d'indices $\alpha_1, \alpha_2, \ldots, \alpha_p$ et aux colonnes d'indices $\beta_1, \beta_2, \ldots, \beta_p$ du déterminant D, et par le symbole

$$D^{\beta_1 \, \beta_2 \, \cdots \, \beta_p}_{\alpha_1 \, \alpha_2 \, \cdots \, \alpha_p}$$

le déterminant mineur obtenu en supprimant dans D les lignes d'indices $\alpha_1, \alpha_2, \ldots, \alpha_p$ et les colonnes d'indices $\beta_1, \beta_2, \ldots, \beta_p$.

Les deux déterminants

$$D^{\beta_1 \, \beta_2 \, \cdots \, \beta_p}_{\alpha_1 \, \alpha_2 \, \cdots \, \alpha_p} \quad \text{et} \quad D\begin{pmatrix} \beta_1 \, \beta_2 \, \cdots \, \beta_p \\ \alpha_1 \, \alpha_2 \, \cdots \, \alpha_p \end{pmatrix}$$

ont été appelés *mineurs correspondants* ou *complémentaires*.

Si n est le degré du déterminant D, le premier des deux déterminants mineurs précédents est du degré $n - p$ et le deuxième du degré p.

84. Avant de démontrer la règle de Laplace, nous établirons le lemme suivant :

Lemme. — *Si dans un déterminant* D *tous les éléments des colonnes d'indices*

$\beta_1,\ \beta_2,\ \ldots,\ \beta_p$ *sont nuls à l'exception de ceux qui sont placés dans les lignes d'indices,* $\alpha_1,\ \alpha_2,\ \ldots,\ \alpha_p,$ *on a la relation*

$$D = (-1)^{\alpha_1 + \cdots + \alpha_p + \beta_1 + \cdots + \beta_p}\, D_{\alpha_1 \ldots \alpha_p}^{\beta_1 \ldots \beta_p} \cdot D\!\begin{pmatrix}\beta_1 \ldots \beta_p\\ \alpha_1 \ldots \alpha_p\end{pmatrix}.$$

Supposons d'abord que les indices $\alpha_1, \alpha_2, \ldots, \alpha_p$ et les indices $\beta_1, \beta_2, \ldots, \beta_p$ soient respectivement égaux aux nombres $1, 2, \ldots, p$, le déterminant D sera alors de la forme

$$D = \begin{vmatrix} a_1^1 & \ldots & a_1^p & a_1^{p+1} & \ldots & a_1^n \\ \vdots & & \vdots & \vdots & & \vdots \\ a_p^1 & \ldots & a_p^p & a_p^{p+1} & \ldots & a_p^n \\ 0 & \ldots & 0 & a_{p+1}^{p+1} & \ldots & a_{p+1}^n \\ \vdots & & \vdots & \vdots & & \vdots \\ 0 & \ldots & 0 & a_n^{p+1} & \ldots & a_n^n \end{vmatrix};$$

on aura tous les termes de D en permutant dans le terme principal

$$T = (1, 2, \ldots, p, p+1 \ldots n)\, a_1^1 \ldots a_p^p\, a_{p+1}^{p+1} \ldots a_n^n$$

les indices de lignes sans changer l'ordre des indices de colonnes.

Si l'on permute un des nombres de la suite $1, 2, \ldots, p$ avec un nombre de la suite $p+1, \ldots, n$, on obtient un terme nul, car il contient au moins un élément pris dans l'une des p premières colonnes et dans l'une des $n-p$ dernières lignes, c'est-à-dire un élément nul.

Il résulte de là que l'on aura *tous* les termes de D en permutant ensemble les indices de lignes $1, 2, \ldots, p$ et ensemble les indices de lignes $p+1, \ldots, n$.

Cela posé, écrivons l'expression du terme général T de la manière suivante :

$$T = (1, 2, \ldots, p)\, a_1^1\, a_2^2 \ldots a_p^p\, (p+1 \ldots n)\, a_{p+1}^1 \ldots a_n^n.$$

La somme des termes obtenus en permutant les indices de lignes $p+1, p+2, \ldots, n$ dans cette dernière expression de T est égale à

$$(1, 2, \ldots p)\, a_1^1\, a_2^2 \ldots a_p^p\, D_{1, 2, \ldots, p}^{1, 2, \ldots, p}.$$

On aura tous les termes de D en permutant les indices de lignes $1, 2, \ldots, p$ dans l'expression précédente et ajoutant les résultats ainsi obtenus; on a donc

$$D = D_{1, 2, \ldots, p}^{1, 2, \ldots, p} \cdot D\!\begin{pmatrix}1, 2, \ldots, p\\ 1, 2, \ldots, p\end{pmatrix}.$$

Supposons maintenant que les indices $\alpha_1, \alpha_2, \ldots, \alpha_p$ et les indices $\beta_1, \beta_2, \ldots, \beta_p$ soient quelconques.

Pour ramener ce cas au précédent, permutons les lignes et les colonnes de D de manière à amener les lignes d'indices $\alpha_1, \alpha_2, \ldots, \alpha_p$ et les colonnes d'indices $\beta_1, \beta_2, \ldots, \beta_p$ à occuper respectivement les rangs $1, 2, \ldots, p$; appelons D' le déterminant ainsi obtenu.

Le nombre des permutations ainsi effectuées sur les lignes est

$$\alpha_1 - 1 \text{ pour la ligne d'indice } \alpha_1$$
$$\alpha_2 - 2 \text{ » » } \alpha_2$$
$$\cdots \cdots \cdots \cdots \cdots$$
$$\cdots \cdots \cdots \cdots \cdots$$
$$\alpha_p - p \text{ » » } \alpha_p.$$

Le nombre total des permutations effectuées sur les lignes est donc

$$\alpha_1 + \alpha_2 \ldots + \alpha_p - \frac{p(p+1)}{2}.$$

On verra de même que le nombre total des permutations effectuées sur les colonnes est

$$\beta_1 + \beta_2 + \ldots + \beta_p - \frac{p(p+1)}{2}.$$

Il résulte de là que le nombre des permutations effectuées tant sur les lignes que sur les colonnes de D est égal à

$$\alpha_1 + \alpha_2 + \ldots + \alpha_p + \beta_1 + \ldots + \beta_p - p(p+1).$$

Comme le nombre $p(p+1)$ est pair, on aura

$$D' = D.(-1)^{\alpha_1 + \ldots + \alpha_p + \beta_1 + \ldots + \beta_p}.$$

D'un autre côté, d'après la première partie de la démonstration, on a

$$D' = D^{\beta_1 \ldots \beta_p}_{\alpha_1 \ldots \alpha_p} . D\binom{\beta_1 \ldots \beta_p}{\alpha_1 \ldots \alpha_p},$$

donc on a

$$D = (-1)^{\alpha_1 + \ldots + \alpha_p + \beta_1 + \ldots + \beta_p} . D^{\beta_1 \ldots \beta_p}_{\alpha_1 \ldots \alpha_p} . D\binom{\beta_1 \ldots \beta_p}{\alpha_1 \ldots \alpha_p}.$$

85. Ce lemme étant établi, considérons un déterminant quelconque D de degré n.

Les termes de ce déterminant qui contiennent chacun p éléments appartenant aux p colonnes d'indices β_1, β_2, ..., β_p et aux p lignes d'indices α_1, ..., α_p sont indépendants des éléments communs à ces colonnes et aux $n - p$ autres lignes. Pour calculer leur somme, on pourra donc remplacer par des zéros ces derniers éléments. D'après le lemme précédent, la somme cherchée sera égale à

$$(S) \qquad (-1)^{\alpha_1 + \alpha_2 + \ldots + \alpha_p + \beta_1 + \beta_2 + \ldots + \beta_p} . D^{\beta_1 \ldots \beta_p}_{\alpha_1 \ldots \alpha_p} . D\binom{\beta_1 \ldots \beta_p}{\alpha_1 \ldots \alpha_p}.$$

Il est important de remarquer que le nombre des termes de l'expression (S) est égal à $P_p P_{n-p}$.

Dans l'expression (S), laissons *fixes les indices de colonnes* β_1, ..., β_p et remplaçons successivement les indices de lignes α_1, ..., α_p par toutes les combinaisons des nombres 1, 2, ..., n pris p à p, en ayant toujours soin d'écrire les nombres de chaque combinaison dans un ordre tel qu'ils forment une suite *croissante*.

Les résultats ainsi obtenus seront, comme on vient de le voir, des termes du déterminant D; tous les termes seront *distincts*, car, pour former deux quelconques d'entre eux, on n'aura pas pris *identiquement* dans les mêmes lignes les éléments appartenant aux colonnes d'indices β_1, β_2, ..., β_p.

En opérant de cette manière, on aura d'ailleurs obtenu *tous* les termes du déterminant D; pour le montrer, il suffit de remarquer que le nombre total des termes *tous distincts* que l'on a formés est égal à

$$ P_p P_{n-p} C_n^p \quad \text{ou à} \quad P_n, $$

c'est-à-dire au nombre des termes du déterminant D.

En résumé, on a

$$ D = \Sigma (-1)^{\alpha_1 + \ldots + \alpha_p + \beta_1 + \ldots \beta_p} D_{\alpha_1 \ldots \alpha_p}^{\beta_1 \ldots \beta_p} \cdot D \begin{pmatrix} \beta_1 \ldots \beta_p \\ \alpha_1 \ldots \alpha_p \end{pmatrix}. $$

Le symbole Σ, représentant la somme des termes obtenus en remplaçant la suite croissante des nombres α_1, α_2, ..., α_p successivement par toutes les combinaisons des nombres 1, 2, ..., n pris p à p.

La formule précédente constitue la règle de Laplace; elle donne la valeur du déterminant D ordonnée par rapport aux déterminants de degré p dont les éléments sont pris dans p colonnes d'indices déterminés β_1, β_2, ..., β_p.

Exemple. — Appliquons cette règle au déterminant

$$ D = \begin{vmatrix} a_1 & b_1 & c_1 & d_1 \\ a_2 & b_2 & c_2 & d_2 \\ a_3 & b_3 & c_3 & d_3 \\ a_4 & b_4 & c_4 & d_4 \end{vmatrix}. $$

En l'ordonnant par rapport aux déterminants du deuxième degré formés avec des éléments appartenant aux colonnes d'indices 1 et 3, on trouvera

$$ D = \begin{cases} -\begin{vmatrix} a_1 & c_1 \\ a_2 & c_2 \end{vmatrix} \cdot \begin{vmatrix} b_3 & d_3 \\ b_4 & d_4 \end{vmatrix} + \begin{vmatrix} a_1 & c_1 \\ a_3 & c_3 \end{vmatrix} \cdot \begin{vmatrix} b_2 & d_2 \\ b_4 & d_4 \end{vmatrix} - \begin{vmatrix} a_1 & c_1 \\ a_4 & c_4 \end{vmatrix} \cdot \begin{vmatrix} b_2 & d_2 \\ b_3 & d_3 \end{vmatrix} \\ -\begin{vmatrix} a_2 & c_2 \\ a_3 & c_3 \end{vmatrix} \cdot \begin{vmatrix} b_1 & d_1 \\ b_4 & d_4 \end{vmatrix} + \begin{vmatrix} a_2 & c_2 \\ a_4 & c_4 \end{vmatrix} \cdot \begin{vmatrix} b_1 & d_1 \\ b_3 & d_3 \end{vmatrix} - \begin{vmatrix} a_3 & c_3 \\ a_4 & c_4 \end{vmatrix} \cdot \begin{vmatrix} b_1 & d_1 \\ b_2 & d_2 \end{vmatrix}. \end{cases} $$

MULTIPLICATION DES DÉTERMINANTS

86. En généralisant des cas particuliers examinés par Lagrange ; Binet et Cauchy ont établi simultanément le théorème suivant :

Théorème. — *Étant donnés deux systèmes de np éléments disposés suivant* *n lignes et suivant p colonnes, de manière à former deux tableaux rectangulaires*

$$(a) \quad \left\| \begin{matrix} a_1^1 & a_1^2 & \ldots & a_1^p \\ a_2^1 & a_2^2 & \ldots & a_2^p \\ \vdots & \vdots & & \\ a_n^1 & a_n^2 & . & a_n^p \end{matrix} \right\| \qquad (b) \quad \left\| \begin{matrix} b_1^1 & b_1^2 & \ldots & b_1^p \\ b_2^1 & b_2^2 & \ldots & b_2^p \\ \vdots & \vdots & & \\ b_n^1 & b_n^2 & \ldots & b_n^p \end{matrix} \right\|$$

posons

$$c_\alpha^\beta = a_\alpha^1 b_\beta^1 + a_\alpha^2 b_\beta^2 + \ldots + a_\alpha^p b_\beta^p.$$

et considérons le déterminant

$$C = \left| \begin{matrix} c_1^1 & c_1^2 & \ldots & c_1^n \\ c_2^1 & c_2^2 & \ldots & c_2^n \\ \ldots & \ldots & \ldots & \ldots \\ \ldots & \ldots & \ldots & \ldots \\ c_n^1 & c_n^2 & \ldots & c_n^n \end{matrix} \right|.$$

1° *Si p est inférieur à n, on a* $C = 0$.

2° *Si p est égal à n, on a* $C = AB$, *en désignant par A et B les déterminants définis par les tableaux* (a) *et* (b) *qui sont alors carrés.*

3° *Si p est supérieur à n, on a* $C = \Sigma AB$, *en désignant par A un déterminant formé en prenant n colonnes quelconques du tableau* (a), *et par B le déterminant formé en prenant les colonnes de mêmes rangs du tableau* (b).

Dans le déterminant C, les éléments de chaque colonne sont égaux à la somme de p termes; chacune de ces colonnes peut donc être décomposée en p colonnes partielles.

Ainsi les éléments de la colonne de rang β sont

$$c_1^\beta = a_1^1 b_\beta^1 + a_1^2 b_\beta^2 + \ldots + a_1^{q_\beta} b_\beta^{q_\beta} + \ldots + a_1^p b_\beta^p$$
$$c_2^\beta = a_2^1 b_\beta^1 + a_2^2 b_\beta^2 + \ldots + a_2^{q_\beta} b_\beta^{q_\beta} + \ldots + a_2^p b_\beta^p$$
$$\cdots \cdots \cdots \cdots \cdots \cdots \cdots \cdots \cdots$$
$$\cdots \cdots \cdots \cdots \cdots \cdots \cdots \cdots \cdots$$
$$c_n^\beta = a_n^1 b_\beta^1 + a_n^2 b_\beta^2 + \ldots + a_n^{q_\beta} b_\beta^{q_\beta} + \ldots + a_n^p b_\beta^p.$$

En prenant dans chacun de ces éléments le terme de rang q_β, on formera l'une des p colonnes partielles relatives à la colonne de rang β

$$a_1^{q_\beta} b_\beta^{q_\beta}$$
$$a_2^{q_\beta} b_\beta^{q_\beta}$$
$$\cdots \cdots$$
$$a_n^{q_\beta} b_\beta^{q_\beta}.$$

Il résulte de là que le déterminant C est égal à la somme de p^n déterminants.

Pour former l'un de ces déterminants, prenons respectivement dans les colonnes de rangs $1, 2, \ldots, \beta, \ldots, n$, les colonnes *partielles* formées avec les termes de rangs $q_1, q_2, \ldots, q_\beta, \ldots, q_n$.

Le déterminant ainsi obtenu est

$$\Delta = \begin{vmatrix} a_1^{q_1} b_1^{q_1} & a_1^{q_2} b_2^{q_2} & \ldots & a_1^{q_n} b_n^{q_n} \\ a_2^{q_1} b_1^{q_1} & a_2^{q_2} b_2^{q_2} & \ldots & a_2^{q_n} b_n^{q_n} \\ \vdots & \vdots & & \vdots \\ a_n^{q_1} b_1^{q_1} & a_n^{q_2} b_2^{q_2} & \ldots & a_n^{q_n} b_n^{q_n} \end{vmatrix} = b_1^{q_1} b_2^{q_2} \ldots b_n^{q_n} \begin{vmatrix} a_1^{q_1} & a_1^{q_2} & \ldots & a_1^{q_n} \\ a_2^{q_1} & a_2^{q_2} & \ldots & a_2^{q_n} \\ \vdots & \vdots & & \vdots \\ a_n^{q_1} & a_n^{q_2} & \ldots & a_n^{q_n} \end{vmatrix},$$

et l'on aura

$$C = \Sigma \Delta,$$

le symbole Σ désignant la somme de tous les résultats obtenus en remplaçant dans Δ la suite des indices

$$q_1, q_2, \ldots, q_n$$

successivement par tous les arrangements *avec ou sans répétition* des nombres

$$1, 2, \ldots, p$$

pris n à n.

Nous remarquerons d'abord que tout résultat qui correspond à un arrangement *avec répétition* est nul, car le coefficient de $b_1^{q_1} b_2^{q_2} \ldots b_n^{q_n}$ dans Δ est alors un déterminant ayant plusieurs colonnes identiques.

Cela étant, nous distinguerons trois cas.

$1°$ $p < n$. — Tous les arrangements n à n formés avec les p nombres $1, 2, \ldots, p$ sont alors des arrangements *avec répétition;* donc toutes les valeurs de Δ sont nulles et on a

$$C = 0 ;$$

$2°$ $p = n$. — Les tableaux (a) et (b) deviennent carrés et définissent, le premier un déterminant A, le deuxième un déterminant B.

Pour obtenir toutes les valeurs de Δ qui ne sont pas nulles, nous avons vu qu'il fallait, pour former la suite $q_1, q_2, \ldots, q_n$, prendre successivement tous les arrangements n à n et *sans répétition* des nombres $1, 2, \ldots, n$. Soit $q_1, q_2, \ldots, q_n$ un de ces arrangements qui sera ici *une des permutations* des nombres $1, 2, \ldots, n$; on aura

$$\begin{vmatrix} a_1^{q_1} & a_1^{q_2} & \ldots & a_1^{q_n} \\ a_2^{q_1} & a_2^{q_2} & \ldots & a_2^{q_n} \\ \vdots & & & \\ a_n^{q_1} & a_n^{q_2} & \ldots & a_n^{q_n} \end{vmatrix} = (q_1 q_2 \ldots q_n) A ;$$

donc

$$C = \Sigma \Delta = A . \Sigma (q_1 q_2 \ldots q_n) b_1^{q_1} b_2^{q_2} \ldots b_n^{q_n}$$

le symbole Σ, dans le coéfficient de A, désignant la somme de tous les résultats obtenus quand on prend successivement pour q_1, q_2, ..., q_n toutes les permutations des nombres 1, 2, ..., n.

On a donc la relation

$$C = AB;$$

3° $p > n$. — Pour obtenir toutes les valeurs de Δ qui ne sont pas nulles, nous avons vu qu'il fallait prendre successivement, pour former la suite q_1, q_2, .. , q_n, tous les arrangements n à n et *sans répétition* des nombres 1, 2, 3, ..., p.

Pour avoir ces arrangements, nous formerons d'abord les *combinaisons simples* des nombres 1, 2, ..., p, pris n à n, puis nous permuterons les termes de chacune de ces combinaisons.

Soit q_1, q_2, ..., q_n une de ces combinaisons, et supposons que les nombres qui la composent, étant rangés par *ordre de grandeur croissante*, forment la suite

$$r_1, r_2, \ldots r_n.$$

Posons

$$A = \begin{vmatrix} a_1^{r_1} & a_1^{r_2} & \ldots & a_1^{r_n} \\ a_2^{r_1} & a_2^{r_2} & \ldots & a_2^{r_n} \\ \vdots & \vdots & & \vdots \\ a_n^{r_1} & a_n^{r_2} & \ldots & a_n^{r_n} \end{vmatrix} \qquad B = \begin{vmatrix} b_1^{r_1} & b_1^{r_2} & \ldots & b_1^{r_n} \\ b_2^{r_1} & b_2^{r_2} & \ldots & b_n^{r_n} \\ \vdots & \vdots & & \vdots \\ b_n^{r_1} & b_n^{r_2} & & b_n^{r_n} \end{vmatrix},$$

nous aurons

$$\begin{vmatrix} a_1^{q_1} & a_1^{q_2} & \ldots & a_1^{q_n} \\ a_2^{q_1} & a_2^{q_2} & \ldots & a_2^{q_n} \\ \vdots & & & \\ a_n^{q_1} & a_n^{q_2} & \ldots & a_n^{q_n} \end{vmatrix} = (q_1 q_2 \ldots q_n) A,$$

et par suite la somme des valeurs de Δ, obtenues en prenant pour q_1, q_2, ... q_n toutes les permutations des nombres de la combinaison $r_1 r_2 \ldots r_n$, sera

$$A \Sigma (q_1 q_2 \ldots q_n) b_1^{q_1} b_2^{q_2} \ldots b_n^{q_n} = AB.$$

En répétant le même raisonnement pour toutes les combinaisons n à n des nombres 1, 2, ..., p, et ajoutant les résultats obtenus, on aura le déterminant C; on peut donc écrire

$$C = \Sigma A . B,$$

A désignant un déterminant formé avec n colonnes quelconques du tableau (*a*) et B le déterminant formé avec les colonnes de mêmes rangs du tableau (*b*).

87. Revenons au cas où l'on a $p = n$; en posant

$$A = \begin{vmatrix} a_1^1 & a_1^2 & \cdots & a_1^n \\ a_2^1 & a_2^2 & \cdots & a_2^n \\ \vdots & & & \\ a_n^1 & a_n^2 & \cdots & a_n^n \end{vmatrix} \qquad B = \begin{vmatrix} b_1^1 & b_1^2 & \cdots & b_1^n \\ b_2^1 & b_2^2 & \cdots & b_2^n \\ \vdots & & & \\ b_n^1 & b_n^2 & \cdots & b_n^n \end{vmatrix}$$

et

$$c_\alpha^\beta = a_\alpha^1 b_\beta^1 + a_\alpha^2 b_\beta^2 + \cdots + a_\alpha^n b_\beta^n,$$

nous avons vu que le déterminant C est égal à AB ; on a donc

$$C = AB = \begin{vmatrix} c_1^1 & c_1^2 & \cdots & c_1^n \\ c_2^1 & c_2^2 & \cdots & c_2^n \\ \vdots & & & \\ c_n^1 & c_n^2 & \cdots & c_n^n \end{vmatrix}.$$

Sous cette forme, C est dit le produit *ligne par ligne* des déterminants A et B.

En remarquant qu'on n'altère pas la valeur d'un déterminant quand on permute les lignes et les colonnes de mêmes rangs, on pourra obtenir le produit AB sous *quatre* formes différentes. Il suffira pour cela de faire cette permutation dans *l'un* des deux facteurs ou dans *les deux* à la fois, avant de former le produit AB.

L'élément c_α^β du déterminant C pourra donc avoir les quatre formes suivantes :

$$c_\alpha^\beta = a_\alpha^1 b_\beta^1 + a_\alpha^2 b_\beta^2 + \cdots + a_\alpha^n b_\beta^n \qquad \text{(\textit{Produit ligne par ligne.})}$$

$$\left. \begin{aligned} c_\alpha^\beta &= a_\alpha^1 b_1^\beta + a_\alpha^2 b_2^\beta + \cdots + a_\alpha^n b_n^\beta \\ c_\alpha^\beta &= a_1^\alpha b_\beta^1 + a_2^\alpha b_\beta^2 + \cdots + a_n^\alpha b_\beta^n \end{aligned} \right\} \quad \text{(\textit{Produit par ligne et colonne.})}$$

$$c_\alpha^\beta = a_1^\alpha b_1^\beta + a_2^\alpha b_2^\beta + \cdots + a_n^\alpha b_n^\beta \qquad \text{(\textit{Produit colonne par colonne.})}$$

De ce qui précède résulte le théorème suivant :

Théorème. — *Le produit de deux déterminants de degré n est un déterminant de même degré qu'on peut écrire sous quatre formes différentes.*

Remarque. — Pour effectuer le produit de deux déterminants de degrés différents m et n, on transforme le déterminant de moindre degré m en un déterminant égal et de degré n (§ 70).

On est ainsi ramené au cas précédent.

Définition. — *On dit qu'un déterminant est symétrique quand les éléments placés symétriquement par rapport à la diagonale principale sont égaux.*

D'après cela, le déterminant A sera symétrique si l'on a

$$a_\alpha^\beta = a_\beta^\alpha$$

pour toutes les valeurs de α et de β.

Cela posé, si dans le produit AB le déterminant A est seul symétrique, les quatre formes que l'on peut donner à l'élément c_α^β du déterminant C égal à AB sont deux à deux identiques ; on ne peut mettre alors le produit AB que sous deux formes différentes.

Le nombre de ces formes se réduit à un si les déterminants A et B sont tous les deux symétriques.

88. Carré d'un déterminant. — Pour former le carré d'un déterminant A, on peut multiplier deux déterminants égaux à A *ligne par ligne, colonne par colonne*, ou *ligne par colonne*.

Les deux premières opérations donnent le carré de A sous la forme d'un déterminant symétrique.

En effet, si l'on multiplie le déterminant A par lui-même *ligne par ligne*, deux éléments du déterminant qui représente A^2, symétriquement placés par rapport à la diagonale principale, seront de la forme

$$c_\alpha^\beta = a_\alpha^1 a_\beta^1 + a_\alpha^2 a_\beta^2 + \ldots + a_\alpha^n a_\beta^n$$
$$c_\beta^\alpha = a_\beta^1 a_\alpha^1 + a_\beta^2 a_\alpha^2 + \ldots + a_\beta^n a_\alpha^n ;$$

on aura donc

$$c_\alpha^\beta = c_\beta^\alpha.$$

On arrive au même résultat en faisant le carré de A colonne par colonne.
De ce qui précède résulte le théorème suivant :

Théorème. — *Le carré d'un déterminant de degré n est un déterminant de même degré que l'on peut écrire sous trois formes en général différentes, et qui est symétrique sous deux de ces formes.*

89. Nous allons appliquer la règle de Binet et Cauchy à des exemples et à la démonstration de quelques propriétés des déterminants.

Exemple I. — On a

$$\begin{vmatrix} a & b \\ a' & b' \end{vmatrix} \times \begin{vmatrix} x & y \\ x' & y' \end{vmatrix} = \begin{vmatrix} ax + by & ax' + by' \\ a'x + b'y & a'x' + b'y' \end{vmatrix} = \begin{vmatrix} ax + bx' & ay + by' \\ a'x + b'x' & a'y + b'y' \end{vmatrix}$$

$$= \begin{vmatrix} ax + a'y & ax' + a'y' \\ bx + b'y & bx' + b'y' \end{vmatrix} = \begin{vmatrix} ax + a'x' & ay + a'y' \\ bx + b'x' & by + b'y' \end{vmatrix}.$$

Exemple II. — On a

$$\begin{vmatrix} a & b & c \\ a' & b' & c' \\ a'' & b'' & c'' \end{vmatrix} \times \begin{vmatrix} x & y & z \\ x' & y' & z' \\ x'' & y'' & z'' \end{vmatrix} = \begin{vmatrix} ax + by + cz & ax' + by' + cz' & ax'' + by'' + cz' \\ a'x + b'y + c'z & a'x' + b'y' + c'z' & a'x'' + b'y'' + c'z'' \\ a''x + b''y + c''z & a''x' + b''y' + c''z' & a''x'' + b''y'' + c''z'' \end{vmatrix}.$$

On trouverait de même les trois autres formes du produit.

Exemple III. — Soit

$$D = \begin{vmatrix} a & b & c \\ a' & b' & c' \\ a'' & b'' & c'' \end{vmatrix}.$$

En effectuant le carré de ce déterminant ligne par ligne, on obtient

$$D^2 = \begin{vmatrix} a^2 + b^2 + c^2 & aa' + bb' + cc' & aa'' + bb'' + cc'' \\ aa' + bb' + cc' & a'^2 + b'^2 + c'^2 & a'a'' + b'b'' + c'c'' \\ aa'' + bb'' + cc'' & a'a'' + b'b'' + c'c'' & a''^2 + b''^2 + c''^2 \end{vmatrix}.$$

Exemple IV. — Considérons les deux systèmes identiques de $2n$ éléments

$$(a) \quad \begin{Vmatrix} a_1 & a_2 & \ldots & a_n \\ b_1 & b_2 & \ldots & b_n \end{Vmatrix} \qquad (b) \quad \begin{Vmatrix} a_1 & a_2 & \ldots & a_n \\ b_1 & b_2 & \ldots & b_n \end{Vmatrix}.$$

En appliquant la règle de Binet et Cauchy, on déduit de ces deux systèmes d'éléments le déterminant

$$C = \begin{vmatrix} a_1^2 + a_2^2 + \ldots + a_n^2 & a_1 b_1 + a_2 b_2 + \ldots + a_n b_n \\ a_1 b_1 + a_2 b_2 + \ldots + a_n b_n & b_1^2 + b_2^2 + \ldots + b_n^2 \end{vmatrix} = \Sigma \begin{vmatrix} a_\alpha & a_\beta \\ b_\alpha & b_\beta \end{vmatrix} \times \begin{vmatrix} a_\alpha & a_\beta \\ b_\alpha & b_\beta \end{vmatrix}$$

ou, en développant,

$$(a_1^2 + a_2^2 + \ldots + a_n^2)(b_1^2 + b_2^2 + \ldots + b_n^2) - (a_1 b_1 + a_2 b_2 + \ldots + a_n b_n)^2 = \Sigma (a_\alpha b_\beta - a_\beta b_\alpha)^2.$$

Sous le signe Σ, on doit prendre successivement par α et β toutes les combinaisons ordinaires des nombres 1, 2, …, n pris deux à deux.

L'identité précédente est connue sous le nom d'*identité de Lagrange*.

Remarque. — D'une manière plus générale, si l'on suppose que les deux systèmes d'éléments (a) et (b) considérés au paragraphe 86 soient identiques, le déterminant C sera égal à une somme de carrés.

En effet, dans l'égalité

$$C = \Sigma AB$$

les facteurs A et B deviennent égaux, on a donc

$$C = \Sigma A^2.$$

Cette remarque va nous permettre d'établir une propriété des déterminants mineurs *principaux* du déterminant C égal au carré d'un déterminant A.

Définition. — *Si, dans un déterminant, on supprime un certain nombre de lignes et de colonnes de mêmes rangs, le déterminant mineur ainsi formé est dit principal.*

Quand le déterminant proposé est symétrique, ses mineurs principaux sont symétriques.

Cela posé, dans le déterminant C égal au carré *ligne par ligne* d'un déterminant A de degré n, supprimons les lignes et les colonnes d'indices $\alpha_1, \alpha_2, \ldots, \alpha_p$. Les éléments du déterminant mineur principal $C_{\alpha_1 \alpha_2 \ldots \alpha p}^{\alpha_1 \alpha_2 \ldots \alpha_p}$ ainsi formé seront composés suivant la règle de Binet et Cauchy avec les éléments des deux systèmes identiques obtenus l'un et l'autre en supprimant dans A les lignes d'indices $\alpha_1, \alpha_2, \ldots, \alpha_p$.

En appliquant la remarque précédente, on voit *que tout mineur principal* $C_{\alpha_1 \ldots \alpha_p}^{\alpha_1 \ldots \alpha_p}$ *du déterminant C carré d'un déterminant A est égal à une somme de carrés de déterminants de degré* $n - p$.

90. Nous terminerons ces compléments de la théorie élémentaire des déterminants en établissant deux propriétés des déterminants adjoints, qui sont fréquemment employées.

Théorème. — *Le déterminant adjoint d'un déterminant de degré n est égal à la puissance d'ordre $n - 1$ de ce déterminant.*

Soient le déterminant

$$
D = \begin{vmatrix}
a_1^1 & a_1^2 & \ldots & a_1^n \\
a_2^1 & a_2^2 & \ldots & a_2^n \\
\vdots & & & \vdots \\
a_n^1 & a_n^2 & \ldots & a_n^n
\end{vmatrix}
$$

et A_α^β le coefficient de l'élément a_α^β; le déterminant adjoint de D sera

$$
\Delta = \begin{vmatrix}
A_1^1 & A_1^2 & \ldots & A_1^n \\
A_2^1 & A_2^2 & \ldots & A_2^n \\
\vdots & \vdots & & \vdots \\
A_n^1 & A_n^2 & \ldots & A_n^n
\end{vmatrix}.
$$

Il s'agit d'établir la relation

$$
\Delta = D^{n-1}.
$$

Cette relation est évidente si D est nul, car, dans cette hypothèse, tous les mineurs d'ordre $n - 2$ de Δ étant nuls, Δ est également nul (§ 81).

Nous pouvons donc supposer $D \lessgtr 0$. Si nous multiplions Δ par D *ligne par ligne*, un élément quelconque du déterminant produit sera de la forme

$$
c_\alpha^\beta = A_\alpha^1 a_\beta^1 + A_\alpha^2 a_\beta^2 + \ldots + A_\alpha^n a_\beta^n.
$$

Cet élément est égal à D pour $\alpha = \beta$ et il est nul quand α et β sont des nombres inégaux; on a donc

$$\Delta D = \begin{vmatrix} D & 0 & 0 & \ldots & 0 \\ 0 & D & 0 & \ldots & 0 \\ 0 & 0 & D & \ldots & 0 \\ \vdots & \vdots & \vdots & & \vdots \\ 0 & 0 & 0 & \ldots & D \end{vmatrix} = D^n ;$$

cette égalité divisée par le facteur commun D donne la relation

$$\Delta = D^{n-1}.$$

Expression d'un déterminant mineur du système adjoint en fonction du déterminant du système primitif et de l'un de ses déterminants mineurs.

Dans ce qui suit nous aurons à considérer deux suites de nombres entiers $\alpha_1, \alpha_2, \ldots, \alpha_p$ et $\beta_1, \beta_2, \ldots, \beta_p$; nous supposerons toujours ces nombres rangés *par ordre de grandeur croissante*.

Cette remarque étant faite, nous allons établir le théorème suivant :

Théorème — *Le déterminant mineur.*

$$\Delta\begin{pmatrix} \beta_1 & \beta_2 & \ldots & \beta_p \\ \alpha_1 & \alpha_2 & \ldots & \alpha_p \end{pmatrix}$$

de degré p formé avec les éléments communs aux p lignes d'indices $\alpha_1, \alpha_2, \ldots, \alpha_p$ et aux p colonnes d'indices $\beta_1, \beta_2, \ldots, \beta_p$ du déterminant adjoint de D est égal à D^{p-1} multiplié: 1° *par le déterminant mineur* $D\begin{smallmatrix} \beta_1 & \beta_2 & \ldots & \beta_p \\ \alpha_1 & \alpha_2 & \ldots & \alpha_p \end{smallmatrix}$; 2° *par* $(-1)^{\alpha_1 + \ldots + \alpha_p + \beta_1 + \ldots + \beta_p}$.

Il s'agit d'établir la relation

$$\Delta\begin{pmatrix} \beta_1 & \beta_2 & \ldots & \beta_p \\ \alpha_1 & \alpha_2 & \ldots & \alpha_p \end{pmatrix} = D^{p-1} D\begin{smallmatrix} \beta_1 & \ldots & \beta_p \\ \alpha_1 & \ldots & \alpha_p \end{smallmatrix} \cdot (-1)^{\alpha_1 + \ldots + \alpha_p + \beta_1 \ldots + \beta_p}.$$

Cette relation est évidente si D est nul, car, dans cette hypothèse, tous les mineurs d'ordre $n-2$ de Δ étant nuls, ses mineurs des ordres inférieurs à $n-2$ sont également nuls ; nous pouvons donc supposer $D \gtrless 0$.

Dans D, permutons les lignes et les colonnes de manière à amener les lignes d'indices $\alpha_1, \alpha_2, \ldots, \alpha_p$ et les colonnes d'indices $\beta_1, \beta_2, \ldots, \beta_p$ à occuper respectivement les rangs $1, 2, \ldots, p$, nous obtiendrons le déterminant

$$D' = \begin{vmatrix} a_{\alpha_1}^{\beta_1} & a_{\alpha_1}^{\beta_2} & \ldots & a_{\alpha_1}^{\beta_p} & a_{\alpha_1}^{\beta_p+1} & \ldots & a_{\alpha_1}^{\beta_n} \\ a_{\alpha_2}^{\beta_1} & & \ldots & a_{\alpha_2}^{\beta_p} & a_{\alpha_2}^{\beta_p+1} & \ldots & a_{\alpha_2}^{\beta_n} \\ \vdots & & & \vdots & & & \\ a_{\alpha_p}^{\beta_1} & & & a_{\alpha_p}^{\beta_p} & a_{\alpha_p}^{\beta_p+1} & \ldots & a_{\alpha_p}^{\beta_n} \\ \vdots & & & & \vdots & & \\ a_{\alpha_n}^{\beta_1} & & \ldots & a_{\alpha_n}^{\beta_p} & a_{\alpha_n}^{\beta_p+1} & \ldots & a_{\alpha_n}^{\beta_n} \end{vmatrix}$$

et l'on aura (§ 83)

$$D' = D \, (- 1)^{\alpha_1 + \alpha_2 + \ldots + \alpha_p + \beta_1 + \quad + \beta_p}.$$

Maintenant le déterminant

$$\Delta \begin{pmatrix} \beta_1 \, \beta_2 \, \ldots \, \beta_p \\ \alpha_1 \, \alpha_2 \, \ldots \, \alpha_p \end{pmatrix} = \begin{vmatrix} A^{\beta_1}_{\alpha_1} & A^{\beta_2}_{\alpha_1} & \ldots & A^{\beta_p}_{\alpha_1} \\ A^{\beta_1}_{\alpha_2} & & \ldots & A^{\beta_p}_{\alpha_2} \\ \vdots & & & \\ A^{\beta_1}_{\alpha_p} & & \ldots & A^{\beta_p}_{\alpha_p} \end{vmatrix}$$

peut être écrit de la manière suivante :

$$\Delta \begin{pmatrix} \beta_1 \, \ldots \, \beta_p \\ \alpha_1 \, \ldots \, \alpha_p \end{pmatrix} = \begin{vmatrix} A^{\beta_1}_{\alpha_1} & \ldots & A^{\beta_p}_{\alpha_1} & A^{\beta_{p+1}}_{\alpha_1} & \ldots & A^{\beta_n}_{\alpha_1} \\ \vdots & & \vdots & \vdots & & \vdots \\ A^{\beta_1}_{\alpha_p} & \ldots & A^{\beta_p}_{\alpha_p} & A^{\beta_{p+1}}_{\alpha_p} & \ldots & A^{\beta_n}_{\alpha_p} \\ 0 & 0 \ldots 0 & 1 & & 0 \ldots & 0 \\ 0 & \ldots 0 & 0 & 1 & \ldots & 0 \\ \vdots & & \vdots & \vdots & & \vdots \\ 0 & 0 \ldots 0 & 0 & & 0 \ldots & 1 \end{vmatrix}.$$

Dans ce nouveau déterminant, tous les éléments des $n - p$ dernières lignes sont nuls, à l'exception de ceux de la diagonale principale, qui sont égaux à l'unité.

Multiplions ce dernier déterminant par D' en effectuant le produit ligne par ligne.

Si nous désignons c^s_r un élément quelconque du déterminant produit, on aura

$$c^1_1 = c^2_2 = \ldots = c^p_p = D$$

et les autres éléments des p premières lignes seront nuls.

Quant aux lignes de rangs $p + 1$, $p + 2$, ..., n, elles seront respectivement identiques aux colonnes de mêmes rangs du déterminant D'.

On a donc

$$D' \cdot \Delta \begin{pmatrix} \beta_1 \, \beta_2 \, \ldots \, \beta_p \\ \alpha_1 \, \alpha_2 \, \ldots \, \alpha_p \end{pmatrix} = \begin{vmatrix} D & 0 \ldots 0 & 0 & \ldots & 0 \\ 0 & D \ldots 0 & & & \\ \vdots & \vdots & & & \vdots \\ 0 & 0 \ldots D & & & \\ a^{\beta_{p+1}}_{\alpha_1} & \ldots & a^{\beta_{p+1}}_{\alpha_p} & a^{\beta_{p+1}}_{\alpha_{p+1}} & \ldots & a^{\beta_{p+1}}_{\alpha_n} \\ \vdots & & \vdots & \vdots & & \\ a^{\beta_n}_{\alpha_1} & & a^{\beta_n}_{\alpha_p} & a^{\beta_n}_{\alpha_{p+1}} & \ldots & a^{\beta_n}_{\alpha_n} \end{vmatrix}$$

c'est-à-dire

$$D' \cdot \Delta\begin{pmatrix} \beta_1 \beta_2 \cdots \beta_p \\ \alpha_1 \alpha_2 \cdots \alpha_p \end{pmatrix} = D^p \cdot \begin{vmatrix} a^{\beta_{p+1}}_{\alpha_{p+1}} & \cdots & a^{\beta_{p+1}}_{\alpha_n} \\ \vdots & & \\ a^{\beta_n}_{\alpha_{p+1}} & \cdots & a^{\beta_n}_{\alpha_n} \end{vmatrix}$$

ou encore

$$D' \cdot \Delta\begin{pmatrix} \beta_1 \beta_2 \cdots \beta_p \\ \alpha_1 \alpha_2 \cdots \alpha_p \end{pmatrix} = D^p D^{\beta_1 \beta_2 \cdots \beta_p}_{\alpha_1 \alpha_2 \cdots \alpha_p}.$$

En divisant les deux membres de cette égalité par D' ou, ce qui est la même chose, par $D(-1)^{\alpha_1 + \alpha_2 \cdots + \alpha_p + \beta_1 + \beta_2 + \cdots \beta_p}$, nous obtiendrons la relation

$$\Delta\begin{pmatrix} \beta_1 \beta_2 \cdots \beta_p \\ \alpha_1 \alpha_2 \cdots \alpha_p \end{pmatrix} = D^{p-1} \cdot D^{\beta_1 \beta_2 \cdots \beta_p}_{\alpha_1 \alpha_2 \cdots \alpha_p} \cdot (-1)^{\alpha_1 + \alpha_2 + \cdots + \alpha_p + \beta_1 + \cdots + \beta_p}$$

qui démontre le théorème énoncé.

Cas particulier. — Considérons en particulier le déterminant du deuxième ordre

$$\Delta\begin{pmatrix} \beta \beta' \\ \alpha \alpha' \end{pmatrix} = \begin{vmatrix} A^{\beta}_{\alpha} & A^{\beta'}_{\alpha} \\ A^{\beta}_{\alpha'} & A^{\beta'}_{\alpha'} \end{vmatrix}$$

déduit du système adjoint. (*On suppose toujours les éléments disposés de telle sorte que l'on ait* $\alpha < \alpha'$ *et* $\beta < \beta'$.)

On aura

$$(1) \qquad \begin{vmatrix} A^{\beta}_{\alpha} & A^{\beta'}_{\alpha} \\ A^{\beta}_{\alpha'} & A^{\beta'}_{\alpha'} \end{vmatrix} = D \cdot D^{\beta \beta'}_{\alpha \alpha'} (-1)^{\alpha + \alpha' + \beta + \beta'}.$$

Remarque. — On vérifie facilement que l'on a d'une manière générale

$$A^s_r = \frac{\partial D}{\partial a^s_r}$$

et

$$D^{\beta \beta'}_{\alpha \alpha'} = (-1)^{\alpha + \alpha' + \beta + \beta'} \frac{\partial^2 D}{\partial a^{\beta}_{\alpha} \partial a^{\beta'}_{\alpha'}}.$$

Il résulte de là que la relation (1) peut être mise sous la forme suivante :

$$\frac{\partial D}{\partial a^{\beta}_{\alpha}} \cdot \frac{\partial D}{\partial a^{\beta'}_{\alpha'}} - \frac{\partial D}{\partial a^{\beta'}_{\alpha}} \cdot \frac{\partial D}{\partial a^{\beta}_{\alpha'}} = D \frac{\partial^2 D}{\partial a^{\beta}_{\alpha} \partial a^{\beta'}_{\alpha'}}.$$

Exemple. — Soit le déterminant symétrique du troisième ordre

$$D = \begin{vmatrix} a & b'' & b' \\ b'' & a' & b \\ b' & b & a'' \end{vmatrix}.$$

Le système adjoint

$$\Delta = \begin{vmatrix} A & B'' & B' \\ B'' & A' & B \\ B' & B & A'' \end{vmatrix}$$

sera aussi symétrique et l'on aura les relations

$$\Delta = D^2,$$

$$A'A'' - B^2 = aD \qquad A''A - B'^2 = a'D \qquad AA' - B''^2 = a''D$$

$$B'B'' - AB = bD \qquad B''B - A'B' = b'D \qquad BB' - A''B'' = b''D.$$

Remarque. — Le premier théorème du paragraphe 90 conduit à la propriété suivante :

Théorème. — *Le déterminant adjoint Δ_1 du déterminant adjoint Δ de* D *est égal à ce dernier déterminant élevé à une puissance de degré $(n-1)^2$, en désignant par n le degré de* D.

On a, en effet, les relations

$$\Delta = D^{n-1} \qquad \Delta_1 = \Delta^{n-1} ;$$

d'où l'on déduit

$$\Delta_1 = D^{(n-1)^2}.$$

EXERCICES

1° Étant donnés les déterminants

$$D = \begin{vmatrix} a'r'' - a''r', & b'r'' - b''r', & c'r'' - c''r' \\ a''r - ar'', & b''r - br'' & c''r - cr'' \\ ar' - a'r, & br' - b'r & cr' - c'r \end{vmatrix} \qquad \text{et} \qquad D' = \begin{vmatrix} a & b & c \\ a' & b' & c' \\ a'' & b'' & c'' \end{vmatrix}$$

démontrer qu'il existe un déterminant D'' du troisième degré qui multipliant D' reproduit D. Déduire de là que D est identiquement nul.

2° Étant donnés les deux déterminants

$$D = \begin{vmatrix} a - b - c, & b - a - c, & c - a - b \\ a' - b' - c', & b' - a' - c', & c' - a' - b' \\ a'' - b'' - c'', & b'' - a'' - c'', & c'' - a'' - b'' \end{vmatrix} \qquad \text{et} \qquad D' = \begin{vmatrix} a & b & c \\ a' & b' & c' \\ a'' & b'' & c'' \end{vmatrix}$$

démontrer que D est le produit de D' par un déterminant du troisième degré.

3° Multiplier le déterminant

$$D = \begin{vmatrix} a_1^1 - x & a_1^2 & \ldots & a_1^n \\ a_2^1 & a_2^2 - x & \ldots & a_2^n \\ \vdots & \vdots & & \vdots \\ a_n^1 & a_n^2 & \ldots & a_n^n - x \end{vmatrix}$$

par le déterminant D' obtenu en changeant x en $-x$ dans D.

Montrer que, si le déterminant D est symétrique, le produit DD' ordonné par rapport aux puissances décroissantes de x est de la forme

$$(-1)^n \left\{ x^{2n} - A_1 x^{2n-2} + A_2 x^{2n-4} + \ldots + (-1)^n A_n \right\},$$

chacun des coefficients A étant égal à une somme de carrés.

4° Montrer que le produit des deux déterminants

$$\begin{vmatrix} x & y & z \\ z & x & y \\ y & z & x \end{vmatrix} \qquad \begin{vmatrix} x' & y' & z' \\ z' & x' & y' \\ y' & z' & x' \end{vmatrix}$$

est un déterminant de la forme

$$\begin{vmatrix} X & Y & Z \\ Z & X & Y \\ Y & Z & X \end{vmatrix}.$$

5° Former le produit des deux déterminants

$$D = \begin{vmatrix} a & b & c & d \\ -b & a & -d & c \\ -c & d & a & -b \\ -d & -c & b & a \end{vmatrix} \qquad D' = \begin{vmatrix} a' & b' & c' & d' \\ -b' & a' & -d' & c' \\ -c' & d' & a' & -b' \\ -d' & -c' & b' & a' \end{vmatrix}.$$

Déduire de cette opération le théorème suivant :

Théorème. — *Le produit d'une somme de quatre carrés par une somme de quatre carrés est égal à une somme de quatre carrés.*

6° Soient D, D' deux déterminants et C le déterminant adjoint du produit DD'. Soient Δ, Δ' les déterminants adjoints de D et de D' et Γ le produit $\Delta \Delta'$. Démontrer que les déterminants C et Γ sont égaux éléments à éléments.

Dans cet énoncé, on suppose que les produits DD' et $\Delta \Delta'$ ont été effectués de la même manière, par exemple tous les deux ligne par ligne.

CHAPITRE VIII

NOMBRES INCOMMENSURABLES

91. Les nombres entiers, y compris zéro, et les fractions dont les deux termes sont des nombres entiers sont appelés nombres *rationnels* ou *commensurables ;* ces nombres peuvent être positifs ou négatifs.

La théorie des opérations élémentaires *addition, soustraction, multiplication, division, élévation aux puissances entières* concernant les nombres rationnels positifs ou négatifs a été exposée en Arithmétique et au début de l'Algèbre.

Cette théorie étant supposée connue, nous nous proposons de montrer comment on a été conduit à considérer une nouvelle espèce de nombres que l'on a appelés nombres *irrationnels* ou *incommensurables.*

Nous définirons ces nouveaux nombres et nous leur étendrons la théorie des opérations élémentaires.

Pour résoudre cette double question, il est nécessaire de donner d'abord quelques définitions et des notions élémentaires sur les suites.

Définitions. — *1° On dit qu'un nombre rationnel variable x a pour limite un nombre rationnel donné a, quand la valeur absolue de la différence $a - x$ peut devenir et rester constamment ensuite moindre que tout nombre rationnel positif donné α, si petit que soit ce nombre α, et l'on écrit*

$$\lim x = a.$$

En convenant de représenter par le symbole $|\,A\,|$ la valeur absolue d'un nombre A, la condition énoncée dans la définition précédente sera exprimée par l'inégalité

$$|\,a - x\,| < \alpha.$$

2° *On dit que le nombre rationnel variable x est infiniment petit quand il a zéro pour limite.*

3° *On dit que le nombre rationnel variable x est infiniment grand quand sa valeur absolue peut devenir et rester constamment ensuite supérieure à tout nombre positif donné* A, *si grand que soit ce nombre* A.

92. Notions sur les suites.— Soit une suite illimitée de nombres *rationnels*

$$(1) \qquad a_1 \quad a_2 \quad a_3 \quad \dots \quad a_n \quad \dots$$

on dit que cette suite est *donnée* quand on sait calculer la valeur d'un terme quelconque a_n, connaissant son rang.

Nous désignerons la suite (1) par le symbole (a), et nous dirons que la suite (a) a pour limite un nombre rationnel A quand ce nombre A est la limite de son terme général a_n.

Cela revient à dire qu'à tout nombre positif α, pris aussi petit que l'on voudra, correspond un entier positif n tel que l'on ait

$$|A - a_p| < \alpha$$

pour *toutes* les valeurs de l'entier p égales ou supérieures à n.

Ainsi, par exemple, la suite dont le terme général est

$$a_n = b + bq + bq^2 + \dots + bq^n,$$

le nombre q étant plus petit que l'unité, a pour limite

$$\frac{b}{1-q}.$$

Nous allons maintenant établir quelques propriétés des suites dont les termes sont rationnels.

Théorème I. — *Si une suite (a) a pour limite un nombre rationnel* A, *à tout nombre rationnel positif α pris aussi petit que l'on voudra, on peut faire correspondre un entier positif n tel que l'on ait*

$$|a_p - a_q| < \alpha$$

pour toutes les valeurs des entiers p et q égales ou supérieures à n.

En effet on a identiquement

$$a_p - a_q = (a_p - A) - (a_q - A)$$

et les différences $a_p - A$, $a_q - A$ ont, l'une et l'autre, zéro pour limite.

Théorème II. — *Tout nombre commensurable* A *peut être considéré comme la limite d'une suite à termes rationnels.*

Soit en effet

$$\varepsilon_1 \quad \varepsilon_2 \quad \ldots \quad \varepsilon_n \quad \ldots$$

une suite quelconque de nombres rationnels ayant zéro pour limite; la suite

$$a_1 = A + \varepsilon_1 \quad a_2 = A + \varepsilon_2 \quad \ldots \quad a_n = A + \varepsilon_n \quad \ldots$$

aura évidemment A pour limite.

La réciproque n'est pas vraie, et, pour un grand nombre de suites (a), il n'existe pas de nombre *rationnel* A tel qu'on puisse satisfaire à l'inégalité

$$|A - a_p| < \alpha$$

dans les conditions énoncées précédemment.

Nous montrerons plus loin que cela a lieu, par exemple, pour la suite dont le terme général est

$$a_n = 1 + \frac{1}{1.2} + \frac{1}{1.2.3} + \cdots + \frac{1}{1.2.\ldots.n}.$$

La propriété énoncée au théorème I, des suites qui ont pour limite un nombre rationnel A, a conduit Cauchy à la considération des suites qu'il a appelées *convergentes.* (**Cours d'Analyse de l'École polytechnique.** Paris, 1821, p. 125.)

Définitions. — 1° *On dit qu'une suite quelconque* (a) *de nombres rationnels est convergente quand, à tout nombre rationnel positif* α *pris aussi petit que l'on voudra, on peut faire correspondre un entier positif* n *tel que l'on ait*

$$|a_p - a_q| < \alpha$$

pour toutes les valeurs des entiers p *et* q *égales ou supérieures à* n.

2° Deux suites convergentes (a) et (b) sont dites équivalentes quand la suite (a — b) dont le terme général est $a_n - b_n$ a zéro pour limite.

Nous allons établir quelques propriétés des suites convergentes.

Théorème III. — *Les termes d'une suite convergente (a) sont tous, à partir d'un certain rang, compris entre deux nombres rationnels dont la différence est moindre qu'un nombre ε choisi arbitrairement.*

En effet, soit α un nombre positif moindre que $\frac{\varepsilon}{2}$; la suite considérée (a) étant convergente, à ce nombre α correspondra un entier positif n tel que l'on aura, quel que soit l'entier positif p,

c'est-à-dire
$$|a_{n+p} - a_n| < \alpha,$$
$$a_n - \alpha < a_{n+p} < a_n + \alpha.$$

Tous les termes de la suite, à partir du terme a_n, sont donc compris entre deux nombres rationnels $a_n - \alpha$, $a_n + \alpha$ dont la différence 2α est plus petite que ε.

De ce théorème on en déduit deux autres dont nous aurons souvent à faire usage.

Théorème IV. — *Il existe un nombre rationnel positif L supérieur aux valeurs absolues de tous les termes d'une suite convergente (a).*

En effet, prenons pour L un nombre positif supérieur aux valeurs absolues : 1° des deux nombres $a_n - \alpha$, $a_n + \alpha$ considérés dans le théorème précédent; 2° de tous les termes de la suite (a) qui précèdent a_n, ce nombre L surpassera la valeur absolue d'un terme quelconque, car on a (**Théorème III**)

$$a_n - \alpha < a_{n+p} < a_n + \alpha.$$

Théorème V. — *Les termes d'une suite convergente qui n'a pas zéro pour limite finissent, après un certain rang, par être tous de même signe et plus grands, en valeur absolue, qu'un certain nombre rationnel positif l.*

Reprenons la relation

$$a_n - \alpha < a_{n+p} < a_n + \alpha$$

établie au **Théorème III**, dans laquelle α est un nombre positif arbitraire pris aussi petit que l'on voudra et p un entier positif quelconque.

Relativement aux nombres $a_n - \alpha$, $a_n + \alpha$ on ne peut faire que les trois hypothèses suivantes :

1° *Les nombres $a_n - \alpha$, $a_n + \alpha$ sont de signes contraires;*
2° *L'un des nombres $a_n - \alpha$, $a_n + \alpha$ est nul;*
3° *Les deux nombres $a_n - \alpha$, $a_n + \alpha$ sont de même signe.*

Les deux premières hypothèses ne peuvent pas se présenter.

En effet, la différence des nombres $a_n - \alpha$, $a_n + \alpha$ étant égale à 2α, on aurait pour chacune de ces hypothèses,

$$|a_n - \alpha| < 2\alpha \qquad |a_n + \alpha| < 2\alpha$$

et, par suite,

$$|a_{n+p}| < 2\alpha.$$

Cette dernière inégalité est impossible, puisque la suite considérée n'a pas zéro pour limite.

La troisième hypothèse pouvant seule être faite, il en résulte que l'on peut choisir le nombre positif et arbitraire α de telle sorte qu'à partir du rang n tous les termes de la suite (a) auront le même signe et seront supérieurs en valeur absolue à la plus petite des valeurs absolues l des nombres $a_n - \alpha$, $a_n + \alpha$.

Théorème VI. — *Quand deux suites (a), (b) sont convergentes, les suites*

$$(a+b) \qquad (a-b) \qquad (ab) \qquad \left(\frac{a}{b}\right)$$

dont les termes généraux sont respectivement

$$a_n + b_n \qquad a_n - b_n \qquad a_n b_n \qquad \frac{a_n}{b_n}$$

sont convergentes.

Remarque. — *En ce qui concerne la suite $\left(\dfrac{a}{b}\right)$, il faut supposer, pour que le théorème précédent soit vrai, que l'on n'a pas $\lim b_n = 0$.*

Les suites (a) et (b) étant convergentes on a, si petit que soit le nombre rationnel positif α,

$$|a_p - a_q| < \alpha \qquad |b_p - b_q| < \alpha$$

pour toutes les valeurs des entiers p et q égales ou supérieures à un certain entier n.

Cette propriété étant rappelée, nous allons examiner successivement les différentes suites $(a+b)$, $(a-b)$, (ab), $\left(\dfrac{a}{b}\right)$.

1° Considérons la suite $(a+b)$; on a

$$|a_p + b_p - (a_q + b_q)| = |(a_p - a_q) + (b_p - b_q)| < 2\alpha;$$

donc la suite $(a+b)$ est convergente.

La démonstration est la même pour la suite $(a-b)$.

2° Considérons la suite (ab); on a

$$(2) \qquad a_p b_p - a_q b_q = (a_p - a_q) b_p + (b_p - b_q) a_q.$$

On a aussi (**Théorème IV**)

$$|a_q| < L \qquad |b_p| < L,$$

L étant un nombre fixe.

En tenant compte de ces dernières inégalités, on déduit de la relation (2)

$$|a_p b_p - a_q b_q| < 2L\alpha;$$

donc la suite (ab) est convergente.

Considérons enfin la suite $\left(\dfrac{a}{b}\right)$; on a

$$\frac{a_p}{b_p} - \frac{a_q}{b_q} = \frac{a_p b_q - a_q b_p}{b_p b_q}.$$

Par hypothèse le terme général b_n de la suite (b) n'a pas zéro pour limite; donc, à partir d'un certain rang, les valeurs absolues de tous les termes de cette suite sont supérieures à un nombre positif l qui n'est pas nul (**Théorème V**).

D'un autre côté, on établira, comme dans le cas précédent, l'inégalité

$$|a_p b_q - a_q b_p| < 2L\alpha;$$

on a donc

$$\left|\frac{a_p}{b_p}-\frac{a_q}{b_q}\right|<\frac{2\,\mathrm{L}\,\alpha}{l^2}$$

et la suite $\dfrac{a}{b}$ est convergente.

Théorème VII. — *Si les suites convergentes* (a), (b) *sont respectivement équivalentes aux suites* (a'), (b'), *les suites convergentes*

$$(a+b) \quad (a-b) \quad (ab) \quad \left(\frac{a}{b}\right)$$

sont respectivement équivalentes aux suites convergentes

$$(a'+b') \quad (a'-b') \quad (a'b') \quad \left(\frac{a'}{b'}\right).$$

En effet, si petit que soit le nombre rationnel positif α, on a

$$|a_p-a'_p|<\alpha \quad |b_p-b'_p|<\alpha$$

pour toutes les valeurs de l'entier p égales ou supérieures à un certain entier n.

On a aussi

$$|b_p|<\mathrm{L} \quad |a'_p|<\mathrm{L}$$
$$|b_p|>l \quad |b'_p|>l,$$

L et l étant des nombres fixes dont le dernier n'est pas nul.

En partant de ces relations et, par des calculs analogues à ceux que l'on a développés, en établissant le théorème précédent, on trouvera les inégalités

$$|(a'_p+b'_p)-(a_p+b_p)|<2\alpha \quad |(a'_p-b'_p)-(a_p-b_p)|<2\alpha$$

$$|a'_p b'_p-a_p b_p|<2\,\mathrm{L}\,\alpha \quad \left|\frac{a'_p}{b'_p}-\frac{a_p}{b_p}\right|<\frac{2\,\mathrm{L}\,\alpha}{l^2}$$

qui démontrent le théorème énoncé.

Définition des nombres incommensurables.

93. Définition. — *Quand une suite convergente* (a) *n'a pas pour*

limite un nombre rationnel, on dit qu'elle définit un nombre irra-
tionnel ou incommensurable.

Pour étudier les nombres irrationnels ainsi définis, nous géné-
raliserons les propriétés des suites convergentes ayant pour
limites des nombres rationnels.

Comparaison de deux nombres dont l'un au moins
n'est pas rationnel.

Lemme. — *Soient* (a), (b) *deux suites convergentes définissant
respectivement des nombres rationnels* A, B, *c'est-à-dire ayant ces
nombres pour limites : 1° les deux suites sont équivalentes quand
les nombres A et B sont égaux; 2° la suite* $(a-b)$ *dont le terme
général est* $a_n - b_n$ *est convergente et ses termes finissent par être
tous positifs si A est supérieur à B; ils finissent par être tous négatifs si A est inférieur à B.*

En effet on a par hypothèse

$$A = \lim a_n \qquad B = \lim b_n$$

et, par suite,

(3) $$A - B = \lim (a_n - b_n).$$

Cette égalité montre que l'on a

$$\lim (a_n - b_n) = 0$$

si A est égal à B ; les suites (a) et (b) sont donc équivalentes.

Supposons maintenant les nombres A et B différents.

La suite dont le terme général est $a_n - b_n$ est convergente
(**Théorème VI**) ; elle a pour limite un nombre A — B qui n'est
pas nul ; donc, à partir d'un certain rang, ses termes finissent
par être tous de même signe (**Théorème V**).

L'égalité (3) montre d'ailleurs qu'ils finissent par être tous
positifs si A est supérieur à B, et par être tous négatifs si A est
inférieur à B.

Le lemme énoncé est donc démontré.

Pour arriver à comparer deux nombres dont l'un au moins
est irrationnel, il nous suffira de généraliser les résultats précédents.

1° Comparaison de deux nombres irrationnels. — Soient (a), (b) deux suites convergentes définissant chacune un nombre irrationnel ; pour *faciliter le langage*, nous appellerons ces nombres A et B.

Si les suites (a) et (b) sont *équivalentes*, nous dirons que les nombres A et B sont *égaux* et nous conviendrons d'écrire

$$A = B.$$

Si les suites (a), (b) ne sont pas équivalentes, la suite convergente $(a - b)$, dont le terme général est $a_n - b_n$, n'aura pas zéro pour limite et, à partir d'un certain rang, ses termes seront tous de même signe.

Si ces termes finissent par être tous *positifs*, nous dirons que A est *plus grand* que B et nous conviendrons d'écrire

$$A > B.$$

Si ces termes finissent par être tous *négatifs*, nous dirons que A est *plus petit* que B et nous conviendrons d'écrire

$$A < B.$$

2° Comparaison de deux nombres dont l'un est rationnel et l'autre est irrationnel. — Soient C un nombre rationnel et A un nombre irrationnel défini par la suite convergente (a). La suite dont le terme général est $a_n - C$ sera *convergente* et n'aura pas zéro pour limite ; ses termes sont donc tous de même signe, à partir d'un certain rang.

Si ces termes finissent par être tous *positifs*, nous dirons que A est *plus grand* que C et nous conviendrons d'écrire

$$A > C.$$

Si ces termes finissent par être tous *négatifs*, nous dirons que A est *plus petit* que C et nous conviendrons d'écrire

$$A < C.$$

En particulier, *on dit* que le nombre irrationnel A est *positif* ou *négatif*, suivant qu'à partir d'un certain rang les termes de la suite (a) finissent par être tous *positifs* ou tous *négatifs*.

Remarque. — Par définition, des nombres irrationnels sont égaux quand ils sont définis par des suites convergentes équivalentes.

Cela permet de donner un sens au symbole A par lequel nous avons désigné le nombre irrationnel défini par une suite (a).

La lettre A représente un symbole propre à définir la génération d'un ensemble de suites *convergentes* et toutes *équivalentes*.

Opérations sur les nombres irrationnels.

94. Lemme. — *Soient* (a), (b) *deux suites convergentes définissant respectivement des nombres rationnels* A, B, *les suites convergentes*

$$(a+b) \quad (a-b) \quad (ab) \quad \left(\frac{a}{b}\right)$$

définissent respectivement les nombres

$$A+B \quad A-B \quad AB \quad \frac{A}{B}.$$

Démontrons par exemple que la suite $\left(\dfrac{a}{b}\right)$ définit le quotient $\dfrac{A}{B}$ dans le cas où B n'est *pas nul*.

Cela revient à faire voir que ce quotient est la limite de $\dfrac{a_n}{b_n}$.

Les suites (a), (b) ayant respectivement A et B pour limites, on a, si petit que soit le nombre rationnel positif α,

$$|a_p - A| < \alpha \quad |b_p - B| < \alpha$$

pour toutes les valeurs de l'entier p égales ou supérieures à un certain entier n.

Considérons la différence

$$\frac{a_p}{b_p} - \frac{A}{B} = \frac{a_p B - b_p A}{b_p B}.$$

On a identiquement

$$a_p B - b_p A = (a_p - A)B - (b_p - B)A,$$

d'où l'on tire

$$|a_p \mathrm{B} - b_p \mathrm{A}| < 2\mathrm{L}\alpha,$$

en désignant par L le plus grand des deux nombres $|\mathrm{A}|$, $|\mathrm{B}|$.

On a donc enfin

$$\left| \frac{a_p}{b_p} - \frac{\mathrm{A}}{\mathrm{B}} \right| < \frac{2\mathrm{L}\alpha}{l\beta},$$

en désignant par β la valeur absolue de B et par l un nombre positif différent de zéro et tel que l'on ait (**Théorème V**)

$$|b_p| > l.$$

On voit que $\dfrac{a_p}{b_p}$ a pour limite $\dfrac{\mathrm{A}}{\mathrm{B}}$.

Pour définir les opérations élémentaires concernant les nombres irrationnels, il nous suffira de généraliser les résultats précédents.

Nous représenterons par A, B, C, ..., M des nombres irrationnels définis par les suites (a), (b), (c), ..., (m); quelques-uns de ces nombres pourront d'ailleurs être rationnels.

95. Addition. — *Par définition la somme des nombres A, B, ..., M est le nombre rationnel ou irrationnel défini par la suite $(a + b + \ldots + m)$.*

Nous représenterons cette somme par $A + B + C + \ldots + M$. On a

(1°) $\quad a_n + b_n = b_n + a_n \qquad$ (2°) $\quad a_n + (b_n + c_n) = a_n + b_n + c_n;$

il en résulte

(1°) $\quad A + B = B + A \qquad$ (2°) $\quad A + (B + C) = A + B + C;$

donc, pour les nombres *irrationnels* comme pour les nombres *rationnels*, l'addition est une opération : 1° *commutative;* 2° *associative.*

Remarque I. — Si B est positif, les termes de la suite (b) finissent par être tous positifs, et l'on a constamment, à partir d'une certaine valeur de n,

$$(a_n + b_n) - a_n > 0 ;$$

on a donc, par définition,

$$(A + B) > A.$$

Si B était négatif, on verrait de même que l'on a

$$A + B < A.$$

Si B est nul, on a $\lim b_n = 0$, et la suite $(a + b)$ est équivalente à la suite (a) ; on a donc

$$A + 0 = A.$$

Remarque II. — L'inégalité $B > C$ entraine l'inégalité

$$A + B > A + C;$$

car, à partir d'un certain rang n, on a constamment $b_n - c_n > 0$ et, par suite, on a aussi constamment

$$(a_n + b_n) - (a_n + c_n) > 0.$$

96. Soustraction. — *Retrancher* B *de* A, *c'est trouver un nombre qui ajouté à* B *donne pour somme* A.

Le nombre C, défini par la suite $(a - b)$, jouit de cette propriété, car la somme $B + C$ est définie par la suite dont le terme général est $b_n + (a_n - b_n) = a_n$; cette somme est donc égale à A.

La différence des nombres A et B est *unique*, car pour tout nombre D différent de C on a (**Remarque II**)

$$B + D \gtrless B + C.$$

Remarque. — Si A est supérieur à B, on a constamment, à partir d'un certain rang n, l'inégalité $a_n - b_n > 0$; on a donc aussi

$$A - B > 0.$$

On verrait de même que l'on a

$$A - B < 0$$

si B est supérieur à A.

97. Multiplication. — *Par définition, le produit des nombres A, B, ..., M est le nombre rationnel ou irrationnel défini par la suite* $(a\,b\,c \ldots m)$.

Nous représenterons le produit par A B C ... M. Ce symbole, comme dans le cas des nombres rationnels, signifie que l'on doit multiplier A par B, le produit obtenu AB par C, et ainsi de suite.
On a

$$(1°)\ a_n b_n = b_n a_n \quad (2°)\ a_n(b_n c_n) = a_n b_n c_n \quad (3°)\ a_n(b_n + c_n) = a_n b_n + a_n c_n;$$

il en résulte

$$(1°)\ AB = BA \quad (2°)\ A(BC) = ABC \quad (3°)\ A(B + C) = AB + AC;$$

donc, pour les nombres *irrationnels* comme pour les nombres *rationnels*, la multiplication est une opération : 1° *commutative*; 2° *associative*; 3° *distributive*.

Remarque I. — Si l'on a $A > 0$ et $B > C$, on a aussi

$$AB > AC;$$

car, à partir d'un certain rang n, la différence $a_n b_n - a_n c_n$ est constamment positive.

On voit de même que les deux inégalités $A < 0$, $B > C$ donnent l'inégalité

$$AB < AC.$$

Remarque II. — Soit B un nombre égal à l'unité, c'est-à-dire défini par une suite (b) pour laquelle $\lim b_n = 1$; on aura

$$\lim (a_n b_n - a_n) = \lim a_n(b_n - 1) = 0;$$

donc les suites $(a\,b)$ et (a) sont équivalentes.
Il en résulte

$$AB = A,$$

c'est-à-dire

$$A \cdot 1 = A.$$

Enfin, si B est nul, le terme général b_n de la suite qui le définit aura zéro pour limite; il en sera donc de même du terme général $a_n b_n$ de la suite (ab). De là résulte l'égalité

$$AB = 0,$$

c'est-à-dire

$$A \cdot 0 = 0.$$

98. Division. — *Diviser* A *par* B, *c'est trouver un nombre qui multipliant* B *donne pour produit* A.

Si l'on suppose B différent de zéro, la suite $\left(\dfrac{a}{b} \right)$ est convergente et définit un nombre C qui sera *un quotient* de la division de A par B.

En effet, le produit BC est défini par une suite dont le terme général est égal à $b_n \cdot \dfrac{a_n}{b_n}$ ou à a_n ; on a donc $BC = A$.

Le quotient de A par B est *unique*, car pour tout nombre D différent de C on a (**Remarque I, § 97**)

$$B.D \gtrless BC \quad \text{ou} \quad B.D \gtrless A.$$

99. Puissances. — La multiplication des nombres irrationnels ayant été définie, l'élévation de ces nombres à une puissance entière se trouve dès lors définie.

Ainsi la puissance m^e du nombre irrationnel A, défini par la suite (a), sera le nombre rationnel ou irrationnel défini par la suite (a^m).

Remarque. – Pour légitimer les définitions des opérations élémentaires sur les nombres irrationnels, il reste à faire observer que les nombres définis dans chacune de ces opérations au moyen des suites (a), (b), ..., (m) ne changent pas quand on remplace ces suites par d'autres qui leur sont respectivement équivalentes.

L'exactitude de cette observation résulte du **Théorème VII**.

Suites dont les termes ne sont pas tous rationnels.

100. En définissant la limite d'une quantité variable x, en exposant la théorie élémentaire des suites, nous avons dû supposer *rationnels* le nombre x et les termes des suites considérées, afin de n'avoir affaire qu'à des opérations connues.

Nous avons pu ainsi définir les nombres irrationnels et étendre à ces nombres : 1° la définition des opérations fondamentales de l'arithmétique ; 2° les propriétés principales de ces opérations ; 3° les règles relatives à la transformation des égalités et des inégalités.

Ces résultats vont nous permettre de généraliser la définition de la limite et celle des suites.

Définition. — *Soit* X *un nombre irrationnel variable, nous dirons que* X *a pour limite un nombre donné* A *quand la valeur absolue de la différence* A — X *peut devenir et rester constamment ensuite moindre que tout nombre positif donné* α, *si petit que soit ce nombre* α.

La condition énoncée dans cette définition est exprimée par l'inégalité

$$|A - X| < \alpha$$

dont nous avons précédemment fixé le sens.

2° Considérons maintenant une suite infinie

$$u_1 \quad u_2 \quad \ldots \quad u_n \quad \ldots$$

de nombres qui ne sont pas tous *rationnels*, nous dirons que cette suite est *donnée* si l'on sait calculer la valeur d'un terme quelconque u_n connaissant son rang.

La définition d'une suite *convergente*, celle des suites *équivalentes*, sont les mêmes pour les suites dont les termes ne sont pas tous rationnels que pour celles dont les termes sont rationnels.

La notion de limite étendue à un nombre irrationnel variable va nous permettre d'établir le théorème suivant qui a une grande importance.

Théorème VIII. — *Le nombre* A *rationnel ou irrationnel défini par une suite* (a) *convergente et à termes rationnels*

$$a_1 \quad a_2 \quad \ldots \quad a_n \quad \ldots$$

est la limite de cette suite.

Il n'y a lieu à démonstration que si le nombre A est irrationnel ; supposons donc ce nombre irrationnel.

La suite (a) étant convergente, à tout nombre positif α, pris aussi petit que l'on voudra, correspond un entier positif n tel que l'on a

$$|a_p - a_q| < \alpha$$

pour toutes les valeurs des entiers p et q égales ou supérieures à n.

Maintenant, d'après la définition de la soustraction de deux nombres qui ne sont pas tous les deux rationnels, le nombre irrationnel $A - a_p$ est défini par la suite

$$a_1 - a_p \quad a_2 - a_p \quad \ldots \quad a_q - a_p \quad \ldots$$

Par hypothèse, tous les termes de cette suite satisfont, pour q égal ou supérieur à n, à l'inégalité

$$(4) \qquad\qquad |a_q - a_p| < \alpha.$$

En se reportant au sens que nous avons attribué à une inégalité dont les deux membres ne sont pas rationnels, on voit que l'inégalité (4) signifie que l'on a

$$|A - a_p| < \alpha.$$

Cela ayant lieu pour toutes les valeurs de p égales ou supérieures à n, il en résulte que A est la limite de la suite (a).

101. Nous allons maintenant démontrer deux propriétés des suites à termes rationnels ou irrationnels, dont nous aurons souvent à faire usage.

Théorème IX. — *Une suite convergente*

$$u_1 \quad u_2 \quad \ldots \quad u_n \quad \ldots$$

dont tous les termes ne sont pas rationnels à une limite.

Appelons a_r la valeur du terme général u_r à $\frac{1}{r}$ près, c'est-à-dire le plus grand multiple de $\frac{1}{r}$ contenu dans u_r.

Le nombre a_r sera le terme général d'une suite

$$a_1 \quad a_2 \quad \ldots \quad a_r \quad \ldots$$

à termes rationnels.

1° *La suite* (a) *est convergente.* — En effet, la suite donnée (u) étant convergente, au nombre α, pris aussi petit que l'on voudra, correspond un entier n tel que l'on a

$$|u_p - u_q| < \frac{\alpha}{3}$$

pour toutes les valeurs de p et de q égales ou supérieures à n.

D'un autre côté, on peut choisir le nombre r de telle sorte que l'on ait

$$\frac{1}{r} < \frac{\alpha}{3};$$

dans ces conditions, pour toutes les valeurs de p et de q égales ou supérieures au plus grand des deux nombres n ou r, on aura à la fois

$$|u_p - u_q| < \frac{\alpha}{3} \quad |a_p - u_p| < \frac{\alpha}{3} \quad |a_q - u_q| < \frac{\alpha}{3}.$$

Maintenant on a identiquement

$$a_p - a_q = (u_q - a_q) - (u_p - a_p) + (u_p - u_q),$$

et, par conséquent,

$$|a_p - a_q| \leqq |u_q - a_q| + |u_p - a_p| + |u_p - u_q|,$$

ou enfin

$$|a_p - a_q| < \alpha.$$

La suite (a) est donc convergente et définit un nombre U rationnel ou irrationnel.

2° *Le nombre* U *est la limite de la suite* (u). — En effet, on a

$$u_n - U = (a_n - U) + (u_n - a_n),$$

et les différences $a_n - U$, $u_n - a_n$ tendent vers zéro quand n devient infini.

Théorème X. — *Une suite quelconque (u) a une limite quand ses termes vont en croissant ou du moins ne décroissent pas et restent moindres qu'un nombre rationnel donné* A.

D'après le théorème précédent, tout revient à démontrer que la suite considérée

$$u_1 \quad u_2 \quad \ldots \quad u_n \quad \ldots$$

est convergente, c'est-à-dire qu'au nombre positif α, pris aussi petit que l'on voudra, correspond un entier n tel que l'on aura

$$|u_p - u_q| < \alpha$$

pour toutes les valeurs de p et de q égales ou supérieures à n.

Soit B un nombre rationnel déterminé inférieur au premier terme u_1 de la suite (u); partageons la différence A — B en un nombre r de parties égales tel que l'on ait

$$\frac{A - B}{r} = \delta < \alpha,$$

et considérons la progression arithmétique

$$B \qquad B + \delta \qquad B + 2\delta \quad \ldots \quad B + (r-1)\delta \qquad A.$$

Le nombre A est supérieur à tous les termes de la suite (u) ; mais cette propriété peut appartenir à quelques-uns des nombres qui précèdent A dans la progression.

Désignons par $B + s\delta$ le *premier* terme de la progression supérieur à tous les termes de la suite (u).

Désignons maintenant par u_n le premier terme de cette suite qui surpasse le terme $B + (s-1)\delta$ précédant immédiatement $B + s\delta$ dans la progression. Les termes de la suite (u) allant en croissant, ou du moins ne décroissant pas, le terme u_n et tous ceux qui le suivent seront compris entre $B + (s-1)\delta$ et $B + s\delta$.

Il résulte de là que p et q désignant deux entiers quelconques supérieurs à n, on aura

$$B + (s-1)\delta < u_p \leqq u_q < B + s\delta \qquad (p < q),$$

c'est-à-dire

$$u_q - u_p < \delta < \alpha.$$

La suite (u) est donc convergente.

102. Les nombres irrationnels se sont présentés pour la première fois en arithmétique dans la théorie de l'extraction de la racine carrée d'un nombre entier ou fractionnaire.

On a montré alors qu'il existe des nombres entiers ou fractionnaires qui ne peuvent pas être obtenus en élevant au carré soit un entier, soit une fraction; tels sont, par exemple, les nombres 2 et $\frac{2}{3}$.

Les racines carrées de ces nombres ont été dites irrationnelles.

Pour compléter la théorie des nombres irrationnels, nous devrions ici définir le symbole $\sqrt{a}$ et plus généralement le symbole $\sqrt[m]{a}$ dans le cas où il n'existe aucun nombre commensurable satisfaisant à l'équation $x^2 - a = 0$ ou à l'équation $x^m - a = 0$, et montrer que ces équations admettent alors comme solution un nombre irrationnel.

Cette question sera examinée dans la théorie des radicaux arithmétiques.

Les nombres irrationnels se sont ensuite présentés en géométrie dans la comparaison de deux grandeurs de même espèce A et B.

Dans cette comparaison trois cas peuvent se présenter.

1° *La grandeur* B *est contenue un nombre exact de fois m dans* A. — On dit alors que le rapport de la grandeur A à la grandeur B est égal au nombre entier m, et l'on écrit

$$\frac{A}{B} = m.$$

Le nombre m est la mesure de A quand on prend B pour unité.

2° *La grandeur* B *n'est pas contenue un nombre exact de fois dans* A, *mais la p^e partie de* B *est contenue un nombre exact de fois m dans* A. — Dans ce cas A est égal à m fois la p^e partie de B; on dit alors que le rapport de A à B est égal à la fraction $\frac{m}{p}$, et l'on écrit

$$\frac{A}{B} = \frac{m}{p}.$$

Le nombre $\frac{m}{p}$ est la mesure de A quand on prend B pour unité.

3° *Aucune partie aliquote de* B, *si petite qu'elle soit, n'est con-*

tenue un nombre exact de fois dans A. — On dit alors que les grandeurs A et B sont *incommensurables*.

Nous nous proposons de définir ce qu'il faut entendre dans cette hypothèse par le rapport de la grandeur A à la grandeur B.

Considérons la suite illimitée

$$(\varepsilon) \qquad\qquad \varepsilon_1 \quad \varepsilon_2 \quad \dots \quad \varepsilon_n \quad \dots$$

dont les termes sont des nombres commensurables positifs, décroissants et ayant zéro pour limite.

La grandeur B étant prise pour unité, soit l un nombre mesurant une grandeur L commensurable avec B et moindre que A.

Les termes de la suite

$$l \quad l+\varepsilon_p \quad l+2\varepsilon_p \quad \dots \quad l+n\varepsilon_p \quad \dots$$

en prenant toujours B pour unité, mesureront des grandeurs

$$L \quad L_1 \quad \dots \quad L_n \quad \dots$$

commensurables avec B et pouvant surpasser toute grandeur donnée C de même espèce que les grandeurs A et B.

Il résulte de là que la grandeur A sera comprise entre deux grandeurs L_r, L_{r+1} mesurées par les termes consécutifs $l+r\varepsilon_p$, $l+(r+1)\varepsilon_p$ de la suite (l). On aura donc

$$L_r < A < L_{r+1}.$$

Si l'on pose $a_p = l+r\varepsilon_p$, on aura $l+(r+1)\varepsilon_p = a_p + \varepsilon_p$, et l'inégalité précédente pourra être écrite de la manière suivante :

$$a_p B < A < (a_p + \varepsilon_p) B.$$

En opérant de la même manière sur chaque terme de la suite (ε), nous obtiendrons la suite

$$a_1 \quad a_2 \quad \dots \quad a_n \quad \dots$$

à termes rationnels.

Nous allons montrer que cette suite (a) est convergente.

La suite (ε) ayant zéro pour limite, à un nombre α pris aussi petit que l'on voudra, correspond un entier positif n tel que l'on a

$$\varepsilon_p < \alpha \qquad\qquad \varepsilon_q < \alpha$$

pour toutes les valeurs des entiers p et q égales ou supérieures à n.

Maintenant les grandeurs $a_p\mathrm{B}$, $a_q\mathrm{B}$ sont moindres que A et les grandeurs $(a_p + \varepsilon_p)\mathrm{B}$, $(a_q + \varepsilon_q)\mathrm{B}$ sont supérieures à A ; on a donc

$$a_p < a_q + \varepsilon_q < a_q + \alpha$$
$$a_q < a_p + \varepsilon_p < a_p + \alpha,$$

et, par conséquent,

$$|a_p - a_q| < \alpha.$$

La suite (a) est donc convergente et a pour limite un nombre x.

Par définition, nous dirons que x représente le rapport de la grandeur A à la grandeur B ; ce nombre sera aussi celui qui mesure A quand on prend B pour unité, et nous écrirons

$$\frac{\mathrm{A}}{\mathrm{B}} = x.$$

Remarque I. — Pour légitimer cette définition, il faut encore montrer que les suites (a), obtenues en faisant varier la suite (ε), sont *équivalentes*.

Soit

$$a_1 \quad a_2 \quad \ldots \quad a'_n \quad \ldots$$

une suite (a') déduite de la suite

$$\varepsilon'_1 \quad \varepsilon'_2 \quad \ldots \quad \varepsilon'_n \quad \ldots$$

comme la suite (a) a été déduite de la suite (ε).

Au nombre α, pris aussi petit que l'on voudra, correspond un entier positif n tel que l'on a

$$\varepsilon_p < \alpha \qquad\qquad \varepsilon'_q < \alpha$$

pour toutes les valeurs des entiers p et q égales ou supérieures à n.

D'un autre côté, on a

$$a_p \text{B} < \text{A} < (a'_q + \varepsilon'_q)\text{B}$$

$$a'_q \text{B} < \text{A} < (a_p + \varepsilon_p)\text{B},$$

et, par conséquent,

$$a_p < a'_q + \varepsilon'_q < a'_q + \alpha$$

$$a'_q < a_p + \varepsilon_p < a_p + \alpha.$$

De ces inégalités, on déduit

$$|a_p - a'_q| < \alpha$$

pour toutes les valeurs des entiers p et q égales ou supérieures à n; les suites (a) et (a') sont donc équivalentes.

Remarque II. — Soient A, B deux grandeurs incommensurables de même espèce et A′, B′ deux autres grandeurs incommensurables aussi de même espèce.

Le rapport des grandeurs A, B sera égal à celui des grandeurs A′, B′ quand les suites (a), (a') qui définissent ces rapports seront équivalentes.

Dans la pratique, pour démontrer l'égalité de ces deux rapports, on partage les grandeurs B et B′ en un *même* nombre p de parties égales; si, quel que soit p, chacune des parties de B′ est contenue dans A′, avec un reste, *exactement autant de fois* que chacune des parties de B est contenue dans A avec un reste, les deux rapports $\dfrac{\text{A}}{\text{B}}$, $\dfrac{\text{A}'}{\text{B}'}$ seront égaux.

En effet, cela revient à dire que ces rapports sont définis par la même suite convergente

$$\frac{m_1}{1} \quad \frac{m_2}{2} \quad \ldots \quad \frac{m_p}{p} \quad \ldots$$

C'est ainsi, par exemple, que, le rapport des hauteurs de deux parallélépipèdes rectangles étant incommensurable, on démontre le théorème suivant :

Théorème. — *Le rapport des volumes de deux parallélépipèdes rectangles de même base est égal au rapport de leurs hauteurs.*

CHAPITRE IX

RADICAUX ARITHMÉTIQUES

103. Définition. — *On appelle racine m^e arithmétique d'un nombre positif A un nombre positif dont la puissance m^e est égale à A.*

On représente cette racine par le symbole $\sqrt[m]{A}$ et l'entier m est appelé l'indice du radical.

On n'écrit pas cet indice quand il est égal à 2.

Il n'existe pas toujours un nombre commensurable dont la puissance m^e est égale à un nombre donné A. Il en est toujours ainsi, en particulier, si le nombre A est incommensurable, et cela peut avoir lieu aussi quand A est commensurable. Par exemple, il n'existe aucun nombre commensurable qui élevé au carré reproduise les nombres 2 ou $\dfrac{2}{3}$.

Nous nous proposons de définir le symbole $\sqrt[m]{A}$ dans le cas où la puissance m^e d'aucun nombre commensurable n'est égale à A.

Pour cela, considérons une suite illimitée

$$(\varepsilon) \qquad \varepsilon_1 \quad \varepsilon_2 \quad \ldots \quad \varepsilon_p \quad \ldots$$

dont les termes sont positifs, décroissants et ont zéro pour limite.

Soit l un nombre positif commensurable dont la puissance m^e est inférieure à A ; les termes de la suite

$$l^m \quad (l+\varepsilon_p)^m \quad (l+2\varepsilon_p)^m \quad \ldots \quad (l+r\varepsilon_p)^m \quad \ldots$$

croissant au delà de toutes limites finiront par dépasser A.

Il résulte de là qu'il y aura dans cette suite deux termes consécutifs

$$(l + r\varepsilon_p)^m \qquad\qquad [l + (r+1)\varepsilon_p]^m$$

entre lesquels le nombre A sera compris.

Désignons par a_p^m le premier de ces termes, l'autre sera $(a_p + \varepsilon_p)^m$.

Ainsi, à un terme quelconque ε_p de la suite (ε) on peut faire correspondre un nombre positif a_p tel que l'on ait la double inégalité

$$(a_p)^m < A < (a_p + \varepsilon_p)^m.$$

En répétant le même raisonnement sur chaque terme de la suite (ε), nous formerons la suite

$$(a) \qquad\qquad a_1 \quad a_2 \quad \ldots \quad a_p \quad \ldots$$

Nous allons montrer que la suite (a) est convergente.

La suite (ε) ayant zéro pour limite, à un nombre positif α pris aussi petit que l'on voudra correspond un entier positif n tel que l'on a

$$\varepsilon_p < \alpha \qquad\qquad \varepsilon_q < \alpha$$

pour toutes les valeurs des entiers p et q égales ou supérieures à n.

Maintenant, des inégalités

$$(a_p)^m < A \qquad\qquad (a_p + \varepsilon_p)^m > A$$
$$(a_q)^m < A \qquad\qquad (a_q + \varepsilon_q)^m > A$$

résultent les inégalités

$$a_p < a_q + \varepsilon_q < a_q + \alpha$$
$$a_q < a_p + \varepsilon_p < a_p + \alpha ;$$

on a donc

$$|a_p - a_q| < \alpha$$

pour toutes les valeurs des entiers p et q égales ou supérieures à n.

La suite (a) est donc convergente et définit un nombre positif x.

Nous allons maintenant démontrer que la puissance m^e du nombre x est égale à A.

On a vu dans la théorie des nombres incommensurables que l'on a

$$x^m = \lim (a_p)^m\,;$$

tout revient donc à montrer que l'on a aussi

$$A = \lim (a_p)^m.$$

De la double inégalité

$$(a_p)^m < A < (a_p + \varepsilon_p)^m$$

on déduit

$$A - (a_p)^m < (a_p + \varepsilon_p)^m - (a_p)^m.$$

D'un autre côté, on a identiquement

$$(a_p + \varepsilon_p)^m - (a_p)^m = \frac{(a_p + \varepsilon_p)^m - (a_p)^m}{(a_p + \varepsilon_p) - a_p} \cdot \varepsilon_p,$$

c'est-à-dire

$$(a_p + \varepsilon_p)^m - (a_p)^m = [(a_p + \varepsilon_p)^{m-1} + (a_p + \varepsilon_p)^{m-2} a_p + \ldots + (a_p)^{m-1}]\varepsilon_p.$$

La suite dont le terme général est $a_p + \varepsilon_p$ étant convergente, on sait que tous ses termes sont inférieurs à un nombre déterminé L; on a donc

$$(a_p + \varepsilon_p)^m - (a_p)^m < m\,L^{m-1}\,\varepsilon_p$$

et, par suite,

$$A - (a_p)^m < m\,L^{m-1}\,\varepsilon_p.$$

De cette inégalité, il résulte que l'on a

$$A = \lim (a_p)^m$$

et, par conséquent,

$$x^m = A.$$

Les considérations précédentes définissent le symbole $\sqrt[m]{A}$ dans le cas où la puissance m^e d'aucun nombre commensurable n'est égale à A.

Remarque I. — Le nombre x ainsi défini est unique; en effet, soit x' un nombre différent de x, d'après la théorie des opérations sur les nombres incommensurables, on aura $x^m \gtrless x'^m$ et, par conséquent, $x'^m \gtrless A$.

De cette remarque il résulte qu'en changeant la suite (ε) et le nombre l, toutes les suites (a) que l'on formera seront équivalentes.

Remarque II. — Dans la pratique, on choisit pour la suite (ε) la suite

$$\frac{1}{10} \quad \frac{1}{10^2} \quad \cdots \quad \frac{1}{10^p} \quad \cdots$$

Le nombre a_p est alors la valeur approchée de $\sqrt[m]{A}$ à $\dfrac{1}{10^p}$ près par défaut.

104. Le symbole $\sqrt[m]{A}$ étant défini pour toutes les valeurs positives du nombre A, nous allons faire connaître les propriétés des radicaux arithmétiques et les règles du calcul de ces quantités.

Nous commencerons par établir quelques lemmes qui nous seront utiles.

Lemme I. — *Pour vérifier que deux quantités positives A et B sont égales, il suffit de vérifier que leurs puissances m^{es} sont égales.*

En effet, les nombres A^m, B^m ont chacun une seule racine m^e arithmétique ; donc, si ces nombres sont égaux, on a

$$A = B.$$

Lemme II. — *Les nombres $a, b, c, \ldots$, étant commensurables ou incommensurables, on a les relations suivantes :*

1°
$$(abc\ldots)^m = a^m b^m c^m \ldots$$

2°
$$\left(\frac{a}{b}\right)^m = \frac{a^m}{b^m}$$

3°
$$(a^m)^p = a^{mp}.$$

On démontre ces relations en arithmétique dans le cas où les nombres $a, b, c, \ldots$, sont commensurables ; nous allons seulement faire voir qu'elles sont encore vraies quand ces nombres sont incommensurables.

Soient a_n, b_n, c_n, ..., les termes généraux des suites convergentes qui définissent les nombres a, b, c, ...; on a

$$(a_n b_n c_n \ldots)^m = (a_n)^m (b_n)^m \ldots,$$

d'où résulte la relation

$$(abc \ldots)^m = a^m b^m c^m \ldots$$

d'après les règles du calcul des nombres incommensurables.

Les autres relations s'établissent de la même manière.

Propriétés des radicaux arithmétiques.

105. Théorème. — *On ne change pas la valeur d'un radical arithmétique en multipliant ou en divisant par un même nombre entier p l'indice du radical et l'exposant de la quantité placée sous ce radical.*

Tout revient à démontrer que les deux quantités positives

$$x = \sqrt[m]{a^q} \qquad\qquad y = \sqrt[mp]{a^{qp}}$$

sont égales ou encore que l'on a (**Lemme I**)

$$x^{mp} = y^{mp}.$$

Or, on a (**Lemme II**)

$$x^{mp} = (x^m)^p = a^{qp}$$

et, en outre,

$$y^{mp} = a^{qp}.$$

Simplification d'un radical. — Du théorème précédent il résulte que, si l'indice d'un radical et l'exposant de la quantité placée sous le radical sont divisibles par un même nombre p, on peut simplifier le radical en divisant par p cet indice et cet exposant.

Ainsi, par exemple, on a

$$\sqrt[15]{a^{10} b^{20} c^5} = \sqrt[3]{a^2 b^4 c}.$$

Réduction de plusieurs radicaux au même indice. — Considérons les radicaux

$$\sqrt[m]{A} \quad \sqrt[p]{B} \quad \sqrt[q]{C}$$

et soient μ un multiple commun des indices m, p, q et m', p', q' les quotients de μ par ces indices, on aura

$$mm' = pp' = qq' = \mu,$$

et les radicaux considérés seront respectivement égaux à

$$\sqrt[\mu]{A^{m'}} \quad \sqrt[\mu]{B^{p'}} \quad \sqrt[\mu]{C^{q'}}.$$

Remarque. — Dans la pratique, on commence par rendre chaque radical irréductible en divisant, pour chacun d'eux, l'indice du radical et l'exposant de la quantité placée sous le radical par leur plus grand commun diviseur. On prend ensuite pour indice commun le plus petit commun multiple des indices des radicaux simplifiés.

Exemple. — *Réduire au même indice les radicaux*

$$\sqrt[8]{a^6 b^2} \quad \sqrt[15]{a^{12} c^6} \quad \sqrt[50]{c^{35}} \quad \sqrt[12]{d^7}.$$

Après simplification, ces radicaux deviennent

$$\sqrt[4]{a^3 b} \quad \sqrt[5]{a^4 c^2} \quad \sqrt[10]{c^7} \quad \sqrt[12]{d^7};$$

le plus petit commun multiple des indices est 60, et l'on a

$$60 = 4.15 = 5.12 = 10.6 = 12.5.$$

Les radicaux considérés peuvent donc être remplacés par les suivants :

$$\sqrt[60]{a^{45} b^{15}} \quad \sqrt[60]{a^{48} c^{24}} \quad \sqrt[60]{c^{42}} \quad \sqrt[60]{d^{35}}.$$

Calcul des radicaux.

106. Multiplication. — Pour multiplier entre eux plusieurs radicaux, on commence par les réduire au même indice, puis on applique le théorème suivant :

Théorème. — *Le produit de plusieurs radicaux de même indice est égal à la racine de même indice du produit des quantités placées sous ces radicaux.*

Il s'agit de démontrer l'égalité des deux quantités

$$x = \sqrt[m]{a}\,\sqrt[m]{b}\,\sqrt[m]{c} \qquad y = \sqrt[m]{abc}.$$

Pour cela, il suffit de remarquer (**Lemmes I** et **II**) que l'on a

$$x^m = y^m.$$

Division. — Pour diviser deux radicaux l'un par l'autre, on commence par les réduire au même indice, puis on applique le théorème suivant :

Théorème. — *Le quotient de deux radicaux de même indice est égal à la racine de même indice du quotient des quantités placées sous ces radicaux.*

Il s'agit de démontrer l'égalité des deux quantités

$$x = \frac{\sqrt[m]{a}}{\sqrt[m]{b}} \qquad y = \sqrt[m]{\frac{a}{b}}.$$

Pour cela, il suffit de remarquer que l'on a

$$x^m = y^m.$$

Puissance. — *Pour élever un radical à la puissance p, il suffit d'élever à cette puissance la quantité placée sous le radical.*

En effet, on a

$$\left(\sqrt[m]{a}\right)^p = \sqrt[m]{a}\,.\,\sqrt[m]{a}\ldots\sqrt[m]{a} = \sqrt[m]{a\,.\,a\ldots a} = \sqrt[m]{a^p}.$$

Racine d'un radical. — *Pour extraire la racine p° d'un radical, il suffit de multiplier par p l'indice du radical.*

Il s'agit de démontrer l'égalité des deux quantités

$$x = \sqrt[p]{\sqrt[m]{a}} \qquad y = \sqrt[mp]{a}.$$

Pour cela, il suffit de remarquer que l'on a

$$x^{mp} = y^{mp} = a.$$

Application. — 1° *Faire sortir d'un radical un facteur placé sous ce radical.*

On peut faire sortir d'un radical un facteur placé sous ce radical quand il est affecté d'un exposant égal à un multiple de l'indice.

Soit, par exemple, l'expression

$$x = \sqrt[m]{a^{mp}b};$$

on a

$$x = \sqrt[m]{a^{mp}}\,\sqrt[m]{b} = \left(\sqrt[m]{a^{p}}\right)^{m}\sqrt[m]{b},$$

c'est-à-dire

$$x = a^{p}\sqrt[m]{b}.$$

On voit qu'il a suffi d'écrire la quantité a^{mp} en dehors du radical après avoir divisé son exposant par l'indice du radical.

2° *Faire entrer sous un radical un facteur positif placé en dehors du radical.*

Considérons l'expression

$$x = a\sqrt[m]{b};$$

on a

$$x = \left(\sqrt[m]{a}\right)^{m}\sqrt[m]{b} = \sqrt[m]{a^{m}}\sqrt[m]{b},$$

c'est-à-dire

$$x = \sqrt[m]{a^{m}b}.$$

On voit qu'il a suffi d'écrire la quantité a sous le radical après l'avoir élevée à une puissance ayant pour exposant l'indice du radical.

Exposants fractionnaires.

107. Considérons l'expression $\left(\sqrt[q]{a}\right)^{p}$ et supposons que l'exposant p soit un multiple de q. Si nous posons $p = mq$, nous aurons

$$\left(\sqrt[q]{a}\right)^{p} = \left[\left(\sqrt[q]{a}\right)^{q}\right]^{m} = a^{m} = a^{\frac{p}{q}}.$$

Quand p n'est pas un multiple de q, le symbole $a^{\frac{p}{q}}$ n'a aucun sens par lui-même ; nous conviendrons de représenter encore par ce symbole l'expression $\left(\sqrt[q]{a}\right)^{p}$.

Remarque. — Quand on ne considère que les radicaux arithmétiques, on a

$$\left(\sqrt[q]{a}\right)^{p} = \sqrt[q]{a^{p}},$$

donc le symbole $a^{\frac{p}{q}}$ représente aussi, par convention, la quantité $\sqrt[q]{a^{p}}$.

Avant de montrer les avantages que présente l'introduction des exposants fractionnaires, il importe de faire voir que le symbole $a^{\frac{p}{q}}$ ne change pas de valeur quand on remplace la fraction $\frac{p}{q}$ par une autre équivalente $\frac{r}{s}$.

Par convention, on a

$$a^{\frac{p}{q}} = \sqrt[q]{a^{p}} \qquad a^{\frac{r}{s}} = \sqrt[s]{a^{r}}.$$

Pour comparer ces deux radicaux, nous les réduirons au même indice, ce qui donne

$$\sqrt[q]{a^{p}} = \sqrt[qs]{a^{ps}} \qquad \sqrt[s]{a^{r}} = \sqrt[qs]{a^{rq}} ;$$

sous cette forme on reconnaît qu'ils sont égaux, car, de l'égalité

$$\frac{p}{q} = \frac{r}{s}$$

qui a lieu, par hypothèse, on tire

$$rq = ps.$$

Ainsi, on a

$$a^{\frac{p}{q}} = a^{\frac{r}{s}}$$

quand les fractions $\dfrac{p}{q}$, $\dfrac{r}{s}$ sont équivalentes.

Pour faire comprendre l'utilité des exposants fractionnaires, nous allons montrer que les règles du calcul des exposants entiers s'appliquent aux exposants fractionnaires.

Calcul des exposants fractionnaires.

108. Multiplication. — On sait que si x et y sont entiers on a

$$a^x . a^y = a^{x+y}.$$

Cette relation est encore vraie quand les deux exposants x et y ne sont pas entiers.

1° L'exposant x est entier et l'exposant y est fractionnaire. — Posons

$$x = m \qquad y = \frac{p}{q}.$$

On a, par convention,

$$a^y = \sqrt[q]{a^p}\,;$$

donc

$$a^x . a^y = a^m . \sqrt[q]{a^p} = \sqrt[q]{a^{mq}} . \sqrt[q]{a^p} = \sqrt[q]{a^{mq+p}},$$

c'est-à-dire

$$a^x . a^y = a^{\frac{mq+p}{q}} = a^{x+y}.$$

2° Les exposants x et y sont fractionnaires. — Posons

$$x = \frac{p}{q} \qquad y = \frac{r}{s}.$$

On a, par convention,

$$a^x = \sqrt[q]{a^p} \qquad a^y = \sqrt[s]{a^r}.$$

Pour multiplier ces deux radicaux, nous les réduirons au même indice et nous aurons

$$a^x . a^y = \sqrt[qs]{a^{ps}} . \sqrt[qs]{a^{rq}} = \sqrt[qs]{a^{ps+rq}},$$

c'est-à-dire

$$a^x . a^y = a^{\frac{ps+rq}{qs}} = a^{x+y}.$$

Division. — La règle de la multiplication pour les exposants entiers étant vraie pour les exposants fractionnaires, il en est de même de la règle de la division.

Ainsi, on a

$$\frac{a^x}{a^y} = a^{x-y};$$

car, si y est une fraction moindre que x, le produit de a^{x-y} par a^y est égal à a^x, l'exposant x pouvant être entier ou fractionnaire.

Puissances. — On sait que si x et y sont entiers, on a

$$\left(a^x\right)^y = a^{xy}.$$

Cette relation est encore vraie quand les deux exposants x et y ne sont pas entiers.

1° L'exposant x est entier et l'exposant y est fractionnaire. — Posons

$$x = m \qquad y = \frac{r}{s}.$$

On aura

$$\left(a^x\right)^y = \left(a^m\right)^{\frac{r}{s}} = \sqrt[s]{a^{mr}} = a^{\frac{mr}{s}},$$

c'est-à-dire

$$\left(a^x\right)^y = a^{xy}.$$

2° *L'exposant x est fractionnaire et l'exposant y est entier.* — Posons

$$x = \frac{p}{q} \qquad y = m.$$

On aura

$$(a^x)^y = \left(a^{\frac{p}{q}}\right)^m = \left(\sqrt[q]{a^p}\right)^m = \sqrt[q]{a^{pm}} = a^{\frac{pm}{q}},$$

c'est-à-dire encore

$$(a^x)^y = a^{xy}.$$

3° *Les exposants x et y sont fractionnaires.* — Posons

$$x = \frac{p}{q} \qquad y = \frac{r}{s}.$$

On aura

$$(a^x)^y = \left(a^{\frac{p}{q}}\right)^{\frac{r}{s}} = \sqrt[s]{\left(a^{\frac{p}{q}}\right)^r} = \sqrt[s]{a^{\frac{pr}{q}}} = \sqrt[s]{\sqrt[q]{a^{pr}}} = \sqrt[sq]{a^{pr}} = a^{\frac{pr}{sq}},$$

c'est-à-dire encore

$$(a^x)^y = a^{xy}.$$

Remarque. — On voit, par ce qui précède, que l'introduction des exposants fractionnaires ramène le calcul des radicaux au calcul des puissances dont les règles sont beaucoup plus simples.

Exposants négatifs.

109. Nous venons de voir que l'on a

$$\frac{a^m}{a^n} = a^{m-n}$$

quand les exposants m et n sont des nombres positifs *entiers* ou *fractionnaires*, pourvu que m soit plus grand que n.

Si l'on applique la même formule lorsque l'exposant n du diviseur est plus grand que l'exposant m du dividende, on est conduit au symbole a^{m-n}, dans lequel l'exposant $m - n$ est *négatif* et qui n'a aucun sens par lui-même.

Si l'on pose $n = m + p$, le quotient de a^m par a^n sera représenté par la fraction

$$\frac{a^m}{a^{m+p}} = \frac{1}{a^p} = \frac{1}{a^{n-m}}.$$

On voit alors que, n étant plus grand que m, on aura encore

$$\frac{a^m}{a^n} = a^{m-n},$$

pourvu que l'on convienne de représenter la fraction $\dfrac{1}{a^p}$ par le symbole a^{-p}.

Remarque. — Par définition on a

$$a^{-p} = \frac{1}{a^p}$$

quand p est positif; il importe de remarquer qu'il en est encore de même quand p est négatif.

Soit en effet $p = -p'$, on aura

$$\frac{1}{a^{-p'}} = \frac{1}{\left(\dfrac{1}{a^{p'}}\right)} = a^{p'},$$

c'est-à-dire

$$\frac{1}{a^p} = a^{-p}.$$

Pour faire comprendre l'utilité des exposants négatifs, nous allons montrer que les règles des exposants positifs s'appliquent aux exposants négatifs.

Calculs des exposants négatifs.

110. Multiplication. — On sait que si x et y sont positifs on a

$$a^x \cdot a^y = a^{x+y};$$

il est facile de vérifier que cette relation est encore vraie quand les deux exposants x et y ne sont pas positifs.

Dans ce qui suit nous désignerons par m et n deux nombres *positifs* entiers ou fractionnaires.

1° *Soit* $x = m,\ y = -n.$ — On a

$$a^x . a^y = a^m . \frac{1}{a^n} = a^{m-n} = a^{x+y}.$$

2° *Soit* $x = -m,\ y = n.$ — On a

$$a^x . a^y = \frac{1}{a^m} . a^n = a^{n-m} = a^{x+y}.$$

3° *Soit* $x = -m,\ y = -n.$ — On a

$$a^x a^y = \frac{1}{a^m} . \frac{1}{a^n} = \frac{1}{a^{m+n}} = a^{-(m+n)} = a^{x+y}.$$

Division. — La règle de la multiplication pour les exposants positifs étant vraie pour les exposants négatifs, il en est de même de la règle de la division.

Ainsi on a

$$\frac{a^x}{a^y} = a^{x-y};$$

car, quels que soient les signes des exposants y et $x - y$, le produit de a^{x-y} par a^y est égal à a^x.

Puissances. — On sait que si x et y sont positifs on a

$$(a^x)^y = a^{xy}.$$

Cette relation est encore vraie quand les deux exposants x et y ne sont pas positifs.

1° *Soit* $x = m,\ y = -n.$ — On a

$$(a^x)^y = \frac{1}{(a^m)^n} = \frac{1}{a^{mn}} = a^{-mn} = a^{xy};$$

$2°$ *Soit* $x = -m,\ y = n.$ — On a

$$(a^x)^y = \left(\frac{1}{a^m}\right)^n = \frac{1}{a^{mn}} = a^{-mn} = a^{xy} ;$$

$3°$ *Soit* $x = -m,\ y = -n.$ — On a

$$(a^x)^y = \frac{1}{\left(a^{-m}\right)^n} = \frac{1}{a^{-mn}} = a^{mn} = a^{xy}.$$

Exposants incommensurables.

111. Pour pouvoir définir le symbole a^x dans le cas où l'exposant x est incommensurable, il faut commencer par établir plusieurs propriétés des puissances entières ou fractionnaires d'un nombre positif.

Nous remarquerons d'abord que, de la définition de la multiplication des nombres entiers ou des fractions, résultent les deux propriétés suivantes :

$1°$ *Les puissances entières et positives d'un nombre positif plus grand que l'unité sont plus grandes que l'unité.*

$2°$ *Les puissances entières et positives d'un nombre positif plus petit que l'unité sont plus petites que l'unité.*

Cette remarque étant faite, nous allons établir les théorèmes suivants :

Théorème I. — *Les puissances positives d'un nombre plus grand que l'unité :* $1°$ *sont plus grandes que l'unité ;* $2°$ *elles augmentent quand l'exposant augmente ;* $3°$ *elles croissent au delà de toute limite quand l'exposant augmente lui-même au delà de toute limite.*

$1°$ Soit a un nombre positif plus grand que l'unité ; nous avons déjà remarqué que a^x est plus grand que l'unité quand l'exposant x est entier.

Supposons maintenant cet exposant fractionnaire et égal à $\dfrac{p}{q}$.

Si nous posons

$$z = a^{\frac{p}{q}},$$

il en résultera

$$z = a^{p}.$$

Comme p est entier, a^{p} et par suite z^{q} sont plus grands que l'unité.

On conclut de là que z est plus grand que l'unité, car nous avons vu que les puissances entières et positives d'un nombre plus petit que l'unité sont plus petites que l'unité.

2° Soient x et y deux nombres positifs entiers ou fractionnaires, il faut démontrer que si x est plus grand que y, la quantité a^{x} est aussi plus grande que a^{y}. Pour le voir, il suffit de remarquer que le quotient

$$\frac{a^{x}}{a^{y}} = a^{x-y}$$

est plus grand que l'unité, puisque l'exposant $x-y$ est positif.

3° Pour démontrer la troisième propriété, il faut faire voir que l'on peut toujours déterminer x de manière à satisfaire à l'inégalité

$$a^{x} > A,$$

si grande que soit la quantité déterminée A.

Supposons d'abord l'exposant x entier et désignons-le par m.

Pour exprimer que a est plus grand que l'unité, nous poserons

$$a = 1 + \alpha,$$

la quantité α étant positive.

On a

$$a^{m} = (1 + \alpha)^{m} = 1 + m\alpha + \frac{m(m-1)}{1 \cdot 2}\alpha^{2} + \ldots + \alpha^{m} > 1 + m\alpha;$$

l'inégalité

$$a^{m} > A$$

sera donc *à fortiori* satisfaite si l'on choisit l'entier m de manière à satisfaire à l'inégalité

$$1 + m\alpha > A$$

qui donne

$$m > \frac{A-1}{\alpha}.$$

Il suffira donc de prendre pour m le nombre entier immédiatement supérieur à $\dfrac{A-1}{\alpha}$.

Supposons maintenant l'exposant x fractionnaire et désignons-le par $\dfrac{p}{q}$.

Pour satisfaire à l'inégalité

$$a^{\frac{p}{q}} > A$$

il suffira de prendre pour $\dfrac{p}{q}$ une fraction supérieure au nombre entier m déterminé dans le cas précédent.

Exemple. — Soient

$$a = 4 \qquad A = 101$$

on aura

$$\alpha = a - 1 = 3 \qquad \frac{A-1}{\alpha} = \frac{100}{3} = 33 + \frac{1}{3}.$$

Pour satisfaire à l'inégalité

$$4^x > 101$$

il suffira de prendre $x = 34$ ou $x = 34 + f$, en désignant par f une fraction quelconque positive.

Théorème II. — *Les puissances positives d'un nombre plus petit que l'unité : 1° sont plus petites que l'unité; 2° elles diminuent quand l'exposant augmente; 3° elles deviennent moindres que toute quantité donnée quand l'exposant augmente au delà de toute limite.*

Si l'on pose $a = \dfrac{1}{b}$, le nombre b sera positif et plus grand que l'unité; on aura

$$a^x = \frac{1}{b^x}.$$

En appliquant le théorème I à b^x on voit sans difficulté que a^x jouit des propriétés énoncées au théorème II.

Nous allons maintenant examiner le cas où l'exposant x est négatif.

Si l'on pose $x = -y$ et $a = \dfrac{1}{b}$ on aura

$$a^x = b^y.$$

L'exposant y étant positif, on appliquera à b^y le théorème II si a est plus grand que l'unité, et le théorème I si a est plus petit que l'unité.

On est ainsi conduit aux deux théorèmes suivants :

Théorème III. — *Les puissances négatives d'un nombre plus grand que l'unité : 1° sont plus petites que l'unité ; 2° elles diminuent quand la valeur absolue de l'exposant augmente ; 3° elles deviennent moindres que toute quantité donnée quand cette valeur absolue augmente au delà de toute limite.*

Théorème IV. — *Les puissances négatives d'un nombre plus petit que l'unité : 1° sont plus grandes que l'unité ; 2° elles augmentent quand la valeur absolue de l'exposant augmente ; 3° elles croissent au delà de toute limite quand cette valeur absolue augmente au delà de toute limite.*

Théorème V. — *Le nombre a étant positif, la quantité $a^x - 1$ tend vers zéro quand x tend lui-même vers zéro.*

Il faut démontrer qu'à tout nombre positif α pris aussi petit que l'on voudra correspond un nombre positif β tel que, sous la condition

$$|x| < \beta,$$

on a

$$|a^x - 1| < \alpha.$$

Supposons d'abord a plus grand que l'unité ; nous aurons encore à distinguer deux cas :

1° *L'exposant x est positif.* — On a alors

$$|a^x - 1| = a^x - 1,$$

et il faut montrer que l'on peut satisfaire à l'inégalité

$$a^x - 1 < \alpha$$

ou à l'inégalité

$$a < (1 + \alpha)^{\frac{1}{x}}.$$

On a vu précédemment que cette dernière inégalité est satisfaite pour toutes les valeurs de $\dfrac{1}{x}$ au moins égales à l'entier m immédiatement supérieur à $\dfrac{a-1}{\alpha}$.

Il résulte de là que si au nombre α on fait correspondre le nombre

$$\beta = \frac{1}{m},$$

on aura

$$a^x - 1 < \alpha$$

pour toutes les valeurs de x moindres que β.

2° *L'exposant x est négatif.* — Posons $x = -y$, nous aurons

$$|a^x - 1| = 1 - a^x = \frac{a^y - 1}{a^y} < a^y - 1 ;$$

car y étant positif, a^y est plus grand que l'unité.

On est donc ramené à satisfaire à l'inégalité

$$a^y - 1 < \alpha,$$

et, pour cela, il suffira de prendre

$$y < \beta \qquad \text{ou} \qquad |x| < \beta.$$

Supposons maintenant a plus petit que l'unité. Si l'on pose $a = \dfrac{1}{b}$, le nombre b sera positif et plus grand que l'unité ; on aura

$$a^x - 1 = b^{-x} - 1$$

et l'on est ramené au cas précédent.

Corollaire. — *La racine m^e d'un nombre positif a tend vers l'unité quand l'indice m du radical croît au delà de toute limite.*

En effet on a

$$\sqrt[m]{a} = a^{\frac{1}{m}},$$

et nous venons de montrer que l'on peut toujours satisfaire à l'inégalité

$$|a^{\frac{1}{m}} - 1| < \alpha$$

si petite que soit la quantité α.

112. Définition de l'exposant incommensurable. — Soient a un nombre positif quelconque et x un nombre incommensurable ; nous nous proposons de définir le symbole a^x.

Pour fixer les idées nous supposerons a plus grand que l'unité et x positif.

Le nombre incommensurable x est défini par une suite convergente à termes rationnels

$$(x) \qquad x_1 \quad x_2 \quad \ldots \quad x_p \quad \ldots ;$$

nous savons que tous les termes de cette suite sont inférieurs à un certain nombre rationnel L.

Cela posé, considérons la suite

$$(y) \qquad a^{x_1} \quad a^{x_2} \quad \ldots \quad a^{x_p} \quad \ldots$$

Nous allons démontrer que la suite (y) est convergente.

On a

$$|a^{x_p} - a^{x_q}| = a^{x_q}|a^{x_p - x_q} - 1| < a^L |a^{x_p - x_q} - 1|,$$

et nous avons démontré qu'au nombre positif α pris aussi petit que l'on voudra correspond un nombre positif β tel que l'on a

$$|a^{x_p - x_q} - 1| < \frac{\alpha}{a^L},$$

c'est-à-dire

$$|a^{x_p} - a^{x_q}| < \alpha,$$

sous la condition

$$|x_p - x_q| < \beta.$$

Tout revient donc à montrer que cette dernière inégalité est satisfaite pour toutes les valeurs des entiers p et q égales ou supérieures à un entier n.

Cela résulte de ce que la suite (x) est convergente.

La suite (y) étant convergente a une limite N ; par *définition* nous dirons que le symbole a^x représente le nombre N, et nous écrirons

$$a^x = N.$$

Remarque I. — Pour légitimer cette définition, il reste à montrer que si les deux suites

$$x_1 \quad x_2 \quad \ldots \quad x_p \quad \ldots$$
$$x_1' \quad x_2' \quad \ldots \quad x_p' \quad \ldots$$

définissent le même nombre incommensurable x, les suites correspondantes

$$(y) \qquad\qquad a^{x_1} \quad a^{x_2} \quad \ldots \quad a^{x_p} \quad \ldots$$
$$(y') \qquad\qquad a^{x_1'} \quad a^{x_2'} \quad \ldots \quad a^{x_p'} \quad \ldots$$

sont *équivalentes*.

On a

$$|a^{x_p'} - a^{x_p}| = a^{x_p}|\, a^{x_p' - x_p} - 1\,| < a^{L}|\, a^{x_p' - x_p} - 1\,|,$$

et $x_p' - x_p$ tend vers zéro quand p croît au delà de toute limite ; il résulte de là que

$$\lim (a^{x_p'} - a^{x_p}) = 0,$$

et les suites (y), (y') sont équivalentes.

Remarque II. — 1° On ramène le cas où a est plus petit que l'unité au précédent en posant $a = \dfrac{1}{b}$.

2° Supposons enfin l'exposant x négatif; si l'on pose $x = -z$, le nombre incommensurable positif z sera défini par une suite convergente dont le terme général z_p est égal $- x_p$.

On a

$$a^{x_p} = \frac{1}{a^{-x_p}} = \frac{1}{a^{z_p}}.$$

On vient de voir que, p croissant indéfiniment, a^{z_p} a une limite qui, par définition, représente a^z; il résulte que a^{x_p} a aussi une limite qui est $\dfrac{1}{a^z}$.

Par définition, nous dirons que cette limite représente a^x ou, ce qui est la même chose, a^{-z}.

Dans ces conditions, la relation

$$a^{-z} = \frac{1}{a^z}$$

sera encore vraie quand z est incommensurable.

CHAPITRE X

113. En arithmétique, on considère trois espèces de quantités :
1° les nombres entiers ; 2° les nombres fractionnaires ; 3° les
nombres incommensurables.

On aborde avec ces données l'étude de l'algèbre, et, au début,
les lettres qui entrent dans une expression algébrique représentent des nombres entiers, fractionnaires ou incommensurables.

Ainsi, par exemple, le problème de la résolution de l'équation
du premier degré

$$ax + b = 0$$

doit être énoncé comme il suit :

Résoudre l'équation

$$ax + b = 0$$

*c'est trouver un nombre entier, fractionnaire ou incommensurable,
qui, mis à la place de x, annule l'expression ax + b.*

Le problème ainsi posé peut être impossible : c'est ce qui a
lieu, par exemple, pour l'équation

$$x + 1 = 0.$$

La considération des équations du premier degré qui sont
impossibles, *dans le sens que nous venons d'indiquer*, a conduit à
introduire en algèbre de nouvelles quantités que l'on a appelées
quantités négatives.

On peut toujours introduire de nouveaux symboles dans la

langue algébrique, pourvu qu'on remplisse les conditions suivantes :

Il faut : 1° *définir ces symboles ; 2° fixer les règles de leur calcul ; 3° montrer qu'il y a avantage à les introduire.*

C'est ce que l'on a fait, en algèbre élémentaire, pour les quantités négatives.

Quand on aborde l'étude de l'équation du deuxième degré, on peut faire usage des quantités positives et des quantités négatives.

Le problème de la résolution de l'équation du deuxième degré doit donc être d'abord énoncé comme il suit :

Résoudre l'équation

$$ax^2 + bx + c = 0,$$

c'est trouver un nombre positif ou négatif qui, mis à la place de x, annule le premier membre de cette équation.

On sait que le problème ainsi posé est possible quand on a

$$b^2 - 4ac \geq 0,$$

et qu'il est impossible quand on a

$$b^2 - 4ac < 0.$$

La considération des équations du deuxième degré qui sont impossibles, *dans le sens que nous venons d'indiquer*, a conduit à introduire en algèbre de nouvelles quantités que l'on a appelées *quantités imaginaires.*

Nous nous proposons de définir ces nouvelles quantités, de fixer les règles de leur calcul et de montrer, sur quelques exemples, les avantages que présente leur introduction.

Ces avantages seront, du reste, mis constamment en évidence dans les différentes théories que nous aurons à exposer.

Définition des quantités imaginaires.

114. Définition du symbole *i*. — Soit λ une quantité positive ou négative, nous désignerons par la lettre i un symbole ayant les propriétés suivantes :

Quand on place le symbole i à droite ou à gauche de la quantité λ, *on forme une nouvelle quantité algébrique λi ou $i\lambda$ dont les diverses puissances ont, par convention, les valeurs suivantes :*

$$(1) \quad (\lambda i)^1 = \lambda i, \quad (\lambda i)^2 = -\lambda^2, \quad (\lambda i)^3 = -\lambda^3 i, \quad (\lambda i)^4 = \lambda^4, \quad \dots$$

D'une manière générale, on a *par convention*

$$(2) \quad (\lambda i)^{4p} = \lambda^{4p}, \quad (\lambda i)^{4p+1} = \lambda^{4p+1} i, \quad (\lambda i)^{4p+2} = -\lambda^{4p+2}, \quad (\lambda i)^{4p+3} = -\lambda^{4p+3} i.$$

La lettre i est un symbole analogue au symbole ou signe $-$ placé devant une quantité isolée ; de même que le signe $-$, le symbole i ne peut pas être considéré isolément ; il doit toujours précéder ou suivre une quantité positive ou négative λ. Toutefois, quand la quantité λ est égale à l'unité, on supprime le nombre 1 pour abréger l'écriture, et, au lieu d'écrire $1.i$ ou $i.1$, on écrit simplement i.

Ainsi, en faisant $\lambda = 1$ dans les égalités de définition (1) et (2), elles deviennent

$$(1.i)^1 = 1.i, \quad (1.i)^2 = -1, \quad 1.i)^3 = -1.i, \quad (1.i)^4 = +1$$

et

$$(1.i)^{4p} = +1, \quad (1.i)^{4p+1} = +1.i, \quad (1.i)^{4p+2} = -1, \quad (1.i)^{4p+3} = -1.i.$$

Dans la pratique, on les remplace par les suivantes :

$$(i)^1 = +i, \quad (i)^2 = -1, \quad (i)^3 = -i, \quad (i)^4 = +1$$

et

$$(i)^{4p} = +1, \quad (i)^{4p+1} = +i, \quad (i)^{4p+2} = -1, \quad (i)^{4p+3} = -i.$$

115. Définition des quantités imaginaires. — *On appelle quantité imaginaire toute expression de la forme $a + bi$ dans laquelle a et b sont des quantités positives ou négatives.*

Par opposition, les quantités positives ou négatives sont appelées *réelles*.

Dans l'expression $a + bi$, a se nomme la partie réelle et b le coefficient de i.

Imaginaires conjuguées. — *On dit que deux quantités imaginaires sont conjuguées quand elles ont même partie réelle et que les coefficients de i sont égaux et de signes contraires.*

Ainsi, les quantités imaginaires

$$a + bi \qquad a - bi$$

sont conjuguées.

Imaginaires égales ; imaginaire nulle. — *On dit que deux quantités imaginaires $a + bi$, $a' + b'i$ sont égales, et l'on écrit*

$$a + bi = a' + b'i$$

quand on a

$$a = a' \quad \text{et} \quad b = b'.$$

On dit qu'une quantité imaginaire est nulle quand la partie réelle et le coefficient de i sont nuls.

Ainsi, écrire

$$a + bi = 0$$

revient à écrire

$$a = 0 \qquad b = 0.$$

Module. — *On appelle module d'une quantité imaginaire $a + bi$ le nombre positif*

$$+ \sqrt{a^2 + b^2}.$$

Deux quantités imaginaires conjuguées $a + bi$, $a - bi$ ont le même module.

Théorème I. — *Pour qu'une quantité imaginaire soit nulle, il faut et il suffit que son module soit nul.*

En effet les égalités $a = 0$, $b = 0$ donnent l'égalité $+ \sqrt{a^2 + b^2} = 0$, et réciproquement l'égalité $+ \sqrt{a^2 + b^2} = 0$ entraîne les deux égalités

$$a = 0, \qquad b = 0.$$

Remarque. — Quand a est nul, l'expression $a + bi$ se réduit à bi ; elle est appelée alors *imaginaire pure.*

Quand b est nul, l'expression $a + bi$ se réduit à a ; les quantités

imaginaires comprennent donc les quantités réelles comme cas
particulier.

Calcul des quantités imaginaires.

116. Addition. — *Par définition, additionner plusieurs quantités imaginaires*

$$z_1 = a_1 + b_1 i, \quad z_2 = a_2 + b_2 i, \quad \ldots \quad z_n = a_n + b_n i$$

c'est ajouter les quantités

$$l_1 = a_1 + b_1 \lambda, \quad l_2 = a_2 + b_2 \lambda, \quad \ldots \quad l_n = a_n + b_n \lambda,$$

*dans lesquelles λ désigne une quantité réelle, puis, dans le résultat
obtenu, remplacer λ par le symbole i.*

Comme on a

$$l_1 + l_2 + \ldots + l_n = (a_1 + a_2 + \ldots + a_n) + (b_1 + b_2 + \ldots + b_n)\lambda,$$

on aura par définition

$$z_1 + z_2 + \ldots + z_n = (a_1 + a_2 + \ldots + a_n) + (b_1 + b_2 + \ldots + b_n)i.$$

Remarques. — 1° D'après la définition précédente, la somme
de plusieurs quantités imaginaires est indépendante de l'ordre
des termes ; l'addition des quantités imaginaires est donc une
opération *commutative* comme l'addition des quantités réelles.

2° On a

$$\begin{aligned}
z_1 + (z_2 + z_3) &= a_1 + b_1 i + [(a_2 + a_3) + (b_2 + b_3)i] \\
&= (a_1 + a_2 + a_3) + (b_1 + b_2 + b_3)i,
\end{aligned}$$

ou

$$z_1 + (z_2 + z_3) = z_1 + z_2 + z_3.$$

L'addition des quantités imaginaires est donc une opération
associative comme l'addition des quantités réelles.

3° La somme des deux quantités imaginaires z_1, z_2 est nulle
quand on a à la fois

$$a_2 = -a_1 \qquad b_2 = -b_1.$$

Les deux quantités imaginaires

$$a_1 + b_1 i, \qquad - a_1 - b_1 i,$$

dont la somme est nulle, sont dites *égales* et de *signes contraires ;* elles ne diffèrent que par les signes des parties réelles et des coefficients de i et ont, par conséquent, le même module.

Théorème II. — *Le module de la somme de deux quantités imaginaires est compris entre la somme et la différence des modules de ces quantités.*

Soient les deux quantités imaginaires

$$z = a + bi \qquad z' = a' + b'i,$$

dont la somme est

$$z + z' = a + a' + (b + b')i.$$

Il s'agit de démontrer que les trois expressions

$$\delta_1 = \quad \sqrt{a^2 + b^2} + \sqrt{a'^2 + b'^2} - \sqrt{(a + a')^2 + (b + b')^2}$$
$$\delta_2 = \quad \sqrt{a^2 + b^2} - \sqrt{a'^2 + b'^2} + \sqrt{(a + a')^2 + (b + b')^2}$$
$$\delta_3 = - \sqrt{a^2 + b^2} + \sqrt{a'^2 + b'^2} + \sqrt{(a + a')^2 + (b + b')^2}$$

sont positives.

Pour cela, considérons la quantité positive

$$\delta = \sqrt{a^2 + b^2} + \sqrt{a'^2 + b'^2} + \sqrt{(a + a')^2 + (b + b')^2},$$

et observons que l'on a

$$\delta_2 + \delta_3 = 2 \sqrt{(a + a')^2 + (b + b')^2} > 0 ;$$

il en résulte que si les produits

$$P = \delta \delta_1 \quad \text{et} \quad Q = \delta_2 \delta_3$$

sont positifs, on aura

$$\delta_1 > 0, \quad \delta_2 > 0, \quad \delta_3 > 0 ;$$

maintenant on a

$$P = \left(\sqrt{a^2 + b^2} + \sqrt{a'^2 + b'^2}\right)^2 - (a + a')^2 - (b + b')^2$$

ou, en réduisant,

$$P = 2\left[\sqrt{a^2 + b^2}\,\sqrt{a'^2 + b'^2} - (aa' + bb')\right],$$

et de même

$$Q = 2\left[\sqrt{a^2 + b^2}\,\sqrt{a'^2 + b'^2} + (aa' + bb')\right].$$

On tire de là

$$P + Q = 4\sqrt{a^2 + b^2}\,\sqrt{a'^2 + b'^2}.$$

La somme $P + Q$ étant positive, tout revient à montrer que le produit PQ est positif.

On trouve facilement

$$PQ = 4(ab' - ba')^2.$$

Nous allons distinguer trois cas :

1° *$ab' - ba'$ n'est pas nul.* — On a alors $PQ > 0$ et par suite

$$\delta_1 > 0 \quad \delta_2 > 0 \quad \delta_3 > 0,$$

c'est-à-dire

$$\left|\sqrt{a^2+b^2} - \sqrt{a'^2+b'^2}\right| < \sqrt{(a+a')^2+(b+b')^2} < \sqrt{a^2+b^2} + \sqrt{a'^2+b'^2}.$$

2° *$ab' - ba' = 0$ et $aa' + bb' > 0$.* — Dans ce cas, le produit PQ est nul, et comme le facteur Q ne peut pas être nul, on a

$$P = \delta\delta_1 = 0$$

et par suite

$$\delta_1 = 0,$$

ou

$$\sqrt{(a + a')^2 + (b + b')^2} = \sqrt{a^2 + b^2} + \sqrt{a'^2 + b'^2}.$$

On peut remarquer que l'égalité $ab' - ba' = 0$ donne

$$\frac{a'}{a} = \frac{b'}{b} = \frac{aa' + bb'}{a^2 + b^2} = m \,;$$

on tire de là

$$a' = ma \quad b' = mb \quad m > 0.$$

On a donc

$$z = a + bi \quad z' = ma + mbi,$$

et l'on voit que les parties réelles et les coefficients de i des imaginaires z et z' ne diffèrent que par un même facteur positif.

3° $ab' - ba' = 0$ et $aa' + bb' < 0$. — Dans ce cas, le produit PQ est encore nul, et, le facteur P ne l'étant pas, on a

$$Q = \delta_2 \delta_3 = 0.$$

L'une des expressions δ_2, δ_3 est donc nulle, et on peut écrire

$$\sqrt{(a+a')^2 + (b+b')^2} = |\sqrt{a^2 + b^2} - \sqrt{a'^2 + b'^2}|.$$

On verra, comme dans le cas précédent, que les deux quantités imaginaires z et z' sont de la forme

$$z = a + bi \quad z' = ma + mbi,$$

le facteur m étant ici *négatif*.

Corollaire. — *Le module de la somme de plusieurs quantités imaginaires est au plus égal à la somme des modules de ces quantités.*

En effet, considérons les quantités imaginaires $z_1, z_2, \ldots, z_n$, on a, d'après le théorème précédent,

$$\operatorname{mod}(z_1 + z_2) \leqslant \operatorname{mod} z_1 + \operatorname{mod} z_2,$$
$$\operatorname{mod}(z_1 + z_2 + z_3) \leqslant \operatorname{mod}(z_1 + z_2) + \operatorname{mod} z_3,$$

$$\cdots \cdots \cdots \cdots \cdots \cdots \cdots \cdots \cdots \cdots$$
$$\cdots \cdots \cdots \cdots \cdots \cdots \cdots \cdots \cdots \cdots$$

$$\operatorname{mod}(z_1 + z_2 + \ldots + z_{n-1}) \leqslant \operatorname{mod}(z_1 + z_2 + \ldots + z_{n-2}) + \operatorname{mod} z_{n-1},$$
$$\operatorname{mod}(z_1 + z_2 + \ldots + z_{n-1} + z_n) \leqslant \operatorname{mod}(z_1 + z_2 + \ldots + z_{n-1}) + \operatorname{mod} z_n.$$

En ajoutant ces relations on a

$$\operatorname{mod}(z_1 + z_2 + \ldots + z_n) \leqslant \operatorname{mod} z_1 + \operatorname{mod} z_2 + \ldots + \operatorname{mod} z_n.$$

Multiplication. — *Par définition, multiplier plusieurs quantités imaginaires*

$$z_1 = a_1 + b_1 i, \quad z_2 = a_2 + b_2 i, \quad \ldots \quad z_n = a_n + b_n i,$$

c'est multiplier les quantités

$$l_1 = a_1 + b_1 \lambda, \quad l_2 = a_2 + b_2 \lambda \quad \ldots \quad l_n = a_n + b_n \lambda,$$

dans lesquelles λ désigne une quantité réelle, puis, dans le résultat ordonné par rapport aux puissances de λ, remplacer λ par le symbole i.

Le produit $P = l_1 \, l_2 \ldots l_n$ sera de la forme

$$P = P_0 + P_1 \lambda + P_2 \lambda^2 + \ldots + P_n \lambda^n;$$

en remplaçant λ par i et tenant compte des égalités de définition

$$(i)^{4p} = 1, \quad (i)^{4p+1} = i, \quad (i)^{4p+2} = -1, \quad (i)^{4p+3} = -i.$$

On voit que le produit $z_1 \, z_2 \ldots z_n$ sera de la forme

$$Z = \alpha + \beta i.$$

Remarque. — La valeur du produit P est indépendante de l'ordre des facteurs ; il en est donc de même pour le produit Z. Ainsi la multiplication des quantités imaginaires est une opération *commutative* comme la multiplication des quantités réelles.

Théorème III. — *Pour former le produit de plusieurs facteurs imaginaires, on peut, après les avoir rangés dans un ordre quelconque, multiplier le premier facteur par le deuxième, puis le produit $\alpha_1 + \beta_1 i$ ainsi obtenu par le troisième facteur, puis le nouveau produit $\alpha_2 + \beta_2 i$ par le quatrième facteur, et ainsi de suite.*

Le théorème est évident pour un produit de deux facteurs ; pour faire voir qu'il est général, nous le supposerons vrai pour un produit de $n - 1$ facteurs

$$z_1 \quad z_2 \quad \ldots \quad z_{n-1},$$

et nous démontrerons qu'il est encore vrai pour un produit de n facteurs

$$z_1 \quad z_2 \quad \ldots \quad z_{n-1} \, z_n.$$

Le produit $l_1 l_2 \ldots l_{n-1}$ ordonné par rapport aux puissances de λ peut être mis sous la forme

$$(3) \qquad l_1 l_2 \ldots l_{n-1} = f(\lambda^2) + \lambda g(\lambda^2),$$

en groupant ensemble les termes de degré pair en λ et ensemble les termes de degré impair.

En remplaçant λ par i dans le second membre de l'égalité (3), on aura par définition

$$(4) \qquad z_1 z_2 \ldots z_{n-1} = f(-1) + ig(-1).$$

Par hypothèse, le second membre de l'égalité (4) représente aussi le produit obtenu en multipliant z_1 par z_2, puis ce premier produit par z_3, puis ce deuxième produit par z_4, et ainsi de suite.

Cela posé, multiplions par $l_n = a_n + \lambda b_n$ les deux membres de l'égalité (3), nous aurons

$$(5) \qquad l_1 l_2 \ldots l_{n-1} l_n = [a_n f(\lambda^2) + b_n \lambda^2 g(\lambda^2)] + \lambda [a_n g(\lambda^2) + b_n f(\lambda^2)].$$

En remplaçant λ par i, dans le second membre de l'égalité (5), on aura par définition

$$(6) \quad z_1 z_2 \ldots z_{n-1} z_n = a_n f(-1) - b_n g(-1) + i[a_n g(-1) + b_n f(-1)].$$

Maintenant, pour multiplier par z_n le produit $z_1 z_2 \ldots z_{n-1}$, il faut multiplier par $a_n + \lambda b_n$ la quantité $f(-1) + \lambda g(-1)$ obtenue en remplaçant i par λ dans l'expression imaginaire $f(-1) + ig(-1)$, ce qui donne

$$[f(-1) + \lambda g(-1)][a_n + \lambda b_n] = a_n f(-1) + b_n \lambda^2 g(-1) + \lambda[a_n g(-1) + b_n f(-1)],$$

et, dans ce résultat, remplacer λ par i.

On obtient ainsi

$$(z_1 z_2 \ldots z_{n-1}) z_n = a_n f(-1) - b_n g(-1) + i[a_n g(-1) + b_n f(-1)];$$

En comparant cette égalité avec l'égalité (6), on voit que l'on a

$$(z_1 z_2 \ldots z_{n-1}) z_n = z_1 z_2 \ldots z_{n-1} z_n.$$

De cette égalité, il résulte que le théorème supposé vrai pour ùn produit de $n-1$ facteurs reste vrai pour un produit de n facteurs ; il est donc général.

Corollaire. — On a

$$z_1 z_2 z_3 = z_2 z_3 z_1 = (z_2 z_3) z_1 = z_1 (z_2 z_3) ;$$

la multiplication des quantités imaginaires est donc une opération *associative* comme dans le cas où les facteurs sont réels.

Remarque. — Dans la pratique, pour additionner ou multiplier plusieurs quantités imaginaires on effectue immédiatement les opérations sur ces quantités imaginaires z_1, z_2, ..., z_n sans les effectuer d'abord sur les quantités auxiliaires l_1, l_2, ..., l_n.

On transforme ensuite les résultats obtenus en se servant des égalités de définition

$$(i)^{4p} = +1 \quad (i)^{4p+1} = +i \quad (i)^{4p+2} = -1 \quad (i)^{4p+3} = -i.$$

Théorème IV. — *Le produit de deux imaginaires conjuguées est égal au carré de leur module.*

En effet, on a

$$(a+bi)(a-bi) = a^2 - b^2 i^2.$$

Or, dans le produit $a^2 - b^2 i^2$, la lettre i désigne le symbole des imaginaires ; on doit donc remplacer i^2 par -1 et écrire

$$(a+bi)(a-bi) = a^2 + b^2.$$

Problème. — *Trouver la condition nécessaire et suffisante pour que le produit de deux quantités imaginaires soit réel.*

On a

$$(a+bi)(a'+b'i) = aa' + bb'i^2 + (ab' + ba')i$$

ou, en considérant i comme le symbole des imaginaires,

$$(a+bi)(a'+b'i) = aa' - bb' + (ab' + ba')i.$$

La condition cherchée est donc

$$ab' + ba' = 0$$

ou

$$\frac{a'}{a} = -\frac{b'}{b} = m,$$

et l'on voit que les deux quantités imaginaires dont le produit est réel sont de la forme

$$a + bi \quad \text{et} \quad m(a - bi).$$

L'une d'elles est donc égale à la conjuguée de l'autre multipliée par un facteur *réel*.

Remarque. — La somme de ces deux quantités imaginaires sera aussi réelle si l'on a

$$m = 1,$$

et alors ces imaginaires seront conjuguées ; ainsi le produit et la somme de deux quantités imaginaires ne sont réels en même temps que si ces imaginaires sont conjuguées.

Théorème V. — *Lorsque les facteurs de deux produits sont deux à deux imaginaires conjugués, ces produits sont aussi imaginaires conjugués.*

On a en effet la relation

$$(a_1 + b_1\lambda)(a_2 + b_2\lambda) \ldots (a_n + b_n\lambda) = f(\lambda^2) + \lambda g(\lambda^2)$$

qui devient

$$(a_1 - b_1\lambda)(a_2 - b_2\lambda) \ldots (a_n - b_n\lambda) = f(\lambda^2) - \lambda g(\lambda^2)$$

quand on remplace λ par $-\lambda$.

De ces deux relations résultent les égalités

$$(a_1 + b_1 i)(a_2 + b_2 i) \ldots (a_n + b_n i) = f(-1) + ig(-1) = \alpha + \beta i,$$

$$(a_1 - b_1 i)(a_2 - b_2 i) \ldots (a_n - b_n i) = f(-1) - ig(-1) = \alpha - \beta i.$$

Corollaire I. — *Le module d'un produit de facteurs imaginaires est égal au produit des modules de ces facteurs.*

En effet, multiplions membre à membre les égalités précédentes, on aura

$$(a_1^2 + b_1^2)(a_2^2 + b_2^2) \ldots (a_n^2 + b_n^2) = \alpha^2 + \beta^2.$$

Corollaire II. — *Pour qu'un produit de facteurs imaginaires soit nul, il faut et il suffit que l'un des facteurs soit nul.*

En effet, le module du produit devant être nul, on aura

$$(a_1^2 + b_1^2)(a_2^2 + b_2^2) \ldots (a_n^2 + b_n^2) = 0,$$

ce qui exige

$$a_p^2 + b_p^2 = 0 \quad \text{c'est-à-dire} \quad a_p + b_p i = 0,$$

p étant l'un des nombres 1, 2, ..., n.

La condition énoncée est donc nécessaire ; elle est évidemment suffisante.

Puissances. — *On appelle puissance m^e d'une quantité imaginaire $a + bi$, l'exposant m étant entier, le produit de m facteurs égaux à $a + bi$.*

De la définition de la multiplication, il résulte qu'on obtiendra la valeur de $(a + bi)^m$ en remplaçant λ par i dans le second membre de l'égalité

$$(a + b\lambda)^m = a^m + C_m^2 a^{m-2} b^2 \lambda^2 + C_m^4 a^{m-4} b^4 \lambda^4 + \ldots$$
$$+ \lambda [C_m^1 a^{m-1} b + C_m^3 a^{m-3} b^3 \lambda^2 + \ldots],$$

ce qui donne

$$(a + bi)^m = a^m - C_m^2 a^{m-2} b^2 + C_m^4 a^{m-4} b^4 + \ldots$$
$$+ i [C_m^1 a^{m-1} b - C_m^3 a^{m-3} b^3 + \ldots].$$

On voit que la puissance m^e d'une quantité imaginaire de la forme $a + bi$ est une quantité imaginaire de la même forme.

Cette propriété résulte d'ailleurs de la propriété analogue relative à un produit de facteurs imaginaires.

117. Pour les quantités imaginaires comme pour les quantités réelles, la soustraction, la division, l'extraction des racines sont les opérations inverses de l'addition, de la multiplication et de l'élévation aux puissances. Les définitions de ces opérations inverses sont les mêmes pour les quantités imaginaires que pour es quantités réelles.

Soustraction. — *Soustraire d'une quantité imaginaire* $a + bi$ *la quantité imaginaire* $a' + b'i$, *c'est trouver une quantité imaginaire* $x + yi$ *qui ajoutée à* $a' + b'i$ *reproduise* $a + bi$.

On a, pour calculer x et y, la relation

$$(a' + b'i) + (x + yi) = a + bi,$$

c'est-à-dire la relation

$$a' + x + (b' + y)i = a + bi.$$

Par définition, cette équation équivaut aux deux suivantes :

$$a' + x = a \qquad b' + y = b,$$

qui donnent

$$x = a - a' \qquad y = b - b'.$$

Règle. — *Pour soustraire* $a' + b'i$ *de* $a + bi$ *on ajoute à la deuxième quantité* $a + bi$ *une quantité égale à la première, mais de signe contraire.*

Théorème VI. — *Le module de la différence de deux quantités imaginaires* z_1, z_2 *est compris entre la somme et la différence des modules de ces deux quantités.*

On a en effet

$$z_1 - z_2 = z_1 + (- z_2)$$

et $mod\ (z_2) = mod\ (- z_2)$.

On conclut de là (**Théorème II**)

$$|\ mod\ z_1 - mod\ z_2\ | \leqslant mod\ (z_1 - z_2) \leqslant mod\ z_1 + mod\ z_2.$$

Division. — *Diviser* $a + bi$ *par* $a' + b'i$ *c'est trouver une quantité imaginaire* $x + yi$ *qui multipliant* $a' + b'i$ *reproduise* $a + bi$.

Par définition on doit avoir

$$a + bi = (a' + b'i)(x + yi),$$

c'est-à-dire

$$a'x - b'y = a,$$

$$b'x + a'y = b.$$

Le déterminant des coefficients des inconnues x et y est $a'^2 + b'^2$; il n'est pas nul quand le diviseur $a' + b'i$ ne l'est pas. Dans cette hypothèse, les deux équations précédentes sont compatibles et donnent

$$x = \frac{aa' + bb'}{a'^2 + b'^2} \qquad y = \frac{ba' - ab'}{a'^2 + b'^2}.$$

Remarque. — Quand le diviseur est réel on a $b' = 0$ et

$$x = \frac{a}{a'}, \qquad y = \frac{b}{a'}.$$

On voit donc que pour diviser une quantité imaginaire par une quantité réelle a', il suffit de diviser par a' la partie réelle et le coefficient de i.

Théorème VII. — *Le quotient de deux quantités imaginaires ne change pas quand on multiplie le dividende et le diviseur par un même facteur réel ou imaginaire m.*

En effet, soit q le quotient des deux quantités imaginaires z, z', on aura

$$z = z'q$$

et par conséquent

$$zm = z'qm = (z'm)q ;$$

cette égalité montre que le quotient de zm par $z'm$ est égal à q.

Remarque. — 1° Ce théorème permet d'écrire immédiatement le quotient de deux quantités imaginaires $a + bi$, $a' + b'i$.

En effet, ce quotient est égal à celui de la division de

$(a + bi)(a' - b'i)$ par $(a' + b'i)(a' - b'i)$, c'est-à-dire par $a'^2 + b'^2$; il a donc pour valeur

$$\frac{aa' + bb'}{a'^2 + b'^2} + i\frac{ba' - ab'}{a'^2 + b'^2}.$$

2° En convenant de représenter par le symbole

$$\frac{a + bi}{a' + b'i}$$

le quotient de la division de $a + bi$ par $a' + b'i$, on peut écrire

$$\frac{a + bi}{a' + b'i} = \frac{(a + bi)m}{(a' + b'i)m},$$

et

$$\frac{a + bi}{a' + b'i} = \frac{(a + bi)(a' - b'i)}{(a' + b'i)(a' - b'i)} = \frac{aa' + bb'}{a'^2 + b'^2} + \frac{ba' - ab'}{a'^2 + b'^2}i.$$

Exemple. — On a

$$\frac{1}{i} = \frac{i}{i^2} = -i.$$

Théorème VIII. — *Le module du quotient q de deux quantités imaginaires z, z' est égal au module du dividende divisé par le module du diviseur.*

En effet, l'égalité
$$z = z'q$$
donne
$$\mod z = \mod z' \times \mod q ;$$
d'où
$$\mod q = \frac{\mod z}{\mod z'}.$$

Racine carrée. — *On appelle racine carrée d'une quantité réelle ou imaginaire A, une autre quantité réelle ou imaginaire dont le carré est égal à A.*

Dans la recherche de la racine carrée ainsi définie nous distinguerons trois cas.

Premier cas. — *La quantité A est positive.* — En la représentant par a on devra avoir

$$(x + yi)^2 = a,$$

ou, en développant,

$$x^2 - y^2 + 2xyi = a.$$

Cette dernière équation équivaut aux deux suivantes :

$$x^2 - y^2 = a \qquad xy = 0.$$

Supposons d'abord $x = 0$; il en résultera $y^2 = -a$, équation impossible, car y désigne ici une quantité réelle.

Supposons maintenant $y = 0$; il en résultera $x^2 = a$, c'est-à-dire

$$x = \pm \sqrt{a},$$

en désignant par $\sqrt{a}$ la racine carrée *arithmétique* du nombre positif a.

On voit que le nombre positif a a *deux* racines carrées, qui sont $\pm \sqrt{a}$.

Deuxième cas. — *La quantité A est négative.* — En la représentant par $-a$, on aura à résoudre les équations

$$x^2 - y^2 = -a \qquad xy = 0.$$

Elles n'admettent que la solution $x = 0$, $y^2 = a$.

On voit que la quantité négative $-a$ a deux racines carrées qui sont $\pm i \sqrt{a}$.

Troisième cas. — *La quantité A est imaginaire.* — En la représentant par $a + bi$, on devra avoir

$$(x + yi)^2 = a + bi,$$

ou, en développant,

$$x^2 - y^2 + 2xyi = a + bi.$$

Cette dernière équation équivaut aux deux suivantes :

$$(7) \qquad x^2 - y^2 = a \qquad 2xy = b.$$

Par hypothèse, b n'est pas nul, donc x et y sont différents de zéro, et la deuxième des équations (7) est équivalente à l'équation

$$y = \frac{b}{2x}.$$

En portant cette valeur de y dans la première des équations (7), on obtient pour déterminer x l'équation bicarrée

$$x^4 - ax^2 - \frac{b^2}{4} = 0,$$

que l'on peut mettre sous la forme

$$\left(x^2 - \frac{a}{2}\right)^2 - \frac{a^2 + b^2}{4} = 0,$$

ou encore sous la forme

$$\left(x^2 - \frac{a + \sqrt{a^2 + b^2}}{2}\right)\left(x^2 + \frac{-a + \sqrt{a^2 + b^2}}{2}\right) = 0.$$

Pour que le produit précédent soit nul, il faut et il suffit que le premier facteur soit nul, car le deuxième facteur est positif.

On doit donc prendre pour x la valeur suivante :

$$x = \varepsilon\sqrt{\frac{a + \sqrt{a^2 + b^2}}{2}},$$

le facteur ε étant égal à ± 1.

On a ensuite

$$y = \frac{b}{2x} = \frac{b}{2\varepsilon\sqrt{\dfrac{a + \sqrt{a^2 + b^2}}{2}}},$$

et, en multipliant les deux termes de l'expression de y par

$$\sqrt{\frac{-a + \sqrt{a^2 + b^2}}{2}},$$

$$y = \frac{b}{\varepsilon\sqrt{b^2}}\sqrt{\frac{-a + \sqrt{a^2 + b^2}}{2}}.$$

Si b est positif, on a

$$\frac{b}{\sqrt{b^2}} = \frac{b}{b} = +1 \, ;$$

si b est négatif, on a

$$\frac{b}{\sqrt{b^2}} = \frac{b}{-b} = -1 \, ;$$

on peut donc poser

$$y = \varepsilon' \sqrt{\frac{-a + \sqrt{a^2 + b^2}}{2}},$$

le facteur ε' étant égal à $+\varepsilon$ ou à $-\varepsilon$, suivant que b est positif ou négatif.

En résumé la quantité imaginaire $a + bi$ a deux racines carrées qui sont données par la formule

$$\sqrt{a + bi} = \varepsilon \sqrt{\frac{a + \sqrt{a^2 + b^2}}{2}} + i\varepsilon' \sqrt{\frac{-a + \sqrt{a^2 + b^2}}{2}}.$$

Les facteurs ε, ε' qui sont égaux à ± 1 doivent être associés de manière que le produit $\varepsilon\varepsilon'b$ soit positif.

Les deux racines carrées sont égales et de signes contraires.

118. Application. — Nous allons appliquer ce qui précède à la résolution de l'équation du second degré

$$z^2 + pz + q = 0,$$

dans laquelle p et q désignent des quantités réelles ou imaginaires.

Cette équation qui est équivalente à l'équation

$$\left(z + \frac{p}{2}\right)^2 = \frac{p^2}{4} - q$$

prend la forme

$$u^2 = \frac{p^2}{4} - q$$

si l'on pose $z + \dfrac{p}{2} = u$.

Nous venons de voir que, quelle que soit la nature des quantités p et q, la quantité $\dfrac{p^2}{4} - q$ a deux racines carrées réelles ou imaginaires ; nous conviendrons de les représenter par le symbole $\pm \sqrt{\dfrac{p^2}{4} - q}$.

Il résulte de là que l'équation du second degré a toujours deux racines réelles ou imaginaires données par la formule

$$u = \pm \sqrt{\dfrac{p^2}{4} - q}$$

ou par la formule

$$z = -\dfrac{p}{2} \pm \sqrt{\dfrac{p^2}{4} - q}.$$

Supposons, en particulier, que les coefficients p et q soient *réels* ; trois cas peuvent se présenter :

1° *On a* $\dfrac{p^2}{4} - q > 0$. — Le symbole $\sqrt{\dfrac{p^2}{4} - q}$ désigne alors la racine carrée arithmétique du nombre positif $\dfrac{p^2}{4} - q$. L'équation du second degré a donc deux racines *réelles* et *distinctes*.

2° *On a* $\dfrac{p^2}{4} - q = 0$. — Les deux racines de l'équation du second degré deviennent égales à $-\dfrac{p}{2}$.

3° *On a* $\dfrac{p^2}{4} - q < 0$. — Dans ce cas le symbole $\sqrt{\dfrac{p^2}{4} - q}$ a deux valeurs $\pm i \sqrt{q - \dfrac{p^2}{4}}$; l'équation du second degré a donc deux racines *imaginaires conjuguées* données par la formule

$$z = -\dfrac{p}{2} \pm i \sqrt{q - \dfrac{p^2}{4}}.$$

Introduction des lignes trigonométriques dans les expressions imaginaires.

119. Argument d'une quantité imaginaire. — Soit

$$z = a + bi$$

une quantité imaginaire ; elle a pour module le nombre positif
$$\rho = \sqrt{a^2 + b^2}.$$

Considérons les deux quantités $\dfrac{a}{\rho}$, $\dfrac{b}{\rho}$; elles seront liées par la
relation
$$\left(\frac{a}{\rho}\right)^2 + \left(\frac{b}{\rho}\right)^2 = 1$$

qui montre qu'il existe entre 0 et 2π *un arc φ et un seul*, satisfaisant aux deux égalités

$$\cos \varphi = \frac{a}{\rho} \qquad \sin \varphi = \frac{b}{\rho}.$$

Il résulte de là que toutes les solutions des équations

$$\cos \omega = \frac{a}{\rho} \qquad \sin \omega = \frac{b}{\rho}$$

seront données par la formule

$$\omega = 2k\pi + \varphi$$

où k désigne un nombre entier positif, nul ou négatif.

*On appelle argument de la quantité imaginaire $a + bi$ l'une
quelconque des déterminations de l'arc ω.*

On voit qu'une quantité imaginaire a *un seul* module mais *une
infinité* d'arguments ; deux quelconques de ces arguments ont
pour différence un multiple de 2π.

Remarques. — 1° *L'argument d'une quantité réelle positive est
égal à $2k\pi$.* — En effet les hypothèses $b = 0$, $a > 0$ donnent

$$\cos \varphi = +1 \qquad \sin \varphi = 0$$

d'où $\varphi = 0$.

L'argument d'une quantité réelle négative est égale à $(2k + 1)\pi$.
— En effet les hypothèses $b = 0$, $a < 0$ donnent

$$\cos \varphi = -1 \qquad \sin \varphi = 0,$$

d'où $\varphi = \pi$.

2° *Pour que deux quantités imaginaires soient égales, il faut et* *il suffit que leurs modules soient égaux et que la différence de leurs arguments soit un multiple de 2π.*

3° Pour que deux quantités imaginaires soient conjuguées, il faut et il suffit que leurs modules soient égaux et que la somme de leurs arguments soit un multiple de 2π.

4° Pour que deux expressions imaginaires soient égales et de signes contraires, il faut et il suffit que leurs modules soient égaux et que la différence de leurs arguments soit un multiple impair de π.

120. Forme trigonométrique d'une expression imaginaire. — Soient ρ le module et ω l'argument de la quantité imaginaire $a + bi$, on a

$$a = \rho \cos \omega, \quad b = \rho \sin \omega$$

et par suite

$$a + bi = \rho(\cos \omega + i \sin \omega).$$

Toute expression imaginaire peut donc être mise sous la forme

$$\rho(\cos \omega + i \sin \omega)$$

que nous appellerons sa *forme trigonométrique.*

121. Pour montrer les avantages qu'il y a à mettre une quantité imaginaire sous cette forme, nous allons revenir brièvement sur le calcul de ces quantités.

Addition. — Soient deux quantités imaginaires

$$z = \rho(\cos \omega + i \sin \omega) \qquad z' = \rho'(\cos \omega' + i \sin \omega');$$

On a, par définition,

$$z + z' = (\rho \cos \omega + \rho' \cos \omega') + i(\rho \sin \omega + \rho' \sin \omega');$$

donc

$$\operatorname{mod}(z + z') = + \sqrt{\rho^2 + \rho'^2 + 2\rho\rho' \cos(\omega - \omega')},$$

et, par conséquent,

$$|\rho - \rho'| \leqslant \operatorname{mod}(z + z') \leqslant \rho + \rho',$$

car $\cos(\omega - \omega')$ est compris entre -1 et $+1$.

On a

$$\operatorname{mod}(z + z') = \rho + \rho'$$

quand la différence $\omega - \omega'$ est un multiple de 2π.

On a

$$\operatorname{mod}(z + z') = |\rho - \rho'|$$

quand cette différence est un multiple impair de π.

Soustraction. — On a

$$z - z' = (\rho \cos \omega - \rho' \cos \omega') + i(\rho \sin \omega - \rho' \sin \omega');$$

donc

$$\operatorname{mod}(z - z') = + \sqrt{\rho^2 + \rho'^2 - 2\rho\rho' \cos(\omega - \omega')},$$

et, par conséquent,

$$|\rho - \rho'| \leqslant \operatorname{mod}(z - z') \leqslant \rho + \rho'.$$

On a

$$\operatorname{mod}(z - z') = |\rho - \rho'|$$

quand la différence $\omega - \omega'$ est un multiple de 2π.

On a

$$\operatorname{mod}(z - z') = \rho + \rho'$$

quand cette différence est un multiple impair de π.

Multiplication. — On a, par définition,

$$zz' = \rho\rho'[(\cos \omega \cos \omega' - \sin \omega \sin \omega') + i(\sin \omega \cos \omega' + \cos \omega \sin \omega')],$$

c'est-à-dire

$$zz' = \rho\rho'[\cos(\omega + \omega') + i \sin(\omega + \omega')];$$

donc *pour multiplier deux quantités imaginaires on fait le produit de leurs modules et la somme de leurs arguments.*

Cette règle s'étend au produit d'un nombre quelconque de facteurs imaginaires $z_1, z_2, \ldots, z_n$, car nous avons vu que pour effectuer le produit

$$z_1 z_2 \ldots z_n,$$

on peut multiplier successivement z_1 par z_2, le résultat obtenu $z_1 z_2$ par z_3, et ainsi de suite.

De là résulte la règle suivante :

Règle. — *Pour multiplier plusieurs quantités imaginaires, on fait le produit de leurs modules et la somme de leurs arguments.*

Ainsi, soit

$$z_p = \rho_p (\cos \omega_p + i \sin \omega_p),$$

$$p = (1, 2, \ldots n) ;$$

on aura

$$z_1 z_2 \ldots z_n = \rho_1 \rho_2 \ldots \rho_n [\cos(\omega_1 + \omega_2 + \ldots + \omega_n) + i \sin(\omega_1 + \omega_2 + \ldots + \omega_n)].$$

Division. — De la règle trouvée pour la multiplication résulte, pour la division, la règle suivante.

Règle. — *Pour diviser deux quantités imaginaires l'une par l'autre on divise le module du dividende par celui du diviseur et l'on retranche l'argument du diviseur de celui du dividende.*

En effet soit à diviser la quantité imaginaire $z = \rho(\cos \omega + i \sin \omega)$ par la quantité imaginaire $z' = \rho'(\cos \omega' + i \sin \omega')$, le quotient sera

$$q = \frac{\rho}{\rho'} [\cos(\omega - \omega') + i \sin(\omega - \omega')],$$

car on a

$$z = z' q.$$

Puissances. — Élever une quantité imaginaire $z = \rho(\cos \omega + i \sin \omega)$ à une puissance entière m revient à faire le produit de m facteurs égaux à z. En appliquant la règle donnée pour multiplier des quantités imaginaires mises sous forme trigonométrique, on trouve

$$z^m = \rho^m (\cos m \omega + i \sin m \omega),$$

et l'on peut énoncer la règle suivante :

Règle. — *Pour élever une quantité imaginaire à une puissance entière m, on élève son module à la puissance m et l'on multiplie son argument par m.*

Racines. — *On appelle racine m^e d'une quantité imaginaire une deuxième quantité imaginaire qui, élevée à la puissance m reproduit la première.*

Nous avons déjà vu qu'une quantité imaginaire $z = a + bi$ admet *deux* racines carrées égales et de signes contraires.

Nous allons maintenant montrer que toute quantité imaginaire z admet m racines m^{es} ; pour résoudre cette question, hous prendrons la quantité imaginaire z sous la forme trigonométrique

$$z = r(\cos \varphi + i \sin \varphi).$$

En représentant par $\rho(\cos \omega + i \sin \omega)$ la racine m^e inconnue de z, on aura

$$\rho^m(\cos m\omega + i \sin m\omega) = r(\cos \varphi + i \sin \varphi).$$

Pour que ces deux quantités imaginaires soient égales, il faut et il suffit que leurs modules soient égaux et que la différence de leurs arguments soit un multiple de 2π. On aura donc, pour déterminer les inconnues ρ et ω, les deux égalités

$$\rho^m = r \qquad m\omega = 2k\pi + \varphi,$$

k désignant un nombre entier positif, nul ou négatif.

On déduit de ces égalités

$$\rho = r^{\frac{1}{m}} \qquad \omega = \frac{2k\pi + \varphi}{m},$$

dans lesquelles $r^{\frac{1}{m}}$ désigne la racine m^e *arithmétique* de r.

Il résulte de là que la quantité imaginaire z aura autant de racines m^{es} que l'expression

$$z_k = r^{\frac{1}{m}}\left(\cos \frac{2k\pi + \varphi}{m} + i \sin \frac{2k\pi + \varphi}{m} \right)$$

admet de déterminations *distinctes*.

Les quantités z_h, $z_{h'}$ qui correspondent à deux valeurs inégales h et h' attribuées à k, ont le même module, et la différence de leurs arguments est $\dfrac{2(h-h')\pi}{m}$; elles seront donc égales si l'on a

$$\frac{2(h-h')\pi}{m} = 2q\pi$$

ou

$$h - h' = qm,$$

q désignant un nombre entier.

De cette remarque il résulte qu'en attribuant à k les m valeurs entières consécutives

$$(8) \qquad h \quad h+1 \quad h+2 \quad \ldots \quad h+m-1,$$

on obtiendra m valeurs distinctes pour z_k ; en effet, la différence des arguments de deux quelconques d'entre elles est moindre que 2π.

Si l'on donnait à k une valeur entière l n'appartenant pas à la suite (8), on retrouverait pour z_k une des m valeurs déjà obtenues.

En effet, la différence entre l et un terme convenablement choisi de la suite (8) est égale à un multiple de m, puisque, en divisant par m les termes de cette suite, on obtient, à l'ordre près, les m restes suivants :

$$0 \quad 1 \quad 2 \quad \ldots \quad m-1.$$

En résumé, *une quantité imaginaire $z = r(\cos\varphi + i\sin\varphi)$ a m racines m^{es} distinctes et elle n'en a pas davantage.*

On obtient ces racines en remplaçant dans la formule

$$(9) \qquad z_k = r^{\frac{1}{m}}\left(\cos\frac{2k\pi+\varphi}{m} + i\sin\frac{2k\pi+\varphi}{m}\right)$$

le nombre k successivement par m entiers consécutifs, qui sont ordinairement les m termes de la progression arithmétique

$$0 \quad 1 \quad 2 \quad \ldots \quad m-1.$$

122. Considérons le cas particulier où l'on a

$$r = 1 \qquad \varphi = 0,$$

il en résulte $z = 1$, et les m valeurs de l'expression (9) deviennent les racines m^{es} de *l'unité* ; elles ont pour module l'unité et leurs arguments sont respectivement

$$0 \quad \frac{2\pi}{m} \quad 2 \cdot \frac{2\pi}{m} \quad \ldots \quad (m-1)\frac{2\pi}{m} \, .$$

Pour étudier ces racines nous distinguerons deux cas.

Premier cas. — *Le nombre m est pair.* — Posons $m = 2p$; les racines dont les arguments sont 0 et $p \cdot \dfrac{2\pi}{2p} = \pi$ sont respectivement égales à $+1$ et à -1.

Les arguments des $2p - 2$ autres racines forment la suite

$$1 \cdot \frac{2\pi}{2p} \quad 2 \cdot \frac{2\pi}{2p} \quad \ldots \quad (p-1)\frac{2\pi}{2p} \quad (p+1)\frac{2\pi}{2p} \quad \ldots \quad (2p-1)\frac{2\pi}{2p} ;$$

ces racines sont deux à deux imaginaires conjuguées.

En effet, dans la suite précédente deux termes à égale distance des extrêmes sont de la forme

$$h\frac{2\pi}{2p} \qquad (2p-h)\frac{2\pi}{2p}.$$

et leur somme est égale à 2π.

Ainsi *quand m est pair, deux des racines m^{es} de l'unité sont réelles et égales respectivement à $+1$ et à -1 ; les $m-2$ autres racines sont deux à deux imaginaires conjuguées.*

Deuxième cas. — *Le nombre m est impair.* — En raisonnant comme précédemment on verra *qu'une seule des racines m^{es} de l'unité est réelle et égale à $+1$; et que les $m-1$ autres racines sont deux à deux imaginaires conjuguées.*

123. Reprenons la formule

$$z_k = r^{\frac{1}{m}}\left(\cos\frac{2k\pi+\varphi}{m} + i\sin\frac{2k\pi+\varphi}{m}\right)$$

qui donne les racines m^{es} de la quantité imaginaire

$$z = r(\cos\varphi + i\sin\varphi) ;$$

on peut l'écrire de la manière suivante :

$$z_k = r^{\frac{1}{m}}\left(\cos\frac{\varphi}{m} + i\sin\frac{\varphi}{m}\right)\left(\cos\frac{2k\pi}{m} + i\sin\frac{2k\pi}{m}\right).$$

Le premier facteur

$$r^{\frac{1}{m}}\left(\cos\frac{\varphi}{m} + i\sin\frac{\varphi}{m}\right)$$

représente *une quelconque* des racines m^{es} de z, et le deuxième facteur

$$\cos\frac{2k\pi}{m} + i\sin\frac{2k\pi}{m}$$

représente successivement toutes les racines m^{es} de l'unité quand on y remplace k par les nombres

$$0 \quad 1 \quad 2 \quad \dots \quad m-1.$$

On peut donc énoncer la proposition suivante :

Théorème. — *Pour obtenir les diverses racines m^{es} d'une quantité imaginaire, il suffit de multiplier successivement l'une quelconque d'entre elles par les diverses racines m^{es} de l'unité.*

Formule de Moivre.

124. Dans la relation

$$[\rho(\cos\omega + i\sin\omega)]^m = \rho^m(\cos m\omega + i\sin m\omega)$$

qui donne l'expression de la puissance m^e d'une quantité imaginaire, l'exposant m étant entier, supposons le module ρ égal à l'unité ; cette relation devient alors

$$(\cos\omega + i\sin\omega)^m = \cos m\omega + i\sin m\omega.$$

Sous cette forme on lui donne le nom de *formule de Moivre*.

Généralisation de la formule de Moivre. — Nous nous proposons d'étendre cette formule d'abord aux exposants fractionnaires positifs, puis aux exposants négatifs entiers ou fractionnaires.

1° *L'exposant m est égal à une fraction positive* $\dfrac{p}{q}$. — Nous commencerons par préciser le sens des opérations définies par le symbole $z^{\frac{p}{q}}$, dans lequel z représente la quantité imaginaire $\cos \omega + i \sin \omega$.

Par *définition* le symbole $z^{\frac{p}{q}}$ représente les résultats obtenus en extrayant *d'abord* la racine q^e de z et en élevant ensuite *chacune* de ces racines à la puissance p; en d'autres termes, on a par définition

$$z^{\frac{p}{q}} = \left(\sqrt[q]{z} \right)^{p}.$$

En adoptant cette définition du symbole $z^{\frac{p}{q}}$ nous allons montrer que la formule de Moivre s'étend au cas où l'exposant m est fractionnaire.

Soit α une valeur *déterminée* de l'argument ω, on aura

$$\sqrt[q]{z} = \left(\cos \frac{\alpha}{q} + i \sin \frac{\alpha}{q} \right) \left(\cos \frac{2k\pi}{q} + i \sin \frac{2k\pi}{q} \right),$$

le nombre k représentant l'un quelconque des nombres

$$0 \quad 1 \quad 2 \quad \ldots \quad q-1.$$

On tire de là

$$\left(\sqrt[q]{z} \right)^{p} = z^{\frac{p}{q}} = \left(\cos \frac{p\alpha}{q} + i \sin \frac{p\alpha}{q} \right) \left(\cos \frac{2kp\pi}{q} + i \sin \frac{2kp\pi}{q} \right)$$

ou bien

$$z^{\frac{p}{q}} = \left(\cos \frac{\lambda\alpha}{\mu} + i \sin \frac{\lambda\alpha}{\mu} \right) \left(\cos \frac{2k\lambda\pi}{\mu} + i \sin \frac{2k\lambda\pi}{\mu} \right),$$

en représentant par $\dfrac{\lambda}{\mu}$ la fraction irréductible égale à $\dfrac{p}{q}$.

Pour former tous les résultats que l'on obtiendrait en élevant à la puissance p chacune des q déterminations de $\sqrt[q]{z}$, il faut, dans l'expression précédente, remplacer successivement k par les nombres

$$0 \quad 1 \quad 2 \quad \ldots \quad \mu - 1 \quad \mu \quad \ldots \quad q - 1.$$

On obtient ainsi pour $z^{\frac{p}{q}}$ *seulement* μ *valeurs distinctes*; elles correspondent aux valeurs suivantes de k :

$$0 \quad 1 \quad 2 \quad \ldots \quad \mu - 1.$$

Nous allons montrer que ces μ valeurs sont justement celles qui sont représentées par l'expression

$$\cos \frac{p\omega}{q} + i \sin \frac{p\omega}{q} = \cos \frac{\lambda\omega}{\mu} + i \sin \frac{\lambda\omega}{\mu}.$$

On a en effet $\omega = 2k\pi + \alpha$ et, par suite,

$$\cos \frac{p\omega}{q} + i \sin \frac{p\omega}{q} = \cos \frac{\lambda(2k\pi + \alpha)}{\mu} + i \sin \frac{\lambda(2k\pi + \alpha)}{\mu},$$

c'est-à-dire

$$\cos \frac{p\omega}{q} + i \sin \frac{p\omega}{q} = \left(\cos \frac{\lambda\alpha}{\mu} + i \sin \frac{\lambda\alpha}{\mu} \right)\left(\cos \frac{2k\lambda\pi}{\mu} + i \sin \frac{2k\lambda\pi}{\mu} \right).$$

Le second membre de cette égalité a μ *valeurs distinctes* ; elles correspondent aux valeurs suivantes de k :

$$0 \quad 1 \quad 2 \quad \ldots \quad \mu - 1.$$

De ce qui précède, il résulte que les deux expressions imaginaires

$$(\cos \omega + i \sin \omega)^{\frac{p}{q}} \quad \text{et} \quad \cos \frac{p\omega}{q} + i \sin \frac{p\omega}{q}$$

ont absolument les mêmes valeurs ; on a donc encore

$$(\cos \omega + i \sin \omega)^{m} = \cos m\omega + i \sin m\omega,$$

quand l'exposant m est égal à une fraction positive $\frac{p}{q}$.

Remarque I. — Si $\dfrac{p}{q}$ et $\dfrac{p'}{q'}$ sont des fractions équivalentes, on a

$$z^{\frac{p}{q}} = z^{\frac{p'}{q'}}.$$

Remarque II. — Quand on ne considère que la racine *arithmétique* de la quantité z qui doit être alors *réelle* et *positive*, on a encore par définition

$$z^{\frac{p}{q}} = \left(\sqrt[q]{z}\right)^{p},$$

et l'on *démontre* que l'on a aussi

$$z^{\frac{p}{q}} = \sqrt[q]{z^{p}}.$$

L'égalité précédente peut ne plus être exacte quand on considère les racines *algébriques* d'une quantité z réelle ou imaginaire.

En effet, soit encore $\dfrac{\lambda}{\mu}$ la fraction irréductible égale à $\dfrac{p}{q}$, nous venons de voir que l'on a

$$z^{\frac{p}{q}} = \left(\cos\frac{\lambda\alpha}{\mu} + i\sin\frac{\lambda\alpha}{\mu}\right)\left(\cos\frac{2k\lambda\pi}{\mu} + i\sin\frac{2k\lambda\pi}{\mu}\right)$$

$$k = (0, 1, 2, \ldots \mu - 1).$$

Considérons maintenant l'expression $\sqrt[q]{z^{p}}$; on a

$$z^{p} = \cos p\omega + i\sin p\omega = \cos p\alpha + i\sin p\alpha$$

et

$$\sqrt[q]{z^{p}} = \left(\cos\frac{p\alpha}{q} + i\sin\frac{p\alpha}{q}\right)\left(\cos\frac{2k\pi}{q} + i\sin\frac{2k\pi}{q}\right)$$

ou

$$\sqrt[q]{z^{p}} = \left(\cos\frac{\lambda\alpha}{\mu} + i\sin\frac{\lambda\alpha}{\mu}\right)\left(\cos\frac{2k\pi}{q} + i\sin\frac{2k\pi}{q}\right),$$

$$k = (1, 2, \ldots, \mu - 1, \quad \mu \ldots, q - 1).$$

En résumé $\sqrt[q]{z^p}$ a q valeurs distinctes parmi lesquelles μ seulement sont égales à des déterminations de $z^{\frac{p}{q}}$; l'égalité

$$\left(\sqrt[q]{z}\right)^p = \sqrt[q]{z^p}$$

n'est donc vraie que pour μ valeurs de $\sqrt[q]{z^p}$.

Elle est vraie pour toutes les valeurs de $\sqrt[q]{z^p}$ dans le cas seulement où la fraction $\dfrac{p}{q}$ est irréductible ; on peut alors écrire l'égalité

$$\left(\sqrt[q]{z}\right)^p = \sqrt[q]{z^p}.$$

2° *L'exposant m est égal à un nombre négatif — m' entier ou fractionnaire.* — Nous commencerons par préciser le sens de l'opération définie par le symbole $z^{-m'}$.

Par définition le symbole $z^{-m'}$ représente la quantité imaginaire $\dfrac{1}{z^{m'}}$.

Ainsi, on a par définition

$$(\cos \omega + i \sin \omega)^{-m'} = \frac{1}{(\cos \omega + i \sin \omega)^{m'}}.$$

En appliquant la formule de Moivre, l'égalité précédente devient d'abord

$$(\cos \omega + i \sin \omega)^{-m'} = \frac{1}{\cos m'\omega + i \sin m'\omega},$$

puis

$$(\cos \omega + i \sin \omega)^{-m'} = \cos(-m'\omega) + i \sin(-m'\omega)$$

en effectuant la division de l'unité par $\cos m'\omega + i \sin m'\omega$.

On a donc encore la formule

$$(\cos \omega + i \sin \omega)^{m} = \cos m\omega + i \sin m\omega,$$

quand l'exposant m est négatif.

Avantages que présente l'introduction des quantités imaginaires.

125. Nous allons montrer par quelques exemples les avantages que présente l'introduction en Algèbre des quantités imaginaires.

Du reste l'usage fréquent que nous ferons de ces quantités, dans la suite, montrera mieux encore leur utilité.

Exemple I. — Reprenons la formule de Moivre

$$(\cos \omega + i \sin \omega)^m = \cos m\omega + i \sin m\omega,$$

et supposons l'exposant m entier et positif.

On a trouvé dans cette hypothèse (§ 116) l'égalité

$$(\cos\omega + i\sin\omega)^m = \cos^m\omega - C_m^2 \sin^2\omega \cos^{m-2}\omega + C_m^4 \sin^4\omega \cos^{m-4}\omega \ldots$$

$$+ i[C_m^1 \sin \omega \cos^{m-1}\omega - C_m^3 \sin^3\omega \cos^{m-3}\omega + \ldots].$$

En comparant cette égalité à celle qui résulte de la formule de Moivre on obtient les deux relations

$$\cos m\omega = \cos^m\omega - C_m^2 \sin^2\omega \cos^{m-2}\omega + C_m^4 \sin^4\omega \cos^{m-4}\omega - \ldots$$

$$\sin m\omega = C_m^1 \sin \omega \cos^{m-1}\omega - C_m^3 \sin^3\omega \cos^{m-3}\omega + \ldots$$

Elles résolvent d'une manière générale le problème de la multiplication des arcs.

Exemple II. — Proposons-nous maintenant le problème inverse du précédent, c'est-à-dire d'exprimer $\cos^m\omega$ et $\sin^m\omega$ en fonction des cosinus et des sinus des arcs multiples de l'arc ω, l'exposant m étant entier.

Pour résoudre ce problème nous poserons

$$\cos \omega + i \sin \omega = u \qquad \cos \omega - i \sin \omega = v.$$

De ces égalités on tire facilement

$$2 \cos \omega = u + v \qquad (uv)^\mu = 1 \qquad 2 \cos \mu\omega = u^\mu + v^\mu.$$

Élevons à la puissance m les deux membres de l'égalité

$$2 \cos \omega = u + v$$

et, dans le développement de $(u + v)^m$, groupons ensemble les termes équidistants des extrêmes, nous aurons

$$2^m \cos^m \omega = u^m + v^m + C_m^1 uv(u^{m-2} + v^{m-2}) + C_m^2 u^2 v^2 (u^{m-4} + v^{m-4}) + \ldots$$

Nous allons maintenant distinguer deux cas :

1° *L'exposant m est pair.* — On trouve dans le développement de $(u + v)^m$ le terme $C_m^{\frac{m}{2}} u^{\frac{m}{2}} v^{\frac{m}{2}}$ qui est situé à égale distance des extrêmes; on a donc alors

$$(10) \quad 2^{m-1} \cos^m \omega = \cos m\omega + C_m^1 \cos(m-2)\omega + C_m^2 \cos(m-4)\omega + \ldots + \frac{1}{2} C_m^{\frac{m}{2}};$$

2° *L'exposant m est impair.* — On trouve alors sans difficulté

$$(11) \quad 2^{m-1} \cos^m \omega = \cos m\omega + C_m^1 \cos(m-2)\omega + C_m^2 \cos(m-4)\omega + \ldots + C_m^{\frac{m-1}{2}} \cos \omega.$$

On pourrait obtenir de la même manière le développement de $\sin^m \omega$ en remarquant que l'on a les relations

$$2i \sin \omega = u - v \qquad (uv)^\mu = 1 \qquad 2i \sin \mu\omega = u^\mu - v^\mu.$$

Nous ne développerons pas ce calcul, mais nous montrerons comment on peut déduire le développement de $\sin^m \omega$ de celui de $\cos^m \omega$.

Dans les égalités (10) et (11) remplaçons ω par $\frac{\pi}{2} + \omega$ et remarquons que l'on a

$$\cos\left(\mu\omega + \mu \frac{\pi}{2}\right) = (-1)^{\frac{\mu}{2}} \cos \mu\omega,$$

si μ est *un nombre pair*, et

$$\cos\left(\mu\omega + \mu \frac{\pi}{2}\right) = (-1)^{\frac{\mu+1}{2}} \sin \mu\omega,$$

si μ est *un nombre impair ;* nous obtiendrons les deux égalités

$$(-1)^{\frac{m}{2}} 2^{m-1} \sin^m \omega = \cos m\omega - C_m^1 \cos (m-2)\omega + C_m^2 \cos (m-4)\omega - \ldots + (-1)^{\frac{m}{2}} \frac{1}{2} C_m^{\frac{m}{2}},$$

et

$$(-1)^{\frac{m-1}{2}} 2^{m-1} \sin^m \omega = \sin m\omega - C_m^1 \sin(m-2)\omega + C_m^2 \sin(m-4)\omega - \ldots + (-1)^{\frac{m-1}{2}} C_m^{\frac{m-1}{2}} \sin \omega.$$

La première correspond au cas où m est pair; la deuxième, au cas où m est impair.

Exemple III. — Nous avons trouvé les relations

$$(a + bi)^m = A + Bi \qquad (a - bi)^m = A - Bi,$$

dans lesquelles

$$A = a^m - C_m^2 b^2 a^{m-2} + C_m^4 b^4 a^{m-4} - \ldots$$

$$B = C_m^1 ba^{m-1} - C_m^3 b^3 a^{m-3} + C_m^5 b^5 a^{m-5} - \ldots$$

En multipliant ces relations membre à membre on obtient l'égalité

$$(a^2 + b^2)^m = A^2 + B^2$$

qui démontre le théorème suivant :

Théorème. — *Si un nombre est égal à la somme de deux carrés, toutes ses puissances entières sont aussi égales à la somme de deux carrés.*

Considérons, par exemple, le nombre 13 qui est égal à $3^2 + 2^2$ et proposons-nous de mettre le cube de 13 sous la forme de la somme de deux carrés.

On a

$$13 = 3^2 + 2^2 = (3 + 2i)(3 - 2i)$$

et

$$(3 + 2i)^3 = -9 + 46i \qquad (3 - 2i)^3 = -9 - 46i.$$

En multipliant ces deux égalités membre à membre, on obtient

$$13^3 = 9^2 + 46^2.$$

Représentation géométrique des quantités imaginaires.

126. — Une quantité imaginaire dépend de deux éléments qui sont a et b si elle est mise sous la forme $a + bi$, et ρ, ω si elle est mise sous la forme $\rho(\cos \omega + i \sin \omega)$.

Pour cette raison les quantités imaginaires sont souvent appelées *nombres complexes*.

Une quantité imaginaire pourra être représentée par tout élément géométrique qui dépend de *deux* quantités.

Nous allons faire connaître la représentation géométrique qui a été adoptée par les Géomètres.

Dès l'année 1806, l'abbé Buée et Argand, en partant de cette idée que $\sqrt{-1}$ est un signe de perpendicularité, avaient donné une interprétation géométrique des expressions imaginaires (1). Plus tard, Français, Faure, Mourey, Vallès..., ont publié des recherches qui avaient pour but de développer ou de modifier l'interprétation dont il s'agit.

C'est surtout depuis les travaux de Cauchy et de Gauss que l'interprétation géométrique des quantités imaginaires a été introduite dans la science.

Traçons dans le plan deux axes de coordonnées rectangulaires

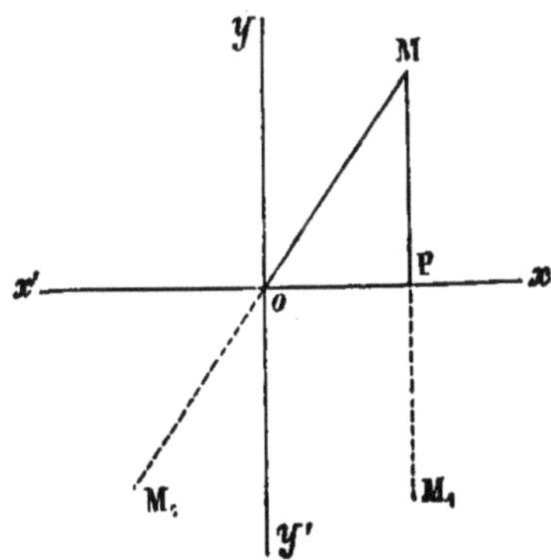

xox', yoy' et considérons une quantité imaginaire $z = a + bi$. Il y a dans le plan un point M ayant pour abscisse a et pour ordon-

---

(1) ARGAND, *Essai sur une manière de représenter les quantités imaginaires dans les constructions géométriques.* Paris, 1806.

née b; donc à toute quantité imaginaire z correspond un point M du plan.

Réciproquement, à tout point M du plan correspondra une quantité imaginaire z, si l'on convient de prendre l'abscisse a du point M pour la partie réelle de z et l'ordonnée b pour le coefficient de i.

La quantité imaginaire $z = a + bi$ a été appelée par Cauchy l'*affixe* du point M.

La longueur oM est le module de la quantité imaginaire représentée par le point M.

Deux quantités imaginaires conjuguées sont représentées par deux points M, M_1 symétriquement placés par rapport à ox.

Deux quantités imaginaires égales et de signes contraires sont représentées par des points M, M_2 symétriquement placés par rapport à l'origine o.

Les quantités réelles sont représentées par des points situés sur la demi-droite ox si elles sont positives et sur la demi-droite ox' si elles sont négatives.

Les imaginaires pures sont représentées par des points situés sur la droite yoy'.

En adoptant ce mode de représentation des quantités imaginaires, l'addition et la soustraction de ces quantités ont des interprétations géométriques qui méritent d'être signalées.

Addition. — Étant données des quantités imaginaires z_1, z_2, ..., z_n représentées par les points A_1, A_2, ... A_n; si l'on pose d'une manière générale

$$z_p = a_p + ib_p,$$

$$p = (1, 2, ..., n),$$

on a par définition

$$z_1 + z_2 + ... + z_n = (a_1 + a_2 + ... + a_n) + i(b_1 + b_2 + ... + b_n).$$

Joignons l'origine o aux points A_1, A_2, ..., A_n, et menons par le point A_1 une droite A_1B_2 égale à oA_2 et parallèle à la direction oA_2, puis par le point B_2 une droite B_2B_3 égale à oA_3 et parallèle à la direction oA_3 et ainsi de suite.

Nous formerons ainsi une ligne polygonale $oA_1B_2B_3 ... B_n$; désignons par X, Y les coordonnées du point B_n.

Le théorème des projections donne les relations

$$\mathrm{X} = a_1 + a_2 + \ldots + a_n;$$
$$\mathrm{Y} = b_1 + b_2 + \ldots + b_n;$$

donc l'affixe Z du point B_n représente la somme $z_1 + z_2 + \ldots + z_n$.

Ainsi, *pour additionner des quantités imaginaires représentées par les points* A_1, A_2, …, A_n, *il suffit de porter, l'une après l'autre, les longueurs* $o\mathrm{A}_1$, $o\mathrm{A}_2$, …, $o\mathrm{A}_n$ *en conservant leurs directions respectives et prenant pour origine de chaque longueur nouvelle l'extrémité de la longueur précédente ; le dernier point* B_n *ainsi obtenu représentera une quantité imaginaire égale à la somme cherchée.*

Remarque. — On a

$$o\mathrm{B}_n \leqslant o\mathrm{A}_1 + \mathrm{A}_1\mathrm{B}_2 + \ldots + \mathrm{B}_{n-1}\mathrm{B}_n ;$$

donc *le module de la somme de plusieurs quantités imaginaires est au plus égal à la somme des modules de ces quantités.*

Dans le cas particulier où la somme se compose de deux termes z_1, z_2, on a

$$|o\mathrm{A}_1 - o\mathrm{A}_2| \leqslant o\mathrm{B}_2 \leqslant o\mathrm{A}_1 + o\mathrm{A}_2 ;$$

donc *le module de la somme de deux quantités imaginaires est compris entre la somme et la différence des modules de ces quantités.*

Soustraction. — Étant données deux quantités imaginaires

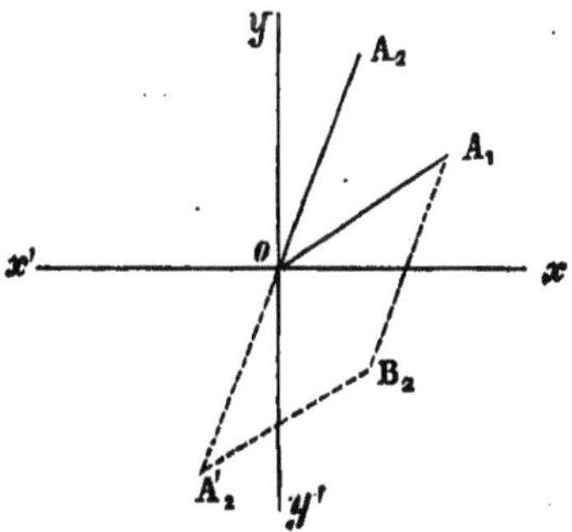

z_1, z_2 représentées par les points A , A_2, on sait que retrancher z_2 de z_1 revient à ajouter $-z_2$ à z_1.

La quantité $- z_2$ étant représentée par le point A_2' symétrique de A_2 par rapport à l'origine o, la différence $z_1 - z_2$ sera représentée par le quatrième sommet B_2 du parallélogramme construit sur oA_1 et oA_2' comme côtés.

Il nous reste maintenant à considérer le cas où la quantité imaginaire est mise sous la forme trigonométrique

$$\rho(\cos \omega + i \sin \omega);$$

elle est alors représentée par le point M du plan ayant pour coordonnées polaires ρ et ω.

EXERCICES

1° Calculer les deux sommes suivantes :

$$C = \cos x + h \cos 2x + h^2 \cos 3x + \ldots + h^{n-1} \cos nx,$$

$$S = \sin x + h \sin 2x + h^2 \sin 3x + \ldots + h^{n-1} \sin nx.$$

On évaluera pour cela la somme $C + iS$.

2° Dans le développement de $(x + 1)^m$ on prend les termes de *quatre* en *quatre* successivement à partir du premier, du deuxième, du troisième et du quatrième ; calculer la somme de leurs coefficients, c'est-à-dire les sommes

$$S_0 = 1 \ + C_m^4 + C_m^8 + \ldots$$
$$S_1 = C_m^1 + C_m^5 + C_m^9 + \ldots$$
$$S_2 = C_m^2 + C_m^6 + C_m^{10} + \ldots$$
$$S_3 = C_m^3 + C_m^7 + C_m^{11} + \ldots$$

On remplacera successivement dans le développement de $(x + 1)^m$ la quantité x par les racines de l'équation

$$z^4 - 1 = 0.$$

3° Former le produit des deux déterminants

$$\begin{vmatrix} a & b \\ a' & b' \end{vmatrix} \qquad \begin{vmatrix} c & d \\ c' & d' \end{vmatrix}$$

en supposant

$$a = \alpha + \beta i \qquad b = \gamma + \delta i \qquad a' = -\gamma + \delta i \qquad b' = \alpha - \beta i$$
$$c = \alpha' + \beta' i \qquad d = \gamma' + \delta' i \qquad c' = -\gamma' + \delta' i \qquad d' = \alpha' - \beta' i.$$

Déduire du résultat ainsi obtenu le théorème suivant dû à Euler :

Théorème. — *Le produit de deux sommes de quatre carrés est lui-même la somme de quatre carrés.*

4° Résoudre l'équation

$$\left(\frac{1+ix}{1-ix}\right)^{m} = a + bi.$$

Condition nécessaire et suffisante pour que toutes les racines soient réelles.
5° Démontrer que l'équation

$$(1 + \sqrt{1-x^2})^{m} + (1 - \sqrt{1-x^2})^{m} = 0$$

admet pour racines les $2m$ valeurs comprises dans la formule

$$x = \frac{1}{\cos\dfrac{(2k+1)\pi}{m}}.$$

6° Démontrer que l'équation

$$(1 + \sqrt{x^2-1})^{m} + (1 - \sqrt{x^2-1})^{m} = 0$$

admet pour racines les $2m$ valeurs comprises dans la formule

$$x = \pm \sqrt{1 - \tan^2\frac{(2k+1)\pi}{2m}}.$$

7° Démontrer qu'en désignant par $\lambda_1, \lambda_2, \ldots, \lambda_m$ les m racines de l'unité et en posant

$$f(x) = a_0 + a_1 x + \ldots + a_{m-1}x^{m-1}$$

$$\varphi(x) = b_0 + b_1 x + \ldots + b_{m-1}x^{m-1},$$

on a

$$a_0 b_0 + a_1 b_1 + \ldots + a_{m-1}b_{m-1} = \frac{1}{m}\left[f(\lambda_1)\varphi\left(\frac{1}{\lambda_1}\right) + \ldots + f(\lambda_m)\varphi\left(\frac{1}{\lambda_m}\right)\right];$$

déduire de cette formule la somme des carrés des coefficients du binôme.
8° Résoudre en nombres commensurables l'équation

$$(A) \qquad\qquad\qquad x^2 + y^2 = z^2.$$

En posant

$$x + yi = (\alpha + \beta i)^2 \qquad\qquad x - yi = (\alpha - \beta i)^2$$

on trouve les formules

$$x = \alpha^2 - \beta^2 \qquad\qquad y = 2\alpha\beta \qquad\qquad z = \alpha^2 + \beta^2$$

qui donnent pour x, y, z des solutions commensurables de l'équation (A) quand on attribue à α et à β des valeurs commensurables.

Examiner si ces formules donnent toutes les solutions commensurables de l'équation proposée.

9° Multiplier le déterminant

$$D = \begin{vmatrix} a_1^1 - x & a_1^2 & \ldots\ldots & a_1^n \\ a_2^1 & a_2^2 - x & \ldots & a_2^n \\ \vdots & \vdots & & \vdots \\ a_n^1 & a_n^2 & \ldots\ldots & a_n^n - x \end{vmatrix}$$

par le déterminant D′ obtenu en changeant x en $-x$ dans D.

Montrer que si, dans le déterminant D les éléments symétriquement placés par rapport à la diagonale principale sont imaginaires conjugués, ceux de cette diagonale étant réels, le produit DD′ ordonné par rapport aux puissances décroissantes de x est de la forme

$$(-1)^n \left\{ x^{2n} - A_1 x^{2n-2} + A_2 x^{2n-4} + \ldots + (-1)^n A_n \right\}$$

chacun des coefficients A étant égal à une somme de carrés.

10° Démontrer les relations

$$a^n + b^n = (a+b)^n - \frac{n}{1} ab(a+b)^{n-2} + \frac{n(n-3)}{1.2} a^2 b^2 (a+b)^{n-4} - \ldots$$

$$+ (-1)^p \frac{n(n-p-1)(n-p-2) \ldots (n-2p+1)}{1.2 \ldots p} a^p b^p (a+b)^{n-2p} + \ldots$$

et

$$\frac{a^n - b^n}{a-b} = (a+b)^{n-1} - \frac{n-2}{1} ab(a+b)^{n-3} + \frac{(n-3)(n-4)}{1.2} a^2 b^2 (a+b)^{n-5} - \ldots$$

$$+ (-1)^p \frac{(n-p-1)(n-p-2) \ldots (n-2p)}{1.2 \ldots p} a^p b^p (a+b)^{n-2p-1} + \ldots$$

On supposera ces relations vraies pour les deux valeurs consécutives $m-1, m$ attribuées au nombre entier n, et l'on démontrera qu'elles sont alors vraies pour la valeur suivante $n = m+1$, en se servant des identités

$$a^{m+1} + b^{m+1} = (a^m + b^m)(a+b) - ab(a^{m-1} + b^{m-1})$$

et

$$a^{m+1} - b^{m+1} = (a^m - b^m)(a+b) - ab(a^{m-1} - b^{m-1}).$$

Déduire des relations précédentes : 1° la somme des puissances semblables entières des racines de l'équation du second degré ; 2° l'expression de $x^n + \dfrac{1}{x^n}$ en fonction de $x + \dfrac{1}{x} = z$; 3° les expressions de $\cos n\varphi$ et de $\sin n\varphi$ en fonction de $\cos \varphi$.

11° Démontrer que toutes les valeurs réelles ou imaginaires de x, y, z, vérifiant l'équation

$$x^2 + y^2 + z^2 = 1$$

peuvent être représentées par les formules

$$x = \frac{1 - uv}{u - v} \qquad y = \frac{1 + uv}{u - v}\, i \qquad z = \frac{u + v}{u - v},$$

où u et v désignent deux paramètres arbitraires.

Quand x, y et z sont réels, les quantités u et $-\dfrac{1}{v}$ sont imaginaires conjuguées.

Remarque. — *L'introduction des paramètres u, v revient à considérer un point de la sphère dont le rayon est égal à l'unité, comme déterminé par l'intersection de deux génératrices rectilignes nécessairement imaginaires.*

Application. — Soient (a_0, b_0, c_0), (a_1, b_1, c_1), (a_2, b_2, c_2) neuf quantités satisfaisant aux relations

$$(1)\begin{cases} a_0^2 + b_0^2 + c_0^2 = 1 \\ a_1^2 + b_1^2 + c_1^2 = 1 \\ a_2^2 + b_2^2 + c_2^2 = 1 \end{cases} \qquad (2)\begin{cases} a_0 a_1 + b_0 b_1 + c_0 c_1 = 0 \\ a_1 a_2 + b_1 b_2 + c_1 c_2 = 0 \\ a_2 a_0 + b_2 b_0 + c_2 c_0 = 0, \end{cases}$$

si l'on pose

$$a_p = \frac{1 - u_p v}{u_p - v_p} \qquad b_p = \frac{1 + u_p v_p}{u_p - v_p}\, i \qquad c_p = \frac{u_p + v_p}{u_p - v_p}$$

$$p = (0, 1, 2),$$

les équations (1) seront vérifiées.

Montrer que les équations (2) le seront aussi si l'on pose

$$u_0 = \frac{u_2 + l v_2}{1 + l} \qquad v_0 = \frac{u_2 - l v_2}{1 - l},$$

$$u_1 = \frac{u_2 + li v_2}{1 + li} \qquad v_1 = \frac{u_2 - li v_2}{1 - li};$$

les neuf quantités (a_p, b_p, c_p) sont ainsi exprimées rationnellement en fonction de trois paramètres arbitraires l, u_2, v_2.

Ces neuf quantités étant supposées réelles, on pose

$$u_2 = \frac{\rho + \nu i}{\lambda + \mu i} \qquad \text{et} \qquad = p + qi,$$

démontrer que l'on doit avoir

$$p^2 + q^2 = \frac{\rho^2 - \nu^2}{\lambda^2 + \mu^2}.$$

On satisfait à cette relation de condition en posant

$$l = p + qi = \frac{\rho - \nu i}{\lambda + \mu i};$$

vérifier que l'on a alors

$$(3)\quad
\begin{aligned}
Ba_0 &= \rho^2 + \lambda^2 - \mu^2 - \nu^2 & Bb_0 &= 2(\mu\lambda + \rho\nu) & Bc_0 &= 2(\lambda\nu - \rho\mu) \\
Ba_1 &= 2(\mu\lambda - \nu\rho) & Bb_1 &= \rho^2 + \mu^2 - \lambda^2 - \nu^2 & Bc_1 &= 2(\mu\nu + \lambda\rho) \\
Ba_2 &= 2(\nu\lambda + \mu\rho) & Bb_2 &= 2(\mu\nu - \lambda\rho) & Bc_2 &= \rho^2 + \nu^2 - \lambda^2 - \mu^2
\end{aligned}$$

en posant

$$B = \lambda^2 + \mu^2 + \nu^2 + \rho^2.$$

Les équations (3) donnent sous forme homogène les expressions dues à Euler et à Olinde Rodrigues des neuf quantités réelles

$$(a_0,\ b_0,\ c_0),\quad (a_1,\ b_1,\ c_1),\quad (a_2,\ b_2,\ c_2)$$

qui satisfont aux équations (1) et (2).

CHAPITRE XI

RACINES DES POLYNOMES

127. Étant donné un polynôme A entier par rapport à une lettre x, on peut se proposer de chercher s'il existe un polynôme B entier par rapport à x, et tel que la puissance m^e de B soit un polynôme identique avec le polynôme A.

Résoudre ce problème, c'est extraire la racine m^e du polynôme A.

Ainsi *extraire la racine m^e d'un polynôme A, c'est trouver un polynôme B qui, élevé à la puissance m, reproduise identiquement A.*

Quand le polynôme B existe, on l'appelle la racine m^e de A et l'on dit que A est une puissance m^e exacte.

Remarque. — Le polynôme A étant une puissance m^e exacte, soit B une de ses racines.

Désignons par λ_1, λ_2, ..., λ_m les racines m^{es} de l'unité, chacun des polynômes

$$\lambda_1 B \qquad \lambda_2 B \qquad \dots \qquad \lambda_m B$$

sera une racine m^e de A. Nous allons démontrer que ces polynômes représentent *toutes* les racines m^{es} de A.

Soit en effet P une racine m^e de A, on aura $P^m \equiv A$ ou

$$P^m - B^m \equiv 0,$$

c'est-à-dire

$$(P - \lambda_1 B)(P - \lambda_2 B) \dots (P - \lambda_m B) \equiv 0.$$

Cette relation montre que le polynôme P est *identique* avec l'un des polynômes

$$\lambda_1 B \qquad \lambda_2 B \qquad \dots \qquad \lambda_m B.$$

En résumé, *lorsqu'un polynôme est une puissance m^e exacte, ce polynôme admet m racines m^{es} que l'on obtient en multipliant l'une quelconque d'entre elles successivement par les m racines m^{es} de l'unité.*

Nous allons montrer comment on peut calculer l'une de ces *m* racines ; pour résoudre ce problème, nous distinguerons deux cas.

128. Premier cas. — *Le polynôme A est ordonné par rapport aux puissances décroissantes d'une même lettre x.* — Supposons qu'il existe un polynôme B tel que l'on ait l'identité

$$A \equiv B^m$$

et proposons-nous de calculer B, ce polynôme étant aussi ordonné suivant les puissances décroissantes de x. A cet effet posons

$$A = a_1 + a_2 + \ldots + a_n$$
$$B = b_1 + b_2 + \ldots + b_p,$$

les degrés des termes a_1, a_2, ..., a_n allant en diminuant, ainsi que les degrés des termes b_1, b_2, ..., b_p.

Par hypothèse, on a l'identité

$$a_1 + a_2 + \ldots + a_n \equiv (b_1 + b_2 + \ldots + b_p)^m$$

ou, en développant,

$$(1) \qquad a_1 + a_2 + \ldots + a_n \equiv b_1^m + m b_2 b_1^{m-1} + \ldots + b_p^m.$$

Dans le second membre de l'identité (1), le terme de degré le plus élevé en x est b_1^m, et ce terme ne peut se réduire avec aucun autre ; on a donc

$$b_1^m = a_1,$$

et l'on obtiendra le premier terme b_1 de la racine en extrayant la racine m^e du premier terme a_1 du polynôme A.

Cette racine a *m* déterminations ; on prendra l'une *quelconque* d'entre elles pour la valeur de b_1.

Nous savons donc déterminer le premier terme de la racine ; pour donner le moyen de calculer successivement tous les autres, nous allons résoudre le problème suivant :

Problème. — *Connaissant les r premiers termes de la racine, calculer le terme de rang $r + 1$.*

Représentons par

$$u = b_1 + b_2 + \ldots + b_r$$

le polynôme formé par les r premiers termes de la racine qui sont supposés connus et par

$$v = b_{r+1} + \ldots + b_p$$

le polynôme formé par les termes inconnus de cette racine.

Par hypothèse, ces polynômes u et v sont ordonnés par rapport aux puissances décroissantes de x.

On a identiquement

$$A \equiv (u + v)^m$$

ou

$$A \equiv u^m + \frac{m}{1} u^{m-1} v + \frac{m(m-1)}{1.2} u^{m-2} v^2 + \ldots + v^m.$$

Du polynôme A retranchons la quantité connue u^m, et posons

$$R_r = A - u^m,$$

nous aurons l'identité

$$(2) \qquad R_r \equiv \frac{m}{1} u^{m-1} v + \frac{m(m-1)}{1.2} u^{m-2} v^2 + \ldots + v^m.$$

Si l'on ordonne les deux membres par rapport aux puissances décroissantes de x, leurs premiers termes seront égaux.

On calculera facilement le premier terme de R_r, puisque A et u sont connus.

Quant au premier terme du deuxième membre, c'est le premier terme du produit

$$mu^{m-1}v,$$

c'est-à-dire

$$mb_1^{m-1} b_{r+1}.$$

En effet, les termes du second membre de l'identité (2) sont

$$u^{m-1}v \qquad u^{m-2}v^2 \qquad u^{m-3}v^3 \ldots v^m,$$

abstraction faite des coefficients, et leurs degrés diminuent, puisque pour former chacun d'eux il faut remplacer, dans le précédent, un facteur u par un facteur v qui est de moindre degré.

Le premier terme de R_r étant égal à $mb_1^{m-1}b_{r+1}$, on obtiendra le terme de rang $r+1$ de la racine en divisant le premier terme de R_r par m fois la puissance $(m-1)^e$ du premier terme b_1 de la racine.

De ce qui précède résulte la règle suivante :

Règle. — *Pour extraire la racine m^e d'un polynôme A ordonné suivant les puissances décroissantes de x, on extrait la racine m^e du premier terme de A, ce qui donne le premier terme de la racine inconnue. On retranche de A la puissance m^e du premier terme de la racine ; on obtient ainsi un premier reste qu'on ordonne suivant les puissances décroissantes de x, et on divise le premier terme de ce reste par m fois la puissance $(m-1)^e$ du premier terme de la racine, ce qui donne le deuxième terme de la racine. En général, quand on a trouvé un certain nombre de termes de la racine, on retranche de A la puissance m^e de la partie trouvée à la racine et on divise le premier terme du reste ainsi obtenu par m fois la puissance $(m-1)^e$ du premier terme de la racine, ce qui donne le terme suivant de cette racine. En continuant ainsi jusqu'à ce qu'on arrive à un reste nul, on obtiendra tous les termes de la racine.*

129. Remarque I. — Il est utile de faire observer que, dans les divisions qui fournissent les termes successifs de la racine à partir du deuxième, le diviseur reste toujours le même.

Remarque II. — Pour que le polynôme A soit une puissance m^e exacte, il faut que son premier terme soit une puissance m^e exacte, c'est-à-dire de la forme Cx^{qm}, le nombre q étant entier. Le premier terme de la racine aura alors une des m valeurs suivantes :

$$c\lambda_1 x^q \qquad c\lambda_2 x^q \qquad \ldots \qquad c\lambda_m x^q$$

en désignant par c une détermination de $\sqrt[m]{C}$ et par $\lambda_1, \lambda_2, \ldots, \lambda_m$ les m racines m^{es} de l'unité.

Appelons B la racine m^e de A trouvée en prenant cx^q pour le premier terme de cette racine, il est facile de voir qu'en prenant pour ce premier terme $c\lambda_\mu x^q$, par exemple, on trouvera $\lambda_\mu B$ pour la racine m^e de A. La règle énoncée précédemment fait donc connaître les m racines m^{es} du polynôme A.

Supposons le polynôme A à coefficients réels.

Si m est impair, une seule de ces racines est réelle.

Si m est pair, deux de ces racines sont réelles, égales et de signes contraires quand C est positif; toutes les racines sont imaginaires quand C est négatif.

Remarque III. — Pour établir la règle de l'extraction de la racine m^e d'un polynôme A ordonné suivant les puissances décroissantes de la lettre x, nous avons supposé l'existence d'un polynôme B qui, élevé à la puissance m, reproduise A. En général, on ne sait pas à l'avance si ce polynôme B existe; pour compléter cette règle, il faut donc montrer qu'en l'appliquant on pourra reconnaître, *après un nombre limité d'opérations*, si le polynôme A est ou n'est pas une puissance m^e exacte.

Dans le second membre de l'identité (1), lorsque cette identité existe, le terme du degré le moins élevé est b_p^m, et il ne peut se réduire avec aucun autre; on a donc alors $b_p^m = a_n$. On voit que l'on pourra calculer directement le dernier terme b_p de la racine cherchée en extrayant la racine m^e du dernier terme du polynôme A. L'exposant de x dans ce dernier terme a_n doit donc être un multiple de m.

Supposons qu'il en soit ainsi et désignons par $D x^s$ une des déterminations de $\sqrt[m]{a_n}$; quand, en appliquant la règle de l'extraction d'une racine m^e on sera conduit à écrire à la racine un terme $D'x^s$ de degré s en x, il faudra, pour que le polynôme A soit une puissance m^e exacte : 1° *que l'on ait* $D'^m = D^m$; 2° *que le reste suivant soit nul.*

Ces conditions, qui sont *nécessaires*, sont d'ailleurs évidemment *suffisantes.*

Remarque IV. — Pour calculer les termes

$$b_2 \quad b_3 \quad \ldots \quad b_p$$

de la racine m^e de A à partir du deuxième, on a été conduit à former les différences

$$R_1 = A - b_1^m$$
$$R_2 = A - (b_1 + b_2)^m$$
$$R_3 = A - (b_1 + b_2 + b_3)^m$$
$$\cdot \quad \cdot \quad \cdot \quad \cdot \quad \cdot \quad \cdot \quad \cdot \quad \cdot$$

qui sont appelées les restes successifs.

Nous allons démontrer que les degrés de ces restes vont en diminuant.

Posons encore

$$u = b_1 + b_2 + \ldots + b_r,$$

les deux restes consécutifs R_r, R_{r+1} auront pour expression

$$R_r = A - u^m \qquad R_{r+1} = A - (u + b_{r+1})^m$$

et l'on aura

$$R_{r+1} = R_r - \left(m u^{m-1} b_{r+1} + \frac{m(m-1)}{1 \cdot 2} u^{m-2} b_{r+1}^2 + \ldots + b_{r+1}^m \right).$$

Dans le deuxième membre de cette identité les termes du degré le plus élevé, c'est-à-dire les premiers termes des polynômes R_r et du polynôme placé dans les parenthèses se détruisent.

En effet le terme du degré le plus élevé de ce dernier polynôme est $m b_1^{m-1} b_{r+1}$ et, pour obtenir b_{r+1}, on a divisé le premier terme de R_r par $m b_1^{m-1}$. D'un autre côté, les degrés des produits $u^{m-1} b_{r+1}$, $u^{m-2} b_{r+1}^2$, ..., b_{r+1}^m vont en diminuant; le degré du reste R_{r+1} est donc moindre que celui du reste précédent R_r.

Cela étant, si l'on applique au polynôme A dont le premier terme est supposé du degré mq la règle donnée (§ 128), on arrivera après avoir calculé un nombre limité de termes

$$b_1 \qquad b_2 \qquad \ldots \qquad b_t,$$

soit à un reste nul, soit à un reste R dont le degré sera inférieur à celui de b_1^{m-1}.

Dans le premier cas, le polynôme A aura pour racine m^e le polynôme

$$B = b_1 + b_2 + \ldots + b_t.$$

Dans le deuxième cas on aura l'identité

$$A = B^m + R,$$

le degré de R étant inférieur à celui de b_1^{m-1}, c'est-à-dire à celui de B^{m-1}.

La considération de cette identité conduit naturellement à une généralisation de la définition de l'extraction de la racine m^e d'un polynôme A ordonné suivant les puissances décroissantes d'une lettre x.

130. Définition. — *Extraire la racine m^e d'un polynôme A ordonné suivant les puissances décroissantes d'une lettre x, c'est trouver un polynôme B tel que l'on ait identiquement*

$$A \equiv B^m + R,$$

R *désignant un polynôme entier en x dont le degré est inférieur à celui de* B^{m-1}.

Ce problème n'est évidemment possible que si le degré du polynôme A est un multiple de m, c'est-à-dire de la forme mq, le facteur q étant entier.

Nous venons de voir qu'en appliquant au polynôme A la règle énoncée au paragraphe 128 on obtient une solution du problème posé dans la définition précédente; d'ailleurs, si le polynôme B répond à la question, il en sera de même des polynômes

$$\lambda_1 B \qquad \lambda_2 B \quad \ldots \quad \lambda_m B,$$

les facteurs $\lambda_1, \lambda_2, \ldots, \lambda_m$ désignant toujours les racines m^{es} de l'unité.

Il est facile de montrer que le problème n'admet pas d'autre solution.

Supposons qu'outre l'identité

$$(3) \qquad\qquad A \equiv B^m + R$$

obtenue en appliquant la règle donnée au paragraphe 128, on ait encore l'identité

$$(4) \qquad\qquad A \equiv B'^m + R'$$

dans laquelle on suppose que B' et R' désignent des polynômes entiers, et que le degré de R' est inférieur à celui de B'^{m-1}.

Dans les seconds membres des identités (3) et (4) les termes de degré le plus élevé sont respectivement les premiers termes des polynômes B^m, B'^m, car le degré du polynôme R est moindre que celui de B^{m-1}, et le degré du polynôme R' est moindre que celui de B'^{m-1}.

Il résulte de là que les premiers termes des polynômes B^m, B'^m sont égaux entre eux, car ils doivent être tous les deux égaux au premier terme de A.

Désignons par cx^q le premier terme de B et par $c'x^q$ le premier terme de B', on aura $c^m = c'^m$ ou $c' = \lambda_\mu c$, μ étant un des nombres 1, 2, ..., m.

Pour fixer les idées nous supposerons, par exemple, $c' = \lambda_1 c$.

Cela posé, des identités (3) et (4) on tire l'identité

$$B'^m - B^m \equiv R - R'$$

que l'on peut écrire de la manière suivante :

$$(5) \qquad (B' - \lambda_1 B)(B' - \lambda_2 B) \ldots (B' - \lambda_m B) = R - R'.$$

Dans l'identité (5) les premiers termes des facteurs

$$B' - \lambda_1 B \qquad B' - \lambda_2 B \qquad \ldots \qquad B' - \lambda_m B$$

ont respectivement pour coefficients

$$c' - \lambda_1 c \qquad c' - \lambda_2 c \qquad \ldots \qquad c' - \lambda_m c.$$

Le premier de ces coefficients $c' - \lambda_1 c$ est nul par hypothèse, mais les autres sont tous différents de zéro.

Il résulte de là que, dans le premier membre de l'identité (5), le produit des $m - 1$ derniers facteurs est du degré $(m-1)q$; comme le degré de son second membre $R - R'$ est inférieur à $(m-1)q$, il faut que l'on ait identiquement

$$B' - \lambda_1 B \equiv 0 \qquad R - R' \equiv 0,$$

et les identités (3) et (4) sont absolument les mêmes.

131. Nous allons appliquer à quelques exemples la règle donnée pour extraire la racine m^e d'un polynôme A.

Exemple I. — Extraire la racine carrée du polynôme

$$A = x^4 + 4x^3 - 2x^2 - 12x + 9.$$

Nous commencerons par faire une remarque qui permet d'abréger le calcul des restes à partir du deuxième.

Remarque. — Supposons que l'on ait trouvé les r premiers termes

$$b_1 \qquad b_2 \qquad \ldots \qquad b_r$$

de la racine carrée d'un polynôme A, et soit b_{r+1} le terme suivant; si l'on pose

$$u = b_1 + b_2 + \cdots + b_r$$

les restes de rangs r et $r+1$ seront

$$R_r = A - u^2 \qquad\qquad R_{r+1} = A - (u + b_{r+1})^2.$$

On a donc

$$R_{r+1} = R_r - (2u + b_{r+1})b_{r+1};$$

cette égalité montre que, pour former R_{r+1}, il suffira de retrancher du reste précédent R_r le produit de $2u + b_{r+1}$ par b_{r+1}.

Cette remarque étant faite, cherchons la racine carrée du polynôme

$$A = x^4 + 4x^3 - 2x^2 - 12x + 9.$$

Le premier terme de cette racine est x^2 et le premier reste est

$$R_1 = 4x^3 - 2x^2 - 12x + 9.$$

En divisant par $2x^2$ le premier terme de R_1 on obtient le deuxième terme $2x$ de la racine.

Pour former le deuxième reste R_2 on retranche de R_1 le produit de $2x^2 + 2x$ par $2x$, ce qui donne

$$R_2 = -6x^2 - 12x + 9.$$

En divisant toujours par $2x^2$ le premier terme de R_2 on obtient le troisième terme -3 de la racine.

Pour former le troisième reste R_3 on retranche de R_2 le produit de $2x^2 + 4x - 3$ par -3, ce qui donne

$$R_3 = 0.$$

Le polynôme A est donc carré parfait et sa racine est égale à

$$\pm (x^2 + 2x - 3).$$

On dispose l'opération de la manière suivante :

$$
\begin{array}{l|l}
x^4 + 4x^3 - 2x^2 - 12x + 9 & x^2 + 2x - 3 \\
\;-x^4 & \overline{\quad 2x^2 + 2x \;\;\big|\;\; 2x^2 + 4x - 3} \\
\overline{R_1 = 4x^3 - 2x^2 - 12x + 9} & \qquad 2x \quad\big|\qquad\qquad -3 \\
\quad -4x^3 - 4x^2 & \\
\overline{R_2 = \qquad -6x^2 - 12x + 9} & \\
\qquad\qquad 6x^2 + 12x - 9 & \\
\overline{R_3 = \qquad\qquad 0} &
\end{array}
$$

Exemple II. — Extraire la racine cubique du polynôme

$$A = x^6 + 9x^5 + 24x^4 + 9x^3 - 23x^2 + 10x + 1.$$

Le premier terme de la racine est x^2 et le premier reste est

$$R_1 = 9x^5 + 24x^4 + 9x^3 - 23x^2 + 10x + 1.$$

En divisant par $3x^4$ le premier terme de R_1 on obtient le deuxième terme $3x$ de la racine.

Pour former le deuxième reste R_2 on retranche de A le cube de $x^2 + 3x$, ce qui donne

$$R_2 = -3x^4 - 18x^3 - 23x^2 + 10x + 1.$$

En divisant par $3x^4$ le premier terme de R_2 on obtient le troisième terme -1 de la racine.

Pour former le troisième reste R_3 on retranche de A le cube de $x^2 + 3x - 1$, ce qui donne

$$R_3 = x^2 + x + 2.$$

Le polynôme A n'est pas un cube parfait, on peut le mettre sous la forme

$$A = (x^2 + 3x - 1)^3 + x^2 + x + 2.$$

On dispose l'opération de la manière suivante :

$$
\begin{array}{l|l}
x^6 + 9x^5 + 24x^4 + 9x^3 - 23x^2 + 10x + 1 & x^2 + 3x - 1 \\
x^6 & \overline{(x^2+3x)^3 = x^6 + 9x^5 + 27x^4 + 27x^3} \\
\overline{R_1 = 9x^5 + 24x^4 + 9x^3 - 23x^2 + 10x + 1} & (x^2+3x-1)^3 = (x^2+3x)^3 - 3x^4 - 18x^3 - 24x^2 + 9x - 1 \\
\quad -9x^5 - 27x^4 - 27x^3 & \\
\overline{R_2 = \qquad -3x^4 - 18x^3 - 23x^2 + 10x + 1} & \\
\qquad\quad 3x^4 + 18x^3 + 24x^2 - 9x + 1 & \\
\overline{R_3 = \qquad\qquad\qquad x^2 + x + 2} &
\end{array}
$$

Remarque. — Le reste R_1 étant égal à $A - x^6$, on obtient R_2 en retranchant de R_1 la partie qui dans le cube de $x^2 + 3x$ suit le premier terme x^6.

De même le reste R_2 étant égal à $A - (x^2 + 3x)^3$, on obtient R_3 en retranchant de R_2 la partie qui dans le cube du *binôme* $(x^2 + 3x) - 1$ suit le premier terme $(x^2 + 3x)^3$, c'est-à-dire la quantité

$$-3(x^2 + 3x)^2 + 3(x^2 + 3x) - 1 = -3x^4 - 18x^3 - 24x^2 + 9x - 1.$$

132. Deuxième cas. — *Le polynôme A est ordonné par rapport aux puissances croissantes d'une même lettre x.* Supposons qu'il existe un polynôme B tel que l'on ait l'identité

$$A \equiv B^m$$

et proposons-nous de calculer B, ce polynôme étant ordonné suivant les puissances croissantes de x. A cet effet posons

$$A = a_1 + a_2 + \ldots + a_n$$
$$B = b_1 + b_2 + \ldots + b_p,$$

les degrés des termes a_1, a_2, ..., a_n allant en augmentant ainsi que les degrés des termes b_1, b_2, ..., b_p.

Nous supposerons en outre que le premier terme a_1 du polynôme A est *du degré zéro.*

En raisonnant sur l'identité

$$(6) \qquad a_1 + a_2 + \ldots + a_n \equiv (b_1 + b_2 + \ldots + b_p)^m$$

comme on l'a fait, dans le premier cas, sur l'identité (1), on établira sans difficulté la règle suivante :

Règle. — *Pour extraire la racine m^e d'un polynôme A ordonné suivant les puissances croissantes de la lettre x on extrait la racine m^e du premier terme de A, ce qui donne le premier terme de la racine inconnue. On retranche de A la puissance m^e du premier terme de la racine ; on obtient ainsi un premier reste que l'on ordonne suivant les puissances croissantes de x et l'on divise le premier terme de ce reste par m fois la puissance $(m - 1)^e$ du premier terme de la racine, ce qui donne le deuxième terme de la racine.*

En général, quand on a trouvé un certain nombre de termes de la racine, on retranche de A la puissance m^e de la partie trouvée à la racine et on divise le premier terme du reste ainsi obtenu toujours par m fois la puissance $(m-1)^e$ du premier terme de la racine, ce qui donne le terme suivant de cette racine.

En continuant ainsi jusqu'à ce qu'on arrive à un reste nul, on obtiendra tous les termes de la racine.

Remarque I. — Il est utile de faire observer que, dans les divisions qui fournissent les termes successifs de la racine à partir du deuxième, le diviseur reste toujours le même.

Remarque II. — Le premier terme de A étant, par hypothèse, une constante a_1, on pourra prendre pour le premier terme de la racine une des m valeurs suivantes :

$$\lambda_1 c \qquad \lambda_2 c \qquad \ldots \qquad \lambda_m c$$

en désignant par c une détermination de $\sqrt[m]{a_1}$ et par $\lambda_1, \lambda_2, \ldots, \lambda_m$ les m racines m^{es} de l'unité.

Appelons B la racine m^e de A trouvée en prenant c pour le premier terme de cette racine, il est facile de voir qu'en prenant pour ce premier terme $c\lambda_\mu$, par exemple, on trouvera λ_μ B pour la racine m^e de A. La règle énoncée précédemment fait donc connaître les m racines m^{es} du polynôme A.

Remarque III. — Pour établir la règle de l'extraction de la racine m^e d'un polynôme A ordonné suivant les puissances croissantes de la lettre x, nous avons supposé l'existence d'un polynôme B qui, élevé à la puissance m, reproduise A. En général on ne sait pas à l'avance si ce polynôme B existe; pour compléter cette règle, il faut donc démontrer qu'en l'appliquant on pourra reconnaître, *après un nombre limité d'opérations*, si le polynôme A est ou n'est pas une puissance m^e exacte.

Dans le second membre de l'identité (6), lorsque cette identité existe, le terme de degré le plus élevé est b_p^m, et il ne peut se réduire avec aucun autre; on a donc alors $b_p^m = a_n$. On voit que l'on pourra calculer directement le dernier terme b_p de la racine cherchée, en extrayant la racine m^e du dernier terme du polynôme A. L'exposant de x dans ce dernier terme a_n doit donc être un multiple de m.

Supposons qu'il en soit ainsi et soit $D x^s$ une des déterminations de $\sqrt[m]{a_n}$; quand, en appliquant la règle de l'extraction d'une racine m^e, on sera conduit à écrire à la racine un terme $D'x^s$ de degré s en x, il faudra, pour que le polynôme A soit une puissance m^e exacte : 1° *que l'on ait* $D'^m = D^m$; 2° *que le reste suivant soit nul.*

Ces conditions, qui sont *nécessaires*, sont d'ailleurs évidemment *suffisantes.*

Remarque IV. — Pour calculer les termes

$$b_2 \quad b_3 \quad \ldots \quad b_p$$

de la racine m^e de A à partir du deuxième, on a été conduit à former les différences

$$R_1 = A - b_1^m$$
$$R_2 = A - (b_1 + b_2)^m$$
$$R_3 = A - (b_1 + b_2 + b_3)^m$$

$$\cdots \cdots \cdots \cdots \cdots$$

qui sont appelées les restes successifs.

Nous allons démontrer que les degrés des *premiers termes* de ces restes vont en augmentant.

Posons

$$u = b_1 + b_2 + \ldots + b_r$$

les deux restes consécutifs R_r, R_{r+1} auront pour expressions

$$R_r = A - u^m \qquad R_{r+1} = A - (u + b_{r+1})^m,$$

et l'on aura

$$R_{r+1} = R_r - \left(m u^{m-1} b_{r+1} + \frac{m(m-1)}{1 \cdot 2} u^{m-2} b_{r+1}^2 + \ldots + b_{r+1}^m \right).$$

Dans le deuxième membre de cette identité les termes de degré le moins élevé, c'est-à-dire les premiers termes des polynômes R_r et du polynôme placé dans les parenthèses, se détruisent.

En effet le terme de degré le moins élevé de ce dernier polynôme est $mb_1^{m-1}b_{r+1}$, et, pour obtenir b_{r+1}, on a divisé le premier terme de R_r par mb_1^{m-1}.

D'un autre côté, les degrés des premiers termes des produits $u^{m-1}b_{r+1}$, $u_{m-2}b_{r+1}^2$, ..., b_{r+1}^m vont en augmentant; donc le degré du premier terme de R_{r+1} est supérieur à celui du premier terme de R_r.

Cela étant, si l'on applique à un polynôme A qui n'est pas une puissance m^e exacte la règle donnée (§ 132), l'opération ne se terminera pas, puisque le premier terme de chaque reste sera toujours divisible par la constante mb_1^{m-1}.

Soient b_1, b_2, ..., b_t les t premiers termes calculés d'après cette règle et R_t le reste qui correspond au terme b_t; si l'on pose

$$B = b_1 + b_2 + \ldots + b_t$$

on aura l'identité

(7) $$A \equiv B^m + R_t.$$

Soit α le degré du polynôme B, c'est-à-dire le degré de son *dernier* terme b_t; comme ce dernier terme s'obtient en divisant par mb_1^{m-1} qui est du degré zéro le premier terme du reste R_{t-1}, on voit que le premier terme de R_{t-1} sera du degré α; il en résulte que le premier terme de R_t est de degré supérieur à α.

On peut donc poser

$$R_t = x^{\alpha+1}R,$$

R étant un polynôme entier en x, et l'identité (7) deviendra

(8) $$A \equiv B^m + x^{\alpha+1}R.$$

La considération de l'identité (8) conduit naturellement à une généralisation de la définition de l'extraction de la racine m^e d'un polynôme A ordonné suivant les puissances croissantes d'une lettre x.

133. Définition. — *Extraire la racine m^e d'un polynôme A ordonné suivant les puissances croissantes d'une lettre x et dont le premier terme est du degré zéro, c'est trouver un polynôme B de degré α au plus et tel que l'on ait identiquement*

$$A \equiv B^m + x^{\alpha+1}R$$

R *désignant un polynôme entier en x.*

Nous venons de voir qu'en appliquant au polynôme A la règle énoncée au paragraphe 132 on obtient une solution du problème posé dans la définition précédente; d'ailleurs si le polynôme B répond à la question, il en sera de même des polynômes

$$\lambda_1 B \qquad \lambda_2 B \qquad \ldots \qquad \lambda_m B,$$

les facteurs $\lambda_1, \lambda_2, \ldots, \lambda_m$ désignant toujours les racines m^{es} de l'unité.

Il est facile de montrer que le problème n'admet pas d'autre solution.

Supposons qu'outre l'identité

$$(8) \qquad\qquad A \equiv B^m + x^{\alpha+1} R$$

obtenue en appliquant la règle donnée au paragraphe 132, on ait encore l'identité

$$(9) \qquad\qquad A \equiv B'^m + x^{\alpha+1} R'$$

dans laquelle on suppose que B' et R' désignent des polynômes entiers, le degré du polynôme B' étant au plus égal à α.

Dans les seconds membres des identités (8) et (9), les termes de moindre degré sont respectivement les premiers termes des polynômes B^m, B'^m; ces termes sont des constantes c, c' égales à l'une des déterminations de $\sqrt[m]{a_1}$ en désignant toujours par a_1 le premier terme de A. On a donc $c^m = c'^m$ ou $c' = \lambda_\mu c$, μ étant un des nombres 1, 2, ..., m.

Pour fixer les idées nous supposerons, par exemple, $c' = \lambda_1 c$.

Cela posé, des identités (8) et (9) on tire l'identité

$$B'^m - B^m \equiv x^{\alpha+1}(R - R')$$

que l'on peut écrire de la manière suivante :

$$(10) \quad (B' - \lambda_1 B)(B' - \lambda_2 B) \ldots (B' - \lambda_m B) \equiv x^{\alpha+1}(R - R').$$

Dans l'identité (10) les premiers termes des facteurs

$$B' - \lambda_1 B \qquad B' - \lambda_2 B \qquad \ldots \qquad B' - \lambda_m B$$

sont respectivement égaux aux constantes

$$c' - \lambda_1 c \qquad c' - \lambda_2 c \qquad \ldots \qquad c' - \lambda_m c.$$

La première de ces constantes $c' - \lambda_1 c$ est nulle par hypothèse, mais les autres sont toutes différentes de zéro.

Il résulte de là que, si le facteur $B' - \lambda_1 B$ n'est pas identiquement nul, le degré de son premier terme sera au plus égal à α, et il en sera de même pour le degré du premier terme du produit

$$(B' - \lambda_1 B)(B' - \lambda_2 B) \ldots (B' - \lambda_m B).$$

Comme le degré du premier terme du second membre de l'identité (10) est au moins égal à $\alpha + 1$, il faut que l'on ait identiquement

$$B' - \lambda_1 B \equiv 0 \qquad R - R' \equiv 0,$$

et les identités (8) et (9) sont absolument les mêmes.

EXERCICES

1° Trouver les conditions nécessaires et suffisantes pour que le polynôme

$$4x^4 - 4p\,x^3 + 4q\,x^2 + 2p(m+1)x + (m+1)^2$$

soit le carré d'un polynôme entier par rapport à x.

2° Trouver les conditions nécessaires et suffisantes pour que le polynôme

$$\lambda\left(\frac{x^2}{a^2} + \frac{y^2}{b^2} - 1\right) + (x - \alpha)^2 + (y - \beta)^2$$

soit le carré d'un polynôme entier par rapport à x et à y.

3° Trouver les conditions nécessaires et suffisantes pour que le polynôme

$$A x^2 + A' y^2 + A'' z^2 + 2B\,yz + 2B'\,zx + 2B''\,xy - S(x^2 + y^2 + z^2)$$

soit le carré d'un polynôme entier par rapport à x, y et z.

4° Soient u, v, z, trois fractions rationnelles par rapport à une lettre x et telles que l'on ait

$$u^2 + v^2 = z;$$

si le degré de z est moindre que celui de v, prouver que la partie entière de v est la même que celle de u.

Remarque. — On appelle degré d'une fraction rationnelle l'excès du degré de son numérateur sur celui de son dénominateur.

CHAPITRE XII

134. Définition. — *On appelle fraction continue une expression de la forme*

$$a_1 + \cfrac{b_2}{a_2 + \cfrac{b_3}{a_3 + \cfrac{b_4}{a_4 + \,.}}}$$

Dans ce qui suit nous considérerons seulement le cas où toutes les quantités b_2, b_3, ..., sont égales à l'unité, les quantités a_1, a_2, ..., étant en outre des nombres *entiers positifs* parmi lesquels le *premier seul* a_1 peut être nul.

Ces fractions continues particulières sont de la forme

$$a_1 + \cfrac{1}{a_2 + \cfrac{1}{a_3 + \cfrac{1}{a_4 + \,.}}}$$

Quand le nombre des quantités a_1, a_2, ..., est fini, la fraction est *limitée;* quand ce nombre est infini, la fraction est *illimitée.*

Fractions continues limitées.

135. Soit la fraction continue limitée

$$a_1 + \cfrac{1}{a_2 + \cfrac{1}{a_3 + \cdots}} \quad \cdots + \cfrac{1}{a_{n-1} + \cfrac{1}{a_n}} ;$$

pour abréger l'écriture, nous la représenterons souvent par le symbole

$$(a_1, a_2, \ldots, a_n).$$

Les nombres $a_1, a_2, \ldots, a_n$ sont appelés *quotients incomplets*, et le nombre

$$a_p + \cfrac{1}{a_{p+1} + \cfrac{1}{a_{p+2} + \cdots}} \quad \cdots + \cfrac{1}{a_n}$$

est appelé le *quotient complet* correspondant à a_p; nous le désignerons par x_{p-1}.

Ainsi on a

$$x_{p-1} = (a_p, a_{p+1}, \ldots, a_n).$$

Nous allons maintenant faire connaître les principales propriétés des fractions continues limitées.

Théorème I. — *Toute fraction continue limitée représente un nombre commensurable.*

Reprenons la fraction continue limitée

$$(a_1, a_2, \ldots a_n)$$

et posons

$$(1) \quad y_{n-2} = a_{n-1} + \frac{1}{a_n} \quad y_{n-3} = a_{n-2} + \frac{1}{y_{n-2}} \quad \cdots \quad y_1 = a_2 + \frac{1}{y_2} \quad y = a_1 + \frac{1}{y_1} .$$

Le nombre y_{n-2} sera commensurable, il en sera donc de même du nombre y_{n-3}.

En continuant le même raisonnement de proche en proche, on voit que tous les nombres y_{n-2}, y_{n-3}, ..., y_1, y sont commensurables.

Maintenant, si entre les relations (1) on élimine les quantités y_1, y_2, ..., y_{n-2}, on obtient l'égalité

$$y = (a_1, a_2, \ldots, a_n)$$

qui démontre le théorème énoncé.

Remarque. — On voit facilement que les quantités y_1, y_2, ..., y_{n-2} sont respectivement égales aux quotients complets x_1, x_2, ..., x_{n-2} de la fraction continue considérée.

Pour rendre les notations symétriques, nous représenterons dans la suite par x le nombre commensurable égal à la fraction continue.

Théorème II. — *Réciproquement tout nombre commensurable peut être représenté par une fraction continue limitée, et cela d'une seule manière.*

Soit un nombre *commensurable* x représenté par la fraction ordinaire $\dfrac{A}{A_1}$; cherchons le plus grand commun diviseur des nombres A, A_1. Si nous désignons par a_1, a_2, ..., a_n les quotients des divisions successivement effectuées, et par A_2, A_3, ..., A_{n-1}, 0 les restes correspondants, nous aurons

$$A = A_1 a_1 + A_2 \quad A_1 = A_2 a_2 + A_3 \quad \ldots \quad A_{n-2} = A_{n-1} a_{n-1} + A_n \quad A_{n-1} = A_n a_n.$$

On tire de ces relations les égalités

$$\frac{A}{A_1} = a_1 + \cfrac{1}{\cfrac{A_1}{A_2}} \quad \frac{A_1}{A_2} = a_2 + \cfrac{1}{\cfrac{A_2}{A_3}} \quad \ldots \quad \frac{A_{n-2}}{A_{n-1}} = a_{n-1} + \cfrac{1}{\cfrac{A_{n-1}}{A_n}} \quad \frac{A_{n-1}}{A_n} = a_n,$$

qui, par l'élimination des quantités

$$\frac{A_1}{A_2} \quad \frac{A_2}{A_3} \quad \ldots \quad \frac{A_{n-1}}{A_n},$$

donnent la relation

$$(2) \qquad x = a_1 + \cfrac{1}{a_2 + \cfrac{1}{a_3 + \cdots}}$$

$$\cdots + \cfrac{1}{a_n}.$$

Nous allons maintenant montrer que le nombre commensurable x ne peut être représenté que *d'une seule* manière par une fraction continue.

Supposons que, par une méthode autre que celle que nous venons d'exposer, on ait trouvé

$$(3) \qquad x = \alpha_1 + \cfrac{1}{\alpha_2 + \cfrac{1}{\alpha_3 + \cdots}}$$

$$\cdots + \cfrac{1}{\alpha_p};$$

il faut faire voir que les seconds membres des égalités (2) et (3) sont *identiques*.

Ces égalités montrent que a_1 et α_1 représentent la valeur de x à une unité près par défaut; on a donc $a_1 = \alpha_1$.

Cela étant, on aura

$$\cfrac{1}{x - a_1} = a_2 + \cfrac{1}{a_3 + \cdots} \qquad\qquad \cfrac{1}{x - a_1} = \alpha_2 + \cfrac{1}{\alpha_3 + \cdots}$$

$$\cdots + \cfrac{1}{a_n}. \qquad\qquad\qquad\qquad \cdots + \cfrac{1}{\alpha_p}.$$

Ces nouvelles égalités montrent que a_2 et α_2 représentent la valeur de $\cfrac{1}{x - a_1}$ à une unité près par défaut; on a donc $a_2 = \alpha_2$.

En posant $\cfrac{1}{x_1 - a_1} = y_1$ on aura

$$\cfrac{1}{y_1 - a_2} = a_3 + \cfrac{1}{a_4 + \cdots} \qquad\qquad \cfrac{1}{y_1 - a_2} = \alpha_3 + \cfrac{1}{\alpha_4 + \cdots}$$

$$\cdots + \cfrac{1}{a_n} \qquad\qquad\qquad\qquad \cdots + \cfrac{1}{\alpha_p},$$

et de ces égalités on déduira comme précédemment $a_3 = \alpha_3$.

En continuant de la même manière on verra que tous les nombres a_i et α_i sont égaux et par suite aussi les nombres n et p.

De ce qui précède résulte la règle suivante :

Règle. — *Pour convertir une fraction ordinaire en fraction continue on cherche le plus grand commun diviseur de son numérateur et de son dénominateur.*

Les quotients des divisions successivement effectuées dans cette opération sont les quotients incomplets de la fraction continue cherchée.

Exemple. — Proposons-nous de convertir en une fraction continue le nombre commensurable $\dfrac{6289}{5734}$.

Cherchons le plus grand commun diviseur du numérateur et du dénominateur, ce qui conduit aux opérations suivantes :

	1	10	3	61	3
6289	5734	555	184	3	1
555	184	3	1	0	

Les quotients incomplets sont 1, 10, 3, 61, 3, et l'on a

$$\frac{6289}{5734} = 1 + \cfrac{1}{10 + \cfrac{1}{3 + \cfrac{1}{61 + \cfrac{1}{3}}}}$$

Réduites ou fractions convergentes.

136. Définition. — *On appelle réduites ou fractions convergentes les nombres obtenus en arrêtant une fraction continue à un quotient incomplet quelconque.*

Ainsi, pour la fraction continue

$$(a_1, a_2, \ldots a_n)$$

la première réduite est a_1, la deuxième est (a_1, a_2), la troisième est (a_1, a_2, a_3), et ainsi de suite.

Nous désignerons les réduites successives par R_1, R_2, R_3, ...

Loi de formation des réduites. — On a

$$R_1 = \frac{a_1}{1} = \frac{P_1}{Q_1}$$

en posant

$$P_1 = a_1 \qquad Q_1 = 1.$$

On a de même

$$R_2 = a_1 + \frac{1}{a_2} = \frac{a_1 a_2 + 1}{a_2} = \frac{P_2}{Q_2}$$

en posant

$$P_2 = a_1 a_2 + 1 \qquad Q_2 = a_2.$$

Pour avoir la troisième réduite, il faut, dans R_2, remplacer a_2 par $a_2 + \dfrac{1}{a_3}$, ce qui donne

$$R_3 = \frac{a_1\left(a_2 + \dfrac{1}{a_3}\right) + 1}{a_2 + \dfrac{1}{a_3}} = \frac{(a_1 a_2 + 1)a_3 + a_1}{a_2 a_3 + 1} = \frac{P_3}{Q_3}$$

en posant

$$P_3 = (a_1 a_2 + 1)a_3 + a_1 = P_2 a_3 + P_1$$
$$Q_3 = a_2 a_3 + 1 = Q_2 a_3 + Q_1.$$

Les deux relations précédentes mettent en évidence la loi suivante :

1° *La troisième réduite est une fraction ordinaire ;*

2° *Le numérateur de cette fraction s'obtient en multipliant le numérateur de la deuxième réduite par le quotient incomplet a_3 auquel on s'arrête et ajoutant au produit le numérateur de la première réduite.*

Le dénominateur de la troisième réduite se forme de la même manière au moyen des dénominateurs de la première et de la deuxième réduite.

Pour démontrer que cette loi est générale nous ferons voir que, si elle est vraie jusqu'à la réduite de rang p, elle l'est aussi pour la réduite suivante.

Par hypothèse on a

$$P_p = P_{p-1} a_p + P_{p-2} \qquad Q_p = Q_{p-1} a_p + Q_{p-2}.$$

Pour avoir la réduite de rang $p+1$ il faut dans l'expression

$$R_p = \frac{P_{p-1}a_p + P_{p-2}}{Q_{p-1}a_p + Q_{p-2}}.$$

remplacer a_p par $a_p + \dfrac{1}{a_{p+1}}$, ce qui donne

$$R_{p+1} = \frac{P_{p-1}\left(a_p + \dfrac{1}{a_{p+1}}\right) + P_{p-2}}{Q_{p-1}\left(a_p + \dfrac{1}{a_{p+1}}\right) + Q_{p-2}} = \frac{(P_{p-1}a_p + P_{p-2})a_{p+1} + P_{p-1}}{(Q_{p-1}a_p + Q_{p-2})a_{p+1} + Q_{p-1}}$$

c'est-à-dire

$$R_{p+1} = \frac{P_p a_{p+1} + P_{p-1}}{Q_p a_{p+1} + Q_{p-1}} = \frac{P_{p+1}}{Q_{p+1}}$$

en posant

$$P_{p+1} = P_p a_{p+1} + P_{p-1} \qquad Q_{p+1} = Q_p a_{p+1} + Q_{p-1}.$$

La loi supposée vraie pour la réduite de rang p est vraie pour celle de rang $p+1$; elle est donc générale.

De ce qui précède résulte la règle suivante :

Règle. — *Les réduites d'une fraction continue sont des fractions ordinaires.*

Pour former le numérateur d'une réduite quelconque on multiplie le numérateur de la réduite précédente par le quotient incomplet auquel on s'arrête, et l'on ajoute au produit le numérateur de la réduite antéprécédente.

Le dénominateur se forme en appliquant la même règle aux dénominateurs des mêmes réduites.

Considérons par exemple la fraction continue

$$x = (1, 10, 3, 61, 3).$$

On formera *directement* les deux premières réduites $R_1 = 1$, $R_2 = 1 + \dfrac{1}{10} = \dfrac{11}{10}$, et l'on calculera les autres en appliquant la règle précédente.

On dispose ordinairement les calculs de la manière suivante :

Quotients incomplets	1	10	3	61	3
Réduites	$\dfrac{1}{1}$	$\dfrac{11}{10}$	$\dfrac{34}{31}$	$\dfrac{2085}{1901}$	$\dfrac{6289}{5734}$

La dernière réduite doit évidemment être égale à la valeur de la fraction continue.

Propriétés des réduites.

Théorème III. — *Les termes de deux réduites consécutives*

$$\frac{P_{n-1}}{Q_{n-1}} \qquad \frac{P_n}{Q_n}$$

satisfont à la relation

$$P_n Q_{n-1} - Q_n P_{n-1} = (-1)^n.$$

Considérons trois réduites consécutives R_{n-2}, R_{n-1}, R_n ; on a

$$P_n = a_n P_{n-1} + P_{n-2} \qquad Q_n = a_n Q_{n-1} + Q_{n-2}.$$

Si, entre ces deux égalités, on élimine a_n on obtient la relation

$$P_{n-1} Q_{n-2} - Q_{n-1} P_{n-2} = - (P_n Q_{n-1} - Q_n P_{n-1})$$

que l'on peut écrire de la manière suivante :

$$(-1)^{n-1}(P_{n-1} Q_{n-2} - Q_{n-1} P_{n-2}) = (-1)^n (P_n Q_{n-1} - Q_n P_{n-1}).$$

On voit que la quantité $(-1)^n (P_n Q_{n-1} - Q_n P_{n-1})$ ne change pas quand n varie d'une unité ; elle a donc une valeur *constante*.

Pour déterminer cette valeur constante, faisons une hypothèse particulière ; posons, par exemple, $n = 2$; nous aurons

$$(-1)^2 (P_2 Q_1 - Q_2 P_1) = a_1 a_2 + 1 - a_2 a_1 = 1$$

et par conséquent

$$(4) \qquad P_n Q_{n-1} - Q_n P_{n-1} = (-1)^n.$$

Corollaires. — *Les réduites sont des fractions irréductibles.* En effet le plus grand commun diviseur des nombres P_n et Q_n devant diviser $(-1)^n$ est égal à l'unité.

2° *Les numérateurs de deux réduites consécutives sont des nombres premiers entre eux; il en est de même des dénominateurs.*

Ces propriétés se démontrent comme la précédente.

Théorème IV. — *La différence entre deux réduites consécutives est égale à une fraction ayant pour numérateur l'unité et pour dénominateur le produit des dénominateurs de ces réduites.*

En effet, en divisant par $Q_n\, Q_{n-1}$ les deux membres de la relation (4) on a

$$\frac{P_n}{Q_n} - \frac{P_{n-1}}{Q_{n-1}} = \frac{(-1)^n}{Q_{n-1}Q_n}.$$

Corollaire. — *De deux réduites consécutives la plus grande est celle dont le rang est pair.*

La relation précédente montre en effet que la différence

$$\frac{P_n}{Q_n} - \frac{P_{n-1}}{Q_{n-1}}$$

est positive ou négative suivant que n est pair ou impair.

Théorème V. — *Quand n augmente, les réduites de rang impair vont en croissant et les réduites de rang pair vont en décroissant.*

Soient R_{n-2}, R_{n-1}, R_n trois réduites consécutives; on a

$$R_n - R_{n-2} = R_n - R_{n-1} + R_{n-1} - R_{n-2} = \frac{(-1)^n}{Q_n Q_{n-1}} + \frac{(-1)^{n-1}}{Q_{n-1}Q_{n-2}},$$

c'est-à-dire

$$(5) \qquad R_n - R_{n-2} = (-1)^{n-1} \frac{a_n}{Q_n Q_{n-2}}$$

en tenant compte de la relation

$$Q_n = Q_{n-1}a_n + Q_{n-2}.$$

La relation (5) montre que $R_n - R_{n-2}$ est positif si n est impair, et négatif si n est pair.

Remarque. — Du théorème V et du corollaire du théorème IV résultent les inégalités

$$R_1 < R_3 < R_5 \ldots \qquad < R_{n-1} < R_n < R_{n-2} \ldots \qquad < R_2$$

si n est pair, et les inégalités

$$R_1 < R_3 < R_5 \ldots \qquad < R_n < R_{n-1} < R_{n-3} \ldots \qquad < R_2$$

si n est impair.

Elles montrent que de deux réduites quelconques dont les rangs ont des parités différentes, la plus **grande** est celle de rang pair.

Théorème VI. — *La valeur x d'une fraction continue est comprise entre deux réduites consécutives et plus près de celle qui a le rang le plus élevé.*

Nous commencerons par établir une relation qui nous sera souvent utile.

Soient

$$\frac{P_{n-1}}{Q_{n-1}} \qquad \frac{P_n}{Q_n} \qquad \frac{P_{n+1}}{Q_{n+1}}$$

trois réduites consécutives; on aura

$$\frac{P_{n+1}}{Q_{n+1}} = \frac{P_n a_{n+1} + P_{n-1}}{Q_n a_{n+1} + Q_{n-1}}.$$

Dans cette égalité, remplaçons a_{n+1} par le quotient complet correspondant x_n, le second membre deviendra égal à la fraction continue; on a donc la relation

$$(6) \qquad x = \frac{P_n x_n + P_{n-1}}{Q_n x_n + Q_{n-1}}$$

que nous voulions établir.

Cela posé, de la relation (6) on déduit

$$(7) \quad \begin{cases} x - \dfrac{P_n}{Q_n} = \dfrac{P_n x_n + P_{n-1}}{Q_n x_n + Q_{n-1}} - \dfrac{P_n}{Q_n} = - \dfrac{(-1)^n}{(Q_n x_n + Q_{n-1})Q_n} \\[3mm] x - \dfrac{P_{n-1}}{Q_{n-1}} = \dfrac{P_n x_n + P_{n-1}}{Q_n x_n + Q_{n-1}} - \dfrac{P_{n-1}}{Q_{n-1}} = \dfrac{(-1)^n x_n}{(Q_n x_n + Q_{n-1})Q_{n-1}}. \end{cases}$$

Les égalités (7) montrent que les différences

$$x - \frac{P_{n-1}}{Q_{n-1}} \qquad x - \frac{P_n}{Q_n}$$

sont de signes contraires; donc x est compris entre les deux réduites R_{n-1} et R_n.

D'un autre côté x_n est plus grand que l'unité, et d'après la loi de formation des réduites Q_{n-1} est plus petit que Q_n; on a donc

$$|\, x - R_n\,| < |\, x - R_{n-1}\,|.$$

Ainsi la réduite R_n approche plus de x que la réduite précédente R_{n-1}.

Remarque. — Des égalités (7) il résulte encore que toute réduite de rang impair est moindre que x et que toute réduite de rang pair est supérieure à x.

Limite de l'erreur commise en remplaçant par une réduite la valeur de la fraction continue. — Dans l'égalité

$$x - R_n = - \frac{(-1)^n}{(Q_n x_n + Q_{n-1})Q_n}$$

remplaçons x_n par la quantité plus petite a_{n+1}, nous aurons

$$|\, x - R_n\,| < \frac{1}{Q_n Q_{n+1}}$$

et, *a fortiori*,

$$|\, x - R_n\,| < \frac{1}{Q_n^2}.$$

L'erreur commise en remplaçant la fraction continue par la réduite de rang n est donc, en valeur absolue, moindre que chacune des fractions $\dfrac{1}{Q_n Q_{n+1}}$ et $\dfrac{1}{Q_n^2}$.

Nous allons enfin démontrer un dernier théorème qui constitue une des propriétés les plus importantes des fractions continues.

Théorème VII. — *Chaque réduite approche de la valeur x de la fraction continue plus que toute fraction irréductible ayant des termes plus simples.*

Soit $\dfrac{\alpha}{\beta}$ une fraction irréductible approchant plus de x que la réduite $\dfrac{P_n}{Q_n}$; on aura nécessairement $\beta > Q_n$ et $\alpha > P_n$.

Pour fixer les idées, supposons que l'entier n soit pair et considérons la réduite $\dfrac{P_{n-1}}{Q_{n-1}}$ qui précède $\dfrac{P_n}{Q_n}$.

Nous savons que l'on a

$$\frac{P_{n-1}}{Q_{n-1}} < x < \frac{P_n}{Q_n}.$$

Comme $\dfrac{\alpha}{\beta}$ est, par hypothèse, plus près de x que la réduite $\dfrac{P_n}{Q_n}$ on aura nécessairement

$$\frac{\alpha}{\beta} < \frac{P_n}{Q_n}.$$

Maintenant $\dfrac{\alpha}{\beta}$ ne peut être ni égal ni inférieur à $\dfrac{P_{n-1}}{Q_{n-1}}$, car, s'il en était ainsi, cette fraction approcherait de x autant ou moins que $\dfrac{P_{n-1}}{Q_{n-1}}$ et, *a fortiori*, moins que $\dfrac{P_n}{Q_n}$.

En résumé on a

$$(8) \qquad \frac{P_{n-1}}{Q_{n-1}} < \frac{\alpha}{\beta} < \frac{P_n}{Q_n}.$$

On tire de là

$$\frac{\alpha}{\beta} - \frac{P_{n-1}}{Q_{n-1}} < \frac{P_n}{Q_n} - \frac{P_{n-1}}{Q_{n-1}}$$

ou

$$\frac{\alpha}{\beta} - \frac{P_{n-1}}{Q_{n-1}} < \frac{1}{Q_n Q_{n-1}},$$

c'est-à-dire

$$\frac{\alpha Q_{n-1} - \beta P_{n-1}}{\beta} < \frac{1}{Q_n}.$$

La différence $\alpha Q_{n-1} - \beta P_{n-1}$ est un nombre entier qui n'est ni *nul* ni *négatif*; on doit donc avoir

$$\beta > Q_n.$$

Pour démontrer que α est plus grand que P_n, écrivons les inégalités (8) de la manière suivante :

$$\frac{Q_{n-1}}{P_{n-1}} > \frac{\beta}{\alpha} > \frac{Q_n}{P_n}.$$

De ces nouvelles inégalités on tire comme précédemment

$$\frac{Q_{n-1}}{P_{n-1}} - \frac{\beta}{\alpha} < \frac{Q_{n-1}}{P_{n-1}} - \frac{Q_n}{P_n}$$

puis

$$\alpha > (\alpha Q_{n-1} - \beta P_{n-1})P_n;$$

on a donc

$$\alpha > P_n.$$

Quand n est impair, le théorème se démontre d'une manière analogue.

137. Nous pouvons maintenant faire comprendre l'importance des fractions continues.

Supposons qu'une grandeur soit représentée par une fraction ordinaire irréductible $\frac{A}{B}$ ayant des termes trop grands pour qu'on puisse faire usage de cette fraction dans les applications. On la réduira en fraction continue et on formera ses réduites.

On choisira ensuite parmi ces réduites celle dont les termes ne surpassent pas les limites imposées par l'application que l'on veut faire et l'on remplacera la fraction $\frac{A}{B}$ par cette réduite.

On sera certain qu'aucune autre fraction ayant des termes plus simples que ceux de la réduite choisie ne pourra résoudre la question proposée avec une approximation plus grande.

Les fractions continues ont été inventées par Milord Brouncker qui a donné la fraction continue

$$1 + \cfrac{1}{2 + \cfrac{9}{2 + \cfrac{25}{2 +}}}.$$

pour représenter le nombre $\dfrac{4}{\pi}$. On ignore la méthode qui l'a conduit à ce résultat; on trouve seulement dans l'*Arithmetica infinitorum* quelques recherches sur ce sujet, dans lesquelles Wallis démontre d'une manière assez indirecte, quoique fort ingénieuse, l'identité de l'expression de Brouncker avec la sienne, qui est

$$\frac{3.3.5.5.7.7\ldots}{2.4.4.6.6\ldots};$$

il y donne aussi la méthode de réduire en général toutes sortes de fractions continues à des fractions ordinaires. Au reste, il ne paraît pas que l'un ou l'autre de ces deux grands géomètres ait connu les principales propriétés et les avantages singuliers des fractions continues. Leur découverte est principalement due à Huygens; la construction de son automate planétaire paraît en avoir été l'occasion. En effet, il est clair que, pour pouvoir représenter exactement les mouvements et les périodes des planètes, il faudrait employer des roues où les nombres des dents fussent précisément dans les mêmes rapports que les périodes dont il s'agit; mais comme on ne peut pas multiplier les dents au delà d'une certaine limite dépendante de la grandeur de la roue, et que d'ailleurs les périodes des planètes sont incommensurables ou du moins ne peuvent être représentées avec une certaine approximation que par de très grands nombres, on est obligé de se contenter d'un à peu près, et la difficulté se réduit à trouver des rapports exprimés en plus petits nombres, qui approchent autant qu'il est possible de la vérité et plus que ne pourraient faire d'autres rapports quelconques qui ne seraient pas conçus en termes plus grands.

Huygens résout cette question par le moyen des fractions continues; il donne la manière de former cette fraction par des divisions continuelles, et il démontre ensuite les principales propriétés des fractions convergentes qui en résultent. (Voyez, dans ses *Opera posthuma*, le traité intitulé : *Descriptio automati planetarii.*) (Œuvres de Lagrange, tome VII.)

Application des fractions continues au calendrier.

138. L'année tropique est de $365^{\text{J}},24222$; elle surpasse donc l'année civile de $0^{\text{J}},24222$. Cet excès sera d'un jour entier après un temps x donné par la relation

$$x = \frac{1}{0,24222} = \frac{100000}{24222} = \frac{50000}{12111}.$$

On voit que pour ramener l'accord entre l'année civile et l'année astronomique il faudrait ajouter à l'année civile 12111 jours après 50000 ans, ce qui est évidemment impraticable.

Réduisons en fraction continue la fraction ordinaire $\dfrac{50\,000}{12\,111}$, on trouve

$$\frac{50\,000}{12\,111} = (4,\ 7,\ 1,\ 3,\ 1,\ 1,\ 1,\ 1,\ 1,\ 1,\ 2,\ 1,\ 1,\ 2).$$

Les réduites successives sont

$$\frac{4}{1}\quad \frac{29}{7}\quad \frac{33}{8}\quad \frac{128}{31}\quad \frac{161}{39}\quad \frac{289}{70}\quad \frac{450}{109}\quad \frac{739}{179}\quad \frac{1\,928}{467}$$

$$\frac{5\,045}{1\,222}\quad \frac{6\,973}{1\,689}\quad \frac{12\,018}{2\,911}\quad \frac{18\,991}{4\,600}\quad \frac{50\,000}{12\,111}.$$

Si l'on remplace x par la première réduite $\dfrac{4}{1}$, on devra ajouter à l'année civile un jour tous les quatre ans; cette intercalation, qui est celle adoptée dans le calendrier Julien, est trop faible.

Si l'on remplace x par la deuxième réduite $\dfrac{29}{7}$, on devra ajouter à l'année civile 7 jours tous les 29 ans; cette intercalation est trop forte.

Si l'on remplace x par la troisième réduite $\dfrac{33}{8}$, on devra ajouter 8 jours tous les 33 ans; cette intercalation est trop faible.

Dans tous les cas, chacune de ces intercalations sera la plus exacte qu'il est possible pour des périodes respectivement égales à 4, 29 et 33 années.

Calendrier Persan. — L'intercalation de 8 jours tous les 33 ans a été adoptée au xi° siècle par les Persans; on la faisait de la manière suivante :

Chaque période de 33 ans était partagée en huit périodes partielles, les sept premières périodes comprenant chacune 4 années et la huitième comprenant 5 années.

La dernière année de chacune de ces huit périodes partielles comptait 366 jours, et toutes les autres 365.

Calendrier Grégorien. — Dans le calendrier Grégorien, on intercale 97 jours tous les 400 ans, ce qui revient à prendre.

$$x = \frac{400}{97}.$$

Les termes de cette fraction surpassent ceux de la réduite $\frac{289}{70}$, mais ils sont moindres que ceux de la réduite $\frac{450}{109}$. On obtiendrait donc une approximation plus grande que celle que donne la réforme Grégorienne en intercalant 109 jours tous les 450 ans.

La fraction $\frac{400}{97}$ est moindre que la réduite de rang impair $\frac{33}{8}$; comme cette réduite est inférieure à x, on voit que ce nombre approche plus de la fraction $\frac{33}{8}$ que de la fraction $\frac{400}{97}$.

Il résulte de là que l'intercalation Persane est plus exacte que l'intercalation Grégorienne.

Analyse indéterminée du premier degré.

139. Soit

$$(9) \qquad\qquad A x + B y = c$$

une équation du premier degré à deux inconnues x et y dont les coefficients sont commensurables.

On pourra supposer ces coefficients entiers ; s'il en était autrement, on commencerait par chasser les dénominateurs.

Nous nous proposons de trouver toutes les solutions entières positives ou négatives de l'équation (9).

Soit D le plus grand commun diviseur des nombres $|A|$ et $|B|$; pour que l'équation (9) puisse admettre des solutions entières, il *faut* que D divise c ; car, quand ces solutions existent, D divise le nombre entier $A x + B y$.

Cette condition est d'ailleurs *suffisante*, et nous allons montrer que, quand elle est remplie, l'équation (9) admet *une infinité* de solutions entières.

Nous supposerons que l'on a divisé par D les deux membres de l'équation (9) ; après cette opération, les coefficients A et B seront premiers entre eux.

Remarquons d'abord que si l'on connaît *une solution* $x=\alpha$, $y=\beta$ de l'équation (9) on pourra en déduire toutes les autres.

En effet, en retranchant membre à membre l'équation (9) et l'égalité

$$A\alpha + B\beta = c$$

on obtient la relation

$$A(x-\alpha) + B(y-\beta) = 0$$

qui donne

$$\frac{x-\alpha}{y-\beta} = \frac{-B}{A}.$$

La fraction $\dfrac{-B}{A}$ est irréductible par hypothèse, donc $x-\alpha$, $y-\beta$ sont respectivement des multiples égaux de $-B$ et de A, et l'on doit avoir

$$x-\alpha = -Bt \qquad y-\beta = At,$$

t désignant un nombre entier quelconque.

On voit que l'on aura toutes les solutions de l'équation (9) en remplaçant t par une valeur entière quelconque dans les formules

$$x = \alpha - Bt \qquad y = \beta + At.$$

Tout revient donc à montrer que si A et B sont premiers entre eux l'équation (9) admet une solution entière. Cela résulte des propriétés des fractions continues.

Appelons a, b les valeurs absolues des coefficients A, B; en changeant, s'il est nécessaire, les signes des inconnues x ou y, on pourra toujours ramener l'équation (9) à la forme

$$(10) \qquad\qquad ax - by = c.$$

Soit $\dfrac{P_{n-1}}{Q_{n-1}}$ l'avant-dernière réduite de la fraction continue égale à la fraction *irréductible* $\dfrac{a}{b}$; la dernière réduite sera $\dfrac{a}{b}$ et l'on aura

$$aQ_{n-1} - bP_{n-1} = (-1)^n$$

et, par conséquent,

$$a(-1)^n c Q_{n-1} - b(-1)^n c P_{n-1} = c.$$

Cette relation montre que

$$\alpha = (-1)^n c Q_{n-1} \qquad\qquad \beta = (-1)^n c P_{n-1}$$

est une solution de l'équation (10).

Exemple. — *Résoudre en nombres entiers l'équation*

$$156x + 224y = 44.$$

Les coefficients de x et de y ne sont pas premiers entre eux ; cherchons le plus grand commun diviseur des nombres 224 et 156, ce qui conduit aux opérations suivantes :

	1	2	3	2	2
224	156	68	20	8	4
68	20	8	4	0	

Ce plus grand commun diviseur est 4 et, comme ce nombre divise 44, l'équation considérée a des solutions entières.

Après qu'on a divisé ses deux membres par 4 elle devient

$$(11) \qquad\qquad 39x + 56y = 11$$

ou

$$(12) \qquad\qquad 39x - 56z = 11$$

en posant $y = -z$.

La fraction continue égale à la fraction ordinaire irréductible $\dfrac{56}{39}$ est

$$(1 \quad 2 \quad 3 \quad 2 \quad 2)$$

et ses réduites sont

$$\frac{1}{1} \quad \frac{3}{2} \quad \frac{10}{7} \quad \frac{23}{16} \quad \frac{56}{39}.$$

On a

$$39 \cdot 23 - 56 \cdot 16 = 1$$

et l'on voit que

$$x = \alpha = 23 \cdot 11 \qquad z = \beta = 16 \cdot 11 = -y$$

est une solution de l'équation (12).

On obtiendra toutes les autres solutions de l'équation (11) en remplaçant t par un entier quelconque positif ou négatif dans les formules

$$x = 23 \cdot 11 + 56\,t \qquad y = -16.11 - 39\,t.$$

Remarque. — Quand l'un des coefficients a, b est égal à l'unité, c'est-à-dire quand, par exemple, l'équation (10) est de la forme

$$x - by = c$$

on aperçoit immédiatement la solution entière

$$\alpha = c \qquad \beta = 0.$$

On a toutes les solutions entières en remplaçant y par un entier dans la formule
$$x = c + by.$$

Fractions continues illimitées.

140. Soit $(a_1, a_2, \ldots, a_n, \ldots)$ une fraction continue illimitée ; pour obtenir ses réduites, il faut arrêter cette fraction successivement aux quotients incomplets a_1, a_2, a_3, ..., ce qui donne des fractions continues *limitées*.

Il résulte de là que la loi de formation des réduites et les propriétés établies aux théorèmes III, IV, V sont applicables aux fractions continues illimitées. Cette remarque va nous permettre d'établir le théorème suivant :

Théorème. — *Toute fraction continue illimitée a pour limite un nombre incommensurable.*

En effet les réduites de rang impair forment une suite croissante

$$R_1 \qquad R_3 \qquad R_5 \qquad \ldots$$

dont le terme général R_{2n-1} est inférieur à toute réduite de rang pair, par exemple inférieur à R_2 (**Théorème V**); cette suite a donc une limite.

De même les réduites de rang pair forment une suite décroissante

$$R_2 \qquad R_4 \qquad R_6 \qquad \ldots$$

dont le terme général R_{2n} est supérieur à toute réduite de rang impair, par exemple supérieur à R_1; cette deuxième suite a donc aussi une limite.

Maintenant on a

$$R_n - R_{n-1} = \frac{(-1)^n}{Q_n Q_{n-1}}$$

et la relation

$$Q_n = Q_{n-1} a_n + Q_{n-2}$$

montre que Q_n devient infini avec n.

On a donc, dans les mêmes conditions,

$$\lim (R_n - R_{n-1}) = 0$$

ce qui montre que les deux suites considérées ont la même limite x.

Ce nombre x est appelé la limite de la fraction continue illimitée $(a_1, a_2, \ldots)$.

Le nombre x est incommensurable. En effet, supposons ce nombre commensurable, on pourra le représenter par une fraction continue *limitée*

$$(\alpha_1 \quad \alpha_2 \quad \ldots \quad \alpha_n);$$

nous allons montrer que les n quotients incomplets de cette fraction sont respectivement égaux aux n quotients incomplets $a_1, a_2, \ldots, a_n$ de la fraction continue illimitée dont x est la limite.

On a

$$x = \alpha_1 + \frac{1}{x_1} \qquad x_1 = \alpha_2 + \frac{1}{x_2} \quad \ldots \quad x_{n-2} = \alpha_{n-1} + \frac{1}{\alpha_n}$$

en représentant par $x_1, x_2, \ldots, x_{n-2}$ les quotients complets qui correspondent aux quotients incomplets $\alpha_2, \alpha_3, \ldots, \alpha_{n-1}$.

Maintenant le nombre $x = \alpha_1 + \dfrac{1}{x_1}$ est compris entre les réduites

$$R_1 = a_1 \qquad\qquad R_2 = a_1 + \frac{1}{a_2}$$

de la fraction illimitée; donc on a déjà $\alpha_1 = a_1$.

Pour montrer que les autres quotients incomplets $\alpha_2, \alpha_3, \ldots, \alpha_n$ sont respectivement égaux à $a_1, a_2, \ldots, a_n$, il suffira de faire voir que, s'il en est ainsi jusqu'aux quotients incomplets de rang $p-1$, les deux suivants α_p et a_p sont alors égaux.

Soient

$$\frac{\mathrm{P}'_{p-2}}{\mathrm{Q}'_{p-2}} \qquad\qquad \frac{\mathrm{P}'_{p-1}}{\mathrm{Q}'_{p-1}}$$

les réduites de rangs $p-2$, $p-1$ de la fraction limitée $(\alpha_1, \alpha_2, \ldots, \alpha_n)$, on aura

$$x = \frac{\mathrm{P}'_{p-1}x_{p-1}+\mathrm{P}'_{p-2}}{\mathrm{Q}'_{p-1}x_{p-1}+\mathrm{Q}'_{p-2}}.$$

Dans notre hypothèse, les $p-1$ premières réduites sont les mêmes pour la fraction continue limitée et pour la fraction continue illimitée; on peut donc remplacer l'égalité précédente par la suivante :

$$x = \frac{\mathrm{P}_{p-1}x_{p-1}+\mathrm{P}_{p-2}}{\mathrm{Q}_{p-1}x_{p-1}+\mathrm{Q}_{p-2}}.$$

Maintenant x est compris entre les réduites R_p, R_{p+1} de la fraction illimitée; et ces réduites ont pour expressions

$$\mathrm{R}_p = \frac{\mathrm{P}_{p-1}a_p+\mathrm{P}_{p-2}}{\mathrm{Q}_{p-1}a_p+\mathrm{Q}_{p-2}} \qquad \mathrm{R}_{p+1} = \frac{\mathrm{P}_{p-1}\left(a_p+\dfrac{1}{a_{p+1}}\right)+\mathrm{P}_{p-2}}{\mathrm{Q}_{p-1}\left(a_p+\dfrac{1}{a_{p+1}}\right)+\mathrm{Q}_{p-2}}.$$

Il résulte de là que l'on a

$$a_p < x_{p-1} < a_p + \frac{1}{a_{p+1}}$$

et, par suite,

$$\alpha_p = a_p.$$

En effet, la fraction

$$\frac{\mathrm{P}_{p-1}z+\mathrm{P}_{p-2}}{\mathrm{Q}_{p-1}z+\mathrm{Q}_{p-2}}$$

varie toujours dans le même sens sans devenir infinie quand le nombre positif z croît de zéro à l'infini.

En résumé, si le nombre x pouvait être commensurable, il

serait représenté par une fraction continue limitée de la forme $(a_1, a_2, \ldots, a_n)$; le nombre x serait donc égal à la réduite de rang n de la fraction continue illimitée dont il est la limite. Cela est impossible puisque x est la limite de la suite

$$R_n \quad R_{n+2} \quad R_{n+4} \quad \ldots$$

dont les termes varient toujours dans le même sens; le nombre x est donc incommensurable.

Théorème VIII. — *Réciproquement tout nombre incommensurable peut être représenté par une fraction continue illimitée, et cela d'une seule manière.*

Soit x un nombre incommensurable que nous pouvons supposer positif.

Pour développer ce nombre en fraction continue, on cherchera sa valeur a_1 approchée par défaut à une unité près; le nombre a_1 sera nul si x est moindre que l'unité.

Posons

$$x = a_1 + \frac{1}{x_1};$$

le nombre x_1 sera positif, plus grand que l'unité et incommensurable.

On cherchera la valeur a_2 de x_1 approchée par défaut à une unité près; le nombre a_2 ne pourra pas être nul.

Posons

$$x_1 = a_2 + \frac{1}{x_2};$$

le nombre x_2 sera positif, plus grand que l'unité et incommensurable.

En continuant de la même manière on obtiendra la suite des égalités

$$(13) \quad x = a_1 + \frac{1}{x_1} \quad x_1 = a_2 + \frac{1}{x_2} \quad \ldots \quad x_{p-1} = a_p + \frac{1}{x_p}$$

dans lesquelles $a_1, a_2, \ldots, a_p$ sont des entiers positifs dont le premier seul peut être nul, et $x_1, x_2, \ldots, x_p$, des nombres positifs *incommensurables* plus grands que l'unité.

Si entre les égalités (13) on élimine $x_1, x_2, \ldots, x_{p-1}$, la valeur de x prend la forme

$$(14) \qquad x = a_1 + \cfrac{1}{a_2 + \cfrac{1}{a_3 + \ddots \atop + \cfrac{1}{a_p + \cfrac{1}{x_p}}}}$$

Aucun des nombres $x_1, x_2, \ldots, x_p$ ne pouvant être commensurable, les opérations que nous venons de définir ne se termineront pas; on sera donc conduit à une fraction continue illimitée.

On démontrera, comme dans le cas d'un nombre commensurable, que le nombre incommensurable x ne peut être représenté que d'une seule manière par une fraction continue illimitée.

141. Remarque I. — De la relation (14) on tire

$$x = \frac{P_p x_p + P_{p-1}}{Q_p x_p + Q_{p-1}}$$

en représentant par

$$\frac{P_{p-1}}{Q_{p-1}} \qquad\qquad \frac{P_p}{Q_p}$$

les deux dernières réduites de la fraction continue limitée $(a_1, a_2, \ldots, a_p)$.

Cette relation montre que les théorèmes VI et VII démontrés pour les fractions continues limitées sont vrais pour les fractions continues illimitées.

Le théorème VI montre que les réduites s'approchent de plus en plus de leur limite x à mesure que leur rang augmente; c'est pour cette raison que les réduites sont aussi appelées *fractions convergentes*.

Remarque II. — Nous avons vu qu'une fraction continue illimitée $(a_1, a_2, a_3, \ldots)$ a pour limite un nombre incommensurable x. Il importe de démontrer que, si l'on développe x en fraction continue, on trouve justement la fraction continue $(a_1, a_2, a_3, \ldots)$ dont x est la limite.

Supposons qu'en développant x en fraction continue on ait

trouvé la fraction illimitée $(\alpha_1,\ \alpha_2,\ \alpha_3,\ \ldots)$. On aura les égalités

$$x = \alpha_1 + \frac{1}{x_1} \qquad x_1 = \alpha_2 + \frac{1}{x_2} \qquad \ldots$$

Comme x est compris entre les réduites

$$R_1 = a_1 \qquad R_2 = a_1 + \frac{1}{a_2}$$

de la fraction $(a_1\ a_2\ a_3\ \ldots)$ les deux quotients incomplets α_1 et a_1 sont égaux.

On démontrera comme au paragraphe 140 que deux quotients incomplets quelconques de même rang α_p et a_p sont égaux.

Les fractions continues $(a_1\ a_2\ a_3\ \ldots)$, $(\alpha_1\ \alpha_2\ \alpha_3\ \ldots)$ sont donc identiques.

Exemple. — Proposons-nous de développer en fraction continue le nombre x qui satisfait à l'équation

$$10^x = 2.$$

On voit immédiatement que x est compris entre 0 et 1; on a donc $a_1 = 0$ et l'on devra poser

$$x = \frac{1}{x_1};$$

l'équation proposée devient alors

$$2^{x_1} = 10.$$

L'inconnue x_1 est comprise entre 3 et 4; on a donc $a_2 = 3$, et l'on devra poser

$$x_1 = 3 + \frac{1}{x_2}.$$

L'équation qui donne x_1 devient

$$2^{3+\frac{1}{x_2}} = 10$$

ou encore

$$(1,25)^{x_2} = 2.$$

L'inconnue x_2 est comprise entre 3 et 4; on a donc $a_3 = 3$ et l'on devra poser

$$x_2 = 3 + \frac{1}{x_3}.$$

On sera ainsi conduit à l'équation

$$(1,024)^{x_3} = 1,25$$

et l'on verra que x_3 est compris en 9 et 10; on a donc $a_4 = 9$.

En s'arrêtant au calcul du quatrième quotient incomplet on aura

$$x = \cfrac{1}{3 + \cfrac{1}{3 + \cfrac{1}{9 + \cfrac{1}{x_4}}}}.$$

Les quatre réduites que l'on peut calculer sont

$$0 \qquad \frac{1}{3} \qquad \frac{3}{10} \qquad \frac{28}{93}.$$

La deuxième et la quatrième donnent des valeurs de x approchées par excès, les erreurs étant respectivement moindres que $\dfrac{1}{30}$ et $\dfrac{1}{(93)^2}$.

La troisième est une valeur de x approchée par défaut, l'erreur commise étant moindre que $\dfrac{1}{930}$.

142. Il n'est pas toujours facile de développer un nombre incommensurable en fraction continue; toutefois, on peut calculer les premiers quotients incomplets en s'appuyant sur le théorème suivant :

Théorème IX. — *Si un nombre x est compris entre deux nombres commensurables u et v dont les développements en fractions continues ont les n premiers quotients incomplets communs, ces nombres seront aussi les n premiers quotients incomplets du développement de x en fraction continue.*

Par hypothèse on a

$$u = (a_1 a_2 \ldots a_n u_n)$$
$$v = (a_1 a_2 \ldots a_n v_n),$$

et x est compris entre u et v.

Il résulte de là que le nombre x est compris entre deux réduites consécutives de la fraction continue qui représente u, pourvu que ces réduites soient communes à celle qui représente v.

En se reportant au paragraphe 140, on voit que l'on a

$$x = (a_1 a_2 \ldots a_n x_n).$$

Application. — Le nombre π exprimé en décimales est, d'après le calcul de Viète, compris entre $3{,}1415926535$ et $3{,}1415926536$.

En développant ces deux nombres en fractions continues on trouve la suite des quotients incomplets

$$3 \quad 7 \quad 15 \quad 1 \quad 292 \quad 1 \quad 1 \quad 6$$

pour le premier et la suite

$$3 \quad 7 \quad 15 \quad 1 \quad 292 \quad 1 \quad 1 \quad 1$$

pour le deuxième; on peut donc poser

$$\pi = (3, 7, 15, 1, 292, 1, 1, x_7).$$

Les premières réduites sont

$$\frac{3}{1} \quad \frac{22}{7} \quad \frac{333}{106} \quad \frac{355}{113} \quad \ldots$$

La deuxième de ces réduites $\dfrac{22}{7}$ est la valeur approchée du nombre π donnée par Archimède; elle est plus grande que π et l'erreur commise est inférieure à la fraction $\dfrac{1}{7.106} = \dfrac{1}{742}$.

La troisième réduite $\dfrac{333}{106}$ est la valeur de π donnée par Rivard; elle est inférieure à π.

Enfin la quatrième réduite $\dfrac{355}{113}$ est la valeur de π donnée par Adrien Métius; elle est supérieure à π.

Fractions continues périodiques.

143. Définition. — *Une fraction continue est dite périodique* *quand, à partir d'un certain rang, les quotients incomplets se reproduisent dans le même ordre.*

L'ensemble des quotients incomplets qui se reproduisent forme la période.

La fraction est périodique simple quand le premier quotient incomplet fait partie de la période; elle est périodique mixte dans le cas contraire.

Les quotients incomplets qui précèdent la première période sont dits irréguliers.

La fraction continue

$$(a_1 a_2 \ldots a_n,\ a_1 a_2 \ldots a_n,\ a_1 \ldots)$$

est périodique simple; la période est $a_1 a_2 \ldots a_n$.

La fraction continue

$$(\alpha_1 \alpha_2 \ldots \alpha_q,\ a_1 a_2 \ldots a_n,\ a_1 a_2 \ldots a_n,\ a_1 \ldots)$$

est périodique mixte; les quotients irréguliers sont $\alpha_1, \alpha_2, \ldots \alpha_q$.

Théorème X. — *Toute fraction continue périodique est racine d'une équation du second degré à coefficients commensurables.*

Nous distinguerons deux cas.

1° *La fraction est périodique simple.* — Soit

$$y = (a_1 a_2 \ldots a_n,\ a_1 a_2 \ldots a_n,\ \ldots)$$

une fraction périodique simple. Appelons y_p et y_{p+1} les fractions continues limitées obtenues en prenant successivement p et $p+1$ périodes; on aura

$$y_{p+1} = (a_1 a_2 \ldots a_n y_p).$$

Quand p croît au delà de toutes limites, y_p et y_{p+1} tendent vers y; on a donc

$$y = (a_1 a_2 \ldots a_n y),$$

et, par conséquent,

$$(15) \qquad y = \frac{y P_n + P_{n-1}}{y Q_n + Q_{n-1}}$$

en désignant par $\dfrac{P_{n-1}}{Q_{n-1}}$, $\dfrac{P_n}{Q_n}$ les réduites de rangs $n-1$ et n de la fraction continue limitée formée par la période.

De la relation (15) on déduit l'équation

$$(16) \qquad Q_n y^2 + (Q_{n-1} - P_n)y - P_{n-1} = 0.$$

On voit que la fraction continue périodique simple y est la racine positive d'une équation du second degré dont les coefficients sont entiers et les racines de signes contraires.

2° *La fraction est périodique mixte.* — Soit

$$x = (\alpha_1 \alpha_2 \ldots \alpha_q, \; a_1 a_2 \ldots a_n, \; \ldots)$$

une fraction périodique mixte. Posons

$$y = (a_1 a_2 \ldots a_n, \; a_1 a_2 \ldots a_n, \; \ldots),$$

nous aurons

$$x = (\alpha_1 \alpha_2 \ldots \alpha_q y)$$

c'est-à-dire

$$(17) \qquad x = \frac{y A_q + A_{q-1}}{y B_q + B_{q-1}},$$

en représentant par $\dfrac{A_{q-1}}{B_{q-1}}, \dfrac{A_q}{B_q}$ les réduites de rangs $q-1$, q de la fraction continue limitée $(\alpha_1 \; \alpha_2 \ldots \alpha_q)$ formée par les quotients incomplets irréguliers.

D'un autre côté, y est racine de l'équation (16); si entre cette équation et la relation (17) on élimine y on obtiendra une équation du second degré par rapport à x et à coefficients commensurables.

Dans la pratique, pour avoir la valeur de x on remplacera dans la relation (17) l'inconnue auxiliaire y par la racine *positive* de l'équation (16).

144. Remarque. — Reprenons l'équation

$$Q_n y^2 + (Q_{n-1} - P_n)y - P_{n-1} = 0$$

dont la racine positive est égale à la fraction périodique simple

$$(a_1 a_2 \ldots a_n, \; a_1 a_2 \ldots a_n, \; \ldots);$$

il est naturel de chercher ce que représente la racine négative.

Lemme. — *Soit $(a_1\ a_2\ \ldots\ a_n)$ une fraction continue limitée qui représente un nombre $\dfrac{P}{Q}$ plus grand que l'unité ; le nombre $\dfrac{P_n}{P_{n-1}}$ est égal à la fraction continue $(a_n\ a_{n-1}\ \ldots\ a_2\ a_1)$ que l'on obtient en renversant dans la proposée l'ordre des quotients incomplets, et le nombre $\dfrac{Q_n}{Q_{n-1}}$ est l'avant-dernière réduite de la fraction continue $\dfrac{P_n}{P_{n-1}}$.*

Il s'agit de démontrer les deux égalités

$$\frac{P_n}{P_{n-1}}=a_n+\cfrac{1}{a_{n-1}+}\cdot\quad\cdot+\cfrac{1}{a_2+\cfrac{1}{a_1}} \qquad \frac{Q_n}{Q_{n-1}}=a_n+\cfrac{1}{a_{n-1}+}\cdot\quad\cdot+\cfrac{1}{a_3+\cfrac{1}{a_2}}$$

On a

$$P_n=P_{n-1}a_n+P_{n-2} \qquad Q_n=Q_{n-1}a_n+Q_{n-2}$$
$$P_{n-1}=P_{n-2}a_{n-1}+P_{n-3} \qquad Q_{n-1}=Q_{n-2}a_{n-1}+Q_{n-3}$$
$$\cdots\cdots\cdots\cdots \qquad \cdots\cdots\cdots\cdots$$
$$P_3=P_2a_3+a_1 \qquad Q_3=Q_2a_3+1$$
$$P_2=a_2a_1+1 \qquad Q_2=a_2$$

De ces relations on tire facilement les égalités que l'on se proposait d'établir.

Remarque. — Quand le nombre $\dfrac{P}{Q}$ est plus petit que l'unité, le premier quotient incomplet a_1 est nul et la première égalité qui contient la fraction $\dfrac{1}{a_1}$ ne subsiste plus.

Dans ce cas on remplace $\dfrac{P}{Q}$ par son inverse qui est plus grand que l'unité. Ce lemme va nous permettre de démontrer le théorème suivant :

Théorème XI. — *La racine négative de l'équation*

$$(16) \qquad Q_n y^2+(Q_{n-1}-P_n)y-P_{n-1}=0$$

dont la racine positive est une fraction périodique simple est égale en valeur absolue à l'inverse de la fraction périodique simple obtenue en renversant l'ordre des termes de la période dans la fraction qui représente la racine positive.

L'équation (16) prend la forme

$$(Q_n y - P_n) y = P_{n-1} - y Q_{n-1}$$

si l'on groupe ensemble les termes dont les coefficients ont le même indice.

On a donc

$$y = \frac{P_{n-1} - y Q_{n-1}}{Q_n y - P_n},$$

et cette égalité est satisfaite quand on remplace y par la racine négative y' de l'équation (16).

Si l'on pose $y' = -\dfrac{1}{z}$ l'égalité précédente devient

$$(18) \qquad z = \frac{P_n z + Q_n}{P_{n-1} z + Q_{n-1}}.$$

Maintenant la racine positive de l'équation (16) étant représentée par une fraction périodique simple, le premier quotient incomplet a_1 n'est pas nul, car, dans toute fraction continue, tous les quotients incomplets qui suivent le premier sont différents de zéro.

Dans ces conditions on peut appliquer le lemme démontré précédemment, ce qui donne

$$\frac{P_n}{P_{n-1}} = (a_n a_{n-1} \ldots a_2 a_1)$$

et $\dfrac{Q_n}{Q_{n-1}}$ sera l'avant-dernière réduite de cette fraction continue.
On a donc

$$z = (a_n a_{n-1} \ldots a_1, \, a_n a_{n-1} \ldots a_1, \, \ldots);$$

relation qui démontre le théorème énoncé.

Exemple. — Soit la fraction périodique simple

$$x = (a, \, a, \, \ldots).$$

On a immédiatement

$$x = a + \frac{1}{x}$$

ou

$$x^2 - ax - 1 = 0.$$

On tire de cette équation

$$x = \frac{a + \sqrt{a^2 + 4}}{2}.$$

Le nombre x étant représenté par une fraction continue illimitée est nécessairement incommensurable.

On conclut de là que *le carré d'un nombre entier augmenté de 4 ne peut pas être un carré parfait.*

Quant à la racine négative

$$x' = \frac{a - \sqrt{a^2 + 4}}{2}$$

elle est égale à la fraction continue

$$- \frac{1}{a + \dfrac{1}{a+}}.$$

Théorème de Lagrange.

145. Théorème XII. — *Toute racine réelle et irrationnelle d'une équation du second degré à coefficients commensurables peut être développée en une fraction continue périodique.*

Pour démontrer cette proposition qui est la réciproque du théorème X, nous établirons d'abord le lemme suivant :

Lemme. — *Si dans l'équation du second degré*

$$A x^2 + 2 B x + C = 0$$

on fait la substitution définie par la relation

$$x = \frac{\alpha y + \beta}{\alpha' y + \beta'}$$

on obtient une équation du second degré

$$A'y^2 + 2B'y + C' = 0$$

telle que l'on a

$$A'C' - B'^2 = (\alpha\beta' - \beta\alpha')^2(AC - B^2).$$

En effet, en effectuant la substitution considérée, on trouve

$$A' = A\alpha^2 + 2B\alpha\alpha' + C\alpha'^2$$
$$B' = A\alpha\beta + B(\alpha\beta' + \beta\alpha') + C\alpha'\beta'$$
$$C' = A\beta^2 + 2B\beta\beta' + C\beta'^2.$$

Maintenant on a

$$AC - B^2 = \delta = \begin{vmatrix} A & B \\ B & C \end{vmatrix} \qquad A'C' - B'^2 = \delta' = \begin{vmatrix} A' & B' \\ B' & C' \end{vmatrix}.$$

Multiplions δ par la quantité

$$M = (\alpha\beta' - \beta\alpha') = \begin{vmatrix} \alpha & \beta \\ \alpha' & \beta' \end{vmatrix},$$

puis le produit $M\delta$ par le même facteur M, nous aurons

$$M\delta = \begin{vmatrix} A\alpha + B\alpha', & B\alpha + C\alpha' \\ A\beta + B\beta', & B\beta + C\beta' \end{vmatrix}$$

puis

$$M^2\delta = \begin{vmatrix} A\alpha^2 + 2B\alpha\alpha' + C\alpha'^2, & A\alpha\beta + B(\alpha\beta' + \beta\alpha') + C\alpha'\beta' \\ A\alpha\beta + B(\alpha\beta' + \beta\alpha') + C\alpha'\beta', & A\beta^2 + 2B\beta\beta' + C\beta'^2 \end{vmatrix}$$

c'est-à-dire

$$M^2\delta = \delta'$$

ou

$$A'C' - B'^2 = (\alpha\beta' - \beta\alpha')^2(AC - B^2).$$

Cela posé, considérons l'équation du second degré

$$(19) \qquad\qquad A_0 x^2 + 2B_0 x + C_0 = 0$$

qui a ses coefficients commensurables, ses racines réelles, incommensurables et, par suite, inégales.

On peut toujours supposer que les coefficients sont entiers; s'ils ne l'étaient pas, on commencerait par chasser les dénominateurs.

On peut aussi supposer que l'équation a au moins une racine positive ; si les deux racines étaient négatives on changerait x en $-x$.

Dans ce qui suit nous représenterons par D la quantité *positive* $B_0^2 - A_0 C_0$ qui n'est pas un carré parfait, puisque les racines de l'équation (19) sont, par hypothèse, incommensurables.

Soient x une racine positive de cette équation et

$$(a_1 a_2 a_3 \dots)$$

la fraction continue illimitée qui la représente.

Posons

$$x = a_1 + \frac{1}{x_1} \qquad x_1 = a_2 + \frac{1}{x_2} \quad \dots$$

En remplaçant x par $a_1 + \dfrac{1}{x_1}$ dans l'équation (19), nous obtiendrons une équation de la forme

$$A_1 x_1^2 + 2 B_1 x_1 + C_1 = 0;$$

en remplaçant, dans cette équation, x_1 par $a_2 + \dfrac{1}{x_2}$, nous obtiendrons une nouvelle équation du second degré

$$A_2 x_2^2 + 2 B_2 x_2 + C_2 = 0.$$

En continuant de la même manière, on formera une suite d'équations du second degré

$$
\begin{aligned}
& A_0 x^2 + 2 B_0 x + C_0 = 0 \\
& A_1 x_1^2 + 2 B_1 x_1 + C_1 = 0 \\
& \cdots \cdots \cdots \cdots \cdots \\
& \cdots \cdots \cdots \cdots \cdots \\
& A_n x_n^2 + 2 B_n x_n + C_n = 0 \\
& \cdots \cdots \cdots \cdots \cdots \\
& \cdots \cdots \cdots \cdots \cdots
\end{aligned}
$$

(20)

A l'aide de la première équation de cette suite, on cherchera deux entiers consécutifs a_1, $a_1 + 1$ comprenant la racine x; le nombre a_1 qui peut être nul sera le premier quotient incomplet.

A l'aide de la deuxième équation on cherchera deux entiers consécutifs a_2, $a_2 + 1$ comprenant le quotient complet x_1; le nombre a_2 qui ne peut pas être nul sera le deuxième quotient incomplet.

Les équations suivantes détermineront les autres quotients incomplets.

Pour démontrer que la fraction continue ainsi formée est périodique, nous allons faire voir qu'à partir d'un certain rang les équations de la suite (20) se reproduisent dans le même ordre.

Première démonstration. — Soient

$$R_{n-1} = \frac{P_{n-1}}{Q_{n-1}} \qquad R_n = \frac{P_n}{Q_n}$$

les réduites de rangs $n - 1$ et n de cette fraction continue et x_n le n^e quotient complet; on a

$$x = \frac{P_n x_n + P_{n-1}}{Q_n x_n + Q_{n-1}}.$$

En substituant cette valeur de x dans l'équation (19) on obtiendra l'équation

$$A_n x_n^2 + 2 B_n x_n + C_n = 0.$$

Cette équation fera connaître a_{n+1} ; elle est justement l'équation de rang $n+1$ de la suite (20) et ses coefficients sont donnés par les relations

$$A_n = A_0 P_n^2 + 2 B_0 P_n Q_n + C_0 Q_n^2$$

$$B_n = A_0 P_n P_{n-1} + B_0(P_n Q_{n-1} + Q_n P_{n-1}) + C_0 Q_n Q_{n-1}$$

$$C_n = A_0 P_{n-1}^2 + 2 B_0 P_{n-1} Q_{n-1} + C_0 Q_{n-1}^2$$

qui montrent que l'on a

$$C_n = A_{n-1}.$$

Le lemme établi plus haut donne, en outre, l'égalité

$$B_n^2 - A_n C_n = B_0^2 - A_0 C_0 = D,$$

car

$$\alpha\beta' - \beta\alpha' = P_n Q_{n-1} - Q_n P_{n-1} = (-1)^n.$$

Maintenant, en représentant par $f(x)$ le premier nombre de l'équation (19), on a

$$A_n = Q_n^2 f\left(\frac{P_n}{Q_n}\right) \qquad C_n = Q_{n-1}^2 f\left(\frac{P_{n-1}}{Q_{n-1}}\right).$$

Cela posé, les deux racines de cette équation étant inégales par hypothèse, pour n supérieur à un certain entier n' les deux réduites R_{n-1}, R_n qui comprennent entre elles la racine x ne comprendront pas l'autre racine x'.

En effet ces réduites finissent par différer aussi peu que l'on voudra de la racine x.

Il résulte de là que pour n plus grand que n' les deux quantités

$$f\left(\frac{P_{n-1}}{Q_{n-1}}\right) \qquad f\left(\frac{P_n}{Q_n}\right)$$

sont de signes contraires et par suite aussi les coefficients A_n et C_n.

En résumé pour n plus grand que n' *toutes* les équations de la suite (20) seront de la forme

$$A x^2 + 2 B x - C = 0$$

les coefficients A et C étant des *entiers de même signe*.

Or on a l'égalité

$$B^2 + AC = D$$

qui donne

$$|A| < D \qquad |B| < D \qquad |C| < D.$$

Le nombre des valeurs distinctes que l'on pourra trouver pour les entiers A, B, C est donc *limité*, et les équations de la suite (20) ne seront pas indéfiniment distinctes.

On finira donc par trouver une équation déjà obtenue ; et, à partir de là, les quotients incomplets se reproduiront dans le même ordre.

La fraction continue qui représente x est donc périodique.

Remarque. — Tout ce qui précède s'applique à la deuxième racine x' si elle est positive ; si elle est négative, on changera x en $-x$.

Deuxième démonstration. — Cette deuxième démonstration, due à M. Charves, montre que la périodicité des fractions continues qui représentent les racines d'une équation du second degré tient uniquement au degré d'approximation des réduites.

Tout revient, comme on vient de le voir, à montrer que les valeurs absolues des entiers A_n, B_n, C_n sont inférieures à des nombres déterminés.

Considérons d'abord le coefficient A_n ; il a pour valeur

$$A_n = Q_n^2 \left\{ A_0 \left(\frac{P_n}{Q_n} \right)^2 + 2 B_0 \left(\frac{P_n}{Q_n} \right) + C_0 \right\}.$$

Posons

$$\frac{P_n}{Q_n} = x + \varepsilon_n ;$$

l'expression précédente, en tenant compte de la relation

$$(19) \qquad A_0 x^2 + 2 B_0 x + C_0 = 0$$

deviendra

$$A_n = 2(A_0 x + B_0) \varepsilon_n Q_n^2 + A_0 \varepsilon_n^2 Q_n^2.$$

Maintenant on a

$$| \varepsilon_n | < \frac{1}{Q_n^2}$$

et, par suite,

$$| A_n | < 2 | A_0 x + B_0 | + \frac{| A_0 |}{Q_n^2}$$

ou encore

$$| A_n | < 2 | A_0 x + B_0 | + | A_0 |$$

car la plus petite valeur que peut prendre Q_n est égale à l'unité.

Il existe donc un nombre α que les valeurs absolues des coefficients A_n ne peuvent pas dépasser.

La même démonstration prouve que le nombre α est aussi supérieur à $| C_n |$.

Considérons maintenant le coefficient B_n ; il a pour valeur

$$B_n = Q_n Q_{n-1} \left\{ A_0 \frac{P_n}{Q_n} \cdot \frac{P_{n-1}}{Q_{n-1}} + B_0 \left(\frac{P_n}{Q_n} + \frac{P_{n-1}}{Q_{n-1}} \right) + C_0 \right\}.$$

Posons

$$\frac{P_n}{Q_n} = x + \varepsilon_n \qquad \frac{P_{n-1}}{Q_{n-1}} = x + \varepsilon_{n-1},$$

l'expression précédente, en tenant compte de la relation (19), deviendra

$$B_n = (A_0 x + B_0)(\varepsilon_n + \varepsilon_{n-1}) Q_n Q_{n-1} + A_0 \varepsilon_n \varepsilon_{n-1} Q_n Q_{n-1}.$$

Maintenant on a

$$|\varepsilon_{n-1}| < \frac{1}{Q_n Q_{n-1}} \qquad |\varepsilon_n| < \frac{1}{Q_n Q_{n-1}}$$

et, par suite,

$$|B_n| < 2|A_0 x + B_0| + \frac{|A_0|}{Q_n Q_{n-1}}$$

ou encore

$$|B_n| < 2|A_0 x + B_0| + \frac{|A_0|}{a_2},$$

car a_2 est la plus petite valeur que peut prendre $Q_n Q_{n-1}$.

Il existe donc un nombre β que les valeurs absolues des coefficients B_n ne peuvent pas dépasser.

On voit que cette démonstration du théorème de Lagrange est fondée sur ce que l'erreur commise en remplaçant x par une réduite R_n est, en valeur absolue, moindre que $\dfrac{1}{Q_n Q_{n-1}}$ ou encore moindre que $\dfrac{1}{Q_n^2}$.

146. Le théorème suivant complète la proposition de Lagrange ; il fixe la première des équations de la suite (20) qui se reproduit.

Théorème XIII. — *La première équation de la suite* (20) *qui se reproduit est celle qui, la première, a une racine négative moindre que l'unité en valeur absolue.*

Dans la première démonstration du théorème de Lagrange, nous avons vu qu'a partir d'un certain rang *toutes* les équations de la suite (20) ont leurs racines de signes contraires.

Soit

$$(21) \qquad A_{p-1} x_{p-1}^2 + 2B_{p-1} x_{p-1} + C_{p-1} = 0$$

la première équation dont les racines jouissent de cette propriété ; sa racine négative, prise en valeur absolue, pourra être supérieure ou inférieure à l'unité, mais les racines négatives de toutes les équations suivantes auront des valeurs absolues moindres que l'unité.

En effet, soient x_{p-1} la racine positive de l'équation (21), x'_{p-1} sa racine négative et x_p, x'_p les racines de l'équation suivante :

$$(22) \qquad A_p x_p^2 + 2B_p x_p + C_p = 0.$$

On passe de l'équation (21) à l'équation (22) par la transformation

$$x_{p-1} = a_p + \frac{1}{x_p} ;$$

les racines x'_{p-1}, x'_p de ces équations sont donc liées par la relation

$$x'_{p-1} = a_p + \frac{1}{x'_p}$$

qui donne

$$x'_p = \frac{1}{x'_{p-1} - a_p}.$$

Le quotient incomplet a_p est un entier positif qui *n'est pas nul*, et par hypothèse x'_{p-1} est négatif; la racine x'_p est donc négative et inférieure à l'unité en valeur absolue.

Cela posé, soient r le rang de l'équation de second degré

$$A_r x_r^2 + 2 B_r x_r + C_r = 0$$

qui se reproduit la première et n le nombre des termes de la période de la fraction continue représentant x ; on aura

$$x_{n+r} = x_r.$$

Nous allons établir les propriétés suivantes :

1° *L'équation qui se reproduit la première a ses racines de signes contraires.* — En effet, si elle avait ses racines de même signe, *toutes* les équations de la suite (20) ne pourraient pas avoir leurs racines de signes contraires, à partir d'un certain rang.

2° *L'équation de rang $r-1$ qui précède celle qui se reproduit la première ne peut pas avoir une racine négative inférieure à l'unité en valeur absolue.* — En effet, les racines positives x_{r-1}, x_{n+r-1} des équations de rangs $r-1$ et $n+r-1$ satisfont aux relations

$$x_{r-1} = a_r + \frac{1}{x_r}$$

$$x_{n+r-1} = a_{n+r} + \frac{1}{x_{n+r}} = a_{n+r} + \frac{1}{x}$$

qui donnent

$$x_{n+r-1} - x_{r-1} = a_{n+r} - a_r.$$

La même relation a lieu entre les autres racines x'_{r-1}, x'_{n+r-1} des équations de rangs $r-1$ et $n+r-1$; on a donc

$$x'_{n+r-1} - x'_{r-1} = a_{n+r} - a_r.$$

La racine x'_{n+r-1} est négative et moindre que l'unité en valeur absolue ; s'il en était de même pour la racine x'_{r-1} la valeur absolue de la différence

18

$x'_{n+r-1} - x'_{r-1}$ serait moindre que l'unité, et, comme cette différence est égale au nombre entier $a_{n+r} - a_r$, il faudrait que ce nombre fût nul.

On aurait donc

$$a_{n+r} = a_r,$$

et la première équation qui se reproduit serait celle de rang $r-1$, ce qui est contre l'hypothèse.

Des deux dernières propriétés démontrées résulte le théorème énoncé.

Corollaire. — *Quand une équation du second degré a ses racines de signes contraires, la racine positive donne naissance à une fraction continue périodique simple si la valeur absolue de la racine négative est moindre que l'unité. Si cette valeur absolue est plus grande que l'unité, la fraction continue est périodique mixte et a un seul quotient incomplet irrégulier.*

147. Considérons en particulier l'équation binôme du second degré

$$x^2 - A = 0$$

dans laquelle A est un entier positif non carré parfait.

On aura

$$\sqrt{A} = (\alpha_1, a_1 a_2 \ldots a_n, a_1 a_2 \ldots a_n, \ldots).$$

Si l'on pose

$$x = \sqrt{A} = \alpha_1 + \frac{1}{y},$$

l'équation transformée en y aura une racine positive et une racine négative plus petite que l'unité en valeur absolue. La racine positive est exprimée par la fraction continue périodique simple

$$y = (a_1 a_2 \ldots a_n, a_1 a_2 \ldots a_n, \ldots)$$

et la racine négative y' sera donnée par la relation

$$-\frac{1}{y'} = u = a_n + \cfrac{1}{a_{n-1} + \cfrac{}{\ddots + \cfrac{1}{a_1 + \cfrac{1}{a_n +}}}}$$

Or on a

$$-\sqrt{A} = \alpha_1 + \frac{1}{y'} = \alpha_1 - u;$$

d'où

$$\sqrt{A} = u - \alpha_1,$$

c'est-à-dire

$$\sqrt{A} = a_n - \alpha_1 + \cfrac{1}{a_{n-1} + \cfrac{\ddots}{\quad + \cfrac{1}{a_1 + \cfrac{1}{a_n + \ddots}}}}$$

Nous avons ainsi deux expressions de $\sqrt{A}$ qui doivent être identiques ; pour cela il faut que l'on ait

$$a_n = 2\alpha_1 \quad\text{et}\quad a_{n-p} = a_p$$

et l'on peut énoncer le théorème suivant :

Théorème XIV. — *La racine carrée d'un nombre entier A non carré parfait se développe en une fraction continue périodique mixte ayant un seul terme irrégulier α_1. Le dernier terme de la période est égal au double de α_1 et les autres termes de la période forment une suite symétrique dans laquelle deux termes également distants des extrêmes sont égaux entre eux.*

Exemple I. — *Développer en fraction continue les racines de l'équation*

$$3x^2 - 2x - 2 = 0.$$

Cette équation a ses racines de signes contraires et la valeur absolue de la racine négative est moindre que l'unité; la racine positive x donnera donc naissance à une fraction continue périodique simple.

On a

$$x = \frac{1 + \sqrt{7}}{3};$$

la racine carrée de 7 étant comprise entre 2 et 3, la racine x est comprise entre 1 et $\frac{4}{3}$; par suite $a_1 = 1$ et l'on devra poser

$$x = \frac{1 + \sqrt{7}}{3} = 1 + \frac{1}{x'_1}.$$

On conclut de là

$$\frac{1}{x'_1} = \frac{\sqrt{7} - 2}{3} \quad\text{et}\quad x'_1 = \frac{3}{\sqrt{7} - 2} = 2 + \sqrt{7}.$$

On voit immédiatement que x_1 est compris entre 4 et 5 ; par suite $a_2 = 4$ et l'on devra poser

$$x_1 = 2 + \sqrt{7} = 4 + \frac{1}{x_2}.$$

On conclut de là

$$\frac{1}{x_2} = \sqrt{7} - 2 \quad \text{et} \quad x_2 = \frac{1}{\sqrt{7} - 2} = \frac{2 + \sqrt{7}}{3}.$$

En continuant de la même manière on trouve successivement

$$a_3 = 1 \qquad x_3 = \frac{1 + \sqrt{7}}{2}$$

$$a_4 = 1 \qquad x_4 = \frac{1 + \sqrt{7}}{3} = x.$$

Les quotients incomplets se reproduisent dans le même ordre à partir du quatrième. La racine positive x est donc égale à une fraction continue périodique simple dont la période est 1, 4, 1, 1, et l'on a

$$x = 1 + \cfrac{1}{4 + \cfrac{1}{1 + \cfrac{1}{1 + \cfrac{1}{1 + \cfrac{1}{4 + \cdots}}}}}$$

D'après le théorème XI la racine négative de l'équation considérée a pour expression

$$\frac{1 - \sqrt{7}}{3} = - \cfrac{1}{1 + \cfrac{1}{1 + \cfrac{1}{4 + \cfrac{1}{1 + \cdots}}}}$$

Elle est égale à une fraction continue périodique mixte ayant un seul quotient incomplet irrégulier qui est nul ; la période est 1, 1, 4, 1, c'est-à-dire ce que devient la période de la racine positive quand on renverse l'ordre des quotients incomplets.

Exemple II. — *Développer en fraction continue les racines de l'équation*

$$2x^2 - 6x + 1 = 0.$$

Les racines sont positives et ont pour expressions

$$x = \frac{3 + \sqrt{7}}{2} \qquad x' = \frac{3 - \sqrt{7}}{2}.$$

Considérons d'abord la plus grande racine qui est x ; elle est comprise entre 2 et 3 ; par suite $a_1 = 2$ et l'on devra poser

$$x = \frac{3 + \sqrt{7}}{2} = 2 + \frac{1}{x_1}.$$

On conclut de là

$$x_1 = \frac{1 + \sqrt{7}}{3},$$

et l'on est ramené à l'exemple précédent. On a donc

$$\frac{3 + \sqrt{7}}{2} = (2, \quad \overline{1, 4, 1, 1}, \quad \overline{1, 4, 1, 1}, \quad \ldots).$$

Considérons maintenant la plus petite racine x' ; elle est moindre que l'unité ; par suite $a_1 = 0$ et l'on devra poser

$$\frac{3 - \sqrt{7}}{2} = \frac{1}{y}.$$

On conclut de là

$$y = 3 + \sqrt{7} ;$$

puis

$$a_1 = 5 \qquad \text{et} \qquad y_1 = \frac{2 + \sqrt{7}}{2}$$

$$a_2 = 1 \qquad \text{et} \qquad y_2 = \frac{1 + \sqrt{7}}{2}$$

$$a_3 = 1 \qquad \text{et} \qquad y_3 = \frac{1 + \sqrt{7}}{3}$$

et l'on est encore ramené au premier exemple. On a donc

$$\frac{3-\sqrt{7}}{2}=(0,\,5,\,1,\,1,\quad \overline{1,\,4,\,1,\,1,}\quad \overline{1,\,4,\,1,\,1,}\quad \ldots)$$

ce que l'on peut encore écrire de la manière suivante :

$$\frac{3-\sqrt{7}}{2}=(0,5,\,1,\quad \overline{1,\,1,\,4,\,1,}\quad \overline{1,\,1,\,4,\,1,}\quad \ldots)$$

en prenant pour période 1, 1, 4, 1, c'est-à-dire le résultat obtenu, en renversant la période dans l'expression de x.

Exemple III. — *Développer en fraction continue les racines de l'équation*

$$x^2-22=0.$$

La racine positive

$$x=\sqrt{22}$$

sera périodique mixte et aura *un seul* quotient incomplet irrégulier.

Par des calculs analogues à ceux que nous avons développés dans les exemples précédents on trouve successivement

$$x_1=4 \qquad\qquad y=\frac{4+\sqrt{22}}{6}$$

$$a_1=1 \qquad\qquad y_1=\frac{2+\sqrt{22}}{3}$$

$$a_2=2 \qquad\qquad y_2=\frac{4+\sqrt{22}}{2}$$

$$a_3=4 \qquad\qquad y_3=\frac{4+\sqrt{22}}{3}$$

$$a_4=2 \qquad\qquad y_4=\frac{2+\sqrt{22}}{6}$$

$$a_5=1 \qquad\qquad y_5=4+\sqrt{22}$$

$$a_6=8 \qquad\qquad y_6=\frac{4+\sqrt{22}}{6}=y.$$

Les quotients incomplets suivants se reproduisent dans le même ordre.

On a donc

$$\sqrt{22} = (4, \quad \overline{1, 2, 4, 2, 1, 8}, \quad \overline{1, 2, \ldots,}).$$

Conformément au théorème XIV, le dernier terme 8 de la période est égal au double du quotient incomplet irrégulier 4, et les autres termes 1, 2, 4, 2, 1 de la période forment une suite symétrique.

EXERCICES

1° On appelle fraction continue algébrique une expression de la forme

$$a_1 + \cfrac{b_2}{a_2 + \cfrac{b_3}{a_3 + \cfrac{}{\ddots + \cfrac{b_n}{a_n +}}}}$$

$a_1, a_2, \ldots, b_1, b_2, \ldots$, étant des nombres quelconques.

Si l'on représente par $\dfrac{P_n}{Q_n}$ la réduite de rang n, démontrer les relations

$$P_n = P_{n-1} a_n + P_{n-2} b_n$$

$$Q_n = Q_{n-1} a_n + Q_{n-2} b_n$$

$$P_n Q_{n-1} - Q_n P_{n-1} = (-1)^n b_2 b_3 \ldots b_n$$

$$\frac{P_n}{Q_n} - \frac{P_1}{Q_1} = \frac{b_2}{Q_1 Q_2} - \frac{b_2 b_3}{Q_2 Q_3} + \ldots + (-1)^n \frac{b_2 b_3 \ldots b_n}{Q_{n-1} Q_n}.$$

2° Les nombres $a_1, a_2, \ldots b_1, b_2 \ldots$ étant des entiers positifs ou négatifs, pour que la fraction continue

$$\cfrac{a_1}{b_1 + \cfrac{a_2}{b_2 +}}$$

supposée convergente ait une limite incommensurable, il *suffit* que l'on ait

$$\left| \frac{a_n}{b_n} \right| < 1$$

pour toutes les valeurs de n supérieures à un entier p.

Application. — En admettant la relation

$$\tan g \, x = \cfrac{x}{1 - \cfrac{x^2}{3 - \cfrac{x^2}{5 - }}}$$

démontrer que le nombre π et son carré sont incommensurables.

3° Étant donnée une fraction ordinaire irréductible $\dfrac{P}{Q}$ telle que l'on ait

$$\left| \frac{P}{Q} - x \right| = \frac{\theta}{Q^2} \qquad 0 < \theta < 1,$$

trouver la condition nécessaire et suffisante pour que $\dfrac{P}{Q}$ soit l'une des réduites de la fraction continue qui représente le nombre x.

La condition cherchée est

$$\theta < \frac{Q}{Q + Q_{n-1}},$$

Q_{n-1} étant le dénominateur de l'avant-dernière réduite de la fraction continue qui est égale à $\dfrac{P}{Q}$.

Remarque. — Cette condition est toujours remplie si θ est moindre que $\dfrac{1}{2}$.

4° Soient $m = \dfrac{P}{Q}$ une fraction ordinaire irréductible, x et y deux entiers positifs quelconques n'annulant pas la différence $mx - y$; démontrer que le minimum de $| mx - y |$ est $\dfrac{1}{Q}$.

Si m est incommensurable, la différence $| mx - y |$ n'a pas de minimum; mais il existe une infinité d'entiers positifs x et y tels que l'on ait

$$| mx - y | < \varepsilon,$$

ε étant un nombre positif aussi petit que l'on voudra.

Cette dernière propriété caractérise un nombre incommensurable.

5° Soient $\dfrac{P_{n-1}}{Q_{n-1}}, \dfrac{P_n}{Q_n}, \dfrac{P_{n+1}}{Q_{n+1}}$ trois réduites consécutives d'une fraction continue; on considère la fraction

$$\text{(F)} \qquad \frac{\mu P_n + P_{n-1}}{\mu Q_n + Q_{n-1}}$$

qui est égale aux réduites de rangs $n-1$ et $n+1$ pour $\mu = 0$, $\mu = a_n$.

En supposant le quotient incomplet a_n supérieur à l'unité, si l'on remplace successivement μ par les entiers

$$1 \quad 2 \quad 3 \quad \ldots \quad a_n - 1,$$

compris entre 0 et a_n, on obtiendra des fractions

$$\frac{U_\mu}{V_\mu},$$

qui sont appelées *convergentes intermédiaires*.

Démontrer les relations

$$U_{\mu+1} V_\mu - V_{\mu+1} U_\mu = (-1)^n \qquad P_n V_\mu - Q_n U_\mu = (-1)^n;$$

en déduire les propriétés suivantes :

(α). — Les convergentes intermédiaires sont des fractions irréductibles.

(β). — Si entre deux termes consécutifs de la suite formée par les réduites de rang impair on intercale toutes les convergentes intermédiaires de manière que leurs dénominateurs aillent en croissant, on obtiendra une suite S qui sera croissante.

(γ). — Si entre deux termes consécutifs de la suite formée par les réduites de rang pair, on intercale toutes les convergentes intermédiaires de manière que leurs dénominateurs aillent en croissant, on obtiendra une suite S' qui sera décroissante.

(δ). — Les suites S et S' ont pour limite commune la valeur de la fraction continue.

(ε). — Si une fraction irréductible $\dfrac{a}{b}$ approche plus de la valeur de la fraction continue qu'une convergente intermédiaire $\dfrac{U_\mu}{V_\mu}$, on aura nécessairement $b > V_\mu$, $a > U_\mu$.

Remarque. — Quand la fraction continue est limitée, on peut obtenir la dernière réduite $\dfrac{P_n}{Q_n}$ en remplaçant μ par ∞ dans la fraction (F); si l'on remplace μ par les entiers

$$1 \quad 2 \quad 3 \quad \ldots,$$

on obtiendra une suite illimitée de fractions qui convergeront vers la valeur de la fraction continue.

Étudier les propriétés de ces nouvelles *convergentes*.

Application. — Déterminer, parmi les fractions dont le dénominateur ne surpasse pas un nombre donné L, celle qui approche le plus d'un nombre irrationnel donné.

6° Former la réduite de rang n de la fraction continue périodique

$$a + \cfrac{u}{v + \cfrac{u}{v +}}.$$

On a

$$P_n = v P_{n-1} + u P_{n-2} \qquad Q_n = v Q_{n-1} + u Q_{n-2},$$

relations de la forme

$$(\alpha) \qquad X_n = v X_{n-1} + u X_{n-2}.$$

En posant $X_n = \lambda y^n$, λ étant indépendant de n, la relation (α) donnera pour déterminer y l'équation du second degré

$$y^2 - v y - u = 0.$$

Cas particuliers. — (α). $a = x$, $u = \pm h^2$, $v = 2x$.
Résoudre les équations $P_n = 0$, $Q_n = 0$.
(β). $a = 0$, $u = x$, $v = 1$.
Résoudre les équations $P_n = 0$, $Q_n = 0$.
(γ). $a = 2$, $u = -1$, $v = 2$.
(δ). $a = u = v = 1$. — Les dénominateurs Q_n des réduites forment la suite de Lamé.
Calculer la somme des n premiers termes de cette suite.
Démontrer la relation

$$Q_n^2 + Q_{n+1}^2 = Q_{2n+1}.$$

7° Pour que deux quantités irrationnelles positives x et y puissent se développer en des fractions continues susceptibles d'être terminées par des quotients complets égaux entre eux, il faut et il suffit qu'elles soient liées l'une à l'autre par une relation de la forme

$$y = \frac{a x + b}{a' x + b'},$$

où a, b, a', b' désignent des entiers positifs ou négatifs qui satisfont à la relation

$$a b' - b a' = \pm 1.$$

Application. — Trouver les équations du deuxième degré à coefficients rationnels dont les racines se développent en des fractions continues terminées par les mêmes quotients complets.

Réponse. — Ces équations sont de la forme

$$x^2 + px - \left(p\frac{a}{a'} + \frac{a^2 \pm 1}{a'^2} \right) = 0 \, ;$$

p est une quantité rationnelle quelconque, a est un nombre entier quelconque, enfin a' est un diviseur de $a^2 \pm 1$.

8° Développer en fraction continue les expressions suivantes :

$$\sqrt{a^2 \pm 1} \qquad \sqrt{a^2 + 2} \qquad \sqrt{a^2 + a} \qquad \sqrt{a^2 + a + \frac{1}{2}},$$

a désignant un nombre entier.

CHAPITRE XIII

SÉRIES

148. Définitions. — *On appelle série une suite illimitée de quantités qui se déduisent les unes des autres suivant une certaine loi.*

Ces quantités sont les *termes* de la série; nous désignerons les termes successifs par

$$u_1 \quad u_2 \quad u_3 \quad \ldots \quad u_n \ldots$$

On appelle terme général d'une série l'expression de la valeur d'un terme quelconque en fonction de son rang.

Nous désignerons par S_n la somme des n premiers termes de la série; nous poserons donc

$$S_n = u_1 + u_2 + \ldots + u_n.$$

On distingue deux espèces de séries : les séries *convergentes* et les séries *divergentes.*

Séries convergentes. — *On dit qu'une série est convergente lorsque la somme S_n des n premiers termes tend vers une limite S, quand n devient infini.*

La limite S est appelée la somme de la série et l'on convient de poser

$$S = u_1 + u_2 + \ldots + u_n + \ldots$$

Séries divergentes. — *Lorsqu'une série n'est pas convergente, on dit qu'elle est divergente.*

Remarque. — Une série peut être divergente de deux manières différentes. Une série est divergente quand la somme S_n devient infinie en même temps que n. Une série est aussi divergente quand la somme S_n, tout en restant finie, ne tend pas vers une limite quand n devient infini.

Exemples. — Considérons la série

$$a \qquad aq \qquad aq^2 \qquad \ldots \qquad aq^{n-1} \ldots$$

formée par une progression géométrique prolongée indéfiniment.

Le terme général de la série sera $u_n = aq^{n-1}$.

On a

$$S_n = a + aq + \ldots + aq^{n-1} = a \frac{1-q^n}{1-q}.$$

Nous distinguerons trois cas.

$1°$ *On a* $|q| < 1$. — Quand n devient infini, q^n tend vers zéro; on a donc alors

$$\lim S_n = \frac{a}{1-q}$$

et la progression est une série *convergente* ayant pour somme

$$S = \frac{a}{1-q}.$$

$2°$ *On a* $|q| > 1$. — Quand n devient infini, la valeur absolue de q^n croît au delà de toute limite; il en est donc de même pour la valeur absolue de S_n et la progression est une série *divergente*.

$3°$ *On a* $|q| = 1$. — Si q est positif, c'est-à-dire égal à $+1$, on a $S_n = na$ et la progression est une série divergente, car S_n devient infini en même temps que n.

Si q est négatif, c'est-à-dire égal à -1, on a

$$S_n = a - a + a - a + \ldots + (-1)^{n-1} a;$$

la somme S_n a pour valeur 0 ou a suivant que n est *pair* ou *impair*.

Cette somme reste finie, mais elle n'a pas de limite; la progression est donc encore une série divergente.

Caractère que doit présenter toute série convergente.

149. Théorème I. — *Pour qu'une série*

$$u_1 \quad u_2 \quad \ldots \quad u_n \ldots$$

soit convergente, il est nécessaire que le terme général u_n tende vers zéro quand n devient infini.

En effet, la série étant convergente, la somme S_n tend vers une limite S; cela revient à dire qu'au nombre positif $\dfrac{\alpha}{2}$, pris aussi petit que l'on voudra, correspond un entier μ tel que l'on a

$$|S - S_{n-1}| < \frac{\alpha}{2} \qquad |S - S_n| < \frac{\alpha}{2}$$

pour toutes les valeurs de n égales ou supérieures à μ.

De ces égalités on tire

$$|S_n - S_{n-1}| < \alpha,$$

c'est-à-dire

$$|u_n| < \alpha.$$

Ainsi, dans toute série convergente, le terme général u_n tend vers zéro quand n devient infini.

Remarque. — La condition énoncée au théorème I est nécessaire pour qu'une série puisse être convergente, mais elle n'est pas suffisante.

Nous allons montrer par un exemple qu'il y a des séries dont le terme général tend vers zéro et qui cependant sont divergentes.

Série harmonique. — La série harmonique a pour terme général $u_n = \dfrac{1}{n}$; ses termes successifs sont donc

$$1 \quad \frac{1}{2} \quad \frac{1}{3} \quad \ldots \quad \frac{1}{n} \ldots$$

Le terme général tend évidemment vers zéro quand n devient infini, et cependant la série est divergente.

On a, en effet :

$$S_{2n} - S_n = \frac{1}{n+1} + \frac{1}{n+2} + \ldots + \frac{1}{2n} ;$$

si, dans le second membre de cette égalité, on remplace tous les termes par le dernier, qui est le plus petit d'entre eux, on obtient l'inégalité

$$S_{2n} - S_n > \frac{1}{2}.$$

Dans cette inégalité, remplaçons successivement n par les termes de la progression géométrique

$$1 \quad 2 \quad 2^2 \quad \ldots \quad 2^{p-1},$$

nous obtiendrons les inégalités

$$S_2 - S_1 > \frac{1}{2} . \quad S_4 - S_2 > \frac{1}{2} \quad \ldots \quad S_{2^p} - S_{2^{p-1}} >$$

qui, ajoutées membre à membre, donnent

$$S_{2^p} - S_1 > \frac{p}{2},$$

c'est-à-dire

$$S_{2^p} > 1 + \frac{p}{2}.$$

Si grand que soit le nombre donné A, on peut toujours satisfaire à l'inégalité $1 + \frac{p}{2} > A$ en choisissant p convenablement. Il résulte de là que, pour toutes les valeurs de n égales ou supérieures à 2^p, on aura

$$S_n > A ;$$

la série harmonique est donc divergente.

Condition nécessaire et suffisante pour qu'une série soit convergente.

150. Théorème II. — *Pour qu'une série soit convergente, il faut et il suffit qu'à tout nombre positif α, pris aussi petit que l'on* *voudra, corresponde un entier positif* μ *tel que l'on ait, quel que soit l'entier positif* p :

$$| u_{n+1} + u_{n+2} + \cdots + u_{n+p} | < \alpha$$

c'est-à-dire

$$| S_{n+p} - S_n | < \alpha$$

pour toutes les valeurs de l'entier n *égales ou supérieures à* μ.

1° *La condition est nécessaire.* — En effet, la série étant convergente, la somme S_n tend vers une limite S, et cela revient à dire que l'on a

$$| S - S_n | < \frac{\alpha}{2} \qquad | S - S_{n+p} | < \frac{\alpha}{2}$$

pour toutes les valeurs de l'entier n égales ou supérieures à μ; on a donc, dans les mêmes conditions :

$$| S_{n+p} - S_n | < \alpha,$$

p désignant un entier quelconque positif.

2° *La condition est suffisante.* — En effet, si elle est remplie, la *suite* illimitée

$$S_1 \qquad S_2 \quad \ldots \quad S_n \ldots$$

ayant pour termes les sommes

$$S_1 = u_1 \qquad S_2 = u_1 + u_2 \qquad S_3 = u_1 + u_2 + u_3 \ldots$$

appartiendra à la classe des suites que Cauchy a appelées convergentes (§ 92).

Si les nombres S_1, S_2, ... sont commensurables, la suite (S) définira un nombre commensurable ou incommensurable qui sera la limite de S_n (§ 100. — **Théorème VIII**).

Si ces nombres ne sont pas tous commensurables, la quantité S_n aura encore une limite (§ 101. — **Théorème IX**).

Dans tous les cas la série proposée sera convergente.

151. Une série étant donnée, il est important de savoir reconnaître si elle est convergente ou divergente; le théorème précédent n'est pas en général facile à appliquer, et l'on a dû chercher des règles plus simples permettant de déterminer la nature d'une série donnée.

Pour établir ces règles, nous supposerons successivement : 1° *que les termes de la série ont tous le même signe ; 2° que ces termes n'ont pas tous le même signe.*

Quand les termes ont le même signe, on peut évidemment les supposer tous *positifs.*

Séries à termes positifs.

152. La méthode que nous suivrons pour établir les règles de convergence consiste à comparer une série quelconque à une autre dont la nature est connue.

Nous savons déjà qu'une progression géométrique prolongée indéfiniment forme une série convergente quand la raison est plus petite que l'unité.

Nous pourrons donc chercher à comparer une série à une progression géométrique.

Nous prendrons aussi comme série auxiliaire celle dont le terme général est $\dfrac{1}{n^{\alpha}}$; nous sommes ainsi conduits à étudier cette série.

Lemme. — *La série dont le terme général est $\dfrac{1}{n^{\alpha}}$ est divergente quand α est inférieur ou égal à l'unité ; elle est convergente quand α est supérieur à l'unité.*

Pour $\alpha = 1$, la série devient la série harmonique ; elle est donc *divergente.*

Pour $\alpha < 1$, on a

$$\frac{1}{n^{\alpha}} > \frac{1}{n}$$

et par suite

$$S_n > 1 + \frac{1}{2} + \frac{1}{3} + \cdots + \frac{1}{n}.$$

La série proposée est donc encore *divergente*, car le second membre de l'inégalité précédente devient infini en même temps que n (§ 149. — **Remarque**).

Supposons enfin α plus grand que l'unité; la série est alors *convergente*.

On a en effet

$$S_{2n} - S_n = \frac{1}{(n+1)^\alpha} + \frac{1}{(n+2)^\alpha} + \ldots + \frac{1}{(2n)^\alpha};$$

si dans le second membre de cette égalité on remplace tous les termes par la quantité $\dfrac{1}{n^\alpha}$, qui est plus grande que chacun d'eux, on obtient l'inégalité

$$S_{2n} - S_n < \frac{1}{n^{\alpha-1}}.$$

Dans cette inégalité, remplaçons successivement n par les termes de la progression géométrique

$$1 \quad 2 \quad 2^2 \quad \ldots \quad 2^{p-1};$$

nous obtiendrons les inégalités

$$S_2 - S_1 < 1 \quad S_4 - S_2 < \frac{1}{2^{\alpha-1}} \quad \ldots \quad S_{2^p} - S_{2^{p-1}} < \left(\frac{1}{2^{\alpha-1}}\right)^{p-1}.$$

qui, ajoutées membre à membre, donnent

$$S_{2^p} - S_1 < 1 + \frac{1}{2^{\alpha-1}} + \left(\frac{1}{2^{\alpha-1}}\right)^2 + \ldots + \left(\frac{1}{2^{\alpha-1}}\right)^{p-1}.$$

Le second membre de la dernière inégalité est égal à la somme des p premiers termes d'une progression géométrique dont la raison $\dfrac{1}{2^{\alpha-1}}$ est moindre que l'unité. Cette somme étant moindre que la somme de la série obtenue en prolongeant la progression indéfiniment, on a

$$S_{2^p} < S_1 + \frac{1}{1 - \dfrac{1}{2^{\alpha-1}}}.$$

Si grand que soit n, on peut prendre p assez **grand** pour que

2^p surpasse n; dans ces conditions, on aura

$$S_n < S_{2^p} < S_1 + \cfrac{1}{1 - \cfrac{1}{2^u - 1}}.$$

Quand n croît, la somme S_n qui est composée de termes tous positifs, va en croissant; comme elle reste inférieure à une quantité fixe, elle a une limite (§ 101. — **Théorème X**).

153. Nous allons maintenant établir les théorèmes qui permettent de comparer une série à une autre série.

Pour abréger le langage, nous représenterons par (u) la série dont le terme général est u_n.

Théorème III. — *La série (v) étant convergente, la série (u) sera également convergente si, à partir d'un certain rang, on a constamment*

$$u_n < \alpha_n v_n$$

le nombre α_n restant fini.

Supposons, en effet, que pour toutes les valeurs de n égales ou supérieures à l'entier p on ait $u_n < \alpha_n v_n$, et soit A un nombre que les quantités finies α_p, $\alpha_{p+1} \ldots$ ne peuvent pas dépasser; on aura

$$u_p < A\,v_p \qquad u_{p+1} < A\,v_{p+1} \qquad \cdots \qquad u_{p+m} < A\,v_{p+m}.$$

On déduit de là

$$u_p + u_{p+1} + \cdots + u_{p+m} < A(v_p + v_{p+1} + \cdots + v_{p+m}),$$

puis

$$u_p + u_{p+1} + \cdots + u_{p+m} < AS',$$

en désignant par S' la somme de la série convergente (v).

La somme $u_p + u_{p+1} + \cdots + u_{p+m}$ croît avec m et reste inférieure à la quantité fixe AS'; elle a donc une limite et la série (u) est convergente.

Théorème IV. — *La série (v) étant divergente, la série (u) sera* *également divergente si, à partir d'un certain rang, on a constamment*

$$u_n > \alpha_n v_n,$$

le nombre α_n ne tendant pas vers zéro.

Supposons, en effet, que, pour toutes les valeurs de n égales ou supérieures à l'entier p, on ait $u_n > \alpha_n v_n$, et soit a un nombre positif inférieur à toutes les quantités α_p, α_{p+1}, ... qui n'ont pas zéro pour limite; on aura

$$u_p > a v_p \qquad u_{p+1} > a v_{p+1} \qquad \cdots \qquad u_{p+m} > a v_{p+m}.$$

On déduit de là

$$u_p + u_{p+1} + \cdots + u_{p+m} > a(v_p + v_{p+1} + \cdots + v_{p+m}).$$

La série (v) étant divergente, le second membre de la dernière inégalité devient infini en même temps que m; il en est donc de même du premier, et la série (u) est divergente.

Des théorèmes III et IV on déduit le corollaire suivant :

Corollaire. — *Si, à partir d'un certain rang p, le rapport $\dfrac{u_n}{v_n}$ reste compris entre deux nombres fixes a et A, les séries (u) et (v) sont de même nature.*

En effet, pour toutes les valeurs de n égales ou supérieures à l'entier p, on a, par hypothèse,

$$a < \frac{u_n}{v_n} < A.$$

On déduit de là

$$u_n < A v_n \qquad \text{et} \qquad u_n > a v_n.$$

La première de ces inégalités montre que, si la série (v) est convergente, la série (u) l'est aussi (**Théorème III**).

La deuxième inégalité montre que, si la série (v) est divergente, la série (u) l'est aussi (**Théorème IV**).

Théorème V. — 1° *La série (v) étant convergente, la série (u)*

sera également convergente si, à partir d'un certain rang p, on a constamment

$$\frac{u_{n+1}}{u_n} < \frac{v_{n+1}}{v_n}.$$

2° La série (v) étant divergente, la série (u) sera également divergente si, à partir d'un certain rang p, on a constamment

$$\frac{u_{n+1}}{u_n} > \frac{v_{n+1}}{v_n}.$$

1° Par hypothèse, pour toutes les valeurs de n égales ou supérieures à l'entier p, on a

$$\frac{u_{n+1}}{u_n} < \frac{v_{n+1}}{v_n} \qquad \text{ou} \qquad \frac{u_n}{v_n} > \frac{u_{n+1}}{v_{n+1}}.$$

On a donc les inégalités

$$\frac{u_p}{v_p} > \frac{u_{p+1}}{v_{p+1}} > \ldots > \frac{u_{p+m}}{v_{p+m}} > \ldots,$$

qui donnent

$$u_p = \mathrm{A} v_p \qquad u_{p+1} < \mathrm{A} v_{p+1} \qquad \ldots \qquad u_{p+m} < \mathrm{A} v_{p+m} \ldots$$

en posant $\mathrm{A} = \dfrac{u_p}{v_p}$.

La série (v) étant convergente, il en est de même de la série (u) (**Théorème III**).

2° Par hypothèse, pour toutes les valeurs de n égales ou supérieures à l'entier p, on a

$$\frac{u_{n+1}}{u_n} > \frac{v_{n+1}}{v_n} \qquad \text{ou} \qquad \frac{u_n}{v_n} < \frac{u_{n+1}}{v_{n+1}}.$$

En raisonnant comme dans le cas précédent et posant $a = \dfrac{u_p}{v^p}$, on aura les relations

$$u_p = a v_p \qquad u_{p+1} > a v_{p+1} \qquad \ldots \qquad u_{p+m} > a v_{p+m}.$$

La série (v) étant divergente, il en est de même de la série (u) (**Théorème IV**).

En comparant, à l'aide des théorèmes précédents, une série à une progression géométrique prolongée indéfiniment, nous allons établir deux règles de convergence, dont la première surtout est fréquemment employée.

Première règle. — 1° *Une série (u) est convergente quand, à partir d'un certain rang p, le rapport $\dfrac{u_{n+1}}{u_n}$ est constamment inférieur à un nombre fixe q moindre que l'unité.*

2° *Une série (u) est divergente quand, à partir d'un certain rang p, le rapport $\dfrac{u_{n+1}}{u_n}$ est constamment plus grand que l'unité.*

1° Prenons pour la série auxiliaire (v) la progression géométrique

$$a \qquad aq \qquad aq^2 \ldots,$$

qui est convergente, car q est plus petit que l'unité.

L'inégalité $\dfrac{u_{n+1}}{u_n} < q$, qui a lieu, par hypothèse, pour toutes les valeurs de n égales ou supérieures à l'entier p, pourra être écrite de la manière suivante :

$$\frac{u_{n+1}}{u_n} < \frac{v_{n+1}}{v_n},$$

car on a pour la série (v)

$$\frac{v_{n+1}}{v_n} = q.$$

Il résulte du théorème V que la série (u) est convergente.

2° Par hypothèse, on a

$$\frac{u_{n+1}}{u_n} > 1$$

pour toutes les valeurs de n égales ou supérieures à l'entier p.

Les termes de la série (u) allant en croissant à partir du rang p, le terme général n'a pas zéro pour limite; la série est donc divergente.

Nous allons maintenant indiquer la marche à suivre pour appliquer la règle précédente à une série donnée (u).

On cherchera si, n devenant infini, le rapport $\dfrac{u_{n+1}}{u_n}$ d'un terme au précédent tend vers une limite. Nous supposerons qu'il en est ainsi, et nous désignerons cette limite par λ; trois cas pourront se présenter :

1° *La limite λ est moindre que l'unité.* — Soit q un nombre compris entre λ et l'unité, la différence $\dfrac{u_{n+1}}{u_n} - \lambda$ tendant vers 0, on pourra assigner un entier m tel que pour toutes les valeurs de n égales ou supérieures à m on aura

$$\left| \frac{u_{n+1}}{u_n} - \lambda \right| < q - \lambda,$$

et cette inégalité donne

$$\frac{u_{n+1}}{u_n} < q;$$

la série est donc *convergente.*

2° *La limite λ est plus grande que l'unité.* — On pourra assigner un entier m tel que pour toutes les valeurs de n égales ou supérieures à m on aura

$$\left| \frac{u_{n+1}}{u_n} - \lambda \right| < \lambda - 1,$$

et cette inégalité donne

$$\frac{u_{n+1}}{u_n} > 1;$$

la série est donc *divergente.*

3° *La limite λ est égale à l'unité.* — La première règle que nous venons de donner est en défaut, et l'on devra en général recourir à d'autres règles pour reconnaître la nature de la série proposée.

Toutefois, si le rapport $\dfrac{u_{n+1}}{u_n}$ tend vers l'unité en restant tou-jours *supérieur* à l'unité à partir d'un certain rang, la série sera *divergente*.

En effet, les termes finiront par croître constamment, et le terme général n'aura pas zéro pour limite.

Limite de l'erreur commise en s'arrêtant au terme u_n. — Supposons que pour $n \geqslant p$ on ait constamment

$$\frac{u_{n+1}}{u_n} < q < 1,$$

la série (u) sera convergente; nous nous proposons de trouver une limite supérieure de l'erreur commise quand on arrête la série au terme de rang n, c'est-à-dire quand on remplace la somme S de la série par la valeur approchée S_n.

Cette erreur est égale à la somme de la série convergente

$$u_{n+1} \qquad u_{n+2} \qquad u_{n+3} \cdots$$

On a, par hypothèse,

$$u_{n+1} < qu_n$$
$$u_{n+2} < qu_{n+1} < q^2 u_n$$
$$u_{n+3} < qu_{n+2} < q^3 u_n$$
$$\cdot \; \cdot \; \cdot \; \cdot \; \cdot \; \cdot \; \cdot \; \cdot$$
$$\cdot \; \cdot \; \cdot \; \cdot \; \cdot \; \cdot \; \cdot \; \cdot$$

En désignant par ε l'erreur commise, on aura donc

$$\varepsilon < u_n(q + q^2 + q^3 + \dots),$$

c'est-à-dire

$$\varepsilon < \frac{qu_n}{1 - q}.$$

Exemples. — 1° Soit la série

$$1 + \frac{x}{1} + \frac{x^2}{2!} + \cdots + \frac{x^n}{n!} + \cdots$$

la quantité x étant positive.

Le rapport d'un terme au précédent est

$$\frac{u_{n+1}}{u_n} = \frac{x}{n};$$

il tend vers zéro quand n devient infini, et la série est *convergente*.

2° Soit la série

$$\frac{x}{1} + \frac{x^2}{2} + \cdots + \frac{x^n}{n} + \cdots$$

la quantité x étant encore positive.

Le rapport d'un terme au précédent est

$$\frac{u_{n+1}}{u_n} = \frac{n}{n+1}\, x = \frac{x}{1 + \dfrac{1}{n}};$$

il tend vers x quand n devient infini.

La série est donc *convergente* si l'on a $x < 1$; elle est *divergente* si l'on a $x > 1$; la règle est en défaut si l'on a $x = 1$.

Dans cette dernière hypothèse la série devient la série harmonique qui est *divergente*.

3° Soit la série

$$x + 2x^2 + 3x^3 + \cdots + nx^n + \cdots$$

la quantité x étant positive.

Le rapport d'un terme au précédent est

$$\frac{u_{n+1}}{u_n} = \left(1 + \frac{1}{n}\right)x;$$

il tend vers x quand n devient infini.

La série est donc *convergente* si l'on a $x < 1$; elle est *divergente* si l'on a $x > 1$; elle est encore divergente si l'on a $x = 1$, car le rapport $\dfrac{u_{n+1}}{u_n}$ tend vers l'unité en restant *plus grand* que l'unité.

Deuxième règle. — *1° Une série (u) est convergente quand, à partir d'un certain rang p, la quantité $\sqrt[n]{u_n}$ est constamment inférieure à un nombre fixe q moindre que l'unité.*

2° Une série (u) est divergente quand, à partir d'un certain rang p, la quantité $\sqrt[n]{u_n}$ est constamment plus grande que l'unité.

1° Prenons pour la série auxiliaire (v) la progression géométrique

$$q \quad q^2 \quad q^3 \quad \ldots$$

qui est convergente, car q est plus petit que l'unité.

Pour toutes les valeurs de n égales ou supérieures à l'entier p on aura

$$u_n < q^n ;$$

donc la série (u) est convergente (**Théorème III**).

2° Par hypothèse on a

$$\sqrt[n]{u_n} > 1$$

pour toutes les valeurs de n égales ou supérieures à l'entier p.

Le terme général de la série restant supérieur à l'unité, cette série est divergente.

La marche à suivre pour appliquer cette deuxième règle est la même que pour la première.

On cherchera si, n devenant infini, la quantité $\sqrt[n]{u_n}$ tend vers une limite.

Supposons qu'il en soit ainsi et soit λ cette limite ; on démontrera, comme pour la première règle, que la série est convergente si λ est moindre que l'unité, et divergente si λ est supérieur à l'unité.

Quand λ est égal à l'unité, la deuxième règle est en défaut, à moins que la quantité $\sqrt[n]{u_n}$ ne tende vers l'unité en restant toujours supérieure à l'unité ; dans ce cas la série est divergente.

Exemples.

1° Soit la série

$$2^{x-1} + 2^{2x-4} + 2^{3x-9} + \ldots + 2^{nx-n^2} + \ldots$$

dans laquelle x désigne un nombre réel quelconque.

On a

$$\sqrt[n]{u_n} = \frac{2^x}{2^n} ;$$

cette quantité tendant vers zéro quand n devient infini, la série est *convergente*.

2° Soit la série

$$\left(1+\frac{1}{1}\right)x + \left(1+\frac{1}{2}\right)^2 x^2 + \ldots + \left(1+\frac{1}{n}\right)^n x^n + \ldots$$

dans laquelle x désigne un nombre positif.

On a

$$\sqrt[n]{u_n} = \left(1+\frac{1}{n}\right)x ;$$

cette quantité tendant vers x quand n devient infini, la série sera *convergente* pour $x < 1$ et divergente pour $x > 1$.

Pour $x = 1$ la série est encore divergente, car on a alors,

$$\sqrt[n]{u_n} = 1 + \frac{1}{n} > 1.$$

3° Soit la série

$$\frac{1+\sin^2 x}{2} + \frac{1+\sin^2 2x}{2^2} + \ldots + \frac{1+\sin^2 nx}{2^n} + \ldots$$

dans laquelle x désigne un nombre réel quelconque.

On a

$$\sqrt[n]{u_n} = \frac{1}{2}\sqrt[n]{1+\sin^2 nx},$$

d'où l'on déduit

$$\frac{1}{2} \leq \sqrt[n]{u_n} \leq \frac{1}{2}\sqrt[n]{2}.$$

On voit que $\sqrt[n]{u_n}$ tend vers $\frac{1}{2}$ quand n devient infini ; la série est donc *convergente*.

Remarque I. — Nous venons de voir que, pour appliquer les deux règles précédentes, on devait chercher les limites des quantités $\frac{u_{n+1}}{u_n}$ et $\sqrt[n]{u_n}$ pour n infini ; on peut démontrer que si ces quantités ont des limites λ, λ', ces limites sont égales.

Considérons en effet la série

$$u_1 x \qquad u_2 x^2 \qquad \ldots \qquad u_n x^n \qquad \ldots$$

et posons $v_n = u_n x^n$.

On a

$$\frac{v_{n+1}}{v_n} = \frac{u_{n+1}}{u_n}\, x \qquad \sqrt[n]{v_n} = x \sqrt[n]{u_n}$$

et, par suite

$$\lim \frac{v_{n+1}}{v_n} = \lambda x \qquad \lim \sqrt[n]{v_n} = \lambda' x$$

pour n infini.

Si les limites λ, λ' sont inégales, on aura par exemple $\lambda > \lambda'$ et, en choisissant pour x un nombre compris entre les quantités $\frac{1}{\lambda}$, $\frac{1}{\lambda'}$, on aura les inégalités

$$\frac{1}{\lambda} < x < \frac{1}{\lambda'},$$

c'est-à-dire

$$\lambda' x < 1 \quad \text{et} \quad \lambda x > 1.$$

On voit que, pour cette valeur de x, la série serait divergente d'après la première règle et convergente d'après la deuxième, ce qui est impossible.

On ne peut donc pas supposer $\lambda > \lambda'$, et l'on verrait de même que l'hypothèse $\lambda < \lambda'$ est inadmissible ; on a donc $\lambda = \lambda'$.

Remarque II. — Nous venons de démontrer que, si les quantités $\frac{u_{n+1}}{u_n}$ et $\sqrt[n]{u_n}$ ont des limites, ces limites sont égales ; on peut prouver que l'existence d'une limite λ pour le rapport $\frac{u_{n+1}}{u_n}$ implique l'existence d'une limite *égale* pour $\sqrt[n]{u_n}$. (Cauchy, *Cours d'analyse de l'École Royale Polytechnique*, page 53.)

Le rapport $\frac{u_{n+1}}{u_n}$ ayant une limite λ pour n infini, on peut, au nombre positif α pris aussi petit que l'on voudra, faire correspondre un entier p tel que ce rapport soit compris entre

$\lambda - \alpha$ et $\lambda + \alpha$ pour toutes les valeurs de n égales ou supé-rieures à p.

On a donc les inégalités

$$\lambda - \alpha < \frac{u_{n+1}}{u_n} < \lambda + \alpha$$

$$\lambda - \alpha < \frac{u_{n+2}}{u_{n+1}} < \lambda + \alpha$$

$$\cdots \cdots \cdots \cdots$$

$$\cdots \cdots \cdots \cdots$$

$$\lambda - \alpha < \frac{u_{n+q}}{u_{n+q-1}} < \lambda + \alpha$$

qui, multipliées membre à membre, donnent

$$(\lambda - \alpha)^q u_n < u_{n+q} < (\lambda + \alpha)^q u_n.$$

De ces dernières inégalités on tire

$$(\mathrm{I}) \qquad (\lambda - \alpha)\mathrm{A} < \sqrt[n+q]{u_{n+q}} < (\lambda + \alpha)\mathrm{B}$$

en posant

$$\mathrm{A} = \sqrt[n+q]{\frac{u_n}{(\lambda - \alpha)^n}} \qquad \mathrm{B} = \sqrt[n+q]{\frac{u_n}{(\lambda + \alpha)^n}}.$$

Quand q devient infini, A et B tendent vers l'unité; on peut donc faire correspondre aux nombres $\frac{\alpha}{\lambda - \alpha}$, $\frac{\alpha}{\lambda + \alpha}$ un entier r tel que l'on ait

$$1 - \frac{\alpha}{\lambda - \alpha} < \mathrm{A} \qquad \text{et} \qquad 1 + \frac{\alpha}{\lambda + \alpha} > \mathrm{B}$$

pour toutes les valeurs de q égales ou supérieures à r.

Dans ces conditions, les inégalités (I) deviendront

$$\lambda - 2\alpha < \sqrt[n+q]{u_{n+q}} < \lambda + 2\alpha;$$

et ces dernières inégalités montrent que $\sqrt[n+q]{u_{n+q}}$ a λ pour limite.

Remarque III. — La réciproque de la proposition que nous venons d'établir n'est pas vraie ; il peut arriver que, n devenant infini, la quantité $\sqrt[n]{u_n}$ ait une limite et que le rapport $\dfrac{u_{n+1}}{u_n}$ n'en ait pas.

Soit par exemple $u_n = \dfrac{1 + \sin^2 nx}{2^n}$; nous avons vu (§ 153) que la quantité $\sqrt[n]{u_n}$ tend vers $\dfrac{1}{2}$ quand n devient infini ; cependant, dans les mêmes conditions, le rapport

$$\frac{u_{n+1}}{u_n} = \frac{1}{2} \cdot \frac{1 + \sin^2 (n+1)x}{1 + \sin^2 nx}$$

ne tend pas vers une limite.

Remarque IV. — La même proposition permet souvent de trouver la limite, pour n infini, d'une expression de la forme $\sqrt[n]{f(n)}$.

On formera le rapport $\dfrac{f(n+1)}{f(n)}$ et l'on cherchera sa limite pour n infini ; si cette limite existe, elle sera égale à celle de $\sqrt[n]{f(n)}$.

Cherchons, par exemple, la limite de $\sqrt[n]{n}$ pour n infini.

Le rapport $\dfrac{n+1}{n} = 1 + \dfrac{1}{n}$ a pour limite l'unité ; il en est donc de même de la quantité $\sqrt[n]{n}$.

154. En comparant une série à la série (v) dont le terme général est $v_n = \dfrac{1}{n^\alpha}$, nous allons établir une troisième règle de convergence.

Troisième règle. — *Quand, à partir d'un certain rang, le produit $n^\alpha u_n$ est constamment compris entre deux nombres fixes a et A, la série (u) est convergente si le nombre α est plus grand que l'unité ; elle est divergente si ce nombre est égal ou inférieur à l'unité.*

On a en effet

$$\frac{u_n}{v_n} = n^\alpha u_n$$

et, par suite,

$$u < \frac{u_n}{v_n} < A \, ;$$

les séries (u) et (v) sont donc de même nature (**Théorèmes III et IV. — Corollaire**).

Maintenant la série (v) est *convergente* pour $\alpha > 1$ et *divergente* pour $\alpha \leqslant 1$; la série (u) sera donc convergente ou divergente dans les mêmes conditions.

Pour appliquer la troisième règle on suivra une marche analogue à celle qui a été indiquée pour la première et la deuxième.

On cherchera si, n devenant infini, le produit $n^\alpha u_n$ tend vers une limite.

Supposons qu'il en soit ainsi et soit λ cette limite ; dans ce cas, au nombre positif ε correspondra un entier positif p, tel que l'on aura

$$\lambda - \varepsilon < n^\alpha u_n < \lambda + \varepsilon$$

pour toutes les valeurs de n égales ou supérieures à p ; on pourra donc appliquer la troisième règle.

155. En comparant une série à la série harmonique, on est conduit au théorème suivant, qui est souvent utile :

Théorème VI. — *Quand le produit nu_n ne tend pas vers zéro, n devenant infini, la série (u), à termes positifs, est divergente.*

En effet, si le produit nu_n ne tend pas vers zéro, il existe un nombre fixe a tel que l'on a constamment, à partir d'un certain rang,

$$nu_n > a \qquad \text{ou} \qquad u_n > \frac{a}{n}.$$

La série harmonique étant divergente, il en est de même de la série (u) (**Théorème IV**).

Corollaire. — *Dans toute série convergente, à termes positifs, le produit nu_n tend vers zéro quand n devient infini.*

Remarque. — Cette condition, qui est *nécessaire*, n'est pas *suffisante*.

Exemples.

1° Soit la série

$$\frac{1}{1.2} + \frac{1}{2.3} + \cdots + \frac{1}{n(n+1)} + \cdots$$

On a

$$n^2 u_n = \frac{n}{n+1} \, ;$$

donc $\lim n^2 u_n = 1$ et la série est convergente.

Il est facile de trouver la somme de la série précédente.

En effet, de l'identité

$$\frac{1}{n(n+1)} = \frac{1}{n} - \frac{1}{n+1}$$

on tire

$$S_n = 1 - \frac{1}{n+1} \, ,$$

puis

$$\lim S_n = 1$$

pour n infini ; la somme de la série est donc égale à l'unité.

2° Soit la série

$$\frac{1}{a+r} + \frac{1}{a+2r} + \cdots + \frac{1}{a+nr} + \cdots$$

dans laquelle a et r sont des nombres positifs.

On a

$$n u_n = \frac{n}{a+nr} \qquad \text{d'où} \qquad \lim n u_n = \frac{1}{r}.$$

Le produit $n u_n$ ne tendant pas vers zéro quand n devient infini, la série est divergente.

Remarque. — Les deux séries que nous venons d'étudier appartiennent à la classe des séries dont le terme général est de la forme

$$u_n = \frac{A n^p + B n^{p-1} + \cdots}{a n^{p+q} + b n^{p+q-1} + \cdots}.$$

On peut déterminer leur nature à l'aide du théorème suivant :

Théorème VII. — *Pour qu'une série dont le terme général est de la forme*

$$u_n = \frac{A n^p + B n^{p-1} + \dots}{a n^{p+q} + b n^{p+q-1} + \dots}$$

soit convergente, il faut et il suffit que le nombre q soit plus grand que l'unité.

On a, en effet,

$$n^q u_n = \frac{A n^{p+q} + B n^{p+q-1} + \dots}{a n^{p+q} + b n^{p+q-1} + \dots} = \frac{A + \dfrac{B}{n} + \dots}{a + \dfrac{b}{n} + \dots},$$

et, par suite,

$$\lim n^q u_n = \frac{A}{a}$$

pour n infini ; la série est donc *convergente* pour $q > 1$ et *divergente* pour $q \leq 1$.

Séries dont tous les termes n'ont pas le même signe.

156. Nous allons maintenant étudier les séries dont tous les termes n'ont pas le même signe, c'est-à-dire les séries telles qu'un terme quelconque u_n est suivi, si grand que soit n, d'une infinité de termes *positifs* et d'une infinité de termes *négatifs*.

Définition. — *Quand une série (u) n'a pas tous ses termes de même signe, la série (U) obtenue en remplaçant chaque terme par sa valeur absolue est appelée la série des modules.*

Théorème VIII. — *Une série (u) dont tous les termes n'ont pas le même signe est convergente, si la série (U) des modules est convergente.*

Soient

$$u_1 \qquad u_2 \qquad u_3 \dots$$

une série (u) dont tous les termes n'ont pas le même signe, et

$$| u_1 | \qquad | u_2 | \qquad | u_3 | \ldots$$

la série (U) des modules.

Nous nous proposons de démontrer que si la série (U) des modules est *convergente*, la série (u) est aussi *convergente*.

Nous représenterons par

$$a_1 \qquad a_2 \quad \ldots \quad a_n \ldots$$

la série (a) formée par les termes *positifs* de la série (u) pris dans l'ordre où ils se succèdent dans cette série.

Nous représenterons de même par

$$b_1 \qquad b_2 \quad . \quad . \quad b_n \ldots$$

la série (b) formée par les valeurs *absolues* des termes négatifs de la série (u) pris dans l'ordre où ils se succèdent dans cette série.

Cela posé, désignons par S_n la somme des n premiers termes de la série (u) et par Σ_n la somme des n premiers termes de la série (U).

Dans la somme S_n il y aura un certain nombre p de termes positifs et un certain nombre q de termes négatifs ; si l'on pose

$$P_p = a_1 + a_2 + \ldots + a_p$$
$$Q_q = b_1 + b_2 + \ldots + b_q,$$

on aura

$$S_n = P_p - Q_q$$
$$\Sigma_n = P_p + Q_q.$$

En désignant par Σ la somme de la série (U) qui, par hypothèse, est convergente, c'est-à-dire la limite de Σ_n pour n infini, on aura

$$P_p < \Sigma_n < \Sigma \qquad \text{et} \qquad Q_q < \Sigma_n < \Sigma.$$

Les quantités P_p, Q_q sont moindres que Σ ; comme elles sont formées de termes positifs, elles vont en croissant à mesure que n augmente ; elles tendent donc vers des limites P et Q.

Il résulte de là : 1° que les séries (a) et (b) sont convergentes et ont respectivement pour somme P et Q ; 2° que la somme $S_n = P_p - Q_q$ tend vers une limite égale à $P - Q$, quand n devient infini.

En résumé, la série (u) est convergente et sa somme S est égale à la différence des sommes des deux séries convergentes (a), (b).

Remarque I. — La condition énoncée (**Théorème VIII**) *suffit* pour qu'une série n'ayant pas tous ses termes de même signe soit convergente, mais elle n'est pas *nécessaire*. Nous rencontrerons plus loin des exemples de séries convergentes pour lesquelles la série des modules est *divergente*.

Remarque II. — Pour étudier une série (u) dont tous les termes n'ont pas le même signe, on appliquera à la série (U) des modules les règles de convergence établies pour les séries à termes positifs.

Si l'on reconnaît ainsi que la série des modules est convergente, on en conclura que la série proposée est aussi convergente.

Si l'on reconnaît que la série des modules est divergente, on ne pourra en général rien conclure relativement à la nature de la série proposée et il faudra étudier directement cette série.

Supposons, en particulier, que l'on applique la première règle de convergence à la série (U) des modules, et soit λ la limite du rapport $\left| \dfrac{u_{n+1}}{u_n} \right|$ pour n infini ; trois cas pourront se présenter.

1° $\lambda < 1$. — La série (U) des modules est convergente et, par suite, aussi la série (u).

2° $\lambda > 1$. — La série (U) des modules est divergente ; le théorème VIII ne fait plus connaître la nature de la série (u), mais il est aisé de voir que cette série est *divergente*. En effet, son terme général ne tend pas vers zéro, puisque l'on a constamment, à partir d'un certain rang,

$$\left| \frac{u_{n+1}}{u_n} \right| > 1.$$

3° $\lambda = 1$. — La première règle n'apprend rien sur la nature de la série des modules, à moins que l'on n'ait constamment, à partir d'un certain rang,

$$\left|\frac{u_{n+1}}{u_n}\right| > 1.$$

Dans ce cas, les séries (U) et (u) sont toutes les deux divergentes, car la valeur absolue du terme général ne tend pas vers zéro.

Séries alternées.

157. Parmi les séries dont tous les termes n'ont pas le même signe, il convient de considérer particulièrement celles dont les termes, à partir d'un certain rang, sont alternativement positifs et négatifs et qu'on appelle *séries alternées*. Il existe, en effet, pour ces séries un caractère spécial de convergence.

Théorème IX. — *Pour qu'une série alternée, dans laquelle le terme général tend vers zéro, soit convergente, il suffit que les valeurs absolues des termes décroissent constamment, à partir d'un certain rang.*

On peut supposer que les termes de la série sont alternativement positifs et négatifs et que leurs valeurs absolues décroissent constamment *à partir du premier*; si cette double propriété n'avait lieu qu'à partir du terme de rang p, on négligerait les $p-1$ premiers termes qui ont une somme *déterminée*.

Cela étant, la série proposée (u) sera de la forme

$$u_1 - u_2 + \ldots + (-1)^{n-1}u_n + \ldots$$

et les quantités *positives* u_1, u_2, ... iront en décroissant.

On a

$$(1) \qquad S_{n+2} - S_n = (-1)^n(u_{n+1} - u_{n+2})$$

$$(2) \qquad S_{n+1} - S_n = (-1)^n u_{n+1}.$$

La quantité $u_{n+1} - u_{n+2}$ étant positive, l'égalité (1) montre que la différence $S_{n+2} - S_n$ a le signe de $(-1)^n$; elle est positive si n est pair, négative si n est impair, et l'on a les inégalités

$$(3) \qquad S_2 < S_4 < \ldots < S_{2p} \quad < \ldots$$

$$(4) \qquad S_1 > S_3 > \ldots > S_{2p+1} > \ldots$$

Maintenant l'égalité (2) donne

$$S_{2p} = S_{2p-1} - u_{2p} \quad \text{et} \quad S_{2p+1} = S_{2p} + u_{2p+1}.$$

De ces dernières relations et des inégalités (3) et (4) on tire

$$S_{2p} < S_{2p-1} < S_1 \quad \text{et} \quad S_{2p+1} > S_{2p} > S_2.$$

En résumé les sommes S_2, S_4, ..., S_{2p}, ... *croissent* constamment et restent *inférieures* à S_1; elles ont donc une limite A.

De même les sommes S_1, S_3, ..., S_{2p+1}, ..., *décroissent* constamment et restent *supérieures* à S_2; elles ont donc une limite B.

D'un autre côté, le terme général de la série (u) tendant vers zéro, il en est de même de la différence

$$S_{2p+1} - S_{2p} = u_{2p+1};$$

on a donc $A = B$ et la série (u) est convergente.

Si l'on représente par S la somme de cette série, on aura

$$S_{2p} < S < S_{2q+1}$$

quels que soient les entiers p et q.

Limite de l'erreur commise quand on arrête la série au terme de rang n. — La somme S de la série (u) étant comprise entre S_n et S_{n+1}, l'erreur $\varepsilon_n = S - S_n$ que l'on commet en remplaçant S par S_n est moindre, en valeur absolue, que $S_{n+1} - S_n = (-1)^n u_{n+1}$; on voit en outre facilement que les deux différences $S - S_n$, $S_{n+1} - S_n$ sont de même signe.

Il résulte de là que l'on peut poser

$$\varepsilon_n = (-1)^n \theta\, u_{n+1}$$

ou encore

$$S = S_n + (-1)^n \theta\, u_{n+1},$$

θ désignant un nombre *positif* moindre que l'*unité*.

Exemples.

1° Soit la série alternée

$$1 - \frac{1}{2} + \frac{1}{3} - \cdots + \frac{(-1)^{n-1}}{n} + \cdots$$

Les valeurs absolues des termes décroissent constamment et le terme général tend vers zéro ; la série est donc convergente.

Si l'on arrête la série au terme de rang n, l'erreur commise ε_n pourra être représentée par la formule

$$\varepsilon_n = (-1)^n \frac{\theta}{n+1} \qquad 0 < \theta < 1.$$

Remarque. — On trouve ici un exemple de série qui est convergente bien que la série des modules soit divergente.

2° Soit la série

$$1 + \frac{x}{1} + \frac{x^2}{1.2} + \cdots + \frac{x^n}{1.2\ldots n} + \cdots$$

Nous avons déjà vu qu'elle est convergente pour $x > 0$; il résulte de là que, x étant négatif, la série considérée est encore convergente, car la série des modules est convergente.

3° Soit la série

$$\frac{x}{1} + \frac{x^2}{2} + \cdots + \frac{x^n}{n} + \cdots$$

dans laquelle x désigne un nombre quelconque positif ou négatif.

On a pour n infini,

$$\lim \left| \frac{u_{n+1}}{u_n} \right| = \lim \left| \frac{n}{n+1} x \right| = |x|.$$

Nous distinguerons trois cas.

Premier cas. — *On a* $|x| < 1$. — La série des modules étant convergente, la série considérée est aussi convergente.

Deuxième cas. — *On a* $|x| > 1$. — La série des modules sera divergente et il en sera de même de la série considérée, car à partir d'un certain rang, on a constamment $\left|\dfrac{u_{n+1}}{u_n}\right| > 1$.

Troisième cas. — *On a* $|x| = 1$. — Si x est égal à $+1$, on retrouve la série harmonique qui est divergente.

Si x est égal à -1, on retrouve la série alternée

$$-1 + \frac{1}{2} - \frac{1}{3} + \ldots + \frac{(-1)^n}{n} + \ldots$$

qui est convergente.

En résumé la série considérée est convergente quand on a

$$-1 \leqslant x < +1 ;$$

elle est divergente quand on a

$$x < -1 \quad \text{ou encore} \quad x \geqslant +1.$$

4° Soit enfin la série

$$x \sin \theta + x^2 \sin 2\theta + \ldots + x^n \sin n\theta + \ldots$$

On a

$$|x^n \sin n\theta| \leqslant |x^n|.$$

Si $|x|$ est plus petit que l'unité, la série ayant pour terme général $|x^n|$ est convergente; il en est donc de même de la série des modules de la série considérée, et cette dernière série est *convergente.*

Si $|x|$ est égal ou supérieur à l'unité, le terme général $x^n \sin n\theta$ de la série considérée ne tend pas vers zéro quand n devient infini; cette série est donc *divergente.*

Ces conclusions s'appliquent à la série

$$x \cos \theta + x^2 \cos 2\theta + \ldots + x^n \cos n\theta + \ldots$$

Remarque. — Les deux séries précédentes sont de la forme

$$a_0 + a_1 \cos \theta + \ldots + a_n \cos n\theta + \ldots$$
$$b_1 \sin \theta + \ldots + b_n \sin n\theta + \ldots ;$$

elles appartiennent   la classe des séries *trigonométriques* qui jouent un grand rôle en physique mathématique. »

On peut établir un théorème permettant, dans certains cas, de reconnaître si ces séries sont convergentes.

Nous supposerons, dans ce qui suit, que les termes de chacune des suites

$$a_0 \quad a_1 \quad \ldots \quad a_n \quad \ldots$$
$$b_1 \quad \ldots \quad b_n \quad \ldots$$

formés par les coefficients des lignes trigonométriques $\sin p\theta$, $\cos p\theta$ ont tous le même signe ou sont alternativement positifs et négatifs.

Le deuxième cas peut d'ailleurs être ramené au premier en changeant θ en $\pi + \theta$.

Considérons par exemple la première série et supposons que tous les coefficients a_0, a_1, a_2, ..., soient positifs, nous démontrerons le théorème suivant :

Théorème X. — *Pour que la série*

$$a_0 + a_1 \cos\theta + a_2 \cos 2\theta + \ldots + a_n \cos n\theta + \ldots,$$

dans laquelle tous les coefficients a_n sont positifs et a_n tend vers zéro, soit convergente, il suffit que ces coefficients décroissent constamment à partir d'un certain rang.

On peut toujours supposer que les coefficients soient positifs et décroissent à partir du premier.

Cela posé, multiplions les deux membres de l'égalité

$$S_n = a_0 + a_1 \cos\theta + a_2 \cos 2\theta + \ldots + a_n \cos n\theta,$$

par le facteur $2\sin\dfrac{\theta}{2}$, qui n'est pas nul si θ n'est pas égal à un multiple de 2π; nous aurons

$$2S_n \sin\frac{\theta}{2} = \sum_{p=0}^{p=n} 2a_p \cos p\theta \sin\frac{\theta}{2} = \sum_{p=0}^{p=n} a_p \left(\sin\frac{2p+1}{2}\theta - \sin\frac{2p-1}{2}\theta \right).$$

En ordonnant le second membre par rapport aux sinus, on obtient la relation

$$2S_n \sin \frac{\theta}{2} = a_0 \sin \frac{\theta}{2} + (a_0 - a_1)\sin \frac{\theta}{2} + \ldots + (a_{n-1} - a_n)\sin \frac{2n-1}{2}\theta + a_n \sin \frac{2n+1}{2}\theta.$$

Laissant de côté le premier terme du second membre et le dernier qui a pour limite zéro, les n termes restants formeront, quand n deviendra infini, une série convergente.

En effet les valeurs absolues des termes de cette série sont respectivement moindres que ceux de la série à termes positifs

$$(A) \qquad (a_0 - a_1) + (a_1 - a_2) + \ldots + (a_{n-1} - a_n) + \ldots$$

qui est convergente et a pour limite a_0, puisque l'on a

$$A_n = a_0 - a_n,$$

et que a_n tend vers zéro.

La somme $2S_n \sin \frac{\theta}{2}$ ayant une limite pour n infini, la série considérée est convergente, sauf peut-être pour $\theta = 2\,k\pi$.

Remarque. — Le théorème précédent s'applique à la série

$$b_1 \sin \theta + b_2 \sin 2\theta + \ldots b_n \sin n\theta + \ldots$$

et se démontre de la même manière.

Les considérations précédentes montrent immédiatement la convergence des séries qui ont pour termes généraux

$$u_n = x^n \cos n\theta \qquad\qquad u_n = x^n \sin n\theta \quad \text{pour} \quad |x| < 1$$

$$u_n = \frac{(-1)^{n-1}}{n} \sin n\theta \qquad\qquad u_n = \frac{\cos 2n\theta}{n}.$$

Compléments de la théorie des séries.

158. Dans ces compléments nous établirons quelques règles de convergence qui sont souvent utiles, et nous ferons une étude sommaire des séries *absolument convergentes* ainsi que des *produits infinis*.

Règle de Cauchy. — *Lorsque dans une série à termes positifs*

$$(u) \qquad u_1 + u_2 + \ldots + u_n + \ldots$$

les termes vont en décroissant, cette série est convergente ou divergente en même temps que la série

$$(v) \qquad au_a + a^2 u_{a^2} + \ldots + a^n u_{a^n} + \ldots$$

a désignant un entier supérieur à l'unité.

Pour établir cette règle, nous suivrons la méthode qui nous a servi à étudier la série dont le terme général est $\dfrac{1}{n^\alpha}$.

En désignant par S_n la somme des n premiers termes de la série (u), on aura

$$pu_n > S_{n+p} - S_n > pu_{n+p}$$

ou

$$(a-1)nu_n > S_{an} - S_n > (a-1)nu_{an},$$

en posant $p = (a-1)n$.

Dans les dernières inégalités, remplaçons successivement n par les termes de la progression géométrique

$$1 \qquad a \qquad a^2 \qquad \ldots \qquad a^{q-1},$$

puis ajoutons membre à membre les inégalités ainsi obtenues, nous aurons les deux inégalités

$$(5) \qquad S_{a^q} - S_1 > \frac{a-1}{a}\left(au_a + a^2 u_{a^2} + \ldots + a^q u_{a^q}\right)$$

$$(6). \qquad S_{a^q} - S_1 < (a-1)\left(u_1 + au_a + \ldots + a^{q-1} u_{a^{q-1}}\right).$$

L'inégalité (5) montre que si la série (u) est *convergente*, la série (v) l'est aussi.

L'inégalité (6) montre que si la série (u) est *divergente*, la série (v) l'est aussi ; la règle de Cauchy est donc démontrée.

Exemple. — Posons

$$\psi(n) = 1 + \frac{1}{2} + \frac{1}{3} + \ldots + \frac{1}{n} + \ldots$$

et considérons la série ayant pour terme général

$$u_n = \frac{1}{n\,[\psi(n)]^\alpha}.$$

En appliquant la règle de Cauchy et posant $a = 2$, on voit que cette série est convergente ou divergente en même temps que la série

$$(w) \qquad \frac{1}{[\psi(2)]^\alpha} + \frac{1}{[\psi(4)]^\alpha} + \ldots + \frac{1}{[\psi(2^q)]^\alpha} + \ldots$$

Maintenant les inégalités (5) et (6) deviennent, pour $a = 2$ et $u_n = \dfrac{1}{n}$,

$$\psi(2^q) > 1 + \frac{q}{2} \qquad \psi(2^q) < q + 1 ;$$

on a donc

$$\frac{1}{\left(\dfrac{q}{2} + 1\right)^\alpha} > \frac{1}{[\psi(2^q)]^\alpha} > \frac{1}{(q+1)^\alpha}.$$

Ces inégalités montrent que la série (w) est convergente pour $\alpha > 1$, divergente pour $\alpha \leqslant 1$; la série proposée est donc convergente ou divergente dans les mêmes conditions.

Corollaire. — *Le rapport* $\dfrac{\psi(n)}{n^\mu}$ *tend vers zéro quand n devient infini,*

µ *désignant un nombre positif.*

En effet la série dont le terme général est $\dfrac{1}{n\,\psi(n)}$ étant divergente, le

produit $\dfrac{n^{\mu+1}}{n\,\psi(n)} = \dfrac{n^\mu}{\psi(n)}$ devient infini en même temps que n (§ 154, **Troisième Règle**).

Méthode de M. Kummer.

159. M. Kummer a fait connaître une méthode qui permet très souvent d'établir la convergence d'une série à termes positifs. (**Journal de Crelle**, t. XIII, p. 171. — **Bertrand, Traité de calcul différentiel**, p. 261.)

Lemme. — *La série à termes positifs*

$$(u) \qquad\qquad u_1 + u_2 + \ldots + u_n + \cdots$$

est convergente quand, à partir d'un certain rang, on a constamment

$$u_{n+1} \leqslant f(n) - f(n+1),$$

$f(n)$ *désignant une fonction assujettie à la seule condition d'être positive.*

En effet les relations

$$u_{n+1} \leqslant f(n) - f(n+1)$$
$$u_{n+2} \leqslant f(n+1) - f(n+2)$$
$$\cdots\cdots\cdots\cdots\cdots\cdots\cdots$$
$$u_{n+p} \leqslant f(n+p-1) - f(n+p)$$

donnent, par addition,

$$u_{n+1} + u_{n+2} + \cdots + u_{n+p} \leqslant f(n) - f(n+p).$$

On tire de là

$$u_{n+1} + u_{n+2} + \cdots + u_{n+p} < f(n)$$

car, par hypothèse, $f(n+p)$ est positif.

L'inégalité précédente ayant lieu quel que soit p, la série (u) est convergente.

De ce lemme on déduit immédiatement le théorème de Kummer.

Théorème de Kummer. — *Une série (u) à termes positifs est convergente si, à partir d'un certain rang, on a constamment*

$$(7) \qquad \frac{u_n}{u_{n+1}}\, \varphi(n) - \varphi(n+1) \geqslant a,$$

a étant un nombre fixe positif et $\varphi(n)$ une fonction qui reste positive.

En effet de l'inégalité précédente on tire

$$(7') \qquad u_{n+1} \leqslant \frac{u_n \varphi(n)}{a} - \frac{u_{n+1}\varphi(n+1)}{a};$$

et, pour pouvoir appliquer le lemme établi, il suffit de poser $\dfrac{u_n}{\varphi(n)} = f(n)$.

Remarque. — La méthode de M. Kummer se distingue de celles que nous avons déjà fait connaître par l'indétermination qu'elle laisse subsister dans le mode d'application et qui résulte de ce qu'on y fait usage d'une fonction $\varphi(n)$ assujettie seulement à être positive.

Il est toutefois utile de faire observer que la fonction $u_n\varphi(n)$ devra aller en décroissant, n augmentant, car dans l'inégalité $(7')$ le premier membre est positif.

En particularisant la fonction $\varphi(n)$ on peut retrouver presque toutes les règles de convergence connues pour les séries à termes positifs.

1° Posons $\varphi(n) = 1$; l'inégalité (7) devient

$$\frac{u_n}{u_{n+1}} - 1 > a \qquad \text{d'où} \qquad \frac{u_{n+1}}{u_n} < \frac{1}{a+1},$$

on retrouve la première règle.

2° Posons $\varphi(n) = n^\alpha$, l'exposant α étant plus grand que l'unité; l'inégalité (7) devient

$$\frac{u_n}{u_{n+1}}\, n^\alpha - (n+1)^\alpha > a \qquad \text{d'où} \qquad \frac{u_{n+1}}{u_n} < \frac{n^\alpha}{(n+1)^\alpha},$$

on retrouve la troisième règle.

160. La méthode de Kummer va nous permettre enfin d'établir la règle de Raabe et Duhamel ainsi que celle de Gauss.

Règle de Raabe et Duhamel.

On emploie cette règle quand, dans une série à termes positifs, le rapport $\dfrac{u_{n+1}}{u_n}$ tend vers l'unité en restant moindre que l'unité, n devenant infini.

Ce rapport peut alors être mis sous la forme

$$\frac{u_{n+1}}{u_n} = \frac{1}{1+\omega_n},$$

ω_n étant une quantité positive qui tend vers zéro pour n infini; nous allons démontrer le théorème suivant :

Théorème XI. — *Lorsque le rapport $\dfrac{u_{n+1}}{u_n}$ est mis sous la forme*

$$\frac{u_{n+1}}{u_n} = \frac{1}{1+\omega_n}$$

la quantité ω_n tendant vers zéro :

1° *La série (u) est convergente quand, à partir d'un certain rang, le produit $n\,\omega_n$ est constamment supérieur à un nombre fixe a plus grand que l'unité;*

2° *La série (u) est divergente quand, à partir d'un certain rang, le produit $n\,\omega_n$ est constamment inférieur à l'unité.*

1° Par hypothèse on a, pour toutes les valeurs de n supérieures à un certain entier p,

$$n\,\omega_n > a > 1 \qquad \text{d'où} \qquad \omega_n > \frac{a}{n};$$

il en résulte

$$\frac{u_n}{u_{n+1}} = 1 + \omega_n > 1 + \frac{a}{n}.$$

Appliquons la méthode de Kummer en prenant $\varphi(n) = n$, nous aurons

$$\frac{u_n}{u_{n+1}}\,\varphi(n) - \varphi(n+1) > a - 1;$$

la série (u) est donc convergente puisque $a - 1$ est positif.

2° Par hypothèse on a, pour toutes les valeurs de n supérieures à un certain entier p,

$$n\,\omega_n < 1 \qquad \text{d'où} \qquad \omega_n < \frac{1}{n};$$

il en résulte

$$\frac{u_{n+1}}{u_n} > \frac{1}{1 + \dfrac{1}{n}} \quad \text{ou} \quad > \frac{n}{n+1}.$$

La série (u) est donc divergente, comme la série harmonique (§ 153. — Théorème V).

Pour appliquer la règle de Raabe et Duhamel, on cherche si le produit $n\,\omega_n$ tend vers une limite, pour n infini. Supposons qu'il en soit ainsi et désignons cette limite par λ ; trois cas pourront se présenter :

1° *On a* $\lambda > 1$. — La série (u) est convergente ;

2° *On a* $\lambda < 1$. — La série (u) est divergente ;

3° *On a* $\lambda = 1$. — La règle est en défaut, à moins que l'on n'ait constamment, à partir d'un certain rang, $n\,\omega_n < 1$; la série (u) est alors divergente.

Quand la règle de Raabe et Duhamel est en défaut, la quantité ω_n peut être mise sous la forme

$$\omega_n = \frac{1}{n} + \alpha_n,$$

α_n étant une quantité positive telle que $\lim n\,\alpha_n = 0$, pour n infini.

La méthode de Kummer conduit immédiatement au théorème suivant qui complète la règle de Raabe et Duhamel.

Dans l'énoncé de ce théorème $\psi\,(n)$ désigne la somme

$$1 + \frac{1}{2} + \frac{1}{3} + \ldots + \frac{1}{n}.$$

Théorème XII. — *Quand, dans une série à termes positifs, le rapport* $\dfrac{u_{n+1}}{u_n}$ *peut être mis sous la forme*

$$\frac{u_{n+1}}{u_n} = \frac{1}{1 + \dfrac{1}{n} + \alpha_n},$$

α_n *étant une quantité telle que* $\lim n\,\alpha_n = 0$ *pour n infini :*

1° *La série (u) est convergente si, à partir d'un certain rang, le produit $n\,\psi(n)\,\alpha_n$ est constamment supérieur à un nombre fixe a plus grand que l'unité ;*

2° *La série (u) est divergente si, à partir d'un certain rang, le produit $n\,\psi(n)\,\alpha_n$ est constamment inférieur à l'unité.*

1° Par hypothèse on a, pour toutes les valeurs de n supérieures à un certain entier p,

$$n\,\psi(n)\,\alpha_n > a > 1 \quad \text{d'où} \quad \alpha_n > \frac{a}{n\,\psi(n)} ;$$

il en résulte

$$\frac{u_n}{u_{n+1}} = 1 + \frac{1}{n} + \alpha_n > 1 + \frac{1}{n} + \frac{a}{n\,\psi(n)}.$$

Appliquons la méthode de M. Kummer en prenant $\varphi(n) = n\psi(n)$, nous aurons

$$\frac{u_n}{u_{n+1}}\, \varphi(n) - \varphi(n+1) > a - (n+1)\,[\psi(n+1) - \psi(n)],$$

c'est-à-dire

$$\frac{u_n}{u_{n+1}}\, \varphi(n) - \varphi(n+1) > a - 1\ ;$$

la série (u) est donc convergente, puisque $a - 1$ est positif.

2° Par hypothèse on a, pour toutes les valeurs de n supérieures à un certain entier p,

$$n\psi(n)\alpha_n < 1 \qquad \text{d'où} \qquad \alpha_n < \frac{1}{n\psi(n)}\ ;$$

il en résulte

$$\frac{u_n}{u_{n+1}}\, n\psi(n) - (n+1)\psi(n+1) < \left[1 + \frac{1}{n} + \frac{1}{n\psi(n)}\right] n\psi(n) - (n+1)\psi(n+1),$$

c'est-à-dire

$$\frac{u_n}{u_{n+1}}\, n\psi(n) - (n+1)\psi(n+1) < 0$$

ou

$$\frac{u_{n+1}}{u_n} > \frac{n\psi(n)}{(n+1)\psi(n+1)}\cdot$$

La série (u) est donc divergente comme la série dont le terme général est

$$\frac{1}{n\psi(n)}\cdot$$

Pour appliquer le théorème XII, on cherche si le produit $n\psi(n)\alpha_n$ tend vers une limite, pour n infini. Supposons qu'il en soit ainsi et désignons cette limite par λ ; trois cas pourront se présenter :

1° *On a* $\lambda > 1$. — La série (u) est convergente ;

2° *On a* $\lambda < 1$. — La série (u) est divergente ;

3° *On a* $\lambda = 1$. — Le théorème XII est en défaut, à moins que l'on n'ait constamment, à partir d'un certain rang, $n\psi(n)\alpha_n < 1$; la série (u) est alors divergente.

Remarque. — Supposons que α_n soit de la forme $\dfrac{\beta_n}{n^{\mu+1}}$, le nombre μ étant positif et la quantité β_n ne devenant pas infinie avec n ; on aura, pour n infini,

$$\lim n\psi(n)\alpha_n = \lim \beta_n \frac{\psi(n)}{n^\mu} = 0,$$

car $\lim \dfrac{\psi(n)}{n^\mu} = 0$; la série (u) est donc divergente.

De cette remarque, de la règle de Raabe et Duhamel et du théorème XII résulte le corollaire suivant :

Corollaire. — *Pour qu'une série (u) dans laquelle le rapport $\dfrac{u_{n+1}}{u_n}$ peut être mis sous la forme*

$$\frac{u_{n+1}}{u} = \cfrac{1}{1 + \dfrac{a}{n} + \dfrac{\beta_n}{n^{\mu+1}}},$$

le nombre μ étant positif et β_n ne devenant pas infini avec n, soit convergente, il faut et il suffit que l'on ait $a > 1$.

Règle de Gauss.

161. Le corollaire précédent donne une démonstration immédiate d'une règle de convergence due à Gauss et qui, sans être aussi générale que les précédentes, s'applique à une classe nombreuse et importante de séries.

Règle de Gauss. — *Lorsque le rapport d'un terme au précédent ayant pour limite l'unité peut être mis sous la forme*

$$\frac{u_{n+1}}{u_n} = \frac{n^\lambda + an^{\lambda-1} + bn^{\lambda-2} + \cdots}{n^\lambda + An^{\lambda-1} + Bn^{\lambda-2} + \cdots},$$

il faut et il suffit que l'on ait $A - a > 1$, pour que la série soit convergente.

En effet, en divisant, dans l'expression de $\dfrac{u_{n+1}}{u_n}$, le dénominateur par le numérateur et posant

$$\beta_n = \frac{\left[B - b - a(A - a) \right] n^\lambda + \cdots}{n^\lambda + an^{\lambda-1} + \cdots},$$

on a

$$\frac{u_{n+1}}{u_n} = \cfrac{1}{1 + \dfrac{A - a}{n} + \dfrac{\beta_n}{n^2}}.$$

Comme β_n ne devient pas infini avec n, il résulte du corollaire démontré plus haut que la série (u) est convergente quand on a $A - a > 1$, et divergente quand on a $A - a \leqq 1$.

Exemple I. — Considérons la série

$$1 + \frac{m}{1}\,x + \frac{m(m-1)}{1 \cdot 2}\,x^2 + \cdots + \frac{m(m-1)\cdots(m-n+1)}{1 \cdot 2 \cdots n}\,x^n + \cdots$$

que l'on appelle la *série du binôme*, parce que, dans certaines conditions, elle a pour somme $(1 + x)^m$.

Le rapport

$$\frac{u_{n+1}}{u_n} = \frac{m - n + 1}{n}\, x$$

tend vers $- x$ pour n infini; la série est donc convergente pour $|x| < 1$ et divergente pour $|x| > 1$.

Supposons maintenant que l'on ait $|x| = 1$; nous distinguerons deux cas.

Premier cas. — *On a* $x = -1$. — Dans cette hypothèse, on a

$$\frac{u_{n+}}{u_n} = \frac{n - (m + 1)}{n}\,;$$

et le rapport $\dfrac{u_{n+1}}{u_n}$ tend vers l'unité pour n infini.

La règle de Gauss montre que la série est convergente si m est positif et qu'elle est divergente si m est négatif.

Quand m est nul, la série se réduit à son premier terme.

Deuxième cas. — *On a* $x = +1$. — Dans cette hypothèse, on a

$$\frac{u_{n+1}}{u_n} = -\, \frac{n - (m + 1)}{n}\,;$$

le rapport $\dfrac{u_{n+1}}{u_n}$ tend vers -1, pour n infini, et, à partir d'un certain rang, les termes de la série sont alternativement positifs et négatifs.

La valeur absolue du rapport d'un terme au précédent peut être mise sous la forme

$$(8) \qquad \left|\frac{u_{n+1}}{u_n}\right| = \frac{1}{1 + \dfrac{m + 1}{n - (m + 1)}}$$

et l'on peut prendre n assez grand pour que $n - (m + 1)$ soit positif.

On est conduit à faire les trois hypothèses suivantes

1° $m + 1 < 0$. — Les termes croissent en valeur absolue et la série est divergente.

2° $m + 1 = 0$. — La série est encore divergente, car elle devient

$$1 - 1 + 1 - 1 + \cdots$$

3° $m + 1 > 0$. — Les termes décroissent en valeur absolue; nous allons montrer que le terme général tend vers zéro.

Dans la relation (8 remplaçons n successivement par n, $n + 1, \ldots, n + p$

et multiplions membre à membre les égalités ainsi obtenues, nous aurons

$$\left| \frac{u_{n+p+1}}{u_n} \right| = \frac{1}{\mathrm{P}}$$

en posant

$$\mathrm{P} = \left(1 + \frac{m+1}{n-(m+1)}\right)\left(1 + \frac{m+1}{n+1-(m+1)}\right) \cdots \left(1 + \frac{m+1}{n+p-(m+1)}\right).$$

On a

$$\mathrm{P} > 1 + (m+1)\left(\frac{1}{n-(m+1)} + \frac{1}{n+1-(m+1)} + \cdots + \frac{1}{n+p-(m+1)}\right).$$

Quand p devient infini la quantité multipliée par $m+1$ devient aussi infinie, car la série dont le terme général est $\dfrac{1}{n+p-(m+1)}$ est divergente.

Il résulte de là que u_{n+p+1} tend vers zéro pour p infini.

La série du binôme est donc convergente pour $m+1 > 0$ et $x = -1$, car elle est alternée et le terme général tend vers zéro.

Exemple II. — Considérons encore la série

$$1 + \frac{\alpha.\beta}{1.\gamma}\,x + \frac{\alpha(\alpha+1)\beta(\beta+1}{1.2.\gamma(\gamma+1)}\,x^2 + \cdots + \frac{\alpha(\alpha+1)\ldots(\alpha+n-1).\beta(\beta+1)\ldots(\beta+n-1)}{1.2\ldots n.\gamma(\gamma+1)\ldots(\gamma+n-1)}\,x^n + \cdots$$

qui représente presque toutes les séries connues quand on particularise les nombres α, β, γ qui sont *quelconques*.

Ainsi, par exemple, elle se réduit à la série du binôme quand on pose $\alpha = -m$, $\beta = \gamma$ et qu'on remplace x par $-x$.

Elle a été étudiée pour la première fois par Gauss (Werke, t. III, p. 138); on l'appelle la série *hypergéométrique.*

On a ici

$$\frac{u_{n+2}}{u_{n+1}} = \frac{(\alpha+n)(\beta+n)}{(1+n)(\gamma+n)}\,x = \frac{n^2+(\alpha+\beta)n+\alpha\beta}{n^2+(\gamma+1)n+\gamma}\,x$$

et

$$\lim \frac{u_{n+2}}{u_{n+1}} = x$$

pour n infini; la série hypergéométrique est donc convergente pour $|x| < 1$, et divergente pour $|x| > 1$.

Supposons maintenant que l'on ait $|x| = 1$; nous distinguerons deux cas.

Premier cas. — *On a $x = 1$.* — Dans cette hypothèse le rapport $\dfrac{u_{n+2}}{u_{n+1}}$ tend vers l'unité, pour n infini.

La règle de Gauss montre que la série est convergente pour $\alpha + \beta - \gamma < 0$ et qu'elle est divergente pour $\alpha + \beta - \gamma \geq 0$.

Deuxième cas. — *On a* $x = -1$. — Dans cette hypothèse le rapport $\dfrac{u_{n+}}{u_{n+1}}$ tend vers -1, pour n infini, et à partir d'un certain rang les termes de la série sont alternativement positifs et négatifs.

La valeur absolue du rapport d'un terme au précédent peut être mise sous la forme

$$\left|\frac{u_{n+2}}{u_{n+1}}\right| = \frac{1}{1 + \dfrac{\gamma + 1 - \alpha - \beta}{n} + \dfrac{\omega_n}{n^2}},$$

la quantité ω_n ne devenant pas infinie avec n.

On est conduit à faire les trois hypothèses suivantes :

1° $\alpha + \beta - \gamma > 1$. — Les termes croissent en valeur absolue et la série est divergente.

2° $\alpha + \beta - \gamma = 1$. — On montrera plus loin que $|u_n|$ tend vers une limite qui n'est pas nulle, pour n infini ; la série est donc divergente.

3° $\alpha + \beta - \gamma < 1$. — Les termes décroissent en valeur absolue et l'on montrera plus loin que $|u_n|$ tend vers zéro pour n infini ; la série est donc convergente.

En résumé la série hypergéométrique est convergente : 1° pour $|x| < 1$; 2° pour $x = 1$, si l'on a $\alpha + \beta - \gamma < 0$; 3° pour $x = -1$, si l'on a $\alpha + \beta - \gamma < 1$.

Séries absolument convergentes.

162. Définition. — *Une série* (u) *est dite absolument convergente quand la série* (U) *des modules de ses termes est convergente.*

Nous allons établir quelques propriétés des séries absolument convergentes et montrer que ces séries possèdent les principales propriétés des sommes composées d'un nombre limité de termes, c'est-à-dire des polynômes.

On sait que l'on peut intervertir l'ordre des termes d'un polynôme sans changer sa valeur ; cette propriété appartient aux séries absolument convergentes.

Avant de le démontrer, il faut expliquer ce que l'on entend par changer l'ordre des termes d'une série.

Considérons la suite

$$(p) \qquad 1 \quad 2 \quad 3 \quad \ldots \quad n \quad \ldots$$

des nombres entiers et soient p, q deux termes quelconques de cette suite.

On pourra établir entre p et q une correspondance telle qu'à chaque valeur de p corresponde une *seule* valeur de q et réciproquement.

Soient

$$(q) \qquad q_1 \quad q_2 \quad q_3 \quad \ldots \quad q_n \quad \ldots$$

la suite formée par les valeurs de q qui correspondent aux valeurs

1, 2, 3, ..., n ... attribuées à p. La suite (q) sera composée des mêmes termes que la suite (p) rangés dans un ordre différent.

Soit maintenant

$$(u) \qquad\qquad u_1 \quad u_2 \quad u_3 \quad \dots \quad u_n \quad \dots$$

une série donnée ; si l'on forme une nouvelle série (v) dont le terme de rang q_n sera égal au terme u_n de rang n de la série (u), cette série

$$(v) \qquad\qquad v_1 \quad v_2 \quad v_3 \quad \dots \quad v_{q_n} \quad \dots$$

sera composée des mêmes termes que la série (u), rangés dans un ordre différent.

Ainsi, par exemple, on sait que les expressions

$$4x+1 \qquad 4x+3 \qquad 2x+2$$

et les expressions

$$3x+1 \qquad 3x+2 \qquad 3x+3$$

donnent une seule fois chaque terme de la suite (p) quand on remplace x successivement par les nombres 0, 1, 2, 3, ... ; on pourra donc, pour former la série (v), adopter la loi de correspondance définie par les égalités

$$(p=4x+1, \ q=3x+1) \quad (p=4x+3, \ q=3x+2) \quad (p=2x+2, \ q=3x+3).$$

Les termes de la série (v) seront

$$u_1 \quad u_3 \quad u_2 \quad u_5 \quad u_7 \quad u_4 \ \dots \ u_{4x+1} \quad u_{4x+3} \quad u_{2x+2} \ \dots$$

Nous allons maintenant établir la propriété que nous avions en vue.

Théorème XIII. — *Dans une série absolument convergente on peut changer l'ordre des termes sans altérer la somme de cette série.*

Nous distinguerons deux cas.

Premier cas. — *La série (u) a tous ses termes positifs.* — Désignons toujours par (v) la série obtenue en changeant l'ordre des termes de la série (u) ; posons

$$S_m = u_1 + u_2 + \dots + u_m$$
$$S'_n = v_1 + v_2 + \dots + v_n,$$

et appelons S la limite de S_m pour m infini.

On pourra toujours prendre m assez grand pour que tous les termes de S'_n se trouvent dans S_m ; on aura alors

$$S'_n \leqq S_m < S.$$

La somme S'_n croissant avec n a une limite S' et l'on a

$$(9) \qquad\qquad S' \leqq S.$$

On démontrerait de même l'inégalité

$$S_p < S',$$

d'où l'on conclut

(10) $$S \leq S'.$$

Les relations (9) et (10) montrent que l'on a $S = S'$.

Deuxième cas. — *La série (u) n'a pas tous ses termes de même signe.* — En premier lieu, la série (v) est absolument convergente, car il résulte du premier cas examiné que la série (V) des modules de ses termes est convergente comme la série (U) des modules des termes de (u).

En second lieu, il résulte encore du premier cas examiné que les séries (a), (a') formées avec les termes positifs des séries (u), (v), ont la même somme P, et que les séries (b), (b') formées avec les valeurs absolues des termes négatifs des séries (u), (v), ont la même somme Q.

On a donc $S = S'$, car chacune de ces quantités est égale à $P - Q$. (§ 156. — **Théorème VIII.**)

Corollaire I. — *La somme d'une série absolument convergente est égale, comme pour un polynôme, à la somme des termes positifs diminuée de la somme des termes négatifs.*

Corollaire II. — *Dans une série absolument convergente on peut, comme dans un polynôme, remplacer un nombre quelconque de termes par leur somme effectuée ou inversement décomposer un terme en plusieurs parties.*

Corollaire III. — Pour qu'une série à termes positifs soit convergente, il n'est pas nécessaire qu'à partir d'un certain rang le rapport d'un terme au précédent soit constamment inférieur à un nombre fixe moindre que l'unité.

Prenons, par exemple, la progression géométrique décroissante

$$1 + \frac{1}{2} + \frac{1}{2^2} + \cdots + \frac{1}{n^2} + \cdots$$

On peut, sans changer sa somme, permuter chaque terme de rang impair avec le terme de rang pair qui le suit. Dans la série convergente

$$\frac{1}{2} + 1 + \frac{1}{2^3} + \cdots + \frac{1}{2^{2p+1}} + \frac{1}{2^{2p}} \cdots$$

ainsi obtenue, le rapport d'un terme au précédent est alternativement 2 et $\frac{1}{8}$.

163. Séries semi-convergentes. — *Une série convergente dont la série des modules est divergente, est dite semi-convergente.*

Dans une série semi-convergente, il n'est pas permis de changer l'ordre des termes ; cette opération peut altérer la somme de la série, et même la transformer en une série divergente.

Remarquons d'abord que pour une série semi-convergente, les séries (a) et (b) formées la première par ses termes positifs, la deuxième par les valeurs absolues de ses termes négatifs sont *divergentes*.

En effet, en conservant les notations du paragraphe 156, on a

$$S_n = P_p - Q_q \qquad \Sigma_n = P_p + Q_q.$$

Quand n devient infini, Σ_n devient infini, mais S_n tend vers une limite ; les deux quantités P_p, Q_q croissent donc au delà de toute limite.

Il est utile d'ajouter que les termes généraux des séries (a), (b) tendent vers zéro.

Cette remarque étant faite, nous allons démontrer qu'en changeant l'ordre des termes d'une série semi-convergente (u), on peut former une série (v) ayant pour somme tel nombre L que l'on voudra.

Pour fixer les idées nous supposerons L positif.

Nous formerons la série (v) en procédant comme il suit.

Écrivons les p_1 premiers termes positifs de la série (u) dans l'ordre où ils se présentent et prenons p_1 assez grand pour que, Σ_1 étant la somme de ces termes, on ait

$$\Sigma_1 > L \geqslant \Sigma_1 - a_{p_1}.$$

A la suite des termes de Σ_1 écrivons les q_1 premiers termes négatifs de (u) dans l'ordre où ils se présentent et prenons q_1 assez grand pour que, Σ_2 étant la somme des $p_1 + q_1$ termes déjà écrits, on ait

$$\Sigma_2 < L \leqslant \Sigma_2 + b_{q_1}.$$

A la suite des termes de Σ_2 écrivons les p_2 termes positifs qui suivent a_{p_1} dans la série (u) et prenons p_2 assez grand pour que, Σ_3 étant la somme des $p_1 + q_1 + p_2$ termes déjà écrits, on ait

$$\Sigma_3 > L \geqslant \Sigma_3 - a_{p_2}.$$

A la suite des termes de Σ_3, écrivons les q_2 termes négatifs qui suivent $-b_{q_1}$ dans la série (u) et prenons q_2 assez grand pour que, Σ_4 étant la la somme des $p_1 + q_1 + p_2 + q_2$ termes déjà écrits, on ait

$$\Sigma_4 < L \leqslant \Sigma_4 + b_{q_2}.$$

Toutes ces opérations sont possibles, parce que les séries (a) et (b) sont divergentes.

En continuant de même indéfiniment on formera une série (v) ayant, à l'ordre près, les mêmes termes que la série (u) ; cette série aura L pour limite.

En effet, les différences entre L et les sommes Σ_{2r-1}, Σ_{2r} étant moindres respectivement que les quantités a_{p_r}, b_{q_r} qui tendent vers zéro pour r infini, ces sommes ont L pour limite.

Il en est de même de la somme S'_n des n premiers termes de la série (v), n étant quelconque, car S'_n est compris entre deux sommes de la forme Σ_{2r-1}, Σ_{2r} ou égale à l'une d'elles.

Exemple. — Dans la série semi-convergente

$$(u) \qquad 1 - \frac{1}{2} + \frac{1}{3} - \cdots + \frac{1}{2n-1} - \frac{1}{2n} + \cdots$$

changeons l'ordre des termes d'après la loi indiquée au paragraphe 162, ce qui donne la série

$$(v) \quad 1 + \frac{1}{3} - \frac{1}{2} + \frac{1}{5} + \frac{1}{7} - \frac{1}{4} + \cdots + \frac{1}{4n-3} + \frac{1}{4n-1} - \frac{1}{2n} + \cdots$$

Dirichlet a montré que la série (v) est convergente et que sa somme S est égale à $\frac{3}{2}$ S, en désignant par S la somme de la série (u).

Posons

$$u_n = \frac{1}{2n-1} - \frac{1}{2n} \qquad v_n = \frac{1}{4n-3} + \frac{1}{4n-1} - \frac{1}{2n}$$

$$w_n = \frac{1}{4n-3} - \frac{1}{4n-2} + \frac{1}{4n-1} - \frac{1}{4n},$$

on aura

$$v_n = \frac{1}{2} u_n + w_n$$

et, par suite,

$$S'_{3n} = \frac{1}{2} S_{2n} + S_{4n}$$

en représentant par S_p et S'_p les sommes des p premiers termes des séries (u) et (v).

Quand n devient infini, S_{2n}, S_{4n} tendent vers S, on a donc

$$\lim S'_{3n} = \frac{3}{2} S.$$

Maintenant dans la somme S'_p l'entier p a l'une des formes suivantes : $3n$, $3n+1$, $3n+2$; S'_p étant égal à S'_{3n} ou en différant d'une quantité qui tend vers zéro, a aussi pour limite $\frac{3}{2}$ S.

Il résulte de là que la série (v) est convergente et a pour somme $\frac{3}{2}$ S.

Remarque. — En changeant l'ordre des termes d'une série semi-convergente on peut former une série (v) qui est divergente.

Soit par exemple la série semi-convergente.

$$1 - \frac{1}{\sqrt{2}} + \frac{1}{\sqrt{3}} + \cdots + \frac{1}{\sqrt{2n-1}} - \frac{1}{\sqrt{2n}} + \cdots$$

En changeant l'ordre des termes d'après la même loi que dans l'exemple précédent on obtient la série

$$(v) \quad 1 + \frac{1}{\sqrt{3}} - \frac{1}{\sqrt{2}} + \cdots + \frac{1}{\sqrt{4n-3}} + \frac{1}{\sqrt{4n-1}} - \frac{1}{\sqrt{2n}} + \cdots$$

Posons

$$v_n = \frac{1}{\sqrt{4n-3}} + \frac{1}{\sqrt{4n-1}} - \frac{1}{\sqrt{2n}}$$

nous aurons

$$v_n = \frac{1}{\sqrt{n}} \left(\frac{1}{\sqrt{4 - \frac{3}{n}}} + \frac{1}{\sqrt{4 - \frac{1}{n}}} - \frac{1}{\sqrt{2}} \right) > \left(1 - \frac{1}{\sqrt{2}} \right) \frac{1}{\sqrt{n}}.$$

La somme des $3n$ premiers termes de la série (v) étant supérieure à la somme des n premiers termes de la série divergente dont le terme général est

$$\left(1 - \frac{1}{\sqrt{2}} \right) \frac{1}{\sqrt{n}},$$

la série (v) est divergente.

Addition et multiplication de deux séries.

164. Addition. — *Soient (u) et (v) deux séries convergentes ayant respectivement pour somme S et S' ; la série (w) dont le terme général est $w_n = u_n + v_n$ est convergente et a pour somme $S + S'$.*

Soient en effet S_n, S'_n, Σ_n les sommes des n premiers termes des séries (u), (v), (w), on aura

$$\Sigma_n = S_n + S'_n$$

et par suite, pour n infini,

$$\lim \Sigma_n = S + S'.$$

Remarque. — Quand les séries (u) et (v) sont absolument convergentes, on peut changer l'ordre de leurs termes sans altérer la somme de la série (w).

Cela résulte de ce que les limites de S_n et de S'_n restent les mêmes quand on change l'ordre des termes des séries (u) et (v).

On le voit encore en remarquant que la série (w) est absolument convergente, car on a

$$|w_n| < |u_n| + |v_n|.$$

Multiplication. — *Soient* (u) *et* (v) *deux séries convergentes ayant respectivement pour somme* S *et* S′; *la série* (w) *dont le terme général est*

$$w_n = v_1 u_n + v_2 u_{n-1} + \cdots + v_n u_1$$

est convergente et a pour somme SS′, *si l'une des séries* (u) *ou* (v) *est absolument convergente.*

Nous supposerons la série (v) absolument convergente et nous désignerons par Σ_m la somme des m premiers termes de la série (w).

Il faut démontrer qu'à tout nombre positif α pris aussi petit que l'on voudra, correspond un entier μ tel que, pour $m \geqslant \mu$, on a

$$|\Sigma_m - SS'| < \alpha.$$

Désignons par T la somme de la série (V) des modules des termes de (v) et par L un nombre positif supérieur aux valeurs absolues des termes de la suite convergente

$$S_1 = u_1 \quad S_2 = u_1 + u_2 \quad \ldots \quad S_n = u_1 + u_2 + \cdots + u_n \ldots$$

Les séries (V), (u) étant convergentes et le produit $S_n S'_n$ ayant pour limite SS′, on pourra trouver un entier μ_1 tel que, pour toute valeur de n égale ou supérieure à μ_1, on aura

$$(11) \qquad |v_{n+1}| + |v_{n+2}| + \cdots + |v_{n+p}| < \frac{\alpha}{2(L+T)}.$$

$$(12) \qquad |u_{n+1} + u_{n+2} + \cdots + u_{n+p}| < \frac{\alpha}{2(L+T)},$$

$$(13) \qquad |SS' - S_n S'_n| < \frac{\alpha}{2};$$

les deux premières inégalités ayant lieu quel que soit p.

Cela posé, donnons à m une valeur supérieure à $2n-1$, on a

$$\Sigma_m = v_1 S_m + v_2 S_{m-1} + \cdots + v_n S_{m-n+1} + \cdots + v_m S_1$$

$$S_n S'_n = v_1 S_n + v_2 S_n + \cdots + v_n S_n,$$

d'où

$$\Sigma_m - S_n S'_n = P + Q$$

en posant

$$P = v_1(S_m - S_n) + v_2(S_{m-1} - S_n) + \cdots + v_n(S_{m-n+1} - S_n)$$

$$Q = v_{n+1} S_{m-n} + v_{n+2} S_{m-n-1} + \cdots + v_m S_1.$$

La valeur de m étant supérieure à $2n-1$, les indices des sommes

$$S_m \quad S_{m-1} \quad \cdots \quad S_{m-n+1}$$

sont plus grands que n et l'on peut appliquer l'inégalité (12) à chacune des différences

$$S_m - S_n \qquad S_{m-1} - S_n \qquad \ldots \qquad S_{m-n+1} - S_n ;$$

on a donc

$$|P| < \left[|v_1| + |v_2| + \ldots + |v_n| \right] \frac{\alpha}{2(L+T)} < \frac{T\alpha}{2(L+T)}.$$

Les sommes S_r étant, en valeur absolue, moindres que L, on a encore

$$|Q| < \left[|v_{n+1}| + |v_{n+2}| + \ldots + |v_m| \right] L < \frac{L\alpha}{2(L+T)}.$$

Des deux dernières inégalités résulte la relation

$$|\Sigma_m - S_n S_n'| < |P| + |Q| < \frac{\alpha}{2}$$

qui, combinée avec l'inégalité (13), donne

$$(14) \qquad\qquad |\Sigma_m - SS'| < \alpha.$$

Le nombre n étant au moins égal à μ_1, le nombre $2n - 1$ est au moins égal à l'entier positif $2\mu_1 - 1$ que nous désignerons par μ.

On a donc démontré que l'inégalité (14) a lieu pour toutes les valeurs de m égales ou supérieures au nombre entier μ qui est fixe et positif, c'est-a-dire que Σ_m a pour limite SS'.

Remarque I. — La règle de la multiplication de deux séries a été donnée pour la première fois par Cauchy, mais en supposant les deux séries (u) et (v) absolument convergentes. M. Mertens a montré que la règle de Cauchy restait vraie, si une seule des deux séries était absolument convergente. (**Journal de Crelle**, t. LXXIX.)

Remarque II. — *Quand les séries (u) et (v) sont toutes deux absolument convergentes, la série (w) est absolument convergente.*
Posons en effet

$$|u_n| = a_n \qquad |v_n| = b_n \qquad c_n = b_1 a_n + b_2 a_{n-1} + \ldots + b_n a_1 ;$$

on aura $|w_n| \leqslant c_n$.

Les séries à termes positifs (a) et (b) étant convergentes par hypothèse, il en sera de même pour la série (c) et par suite aussi pour la série (W) des modules des termes de (w).

Exemple. — Posons

$$a_p = \frac{m(m-1)\ldots(m-p+1)}{1.2\ldots p} \qquad b_p = \frac{n(n-1)\ldots(n-p+1)}{1.2\ldots p}$$

les deux séries

$$1 + a_1 x + a_2 x^2 + \ldots + a_p x^p + \ldots$$

$$1 + b_1 x + b_2 x^2 + \ldots + b_p x^p + \ldots$$

sont absolument convergentes pour $|x| < 1$; nous désignerons leurs sommes par $\varphi(m)$ et $\varphi(n)$.

En les multipliant membre à membre on aura

$$\varphi(m) \cdot \varphi(n) = 1 + c_1 x + c_2 x^2 + \ldots + c_p x^p + \ldots$$

avec

$$c_p = a_p + b_1 a_{p-1} + \ldots + b_q a_{p-q} + \ldots + b_p.$$

On vérifie facilement les égalités

$$c_1 = \frac{m+n}{1} \qquad c_2 = \frac{(m+n)(m+n-1)}{1.2} ;$$

nous allons démontrer que l'on a d'une manière générale

$$c_p = \frac{(m+n)(m+n-1) \ldots (m+n-p+1)}{1.2 \ldots p}.$$

Pour cela il suffira d'établir la relation de récurrence

$$c_p = \frac{m+n-p+1}{p} \cdot c_{p-1}$$

ou la relation

$$p c_p - (m+n-p+1) c_{p-1} = 0.$$

Pour abréger l'écriture nous désignerons par δ le premier membre de l'égalité précédente.

En remplaçant c_p, c_{p-1} par leurs valeurs, on a

$$\delta = p a_p - (m+n-p+1) a_{p-1} + \ldots + [p a_{p-q} - (m+n-p+1) a_{p-q-1}] b_q + \ldots$$

Dans le coefficient de b_q remplaçons p par sa valeur tirée de la relation

$$(p-q) a_{p-q} = (m-p+q+1) a_{p-q-1}$$

qui lie a_{p-q} et a_{p-q-1}.

Nous aurons

$$p a_{p-q} - (m+n-p+1) a_{p-q-1} = q a_{p-q} - (n-q) a_{p-q-1}.$$

Le terme général de δ devient alors

$$q b_q a_{p-q} - (n-q) b_q a_{p-q-1} = (n-q+1) b_{q-1} a_{p-q} - (n-q) b_q a_{p-q-1},$$

car on a

$$q b_q = (n-q+1) b_{q-1}.$$

De ce qui précède résulte l'égalité

$$\delta = -na_{p-1} + [na_{p-1} - (n-1)b_1 a_{p-2}] + \ldots + [(n-p+2)a_1 - (n-p+1)b_{p-1}] + (n-p+1)b_{p-1};$$

on voit que δ est nul, car dans le second membre de l'égalité précédente, chaque terme de rang impair détruit le terme qui le suit.

Le coefficient c_p du terme général de la série qui a pour somme le produit $\varphi(m) \cdot \varphi(n)$ étant égal à

$$\frac{(m+n)(m+n-1)\ldots(m+n+p-1)}{1.2.3\ldots p}$$

cette série a aussi pour somme $\varphi(m+n)$; on a donc l'égalité

$$\varphi(m+n) = \varphi(m)\varphi(n).$$

Nous verrons plus loin comment Cauchy en a déduit que $\varphi(m)$ est égal à $(1+x)^m$.

Produits infinis.

165. Définition. — *On appelle produit infini ou factorielle une expression formée d'un nombre illimité de facteurs qui se succèdent suivant une certaine loi.*

Un pareil produit peut toujours être mis sous la forme

$$(1+u_1)\,(1+u_2)\ldots(1+u_n)\ldots$$

Produits convergents. — On dit *qu'un produit infini est convergent lorsque le produit P_n des n premiers facteurs tend vers une limite P différente de zéro quand n devient infini.*

Produits divergents. — *Lorsqu'un produit infini n'est pas convergent on dit qu'il est divergent.*

Théorème XIV. — *Pour qu'un produit infini mis sous la forme*

$$(1+u_1)\,(1+u_2)\ldots(1+u_n)\ldots$$

soit convergent, il faut que u_n tende vers zéro pour n infini.

En effet on a

$$\frac{P_n}{P_{n-1}} = 1 + u_n,$$

et le premier membre de cette égalité tend vers l'unité pour n infini, car P_n et P_{n-1} ont pour limite commune le nombre P qui n'est pas nul.

Remarque. — La condition énoncée au théorème précédent est *nécessaire*, mais elle n'est pas *suffisante*.

Nous allons montrer que l'on peut souvent reconnaître si un produit infini est convergent ou divergent, en étudiant la série dont le terme général est u_n.

Théorème XV. — *Lorsque la série*

$$(u) \qquad\qquad u_1 \quad u_2 \quad \ldots \quad u_n \quad \ldots$$

a tous ses termes positifs, le produit

$$(A) \qquad\qquad (1 + u_1)(1 + u_2) \ldots (1 + u_n) \ldots$$

est convergent ou divergent en même temps que la série (u).

1° *La série* (u) *est divergente.* — Le produit (A) est divergent ; en effet le produit

$$P'_n = (1 + u_1)(1 + u_2) \ldots (1 + u_n)$$

évidemment supérieur à

$$1 + u_1 + u_2 + \ldots + u_n = 1 + S_n$$

devient infini avec n.

2° *La série* (u) *est convergente.* — Le produit (A) est convergent ; en effet P_n croît constamment avec n et nous allons démontrer que P_n reste inférieur à un nombre fixe.

La moyenne géométrique des n nombres *positifs* $1 + u_1, 1 + u_2, \ldots, 1 + u_n$ étant inférieure ou au plus égale à leur moyenne arithmétique, on a

$$P_n \leqslant \left(1 + \frac{S_n}{n}\right)^n < \left(1 + \frac{S}{n}\right)^n$$

en posant encore

$$S_n = u_1 + u_2 + \ldots + u_n$$

et désignant par S la somme de la série (u).

En développant $\left(1 + \dfrac{S}{n}\right)^n$ par la formule du binôme on obtient l'égalité

$$P < 1 + \frac{n}{1} \cdot \frac{S}{n} + \frac{n(n-1)}{1.2} \frac{S^2}{n^2} + \ldots + \frac{n(n-1)\ldots(n-p+1)}{1.2\ldots p} \cdot \frac{S^p}{n^p} + \ldots + \frac{n(n-1)\ldots(n-n+1)}{1.2\ldots n} \frac{S^n}{n^n}.$$

Le terme général du second membre peut être mis sous la forme

$$\frac{\left(1 - \dfrac{1}{n}\right)\left(1 - \dfrac{2}{n}\right) \ldots \left(1 - \dfrac{p-1}{n}\right)}{1.2\ldots p} S^p ;$$

on voit qu'il est plus petit que

$$\frac{S^p}{1.2\ldots p}.$$

En résumé P_n est inférieur à la somme

$$1 + \frac{S}{1} + \frac{S^2}{1.2} + \ldots + \frac{S^n}{1.2\ldots n}$$

et, *a fortiori*, inférieure à la limite L de la série convergente ayant pour terme général $\dfrac{S^p}{1.2\ldots p}$:

166. Considérons maintenant un produit infini de la forme

$$(1-u_1)(1-u_2)\ldots(1-u_n)\ldots$$

les nombres u_1, u_2, ..., étant positifs.

Théorème XVI. — *Lorsque la série*

$$(u) \qquad\qquad u_1 \quad u_2 \quad u_3 \quad \ldots$$

a tous ses termes positifs, le produit

$$(B) \qquad (1-u_1)(1-u_2)\ldots(1-u_n)\ldots$$

est convergent ou divergent en même temps que la série (u).

En premier lieu si u_n ne tend pas vers zéro pour n infini, le produit B est divergent comme la série (u).

Supposons en deuxième lieu que u_n tende vers zéro; dans cette hypothèse on aura constamment $u_n < 1$ pour toutes les valeurs de n égales ou supérieures à un entier r.

On peut admettre que cette inégalité a lieu à partir du premier facteur, en négligeant les r premiers facteurs, ce qui est évidemment permis.

On a

$$P_n = (1-u_1)(1-u_2)\ldots(1-u_n)$$

d'où

$$\frac{1}{P_n} = \frac{1}{1-u_1}\cdot\frac{1}{1-u_2}\cdots\frac{1}{1-u_n}$$

ou encore

$$\frac{1}{P_n} = (1+v_1)(1+v_2)\ldots(1+v_n)$$

en posant

$$v_n = \frac{u_n}{1-u_n}.$$

Quand n devient infini le rapport $\dfrac{v_n}{u_n} = \dfrac{1}{1-u_n}$ tend vers l'unité, par suite les séries (u) et (v) sont de même nature.

Si la série (u) est convergente, il en sera de même de la série (v) et le produit $\dfrac{1}{P_n}$ aura une limite qui n'est pas nulle (**Théorème XV**); le produit (B) est donc convergent.

Si la série (u) est divergente, il en sera de même de la série (v) et le produit $\dfrac{1}{P_n}$ deviendra infini (**Théorème XV**); la quantité P_n tend alors vers zéro et le produit (B) est divergent.

Remarque I. — Dans la démonstration précédente on a supposé qu'aucun des termes de la série (u) n'était égal à l'unité; s'il en était ainsi, le produit

$$(1 - u_1)(1 - u_2) \ldots (1 - u_n) \ldots$$

serait nul, quelle que soit la nature de la série (u).

Remarque II. — On peut démontrer que quand la série à termes positifs (u) est convergente, les deux produits infinis

$$(A) \qquad (1 + u_1)(1 + u_2) \ldots (1 + u_n) \ldots$$

$$(B) \qquad (1 - u_1)(1 - u_2) \ldots (1 - u_n) \ldots$$

sont *absolument convergents*, c'est-à-dire que les limites P, Q de ces produits sont indépendantes de l'ordre des facteurs.

La méthode suivie pour établir la convergence du deuxième produit montre qu'il suffira de faire voir que la propriété énoncée est vraie pour le premier produit.

Supposons que, dans ce premier produit, on intervertisse l'ordre des facteurs de manière à former le produit

$$(1 + v_1)(1 + v_2) \ldots (1 + v_n) \ldots$$

Posons

$$P_m = (1 + u_1)(1 + u_2) \ldots (1 + u_m)$$

$$P'_n = (1 + v_1)(1 + v_2) \ldots (1 + v_n).$$

En prenant m assez grand on aura

$$P'_n \leqq P_m < P;$$

il en résulte que la quantité constamment croissante P'_n a une limite P' et que l'on a $P' \leqq P$.

On verra de même que, pour n suffisamment grand, on a $P_m \leqq P'_n$, ce qui donne $P \leqq P'$; on a donc $P = P'$.

167. Considérons enfin un produit infini de la forme

$$(1 + u_1)(1 + u_2) \ldots (1 + u_n) \ldots$$

les nombres u_1, u_2, …, ayant des signes *quelconques*.

Théorème XVII. — *Lorsque la série*

$$u_1 \quad u_2 \quad \ldots \quad u_n \quad \ldots$$

dont les termes ont des signes quelconques est absolument convergente, le produit

$$(\text{C}) \qquad (1 + u_1)(1 + u_2) \ldots (1 + u_n) \ldots$$

est convergent et même absolument convergent.

Désignons par (a) et par (b) les séries formées la première par les termes positifs de la série (u), la deuxième par les valeurs absolues de ses termes négatifs.

Si parmi les n premiers termes de la série (u) il y en a p appartenant à la série (a) et q appartenant à la série (b), on aura

$$P_n = P'_p P''_q$$

en posant

$$P'_p = (1 + a_1) \ldots (1 + a_p) \qquad P''_q = (1 - b_1) \ldots (1 - b_q).$$

La série (u) étant absolument convergente, les séries (a), (b) sont convergentes et les produits P'_p, P''_q tendent vers des limites P', P'' différentes de zéro; le produit P_n tend donc vers une limite qui est égale à $P'P''$.

On a vu que les limites des produits P'_p, P''_q sont indépendantes de l'ordre des facteurs, il en est de même de la limite du produit infini

$$(1 + u_1)(1 + u_2) \ldots (1 + u_n) \ldots$$

car on a

$$\lim P_n = \lim P'_p \cdot \lim P''_q;$$

ce produit est donc absolument convergent.

Remarque. — De tout ce qui précède il résulte que, si la série (u) est absolument convergente, on peut dans le produit infini

$$(1 + u_1)(1 + u_2) \ldots (1 + u_n) \ldots$$

grouper ensemble plusieurs facteurs, ou remplacer un facteur par le produit de plusieurs autres qui lui est égal.

Exemple I. — Le produit

$$(\text{A}) \qquad \left(1 + \frac{a}{1}\right)\left(1 + \frac{a}{2}\right) + \cdots + \left(1 + \frac{a}{n}\right) \ldots$$

est divergent.

En effet la série dont le terme général est $\dfrac{a}{n}$ étant divergente, le produit (A) croît au delà de toute limite si a est positif; il tend vers zéro si a est négatif.

Quand a est un nombre entier négatif, le produit (A) est nul.

Exemple II. — *Le produit infini*

$$(\theta) \qquad \left(1+\frac{\theta_1}{1^\alpha}\right)\left(1+\frac{\theta_2}{2^\alpha}\right) \cdots \left(1+\frac{\theta_n}{n^\alpha}\right)\cdots$$

dans lequel θ_n désigne une fonction de n qui reste finie quand n devient infini, est convergent pour $\alpha > 1$.

En effet θ_n restant fini quand n devient infini, il existe un nombre positif L tel que l'on a $|\theta_n| < L$ pour toutes les valeurs de n supérieures à un certain entier positif p.

Pour $n > p$ on aura constamment

$$\frac{|\theta_n|}{n^\alpha} < \frac{L}{n^\alpha} \, ;$$

la série ayant pour terme général $\dfrac{\theta_n}{n^\alpha}$ est donc absolument convergente, et il en est de même du produit (θ).

Application. — Considérons le produit

$$P_n = \frac{2}{1} \cdot \frac{2}{3} \cdot \frac{4}{3} \cdot \frac{4}{5} \cdots \frac{2n}{2n-1} \cdot \frac{2n}{2n+1} \cdot$$

On a

$$\frac{P_n}{P_{n-1}} = \frac{4n^2}{4n^2-1} = 1 + \frac{\theta_n}{n^2}$$

θ_n restant fini quand n devient infini.

De la relation précédente on déduit d'ailleurs facilement l'égalité

$$P_n = \left(1+\frac{\theta_2}{2^2}\right)\left(1+\frac{\theta_3}{3^2}\right) \cdots \left(1+\frac{\theta_n}{n^2}\right)P_1,$$

qui montre que le produit considéré est absolument convergent.

Wallis a fait voir que la limite du produit P_n est égale à $\dfrac{\pi}{2}$.

Remarque. — Nous pouvons maintenant compléter l'étude de la série hypergéométrique.

Nous avons vu (§ 161) que pour $x = -1$, les termes de cette série sont, à partir d'un certain rang, alternativement positifs et négatifs et que l'on a

$$\left|\frac{u_{n+2}}{u_{n+1}}\right| = \frac{1}{1+\dfrac{\gamma+1-\alpha-\beta}{n}+\dfrac{\omega_n}{n^2}},$$

la quantité ω_n ne devenant pas infinie avec n.

Si l'on a $\alpha + \beta - \gamma = 1$, la relation précédente devient

$$\left|\frac{u_{n+2}}{u_{n+1}}\right| = \frac{1}{1 + \dfrac{\omega_n}{n^2}} ;$$

On en tire

$$|u_{n+2}| = \frac{|u_2|}{\left(1 + \dfrac{\omega_1}{1^2}\right)\left(1 + \dfrac{\omega_2}{2^2}\right) \cdots \left(1 + \dfrac{\omega_n}{n^2}\right)} .$$

Pour n infini, u_{n+2} tend vers une limite qui n'est pas nulle, car le dénominateur de l'expression de u_{n+2} est un produit convergent; la série hypergéométrique est donc divergente.

Soit enfin $\alpha + \beta - \gamma < 1$; on a vu que les termes décroissent en valeur absolue. On a en outre

$$|u_{n+2}| = \frac{|u_2|}{\left(1 + \dfrac{\gamma + 1 - \alpha - \beta}{1} + \dfrac{\omega_1}{1^2}\right) \cdots \left(1 + \dfrac{\gamma + 1 - \alpha - \beta}{n} + \dfrac{\omega_n}{n^2}\right)} .$$

Pour n infini le dénominateur de l'expression de u_{n+2} devient infini, car la série ayant pour terme général

$$\frac{\gamma + 1 - \alpha - \beta}{n} + \frac{\omega_n}{n^2}$$

est divergente ; u_{n+2} tend donc vers zéro et la série hypergéométrique est convergente.

EXERCICES.

1° Étudier les séries dont les termes généraux ont les expressions suivantes :

$$u_n = \frac{1}{1 + \dfrac{1}{n}} . \qquad u_n = \frac{(-1)^{n+1}}{n + 1 + (-1)^n} . \qquad u_n = \frac{(-1)^{n+1}}{\sqrt{(n+1) + (-1)^n}} .$$

$$u_n = \frac{1}{\sin^\alpha \dfrac{x}{a+n}} . \qquad u_n = \tan^\alpha \frac{x}{a+n} . \qquad u_n = \left(\frac{1}{n^p} + x^n\right) \sin \frac{\alpha}{n^p} .$$

$$\left.\begin{array}{l} u_n = \dfrac{1}{(1 + \sin a)\left(1 + \sin \dfrac{a}{2}\right) \cdots \left(1 + \sin \dfrac{a}{n}\right)} \\[3em] u_n = \dfrac{1}{(1 + \tan a)\left(1 + \tan \dfrac{a}{2}\right) \cdots \left(1 + \tan \dfrac{a}{n}\right)} \end{array}\right\} \; 0 < a < \frac{\pi}{2} .$$

2° Étudier la série dont le terme général est

$$u_n = a^{n-p} b^{p^2} ;$$

on suppose $0 < a < 1 < b$ et p représente le nombre des chiffres de l'entier n.

Montrer que la série est convergente et qu'il y a une infinité de valeurs de n pour lesquelles le rapport $\dfrac{u_{n+1}}{u_n}$ peut surpasser un nombre donné A.

3° Étudier les séries suivantes et trouver leur somme S

$$u_n = n^p x^n ; \quad \text{on a} \quad S = \frac{Q_{p-1}}{(1+x)^{p+1}} ;$$

Q_{p-1} est une fonction entière de x du degré $p-1$.

$$u_{n+1} = \Gamma_p^n x^n ; \quad \text{on a} \quad S = (1-x)^{-p}.$$

$$u_n = \frac{1}{(n+a)(n+a+1)\ldots(n+a+p-1)} \quad \text{on a} \quad S = \frac{1}{p-1} \cdot \frac{1}{(a+1)\ldots(a+p-1)}.$$

$$\left(\text{On posera} \right.$$

$$u_n = \frac{A}{(n+a)\ldots(n+a+p-2)} + \frac{B}{(n+a+1)\ldots(n+a+p-1)} \right).$$

$$u_n = \frac{f(n)}{\varphi(n)} ;$$

avec

$$\varphi(n) = (n+1)(n+2)\ldots(n+p) ;$$

$f(n)$ est une fonction entière de n du degré $p-r$ et l'on a $r \geq 2$.

$$\left(\text{On posera} \right.$$

$$u_n = \frac{A_1}{(n+1)\ldots(n+r)} + \frac{A_2}{(n+2)\ldots(n+r+1)} + \ldots + \frac{\Lambda_{p-r+1}}{(n+p-r+1)\ldots(n+p)} \right).$$

La méthode de sommation indiquée pour les deux exemples précédents est due à Stirling.

$$u_n = \frac{1.2 \ldots n}{(a+1)\ldots(a+n)} \quad \text{on a} \quad S = \frac{a}{a-1}.$$

$$\left(\text{On posera} \right.$$

$$u_n = \frac{1.2 \ldots n\, A_{n-1}}{(a+1)\ldots(a+n-1)} + \frac{1.2 \ldots (n+1)\, A_n}{(a+1)\ldots(a+n)} \right).$$

$$u_n = \frac{(1-\alpha)(2-\alpha)\ldots(n-1-\alpha)}{(a+1)(a+2)\ldots(a+n)} ; \quad \text{on a} \quad S = \frac{1}{a+\alpha}.$$

Déduire du dernier exemple le développement de $\dfrac{1}{a^2}$ en série, et démontrer l'égalité

$$\frac{1}{a^2} + \frac{1}{(a+1)^2} + \ldots = \frac{1}{a} + \frac{1}{2}\frac{1}{a(a+1)} + \frac{1}{3}\frac{1.2}{a(a+1)(a+2)} + \ldots$$

4° Étudier a série ayant pour terme géneral

$$u_n = \frac{a(a+1)\ldots(a+n-1)}{b(b+1)\ldots(b+n-1)}\,x^n;$$

pour $x=1$, a série est convergente si l'on a $b-1>a$, sa somme est

$$S = \frac{b-1}{b-a-1}.$$

Déduire de là la relation

$$x = \frac{x}{x+3} + \frac{x(x+2)}{(x+3)(x+5)} + \frac{x(x+2)(x+4)}{(x+3)(x+5)(x+7)} + \ldots$$

due à Sarrus. (**Annales de Gergonne**, t. X, p. 222.)

5° Dans la série (u) ayant pour terme général $\dfrac{(-1)^{n-1}}{n}$ et pour somme S on intervertit les termes de manière à former les séries

(v) $\qquad 1 - \dfrac{1}{2} + \dfrac{1}{3} + \dfrac{1}{5} - \dfrac{1}{4} + \dfrac{1}{7} + \dfrac{1}{9} + \dfrac{1}{11} + \dfrac{1}{13} - \dfrac{1}{6} + \ldots$

(w) $\qquad 1 - \dfrac{1}{2} - \dfrac{1}{4} + \dfrac{1}{3} - \dfrac{1}{6} - \dfrac{1}{8} + \dfrac{1}{5} - \dfrac{1}{10} - \dfrac{1}{12} + \ldots;$

démontrer que la série (v) est divergente et que la série (w) a pour somme $\dfrac{S}{2}$.

6° Étudier les séries dont les termes généraux sont

$$u_{n+1} = \frac{(-1)^n}{x+n} \qquad v_{n+1} = \frac{1}{2^{n+1}}\frac{1.2\ldots n}{x(x+1)\ldots(x+n)};$$

montrer que ces deux séries ont la même somme.

(On remplacera v_{n+1} par une expression de la forme

$$\frac{A_0}{x} + \frac{A_1}{x+1} + \ldots + \frac{A_n}{x+n},$$

dans laquelle les quantités A sont des constantes.)

7° Étudier les séries   les termes généraux sont

$$u_n = (-1)^{n-1}\frac{1.3\ldots(2n-3)}{2.4\ldots(2n-2)}x^n \qquad v_n = \frac{1.3\ldots(2n-3)}{2.4\ldots(2n-2)}\frac{x^n}{(1+x)^n};$$

montrer que ces deux séries ont la même somme.

(*On développera dans v_n l'expression* $(1+x)^{-n}$.)

Faire le carré de la série (u) et vérifier qu'il est égal au développement en série de $\dfrac{x^2}{1+x}$. — Les deux séries (u) et (v) ont pour somme commune

$$\frac{x}{\sqrt{1+x}}.$$

8° Étudier la série dont le terme général est

$$u_n = \frac{1.3\ldots(2n-3)}{2.4\ldots 2n}\left(\frac{2x}{1+x^2}\right)^{2n-1};$$

pour $|x| < 1$ on a $S = x$ et pour $|x| > 1$ on a $S = \dfrac{1}{x}$.

9° Soient α_1, α_2, ..., α_n ..., des nombres assujettis à la seule condition que α_n tend vers zéro pour n infini, la série

$$(\alpha_1 - \alpha_2) + (\alpha_2 - \alpha_3) + \ldots + (\alpha_{n-1} - \alpha_n) + \ldots$$

a pour limite α_1.

Si l'on pose

$$\alpha_n = \text{arc tang}\frac{c}{a+(n-1)b}$$

on obtient l'expression de arc tang $\dfrac{c}{a}$ sous forme de série.

Examiner les cas particuliers suivants : $(b=2, a=c=1)$ et $(a=b=c=1)$.

10° Étudier la série dont le terme général est

$$u_n = \frac{1}{2^n}\,\text{tang}\,\frac{x}{2^n};$$

elle a pour somme $S = \dfrac{1}{x} - 2\cot 2x$.

(*On fera usage de l'identité* tang $x = \cot x - 2\cot 2x$.)

11° Si r désigne un entier positif fixe, la série (u) est convergente quand, à partir d'un certain rang p, le rapport $\dfrac{u_{n+r}}{u_n}$ est constamment inférieur à un nombre fixe q moindre que l'unité.

La série est divergente quand, à partir d'un certain rang p, ce rapport est constamment plus grand que l'unité.

Application à l'étude de la série dont le terme général est

$$u_n = \frac{m[m + (n-1)\,\alpha + \beta]\,[m + (n-2)\,\alpha + 2\,\beta]\,\ldots\,[m + \alpha + (n-1)\,\beta]}{1.2\,\ldots\,n}\,x^n,$$

α et β étant des entiers positifs. — Pour fixer les idées on supposera α plus grand que β.

La condition nécessaire et suffisante pour la convergence de cette série est

$$x^{\alpha - \beta} < \frac{\beta^\beta}{\alpha^\alpha}.$$

12° Soient u_n le terme général d'une série (u) à termes positifs et S_n la somme $u_1 + u_2 + \ldots + u_n$; la série (v) ayant pour terme général $\dfrac{u_n}{S_n^\alpha}$ est convergente quel que soit α si la série (u) est convergente.

Si la série (u) est divergente, la série (v) est convergente pour $\alpha > 1$; elle est divergente pour $\alpha \leq 1$. — **(Abel.)**

13° Soient $\varepsilon_1,\ \varepsilon_2,\ \ldots,\ \varepsilon_n,\ \ldots$, une suite infinie de nombres positifs non croissants; si la série (u) est convergente, la série ayant pour terme général $\varepsilon_n u_n$ sera aussi convergente. — **(Abel.)**

14° Soient (u) une série convergente ou divergente, mais telle que $|\,S_n\,|$ soit moindre qu'un nombre positif a, quel que soit n, et

$$\varepsilon_1 \quad \varepsilon_2 \quad \ldots \quad \varepsilon_n \quad \ldots$$

une suite infinie de nombres positifs non croissants; la série ayant pour terme général $\varepsilon_n u_n$ sera convergente, si ε_n tend vers zéro pour n infini. **(Abel.)**

Applications. — On supposera successivement $u_n = (-1)^{n-1}$, $u_n = \sin n\theta$, $u_n = \cos n\theta$.

15° La suite des nombres premiers étant supposée limitée, soit p le plus grand de ces nombres.

Démontrer que le développement en série du produit

$$\frac{1}{\left(1 - \frac{1}{2}\right)\left(1 - \frac{1}{3}\right)\,\ldots\,\left(1 - \frac{1}{p}\right)}$$

contient tous les termes de la série harmonique.

Déduire de là que la suite des nombres premiers est illimitée.

(Cette démonstration est due à Euler.)

16° Le produit infini

$$\frac{1}{\left(1 - \frac{1}{2^\alpha}\right)\left(1 - \frac{1}{3^\alpha}\right)\,\ldots\,\left(1 - \frac{1}{p^\alpha}\right)\,\ldots}$$

où p désigne un nombre premier quelconque es équivalent à la série

$$1 + \frac{1}{2^\alpha} + \frac{1}{3^\alpha} + \cdots + \frac{1}{p^\alpha} + \cdots$$

Déduire de là que la série ayant pour terme général $\dfrac{1}{p^\alpha}$, p désignant toujours un nombre premier quelconque, est convergente pour $\alpha > 1$ et divergente pour $\alpha \leqslant 1$.

17° Le produit

$$\frac{1}{\left(1 + \dfrac{1}{3^\alpha}\right)\left(1 - \dfrac{1}{5^\alpha}\right) \cdots \left(1 \pm \dfrac{1}{n^\alpha}\right) \cdots}$$

dans lequel $\dfrac{1}{p^\alpha}$ est affecté du signe $+$ quand le nombre premier p est de la forme $4n - 1$ et du signe $-$ dans le cas contraire, est équivalent à la série

$$1 - \frac{1}{3^\alpha} + \frac{1}{5^\alpha} - \cdots + \frac{1}{(2n-1)^\alpha} - \frac{1}{(2n+1)^\alpha} + \cdots$$

18° Démontrer la relation

$$(1 - x)(1 - x^2) \cdots = 1 - x - x^2 + x^5 - \cdots + x^{\frac{3n^2 - n}{2}} - x^{\frac{3n^2 + n}{2}} + \cdots$$

qui est due à Euler.

19° Démontrer la relation

$$\frac{1}{(1-z)(1-rz)(1-r^2 z)\cdots} = 1 + \frac{z}{1-r} + \frac{z^2}{(1-r)(1-r^2)} + \frac{z^3}{(1-r)(1-r^2)(1-r^3)} + \cdots$$

(On se servira de l'égalité $f(rz) = (1 - z)f(z)$, où $f(z)$ désigne le premier membre de la relation que l'on veut établir.)

Cas particuliers. — On pose $z = x^2$, $r = q^2$; déduire du résultat trouvé que la somme

$$1 - \frac{1 - q^n}{1 - q} + \frac{(1 - q^n)(1 - q^{n-1})}{(1 - q)(1 - q^2)} - \frac{(1 - q^n)(1 - q^{n-1})(1 - q^{n-2})}{(1 - q)(1 - q^2)(1 - q^3)} + \cdots$$

est nulle si n est pair et égale à

$$(1 - q)(1 - q^2) \cdots (1 - q^{n-1})$$

si n est impair.

On pose $r = q^{\frac{1}{2}}$, $z = x$; déduire du résultat trouvé que la somme

$$1 + \frac{(1 - q^n)}{1 - q} q^{\frac{1}{2}} + \frac{(1 - q^n)(1 - q^{n-1})}{(1 - q)(1 - q^2)} q^{\frac{2}{2}} + \cdots$$

es égale

$$\left(1 + q^{\frac{1}{2}}\right)\left(1 + q^{\frac{2}{2}}\right) \dots \left(1 + q^{\frac{n}{2}}\right);$$

n désignant un entier positif (Gauss.)

20° Démontrer la relation

$$(1 + u_1)(1 + u_2) \dots (1 + u_n) = 1 + u_1 + (1 + u_1)u_2 + (1 + u_1)(1 + u_2)u_3 + \dots$$
$$+ (1 + u_1)(1 + u_2) \dots (1 + u_{n-1})u_n.$$

Déduire de cette relation, qui est due à Euler, les théorèmes généraux sur la convergence ou la divergence des produits infinis.

CHAPITRE XIV

PROPRIÉTÉS GÉNÉRALES DES FONCTIONS

168. Définition. — *Quand des nombres sont assujettis à satisfaire à une même condition, on dit qu'ils forment un ensemble.*

Ces nombres sont appelés les *éléments* ou les *termes* de l'ensemble ; ils peuvent être en nombre fini ou infini.

Par exemple, les entiers positifs moindres que 10 forment un ensemble ayant un nombre fini d'éléments.

Les nombres rationnels dont le carré est plus petit que 10 forment un ensemble ayant un nombre infini d'éléments.

Dans la suite nous aurons souvent à considérer l'ensemble formé par deux nombres donnés a, b et par tous les nombres rationnels ou non compris entre a et b ; nous appellerons *intervalle* (a, b) l'ensemble de ces nombres, et nous supposerons toujours a inférieur à b.

On dit qu'un ensemble (E) est *limité supérieurement* quand tous ses éléments sont inférieurs à un nombre déterminé M.

On dit qu'un ensemble (E) est *limité inférieurement* quand tous ses éléments sont supérieurs à un nombre déterminé (m).

Pour abréger le langage, nous dirons qu'un ensemble (E) est *limité* quand il est limité à la fois *supérieurement* et *inférieurement*.

Théorème I. — *Si un ensemble* (E) *est limité supérieurement, il existe un nombre* L *jouissant des deux propriétés suivantes :* 1° *aucun terme de l'ensemble ne surpasse* L *;* 2° *l'un au moins des termes de l'ensemble surpasse* L — ω, *si petite que soit la quantité positive* ω.

Le théorème est évident si l'un des termes de l'ensemble est supérieur à tous les autres, le nombre L est alors égal à ce terme ; il en est ainsi en particulier quand le nombre des termes de l'ensemble est fini.

Il n'y a donc lieu à démonstration que si le nombre des termes de l'ensemble est infini et si aucun d'eux n'est supérieur à tous les autres.

Soient **A** un terme quelconque de l'ensemble (E) et **M** un nombre plus grand que tous les termes de cet ensemble.

Partageons l'intervalle (A, M) en n intervalles égaux en insérant entre A et M les $n-1$ nombres x_1, x_2, ... x_{n-1}, ce qui donne la suite

$$A \quad x_1 \quad x_2 \quad \dots \quad x_{n-1} \quad M.$$

Soit x_p le premier terme de cette suite qui surpasse tous les termes de l'ensemble ; l'intervalle (x_{p-1}, x_p) renfermera une infinité de termes de cet ensemble.

Partageons cet intervalle en n intervalles égaux, de manière à former une nouvelle suite dont les termes extrêmes seront

$$x_{p-1}, \; x_p.$$

Soit x_p^1 le premier terme de cette deuxième suite qui surpasse tous les termes de l'ensemble et x_{p-1}^1 le terme précédent ; l'intervalle (x_{p-1}^1, x_p^1) renfermera une infinité de termes de cet ensemble.

En continuant de la même manière, nous obtiendrons une série d'intervalles ayant les propriétés suivantes : 1° *chacun d'eux sera compris dans tous les précédents ;* 2° *le dernier terme de chaque intervalle sera supérieur à tous les termes de l'ensemble ;* 3° *chaque intervalle renfermera une infinité de termes de l'ensemble.*

Les nombres qui limitent ces différents intervalles forment deux suites illimitées

$$(1) \qquad x_{p-1} \quad x_{p-1}^1 \quad x_{p-1}^2 \quad \dots \quad x_{p-1}^r \quad \dots$$

$$(2) \qquad x_p \quad x_p^1 \quad x_p^2 \quad \dots \quad x_p^r \quad \dots$$

Les termes de la suite (1) ne décroissent pas et restent inférieurs à x_p ; les termes de la suite (2) ne croissent pas et restent supérieurs à x_{p-1}; on a de plus, pour r infini,

$$\lim (x'_p - x'_{p-1}) = 0.$$

Il résulte de là que les suites (1) et (2) ont une limite commune L.

Nous allons démontrer que le nombre L jouit des deux propriétés énoncées au théorème I.

1° *Aucun terme de l'ensemble ne surpasse* L. — En effet, y étant un terme quelconque de l'ensemble, si l'on avait $y > L$, on aurait aussi

$$y > x'_p$$

pour des valeurs suffisamment grandes de r, puisque x'_p a L pour limite.

Cela est impossible, car les termes de la suite (2) sont supérieurs à tous les termes de l'ensemble.

2° *L'un au moins des termes de l'ensemble surpasse* L — ω, *si petite que soit la quantité positive* ω. — En effet, L étant la limite de la suite (1), on a pour les valeurs suffisamment grandes de r

$$L - x'_{p-1} < \omega \qquad \text{d'où} \qquad x'_{p-1} > L - \omega$$

et nous savons qu'il y a, dans l'ensemble, une infinité de termes supérieurs à x'_{p-1}.

Remarque. — *Le nombre* L *est unique.* — Supposons, en effet, qu'il existe deux nombres L, L' jouissant des propriétés énoncées au théorème I et soit $L > L'$, pour fixer les idées.

En prenant $\omega = L - L'$, il y aurait au moins un terme de l'ensemble supérieur à $L - \omega = L'$, ce qui est impossible, tous les termes de l'ensemble étant, par hypothèse, moindres que L'.

Le nombre L étant unique, il est indépendant du terme A choisi dans l'ensemble (E) et de la loi suivant laquelle on a subdivisé l'intervalle (A, M) pour former les suites (1) et (2) qui ont défini L.

Le nombre L a été appelé la *limite maximum* de l'ensemble (E).

Quand l'ensemble (E) est limité inférieurement, on démontre de la même manière le théorème suivant :

Théorème II. — *Si un ensemble (E) est limité inférieurement, il existe un nombre l jouissant des deux propriétés suivantes : 1° aucun terme de l'ensemble n'est inférieur à l ; 2° l'un au moins des termes de l'ensemble est inférieur à l + ω, si petite que soit la quantité positive ω.*

Le nombre l, qui est unique, a été appelé la limite minimum de l'ensemble (E).

Fonctions d'une seule variable.

169. Définition. — *On dit qu'une quantité y est une fonction définie d'une quantité variable x quand, à chaque valeur de x, correspond une valeur déterminée de y.*

Considérons, par exemple, un ensemble (E) de nombres tous distincts et regardons ces nombres comme des valeurs attribuées à x ; si, à chacun d'eux, on fait correspondre un nombre déterminé et que l'on prenne ces nouveaux nombres pour les valeurs de y, on dira que y est une fonction définie de x pour chacun des nombres appartenant à l'ensemble (E).

En particulier y est une fonction définie de x dans l'intervalle (a, b), si, à chaque valeur de x appartenant à cet intervalle, correspond une valeur déterminée de y.

On représente une fonction de la variable x par les symboles

$$f(x), \quad \varphi(x), \ldots$$

Ainsi, un polynôme entier par rapport à x est une fonction de x définie dans un intervalle quelconque ; on la désigne sous le nom de *fonction entière*.

Le quotient de deux polynômes entiers par rapport à x

$$\frac{A_0 x^m + A_1 x^{m-1} + \ldots + A_m}{B_0 x^p + B_1 x^{p-1} + \ldots + B_p}$$

est une fonction définie de x dans tout intervalle ne contenant aucune valeur de x annulant le dénominateur ; on la désigne sous le nom de *fonction rationnelle* ou encore de *fraction rationnelle.*

Remarque. — Dans les deux exemples précédents, la loi de correspondance entre les valeurs de x et de y reste la même quelle que soit la valeur attribuée à x. Il en sera généralement ainsi pour toutes les fonctions que nous aurons à considérer.

Il est cependant utile d'observer que la définition donnée de la fonction permet d'établir entre x et y une loi de correspondance variable avec la valeur attribuée à x.

Ainsi une fonction serait définie dans l'intervalle (1, 10) si l'on convenait de prendre $y = x - 5$ pour toute valeur *entière* de x et $y = \dfrac{1}{x - 5}$ pour toute valeur *non entière* de x appartenant à cet intervalle.

Fonctions limitées. — *On dit qu'une fonction $f(x)$ définie dans l'intervalle (a, b) est limitée dans cet intervalle, quand les valeurs de cette fonction restent comprises entre deux nombres déterminés m et M.*

Fonctions illimitées. — *La fonction $f(x)$ est dite illimitée dans l'intervalle (a, b), quand il y a dans cet intervalle au moins une valeur de x telle que la valeur absolue de $f(x)$ surpasse A, quel que soit le nombre positif A.*

On dit aussi alors que la fonction $f(x)$ devient infinie dans l'intervalle (a, b).

Remarque. — Les symboles tels que $\dfrac{m}{0}$, $\dfrac{0}{0}$, $\dfrac{\infty}{\infty}$ ne représentent rien ; quand nous dirons qu'une fonction est définie dans l'intervalle (a, b), il sera toujours sous-entendu que, pour aucune valeur de x appartenant à cet intervalle, la fonction ne prend les formes $\dfrac{m}{0}$, $\dfrac{0}{0}$, $\dfrac{\infty}{\infty}$.

Exemple I. — Une fonction entière est limitée dans un intervalle quelconque.

Exemple II. — Considérons au contraire une fonction $f(x)$ qui serait égale à $x - 5$ pour toutes les valeurs *entières* de x appartenant à l'intervalle (1, 10) et à $\dfrac{1}{x - 5}$ pour les autres valeurs de x appartenant à cet intervalle.

Cette fonction est définie dans l'intervalle (1, 10), mais elle n'est pas *limitée*.

En effet, A étant un nombre quelconque supérieur à $\frac{1}{5}$, on aura

$$\frac{1}{x-5} > A$$

pour toutes les valeurs non entières de x satisfaisant aux inégalités

$$5 < x < 5 + \frac{1}{A},$$

et ces valeurs appartiennent à l'intervalle (1,10).

Remarque. — Les valeurs distinctes qu'une fonction *limitée* dans l'intervalle (a, b) prend, pour les valeurs de x appartenant à cet intervalle, forment un *ensemble limité*. Cette fonction a donc une *limite maximum* L et une *limite minimum* l. (§ **168. Théorèmes I** et **II.**)

Pour toutes les valeurs de x appartenant à l'intervalle (a, b) on aura

$$f(x) < L \qquad \text{et} \qquad f(x) > l,$$

mais il y aura dans cet intervalle au moins une valeur x_1 et au moins une valeur x_2 pour lesquelles on aura

$$f(x_1) > L - \omega \qquad f(x_2) < l + \omega$$

si petite que soit la quantité positive ω.

La différence $L - l$ a été appelée par Riemann l'*oscillation* de la fonction dans l'intervalle (a, b).

Pour deux valeurs quelconques x', x'' de x appartenant à cet intervalle on aura

$$|f(x') - f(x'')| \leqslant L - l.$$

170. Continuité pour une valeur $x = x_0$. — *On dit qu'une fonction $f(x)$ est continue pour la valeur $x = x_0$ quand, à tout nombre positif α pris aussi petit que l'on voudra, correspond un nombre positif β tel que la fonction soit définie dans l'intervalle*

$(x_0 - \beta,\ x_0 + \beta)$ *et que l'on ait en outre*

$$|f(x_0 + h) - f(x_0)| < \alpha$$

sous la condition

$$|h| < \beta.$$

Remarque I. — En se reportant à la définition de la limite, on voit que la définition précédente revient à dire qu'une fonction définie dans l'intervalle $(a,\ b)$ est continue pour la valeur $x = x_0$ appartenant à cet intervalle, quand on a

$$\lim f(x_0 + h) = f(x_0)$$

la quantité h tendant vers zéro suivant une loi *quelconque*, mais telle cependant que $x_0 + h$ appartienne toujours à l'intervalle $(a,\ b)$.

Remarque II. — Soient x_1, x_2 deux valeurs quelconques de x appartenant à l'intervalle $(x_0 - \beta,\ x_0 + \beta)$, on aura

$$|f(x_1) - f(x_0)| < \alpha \qquad \text{et} \qquad |f(x_2) - f(x_0)| < \alpha$$

et, par suite,

$$|f(x_2) - f(x_1)| < 2\alpha.$$

Ainsi, quand une fonction est continue pour $x = x_0$, à un nombre positif quelconque $\omega = 2\alpha$, correspond un nombre positif β tel que, pour deux valeurs *quelconques* x_1, x_2 de x appartenant à l'intervalle $(x_0 - \beta,\ x_0 + \beta)$, on a

$$|f(x_2) - f(x_1)| < \omega.$$

Continuité dans un intervalle. — *On dit qu'une fonction $f(x)$ définie dans l'intervalle (a, b) est continue dans cet intervalle, quand elle est continue pour toutes les valeurs de x appartenant à cet intervalle.*

En ce qui concerne les limites a et b de l'intervalle, il est utile de remarquer que l'on doit avoir

$$\lim f(a + h) = f(a) \qquad \text{et} \qquad \lim f(b - h) = f(b)$$

la quantité h tendant vers zéro *en restant positive*.

Théorème III. — *Si une fonction $f(x)$ est continue dans l'intervalle (a, b), à tout nombre positif α correspond un nombre positif β tel que, x_0 et x_1 désignant deux valeurs quelconques de x appartenant à cet intervalle, on a*

$$|f(x_1) - f(x_0)| < \alpha$$

sous la condition $|x_1 - x_0| < \beta$.

Soit δ un intervalle compris dans l'intervalle (a, b) ; pour faciliter le langage, nous dirons que, dans l'intervalle δ, l'oscillation de la fonction est supérieure à α si l'on peut trouver dans cet intervalle au moins deux valeurs x', x'' de x telles que l'on ait

$$|f(x'') - f(x')| > \alpha ;$$

nous dirons que l'oscillation de la fonction est inférieure à α si l'on a

$$|f(x'') - f(x')| < \alpha$$

pour toutes les valeurs de x' et x'' appartenant à l'intervalle δ.

Cela posé, le théorème énoncé sera établi si l'on démontre que l'on peut partager l'intervalle (a, b) en un nombre fini d'intervalles

$$d_1 \quad d_2 \quad \dots \quad d_m$$

tels que, dans chacun d'eux, l'oscillation de la fonction soit moindre que $\dfrac{\alpha}{2}$.

En effet soit β un nombre positif inférieur ou égal à l'étendue du plus petit des intervalles d ; prenons deux valeurs x_0, x_1 appartenant à l'intervalle (a, b) et telles que l'on ait

$$|x_0 - x_1| < \beta.$$

Si ces valeurs appartiennent à l'un des intervalles d on aura, par hypothèse,

$$|f(x_0) - f(x_1)| < \frac{\alpha}{2} < \alpha.$$

Si ces valeurs n'appartiennent pas à un même intervalle d, la plus grande x appartiendra à un intervalle d_p et la plus petite à l'intervalle précédent d_{p-1}. En appelant x_{p-1} la valeur de x qui sépare ces deux intervalles on aura

$$|f(x_0) - f(x_{p-1})| < \frac{\alpha}{2} \quad \text{et} \quad |f(x_1) - f(x_{p-1})| < \frac{\alpha}{2},$$

d'où l'on déduit encore

$$|f(x_0) - f(x_1)| < \alpha.$$

Cette remarque étant faite, partageons l'intervalle (a, b) en n intervalles égaux

$$\delta_1 \quad \delta_2 \quad \ldots \quad \delta_n,$$

puis chacun de ces nouveaux intervalles en n intervalles égaux et ainsi de suite ; nous allons démontrer qu'en opérant ainsi on arrivera à diviser l'intervalle (a, b) en intervalles

$$d_1 \quad d_2 \quad \ldots \quad d_m$$

tels que, dans chacun d'eux, l'oscillation de la fonction sera moindre que $\frac{\alpha}{2}$.

En effet, s'il n'en est pas ainsi, il y aura au moins un intervalle δ_p dans lequel l'oscillation de la fonction surpassera $\frac{\alpha}{2}$ et qui jouira en outre de la propriété suivante : dans l'intervalle δ_p il y aura au moins un intervalle δ_p^1 dans lequel l'oscillation de la fonction surpassera $\frac{\alpha}{2}$; puis, dans celui-ci, au moins un intervalle δ_p^2 dans lequel l'oscillation de la fonction surpassera $\frac{\alpha}{2}$ et ainsi de suite *indéfiniment*.

Les intervalles δ_p, δ_p^1, δ_p^2, ..., ainsi formés tendront vers zéro et chacun d'eux sera *compris* dans tous les précédents.

Désignons en général par x_{p-1}^r, x_p^r les nombres qui limitent inférieurement et supérieurement l'intervalle δ_p^r. On démontrera comme au paragraphe 168 que les suites

$$x_{p-1} \quad x^1_{p-1} \quad \cdots \quad x^r_{p-1} \quad \cdots$$
$$x_p \quad x^1_p \quad \cdots \quad x^r_p \quad \cdots$$

ont pour limite commune un nombre c appartenant à l'intervalle (a, b).

Cette conséquence est impossible; en effet, la fonction $f(x)$ étant continue pour $x=c$, au nombre positif α correspond un nombre positif γ tel que, dans l'intervalle $(c-\gamma, c+\gamma)$, l'oscillation de la fonction est moindre que $\dfrac{\alpha}{2}$.

D'un autre côté, l'intervalle δ^r_p *qui comprend c et tend vers zéro*, finit par être renfermé dans l'intervalle $(c-\gamma, c+\gamma)$; et, par hypothèse, l'oscillation de la fonction dans l'intervalle δ^r_p est *supérieure à* $\dfrac{\alpha}{2}$.

La contradiction est évidente; il faut donc en conclure qu'en subdivisant d'après la loi indiquée l'intervalle (a, b), on finira par obtenir des intervalles

$$d_1 \quad d_2 \quad \cdots \quad d_m$$

dans chacun desquels l'oscillation de la fonction sera inférieure à $\dfrac{\alpha}{2}$.

Réciproquement *une fonction $f(x)$ définie dans l'intervalle (a, b), est continue dans cet intervalle si, à tout nombre positif α, correspond un nombre positif β tel que, x_0 et x_1 désignant deux valeurs quelconques de x appartenant à l'intervalle (a, b), on a*

$$|f(x_0) - f(x_1)| < \alpha$$

sous la condition $|x_1 - x_0| < \beta$.

En effet, en posant $x_0 - x_1 = h$ on a, pour $|h| < \beta$,

$$|f(x_0 + h) - f(x_0)| < \alpha.$$

La fonction est donc continue pour une valeur quelconque $x = x_0$ appartenant à l'intervalle (a, b).

Théorème IV. — *Toute fonction continue dans un intervalle* (a, b) *est limitée dans cet intervalle.*

La fonction étant continue dans l'intervalle (a, b), à un nombre positif arbitraire α correspond un nombre positif β tel que l'on a

$$|f(\mathrm{X}) - f(x)| < \alpha$$

sous la condition $\mathrm{X} - x < \beta$; les valeurs X, x appartenant à l'intervalle (a, b).

Cela posé, choisissons l'entier n de manière que l'on ait $b - a < n\beta$, et partageons l'intervalle (a, b) en n parties égales en intercalant des nombres $x_1, x_2, \ldots, x_{n-1}$, ce qui donne la suite

$$(x) \qquad a \quad x_1 \quad x_2 \quad \ldots \quad x_{n-1} \quad b.$$

Soit X une valeur quelconque de x qui sera comprise, par exemple, entre x_{p-1} et x_p; chaque intervalle de la suite (x) étant moindre que β, on aura

$$f(a) - \alpha < f(x_1) < f(a) + \alpha$$
$$f(x_1) - \alpha < f(x_2) < f(x_1) + \alpha$$
$$\cdots \cdots \cdots \cdots \cdots \cdots$$
$$f(x_{p-2}) - \alpha < f(x_{p-1}) < f(x_{p-2}) + \alpha$$
$$f(x_{p-1}) - \alpha < f(\mathrm{X}) < f(x_{p-1}) + \alpha$$

et, en ajoutant,

$$f(a) - p\alpha < f(\mathrm{X}) < f(a) + p\alpha.$$

Le nombre p ne surpassant pas n, il en résulte que, pour toute valeur x appartenant à l'intervalle (a, b), on a

$$f(a) - n\alpha < f(x) < f(a) + n\alpha,$$

et cette inégalité montre que la fonction $f(x)$ est limitée dans cet intervalle.

La fonction $f(x)$ étant limitée a une limite maximum L et une limite minimum l.

Théorème V. — *Toute fonction continue dans un intervalle (a, b) atteint sa limite maximum L et sa limite minimum l.*

Démontrons par exemple que la fonction atteint sa limite maximum L.

Pour cela, partageons l'intervalle (a, b) en n intervalles égaux

$$\delta_1 \quad \delta_2 \quad \ldots \quad \delta_n \;;$$

dans l'un au moins de ces intervalles δ_p, la limite maximum de la fonction sera L.

Partageons l'intervalle δ_p en n intervalles égaux ; dans l'un au moins de ces nouveaux intervalles δ_p^1 la limite maximum de la fonction sera L.

En continuant indéfiniment de la même manière, nous formerons une suite d'intervalles

$$\delta_p \quad \delta_p^1 \quad \delta_p^2 \quad \ldots \quad \delta_p^r \quad \ldots$$

tendant vers zéro et tels que chacun d'eux sera compris dans le précédent.

Pour tous ces intervalles la limite maximum de la fonction sera L.

On verra, comme au paragraphe 168, que les nombres qui limitent inférieurement et supérieurement ces intervalles tendent vers un même nombre c appartenant à l'intervalle (a, b).

Nous allons démontrer que l'on a

$$f(c) = L.$$

Pour cela, il suffira de faire voir que $f(c)$, qui ne peut pas être supérieur à L, n'est pas non plus inférieur à cette quantité.

Si $f(c)$ était inférieur à L, on aurait

$$f(c) = L - 2\omega, \quad (\omega > 0),$$

La fonction $f(x)$ étant continue, au nombre ω correspond un nombre positif β tel que l'on a

$$f(x) < f(c) + \omega$$

c'est-à-dire

$$f(x) < L - \omega,$$

pour toute valeur de x appartenant à l'intervalle $(c - \beta, c + \beta)$.

Cette inégalité est impossible, car, pour r suffisamment grand, l'intervalle δ_p^r, qui comprend le nombre c, tend vers zéro et finit par être renfermé dans l'intervalle $(c - \beta, c + \beta)$.

D'un autre côté, la limite maximum de la fonction étant L pour l'intervalle δ_p^r, il y a, dans cet intervalle, au moins une valeur de x pour laquelle on a

$$f(x) > L - \omega.$$

Théorème VI. — *Si une fonction $f(x)$ continue dans l'intervalle (a, b) prend des valeurs de signes contraires pour $x = a$ et $x = b$, elle s'annule au moins pour une valeur de x comprise entre a et b.*

Pour fixer les idées nous supposerons

$$f(a) < 0 \quad \text{et} \quad f(b) > 0.$$

Partageons l'intervalle (a, b) en n parties égales en intercalant $n - 1$ nombres $x_1, x_2, \ldots, x_{n-1}$, ce qui donne la suite

$$a \quad x_1 \quad x_2 \quad x_{n-1} \quad b.$$

Si l'un des termes de cette suite annule $f(x)$, le théorème est démontré.

S'il n'en est pas ainsi, il y aura au moins deux termes consécutifs x_{p-1}, x_p pour lesquels on aura

$$f(x_{p-1}) < 0 \quad \text{et} \quad f(x_p) > 0.$$

En partageant l'intervalle (x_{p-1}, x_p) en n parties égales, nous trouverons ou une valeur de x annulant $f(x)$, ou au moins un nouvel intervalle (x_{p-1}^1, x_p^1) pour lequel on aura

$$f(x_{p-1}^1) < 0 \quad \text{et} \quad f(x_p^1) > 0.$$

Supposons qu'en continuant indéfiniment de la même manière on ne rencontre jamais un nombre annulant $f(x)$, on formera deux suites illimitées

$$x_{p-1} \quad x_{p-1}^1 \quad \ldots \quad x_{p-1}^r \quad \ldots$$
$$x_p \quad x_p^1 \quad \ldots \quad x_p^r \quad \ldots$$

On démontrera, comme au paragraphe 168, que ces suites ont

pour limite commune un nombre c appartenant à l'intervalle (a, b).

La fonction $f(x)$ étant continue, les valeurs $f(x^r_{p-1})$, $f(x^r_p)$ ont pour limite commune $f(c)$ quand r devient infini.

Comme $f(x^r_{p-1})$ est négatif, sa limite $f(c)$ est *négative* ou *nulle*; de même $f(x^r_p)$ étant positif, sa limite $f(c)$ est *positive* ou *nulle*; on a donc

$$f(c) = 0.$$

Ce théorème a été démontré par Cauchy (**Cours d'analyse de l'École royale polytechnique**, p. 460).

Corollaire I. — *Une fonction $f(x)$ continue dans l'intervalle (a, b) passe au moins une fois par chacune des valeurs comprises entre $f(a)$ et $f(b)$ quand x croît de a à b.*

En effet, soit u une quantité comprise entre $f(a)$ et $f(b)$; si l'on pose

$$\varphi(x) = f(x) - u$$

les quantités $\varphi(a) = f(a) - u$, $\varphi(b) = f(b) - u$ seront de signes contraires et $\varphi(x)$ s'annulera au moins pour une valeur $x = x'$ appartenant à l'intervalle (a, b); on aura donc $f(x') = u$.

Corollaire II. — Si L et l désignent les limites maximum et minimum d'une fonction $f(x)$ continue dans l'intervalle (a, b), cette fonction passe au moins une fois par chacune des valeurs comprises entre L et l, quand x varie entre les valeurs x' et x'', pour lesquelles on a

$$f(x') = \mathrm{L}, \qquad f(x'') = l.$$

Remarque. — La propriété démontrée (**Corollaire I**) a été prise quelquefois comme définition de la continuité; elle ne caractérise pas la continuité telle que nous l'avons définie, car on a démontré qu'elle appartient à des fonctions qui ne sont pas continues dans le sens que nous avons adopté.

Théorème VII. — *Si des fonctions $\varphi_1(x)$, $\varphi_2(x)$, ..., $\varphi_m(x)$ sont continues pour $x = x_1$, les fonctions*

$$\varphi_1(x) \pm \varphi_2(x) \pm \ldots \pm \varphi_m(x)$$

$$\varphi_1(x) \cdot \varphi_2(x) \ldots \varphi_m(x)$$

sont aussi continues pour $x = x_1$.

Il en est de même de la fonction $\dfrac{\varphi_1(x)}{\varphi_2(x)}$ *pourvu que* $\varphi_2(x_1)$ *ne soit pas nul.*

En effet, quand h tend vers zéro, $\varphi_p(x_1 + h)$ tend vers $\varphi_p(x_1)$, l'entier p ayant l'une des valeurs suivantes : 1, 2, ... m. De là résultent les relations

$$\lim \left[\varphi_1(x_1 + h) \pm \ldots \pm \varphi_m(x_1 + h) \right] = \varphi_1(x_1) \pm \ldots \pm \varphi_m(x_1)$$

$$\lim \varphi_1(x_1 + h) \cdot \varphi_2(x_2 + h) \ldots \varphi_m(x_1 + h) = \varphi_1(x_1) \varphi_2(x_1) \ldots \varphi_m(x_1)$$

$$\lim \frac{\varphi_1(x_1 + h)}{\varphi_2(x_1 + h)} = \frac{\varphi_1(x_1)}{\varphi_2(x_1)}.$$

Applications.

171. — 1° *La fonction* x^m *est continue.* — Nous supposerons d'abord m positif.

Si m est entier, la fonction x^m sera continue quel que soit x, car elle est le produit de m facteurs égaux à x et la fonction x est continue.

Si m est fractionnaire ou incommensurable, la fonction x^m est définie seulement pour des valeurs positives de x; pour ces valeurs elle est continue.

En effet, soit p un entier plus grand que m, on aura

$$|(x+h)^m - x^m| = x^m \left[\left(1 + \frac{h}{x}\right)^m - 1 \right] < x^m \left[\left(1 + \frac{h}{x}\right)^p - 1 \right]$$

si h est positif, et

$$|(x+h)^m - x^m| = x^m \left[1 - \left(1 + \frac{h}{x}\right)^m \right] < x^m \left[1 - \left(1 + \frac{h}{x}\right)^p \right].$$

si h est négatif.

Dans les deux hypothèses, on a la relation

$$|(x+h)^m - x^m| < x^{m-p} |(x+h)^p - x^p|$$

dont le second membre tend vers zéro avec h, car p est entier ; la fonction x^m est donc continue.

Supposons enfin m négatif ; si l'on pose $m = -p$, on aura

$$x^m = \frac{1}{x^p},$$

donc, la fonction x^m est encore continue, sauf pour $x = 0$.

Remarque. — Les fonctions

$$\sqrt[2p+1]{x^{2q}} \qquad \sqrt[2p+1]{x^{2q+1}}$$

où p et q sont des entiers positifs, sont continues même pour les valeurs négatives de x ; en effet, si l'on pose $x = -z$, on a

$$\sqrt[2p+1]{x^{2q}} = z^{\frac{2q}{2p+1}} \qquad \sqrt[2p+1]{x^{2q+1}} = -z^{\frac{2q+1}{2p+1}}.$$

2° *La fonction entière est continue pour toutes les valeurs de x.* — En effet elle est la somme de fonctions continues pour toutes les valeurs de x.

3° *La fraction rationnelle est une fonction continue sauf pour les valeurs de x qui annulent son dénominateur.*

4° *Fonctions trigonométriques.* — On a

$$\left| \sin(x+h) - \sin x \right| = \left| 2 \sin \frac{h}{2} \cos\left(x + \frac{h}{2}\right) \right| < |h|,$$

$$\left| \cos(x+h) - \cos x \right| = \left| -2 \sin \frac{h}{2} \sin\left(x + \frac{h}{2}\right) \right| < |h| ;$$

les fonctions $\sin x$ et $\cos x$ sont donc continues pour toutes les valeurs de x.

Les relations

$$\tan g\, x = \frac{\sin x}{\cos x} \qquad \cot x = \frac{\cos x}{\sin x}$$

montrent que la fonction $\tan g\, x$ est continue sauf pour les valeurs de la forme $x = k\pi + \frac{\pi}{2}$, et que la fonction $\cos x$ est continue sauf pour les valeurs de la forme $x = k\pi$; k désignant un entier positif ou négatif.

Fonctions de plusieurs variables indépendantes.

172. Définitions. — *On appelle variables indépendantes des quantités variables x, y, z, ..., à chacune desquelles on peut attribuer des valeurs arbitraires.*

On dit qu'une quantité u est une fonction définie de plusieurs variables indépendantes x, y, z, ..., quand, à chaque système de de valeurs attribuées à ces variables, correspond une valeur déterminée de u.

Par exemple une quantité u est une fonction définie de x et de y dans les deux intervalles (a, a'), (b, b') quand, à chaque système de valeurs de x et de y appartenant, *la première* à l'intervalle (a, a'), *la deuxième* à l'intervalle (b, b'), correspond une valeur déterminée de u.

Ainsi un polynôme entier par rapport à plusieurs lettres x, y, z,... est une fonction définie des quantités x, y, z,.. pour toutes les valeurs attribuées à ces quantités.

On représente une fonction de plusieurs variables par les symboles $f(x, y, z, ...)$, $\varphi(x, y, z, ...)$, ...

Dans ce qui suit nous considérerons, pour plus de simplicité, des fonctions de deux variables; on verra facilement que tous les raisonnements subsistent, quel que soit le nombre des variables.

Fonctions limitées. — *On dit qu'une fonction $f(x, y)$ définie dans les intervalles (a, a'), (b, b') est limitée dans ces intervalles quand toutes les valeurs de cette fonction restent comprises entre deux nombres déterminés m et M.*

Fonctions illimitées. — *La fonction $f(x, y)$ est dite illimitée dans les intervalles (a, a'), (b, b') quand il y a dans ces intervalles au moins un système de valeurs de x et de y tel que la valeur absolue de $f(x, y)$ surpasse A, quel que soit le nombre positif A.*

Ainsi, par exemple, une fonction entière de deux variables x et y est limitée dans deux intervalles quelconques (a, a'), (b, b').

Remarque. — Les valeurs distinctes qu'une fonction $f(x, y)$ limitée dans les intervalles (a, a'), (b, b'), prend pour les valeurs de x et de y appartenant à ces intervalles, forment un *ensemble limité*. Cette fonction a donc une *limite maximum* L et une limite minimum l. (§ **168. Théorèmes I et II.**)

Pour toutes les valeurs de x et de y appartenant aux intervalles (a, a'), (b, b') on aura

$$f(x, y) < \mathrm{L} \qquad \text{et} \qquad f(x, y) > l,$$

mais il y aura dans ces intervalles au moins deux systèmes de valeurs (x_1, y_1), (x_2, y_2) pour lesquelles on aura

$$f(x_1, y_1) > \mathrm{L} - \omega \qquad \text{et} \qquad f(x_2, y_2) < l + \omega$$

si petite que soit la quantité positive ω.

La différence $\mathrm{L} - l$ est appelée l'oscillation de la fonction dans les intervalles (a, a'), (b, b').

173. Continuité pour les valeurs $x = x_0$, $y = y_0$. — *On dit qu'une fonction $f(x, y)$ est continue pour $x = x_0$ et $y = y_0$ quand, à tout nombre positif α pris aussi petit que l'on voudra, correspond un nombre positif β tel que la fonction soit définie dans les intervalles $(x_0 - \beta, x_0 + \beta)$, $(y_0 - \beta, y_0 + \beta)$ et que l'on ait en outre*

$$|f(x_0 + h, y_0 + k) - f(x_0, y_0)| < \alpha$$

sous les seules conditions

$$|h| < \beta, \qquad |k| < \beta.$$

Remarque I. — En se reportant à la définition de la limite, on voit que la définition précédente revient à dire qu'une fonction définie dans les intervalles (a, a'), (b, b') est continue pour les valeurs $x = x_0$, $y = y_0$ appartenant respectivement à ces intervalles, quand on a

$$\lim f(x_0 + h, y_0 + k) = f(x_0, y_0)$$

chacune des quantités h et k tendant vers zéro suivant une loi *quelconque*, mais telle cependant que $x_0 + h$ appartienne toujours à l'intervalle (a, a') et $y_0 + k$ à l'intervalle (b, b').

Remarque II. — Soient x_1, x_2 deux valeurs quelconques de x

appartenant à l'intervalle $(x_0 - \beta, x_0 + \beta)$ et y_1, y_2 deux valeurs quelconques de y appartenant à l'intervalle $(y_0 - \beta, y_0 + \beta)$, on aura

$$|f(x_1, y_1) - f(x_0, y_0)| < \alpha \quad \text{et} \quad |f(x_2, y_2) - f(x_0, y_0)| < \alpha$$

et, par suite,

$$|f(x_2, y_2) - f(x_1, y_1)| < 2\alpha.$$

Ainsi, quand une fonction $f(x, y)$ est continue pour $x = x_0$, $y = y_0$, à un nombre positif quelconque $\omega = 2\alpha$, correspond un nombre positif β tel que, pour deux valeurs *quelconques* x_1, x_2 de x appartenant à l'intervalle $(x_0 - \beta, x_0 + \beta)$ et pour deux valeurs *quelconques* y_1, y_2 de y appartenant à l'intervalle $(y_0 - \beta, y_0 + \beta)$, on a

$$|f(x_2, y_2) - f(x_1, y_1)| < \omega.$$

Continuité dans un intervalle. — *On dit qu'une fonction $f(x, y)$ est continue dans les intervalles (a, a'), (b, b'), quand elle est continue pour toutes les valeurs de x et de y appartenant respectivement à ces intervalles.*

Théorème VIII. — *Si une fonction $f(x, y)$ est continue dans les intervalles (a, a'), (b, b'), à tout nombre positif α correspond un nombre positif β tel que x_0, x_1 désignant deux valeurs quelconques de x et y_0, y_1 deux valeurs quelconques de y appartenant respectivement aux intervalles (a, a'), (b, b'), on a*

$$|f(x_1, y_1) - f(x_0, y_0)| < \alpha$$

sous les conditions $|x_1 - x_0| < \beta$, $|y_1 - y_0| < \beta$.

Soient γ et δ des intervalles compris respectivement dans les intervalles (a, a'), (b, b'); pour faciliter le langage nous dirons que, dans les intervalles γ, δ, l'oscillation de la fonction est supérieure à α, si l'on peut trouver dans ces intervalles au moins deux valeurs x', x'' pour x et deux valeurs y', y'' pour y telles que l'on ait

$$|f(x'', y'') - f(x', y')| > \alpha;$$

nous dirons que l'oscillation de la fonction est inférieure à α, si l'on a

$$|f(x'', y'') - f(x', y')| < \alpha$$

pour toutes les valeurs de x' et de x'' appartenant à l'intervalle γ et pour toutes les valeurs de y' et de y'' appartenant à l'intervalle δ.

Cela posé, le théorème énoncé sera établi si l'on démontre que l'on peut partager l'intervalle (a, a') en un nombre fini d'intervalles

$$c_1 \quad c_2 \quad \ldots \quad c_m$$

et l'intervalle (b, b') en un nombre fini d'intervalles

$$d_1 \quad d_2 \quad \ldots \quad d_m$$

tels que, dans chacun d'eux, l'oscillation de la fonction soit moindre que $\dfrac{\alpha}{2}$.

En effet, soit β un nombre positif inférieur ou égal à l'étendue du plus petit des intervalles c et d; prenons deux valeurs (x_0, x_1) et deux valeurs (y_0, y_1) appartenant respectivement aux intervalles (a, a'), (b, b') et telles que l'on ait

$$|x_0 - x_1| < \beta \qquad |y_0 - y_1| < \beta.$$

On pourra trouver, parmi les nombres qui limitent les intervalles c, au moins un nombre x', et parmi ceux qui limitent les intervalles d au moins un nombre y' tels que les quantités $|x_0 - x'|$, $|x_1 - x'|$, $|y_0 - y'|$, $|y_1 - y'|$ soient moindres que β. On aura alors les inégalités

$$|f(x_0, y_0) - f(x', y')| < \frac{\alpha}{2} \quad \text{et} \quad |f(x_1, y_1) - f(x', y')| < \frac{\alpha}{2}$$

d'où l'on déduit

$$|f(x_0, y_0) - f(x_1, y_1)| < \alpha.$$

Cette remarque étant faite, partageons les intervalles (a, a'), (b, b') chacun en n intervalles égaux qui seront respectivement

$$\gamma_1 \quad \gamma_2 \quad \ldots \quad \gamma_n,$$
$$\delta_1 \quad \delta_2 \quad \ldots \quad \delta_n,$$

puis chacun de ces nouveaux intervalles en n intervalles égaux et ainsi de suite; nous allons démontrer qu'en opérant ainsi on arrivera à deux suites finies d'intervalles

$$c_1 \quad c_2 \quad \ldots \quad c_m$$
$$d_1 \quad d_2 \quad \ldots \quad d_{m}$$

tels que dans chacun d'eux l'oscillation de la fonction sera moindre que $\frac{\alpha}{2}$.

En effet s'il n'en est pas ainsi il y aura au moins un groupe de deux intervalles γ_p, δ_q pour lequel l'oscillation de la fonction surpassera $\frac{\alpha}{2}$ et qui jouira de la propriété suivante : dans chacun des intervalles γ_p, δ_q il y aura au moins un intervalle γ_p^1 et au moins un intervalle δ_q^1 formant un groupe pour lequel l'oscillation de la fonction surpassera $\frac{\alpha}{2}$. Au groupe γ_p^1, δ_q^1 correspondra de même un groupe γ_p^2, δ_q^2 pour lequel l'oscillation de la fonction surpassera $\frac{\alpha}{2}$ et ainsi de suite *indéfiniment*.

Désignons en général par x_{p-1}^r, x_p^r les nombres qui limitent inférieurement et supérieurement l'intervalle γ_p^r et par y_{p-1}^r, y_p^r ceux qui limitent l'intervalle δ_q^r.

On démontrera comme au paragraphe 168 que les suites

$$x_{p-1} \quad x_{p-1}^1 \quad \ldots \quad x_{p-1}^r \quad \ldots$$
$$x_p \quad x_p^1 \quad \ldots \quad x_p^r \quad \ldots$$

ont pour limite commune un nombre λ appartenant à l'intervalle (a, a').

De même les suites

$$y_{q-1} \quad y_{q-1}^1 \quad \ldots \quad y_{q-1}^r \quad \ldots$$
$$y_q \quad y_q^1 \quad \ldots \quad y_q^r \quad \ldots$$

ont pour limite un nombre μ appartenant à l'intervalle (b, b').

Cette conséquence est impossible ; en effet la fonction $f(x, y)$ étant continue pour $x = \lambda$, $y = \mu$, au nombre α correspond un nombre positif ε tel que, dans les intervalles $(\lambda - \varepsilon, \lambda + \varepsilon)$, $(\mu - \varepsilon, \mu + \varepsilon)$, l'oscillation de la fonction est moindre que $\dfrac{\alpha}{2}$.

D'un autre côté, les intervalles γ_p^r, δ_q^r qui comprennent l'un λ et l'autre μ et tendent vers zéro, finissent par être renfermés, le premier dans l'intervalle $(\lambda - \varepsilon, \lambda + \varepsilon)$, le deuxième dans l'intervalle $(\mu - \varepsilon, \mu + \varepsilon)$; et, par hypothèse, l'oscillation de la fonction dans les intervalles γ_p^r, δ_q^r est *supérieure à* $\dfrac{\alpha}{2}$.

La contradiction est évidente; il faut donc en conclure qu'en subdivisant d'après la loi indiquée les intervalles (a, a'), (b, b'), on finira par obtenir deux suites limitées d'intervalles

$$c_1 \quad c_2 \quad \ldots \quad c_r \quad \ldots \quad c_m$$
$$d_1 \quad d_2 \quad \ldots \quad d_s \quad \ldots \quad d_m$$

tels que l'oscillation de la fonction sera moindre que $\dfrac{\alpha}{2}$ dans chaque couple d'intervalle c_r, d_s.

Réciproque. — On démontrera comme au paragraphe 170 que, si la condition énoncée dans le théorème précédent est remplie, la fonction $f(x, y)$ est continue pour tous les systèmes de valeurs de x et de y appartenant respectivement aux intervalles (a, a'), (b, b').

Théorème IX. — *Toute fonction $f(x, y)$ continue dans le groupe d'intervalles (a, a'), (b, b') est limitée dans ces intervalles.*

La fonction étant continue dans les intervalles (a, a'), (b, b'), à un nombre positif arbitraire α correspond un nombre positif β tel que l'on a

$$|f(X, Y) - f(x, y)| < \alpha$$

sous les conditions $|X - x| < \beta$, $|Y - y| < \beta$; les valeurs X, x et Y, y appartenant respectivement aux intervalles (a, a'), (b, b').

Cela posé, choisissons l'entier n de manière que l'on ait

$$a' - a < n\beta, \quad b' - b < n\beta,$$

et partageons chacun des intervalles (a, a'), (b, b') en n parties égales, ce qui donne les deux suites

$$(x) \qquad a \quad x_1 \quad x_2 \quad \ldots \quad x_{n-1} \quad a'$$

$$(y) \qquad b \quad y_1 \quad y_2 \quad \ldots \quad y_{n-1} \quad b'.$$

Soient X et Y deux valeurs quelconques de x et de y qui appartiendront, par exemple, la première à l'intervalle (x_{p-1}, x_p), la deuxième à l'intervalle (y_{q-1}, y_q). Chaque intervalle des suites (x), (y) étant moindre que β on aura

$$f(a, b) - p\alpha < f(X, b) < f(a, b) + p\alpha$$

$$f(X, b) - q\alpha < f(X, Y) < f(X, b) + q\alpha$$

et, en ajoutant,

$$f(a, b) - (p + q)\alpha < f(X, Y) < f(a, b) + (p + q)\alpha.$$

Le nombre $p + q$ ne surpassant pas $2n$, il en résulte que, pour tout système de valeurs de x et de y appartenant respectivement aux intervalles (a, a'), (b, b'), on a

$$f(a, b) - 2n\alpha < f(x, y) < f(a, b) + 2n\alpha,$$

et cette inégalité montre que la fonction $f(x, y)$ est limitée dans ces intervalles.

Théorème X. — *Toute fonction $f(x, y)$ continue dans le groupe d'intervalles (a, a'), (b, b') atteint sa limite maximum L et sa limite minimum l.*

Démontrons par exemple que la fonction atteint sa limite maximum L.

Pour cela, partageons chacun des intervalles (a, a'), (b, b') en n intervalles égaux

$$\gamma_1 \quad \gamma_2 \quad \ldots \quad \gamma_n$$

$$\delta_1 \quad \delta_2 \quad \ldots \quad \delta_n ;$$

dans l'un au moins des groupes d'intervalles γ_p, δ_q la limite maximum de la fonction sera L.

Partageons chacun des intervalles γ_p, δ_q en n intervalles égaux et ainsi de suite indéfiniment, nous formerons deux suites d'invalles.

$$\gamma_p \quad \gamma_p^1 \quad \gamma_p^2 \quad \ldots \quad \gamma_p^r \quad \ldots$$

$$\delta_q \quad \delta_q^1 \quad \delta_q^2 \quad \ldots \quad \delta_q^r \quad \ldots$$

Les intervalles de chacune de ces suites tendent vers zéro et chacun d'eux est compris dans ceux qui le précèdent ; en outre, dans chaque groupe d'intervalles γ_p^r, δ_q^r, la limite maximum de la fonction est L.

On verra comme au paragraphe 168 que les nombres qui limitent inférieurement et supérieurement les intervalles γ tendent vers un même nombre X appartenant à l'intervalle (a, a'), et que ceux qui limitent les intervalles δ tendent vers un même nombre Y appartenant à l'intervalle (b, b').

Nous allons démontrer que l'on a

$$f(\mathrm{X}, \mathrm{Y}) = \mathrm{L}.$$

Pour cela il suffira de faire voir que $f(\mathrm{X}, \mathrm{Y})$ qui ne peut pas être supérieur à L, n'est pas non plus inférieur à cette quantité. Si $f(\mathrm{X}, \mathrm{Y})$ était inférieur à L, on aurait

$$f(\mathrm{X}, \mathrm{Y}) = \mathrm{L} - 2\omega \qquad (\omega > 0).$$

La fonction $f(x, y)$ étant continue, au nombre ω correspond un nombre positif β tel que l'on a

$$f(x, y) < f(\mathrm{X}, \mathrm{Y}) + \omega$$

c'est-à-dire

$$f(x, y) < \mathrm{L} - \omega$$

pour toutes les valeurs de x et de y appartenant respectivement aux intervalles $(\mathrm{X} - \beta, \mathrm{X} + \beta)$ et $(\mathrm{Y} - \beta, \mathrm{Y} + \beta)$.

Cette inégalité est impossible car, pour r suffisamment grand, les intervalles γ_p^r, δ_q^r finissent par être compris le premier dans l'intervalle $(\mathrm{X} - \beta, \mathrm{X} + \beta)$, le deuxième dans l'intervalle $(\mathrm{Y} - \beta, \mathrm{Y} + \beta)$.

D'un autre côté, la limite maximum de la fonction étant L pour le groupe d'intervalles γ_p^r, δ_q^r, il y a, dans ce groupe d'intervalles, au moins une valeur de x et une valeur de y pour lesquelles on a

$$f(x, y) > L - \omega.$$

De ce qui précède résulte l'égalité

$$f(X, Y) = L.$$

CHAPITRE XV

Fonction exponentielle.

174. Soient a un nombre positif et x une quantité *réelle quelconque* ; on a vu au chapitre IX que, pour chaque valeur de x, le symbole a^x représente un nombre *positif unique*.

Si x est égal à un nombre entier m, a^x est le produit de m facteurs égaux à a.

Si x est égal à une fraction $\dfrac{p}{q}$, a^x représente la valeur *arithmétique* de l'expression $\left(\sqrt[q]{a}\right)^p$.

Si x est incommensurable et défini par une suite convergente à termes *rationnels* ayant x_n pour terme général, a^x représente la limite de l'expression a^{x_n}, pour n infini.

Enfin si x est négatif et égal à $-u$, a^x représente la quantité

$$\frac{1}{a^u}.$$

De ce qui précède il résulte que si l'on pose

$$y = a^x,$$

la quantité y sera une fonction de x définie pour toutes les valeurs réelles de x ; on lui donne le nom de *fonction exponentielle*.

Nous avons établi au chapitre IX plusieurs propriétés de la fonction exponentielle a^x, mais en supposant x commensurable ;

nous allons rappeler ces propriétés et montrer qu'elles sont vraies pour des valeurs incommensurables de la variable x.

Propriété fondamentale. — *Soient x et y deux quantités réelles quelconques, on a*

$$a^x \cdot a^y = a^{x+y}.$$

Pour étendre cette relation au cas où les quantités x et y ne sont pas *toutes deux* commensurables, désignons par x_n, y_n deux nombres *commensurables* représentant les termes généraux des suites convergentes (x), (y) qui définissent respectivement x et y.

On a

$$a^{x_n} \cdot a^{y_n} = a^{x_n + y_n}$$

et, pour n infini, les quantités a^{x_n}, a^{y_n}, $a^{x_n + y_n}$ ont respectivement pour limites a^x, a^y, a^{x+y} (§ 112) ; on a donc

$$a^x \cdot a^y = a^{x+y}.$$

Théorème I. — *Les puissances positives d'un nombre a plus grand que l'unité : 1° sont plus grandes que l'unité ; 2° elles augmentent quand l'exposant augmente ; 3° elles croissent au delà de toute limite quand l'exposant augmente lui-même au delà de toute limite.*

1° Désignons encore par x_n un nombre *commensurable* représentant le terme général d'une suite convergente (x) qui définit le nombre incommensurable positif x.

Si h est un nombre rationnel positif moindre que x, on aura constamment, à partir d'une certaine valeur de n,

$$x_n > h$$

et, par suite, $a^{x_n} > a^h$.

On conclut de là les inégalités

$$a^x > a^h > 1.$$

2° Soient x, y deux nombres positifs dont l'un au moins est incommensurable ; il faut démontrer qui si x est plus grand que y, la quantité a^x est aussi plus grande que a^y. Pour le voir il suffit de remarquer que le quotient

$$\frac{a^x}{a^y} = a^{x-y}$$

est plus grand que l'unité puisque l'exposant $x - y$ est positif.

3° Pour démontrer la troisième propriété, il faut faire voir que l'on peut trouver pour x une valeur incommensurable satisfaisant à l'inégalité

$$a^x > A$$

si grande que soit la quantité déterminée A.

Or on a vu (§ 111) qu'au nombre A correspond un nombre β tel que l'on a

$$a^h > A$$

sous la condition que le nombre *commensurable h* surpasse β.

En prenant pour x un nombre incommensurable supérieur à h on aura

$$a^x > a^h$$

et, par suite,

$$a^x > A.$$

Le théorème I du chapitre IX s'étendant aux valeurs *incommensurables* de x, il en est de même des théorèmes suivants qui en sont des conséquences (§ 111) :

Théorème II. — *Les puissances positives d'un nombre positif plus petit que l'unité : 1° sont plus petites que l'unité ; 2° elles diminuent quand l'exposant augmente ; 3° elles deviennent moindres que toute quantité donnée quand l'exposant augmente au delà de toute limite.*

Théorème III. — *Les puissances négatives d'un nombre positif plus grand que l'unité : 1° sont plus petites que l'unité ; 2° elles diminuent quand la valeur absolue de l'exposant augmente ; 3° elles deviennent moindres que toute quantité donnée quand cette valeur absolue augmente au delà de toute limite.*

Théorème IV. — *Les puissances négatives d'un nombre positif plus petit que l'unité : 1° sont plus grandes que l'unité ; 2° elles* *augmentent quand la valeur absolue de l'exposant augmente ; 3° elles croissent au delà de toure limite quand cette valeur absolue augmente au delà de toute limite.*

Il nous reste à étendre aux exposants incommensurables la propriété suivante :

Théorème V. — *Le nombre a étant positif, la quantité $a^x - 1$ tend vers zéro quand x tend lui-même vers zéro.*

Il faut démontrer qu'à tout nombre positif α pris aussi petit que l'on voudra, correspond un nombre positif β tel que l'on a

$$|a^x - 1| < \alpha,$$

le nombre incommensurable x satisfaisant à la relation $|x| < \beta$.

Supposons d'abord a plus grand que l'unité et x positif.

On a vu (§ 111) que, h étant un nombre commensurable positif inférieur à β, on a

$$|a^h - 1| = a^h - 1 < \alpha.$$

En prenant pour x un nombre incommensurable positif inférieur à h, on aura

$$1 < a^x < a^h$$

et, par suite,

$$a^x - 1 < \alpha.$$

Le théorème étant démontré pour $a > 1$ et $x > 0$ sera étendu comme au paragraphe 111 au cas où x est négatif puis au cas où a est moindre que l'unité.

Continuité de la fonction exponentielle.

Théorème VI. — *La fonction exponentielle est continue pour toutes les valeurs de x.*

En effet, x_0 étant une valeur quelconque attribuée à la variable x, on a

$$a^{x_0+h} - a^{x_0} = a^{x_0}(a^h - 1),$$

et l'on vient de voir que $a^h - 1$ tend vers zéro quand h tend vers zéro ; on a donc, dans les mêmes conditions

$$\lim (a^{x_0+h} - a^{x_0}) = 0.$$

Corollaire. — *Les nombres u et v étant incommensurables on a la relation*

$$\left(a^u\right)^v = a^{uv}$$

En effet, soient u_n et v_p deux nombres *commensurables* représentant les termes généraux des suites convergentes (u), (v) qui définissent respectivement les nombres u et v, on a

$$(1) \qquad \left(a^{u_n}\right)^{v_p} = a^{u_n v_p}.$$

Supposons que, n restant fixe, l'indice p croisse indéfiniment, le premier et le deuxième nombre de l'égalité (1) tendront respectivement vers les limites $\left(a^{u_n}\right)^v$, $a^{u_n v}$ puisque la fonction exponentielle a^x est continue ; on a donc l'égalité

$$(2) \qquad \left(a^{u_n}\right)^v = a^{u_n v}.$$

Faisons maintenant croître n indéfiniment, le premier et le deuxième membre de l'égalité (2) tendront respectivement vers les limites $\left(a^u\right)^v$, a^{uv} puisque la fonction x^m de la variable x est continue ; on a donc l'égalité

$$\left(a^u\right)^v = a^{uv}.$$

175. Nous avons démontré que, pour toutes les valeurs réelles de x et de y, on a la relation

$$a^x . a^y = a^{x+y};$$

nous allons faire voir que cette relation caractérise la fonction exponentielle.

Théorème VII. — *Si une fonction $f(x)$ est continue pour toutes les valeur de x et satisfait à la relation*

$$(3) \qquad f(x) . f(y) = f(x+y)$$

on a

$$f(x) = a^x$$

a désignant un nombre positif.

La démonstration que nous allons donner de cette proposition est due à Cauchy (**Cours d'analyse de l'École royale polytechnique**, p. 106).

Remarquons d'abord que la fonction $f(x)$ est positive; car, pour $x = y = \dfrac{u}{2}$, la relation (3) devient

$$\left[f\left(\frac{u}{2}\right) \right]^2 = f(u).$$

Cela posé, de cette même relation on déduit facilement l'égalité

$$f(x_1) \cdot f(x_2) \ldots f(x_m) = f(x_1 + x_2 + \cdots + x_m)$$

qui devient

$$(4) \qquad\qquad [f(x)]^m = f(mx)$$

en supposant toutes les quantités $x_1, x_2, \ldots x_m$, égales à x.

L'égalité (4) est établie pour les valeurs entières et positives de m; nous allons démontrer qu'elle est générale.

1° *Le nombre positif* m *est égal à une fraction* $\dfrac{p}{q}$. — Le nombre q étant entier et positif, on a

$$\left[f\left(\frac{x}{q}\right) \right]^q = f\left(q \cdot \frac{x}{q} \right) = f(x) \, ;$$

on tire de là

$$(5) \qquad\qquad f\left(\frac{x}{q}\right) = [f(x)]^{\frac{1}{q}}$$

en remarquant que $f\left(\dfrac{x}{q}\right)$ est positif.

Si l'on élève à la puissance entière et positive p les deux membres de la relation (5), on aura, en appliquant l'égalité (4),

$$f\left(\frac{px}{q}\right) = [f(x)]^{\frac{p}{q}}.$$

L'égalité (4) est donc vraie pour les valeurs positives et fractionnaires de m.

2° *Le nombre positif* m *est incommensurable.* — Soit m_r un nombre *commensurable* qui représente le terme général d'une suite convergente (m) définissant le nombre incommensurable m; on aura, quel que soit l'indice r,

$$[f(x)]^{m_r} = f(m_r x).$$

Or, pour r infini, le premier membre de l'égalité précédente tend vers $[f(x)]^m$ à cause de la continuité de la fonction a^x; le deuxième membre tend vers $f(mx)$ à cause de la continuité de la fonction $f(z)$; on a donc encore la relation

$$[f(x)]^m = f(mx).$$

3° *Le nombre m est négatif.* — Pour $y = 0$ l'égalité (3) donne

$$f(x)\, f(0) = f(x);$$

on a donc

$$f(0) = 1$$

si l'on ne veut pas supposer que $f(x)$ soit nul quel que soit x.

Pour $y = -x$ la même égalité (3) donne

$$f(x)\, f(-x) = f(0) = 1;$$

on tire de là

$$(6) \qquad\qquad f(-x) = \frac{1}{f(x)}.$$

La quantité m étant négative, posons $m = -m'$ et élevons à la puissance positive m' les deux membres de l'égalité (6), nous aurons

$$f(-m'x) = \frac{1}{[f(x)]^m} = [f(x)]^{-m'},$$

c'est-à-dire encore la relation

$$[f(x)]^m = f(mx).$$

La relation (4) est donc vraie pour toutes les valeurs de m.

Dans cette relation dont le deuxième membre est symétrique par rapport à m et à x, permutons ces deux quantités, nous aurons l'égalité

$$f(mx) = [f(m)]^x,$$

qui, pour $m = 1$, donne

$$f(x) = [f(1)]^x.$$

En désignant par a la constante positive $f(1)$, on a finalement

$$f(x) = a^x.$$

Remarque. — On a vu (§ 161) que la série

$$1 + \frac{m}{1}x + \frac{m(m-1)}{2!}x^2 + \ldots + \frac{m(m-1)\ldots(m-p+1)}{p!}x^p + \ldots$$

est convergente quel que soit m, si l'on a

$$|x| = \rho < 1.$$

On a aussi établi la relation (§ 164)

$$(7) \qquad \varphi(m)\, \varphi(n) = \varphi(m+n)$$

où $\varphi(m)$ désigne la somme de la série considérée.

Si l'on admet un instant que $\varphi(m)$ est une fonction continue de m, on aura

$$\varphi(m) = a^m$$

avec

$$a = \varphi(1) = 1 + x\,;$$

on aura donc la relation

$$(1+x)^m = 1 + \frac{m}{1}\,x + \frac{m(m-1)}{2\,!}\,x^2 + \ldots + \frac{m(m-1)\ldots(m-p+1)}{p\,!}\,x^p + \ldots$$

sous la condition $|x| < 1$.

Cette relation étend la formule du binôme au cas où l'exposant m est un nombre réel quelconque.

Pour compléter ce qui précède, il faut démontrer qne la fonction $\varphi(m)$ est continue ou simplement que $\varphi(h)$ tend vers l'unité quand h tend vers zéro, car on a

$$\varphi(m+h) - \varphi(m) = \varphi(m)[\varphi(h) - 1].$$

Nous distinguerons deux cas.

1° *La quantité h tend vers zéro par valeurs positives.* — On a

$$\frac{\varphi(h)-1}{h} = \frac{x}{1} + \frac{h-1}{2\,!}\,x^2 + \ldots + \frac{(h-1)\ldots(h-p+1)}{p\,!}\,x^p + \ldots$$

Le terme général de cette série peut être mis sous la forme

$$(-1)^{p-1}\left(1 - \frac{h}{1}\right)\left(1 - \frac{h}{2}\right)\ldots\left(1 - \frac{h}{p-1}\right)\frac{x^p}{p},$$

sa valeur absolue est moindre que $\dfrac{\rho^p}{p}$, en supposant, ce qui est permis, h moindre que l'unité.

On a donc

$$|\varphi(h) - 1| < h\left(\frac{\rho}{1} + \frac{\rho^2}{2} + \ldots + \frac{\rho^p}{p} + \ldots\right)$$

et, *à fortiori,*

$$|\varphi(h) - 1| < h\,\mathrm{S},$$

en désignant par S la somme de la série convergente

$$\frac{\rho}{1} + \frac{\rho^2}{2} + \ldots + \frac{\rho^p}{p} + \ldots$$

La dernière inégalité donne $\lim [\varphi(h) - 1] = 0$, pour $h = 0$.

2° *La quantité h tend vers zéro par valeurs négatives.* — Posons $h = -h'$; la relation (7) donne

$$\varphi(h)\ \varphi(h') = \varphi(0) = 1$$

ou

$$\varphi(h) = \frac{1}{\varphi(h')}.$$

Quand le nombre positif h' tend vers zéro, $\varphi(h')$ tend vers l'unité ; il en est donc de même de $\varphi(h)$.

Fonction logarithmique.

176. Définition. — *On appelle logarithme d'un nombre positif x, l'exposant de la puissance à laquelle il faut élever un nombre positif a appelé base pour reproduire x.*

Ainsi, si l'on pose

$$x = a^y$$

y sera le logarithme de x dans le système ayant pour base a.

Théorème VIII. — *Tout nombre positif a un logarithme et un seul.*

En effet, quand y croît de $-\infty$ à $+\infty$, la fonction a^y est continue et varie toujours dans le même sens. En outre elle *croît* de 0 à $+\infty$ si a est plus grand que l'unité ; elle décroît de $+\infty$ à 0 si a est plus petit que l'unité.

Dans les deux hypothèses a^y prend *une et une seule fois*, une valeur positive donnée quelconque.

Du théorème précédent, il résulte qu'à chaque valeur *positive* de x correspond *une seule* valeur de y satisfaisant à l'équation

$$x = a^y ;$$

cette équation définit donc, dans l'intervalle $(0,\infty)$, une fonction y de la variable x.

On désigne cette fonction sous le nom de *fonction logarithmique* et on la représente par le symbole

$$y = \mathrm{L}_a x.$$

Propriétés de la fonction logarithmique.

177. — Nous allons démontrer quelques propriétés de la fonction logarithmique $L_a x$.

Théorème IX. — *La fonction logarithmique varie toujours dans le même sens quand x croît de 0 à $+\infty$;*

2° Cette fonction est continue pour toutes les valeurs positives de x.

Soient x_0, x_1 deux valeurs de la variable x, telles que l'on ait $x_1 - x_0 > 0$, et y_0, y_1 les valeurs correspondantes de y, on aura

$$x_0 = a^{y_0} \qquad x_1 = a^{y_1},$$

puis

$$a^{y_1 - y_0} = \frac{x_1}{x_0} > 1.$$

Si a est plus grand que l'unité, on aura $y_1 - y_0 > 0$, et la fonction logarithmique *croîtra avec* x.

Si a est plus petit que l'unité, on aura $y_1 - y_0 < 0$, et la fonction logarithmique décroîtra quand x croîtra.

2° Soient x_0, $x_0 + h$, deux valeurs de la variable x et y_0, $y_0 + k$ les valeurs correspondantes de y, on aura

$$x_0 = a^{y_0} \qquad x_0 + h = a^{y_0 + k},$$

d'où

$$h = a^{y_0}(a^k - 1).$$

Cette relation montre que k tend vers zéro en même temps que h ; la fonction logarithmique y est donc continue.

Variations de la fonction logarithmique. — Pour étudier les variations de la fonction logarithmique, nous distinguerons deux cas.

1° *La base a est plus grande que l'unité.* — La fonction $L_a x$ croît constamment quand x croît : elle croît de $-\infty$ à 0 quand x augmente de 0 à 1 ; elle croît de 1 à $+\infty$ quand x augmente de 0 à $+\infty$.

Dans cette première hypothèse, les nombres plus petits que l'unité ont des logarithmes négatifs et les nombres plus grands que l'unité ont des logarithmes positifs.

On a en outre $L_a(0) = -\infty$, $L_a(\infty) = +\infty$.

$2°$ *La base a est plus petite que l'unité.* — La fonction $L_a x$ décroît quand x croît; elle décroit de $+\infty$ à 0, quand x augmente de 0 à 1; elle décroît de 0 à $-\infty$, quand x augmente de 1 à $+\infty$.

Dans cette deuxième hypothèse, les nombres plus petits que l'unité ont des logarithmes positifs et les nombres plus grands que l'unité ont des logarithmes négatifs.

On a en outre $L_a(0) = +\infty$, $L_a(\infty) = -\infty$.

Remarque. — Dans tout système de logarithme, l'unité a zéro pour logarithme.

Propriété fondamentale de la fonction logarithmique.
Le logarithme d'un produit de deux facteurs est égal à la somme des logarithmes des facteurs.

Soient y, z les logarithmes des nombres u, v dans le système de base a; on aura

$$u = a^y \quad , \quad v = a^z$$

d'où

$$uv = a^{y+z}.$$

Cette égalité montre que l'on a

$$y + z = L_a(uv)$$

c'est-à-dire

$$(8) \qquad L_a(uv) = L_a u + L_a v.$$

Corollaire I. — *Le logarithme d'un produit d'un nombre quelconque de facteurs est égal à la somme des logarithmes de ces facteurs.*

En effet, de la relation (8), on déduit facilement l'égalité

$$L_a(u_1 u_2 \ldots u_n) = L_a u_1 + L_a u_2 + \ldots + L_a u_n.$$

Corollaire II. — *Le logarithme du quotient de deux nombres est égal à l'excès du logarithme du dividende sur le logarithme du diviseur.*

En effet, soit q le quotient de la division de u par v on aura

$$u = vq$$

d'où

$$L_a u = L_a v + L_a q,$$

puis

$$L_a q = L_a u - L_a v.$$

Théorème X. — *Le logarithme de la puissance m^e d'un nombre est égal à l'exposant de la puissance multiplié par le logarithme du nombre.*

En effet, y étant le logarithme de u dans le système de base a, on a

$$u = a^y,$$

et, en élevant à la puissance *quelconque* m,

$$u^m = a^{my}.$$

Cette égalité montre que l'on a

$$my = L_a(u^m),$$

c'est-à-dire

$$L_a(u^m) = m L_a u.$$

Cas particulier. — Soit $m = \dfrac{1}{p}$ le nombre p étant entier, on aura

$$L_a\left(\sqrt[p]{u}\right) = \frac{L_a u}{p}.$$

Ainsi, *le logarithme d'un radical est égal au logarithme de la quantité placée sous le radical divisé par l'indice du radical.*

Applications.

178. Les théorèmes que nous venons de démontrer vont nous permettre d'établir, relativement aux fonctions exponentielle ou logarithmique, quelques résultats qui sont très souvent employés.

1° *Si u et v sont deux fonctions continues de la variable x et si la première u reste positive, la fonction u^v est une fonction continue de la variable x.*

Posons

$$y = u^v;$$

on aura

$$L_a y = v L_a u$$

c'est-à-dire

$$y = a^{v L_a u}.$$

L'exposant $v L_a u$ étant une fonction continue de x, il en est de même de la fonction $y = u^v$.

2° *La fonction $x^{\frac{1}{x}}$ tend vers l'unité quand x devient infini.*

Dès que le nombre positif x surpasse l'unité, il en est de même pour $x^{\frac{1}{x}}$; tout revient donc à démontrer qu'au nombre positif α, pris à volonté, correspond un entier p tel que l'on a

$$(9) \qquad x^{\frac{1}{x}} < 1 + \alpha$$

sous la condition $x > p$.

Soit $m - 1$ la partie entière de x, on aura

$$x^{\frac{1}{x}} < m^{\frac{1}{m-1}},$$

et l'inégalité (9) sera démontrée si l'on prouve que l'on peut satisfaire à l'inégalité

$$m^{\frac{1}{m-1}} < 1 + \alpha$$

ou encore à l'inégalité

$$m < (1 + \alpha)^{m-1}$$

qui devient, en développant et divisant ensuite les deux membres par $m - 1$, après qu'on leur a ajouté $- 1$,

$$\alpha + \frac{m-2}{1.2}\,\alpha^2 + \frac{(m-2)(m-3)}{1.2.3}\,\alpha^3 + \ldots + \frac{\alpha^{m-1}}{m-1} > 1.$$

Pour vérifier cette inégalité dont le premier membre a tous ses termes positifs, il suffit de poser

$$\frac{m-2}{2}\,\alpha^2 > 1 \qquad \text{ou} \qquad m > 2 + \frac{2}{\alpha^2}.$$

En appelant p la partie entière du nombre $2 + \dfrac{2}{\alpha^2}$, on pourra prendre $m = p + 1$.

En résumé, on aura

$$x^{\frac{1}{x}} < 1 + \alpha$$

pour toutes les valeurs de x supérieures au nombre p.

Corollaire I. — *Le rapport* $\dfrac{\mathrm{L}_a x}{x^\mu}$ *où* μ *désigne un nombre positif, tend vers zéro quand* x *devient infini.*

Comme on a

$$\frac{\mathrm{L}_a x}{x^\mu} = \frac{1}{\mu}\,\frac{\mathrm{L}_a x^\mu}{x^\mu}$$

on voit, en posant $x^\mu = y$, que tout revient à démontrer que le rapport $\dfrac{\mathrm{L}_a y}{y}$ tend vers zéro quand y devient infini.

Pour le faire voir, il suffit de remarquer que ce rapport est égal à

$$\mathrm{L}_a y^{\frac{1}{y}}$$

et que $y^{\frac{1}{y}}$ tend vers l'unité, pour y infini.

Corollaire II. — *La fonction x^x tend vers l'unité quand x tend vers zéro.*

En effet, si l'on pose $x = \dfrac{1}{y}$, on a

$$x^x = \dfrac{1}{y^{\frac{1}{y}}}$$

et y devient infini quand x tend vers zéro.

Corollaire III. — *Le produit $x\,\mathrm{L}_a x$ tend vers zéro quand x tend vers zéro.*

En effet, on a

$$x\,\mathrm{L}_a x = \mathrm{l}_a x^x$$

et x^x tend vers l'unité.

Corollaire IV. — *Le rapport $\dfrac{x^\mu}{a^x}$, où μ désigne un nombre positif et a un nombre plus grand que l'unité, tend vers zéro quand x devient infini.*

Posons $a^x = z^\mu$, la quantité z deviendra infinie avec x.
Maintenant on a

$$\frac{x^\mu}{a^x} = \mu^\mu \left[\mathrm{L}_a z^{\frac{1}{z}} \right]^\mu,$$

et $z^{\frac{1}{z}}$ tend vers l'unité, pour z infini ; on a donc

$$\lim \frac{x^\mu}{a^x} = 0$$

quand x devient infini.

Changement de base.

179. Soit x un nombre positif quelconque, l'ensemble des nombres y satisfaisant à la relation

$$x = a^y$$

forme un système de logarithmes à base a.

Supposons que l'on ait calculé une table donnant les logarithmes des nombres dans le système de base a et proposons-nous de calculer les logarithmes des mêmes nombres, la base étant b.

La solution de cette question résulte immédiatement du théorème suivant :

Théorème XI. — *Le rapport des logarithmes de deux nombres u et v est indépendant de la base.*

En effet, soient y, z les logarithmes des nombres u, v la base étant a et y', z les logarithmes des mêmes nombres la base étant b ; on aura

$$u = a^y = b^{y'} \qquad v = a^z = b^{z'}.$$

On tire de là

$$a = b^{\frac{y'}{y}} = b^{\frac{z'}{z}} \; ;$$

et, par suite,

$$\frac{y'}{y} = \frac{z'}{z}$$

c'est-à-dire

$$\frac{y'}{z'} = \frac{y}{z}$$

ou encore

$$\frac{\mathrm{L}_b u}{\mathrm{L}_b v} = \frac{\mathrm{L}_a u}{\mathrm{L}_a v}.$$

Dans cette relation posons $v = b$, nous aurons

$$(10) \qquad \mathrm{L}_b u = \frac{1}{\mathrm{L}_a b} \cdot \mathrm{L}_a u.$$

La quantité $\dfrac{1}{\mathrm{L}_a b}$ est appelée le *module relatif* du système b par rapport au système a.

De la relation (10) résulte la règle suivante.

Règle. — *Pour passer du système de logarithmes à base a au* *système à base b, il suffit de multiplier tous les logarithmes du premier système par la quantité* $\dfrac{1}{L_a b}$.

Remarque. — Dans l'égalité (10) posons $u = a$ et rappelons-nous que, dans tout système de logarithmes, le logarithme de la base est égal à l'unité, nous aurons la relation

$$L_a b \cdot L_b a = 1$$

qui est assez fréquemment employée.

Identité des logarithmes algébriques et arithmétiques.

180. En arithmétique on définit les logarithmes en considérant deux progressions

$$(11) \qquad 1 \quad q \quad q^2 \quad \ldots \quad q^n \quad \ldots$$

$$(12) \qquad 0 \quad r \quad 2r \quad \ldots \quad nr \quad \ldots$$

l'une géométrique commençant par l'unité, l'autre arithmétique commençant par zéro. Chaque terme de la progression arithmétique est appelé le logarithme du terme de même rang dans la progression géométrique.

Pour faciliter le langage, nous désignerons ces logarithmes sous le nom de logarithmes *arithmétiques*, et sous celui de logarithmes *algébriques*, les logarithmes définis à l'aide de la fonction exponentielle.

Il est facile de démontrer l'identité des logarithmes *arithmétiques* et des logarithmes *algébriques*.

La démonstration se compose de deux parties.

1° *Les logarithmes arithmétiques peuvent être considérés comme des logarithmes algébriques.* — Prenons dans les progressions (11) et (12) deux termes correspondants q^n et nr, et posons

$$\alpha = nr \qquad \beta = q^n.$$

Par définition α sera le logarithme *arithmétique* de β.

L'élimination de n entre les deux égalités précédentes donne la relation

$$\beta = \left(q^{\frac{1}{r}} \right)^{\alpha},$$

qui montre que α peut être considéré comme le logarithme *algébrique* du nombre β dans le système ayant pour base

$$a = q^{\frac{1}{r}}.$$

2° *Les logarithmes algébriques peuvent être considérés comme des logarithmes arithmétiques.*

Considérons en effet des nombres

$$1 \quad q \quad q^2 \quad \ldots \quad q^n \quad \ldots$$

formant une progression géométrique commençant par l'unité et soit r le logarithme *algébrique* de la raison q dans le système de base a.

Les logarithmes algébriques, dans le système de base a, des termes de la progression précédente seront (§ **177. Théorème X**)

$$0 \quad r \quad 2r \quad \ldots \quad nr \quad \ldots$$

Ainsi quand des nombres sont en progression géométrique, commençant par l'unité, leurs logarithmes *algébriques* forment une progression arithmétique commençant par zéro.

Cette propriété des logarithmes *algébriques* est justement celle qui a servi à définir les logarithmes *arithmétiques*.

Logarithmes népériens.

181. Les logarithmes ont été découverts en 1614 par Néper, baron écossais, qui fut conduit à prendre pour base de son système la limite de la quantité $(1 + \alpha)^{\frac{1}{\alpha}}$, pour $\alpha = 0$.

Néper définissait les logarithmes par la considération de deux progressions

$$1 \quad q \quad q^2 \quad \ldots \quad q^n \quad \ldots$$

$$0 \quad r \quad 2r \quad \ldots \quad nr \quad \ldots$$

et il insérait entre deux termes consécutifs de chaque progression, un même nombre très grand de moyens afin d'obtenir deux progressions dont les termes croissent par degrés insensibles.

Soient

$$1 \qquad (1 + \alpha) \qquad (1 + \alpha)^2 \quad \ldots$$

$$0 \qquad \beta \qquad 2\beta \qquad \ldots$$

les progressions ainsi formées.

Néper appelait *module* du système de logarithmes définis par ces progressions le rapport $\dfrac{\beta}{\alpha}$ ou plutôt la limite de ce rapport quand α et β tendent simultanément vers zéro. Il eut l'idée d'adopter le système de logarithmes ayant pour module l'unité et fut ainsi conduit à poser $\beta = \alpha$.

Les deux progressions adoptées par Néper, pour définir son système de logarithmes, sont donc

$$1 \qquad (1 + \alpha) \qquad (1 + \alpha)^2 \quad \ldots$$

$$0 \qquad \alpha \qquad 2\alpha \qquad \ldots$$

La base de ce système est le nombre qui a l'unité pour logarithmes, α tendant vers zéro.

Par définition on a

$$\alpha = \log (1 + \alpha)$$

d'où

$$\log (1 + \alpha)^{\frac{1}{\alpha}} = 1.$$

La base du système adopté par Néper est donc la limite de la quantité $(1 + \alpha)^{\frac{1}{\alpha}}$ pour $\alpha = 0$.

Nous démontrerons plus loin que, quand α tend vers zéro, $(1 + \alpha)^{\frac{1}{\alpha}}$ tend vers une limite représentée par la somme de la série convergente

$$1 + \frac{1}{1} + \frac{1}{2!} + \cdots + \frac{1}{n!} + \cdots$$

On désigne par la lettre e cette somme qui est incommensurable et a pour valeur approchée

$$2,7\ 1828\ 1828\ 45\ 90\ 45 \ldots$$

Dans la suite nous désignerons par le symbole L les logarithmes Népériens.

Logarithmes vulgaires.

182. Les logarithmes népériens ne se prêtent pas commodément aux calculs numériques, parce que la base n'a pas une relation simple avec le nombre 10 base de notre système de numération.

Peu de temps après la découverte de Néper, Briggs son disciple calcula une table de logarithmes en prenant pour base le nombre 10.

Ces logarithmes sont appelés logarithmes *vulgaires ;* nous les désignerons par le symbole *log*.

Pour les calculer, il suffit de multiplier les logarithmes népériens par le nombre $\dfrac{1}{L\,10}$ qui porte plus particulièrement le nom de module et a pour valeur approchée

$$0,4342944819 \ldots$$

Étude du nombre e. — Limite de $\left(1+\dfrac{1}{m}\right)^{m}$ pour m infini.

183. Étude du nombre e. — Le nombre e est la somme de la série convergente

$$1+\frac{1}{1}+\frac{1}{2!}+\cdots+\frac{1}{n!}+\cdots;$$

cette série est appelée la série e.

Nous commencerons par faire une étude sommaire de cette série.

Limite de l'erreur commise quand on arrête la série e au terme de rang $p+1$. — On a

$$e = 1 + \frac{1}{1} + \frac{1}{2!} + \ldots + \frac{1}{p!} + R_p$$

en posant

$$R_p = \frac{1}{(p+1)!} + \frac{1}{(p+2)!} + \ldots = \frac{1}{p!}\left(\frac{1}{p+1} + \frac{1}{(p+1)(p+2)} + \ldots\right).$$

Dans le coefficient de $\dfrac{1}{p!}$ remplaçons $p+2$, $p+3$, ..., par la quantité plus petite $p+1$, nous aurons

$$R_p < \frac{1}{p!}\left[\frac{1}{p+1} + \frac{1}{(p+1)^2} + \ldots\right]$$

c'est-à-dire

$$R_p < \frac{1}{1.2\ldots p} \cdot \frac{1}{p}.$$

On voit que si l'on arrête la série au terme de rang $p+1$, l'erreur commise est moindre que la p^{e} partie du dernier terme conservé.

En représentant par θ_p un nombre compris entre 0 et 1, on aura

$$(13) \qquad e = 1 + \frac{1}{1} + \frac{1}{2!} + \ldots + \frac{1}{p!}\left(1 + \frac{\theta_p}{p}\right).$$

Théorème XII. — *Le nombre e est compris entre 2 et 3.* — En effet, si l'on arrête la série au deuxième terme, l'égalité (13) devient

$$e = 1 + \left(1 + \frac{\theta_1}{1}\right).$$

En remplaçant successivement θ_1 par sa valeur minimum 0, puis par sa valeur maximum 1, on obtient la double inégalité

$$2 < e < 3.$$

Théorème XIII. — *Le nombre e est incommensurable.*

En effet, si le nombre e qui n'est pas entier était commensurable, il serait égal à une fraction ordinaire $\dfrac{a}{b}$ et l'on aurait

$$(14) \qquad \frac{a}{b} = 1 + \frac{1}{1} + \frac{1}{2!} + \cdots + \frac{1}{p!}\left(1 + \frac{\theta_p}{p}\right).$$

Prenons pour p un nombre entier quelconque supérieur à b et multiplions par $p!$ les deux membres de l'égalité précédente ; elle prendra la forme

$$A = B + \frac{\theta_p}{p}$$

A et B désignant deux entiers positifs.

La dernière égalité est impossible puisque $\dfrac{\theta_p}{p}$ est un nombre moindre que l'unité; il en est donc de même de l'égalité (14) et le nombre e est incommensurable.

184. Lim $\left(1 + \dfrac{1}{m}\right)^{m}$ pour m infini. — Nous avons montré précédemment comment Néper avait été conduit à prendre pour base de son système de logarithmes la limite de $(1 + \alpha)^{\frac{1}{\alpha}}$ pour $\alpha = 0$; nous allons faire voir que cette limite existe et qu'elle est égale au nombre e.

Si l'on pose $\alpha = \dfrac{1}{m}$, on sera ramené à prouver que la quantité $\left(1 + \dfrac{1}{m}\right)^{m}$ tend vers e quand m devient infini.

Plus généralement nous considérerons la quantité $\left(1 + \dfrac{x}{m}\right)^{m}$ où x désigne un nombre réel quelconque.

Nous commencerons par établir le lemme suivant dont nous aurons à faire usage.

Lemme. — *Si u_1, u_2, ..., u_n sont des quantités positives moindres que l'unité, on a*

$$P = (1 - u_1)(1 - u_2) \ldots (1 - u_n) = 1 - \theta(u_1 + u_2 + \cdots + u_n),$$

θ désignant un nombre compris entre 0 et 1.

D'abord le produit P est évidemment moindre que l'unité.

Maintenant on a

$$(1 - u_1)(1 - u_2) = 1 - (u_1 + u_2) + u_1 u_2,$$

d'où l'on tire

$$(15) \qquad (1 - u_1)(1 - u_2) > 1 - (u_1 + u_2)$$

en négligeant le terme positif $u_1 u_2$.

En multipliant les deux membres de l'inégalité (15) par le facteur *positif* $1 - u_3$, on a l'inégalité

$$(1 - u_1)(1 - u_2)(1 - u_3) > [1 - (u_1 + u_2)](1 - u_3)$$

qui donne, en appliquant la relation (15) à son second membre,

$$(1 - u_1)(1 - u_2)(1 - u_3) > 1 - (u_1 + u_2 + u_3).$$

En continuant de la même manière on trouve sans difficulté la relation

$$P > 1 - (u_1 + u_2 + \ldots + u_n).$$

Le produit P étant compris entre $1 - (u_1 + u_2 + \ldots + u_n)$ et 1, on peut poser

$$P = 1 - \theta\,(u_1 + u_2 + \ldots + u_n)$$

avec $0 < \theta < 1$.

Ce lemme étant établi, reprenons l'expression $\left(1 + \dfrac{x}{m}\right)^m$ et supposons d'abord que m croisse indéfiniment en restant *entier* et *positif*.

On aura en vertu de la formule du binôme

$$\left(1 + \frac{x}{m}\right)^m = 1 + \frac{m}{1}\,x + \frac{m(m-1)}{2!}\left(\frac{x}{m}\right)^2 + \ldots$$
$$+ \frac{m(m-1)\ldots(m-p+1)}{p!}\left(\frac{x}{m}\right)^p + \ldots$$
$$+ \frac{m(m-1)\ldots(m-m+1)}{m!}\left(\frac{x}{m}\right)^m,$$

ou bien

$$(16) \quad \left(1+\frac{x}{m}\right)^m = 1+\frac{x}{1}+\frac{1-\dfrac{1}{m}}{2!}\,x^2+\cdots$$

$$+\frac{\left(1-\dfrac{1}{m}\right)\left(1-\dfrac{2}{m}\right)\cdots\left(1-\dfrac{p-1}{m}\right)}{p!}\,x^p+\cdots$$

$$+\frac{\left(1-\dfrac{1}{m}\right)\cdots\left(1-\dfrac{m-1}{m}\right)}{m!}\,x^m.$$

Dans le terme général les quantités $\dfrac{1}{m}$, $\dfrac{2}{m}$, $\ldots$, $\dfrac{p-1}{m}$ sont positives et en outre moindres que l'unité, car la plus grande d'entre elles $\dfrac{p-1}{m}$ est au plus égal à $\dfrac{m-1}{m}$.

En appliquant le lemme précédent, on pourra poser

$$\left(1-\frac{1}{m}\right)\left(1-\frac{2}{m}\right)\cdots\left(1-\frac{p-1}{m}\right)=1-\frac{\theta_{p-2}}{m}(1+2+3+\cdots+p-1)$$

c'est-à-dire

$$(17) \quad \left(1-\frac{1}{m}\right)\left(1-\frac{2}{m}\right)\cdots\left(1-\frac{p-1}{m}\right)=1-\frac{\theta_{p-2}}{2m}(p-1)p,$$

θ_{p-2} désignant un nombre qui varie avec p mais reste compris entre 0 et 1.

Dans le second nombre de l'égalité (16) remplaçons, à partir du *troisième* terme exclusivement, les numérateurs des coefficients des puissances de x par les valeurs données par la relation (17), nous aurons

$$(18) \quad \left(1+\frac{x}{m}\right)^m = 1+\frac{x}{1}+\frac{x^2}{2!}+\cdots+\frac{x^m}{m!}$$

$$-\frac{x^2}{2m}\left(1+\frac{\theta_1}{1}x+\frac{\theta_2}{2!}x^2+\cdots+\frac{\theta_{m-2}}{(m-2)!}x^{m-2}\right).$$

Quand l'entier positif m croît indéfiniment, le polynôme

$$1 + \frac{x}{1} + \frac{x^2}{2!} + \cdots + \frac{x^m}{m!}$$

tend vers la somme S de la série convergente

$$1 + \frac{x}{1} + \frac{x^2}{2!} + \cdots ;$$

le facteur $\dfrac{x^2}{2\,m}$ tend vers zéro et son coefficient

$$1 + \frac{\theta_1}{1} + \frac{\theta_2}{2!}\,x^2 + \cdots + \frac{\theta_{m-2}}{(m-2)!}\,x^{m-2}$$

reste, en valeur absolue, moindre que la somme de la série convergente

$$1 + \frac{\rho}{1} + \frac{\rho^2}{2!} + \cdots$$

ρ désignant la valeur absolue de x.

Il résulte de là que l'on a, pour m infini,

$$\lim \left(1 + \frac{x}{m} \right)^m = S.$$

Nous allons étendre ce résultat au cas où m n'est plus entier et positif.

$1°$ *Le nombre m est positif mais non entier.* — Soit μ la partie entière de m et supposons d'abord x positif ; on aura

$$\left(1 + \frac{x}{\mu+1} \right)^{\mu} < \left(1 + \frac{x}{m} \right)^{m} < \left(1 + \frac{x}{\mu} \right)^{\mu+1}$$

c'est-à-dire

$$\frac{\left(1 + \dfrac{x}{\mu+1} \right)^{\mu+1}}{1 + \dfrac{x}{\mu+1}} < \left(1 + \frac{x}{m} \right)^{m} < \left(1 + \frac{x}{\mu} \right)^{\mu}\left(1 + \frac{x}{\mu} \right).$$

L'entier μ devient infini avec m et les quantités $\left(1+\dfrac{x}{\mu+1}\right)^{\mu+1}$, $\left(1+\dfrac{x}{\mu}\right)^{\mu}$ tendent vers S, tandis que les quantités $1+\dfrac{x}{\mu+1}$, $1+\dfrac{x}{\mu}$ tendent vers l'unité ; il en résulte que $\left(1+\dfrac{x}{m}\right)^{m}$ tend encore vers S.

Supposons maintenant x négatif, les quantités

$$1+\frac{x}{\mu}, \quad 1+\frac{x}{m}, \quad 1+\frac{x}{\mu+1}$$

finiront par être positives et les trois expressions

$$\left(1+\frac{x}{\mu}\right)^{\mu+1} \qquad \left(1+\frac{x}{m}\right)^{m} \qquad \left(1+\frac{x}{\mu+1}\right)^{\mu}$$

seront définies. On a en outre les inégalités

$$\left(1+\frac{x}{\mu}\right)^{\mu+1} < \left(1+\frac{x}{m}\right)^{m} < \left(1+\frac{x}{\mu+1}\right)^{\mu}$$

d'où l'on déduit comme précédemment

$$\lim \left(1+\frac{x}{m}\right)^{m} = S$$

pour m infini.

2° *Le nombre m est négatif.* — Posons $m = -q$, nous aurons

$$\left(1+\frac{x}{m}\right)^{m} = \left(1-\frac{x}{q}\right)^{-q} = \left(1+\frac{x}{q-x}\right)^{q} = \left(1+\frac{x}{q-x}\right)^{q-x}\left(1+\frac{x}{q-x}\right)^{x}.$$

Quand $|m|$ et par suite q deviennent infinis, la quantité

$$\left(1+\frac{x}{q-x}\right)^{q-x}$$

tend vers S et la quantité $\left(1+\dfrac{x}{q-x}\right)^{x}$ tend vers l'unité ; on a donc encore

$$\lim \left(1+\frac{x}{m}\right)^{m} = S.$$

Remarque. — En posant $x=1$, on voit que $\left(1+\dfrac{1}{m}\right)^m$, pour m infini, tend vers la somme e de la série

$$1+\frac{1}{1}+\frac{1}{2!}+\cdots+\frac{1}{n!}+\cdots$$

185. Autre démonstration. — La méthode que nous avons suivie pour établir que l'expression $\left(1+\dfrac{x}{m}\right)^m$ tend vers la somme S de la série

$$1+\frac{x}{1}+\frac{x^2}{2!}+\cdots+\frac{x^n}{n!}+\cdots$$

quand le nombre m, supposé entier et positif, augmente indéfiniment, est due à Cauchy. (**Exercices d'analyse et de physique mathématique**, t. IV, p. 235.)

Cette méthode repose essentiellement sur la relation

$$\left(1-\frac{1}{m}\right)\left(1-\frac{2}{m}\right)\cdots\left(1-\frac{p-1}{m}\right)=1-\frac{\theta_{p-2}}{2m}(p-1)p$$

où θ_{p-2} désigne un nombre compris entre 0 et 1.

Nous allons établir la même proposition par d'autres considérations qui sont souvent employées.

Reprenons la série convergente

$$(S)\qquad 1+\frac{x}{1}+\frac{x^2}{2!}+\cdots+\frac{x^p}{p!}+\cdots$$

et proposons-nous de démontrer que l'expression $\left(1+\dfrac{x}{m}\right)^m$ tend vers S, pour m infini.

Désignons par ρ la valeur absolue de x, la série à termes positifs

$$1+\frac{\rho}{1}+\frac{\rho^2}{2!}+\cdots+\frac{\rho^p}{p!}+\cdots$$

étant convergente, on peut faire correspondre au nombre posi tif α, pris aussi petit que l'on voudra, un entier p, tel que la somme de la série

$$\frac{\rho^{p+1}}{(p+1)!} + \frac{\rho^{p+2}}{(p+2)!} + \cdots$$

soit moindre que $\dfrac{\alpha}{3}$.

Si l'on représente maintenant par S_p la somme des $p+1$ premiers termes de la série (S) et par R_p le reste, c'est-à-dire si l'on pose

$$S_p = 1 + \frac{x}{1} + \frac{x^2}{2!} + \cdots + \frac{x^p}{p!}$$

$$R_p = \frac{x^{p+1}}{(p+1)!} + \frac{x^{p+2}}{(p+2)!} + \cdots$$

on aura

$$S = S_p + R_p$$

et

$$|R_p| < \frac{\alpha}{3}.$$

Cela posé, m étant un entier positif plus grand que p, développons $\left(1 + \dfrac{x}{m}\right)^m$ par la formule du binôme; nous aurons

$$\left(1 + \frac{x}{m}\right)^m = S'_p + R'_p$$

avec

$$S'_p = 1 + \frac{x}{1} + \frac{1 - \frac{1}{m}}{2!}x^2 + \cdots + \frac{\left(1 - \frac{1}{m}\right)\cdots\left(1 - \frac{p-1}{m}\right)}{p!}x^p$$

$$R'_p = \frac{\left(1 - \frac{1}{m}\right)\cdots\left(1 - \frac{p}{m}\right)}{(p+1)!}x^{p+1} + \cdots + \frac{\left(1 - \frac{1}{m}\right)\cdots\left(1 - \frac{m-1}{m}\right)}{m!}x^m;$$

et l'on voit sans difficulté que l'on a

$$|R'_p| < \frac{\alpha}{3}.$$

Maintenant on a

$$S-'\left(1+\frac{x}{m}\right)^{m}=\left(S_p-S'_p\right)+R_p-R'_p.$$

La quantité $S_p-S'_p$ est une fonction entière de $\frac{1}{m}$ qui est nulle pour $\frac{1}{m}=0$; la fonction entière étant continue, on peut trouver un nombre positif β tel que l'on aura

$$|S_p-S'_p|<\frac{\alpha}{3}$$

sous la condition

$$\frac{1}{m}<\beta \qquad \text{d'où} \qquad m>\frac{1}{\beta}.$$

En résumé, si μ désigne un nombre entier supérieur au plus grand des deux nombres p et $\frac{1}{\beta}$, on aura, pour m plus grand que μ,

$$|S_p-S'_p|<\frac{\alpha}{3} \qquad |R_p|<\frac{\alpha}{3} \qquad |R'_p|<\frac{\alpha}{3}$$

et, par suite,

$$\left|S-\left(1+\frac{x}{m}\right)^{m}\right|<|S_p-S'_p|+|R_p|+|R'_p|<\alpha.$$

Cette dernière inégalité montre que l'on a

$$\lim\left(1+\frac{x}{m}\right)^{m}=S$$

quand l'entier positif m augmente indéfiniment.

On généralise ce résultat comme dans la première démonstration.

186. Remarque. — Si l'on examine attentivement la démonstration précédente, on verra qu'elle repose sur les propriétés suivantes :

1° Le nombre p restant fixe, le terme général

$$\frac{\left(1-\frac{1}{m}\right)\cdots\left(1-\frac{p-1}{m}\right)}{p\,!}x^p$$

du développement de $\left(1+\frac{x}{m}\right)^m$ tend, pour m infini, vers une limite

$$\frac{x^p}{p\,!}$$

qui est le terme général d'une série convergente (S).

2° On peut assigner au nombre p, une valeur telle que la valeur absolue de la somme R'_p des termes du développement de $\left(1+\frac{x}{m}\right)^m$ qui suivent le terme de rang $p+1$, tende vers zéro pour m infini.

Cette remarque étant faite, on peut énoncer le théorème suivant :

Théorème. — *Soit*

$$f(m) = \varphi_0(m) + \varphi_1(m) + \ldots + \varphi_p(m) + \ldots + \varphi_r(m)$$

un polynôme dont le nombre des termes devient infini avec m et jouissant des propriétés suivantes :

1° *Le nombre p restant fixe, le terme $\varphi_p(m)$ tend, pour m infini, vers une limite a_p qui est le terme général d'une série convergente.*

2° *On peut assigner au nombre p une valeur telle que la valeur absolue de la somme*

$$\varphi_{p+1}(m) + \varphi_{p+2}(m) + \ldots + \varphi_r(m)$$

tende vers zéro pour m infini.

Dans ces conditions, le polynôme f(m) tend vers la somme de la série convergente

$$a_0 + a_1 + a_2 + \dots$$

quand m devient infini.

Développement de e^x en série.

187. Lemme. — *Si p et q croissant au delà de toute limite, le rapport $\dfrac{q}{p}$ tend vers une limite μ, l'expression $\left(1+\dfrac{1}{p}\right)^q$ tend vers e^μ.*

On a en effet

$$\left(1+\frac{1}{p}\right)^q = \left[\left(1+\frac{1}{p}\right)^p\right]^{\frac{q}{p}}$$

et, par conséquent,

$$\lim \left(1+\frac{1}{p}\right)^q = e^\mu$$

puisque la fonction u^v est continue (§ 178).

Corollaire. — *L'expression $\left(1+\dfrac{x}{m}\right)^m$ tend vers e^x, pour m infini.*

En effet, on a ici $p = \dfrac{m}{x}$, $q = m$, d'où l'on tire

$$\frac{q}{p} = x.$$

Ce lemme étant établi, si l'on remarque que l'on a déjà démontré que l'expression $\left(1+\dfrac{x}{m}\right)^m$ a pour limite la somme de la série ayant pour terme général $\dfrac{x^p}{p!}$, on aura

$$e^x = 1 + \frac{x}{1} + \frac{x^2}{2!} + \dots + \frac{x^n}{n!} + \dots$$

Remarque. — On a

$$a^x = e^{x\,\mathrm{L}\,a}$$

et, par conséquent,

$$a^x = 1 + \frac{x\,\mathrm{L}\,a}{1} + \frac{(x\,\mathrm{L}\,a)^2}{2!} + \ldots + \frac{(x\,\mathrm{L}\,a)^n}{n!} + \ldots;$$

égalité qui donne le développement de a^x en série.

188. Application. — *Le nombre e ne peut pas être racine d'une équation du second degré à coefficients commensurables.*

On peut supposer l'équation à coefficients entiers, car, s'il n'en était pas ainsi, on commencerait par chasser les dénominateurs ; on peut aussi supposer positif le coefficient de x^2.

Il s'agit donc de démontrer qu'on ne peut pas avoir

$$ae^2 + be + c = o$$

ou encore

$$(19) \qquad ae + b + ce^{-1} = 0,$$

les coefficients a, b, c étant des entiers et a étant en outre positif.

On a (§ 183)

$$e = 1 + \frac{1}{1} + \frac{1}{2!} + \ldots + \frac{1}{p!} + \frac{1}{p!} \cdot \frac{\theta_p}{p} \qquad 0 < \theta_p < 1.$$

En faisant $x = -1$ dans le développement de e^x et se reportant au paragraphe 157 on a encore

$$e^{-1} = \frac{1}{2!} - \frac{1}{3!} + \ldots + \frac{(-1)^p}{p!} + \frac{(-1)^{p+1}}{p!} \cdot \frac{\omega_p}{p+1} \qquad 0 < \omega_p < 1.$$

Portons ces valeurs de e et de e^{-1} dans l'égalité (19), puis multiplions les deux membres par $1.2\ldots p$; nous pourrons mettre cette égalité sous la forme

$$(20) \qquad \frac{a}{p}\,\theta_p + \frac{(-1)^{p+1}\,c}{p+1}\,\omega_p = \mathrm{A},$$

A désignant un nombre entier.

Le nombre p est quelconque et nous choisirons sa parité de manière que $(-1)^{p+1}c$ soit *positif*.

Maintenant on peut prendre p assez grand pour que chacun des nombres positifs $\dfrac{a}{p}\theta_p$, $\dfrac{(-1)^{p+1}c}{p+1}\omega_p$ soit moindre que $\dfrac{1}{2}$.

Dans ces conditions le premier membre de l'égalité (20) sera un nombre positif plus petit que l'unité ; cette égalité est donc impossible puisque le second membre A est entier, et il en est dès lors de même de l'égalité (19).

La démonstration précédente est due à Liouville. (**Journal de mathématiques pures et appliquées**, tome V.)

Remarque sur la règle de Raabe et Duhamel.

189. On emploie cette règle quand, dans une série à termes positifs, le rapport $\dfrac{u_{n+1}}{u_n}$ peut être mis sous la forme

$$\frac{u_{n+1}}{u_n} = \frac{1}{1+\omega_n}$$

ω_n étant une quantité positive qui tend vers zéro pour n infini (§ 160, **Théorème XI.**)

La règle est en défaut si, n devenant infini, le produit $n\omega_n$ tend vers l'unité et ne reste pas constamment moindre que l'unité pour toutes les valeurs de n supérieures à un certain entier p.

Pour compléter cette règle, nous avons fait usage de la fonction

$$\psi(n) = 1 + \frac{1}{2} + \frac{1}{3} + \cdots + \frac{1}{n} \, ;$$

nous allons montrer qu'on peut la remplacer par la fonction $L\,n$.

Le théorème XII du paragraphe 160 s'énonce alors de la manière suivante :

Théorème. — *Quand, dans une série à termes positifs, le rapport* $\dfrac{u_{n+1}}{u_n}$ *peut être mis sous la forme*

$$\frac{u_{n+1}}{u_n} = \frac{1}{1+\dfrac{1}{n}+\alpha_n},$$

α_n *étant une quantité telle que* $\lim n\alpha_n = 0$ *pour n infini :*

1° *La série* (u) *est convergente si, à partir d'un certain rang, le produit* $n\alpha_n\,L\,n$ *est constamment supérieur à un nombre fixe a plus grand que l'unité;*

2° La série (u) est divergente si, à partir d'un certain rang, le produit $n\,\alpha_n\,\mathrm{L}n$ est constamment inférieur à l'unité.

1° Par hypothèse, on a pour toutes les valeurs de n supérieures à un certain entier p,

$$n\,\alpha_n\,\mathrm{L}n > a > 1 \qquad \text{d'où} \qquad \alpha_n > \frac{a}{n\,\mathrm{L}n}\,;$$

il en résulte

$$\frac{u_n}{u_{n+1}} = 1 + \frac{1}{n} + \alpha_n > 1 + \frac{1}{n} + \frac{a}{n\,\mathrm{L}n}.$$

Appliquons la méthode de M. Kummer en prenant $\varphi(n) = n\,\mathrm{L}n$, nous aurons

$$\frac{u_n}{u_{n+1}}\,\varphi(n) - \varphi(n+1) > a - \mathrm{L}\left(1 + \frac{1}{n}\right)^{n+1}.$$

Le second membre de cette inégalité tend vers $a-1$ pour n infini, et, si l'on désigne par b une quantité *positive* moindre que $a-1$, on aura

$$\frac{u_n}{u_{n+1}}\,\varphi(n) - \varphi(n+1) > b\,;$$

la série (u) est donc convergente.

2° Par hypothèse on a, pour toutes les valeurs de n supérieures à un certain entier p,

$$n\,\alpha_n\,\mathrm{L}n < 1 \qquad \text{d'où} \qquad \alpha_n < \frac{1}{n\,\mathrm{L}n}\,;$$

il en résulte

$$\frac{u_n}{u_{n+1}}\,n\,\mathrm{L}n - (n+1)\,\mathrm{L}(n+1) < (n+1)\left[\frac{1}{n+1} - \mathrm{L}\left(1 + \frac{1}{n}\right)\right].$$

Le second membre de cette relation est négatif, car on a

$$\frac{1}{n+1} - \mathrm{L}\left(1 + \frac{1}{n}\right) = \mathrm{L}\frac{e^{\frac{1}{n+1}}}{1 + \frac{1}{n}}.$$

et la quantité $e^{\frac{1}{n+1}}$ est moindre que la somme de la série

$$1 + \frac{1}{n+1} + \frac{1}{(n+1)^2} + \cdots$$

c'est-à-dire moindre que $1 + \dfrac{1}{n}$.

. De l'inégalité

$$\frac{u_n}{u_{n+1}} \, n\,\mathrm{L}\,n - (n+1)\,\mathrm{L}\,(n+1) < 0$$

on déduit

$$\frac{u_{n+1}}{u_n} > \frac{n\,\mathrm{L}\,n}{(n+1)\,\mathrm{L}\,(n+1)} \;;$$

la série (u) est donc divergente comme la série dont le terme général est

$$\frac{1}{n\,\mathrm{L}\,n}.$$

EXERCICES

1° Trouver le nombre des permutations de n quantités $a_1,\, a_2 \ldots a_n$, dans lesquelles aucune des quantités $a_1,\, a_2 \ldots a_p$ n'occupe le rang marqué par son indice.

Si l'on désigne par y_n^p le nombre cherché et par P_n le nombre des permutations de n lettres, montrer que la fraction

$$\frac{y_n^p}{\mathrm{P}_n}$$

tend vers e^r quand n et p augmentent indéfiniment, le rapport $\dfrac{n}{p}$ restant égal à un nombre donné r.

On établira facilement la relation

$$y_n^p = y_n^{p-1} - y_{n-1}^{p-1}.$$

Pour trouver y_n^p on posera conformément à la méthode indiquée par Lagrange (**Œuvres**, t. IV),

$$y_n^p = a\,\alpha^n \beta^p,$$

ce qui donnera la solution particulière

$$y_n^p = a\left[\alpha^n - \frac{p}{1}\alpha^{n-1} + \frac{p(p-1)}{2!}\alpha^{n-2}\ldots\right].$$

En remplaçant successivement les constantes a, α par d'autres constantes $(b,\,\beta)$, $(c,\,\gamma)\ldots$ on aura d'autres solutions particulières qui, ajoutées, donneront une solution générale de la forme

$$y_n^p = \varphi(n) - \frac{p}{1}\varphi(n-1) + \frac{p(p-1)}{2!}\varphi(n-2) - \ldots$$

On déterminera la fonction inconnue $\varphi(n)$ en attribuant à p une valeur particulière et l'on trouvera pour le nombre inconnu la valeur suivante :

$$y_n^p = P_n - \frac{p}{1} P_{n-1} + \frac{p(p-1)}{2!} P_{n-2} - \cdots$$

2° Prouver que la série

$$\frac{1}{z^{\alpha_1}} + \frac{1}{z^{\alpha_2}} + \cdots + \frac{1}{z^{\alpha_n}} + \cdots$$

dans laquelle z et les exposants α_1, $\alpha_2\ldots$, sont des nombres entiers a une limite incommensurable, lorsque les différences

$$\alpha_2 - \alpha_1, \; \alpha_3 - \alpha_2 \cdots, \alpha_{n+1} - \alpha_n,$$

vont toujours en augmentant.

3° Etudier la série dont le terme général est

$$u_n = \frac{x^n}{n} \sqrt[u]{(n+1)(n+2)\ldots 2n}$$

4° Etudier la série dont le terme général est

$$u_n = \left(a - \sqrt{b}\right)\left(a - \sqrt[3]{b}\right) \cdots \left(a - \sqrt[n-1]{b}\right)$$

où b désigne un nombre positif.

5° Démontrer que si μ est plus grand que l'unité, les séries qui ont pour termes généraux

$$\frac{1}{n\,L\,n\,(L^2 n)^\mu}, \qquad \frac{1}{n\,L\,n\,(L^2 n)\,(L^3 n)^\mu}, \qquad \ldots$$

sont convergentes.

On a représenté par le symbole $(L^p n)$ la quantité

$$LL \ldots L\,n;$$

le nombre des logarithmes qu'il faut prendre successivement étant égal à p.

6° **Règle de Gauss généralisée.** — Lorsque le rapport d'un terme au précédent pour une série (u) peut être mis sous la forme

$$\frac{u_{n+1}}{u_n} = \frac{n^\lambda + an^{\lambda-\alpha} + bn^{\lambda-\beta} + \cdots}{n^\lambda + An^{\lambda-\alpha} + B\,n^{\lambda-\beta} + \cdots}$$

α, β... étant des nombres positifs croissants, il faut et il suffit, pcur que lu série (u) soit convergente, que l'on ait

$$\rho < 1 \quad \text{et} \quad R - r > 0 \quad \text{ou} \quad \rho = 1 \quad \text{et} \quad R - r > 1;$$

en désignant par $R - r$ la première des quantités $A - a$, $B - b$..., qui n'est pas nulle.

(**A.** *de Saint-Germain*, **Bulletin des sciences mathématiques**, 2⁰ série, t. XIV, p. 212.)

CHAPITRE XVI

NOTIONS SUR LES INFINIMENT PETITS

190. Définition. — *On appelle infiniment petit un nombre variable qui tend vers zéro.*

Un nombre *fixe*, si petit qu'il soit, n'est pas un infiniment petit; cette dénomination ne peut être appliquée qu'à des quantités *variables.*

Comparaison des infiniment petits. — On dit que deux infiniment petits x et y sont du même ordre lorsque le rapport $\frac{y}{x}$ a pour limite un nombre qui n'est pas nul.

On dit que l'ordre de l'infiniment petit y est supérieur à celui de l'infiniment petit x quand le rapport $\frac{y}{x}$ tend vers zéro, c'est-à-dire est infiniment petit.

Dans ce cas, le rapport $\frac{x}{y}$ est infiniment grand et l'on dit que l'ordre de x est inférieur à celui de y.

Infiniment petit principal. — Quand on a à considérer simultanément plusieurs infiniment petits, on prend l'un d'eux x pour terme de comparaison et on lui donne le nom d'*infiniment petit principal.*

Tout infiniment petit de même ordre que l'infiniment petit principal est considéré comme étant du *premier* ordre.

Soient n un nombre positif quelconque et y un deuxième infiniment petit ; considérons le rapport $\dfrac{y}{x^n}$; trois cas peuvent se présenter :

1° *Le rapport $\dfrac{y}{x^n}$ tend vers zéro.* — On dit que y est un infiniment petit d'ordre supérieur à n ;

2° *Le rapport $\dfrac{y}{x^n}$ croit au delà de toute limite.* — On dit que y est un infiniment petit, d'ordre inférieur à n ;

3° *Le rapport $\dfrac{y}{x^u}$ tend vers une limite a qui n'est pas nulle.* — On dit que y est un infiniment petit, d'ordre n.

Dans cette troisième hypothèse, on peut poser

$$y = (a + \alpha) x^n,$$

le nombre α étant infiniment petit.

Exemples. — L'arc x étant infiniment petit, les quantités

$$y = \sin x \qquad z = \tang ax \qquad u = 1 - \cos x$$

sont infiniment petites.

Si l'on prend x comme infiniment petit principal, les infiniment petits y et z sont du *premier* ordre, car on a

$$\lim \frac{y}{x} = \lim \frac{\sin x}{x} = 1 \qquad \lim \frac{z}{x} = \lim \frac{\tang ax}{x} = a ;$$

l'infiniment petit u est du deuxième ordre, car on a

$$\lim \frac{u}{x^2} = \lim \frac{1 - \cos x}{x^2} = \lim \left(\frac{\sin x}{x} \right)^2 \cdot \frac{1}{1 + \cos x} = \frac{1}{2}.$$

L'infiniment petit u étant du deuxième ordre, on peut poser

$$u = 1 - \cos x = \left(\frac{1}{2} + \alpha \right) x^2,$$

α étant infiniment petit.

Remarque. — Il peut arriver qu'il n'existe aucune valeur positive de n telle que le rapport $\dfrac{y}{x^n}$ ait une limite a différente de zéro; l'infiniment petit y n'a pas alors d'ordre déterminé.

Quand il en est ainsi, trois cas peuvent se présenter :

1° *Le rapport $\dfrac{y}{x^n}$ est infiniment petit, quelle que soit la valeur positive attribuée à n.* — L'ordre de y est supérieur à tout nombre positif donné ;

2° *Le rapport $\dfrac{y}{x^n}$ est infiniment grand, quelle que soit la valeur positive attribuée à n.* — L'ordre de y est inférieur à tout nombre positif donné ;

3° *Le rapport $\dfrac{y}{x^n}$ n'a pas de limite, mais reste compris, pour une certaine valeur de n, entre deux quantités fixes p et q.* — L'ordre de y est supérieur à $n - \varepsilon$ et inférieur à $n + \varepsilon$, si petit que soit le nombre positif ε.

191. Dans certaines questions, il est utile de considérer les infiniment petits qui n'ont pas d'ordre ; ce sont celles où il suffit de savoir que l'ordre de l'infiniment petit est inférieur ou supérieur à un nombre donné.

Exemples. — La quantité x étant infiniment petite, les quantités

$$y = e^{-\frac{1}{x^2}} \qquad z = \frac{1}{Lx} \qquad u = x^2\left(2 + \sin\frac{1}{x}\right)$$

sont infiniment petites, mais n'ont pas d'ordre déterminé.

En effet, quel que soit le nombre positif n, le rapport $\dfrac{y}{x^n}$ est infiniment petit et le rapport $\dfrac{z}{x^n}$ est infiniment grand.

Quant au rapport $\dfrac{u}{x^2}$ il n'a pas de limite, mais il reste compris entre 1 et 3.

L'ordre de l'infiniment petit u est supérieur à $2 - \varepsilon$ et inférieur à $2 + \varepsilon$, si petit que soit le nombre positif ε.

192. Partie principale d'un infiniment petit. — Tout infiniment petit y, d'ordre n, a une expression de la forme

$$y = (a + \alpha) x^n,$$

α étant infiniment petit.

Le produit $a x^n$ est appelé la *partie principale* de l'infiniment petit y.

Les infiniment petits dont l'ordre n'est pas déterminé, n'ont pas de partie principale.

Infiniment petits équivalents. — *Deux infiniment petits y et z sont dits équivalents quand le rapport $\dfrac{y}{z}$ tend vers l'unité.*

Un infiniment petit est équivalent à sa partie principale, car on a

$$\lim \frac{y}{a x^n} = \lim \left(1 + \frac{\alpha}{a}\right) = 1.$$

Théorème I. — *Pour que deux infiniment petits y et z soient équivalents, il faut et il suffit que leur différence soit infiniment petite par rapport à chacun d'eux.*

$1°$ *La condition est nécessaire.* — En effet, si les infiniment petits y et z sont équivalents, on a

$$\frac{y}{z} = 1 + \varepsilon,$$

ε étant infiniment petit.

On tire de là :

$$\lim \frac{y - z}{z} = \lim \varepsilon = 0 \,;$$

la différence $y - z$ est donc infiniment petite par rapport à z et, par suite, par rapport à y.

$2°$ *La condition est suffisante.* — En effet, la relation

$$\lim \frac{y - z}{z} = \lim \left(\frac{y}{z} - 1\right) = 0$$

qui a lieu, par hypothèse, donne

$$\lim \frac{y}{z} = 1.$$

Exemple. — On a

$$\frac{\tan g\ x}{\sin x} = \frac{1}{\cos x}$$

et le second membre de cette égalité tend vers l'unité pour $x=0$; les infiniment petits tang x et sin x sont donc équivalents.

Il est du reste facile de vérifier que la différence tang $x - \sin x$ est infiniment petite par rapport à sin x et de fixer l'ordre de cette différence.

On a, en effet,

$$\tan g\ x - \sin x = \frac{(1 - \cos x)\sin x}{\cos x} = \frac{\sin^3 x}{(1 + \cos x)\cos x}$$

et, par conséquent,

$$\lim \frac{\tan g\ x - \sin x}{x^3} = \frac{1}{2};$$

la différence tang $x - \sin x$ est donc un infiniment petit du troisième ordre, x étant l'infiniment petit principal, et l'on peut poser

$$\tan g\ x - \sin x = \left(\frac{1}{2} + \alpha\right) x^3,$$

α étant infiniment petit.

Opérations sur les infiniment petits.

193. Addition. — *La somme algébrique d'un nombre déterminé d'infiniment petits d'ordre n est un infiniment petit d'ordre égal ou supérieur à n.*

En effet, des relations

$$y_1 = (a_1 + \alpha_1)x^n \quad y_2 = (a_2 + \alpha_2)x^n \ldots y_p = (a_p + \alpha_p) x^n,$$

qui définissent p infiniment petits d'ordre n, on tire

$$y_1 + y_2 + \ldots + y_p = (a + \varepsilon)x^n,$$

en posant

$$a_1 + a_2 + \ldots + a_p = a \quad \text{et} \quad \alpha_1 + \alpha_2 + \ldots + \alpha_p = \varepsilon.$$

La somme $y_1 + y_2 + \ldots + y_p$ sera d'ordre n si a n'est pas nul, et d'ordre supérieur à n si a est nul.

Multiplication. — *Le produit d'un nombre déterminé d'infiniment petits dont les ordres sont respectivement m_1, m_2, ... m_p, est un infiniment petit de l'ordre $m_1 + m_2 + \ldots + m_p$.*

Nous démontrerons seulement le théorème pour deux infiniment petits ; on l'étendra ensuite à un nombre déterminé quelconque d'infiniment petits par la méthode ordinaire.

Soient donc

$$y_1 = (a_1 + \alpha_1)x^{m_1} \qquad y_2 = (a_2 + \alpha_2)x^{m_2}$$

deux infiniment petits ; on aura

$$y_1 y_2 = (b + \varepsilon)x^{m_1 + m_2}$$

en posant

$$b = a_1 a_2 \quad \text{et} \quad \varepsilon = a_1 \alpha_2 + a_2 \alpha_1 + \alpha_1 \alpha_2 ;$$

le théorème est donc vrai pour deux infiniment petits.

Division. — *Le quotient d'un infiniment petit d'ordre m par un infiniment petit d'ordre n est :*

1° Un infiniment petit d'ordre $m - n$, si l'on a $m > n$;
2° Un nombre fini, si l'on a $m = n$;
3° Un nombre infiniment grand, si l'on a $m < n$.
En effet, soient

$$y = (a + \alpha)x^m \qquad z = (b + \beta)x^n$$

les deux infiniment petits ; on aura

$$\frac{y}{z} = (c + \varepsilon)x^{m-n}$$

en posant

$$c = \frac{a}{b} \quad \text{et} \quad \varepsilon = \frac{b\alpha - a\beta}{b(b+\beta)}.$$

Cette relation démontre le théorème énoncé.

194. Nous allons maintenant établir deux théorèmes qui sont très fréquemment employés dans le calcul des infiniment petits.

Théorème II. — *La limite du rapport de deux infiniment petits n'est pas altérée quand on remplace chacun d'eux par un infiniment petit équivalent.*

Soient, en effet, y et z deux infiniment petits respectivement équivalents aux infiniment petits y' et z' ; on aura

$$y = y'(1 + \alpha) \qquad z = z'(1 + \beta),$$

α et β étant infiniment petits.

On tire de là

$$\lim \frac{y}{z} = \lim \frac{y'}{z'} \cdot \frac{1+\alpha}{1+\beta} = \lim \frac{y'}{z'},$$

car $\lim \dfrac{1+\alpha}{1+\beta} = 1$.

Corollaire. — *Pour évaluer le rapport de deux infiniment petits on peut remplacer chacun d'eux par sa partie principale.*

Théorème III. — *La limite de la somme d'un nombre infiniment grand d'infiniment petits positifs n'est pas altérée quand on remplace chacun d'eux par un infiniment petit équivalent.*

Soient y_1, y_2, ... y_p des infiniment petits positifs respectivement équivalents aux infiniment petits z_1, z_2, ... z_p ; on aura

$$y_1 = z_1(1+\alpha_1) \qquad y_2 = z_2(1+\alpha_2) \quad \dots \quad y_p = z_p(1+\alpha_p),$$

et

$$Y_p = Z_p + \alpha_1 z_1 + \alpha_2 z_2 + \dots + \alpha_p z_p,$$

en posant

$$Y_p = y_1 + y_2 + \dots + y_p \qquad Z_p = z_1 + z_2 + \dots + z_p.$$

Soit ε la plus grande des valeurs absolues des infiniment petits $\alpha_1, \alpha_2 \ldots \alpha_p$, on aura

$$| \, Y_p - Z_p \, | \leq Z_p \varepsilon.$$

Supposons que pour p infini, Z_p tende vers une limite S, l'inégalité précédente donnera

$$| \, Y_p - Z_p \, | < S\varepsilon.$$

Quand p devient infini, ε tend vers zéro et l'on a

$$\lim | \, Y_p - Z_p \, | = 0 \, ;$$

la somme Y_p tend donc vers S comme la somme Z_p.

Remarque I. — Lorsque les infiniment petits $z_1, z_2 \ldots z_p$ ne sont pas tous positifs, le théorème précédent reste vrai, si la somme de leurs valeurs *absolues* tend vers une limite λ quand p devient infini.

En effet, on a

$$| \, Y_p - Z_p \, | < \varepsilon \, (\, | \, z_1 \, | + | \, z_2 \, | + \ldots + | \, z_p \, | \,) < \varepsilon \lambda$$

et, par suite,

$$\lim | \, Y_p - Z_p \, | = 0.$$

Il résulte de là que si Z_p tend vers une limite S, la somme Y_p tend vers la même limite.

Remarque II. — Un infiniment petit étant équivalent à sa partie principale, on peut, pour évaluer la somme Y_p, remplacer chaque infiniment petit y par sa partie principale.

Exemple I. — *Calculer pour x infiniment petit la limite du rapport* $\dfrac{\tang \alpha x}{\sin \beta x}$.

Les infiniment petits $\tang \alpha x$, $\sin \beta x$ étant respectivement équivalents à αx et à βx, on a (§ 194. — **Théorème II**)

$$\lim \frac{\tang \alpha x}{\sin \beta x} = \lim \frac{\alpha x}{\beta x} = \frac{\alpha}{\beta}.$$

Exemple II. — *Trouver, pour p infini, la limite de la somme*

$$S_p = h \sin a + h \sin (a + h) + \ldots + h \sin (a + \overline{p-1}\, h),$$

dans laquelle a et b sont deux arcs moindres que π et où l'on a posé

$$h = \frac{b-a}{p}.$$

L'infiniment petit h étant équivalent à $2 \sin \dfrac{h}{2}$, on est ramené (§ 194. — **Théorème III**) à calculer la limite de la somme

$$\Sigma_p = 2\sin\frac{h}{2}\sin a + 2\sin\frac{h}{2}\sin(a+h) + \ldots + 2\sin\frac{h}{2}\sin(a+\overline{p-1}\,h).$$

En transformant chacun de ses termes à l'aide de la relation

$$2 \sin x \sin y = \cos (x - y) - \cos (x + y)$$

on trouve

$$\Sigma_p = \cos\left(a - \frac{h}{2}\right) - \cos\left(b - \frac{h}{2}\right),$$

et cette relation donne

$$\lim S_p = \lim \Sigma_p = \cos a - \cos b.$$

CHAPITRE XVII

DÉRIVÉES DES FONCTIONS D'UNE SEULE VARIABLE

195. Développement d'une fonction entière $f(x+h)$ **suivant les puissances de** h. — Dans la fonction entière de la variable x

$$f(x) = A_0 x^m + A_1 x^{m-1} + \ldots + A_{m-p} x^p + \ldots + A_m$$

remplaçons x par $x+h$, nous aurons

$$f(x+h) = A_0(x+h)^m + A_1(x+h)^{m-1} + \ldots + A_{m-p}(x+h)^p + \ldots + A_m.$$

Si l'on développe chaque terme par la formule du binôme, et si l'on ordonne suivant les puissances ascendantes de h, l'expression précédente devient

$$f(x+h) = u_0 + u_1 \cdot \frac{h}{1} + u_2 \cdot \frac{h^2}{2!} + \ldots + u_p \cdot \frac{h^p}{p!} + \ldots + u_m \cdot \frac{h^m}{m!},$$

en posant

$$u_0 = f(x)$$

$$u_1 = m A_0 x^{m-1} + (m-1) A_1 x^{m-2} + \ldots + p A_{m-p} x^{p-1} + \ldots + A_{m-1}$$

$$u_2 = m(m-1) A_0 x^{m-2} + (m-1)(m-2) A_1 x^{m-3} + \ldots + p(p-1) A_{m-p} x^{p-2} + \ldots + 2.1 A_{m-2}$$

$$\cdot \cdot \cdot \cdot \cdot \cdot \cdot \cdot \cdot \cdot \cdot \cdot \cdot \cdot \cdot \cdot \cdot \cdot \cdot \cdot \cdot \cdot \cdot \cdot$$

$$u_p = m(m-1) \ldots (m-p+1) A_0 x^{m-p} + \ldots + p(p-1) \ldots 2.1 A_{m-p}$$

$$\cdot \cdot \cdot \cdot \cdot \cdot \cdot \cdot \cdot \cdot \cdot \cdot \cdot \cdot \cdot \cdot \cdot \cdot \cdot \cdot \cdot \cdot \cdot \cdot$$

$$u_m = m(m-1) \ldots 2.1 A_0.$$

Le terme u_0, qui est indépendant de h, est égal au polynôme $f(x)$, comme on pouvait le prévoir.

Le coefficient u_1 de $\dfrac{h}{1}$ est un polynôme de degré $m-1$ par rapport à x; on l'appelle la *dérivée première* ou simplement la *dérivée* de $f(x)$, et on le représente par le symbole $f'(x)$.

Le coefficient u_2 de $\dfrac{h^2}{2!}$ est un polynôme de degré $m-2$ par rapport à x; on l'appelle la *dérivée seconde* de $f(x)$, et on le représente par le symbole $f''(x)$.

En général, le coefficient u_p de $\dfrac{h^p}{p!}$ est un polynôme de degré $m-p$ par rapport à x; on l'appelle la *dérivée d'ordre p* de $f(x)$, et on le représente par le symbole $f^{(p)}(x)$.

En faisant usage de ces notations, le développement de $f(x+h)$ prend la forme

$$(1)\quad f(x+h)=f(x)+\frac{h}{1}f'(x)+\frac{h^2}{2!}f''(x)+\ldots+\frac{h^p}{p!}f^{(p)}(x)+\ldots+\frac{h^m}{m!}f^{(m)}(x).$$

Loi de formation des dérivées successives d'un polynôme $f(x)$. — On vérifie facilement que la dérivée d'un ordre quelconque se déduit de la dérivée de l'ordre précédent en appliquant la règle suivante :

Règle. — *Pour obtenir la dérivée $f^{(p+1)}(x)$ de l'ordre $p+1$, on multiplie le coefficient de chaque terme de la dérivée $f^{(p)}(x)$ de l'ordre p par l'exposant de x dans ce terme et on diminue ensuite l'exposant de x d'une unité.*

On voit que les degrés des dérivées successives vont en diminuant d'une unité quand l'ordre s'élève d'une unité. La dérivée d'ordre m est une constante $1.2\ldots m\,A_0$; les dérivées d'un ordre supérieur à m sont nulles.

196. Propriété fondamentale de la dérivée d'une fonction entière. — La définition donnée par la règle précédente, de la dérivée d'une fonction entière ne s'applique qu'à ces fonctions. Nous allons établir une propriété importante de la dérivée d'une fonction entière, ce qui permettra d'étendre la notion de dérivée aux fonctions non entières.

Théorème. — *La dérivée $f'(x)$ d'une fonction entière $f(x)$ est la limite du rapport $\dfrac{f(x+h)-f(x)}{h}$ quand h tend vers zéro.*

En effet, de la relation (1) on déduit

$$\frac{f(x+h)-f(x)}{h}=f'(x)+\frac{h}{2!}\,f''(x)+\cdots+\frac{h^{m-1}}{m!}\,f^{(m)}(x).$$

Le nombre des termes du second membre de cette égalité étant déterminé, la limite de ce second membre pour $h=0$ est égale à la somme des limites de ses termes ; on a donc

$$\lim\frac{f(x+h)-f(x)}{h}=f'(x).$$

Nouvelle définition de la dérivée. — *Soient $f(x)$ une fonction définie dans un intervalle (a, b) et x_1 une valeur de x appartenant à cet intervalle ; on appelle dérivée de la fonction $f(x)$ pour $x=x_1$, la limite du rapport*

$$\frac{f(x_1+h)-f(x_1)}{h}$$

quand h tend vers zéro d'après une loi quelconque.

Il peut arriver que le rapport $\dfrac{f(x_1+h)-f(x_1)}{h}$ ne tende pas vers une limite quand h tend vers zéro. Dans ce cas, la fonction $f(x)$ n'a pas de dérivée pour $x=x_1$.

Supposons que le rapport précédent ait une limite pour chaque valeur de x appartenant à l'intervalle (a, b) et désignons cette limite par λ.

Dans ces conditions, à chaque valeur de x appartenant à l'intervalle (a, b), correspondra une valeur déterminée de λ ; la quantité λ sera donc une fonction de x définie dans l'intervalle (a, b).

Cette fonction est appelée la dérivée de $f(x)$ dans l'intervalle (a, b) ; on la désigne par le symbole $f'(x)$.

La dérivée première de la fonction $f'(x)$, quand elle existe, est appelée la dérivée *seconde* de la fonction $f(x)$; on la représente par le symbole $f''(x)$.

En continuant de la même manière on arrivera à la notion des dérivées troisième, quatrième, ...; on les représente par les symboles $f''(x)$, $f'''(x)$...

Remarque. — *Quand une fonction $f(x)$, définie dans l'intervalle (a, b), admet une dérivée dans cet intervalle, elle est nécessairement continue.*

En effet, h tendant vers zéro, le rapport

$$\frac{f(x+h)-f(x)}{h}$$

a, par hypothèse, une limite pour toutes les valeurs de x appartenant à l'intervalle (a, b). Il résulte de là que le numérateur $f(x+h)-f(x)$ doit tendre vers zéro puisque le dénominateur h tend lui-même vers zéro ; la fonction $f(x)$ est donc continue dans l'intervalle (a, b).

La réciproque de cette proposition n'est pas vraie ; il existe, en effet, des fonctions continues dans un intervalle (a, b) et qui, cependant, n'ont pas de dérivées. (*Voir le mémoire de M. Darboux*, **Sur les fonctions discontinues**, *pages 92 et suivantes.*)

Différentielle d'une fonction.

197. Définition. — *On appelle différentielle d'une fonction $f(x)$ le produit de la dérivée $f'(x)$ par un accroissement arbitraire h attribué à la variable.*

On représente la différentielle de $f(x)$ par le symbole $df(x)$; on a donc, par définition,

$$df(x) = hf'(x).$$

De la définition de la dérivée, il résulte que l'on peut poser

$$\frac{f(x+h)-f(x)}{h} = f'(x) + \varepsilon,$$

ε étant infiniment petit avec h.

De l'égalité précédente, on tire

$$f(x + h) - f(x) = h\,[f'(x) + \varepsilon],$$

et cette relation montre que, h étant infiniment petit, $hf'(x)$ est la partie principale de l'infiniment petit $f(x + h) - f(x)$; on peut donc énoncer le théorème suivant :

Théorème. — 1° *La différentielle d'une fonction $f(x)$ dont la dérivée $f'(x)$ n'est pas nulle est égale à la partie principale de l'accroissement infiniment petit de la fonction ;*

2° *Si la dérivée de la fonction est nulle, la différentielle de cette fonction est également nulle.*

Remarque. — Dans la relation

$$df(x) = hf'(x)$$

posons $f(x) = x$, on aura $dx = h$; on peut donc écrire

$$df(x) = f'(x)\,dx.$$

On tire de là

$$\frac{df(x)}{dx} = f'(x) \qquad \text{ou encore} \qquad \frac{dy}{dx} = y',$$

si l'on désigne par y la fonction $f(x)$ et par y' sa dérivée.

Ainsi, *la dérivée d'une fonction de la variable x est égale au quotient de la différentielle de la fonction divisée par la différentielle correspondante de la variable.*

De ce qui précède il résulte que la dérivée d'une fonction

$$y = f(x)$$

peut être représentée par $\dfrac{dy}{dx}$.

Ce mode de représentation est dû à Leibnitz ; l'expression $\dfrac{dy}{dx}$ peut être considérée soit comme une fraction égale au quotient de dy par dx, soit comme un symbole ayant la même signification que $f'(x)$ ou que y'.

**Interprétation géométrique de la dérivée et de la diffé-
rentielle**. — Soit $f(x)$ une fonction admettant une dérivée dans
l'intervalle (a, b) et, par conséquent, continue dans cet intervalle.

. L'équation

$$y = f(x)$$

représentera une courbe continue, dans l'intervalle (a, b).

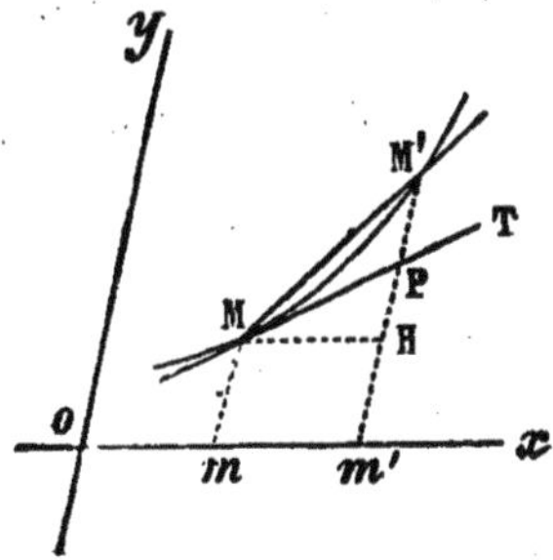

Prenons sur cette courbe deux points M, M' ayant respectivement pour abscisses $x_1, x_1 + h$, et pour ordonnées $f(x_1)$, $f(x_1 + h)$;
l'équation de la droite MM' sera

$$y - f(x_1) = \frac{f(x_1 + h) - f(x_1)}{h} (x - x_1).$$

Quand h tend vers zéro, l'équation précédente tend vers
l'équation

$$y - f(x_1) = f'(x_1) (x - x_1)$$

qui représente une droite MT passant par le point M.

Il résulte de là que, quand le point M' tend vers le point M, la
droite MM' tend vers une droite limite MT; par définition, la
droite MT est appelée la *tangente* à la courbe au point M.

Menons par le point M parallèlement à ox une droite qui rencontre au point H l'ordonnée du point M'; soit en outre P le point
où cette ordonnée est rencontrée par la tangente MT, on aura

$$h = \text{MH} \qquad f(x_1 + h) - f(x_1) = \text{M'H}$$

$$f'(x) = \frac{\text{HP}}{\text{MH}} \qquad df(x) = \text{HP}.$$

Calcul des dérivées.

198. Dans ce qui suit, nous représenterons par u, v, w ... des fonctions de x, par Δx l'accroissement de la variable indépendante x et par Δu, Δv, Δw ... les accroissements correspondants des fonctions u, v, w ...

Nous supposerons en outre que ces fonctions *admettent des dérivées* pour les valeurs attribuées à la variable x.

Dérivée d'une somme. — Soit, par exemple,

$$y = u - v + w$$

la somme de trois fonctions de x.

Si l'on donne à x l'accroissement Δx, on aura

$$y + \Delta y = (u + \Delta u) - (v + \Delta v) + (w + \Delta w),$$

et, par suite,

$$\Delta y = \Delta u - \Delta v + \Delta w.$$

En divisant par Δx les deux membres de cette égalité, on obtient la nouvelle égalité

$$\frac{\Delta y}{\Delta x} = \frac{\Delta u}{\Delta x} - \frac{\Delta v}{\Delta x} + \frac{\Delta w}{\Delta x}$$

qui devient

$$(2) \qquad y' = u' - v' + w',$$

quand Δx tend vers zéro.

On obtient ainsi le théorème suivant :

Théorème. — *La dérivée de la somme algébrique d'un nombre déterminé de fonctions de x est égale à la somme algébrique des dérivées de ces fonctions.*

Remarque. — En multipliant par dx les deux membres de la relation (2) et tenant compte des égalités

$$dy = y'dx \qquad du = u'dx \qquad dv = v'dx \qquad dw = w'dx$$

qui ont lieu, par définition, on obtient l'égalité

$$dy = du - dv + dw$$

qui donne l'expression de la différentielle d'une somme.

Dérivée d'un produit. — Considérons d'abord le produit

$$y = uv$$

de deux fonctions de x.

Si l'on donne à x un accroissement Δx, on aura

$$y + \Delta y = (u + \Delta u)\,(v + \Delta v)$$

et, par suite,

$$\Delta y = v \Delta u + u \Delta v + \Delta u \,.\, \Delta v,$$

puis

$$\frac{\Delta y}{\Delta x} = v \frac{\Delta u}{\Delta x} + u \frac{\Delta v}{\Delta x} + \frac{\Delta u}{\Delta x} \Delta v.$$

Quand Δx tend vers zéro, la quantité $\dfrac{\Delta u}{\Delta x} \Delta v$ tend vers zéro, car $\dfrac{\Delta u}{\Delta x}$ a, par hypothèse, une limite u' et Δv tend vers zéro.

Il résulte de là que l'on a, à la limite,

$$y' = vu' + uv'.$$

Ainsi, *la dérivée d'un produit de deux facteurs est égale à la somme algébrique des résultats obtenus en multipliant successivement chaque facteur par la dérivée de l'autre.*

De ce résultat, on déduit facilement le théorème suivant :

Théorème. — *La dérivée du produit d'un nombre quelconque de facteurs est égale à la somme algébrique des résultats obtenus en multipliant successivement la dérivée de chaque facteur par le produit de tous les autres.*

Le théorème ayant été établi dans le cas d'un produit de deux facteurs, il suffit, pour prouver qu'il est général, de montrer que, s'il est vrai pour un produit de $n - 1$ facteurs, il est alors vrai pour un produit de n facteurs.

Soit

$$y = uvw \ldots st$$

un produit de n facteurs.

Posons

$$z = vw \ldots st,$$

nous aurons

$$y = uz,$$

et

$$y' = uz' + zu'.$$

Par hypothèse, on a

$$z' = w \ldots st \cdot v' + v \ldots st \cdot w' + \ldots + vw \ldots s \cdot t'$$

et, par suite,

$$(3) \quad y' = vw \ldots st \cdot u' + uw \ldots t \cdot v' + \ldots + uv \ldots s \cdot t',$$

relation qui démontre le théorème énoncé.

Définition. — *On appelle dérivée logarithmique d'une fonction* $f(x)$ *le quotient* $\dfrac{f'(x)}{f(x)}$.

Cela étant, si l'on divise par $y = uv \ldots st$ les deux membres de la relation (3), elle prend la forme

$$(4) \qquad \frac{y'}{y} = \frac{u'}{u} + \frac{v'}{v} + \ldots + \frac{t'}{t}$$

qui conduit au théorème suivant :

Théorème. — *La dérivée logarithmique d'un produit de plusieurs facteurs est égale à la somme algébrique des dérivées logarithmiques de ces facteurs.*

Remarque. — En multipliant par dx les deux membres des relations (3) et (4), on obtient les égalités

$$dy = vw \ldots st \cdot du + uw \ldots t \cdot dv + \ldots + uv \ldots s \cdot dt$$

$$\frac{dy}{y} = \frac{du}{u} + \frac{dv}{v} + \ldots + \frac{dt}{t}$$

qui donnent deux expressions de la différentielle du produit d'un nombre quelconque de facteurs.

Dérivée d'un quotient. — Soit

$$y = \frac{u}{v}$$

le quotient de deux fonctions de x ; nous ne donnerons à x que des valeurs qui n'annulent pas le dénominateur v.

On a

$$\Delta y = \frac{u + \Delta u}{v + \Delta v} - \frac{u}{v} = \frac{v\Delta u - u\Delta v}{v(v + \Delta v)},$$

puis

$$\frac{\Delta y}{\Delta x} = \frac{v\dfrac{\Delta u}{\Delta x} - u\dfrac{\Delta v}{\Delta x}}{v(v + \Delta v)};$$

et cette égalité devient

$$(5) \qquad y' = \frac{vu' - uv'}{v^2}$$

quand Δx tend vers zéro.

On obtient ainsi le théorème suivant :

Théorème. — *La dérivée d'un quotient est égale à une fraction ayant pour dénominateur le carré du diviseur et pour numérateur l'excès algébrique du produit du diviseur par la dérivée du dividende sur le produit du dividende par la dérivée du diviseur.*

Remarque I. — De la relation (5) on tire l'égalité

$$(6) \qquad \frac{y'}{y} = \frac{u'}{u} - \frac{v'}{v}$$

qui donne le théorème suivant :

Théorème. — *La dérivée logarithmique d'un quotient est égale à la dérivée logarithmique du dividende, diminuée de la dérivée logarithmique du diviseur.*

Remarque II. — En multipliant par dx les deux membres des relations (5) et (6), on obtient les égalités

$$dy = \frac{vdu - udv}{v^2} \qquad \frac{dy}{y} = \frac{du}{u} - \frac{dv}{v}$$

qui donnent deux expressions de la différentielle d'un quotient.

Dérivée d'une puissance. — Nous nous proposons de trouver la dérivée de la fonction

$$y = x^m \,;$$

il y a lieu de distinguer deux cas :

1° *L'exposant m est entier.* — De la définition de la dérivée d'une fonction entière (§ 195) il résulte que l'on a

$$y' = mx^{m-1}.$$

On peut encore obtenir cette relation en considérant x^m comme un produit de m facteurs ;

2° *L'exposant m est quelconque.* — Nous supposons x positif afin que la fonction x^m soit définie.

On a

$$\frac{\Delta y}{\Delta x} = \frac{(x + \Delta x)^m - x^m}{\Delta x}$$

ou

$$\frac{\Delta y}{\Delta x} = \frac{(1 + \alpha)^m - 1}{\alpha}\, x^{m-1}$$

en posant $\Delta x = \alpha x$.

On est ramené à chercher la limite de $\dfrac{(1 + \alpha)^m - 1}{\alpha}$ quand α tend vers zéro.

Quand α tend vers zéro, le rapport

$$\frac{L(1 + \alpha)}{\alpha} = L(1 + \alpha)^{\frac{1}{\alpha}}$$

tend vers l'unité, ce qui montre que les infiniment petits α et $L(1 + \alpha)$ sont équivalents.

On peut donc remplacer l'expression $\dfrac{(1+\alpha)^{m}-1}{\alpha}$ par la suivante :

$$\frac{(1+\alpha)^{m}-1}{L(1+\alpha)}.$$

Posons

$$(1+\alpha)^{m}=1+\beta, \quad \text{d'où} \quad L(1+\alpha)=\frac{L(1+\beta)}{m};$$

nous aurons

$$\frac{(1+\alpha)^{m}-1}{L(1+\alpha)}=m\,\frac{\beta}{L(1+\beta)}=\frac{m}{L(1+\beta)^{\frac{1}{\beta}}}.$$

Quand α tend vers zéro, β tend aussi vers zéro et le second membre de l'égalité précédente tend vers m; on a donc encore

$$y'=mx^{m-1},$$

et l'on peut énoncer le théorème suivant :

Théorème. — *La dérivée de la fonction x^{m} s'obtient en multipliant cette fonction par l'exposant de x et diminuant ensuite cet exposant d'une unité.*

Remarque. — Quand l'exposant m est un nombre commensurable égal à $\pm\dfrac{p}{q}$, la fraction $\dfrac{p}{q}$ étant irréductible, on peut attribuer à x des valeurs négatives si q est impair.

En effet, la fonction x^{m} qui est égale à $\sqrt[q]{x^{p}}$ ou à $\dfrac{1}{\sqrt[q]{x^{p}}}$ est définie et continue même pour des valeurs négatives de x (§ 171).

Le calcul précédent est applicable et la dérivée de la fonction x^{m} est encore égale à mx^{m-1}.

199. Dérivée de la fonction exponentielle. — Considérons la fonction exponentielle

$$y=a^{x}$$

et désignons par k l'accroissement que prend y quand on donne
à x l'accroissement h ; on aura

$$\frac{k}{h} = \frac{a^{x+h} - a^x}{h} = a^x \frac{a^h - 1}{h}.$$

Pour trouver la limite du second membre quand h tend vers
zéro, nous remplacerons la variable h par la variable α définie
par l'égalité

$$(7) \qquad\qquad a^h = 1 + \alpha$$

qui donne

$$h = \frac{\mathrm{L}(1 + \alpha)}{\mathrm{L}\,a}$$

et, par suite,

$$\frac{k}{h} = a^x \frac{\mathrm{L}\,a}{\mathrm{L}(1 + \alpha)^{\frac{1}{\alpha}}}.$$

Quand h tend vers zéro, α tend aussi vers zéro ; on a donc

$$y' = a^x \mathrm{L}\,a,$$

égalité qui donne le théorème suivant :

Théorème. — *La dérivée de la fonction exponentielle a^x est égale
à cette fonction multipliée par le logarithme népérien de la base.*

Remarque I. — En prenant les logarithmes des deux membres
de la relation (7) dans le système de *base a*, on trouverait

$$y' = \frac{a^x}{\mathrm{L}_a e}.$$

Remarque II. — La dérivée de e^x est égale à e^x.

Dérivée de la fonction logarithmique. — Considérons la
fonction

$$y = \mathrm{L}_a x$$

et désignons par k l'accroissement que prend y quand on donne à x l'accroissement h ; on aura

$$\frac{k}{h} = \frac{L_a(x+h) - L_a x}{h} = \frac{1}{h} L_a \left(1 + \frac{h}{x} \right),$$

ou

$$\frac{k}{h} = \frac{1}{x} L_a (1 + \alpha)^{\frac{1}{\alpha}},$$

en posant $h = \alpha x$.

Quand h tend vers zéro, α tend aussi vers zéro ; on a donc

$$y' = \frac{L_a e}{x},$$

ou encore

$$y' = \frac{1}{x L a} = \frac{M}{x},$$

en désignant par M le module du système de logarithmes à base a.

On peut donc énoncer le théorème suivant :

Théorème. — *La dérivée de la fonction* $L_a x$ *est égale au module* M *divisé par le nombre* x.

Remarque. — La dérivée de Lx est égale à $\dfrac{1}{x}$.

Dérivées des fonctions circulaires directes.

200. Dérivée de sin x. — Considérons la fonction

$$y = \sin x ;$$

on a

$$\frac{k}{h} = \frac{\sin (x + h) - \sin x}{h} = \frac{2 \sin \dfrac{h}{2}}{h} \cos \left(x + \frac{h}{2} \right).$$

Quand h tend vers zéro le rapport $\dfrac{2 \sin \dfrac{h}{2}}{h} = \dfrac{\sin \dfrac{h}{2}}{\dfrac{h}{2}}$ tend vers l'unité et la quantité $\cos\left(x+\dfrac{h}{2}\right)$ tend vers $\cos x$, puisque la fonction $\cos x$ est continue ; on a donc

$$y' = \cos x.$$

Ainsi, *la dérivée de sin x est égale à cos x ou à sin* $\left(\dfrac{\pi}{2}+x\right)$.

Dérivée de cos x. — Par un calcul analogue on trouve que la dérivée de la fonction $\cos x$ est égale à $-\sin x$ ou à $\cos\left(\dfrac{\pi}{2}+x\right)$.

Dérivée de tang x et de cot x. — On a

$$y = \tang x = \frac{\sin x}{\cos x} \qquad z = \cot x = \frac{\cos x}{\sin x}.$$

En appliquant aux fonctions y et z la règle relative à la dérivée d'un quotient, on trouve facilement

$$y' = \frac{1}{\cos^2 x} = 1 + \tang^2 x \qquad z' = -\frac{1}{\sin^2 x} = -(1 + \cot^2 x).$$

Remarque. — La fonction tang x n'est pas définie pour les valeurs de x comprises dans la formule $x = n\pi + \dfrac{\pi}{2}$, n désignant un entier quelconque positif ou négatif ; pour ces valeurs de x la fonction tang x n'a pas de dérivée.

On voit de même que la fonction cot x n'a pas de dérivée pour les valeurs de x comprises dans la formule $x = n\pi$, n désignant un entier quelconque positif ou négatif.

Dérivées des fonctions circulaires inverses.

204. Nous allons définir des fonctions qui sont appelées fonctions circulaires inverses et calculer leurs dérivées.

Fonction arc sin x. — L'équation

$$x = \sin y$$

définit une fonction x de la variable y, mais on ne peut pas dire immédiatement que, réciproquement, cette équation définit une fonction y de la variable x, parce que, à chaque valeur de x, correspond une *infinité* de valeurs de y.

Une convention est nécessaire pour qu'on puisse regarder y comme une fonction de x.

Soit n un entier quelconque positif ou négatif; quand y varie de $n\pi - \dfrac{\pi}{2}$ à $n\pi + \dfrac{\pi}{2}$, la fonction x croît d'une manière continue de -1 à $+1$ si n est pair, elle décroît d'une manière continue de $+1$ à -1 si n est impair.

Il résulte de là qu'à chaque valeur de x appartenant à l'intervalle $(-1, +1)$, correspond pour y *une et une seule valeur* appartenant à l'intervalle $\left(n\pi - \dfrac{\pi}{2}, \ n\pi + \dfrac{\pi}{2}\right)$.

On peut donc dire que l'équation

$$x = \sin y$$

définit une fonction de x, dans l'intervalle $(-1, +1)$, pourvu qu'on assujettisse les valeurs correspondantes de y à appartenir à l'intervalle $\left(n\pi - \dfrac{\pi}{2}, \ n\pi + \dfrac{\pi}{2}\right)$.

On représente cette fonction par le symbole *arc sin x* que l'on énonce *arc dont le sinus est x*.

La fonction $y = $ arc sin x est continue. — Soient, en effet, y_0 et $y_0 + k$ les valeurs de y qui correspondent aux valeurs x_0, $x_0 + h$ de la variable x, on aura

$$x_0 = \sin y_0 \qquad x_0 + h = \sin (y_0 + k).$$

Quand h tend vers zéro, $\sin (y_0 + k)$ tend vers $x_0 = \sin y_0$ en restant continu ; la quantité

$$k = \text{arc sin } (x_0 + h) - \text{arc sin } x_0$$

tend donc aussi vers zéro, car, dans l'intervalle $\left(n\pi - \dfrac{\pi}{2}, \ n\pi + \dfrac{\pi}{2}\right)$, à la valeur $x = x_0$ correspond pour y *une seule* valeur qui est y_0.

Dérivée de la fonction arc sin x. — Considérons la fonction

$$(8) \qquad y = \text{arc sin } x$$

et appelons k l'accroissement que prend y pour un accroissement h donné à x ; on aura

$$(9) \qquad y + k = \text{arc sin } (x + h).$$

Le rapport $\dfrac{k}{h}$ peut être mis sous la forme

$$\frac{k}{h} = \frac{k}{\sin k} \cdot \frac{\sin k}{h} = \frac{k}{\sin k} \cdot \frac{\sin (y + k - y)}{h},$$

et l'on obtient, en développant $\sin (y + k - y)$,

$$\frac{k}{h} = \frac{k}{\sin k} \cdot \frac{\sin (y + k) \cos y - \sin y \cos (y + k)}{h}.$$

Des relations (8) et (9) on tire

$$\sin y = x \qquad \sin (y + k) = x + h$$

puis

$$\cos y = (-1)^n \sqrt{1 - x^2} \qquad \cos (y + k) = (-1)^n \sqrt{1 - (x + h)^2},$$

en remarquant que $\cos y$ et $\cos (y + k)$ sont positifs si n est pair et négatifs si n est impair.

En portant ces valeurs dans la dernière expression du rapport $\dfrac{k}{h}$, on a

$$\frac{k}{h} = \frac{k}{\sin k} \cdot (-1)^n \frac{(x + h) \sqrt{1 - x^2} - x \sqrt{1 - (x + h)^2}}{h}$$

ou

$$\frac{k}{h} = \frac{k}{\sin k} \cdot (-1)^n \frac{2x + h}{(x + h) \sqrt{1 - x^2} + x \sqrt{1 - (x + h)^2}}.$$

En faisant tendre h et par suite k vers zéro, on a

$$y' = (-1)^n \frac{1}{\sqrt{1 - x^2}}.$$

Fonction arc cos x. — En raisonnant comme dans le cas précédent, on voit que l'équation

$$x = \cos y$$

définit y comme fonction de x, dans l'intervalle $(-1, +1)$, pourvu qu'on assujettisse les valeurs de y à appartenir à l'intervalle $(n\pi, \overline{n+1}\,\pi)$.

Cette fonction est continue; on la représente par le symbole *arc cos x* que l'on énonce *arc dont le cosinus est x*.

Elle a pour dérivée

$$y' = -(-1)^n \frac{1}{\sqrt{1-x^2}}.$$

Fonction arc tang x. — En raisonnant toujours de la même manière, on voit que l'équation

$$x = \tang y$$

définit y comme fonction de x, dans l'intervalle $(-\infty, +\infty)$, pourvu qu'on assujettisse les valeurs de y à appartenir à l'intervalle $\left(n\pi - \frac{\pi}{2},\ n\pi + \frac{\pi}{2}\right)$, les valeurs limites étant exclues.

Cette fonction est continue ; on la représente par le symbole *arc tang x* que l'on énonce *arc dont la tangente est x*.

Dérivée de la fonction arc tang x. — Considérons la fonction

$$y = \text{arc tang } x$$

et soit k l'accroissement que prend y pour un accroissement h donné à x ; on aura

$$y + k = \text{arc tang } (x + h).$$

Le rapport $\dfrac{k}{h}$ peut être mis sous la forme

$$\frac{k}{h} = \frac{k}{\tang k} \cdot \frac{\tang k}{h} = \frac{k}{\tang k} \cdot \frac{\tang (y + k - y)}{h},$$

et l'on obtient, en développant $\tang (y + k - y)$,

$$\frac{k}{h} = \frac{k}{\tang k} \cdot \frac{\tang (y + k) - \tang y}{h\,[1 + \tang y \,\tang (y + k)]} = \frac{k}{\tang k} \cdot \frac{1}{1 + x(x + h)}.$$

En faisant tendre h vers zéro, on a

$$y' = \frac{1}{1 + x^2}.$$

Fonction arc cot x. — En raisonnant comme dans le cas précédent on voit que l'équation

$$x = \cot y$$

définit y comme fonction de x, dans l'intervalle $(-\infty, +\infty)$, pourvu qu'on assujettisse les valeurs de y à appartenir à l'intervalle $(n\pi, \overline{n + 1}\,\pi)$, les valeurs limites étant exclues.

Cette fonction est continue ; on la représente par le symbole *arc cot x* que l'on énonce *arc dont la cotangente est x* ; elle a pour dérivée

$$y' = -\frac{1}{1 + x^2}.$$

Résumé.

202. Nous avons trouvé les dérivées des fonctions simples que l'on considère le plus fréquemment en mathématiques ; les résultats obtenus sont résumés dans le tableau suivant :

FONCTIONS.	DÉRIVÉES.
$y = x^m$	$y' = m\,x^{m-1}$
$y = a^x$	$y' = a^x \mathrm{L}\,a$
$y = \mathrm{L}_a x$	$y' = \dfrac{\mathrm{L}_a e}{x} = \dfrac{\mathrm{M}}{x}$
$y = \mathrm{L}\,x$	$y' = \dfrac{1}{x}$
$y = \sin x$	$y' = \cos x = \sin\left(\dfrac{\pi}{2} + x\right)$
$y = \cos x$	$y' = -\sin x = \cos\left(\dfrac{\pi}{2} + x\right)$
$y = \tang x$	$y' = \dfrac{1}{\cos^2 x} = 1 + \tang^2 x$
$y = \cot x$	$y' = -\dfrac{1}{\sin^2 x} = -(1 + \cot^2 x)$
$y = \arc \sin x$	$y' = \dfrac{(-1)^n}{\sqrt{1 - x^2}}$
$y = \arc \cos x$	$y' = -\dfrac{(-1)^n}{\sqrt{1 - x^2}}$
$y = \arc \tang x$	$y' = \dfrac{1}{1 + x^2}$
$y = \arc \cot x$	$y' = \dfrac{-1}{1 + x^2}$

Fonction de fonction.

203. Définition. — *On appelle fonction de fonction celle qui est liée à la variable indépendante au moyen de plusieurs fonctions intermédiaires.*

Soient, par exemple, les équations

$$y = f(u) \qquad u = \varphi(v) \qquad v = \psi(x)$$

qui définissent y comme fonction de u, u comme fonction de v et v comme fonction de x ; y pourra être considéré comme une fonction de x, liée à cette variable au moyen des fonctions intermédiaires u, v; y sera donc une *fonction* de *fonction*.

Dérivée d'une fonction de fonction. — Considérons d'abord le cas où y est lié à x par l'intermédiaire d'une seule fonction u, c'est-à-dire défini par deux équations

$$y = f(u) \qquad u = \varphi(x).$$

Nous supposerons que $f(u)$ admet une dérivée $f'(u)$ et que $\varphi(x)$ admet une dérivée $\varphi'(x)$, et nous allons démontrer que, dans ces conditions, y admet une dérivée par rapport à x.

Donnons à x un accroissement Δx, la fonction $u = \varphi(x)$ prendra l'accroissement Δu et la fonction $y = f(u)$ prendra l'accroissement Δy; on aura en outre identiquement

$$(10) \qquad \frac{\Delta y}{\Delta x} = \frac{\Delta y}{\Delta u} \cdot \frac{\Delta u}{\Delta x}.$$

La fonction $u = \varphi(x)$ ayant, par hypothèse, une dérivée $\varphi'(x)$ est continue, et l'accroissement Δu tend vers zéro avec Δx.

La fonction $y = f(u)$ ayant, par hypothèse, une dérivée $f'(u)$ est continue, et l'accroissement Δy tend vers zéro avec Δu.

Il résulte de là que, Δx tendant vers zéro, les quantités Δu, Δy tendront simultanément vers zéro et que le deuxième membre de la relation (10) aura une limite égale à $f'(u) \cdot \varphi'(x)$; la quantité y, considérée comme une fonction de x, a donc une dérivée, et cette dérivée est donnée par la relation

$$(11) \qquad y' = f'(u) \cdot \varphi'(x).$$

On en déduit le théorème suivant :

Théorème. — *La dérivée d'une fonction de fonction est égale au produit des dérivées de chaque fonction par rapport à la variable dont elle dépend immédiatement.*

Remarque. — Multiplions par dx les deux membres de l'égalité (11) et tenons compte des relations $du = \varphi'(x) \cdot dx$ et $dy = y'dx$, nous obtiendrons l'égalité

$$dy = f'(u)\, du$$

qui démontre le théorème suivant :

Théorème. — *Une fonction de fonction y de la variable x étant définie par les deux équations*

$$y = f(u) \qquad u = \varphi(x),$$

on a la relation

$$dy = f'(u)\,du,$$

comme si u était la variable indépendante.

Généralisation. — Considérons maintenant le cas où y est lié à la variable x par l'intermédiaire de plusieurs fonctions.

Pour fixer les idées, nous supposerons la fonction y définie par les équations

$$y = f(u) \qquad u = \varphi(v) \qquad v = \psi(x),$$

et nous admettrons encore que les fonctions $f(u)$, $\varphi(v)$, $\psi(x)$ ont des dérivées $f'(u)$, $\varphi'(v)$, $\psi'(x)$.

Donnons à x l'accroissement Δx et soient Δv, Δu, Δy les accroissements correspondants des fonctions v, u, y, on aura l'identité

$$\frac{\Delta y}{\Delta x} = \frac{\Delta y}{\Delta u} \cdot \frac{\Delta u}{\Delta v} \cdot \frac{\Delta v}{\Delta x}.$$

En faisant tendre Δx vers zéro, on obtient l'égalité

$$y' = f'(u) \cdot \varphi'(v) \cdot \psi'(x);$$

elle démontre que la règle donnée plus haut pour calculer la dérivée d'une fonction de fonction dans le cas d'une seule fonction intermédiaire reste vraie, quel que soit le nombre des fonctions intermédiaires.

204. Nous allons appliquer à quelques exemples, la règle donnée pour calculer la dérivée d'une fonction de fonction.

1° Trouver la dérivée de la fonction

$$y = u^m,$$

u étant une fonction de x.

On a immédiatement

$$y' = m u^{m-1} u'.$$

Remarque. — Si l'exposant m n'est pas entier on devra supposer la fonc--

tion u positive, excepté dans le cas où m est égal à une fraction irréductible $\frac{p}{q}$ dont le dénominateur q est un nombre impair.

Cas particulier. — *On a $m = \frac{1}{2}$, c'est-à-dire $y = \sqrt{u}$.* — On trouve alors

$$y' = \frac{1}{2} u^{-\frac{1}{2}} u' = \frac{u'}{2\sqrt{u}}.$$

Ainsi *la dérivée d'un radical carré est égale à la dérivée de la fonction placée sous le radical divisée par le double du radical*

2° *Trouver la dérivée de la fonction*

$$y = L(x + \sqrt{1 + x^2}).$$

Posons

$$u = x + \sqrt{1 + x^2}$$

on aura $y = L u$ et

$$y' = \frac{u'}{u}.$$

Mais

$$u' = 1 + \frac{x}{\sqrt{1 + x^2}} = \frac{u}{\sqrt{1 + x^2}}$$

donc

$$y' = \frac{1}{\sqrt{1 + x^2}}.$$

3° *Trouver la dérivée de la fonction*

$$y = \frac{1}{(a^2 - b^2)^{\frac{1}{2}}} \cdot \text{arc cos} \frac{b + a \cos x}{a + b \cos x}$$

Si l'on pose

$$u = \frac{b + a \cos x}{a + b \cos x}$$

on aura $y = \dfrac{1}{(a^2 - b^2)^{\frac{1}{2}}}$ arc cos u et

$$y' = - \frac{(-1)^n}{(a^2 - b^2)^{\frac{1}{2}}} \cdot \frac{u'}{\sqrt{1 - u^2}}.$$

On trouve facilement

$$u' = \frac{(b^2 - a^2) \sin x}{(a + b \cos x)^2} \qquad 1 - u^2 = \frac{(a^2 - b^2) \sin^2 x}{(a + b \cos x)^2};$$

d'où l'on conclut

$$y' = \frac{(-1)^n}{a + b \cos x}.$$

La formule précédente correspond au cas où l'arc u est compris entre $n\pi$ et $(n+1)\pi$.

4° *Trouver la dérivée de la fonction*

$$y = \frac{1}{(b^2 - a^2)^{\frac{1}{2}}} \cdot L \frac{(b+a)^{\frac{1}{2}} + (b-a)^{\frac{1}{2}} \tang \frac{x}{2}}{(b+a)^{\frac{1}{2}} - (b-a)^{\frac{1}{2}} \tang \frac{x}{2}}.$$

Si l'on pose

$$u = \frac{(b+a)^{\frac{1}{2}} + (b-a)^{\frac{1}{2}} \tang \frac{x}{2}}{(b+a)^{\frac{1}{2}} - (b-a)^{\frac{1}{2}} \tang \frac{x}{2}},$$

on aura $y = \dfrac{1}{(b^2 - a^2)^{\frac{1}{2}}} L u$ et

$$y' = \frac{1}{(b^2 - a^2)^{\frac{1}{2}}} \cdot \frac{u'}{u}.$$

Pour calculer u' on posera $v = \dfrac{x}{2}$, ce qui donne

$$u = \frac{(b+a)^{\frac{1}{2}} + (b-a)^{\frac{1}{2}} \tang v}{(b+a)^{\frac{1}{2}} - (b-a)^{\frac{1}{2}} \tang v}$$

puis

$$u' = \frac{2(b^2 - a^2)^{\frac{1}{2}}(1 + \tang^2 v)}{[(b+a)^{\frac{1}{2}} - (b-a)^{\frac{1}{2}} \tang v]^2} \cdot v' = \frac{(b^2 - a^2)^{\frac{1}{2}}}{\left[(b+a)^{\frac{1}{2}} - (b-a)^{\frac{1}{2}} \tang \frac{x}{2}\right]^2} \cdot \frac{1}{\cos^2 \frac{x}{2}}.$$

On conclut de là

$$y' = \frac{1}{\left[(b+a)^{\frac{1}{2}} + (b-a)^{\frac{1}{2}} \tang \frac{x}{2}\right]\left[(b+a)^{\frac{1}{2}} - (b-a)^{\frac{1}{2}} \tang \frac{x}{2}\right]} \cdot \frac{1}{\cos^2 \frac{x}{2}}$$

et enfin

$$y' = \frac{1}{a + b \cos x}.$$

Cas particulier. — Si l'on suppose $a = 0$, $b = 1$ on aura

$$y = \mathrm{L}\ \frac{1 + \tan \frac{x}{2}}{1 - \tan \frac{x}{2}} = \mathrm{L}\ \frac{\cos \frac{x}{2} + \sin \frac{x}{2}}{\cos \frac{x}{2} - \sin \frac{x}{2}}$$

et

$$y' = \frac{1}{\cos x}.$$

Différentielles des différents ordres.

205. Soit $y = f(x)$ une fonction de la variable x, on a, par définition,

$$dy = f'(x)\,dx,$$

dx désignant un accroissement arbitraire donné à la variable x; la quantité dx est donc indépendante de x et, par suite, sa dérivée par rapport à x est nulle.

La différentielle de dy, c'est-à-dire la quantité $d(dy)$, est appelée la différentielle *seconde* de y; on la représente par le symbole d^2y.

Pour obtenir cette différentielle seconde il faudra multiplier par dx la dérivée de $f'(x)dx$, c'est-à-dire la quantité $f''(x)dx$; on a donc

$$d^2y = f''(x)(dx)^2.$$

La différentielle de d^2y est appelée la différentielle *troisième* de y; on la représente par le symbole d^3y. On verra comme précédemment que l'on a

$$d^3y = f'''(x)(dx)^3.$$

En continuant de la même manière, on arrivera à définir les différentielles quatrième, cinquième, ..., d'ordre n de la fonction y, et l'on établira la relation

$$d^ny = f^{(n)}(x)(dx)^n.$$

Des relations précédentes on tire

$$\frac{dy}{dx} = f'(x) \qquad \frac{d^2y}{dx^2} = f''(x) \quad \ldots \quad \frac{d^ny}{dx^n} = f^{(n)}(x),$$

en convenant d'écrire dx^n au lieu de $(dx)^n$.

Ainsi *la dérivée d'ordre n d'une fonction de la variable indépendante x est égale au quotient de la différentielle d'ordre n de cette fonction par la puissance n° de la différentielle de la variable.*

206. On a vu (§ 203) que la proposition précédente reste vraie pour la dérivée première même quand x n'est pas la variable indépendante, mais il n'en est plus ainsi pour les dérivées des ordres suivants.

Soit en effet y une fonction de fonction de la variable x définie par les deux équations

$$y = f(u) \qquad u = \varphi(x) ;$$

on a

$$dy = f'(u)du \qquad du = \varphi'(x)dx,$$

et l'on voit que du est ici une fonction de x ayant pour dérivée $\varphi''(x)dx$ et pour différentielle $\varphi''(x)dx^2$.

En différentiant le produit $f'(u)du$, on a

$$d^2y = f''(u)du^2 + f'(u)d^2u$$

et l'on tire de cette relation

$$f''(u) = \frac{d^2ydu - dyd^2u}{du^3}$$

après qu'on a remplacé $f'(u)$ par sa valeur $\dfrac{dy}{du}$.

En différentiant la quantité $f''(u)du^2 + f'(u)d^2u$ et remplaçant, dans le résultat trouvé, $f'(u)$ et $f''(u)$ par leurs valeurs en fonction des différentielles de y et de u, on obtiendra une équation qui, résolue par rapport à $f'''(u)$, donne

$$f'''(u) = \frac{d^3ydu^2 - 3d^2yd^2udu + 3dy(d^2u)^2 - dyd^3udu}{du^5} ;$$

et ainsi de suite.

DÉRIVÉES SUCCESSIVES DE QUELQUES FONCTIONS

207. Exemple I. — *Trouver la dérivée n* de la fonction*

$$y = \frac{1}{(x+a)^p}.$$

En mettant cette fonction sous la forme

$$y = (x+a)^{-p}$$

on trouve sans difficulté

$$(12) \qquad y^{(n)} = (-1)^n \; \frac{p(p+1) \ldots (p+n-1)}{(x+a)^{p+n}}.$$

Remarque. — La formule précédente est encore applicable quand, p étant entier, on suppose la constante a imaginaire.

En effet si l'on pose $u = x + a$ la fonction u^{-p} est bien définie et admet une dérivée par rapport à u; comme d'ailleurs on a $u' = 1$, la fonction y admet une dérivée qui est encore égale à $-p(x+a)^{-p-1}$.

Applications. — 1° *Trouver la dérivée n* de la fonction*

$$y = L(1+x).$$

On a $y' = \dfrac{1}{x+1}$ et, par suite,

$$y^{(n)} = (-1)^{n-1} \frac{1.2 \ldots (n-1)}{(x+1)^n}$$

en vertu de la formule (12).

2° *Calculer la dérivée n* de la fonction*

$$y = \text{arc tang } x.$$

On a $y' = \dfrac{1}{1+x^2}$ et cette dérivée peut être mise sous la forme suivante :

$$y' = \frac{1}{2i} \left(\frac{1}{x-i} - \frac{1}{x+i} \right).$$

En appliquant la formule (12) on trouve

$$y^{(n)} = (-1)^{n-1} \frac{1.2 \ldots (n-1)}{2i} \left[(x-i)^{-n} - (x+i)^{-n} \right].$$

On obtient un résultat plus élégant en posant

$$u = \frac{\pi}{2} + y.$$

On a alors

$$x = \tang y = -\frac{\cos u}{\sin u}$$

et

$$(x - i)^{-n} = (-1)^n \left[\cos nu - i \sin nu\right] \sin^n u$$

$$(x + i)^{-n} = (-1)^n \left[\cos nu + i \sin nu\right] \sin^n u,$$

et, par suite,

$$y^{(n)} = 1.2 \ldots (n-1) \sin^n u \sin nu,$$

ou bien

$$y^{(n)} = 1.2 \ldots (n-1) \cos^n y \sin\left(n\frac{\pi}{2} + ny\right).$$

Remarque. — On peut obtenir immédiatement sous cette forme la dérivée n^e de la fonction arc tang x.

On a en effet

$$y' = \frac{1}{1 + x^2} = \cos^2 y$$

$$y'' = -2\cos y \sin y \cdot y' = \cos^2 y \sin\left(2y + 2\frac{\pi}{2}\right)$$

$$y''' = 2\left[\cos y \cos\left(2y + 2\frac{\pi}{2}\right) - \sin y \sin\left(2y + 2\frac{\pi}{2}\right)\right]\cos y \cdot y'$$

ou bien

$$y''' = 1.2 \cos^3 y \sin\left(3y + \frac{3\pi}{2}\right).$$

On est ainsi conduit à poser

$$y^{(n)} = 1.2 \ldots (n-1) \cos^n y \sin\left(ny + n\frac{\pi}{2}\right),$$

et l'on vérifie que cette formule est générale en prenant la dérivée de ses deux membres, ce qui conduit à une formule analogue où n est remplacé par $n + 1$.

Exemple II. — *Trouver les dérivées d'ordre n des fonctions*

$$y = \sin x \qquad z = \cos x.$$

Considérons les fonctions

$$u = \sin (x + \alpha) \qquad v = \cos (x + \alpha),$$

nous aurons

$$u' = \cos(x+\alpha) = \sin\left(x+\alpha+\frac{\pi}{2}\right) \qquad v' = -\sin(x+\alpha) = \cos\left(x+\alpha+\frac{\pi}{2}\right),$$

de sorte que l'on passe des fonctions $\sin(x+\alpha)$, $\cos(x+\alpha)$ à leurs dérivées en changeant α en $\alpha+\frac{\pi}{2}$. On conclut de là, quel que soit n,

$$u^{(n)} = \sin\left(x+\alpha+n\frac{\pi}{2}\right) \qquad v^{(n)} = \cos\left(x+\alpha+n\frac{\pi}{2}\right).$$

En faisant $\alpha = 0$, on aura

$$y^{(n)} = \sin\left(x+n\frac{\pi}{2}\right) \qquad z^{(n)} = \cos\left(x+n\frac{\pi}{2}\right).$$

Exemple III. — *Trouver la dérivée n^e de la fonction*

$$y = e^{ax+b}.$$

On a

$$y' = ay \qquad y'' = a^2 y \quad \ldots \quad y^{(n)} = a^n y$$

c'est-à-dire

$$y^{(n)} = a^n e^{ax+b}.$$

Exemple IV. — *Trouver la différentielle n^e du produit*

$$y = uv.$$

On a successivement

$$dy = vdu + udv$$
$$d^2y = vd^2u + 2\,dvdu + ud^2v$$
$$d^3y = vd^3u + 3\,dvd^2u + 3\,d^2vdu + ud^3v.$$

On est conduit à poser

$$d^n y = vd^n u + \frac{n}{1}\,dvd^{n-1}u + \ldots + \frac{n(n-1)\ldots(n-p+1)}{p!}\,d^p vd^{n-p}u + \ldots + ud^n v,$$

égalité que l'on peut mettre sous la forme symbolique suivante :

$$d^n y = (du + dv)^n,$$

à la condition de remplacer, dans le développement de $(du+dv)^n$, les exposants des puissances de du et de dv par des indices de différentiations et d^0u, d^0v par u et par v.

Pour démontrer que la formule précédente est générale, nous ferons voir qu'en la supposant vraie pour l'indice n, elle est alors vraie pour l'indice $n+1$.

Soit donc

$$d^n y = \Sigma \, C_n^p \, d^p v \, d^{n-p} u \, ;$$

on aura

$$d^{n+1} y = \Sigma \, C_n^p (d^p v \, d^{n-p+1} u + d^{p+1} v \, d^{n-p} u)$$

ou, sous forme symbolique,

$$d^{n+1} y = \Sigma \, C_n^p (dv)^p (du)^{n-p} (du + dv) = (du + dv) \, \Sigma \, C_n^p (dv)^p (du)^{n-p}$$

c'est-à-dire

$$d^{n+1} y = (du + dv) \, d^n y = (du + dv)^{n+1}.$$

La relation trouvée est donc générale; elle est connue sous le nom de formule de *Leibnitz*.

On établira de même la formule symbolique

$$d^n (uv \, \ldots \, t) = (du + dv + \ldots + dt)^n.$$

Autre démonstration. — En calculant de proche en proche les différentielles du produit $uv \ldots t$ de m facteurs, on voit facilement que l'on a

$$(13) \qquad d^n (uv \, \ldots \, t) = \Sigma \, \mathrm{A} \, d^\alpha u . d^\beta v \, \ldots \, d^\lambda t$$

A étant une constante et le symbole Σ indiquant la somme de tous les termes obtenus en remplaçant les entiers non négatifs α, β, ..., λ par toutes les solutions de l'équation

$$\alpha + \beta + \ldots \lambda = n.$$

On convient en outre de poser

$$d^0 u = u \qquad d^0 v = v \quad \ldots \quad d^0 t = t.$$

Pour déterminer le coefficient A nous emploierons une méthode qui est souvent appliquée dans la recherche de la différentielle n^e ou de la dérivée n^e d'une fonction.

Le coefficient A étant indépendant de la nature des fonctions $u, v, \ldots, t$, on peut, pour le calculer, particulariser ces fonctions.

Nous poserons

$$u = e^{ax} \qquad v = e^{bx} \quad \ldots \quad t = e^{lx}$$

ce qui donne

$$uv \, \ldots \, t = e^{(a + b + \ldots \, l)x}$$

et

$$d^\alpha u = a^\alpha e^{ax} dx^\alpha \qquad d^\beta v = b^\beta e^{bx} dx^\beta \qquad . . \quad l$$

$$d^n (uv \, \ldots \, t) = (a + b + \ldots + l)^n$$

En portant ces valeurs dans la relation (13), elle devient

$$(a + b + \ldots + l)^n = \Sigma \mathrm{A} a^\alpha b^\beta \ldots l^\lambda \, ;$$

on a donc

$$\mathrm{A} = \frac{n!}{\alpha! \; \beta! \ldots \lambda!}$$

et l'on peut écrire sous forme **symbolique**

$$d^n (uv \ldots t) = (du + dv + \ldots + dt)^n.$$

Corollaire. — Soit en particulier $y = uv$, on a

$$y^{(n)} = \frac{d^n y}{dx^n} = \left(\frac{du}{dx} + \frac{dv}{dy} \right)^n$$

ou, en développant,

$$y^{(n)} = vu^{(n)} + \frac{n}{1} v' u^{(n-1)} + \ldots + \frac{n(n-1) \ldots (n-p+1)}{p!} v^{(p)} u^{(n-p)} + \ldots + uv^{(n)}.$$

Cette formule donne la dérivée n^e d'un produit de deux facteurs.

Application. — *Trouver la dérivée n^e du produit*

$$y = x^n (1 - x)^n.$$

En posant

$$u = x^n \qquad v = (1 - x)^n$$

on trouve

$$y^{(n)} = n! \left[(1 - x)^n - \left(\frac{n}{1} \right)^2 x(1 - x)^{n-1} + \left\{ \frac{n(n-1)}{2!} \right\}^2 x^2 (1 - x)^{n-2} + \ldots \right].$$

On peut obtenir cette dérivée d'une autre manière ; en effet, en développant $(1 - x)^n$ par la formule du binôme, on a

$$x^n (1 - x)^n = (-1)^n \left[x^{2n} - \frac{n}{1} x^{2n-1} + \frac{n(n-1)}{1.2} x^{2n-2} - \ldots \right].$$

On tire de là

$$y^{(n)} = (-1)^n \left[2n(2n-1) \ldots (n+1) x^n - \frac{n}{1} (2n-1)(2n-2) \ldots n x^{n-1} + \ldots \right].$$

En égalant les coefficients de x^n dans les deux expressions de $y^{(n)}$, on obtient la relation

$$1 + \left(\frac{n}{1}\right)^2 + \left[\frac{n(n-1)}{2!}\right]^2 + \ldots + 1 = \frac{(n+1)\,(n+2)\,\ldots\,2n}{n!}$$

qui donne la somme des carrés des coefficients du binôme.

Exemple III. — *Trouver la dérivée n^e de la fonction*

$$y = e^{-x^2}.$$

On trouve successivement

$$y' = -2xy$$
$$y'' = (4x^2 - 2)\,y$$
$$y''' = (-8x^3 + 12x)\,y$$

$$\cdot\ \cdot\ \cdot\ \cdot\ \cdot\ \cdot\ \cdot\ \cdot\ \cdot\ \cdot$$

et l'on est conduit à poser

$$(14) \qquad\qquad y^{(n)} = e^{-x^2} P_n,$$

P_n étant un polynôme de la forme

$$P_n = (-2x)^n + a_2 x^{n-2} + \ldots + a_{2p} x^{n-2p} + \ldots$$

Pour vérifier que la relation (14) est générale, prenons les dérivées de ses deux membres, ce qui donne

$$y^{(n+1)} = \left(-2x P_n + P_n'\right) e^{-x^2} = e^{-x^2} P_{n+1},$$

en posant

$$(15) \qquad\qquad P_{n+1} = -2x P_n + P_n'.$$

On voit facilement que le polynôme P_{n+1} est de la forme

$$(-2x)^{n+1} + b_2 x^{n-1} + b_4 x^{n-3} + \ldots$$

Il reste à déterminer les coefficients $a_2, a_4 \ldots$
Pour cela prenons la dérivée n^e des deux membres de l'équation

$$y' + 2xy = 0;$$

en appliquant la formule de Leibnitz, nous aurons

$$y^{(n+1)} + 2xy^{(n)} + 2ny^{(n-1)} = 0.$$

En remplaçant, dans la dernière équation, les dérivées $y^{(n+1)}$, $y^{(n)}$, $y^{(n-1)}$ respectivement par $y\,\mathrm{P}_{n+1}$, $y\,\mathrm{P}_n$, $y\,\mathrm{P}_{n-1}$ on obtient, entre les trois polynômes P_{n+1}, P_n, P_{n-1}, l'équation

$$\mathrm{P}_{n+1} + 2x\,\mathrm{P}_n + 2n\,\mathrm{P}_{n-1} = 0.$$

Cette équation, comparée à l'équation (15), donne la relation

$$\mathrm{P}'_n = -2n\,\mathrm{P}_{n-1},$$

d'où l'on déduit

$$\mathrm{P}'_{n+1} = -2(n+1)\mathrm{P}_n.$$

En portant cette valeur de P'_{n+1} dans la relation (15), après avoir pris les dérivées de ses deux membres, on obtient la relation

$$\mathrm{P}''_n - 2x\,\mathrm{P}'_n + 2n\,\mathrm{P}_n = 0.$$

Exprimons maintenant que cette relation est vérifiée identiquement, quand on y remplace le polynôme P_n par sa valeur

$$(-2x)^n + a_2 x^{n-2} + \ldots + a_{2p} x^{n-2p} + \ldots$$

nous aurons des équations propres à déterminer les coefficients a_2, a_4, $\ldots$
Si l'on égale à zéro le coefficient de x^{n-2p-2}, on obtient la relation

$$a_{2p+2} = -\frac{(n-2p)(n-2p-1)}{2^2(p+1)}\,a_{2p},$$

d'où l'on tire

$$a_2 = -\frac{n(n-1)}{1}\cdot\frac{a_0}{2^2}$$

$$a_4 = \frac{n(n-1)(n-2)(n-3)}{2!}\frac{a_0}{2^4}$$

$$\cdots\cdots\cdots\cdots\cdots\cdots\cdots\cdots$$

$$a_{2p} = (-1)^p \frac{n(n-1)\ldots(n-2p+1)}{p!}\frac{a_0}{2^{2p}},$$

avec $a_0 = (-1)^n \cdot 2^n$.

On a donc

$$(16)\quad y^{(n)} = (-1)^n e^{-x^2}\left[(2x)^n - \frac{n(n-1)}{1}(2x)^{n-2} + \ldots + (-1)^p \frac{n(n-1)\ldots(n-2p+1)}{p!}(2x)^{n-2p}\ldots\right].$$

Application. — *Trouver la dérivée n^e de la fonction*

$$z = \varphi(x^2).$$

Posons $u = x^2$, d'où résulte $z = \varphi(u)$; on trouve de proche en proche

$$z = 2x\,\varphi'(u)$$
$$z'' = 4x^2\,\varphi''(u) + 2\varphi'(u)$$
$$\cdots \cdots \cdots \cdots \cdots \cdots$$
$$z^{(n)} = (2x)^n\,\varphi^{(n)}(u) + (2x)^{n-2}\,b_1\,\varphi^{(n-1)}(u) + (2x)^{n-4}\,b_2\,\varphi^{(n-2)}(u) + \ldots$$

b_1, b_2, ... étant des coefficients indépendants de la nature de la fonction φ.

On les déterminera en remplaçant dans l'équation précédente $\varphi(u)$ par e^{-u}, c'est-à-dire z par $y = e^{-x^2}$; on trouve ainsi

$$y^{(n)} = (-1)^n\,e^{-x^2}\left[(2x)^n - b_1(2x)^{n-2} + b_2(2x)^{n-4} - \ldots\right].$$

Comparant cette expression avec celle que donne l'équation (16), on trouve immédiatement

$$b_1 = \frac{n(n-1)}{1} \qquad b_2 = \frac{n(n-1)(n-2)(n-3)}{2!} \qquad \ldots \qquad b_p = \frac{n(n-1)\ldots(n-2p+1)}{p!} \,;$$

et l'on a la formule

$$(17) \qquad \frac{d^n\varphi(x^2)}{dx^n} = (2x)^n\,\varphi^{(n)}(x^2) + \frac{n(n-1)}{1}(2x)^{n-2}\,\varphi^{(n-1)}(x^2) + \ldots$$

Cas particulier. — Posons

$$y = \varphi(x^2) = \frac{1}{\sqrt{1-x^2}} = (1-x^2)^{-\frac{1}{2}}$$

nous aurons

$$\varphi^{(p)}(x^2) = \frac{1.3.5\ldots(2p-1)}{2^p}(1-x^2)^{-p-\frac{1}{2}},$$

et la formule (17) donnera

$$y^{(n)} = 1.3\ldots(2n-1)\,\frac{x^n}{(1-x^2)^{n+\frac{1}{2}}} + \frac{n(n-1)}{1}\cdot\frac{1.3\ldots(2n-3)}{2}\cdot\frac{x^{n-2}}{(1-x^2)^{n-\frac{1}{2}}} + \ldots$$
$$+ \frac{n(n-1)\ldots(n-2p+1)}{p!}\cdot\frac{1.3\ldots(2n-2p-1)}{2^p}\cdot\frac{x^{n-2p}}{(1-x^2)^{n-p+\frac{1}{2}}} + \ldots$$

ou bien

$$y^{(n)} = 1.3\ldots(2n-1)\left(\frac{x}{1-x^2}\right)^{n+1}\left[\frac{\sqrt{1-x^2}}{x} + \frac{n(n-1)}{2(2n-1)}\cdot\left(\frac{\sqrt{1-x^2}}{x}\right)^3 + \ldots\right.$$
$$\left. + \frac{n(n-1)\ldots(n-2p+1)}{2.4\ldots2p(2n-1)(2n-3)\ldots(2n-2p+1)}\cdot\left(\frac{\sqrt{1-x^2}}{x}\right)^{2p+1} + \ldots\right].$$

La relation précédente donne la dérivée n^e de $\dfrac{1}{\sqrt{1-x^2}}$, c'est-à-dire la dérivée $(n+1)^e$ de arc sin x.

Exemple IV. — *Trouver directement la dérivée n^e de la fonction* $y = arc\ sin\ x$.

On a successivement, en supposant y compris entre $-\dfrac{\pi}{2}$ et $+\dfrac{\pi}{2}$,

$$y' = (1-x^2)^{-\frac{1}{2}}$$
$$y'' = x(1-x^2)^{-\frac{3}{2}}$$
$$y''' = (2x^2+1)(1-x^2)^{-\frac{5}{2}}$$
$$y^{IV} = (6x^3+9x)(1-x^2)^{-\frac{7}{2}}$$

$$\cdots \cdots \cdots \cdots \cdots$$

et l'on est conduit à poser

$$(18) \qquad y^{(n)} = P_{n-1}(1-x^2)^{-n+\frac{1}{2}},$$

P_{n-1} étant un polynôme de la forme

$$P_{n-1} = 1.2.3 \ldots (n-1)x^{n-1} + a_1 x^{n-3} + \ldots + a_p x^{n-1-2p} + \ldots$$

Pour vérifier que la relation (18) est générale, prenons la dérivée de ses deux membres, ce qui donne

$$y^{(n+1)} = \left[(1-x^2)P'_{n-1} + (2n-1)xP_{n-1}\right](1-x^2)^{-(n+1)+\frac{1}{2}} = P_n(1-x^2)^{-(n+1)+\frac{1}{2}},$$

en posant

$$(19) \qquad P_n = (2n-1)xP_{n-1} + (1-x^2)P'_{n-1}.$$

On voit facilement que le polynôme P_n est de la forme

$$1.2 \ldots nx^n + b_1 x^{n-2} + b_2 x^{n-4} + \ldots$$

Il reste à déterminer les coefficients $a_1, a_2 \ldots a_p \ldots$
Pour cela prenons la dérivée $(n-1)^e$ des deux membres de l'équation

$$y''(1-x^2) = xy',$$

que l'on tire immédiatement des expressions données plus haut des dérivées y' et y''.

En appliquant la formule de Leibnitz, nous aurons

$$(1 - x^2)y^{(n+1)} - 2(n-1)xy^{(n)} - (n-1)(n-2)y^{(n-1)} = xy^{(n)} + (n-1)y^{(n-1)}$$

c'est-à-dire

$$(1 - x^2)y^{(n+1)} = (2n-1)xy^{(n)} + (n-1)^2 y^{(n-1)}.$$

En remplaçant dans la dernière équation, les dérivées $y^{(n+1)}$, $y^{(n)}$, $y^{(n-1)}$ par leurs valeurs tirées de l'équation (18) où l'on met successivement $n+1$, n, $n-1$ à la place de n, nous aurons

$$P_n = (2n-1)x P_{n-1} + (n-1)^2 (1-x^2) P_{n-2}.$$

Cette équation, comparée à l'équation (19), donne la relation

$$P'_{n-1} = (n-1)^2 P_{n-2},$$

d'où l'on déduit

$$P'_n = n^2 P_{n-1}.$$

En portant cette valeur de P'_n dans la relation (19), après avoir pris les dérivées de ses deux membres, on obtient la relation

$$(1 - x^2)P''_{n-1} + (2n-3)x P'_{n-1} - (n-1)^2 P_{n-1} = 0.$$

Exprimons maintenant que cette relation est vérifiée identiquement quand on y remplace le polynôme P_{n-1} par sa valeur

$$1.2 \ldots (n-1)x^{n-1} + a_1 x^{n-3} + \ldots + a_p x^{n-1-2p} + \ldots,$$

nous aurons des équations propres à déterminer les coefficients $a_1, a_2 \ldots a_p$.

Si l'on égale à zéro le coefficient de x^{n-1-2p}, on obtient la relation

$$(n-2p+1)(n-2p)a_{p-1} - [(n-2p-1)(n-2p-2) - (2n-3)(n-2p-1) + (n-1)^2]a_p = 0$$

d'où l'on tire

$$a_p = \frac{(n-2p+1)(n-2p)}{4p^2} a_{p-1}$$

et par suite

$$a_1 = \frac{(n-1)(n-2)}{2^2} a_0$$

$$a_2 = \frac{(n-1)(n-2)(n-3)(n-4)}{(2.4)^2} a_0$$

$$\ldots \ldots \ldots \ldots \ldots$$

$$a_p = \frac{(n-1)(n-2) \ldots (n-2p)}{(2.4 \ldots 2p)^2} a_0,$$

en posant $a_0 = (n-1)!$.

On a donc

$$y^{(n)} = \frac{(n-1)!}{(1-x^2)^{n-\frac{1}{2}}} \left[x^{n-1} + \frac{(n-1)(n-2)}{2^2} x^{n-3} + \ldots + \frac{(n-1)(n-2)\ldots(n-2p)}{(2.4\ldots 2p)^2} x^{n-2p-1} + \ldots \right]$$

Remarque. — Si n est impair le dernier terme de $y^{(n)}$ est

$$\left[\frac{1.2.3 \ldots (n-1)}{2.4.6 \ldots (n-1)} \right]^2 \frac{1}{(1-x^2)^{n-\frac{1}{2}}} = \frac{[1.3.5 \ldots (n-2)]^2}{(1-x^2)^{n-\frac{1}{2}}};$$

si n est pair, le dernier terme de $y^{(n)}$ est

$$\frac{[1.3.5 \ldots (n-1)]^2 x}{(1-x^2)^{n-\frac{1}{2}}}.$$

On voit que toutes les dérivées d'ordre pair de arc $\sin x$ s'annulent pour $x=0$ et que, dans la même hypothèse, la dérivée d'ordre $2q+1$ est égale à

$$[1.3.5 \ldots (2q-1)]^2$$

Exemple V. — *Trouver la dérivée de n^e de la fonction*

$$y = e^{\frac{1}{x}}.$$

On trouve successivement

$$y' = -\frac{1}{x^2} y$$

$$y'' = \frac{1+2x}{x^4} y$$

$$y''' = -\frac{1+6x+6x^2}{x^6} y$$

$$\cdots \cdots \cdots \cdots \cdots$$

et l'on est conduit à poser

$$(20) \qquad y^{(n)} = (-1)^n e^{\frac{1}{x}} \frac{P_{n-1}}{x^{2n}},$$

P_{n-1} étant un polynôme de la forme

$$P_{n-1} = 1 + a_1 x + a_2 x^2 + \ldots + a_{n-1} x^{n-1}.$$

Pour vérifier que la relation (20) est générale, prenons les dérivées de ses deux membres, ce qui donne

$$y^{(n+1)} = (-1)^{n+1} e^{\frac{1}{x}} \frac{(2nx+1)\mathrm{P}_{n-1} - x^2 \mathrm{P}_{n-1}}{x^{2(n+1)}} = (-1)^{n+1} e^{\frac{1}{x}} \frac{\mathrm{P}_n}{x^{2(n+1)}},$$

en posant

$$(21) \qquad \mathrm{P}_n = (2nx+1)\mathrm{P}_{n-1} - x^2 \mathrm{P}'_{n-1}.$$

On voit facilement que le polynôme P_n est du degré n et que le terme indépendant de x est égal à l'unité.

Il reste à déterminer les coefficients a_1, a_2 ...

Pour cela prenons la dérivée n^e des deux membres de l'équation

$$x^2 y' + y = 0$$

trouvée précédemment.

En appliquant la formule de Leibnitz, nous aurons

$$x^2 y^{(n+1)} + (2nx+1) y^{(n)} + n(n-1) y^{(n-1)} = 0.$$

En remplaçant, dans la dernière équation, les dérivées $y^{(n+1)}$, $y^{(n)}$, $y^{(n-1)}$ par leurs valeurs tirées de l'équation (20) où l'on met successivement $n+1$, n, $n-1$ à la place de n, nous aurons

$$\mathrm{P}_n = (2nx+1)\mathrm{P}_{n-1} - n(n-1) x^2 \mathrm{P}_{n-2}.$$

Cette équation, comparée à l'équation (21), donne la relation

$$\mathrm{P}'_{n-1} = n(n-1)\mathrm{P}_{n-2},$$

d'où l'on déduit

$$\mathrm{P}'_n = n(n+1)\mathrm{P}_{n-1}.$$

En portant cette valeur de P'_n dans la relation (21), après avoir pris les dérivées de ses deux membres, on obtient la relation

$$x^2 \mathrm{P}''_{n-1} - [2(n-1)x+1]\mathrm{P}'_{n-1} + n(n-1)\mathrm{P}_{n-1} = 0.$$

Exprimons maintenant que cette relation est vérifiée identiquement, quand on y remplace le polynôme P_{n-1} par sa valeur

$$1 + a_1 x + a_2 x^2 + \dots + a_{n-1} x^{n-1},$$

nous aurons des équations propres à déterminer les coefficients a_1, a_2, ..., a_p ...

Si l'on égale à zéro le coefficient de x^{p-1}, on obtient la relation

$$a_p = \frac{(n-p+1)(n-p)}{p} a_{p-1},$$

d'où l'on tire

$$a_1 = \frac{n}{1}\,(n-1)$$

$$a_2 = \frac{n(n-1)}{2!}\,(n-1)\,(n-2)$$

$$\cdots\cdots\cdots\cdots\cdots\cdots$$

$$a_p = \frac{n(n-1)\,\ldots\,(n-p+1)}{p!}\,(n-1)\,(n-2)\,\ldots\,(n-p).$$

On a donc

$$(22)\quad y^{(n)} = \frac{(-1)^n e^{\frac{1}{x}}}{x^{2n}}\left[1 + \frac{n}{1}\,(n-1)\,x + \frac{n(n-1)}{2!}\,(n-1)\,(n-2)\,x^2 + \ldots\right].$$

Application. — *Trouver la dérivée n^e de la fonction*

$$z = \varphi\left(\frac{1}{x}\right).$$

En posant $u = \frac{1}{x}$, on trouve pour $z^{(n)}$ une expression de la forme

$$z^{(n)} = \frac{(-1)^n}{x^{2n}}\left[\varphi^{(n)}(u) + b_1 x\,\varphi^{n-1}(u) + b_2 x^2\,\varphi^{(n-2)}(u) + \ldots\right],$$

$b_1, b_2, \ldots$, étant des coefficients indépendants de la nature de la fonction φ.
On les déterminera en remplaçant dans l'équation précédente $\varphi(u)$ par e^u,
c'est-à-dire z par $y = e^{\frac{1}{x}}$; on trouve ainsi

$$y^{(n)} = \frac{(-1)^n}{x^{2n}}\,(1 + b_1 x + b_2 x^2 + \ldots)\,e^{\frac{1}{x}}.$$

Comparant cette expression de $y^{(n)}$ avec celle que donne l'équation (22), on
trouve immédiatement

$$b_1 = \frac{n}{1}\,(n-1)\qquad\qquad b_2 = \frac{n(n-1)}{2!}\,(n-1)\,(n-2)\,\ldots$$

et l'on a la formule

$$\frac{d^n\varphi\left(\frac{1}{x}\right)}{dx^n} = \frac{(-1)^n}{x^{2n}}\left[\varphi^{(n)}(u) + \frac{n}{1}\,(n-1)\,x\,\varphi^{(n-1)}(u) + \ldots\right].$$

Remarque. — La méthode suivie dans les exemples III, IV et V est due
à M. Hermite.

EXERCICES.

1° Trouver les dérivées des fonctions suivantes :

$$y = x(\mathrm{L}\,x - 1) \qquad\qquad \text{Réponse} - y' = \mathrm{L}\,x.$$

$$y = (x - 1)\,e^x \qquad\qquad\qquad y' = xe^x.$$

$$y = \mathrm{L}\,(x + \sqrt{1 + x^2}) \qquad\qquad y' = \frac{1}{\sqrt{1 + x^2}}.$$

$$y = \frac{1}{2}\,\mathrm{L}\,\frac{1 - \cos x}{1 + \cos x} \qquad\qquad y' = \frac{1}{\sin x}.$$

$$y = \text{arc sin } 2x\,\sqrt{1 - x^2} \qquad\qquad y' = \frac{2}{\sqrt{1 - x^2}}.$$

(Expliquer pourquoi la dérivée de la dernière fonction est double de celle de arc sin x).

$$y = \text{arc tang } \frac{a + x}{1 - ax} \qquad\qquad y' = \frac{1}{1 + x^2}.$$

$$y = \text{arc tang } \frac{a + b + x - abx}{1 - ab - ax - bx} \qquad y' = \frac{1}{1 + x^2}.$$

(Expliquer pourquoi les dérivées des deux dernières fonctions sont les mêmes que celles de arc tang x).

2°. On pose

$$\varphi(x) = \mathrm{L}\,\frac{1 + x}{1 - x},$$

trouver les dérivées des fonctions

$$y = \varphi\,\frac{a + x}{1 + ax} \qquad\qquad z = \varphi\,\frac{a + b + x + abx}{1 + ab + (a + b)x}.$$

On trouve

$$y' = z' = \frac{2}{1 - x^2};$$

(Expliquer pourquoi les fonctions y et z ont les mêmes dérivées).

3° Trouver les dérivées des fonctions suivantes :

$$y = \frac{1}{a^2 - b^2}\left[\frac{a \sin x}{a + b \cos x} - \frac{b}{\sqrt{a^2 - b^2}}\,\text{arc tang }\frac{\sqrt{a^2 - b^2}\,\sin x}{b + a \cos x}\right]$$

$$y = \frac{1}{a^2 - b^2}\left[\frac{a \sin x}{a + b \cos x} - \frac{2b}{\sqrt{a^2 - b^2}}\,\text{arc tang}\left(\frac{a - b}{\sqrt{a^2 - b^2}}\,\text{tang }\frac{x}{2}\right)\right].$$

$$y = \frac{1}{a^2 - b^2} \left[\frac{a \sin x}{a + b \cos x} - \frac{b}{\sqrt{a^2 - b^2}} \operatorname{arc\,cos} \frac{b + a \cos x}{a + b \cos x} \right].$$

$$y = \frac{1}{a^2 - b^2} \left[\frac{a \sin x}{a + b \cos x} - \frac{b}{\sqrt{b^2 - a^2}} \operatorname{L} \frac{b + a \cos x + \sqrt{b^2 - a^2} \sin x}{a + b \cos x} \right].$$

Ces quatre fonctions ont la même dérivée

$$y' = \frac{\cos x}{(a + b \cos x)^2}.$$

Expliquer ce résultat pour les trois premières fonctions.

4° Trouver, en appliquant la formule de Leibnitz, la dérivée d'ordre $n+1$ de la fonction

$$y = \operatorname{arc\,sin} x.$$

(*On remarquera que l'on a*

$$y' = (1 + x)^{-\frac{1}{2}} (1 - x)^{-\frac{1}{2}}.)$$

On trouve

$$y^{(n+1)} = \frac{1.3.5 \ldots (2n-1)}{2^n \sqrt{1-x^2}} \cdot \frac{1}{(1-x)^n} \left[1 - a_1 \frac{1-x}{1+x} + a_2 \left(\frac{1-x}{1+x} \right)^2 \ldots \right.$$
$$\left. + (-1)^p a_p \left(\frac{1-x}{1+x} \right)^p \ldots + (-1)^n \left(\frac{1-x}{1+x} \right)^n \right]$$

en posant

$$a_p = \frac{1.3.5 \ldots (2p-1)}{(2n-1)(2n-3) \ldots (2n-2p+1)} \cdot \frac{n(n-1) \ldots (n-p+1)}{p!}.$$

Montrer que les coefficients a_p ne peuvent pas surpasser l'unité et trouver le plus petit de ces coefficients.

5° Trouver la dérivée n^e de la fonction

$$y = (1 - x^2)^{n + \frac{1}{2}}.$$

Si l'on pose $x = \cos u$, on a

$$y^{(n)} = (-1)^n \frac{1.3.5 \ldots (2n+1)}{(n+1)} \sin (n+1) u.$$

6° Trouver la dérivée n^e de la fonction

$$y = x^n (\operatorname{L} x)^n.$$

On trouve

$$y^{(n)} = 1 + S_1 \operatorname{L} x + \frac{S_2}{2!} (\operatorname{L} x)^2 + \ldots + \frac{S_n}{n!} (\operatorname{L} x)$$

S_p désignant la somme des produits p à p des n premiers nombres entiers.

7° Trouver la dérivée n^e de la fonction

$$y = f(\mathrm{L}\,x).$$

Si l'on pose $u = \mathrm{L}\,x$, on trouve

$$y^{(n)} = x^{-n} \left[f^{(n)}(u) - S_1 f^{(n-1)}(u) + S_2 f^{(n-2)}(u) - \ldots \right],$$

S_p désignant la somme des produits p à p des n premiers nombres entiers.

8° Trouver la dérivée n^e de la fonction

$$y = \varphi(e^x).$$

(Si l'on pose $u = e^x$, on trouve que $y^{(n)}$ est de la forme

$$y^{(n)} = e^x \varphi'(u) + \frac{a_2}{2!} e^{2x} \varphi''(u) + \frac{a_3}{3!} e^{3x} \varphi'''(u) + \ldots + e^{nx} \varphi^{(n)}(u).$$

Pour déterminer les coefficients a on posera $\varphi(u) = u^z = e^{xz}$ et, dans la relation ainsi obtenue, on remplacera z successivement par les nombres $2, 3, 4\ldots$
On trouve ainsi

$$a_p = p^n - \frac{p}{1}(p-1)^n + \frac{p(p-1)}{2!}(p-2)^n \ldots$$

Application à la recherche de la dérivée n^e de la fonction

$$z = \frac{1}{e^x + 1}.$$

Montrer que cette dérivée peut être mise sous la forme

$$z^{(n)} = \frac{(-1)^n}{(u+1)^{n+1}} \left[u^n - b_2 u^{n-1} + b_3 u^{n-2} - \ldots \right],$$

en posant toujours $u = e^x$ et

$$b_p = p^n - \frac{n+1}{1}(p-1)^n + \frac{(n+1)n}{2!}(p-2)^n - \ldots + (-1)^{p+1}\frac{(n+1)n\ldots(n-p+3)}{(p-1)!} \cdot 1^n.$$

9° Trouver la dérivée n^e de la fonction

$$z = \frac{1}{e^x + 1}$$

en appliquant la méthode suivante qui est due à Laplace.

Lemme. — *En supposant x positif et posant $u = e^x$ on a*

$$(\alpha) \qquad z = u^{-1} - u^{-2} + u^{-3} - \dots$$

$$(\beta) \qquad z^{(n)} = (-1)^n (1^n u^{-1} - 2^n u^{-2} + 3^n u^{-3} - \dots),$$

le second membre de la relation (β) *étant les dérivées n^{es} des termes de la série* (α).

Ce lemme étant établi, on vérifiera que $z^{(n)}$ satisfait à une relation de la forme

$$(u+1)^{n+1} z^{(n)} = b_n u^n + b_{n-1} u^{n-1} + \dots + b_1 u.$$

En multipliant membre à membre la relation (β) et l'égalité

$$(u+1)^{n+1} = u^{n+1} + \frac{n+1}{1} u^n + \frac{(n+1)n}{2!} u^{n-1} + \dots + 1,$$

on déterminera les coefficients b.

10° On pose

$$\varphi_p(x) = \frac{(x - p\alpha)^{p-1}}{p!}$$

et

$$\varphi_0(x) = 1,$$

démontrer que l'on a

$$\varphi_p^{(r)}(x) = \varphi_{p-r}(x - r\alpha).$$

Prouver que toute fonction entière $f(x)$ du degré m peut être mise sous la forme

$$f(x) = \lambda_0 \varphi_0(x) + \lambda_1 \varphi_1(x) + \dots + \lambda_m \varphi_m(x),$$

$\lambda_0, \lambda_1 \dots \lambda_m$ étant des constantes. — Calculer ces constantes. (**Halphen**).

Cas particulier. — En supposant $f(x) = (x + a)^m$, on a

$$(x+a)^m = a^m + mx(\alpha + a)^{m-1} + \frac{m(m-1)}{2!} x(x - 2\alpha)(a + 2\alpha)^{m-2} + \dots$$

$$+ \frac{m(m-1)\dots(m-p+1)}{p!} x(x - p\alpha)^{p-1}(a + p\alpha)^{m-p} + \dots + x(x - m\alpha)^{m-1}.$$

En permutant les lettres a et x, on trouve la formule

$$(x+a)^m = x^m + ma(x+\alpha)^{m-1} + \frac{m(m-1)}{2!} a(a - 2\alpha)(x + 2\alpha)^{m-2} + \dots a(a - m\alpha)^{m-1}$$

qui est due à Abel.

CHAPITRE XVIII

208. Nous nous proposons d'appliquer la théorie des dérivées à l'étude des fonctions d'une seule variable; nous commencerons par établir quelques propositions importantes, dont nous aurons à faire usage.

Lemme. — *Soit $f(x)$ une fonction qui admet une dérivée dans l'intervalle (a, b); si cette fonction est nulle pour $x = a$ et pour $x = b$, sa dérivée $f'(x)$ s'annule au moins pour une valeur $x = c$ comprise entre a et b.*

La fonction $f(x)$ admettant une dérivée dans l'intervalle (a, b) est continue dans cet intervalle et, par suite, *limitée* (§ 170. — **Théorème IV**).

Deux cas peuvent se présenter :

1° *La fonction $f(x)$ est constamment nulle dans l'intervalle (a, b).* — La dérivée $f'(x)$ étant alors constamment nulle, le lemme est évident.

2° *La fonction $f(x)$ prend dans l'intervalle (a, b) des valeurs différentes de zéro.* — Pour fixer les idées, supposons que quelques-unes de ces valeurs soient *positives;* la fonction $f(x)$ étant limitée admettra une limite maximum positive qui sera atteinte au moins pour une valeur $x = c$ appartenant à l'intervalle (a, b), puisque la fonction est continue (§ 170. — **Théorème V**).

Cela posé, soit h un nombre positif assez petit pour que les deux nombres $c - h$ et $c + h$ appartiennent à l'intervalle (a, b), on aura

$$f(c - h) - f(c) \leqq 0 \qquad f(c + h) - f(c) \leqq 0,$$

et, par suite,

$$(1) \qquad \frac{f(c - h) - f(c)}{-h} \geqq 0 \qquad \frac{f(c + h) - f(c)}{h} \leqq 0.$$

La fonction $f(x)$ ayant, par hypothèse, une dérivée dans l'intervalle (a, b), les deux rapports précédents tendent vers la même limite $f'(c)$ quand h tend vers zéro.

La première des inégalités (1) montre que cette limite ne peut être que positive ou nulle et la deuxième inégalité montre que la même limite ne peut être que négative ou nulle; on a donc

$$f'(c) = 0.$$

Remarque. — Si la fonction $f(x)$ ne prenait, dans l'intervalle (a, b), que des valeurs négatives ou nulles, on arriverait au même résultat en considérant la valeur $x = c$ pour laquelle la fonction atteint sa limite minimum.

Formule des accroissements finis.

Théorème I. — *Si la fonction $f(x)$ admet une dérivée dans l'intervalle (a, b), il existe, dans cet intervalle, au moins une valeur $x = c$ pour laquelle on a*

$$\frac{f(b) - f(a)}{b - a} = f'(c).$$

Pour le démontrer, considérons la fonction

$$\varphi(x) = f(x) - f(a) - (x - a)\frac{f(b) - f(a)}{b - a}.$$

Cette fonction admet, dans l'intervalle (a, b), une dérivée égale à

$$f'(x) - \frac{f(b) - f(a)}{b - a},$$

et s'annule pour $x = a$ et pour $x = b$; d'après le lemme précédent, la dérivée de la fonction $\varphi(x)$ s'annule au moins pour une valeur $x = c$ comprise entre a et b; on a donc

$$(2) \qquad f'(c) = \frac{f(b) - f(a)}{b - a}.$$

Remarque I. — Les démonstrations que nous venons de donner du lemme et du théorème précédents sont dues à M. O. Bonnet; elles ne supposent pas la continuité de la dérivée dans l'intervalle $(a,\ b)$ et cette dérivée peut même ne pas exister pour les valeurs limites a et b.

En résumé les démonstrations subsistent *pourvu que la fonction $f(x)$ admette une dérivée pour toutes les valeurs de x appartenant à l'intervalle $(a,\ b)$, sauf peut-être pour les valeurs limites a et b.*

Remarque II. — Soient x et $x + h$ deux nombres quelconques appartenant à l'intervalle $(a,\ b)$; un nombre compris entre x et $x + h$ pourra être représenté par $x + \theta h$ avec la condition

$$0 < \theta < 1.$$

Cela posé, remplaçons, dans la formule (2), a, b, c respectivement par x, $x + h$, $x + \theta h$, nous obtiendrons la relation

$$f(x + h) - f(x) = hf'(x + \theta h)$$

qui est fréquemment employée et que l'on désigne sous le nom de *formule des accroissements finis.*

Étude d'une fonction dans un intervalle.

209. Définitions. — *On dit qu'une fonction $f(x)$ est croissante dans l'intervalle $(a,\ b)$, si l'on a*

$$\frac{f(x_1) - f(x_0)}{x_1 - x_0} > 0,$$

x_0, x_1 *désignant deux valeurs quelconques de x appartenant à l'intervalle $(a,\ b)$.*

On dit qu'une fonction $f(x)$ est décroissante dans l'intervalle (a, b), si, dans les mêmes conditions que précédemment, on a

$$\frac{f(x_1) - f(x_0)}{x_1 - x_0} < 0.$$

Nous allons établir des théorèmes permettant de reconnaître si une fonction $f(x)$ est croissante ou décroissante dans l'intervalle (a, b).

Nous supposerons que cette fonction *admet une dérivée* dans cet intervalle ; on aura alors la relation

$$(3) \qquad \frac{f(x_1) - f(x_0)}{x_1 - x_0} = f'(x_2),$$

x_0, x_1 désignant deux valeurs *quelconques* de x appartenant à l'intervalle (a, b) et x_2 un nombre compris entre x_0 et x_1.

Théorème II. — 1° *Si la fonction $f(x)$ est constante dans l'intervalle (a, b), sa dérivée est nulle dans cet intervalle.*

2° *Réciproquement si la dérivée $f'(x)$ est constamment nulle dans l'intervalle (a, b), la fonction $f(x)$ reste constante dans cet intervalle.*

1° La première partie de la proposition résulte évidemment de la définition de la dérivée.

2° Pour établir la réciproque nous nous servirons de la relation (3).

Le second membre $f'(x_2)$ étant nul, puisque x_2 appartient à l'intervalle (a, b), on a

$$f(x_1) = f(x_0) ;$$

la fonction $f(x)$ reste donc constante dans l'intervalle considéré, car x_0, x_1 sont deux nombres *quelconques* appartenant à cet intervalle.

Théorème III. — 1° *Si la fonction $f(x)$ est croissante dans l'intervalle (a, b), sa dérivée n'est jamais négative dans cet intervalle.*

2° *Réciproquement la fonction $f(x)$ est croissante dans l'intervalle (a, b) si, dans cet intervalle, sa dérivée $f'(x)$ n'est jamais né-*

gative et ne s'annule pas pour toutes les valeurs de x appartenant à un intervalle (a', b') contenu dans l'intervalle (a, b).

1° La fonction $f(x)$ étant croissante dans l'intervalle (a, b), le rapport

$$\frac{f(x+h)-f(x)}{h}$$

est positif tant que x et $x+h$ appartiennent à cet intervalle, sa limite $f'(x)$ pour $h=0$, ne peut donc pas être négative.

2° Soient x_0, x_1 deux valeurs quelconques de x appartenant à l'intervalle (a, b); pour fixer les idées, nous supposerons x_1 plus grand que x_0.

Quand x varie de x_0 à x_1 la fonction $f(x)$ ne reste pas constante, car, par hypothèse, sa dérivée $f'(x)$ n'est pas constamment nulle; on rencontrera donc au moins une valeur $x=x'$ pour laquelle $f(x')$ n'est pas égal à $f(x_0)$.

On aura d'ailleurs

$$(4) \qquad f(x') > f(x_0)$$

car, dans la relation

$$\frac{f(x')-f(x_0)}{x'-x_0}=f'(\xi) \qquad (x_0 < \xi < x',$$

le second membre *qui n'est pas nul,* ne peut pas être négatif, par hypothèse.

D'un autre côté on a

$$(5) \qquad f(x_1) \geq f(x')$$

car le deuxième membre de la relation (3), appliquée aux nombres x', x_1, n'est pas négatif.

Des relations (4) et (5) on déduit l'inégalité

$$f(x_1) > f(x_0)$$

qui montre que la fonction $f(x)$ est croissante.

Remarque. — Puisque $f(x_1) - f(x_0)$ est positif, on voit que la valeur x_2 comprise entre x_0 et x_1 qui satisfait à la relation (3) *ne peut pas annuler $f'(x)$*; elle rend cette dérivée positive.

Par un raisonnement analogue on établira le théorème suivant :

Théorème IV. — 1° *Si la fonction $f(x)$ est décroissante dans l'intervalle (a, b) sa dérivée n'est jamais positive dans cet intervalle.*

2° *Réciproquement la fonction $f(x)$ est décroissante dans l'intervalle (a, b) si, dans cet intervalle, sa dérivée $f'(x)$ n'est jamais positive et ne s'annule pas pour toutes les valeurs de x appartenant à un intervalle (a', b') contenu dans l'intervalle (a, b).*

Étude d'une fonction en un point.

210. Soient

$$f(x, y, z, \ldots t)$$

une fonction d'un nombre quelconque de variables indépendantes, $x_0, y_0, \ldots t_0$ des valeurs attribuées à ces variables et α un nombre positif que l'on peut prendre aussi petit que l'on voudra; on dit que l'on étudie la fonction f pour le point $x_0, y_0, \ldots t_0$ ou encore dans le domaine de ce point, quand, dans cette étude, on suppose que les variables $x, y, \ldots t$ appartiennent respectivement aux intervalles

$$(x_0 - \alpha, x_0 + \alpha) \quad (y_0 - \alpha, y_0 + \alpha) \quad \ldots \quad (t_0 - \alpha, t_0 + \alpha).$$

Nous allons faire connaître des propositions permettant d'étudier une fonction $f(x)$ d'une seule variable en un point x_0.

Définitions. — *On dit qu'une fonction $f(x)$ est croissante ou décroissante pour la valeur $x = x_0$, quand on peut assigner un nombre positif α tel que cette fonction soit croissante ou décroissante dans l'intervalle $(x_0 - \alpha, x_0 + \alpha)$.*

Supposons que la fonction $f(x)$ admette une dérivée pour $x = x_0$.
Si cette fonction est *croissante* pour $x = x_0$, on aura

$$f'(x_0) > 0$$

car, dans l'intervalle $(x_0 - \alpha, x_0 + \alpha)$, la dérivée $f'(x)$ n'est jamais négative.

Si cette fonction est *décroissante* pour $x = x_0$, on aura

$$f'(x_0) \leqslant 0$$

car, dans l'intervalle $(x_0 - \alpha, x_0 + \alpha)$, la dérivée $f'(x)$ n'est jamais positive.

Maximum et minimum d'une fonction.

211. Définition. — *On dit que la fonction $f(x)$ est maximum pour $x = x_0$, quand on peut assigner un nombre positif α tel que l'on ait*

$$f(x_0 + h) < f(x_0)$$

pour toutes les valeurs de h comprises entre $-\alpha$ et $+\alpha$.

On dit que la fonction $f(x)$ est minimum pour $x = x_0$, quand on peut assigner un nombre positif α tel que l'on ait

$$f(x_0 + h) > f(x_0)$$

pour toutes les valeurs de h comprises entre $-\alpha$ et α.

La fonction $f(x)$ étant maximum ou minimum pour $x = x_0$, nous supposerons qu'elle admet une dérivée dans l'intervalle $(x_0 - \alpha, x_0 + \alpha)$ *sauf peut-être pour* $x = x_0$.

Dans ces conditions, on peut appliquer la formule des accroissements finis à chacun des intervalles $(x_0 - \alpha, x_0)$, $(x_0, x_0 + \alpha)$ et l'on aura

$$(6) \quad \begin{cases} \dfrac{f(x_0 - h) - f(x_0)}{-h} = f'(x_0 - \theta h) & 0 < \theta < 1 \\[2mm] \dfrac{f(x_0 + h) - f(x_0)}{h} = f'(x_0 + \omega h) & 0 < \omega < 1 \end{cases}$$

pour toutes les valeurs positives de h inférieures à α.

Ces deux relations vont nous permettre d'établir les théorèmes suivants qui caractérisent la valeur $x = x_0$ pour laquelle la fonction $f(x)$ est maximum ou minimum.

Théorème V. — *Pour que la fonction $f(x)$ qui admet une dérivée dans le domaine du point x_0, sauf peut-être pour $x = x_0$, soit maximum pour $x = x_0$, il faut et il suffit qu'on puisse trouver un nombre positif β tel que la dérivée $f'(x)$ soit positive dans l'intervalle $(x_0 - \beta, x_0)$ et négative dans l'intervalle $(x_0, x_0 + \beta)$.*

1° *La condition est nécessaire.* — En effet la fonction $f(x)$ étant maximum pour $x = x_0$, les égalités (6) montrent que l'on a

$$f'(x_0 - \theta h) > 0 \qquad \text{et} \qquad f'(x_0 + \omega h) < 0$$

pour $|h| < \alpha$.

Si l'on appelle β le plus petit des nombres que les quantités θh et ωh ne peuvent pas dépasser quand h varie de 0 à α, on voit que la dérivée $f'(x)$ sera positive dans l'intervalle $(x_0 - \beta, x_0)$ et négative dans l'intervalle $(x_0, x_0 + \beta)$.

2° *La condition est suffisante.* — En effet, si elle est remplie, la fonction $f(x)$ est croissante quand x varie de $x_0 - \beta$ à x_0 et décroissante quand x varie de x_0 à $x_0 + \beta$.

Par un raisonnement analogue on établira le théorème suivant :

Théorème VI. — *Pour que la fonction $f(x)$ qui admet une dérivée dans le domaine du point x_0, sauf peut-être pour $x = x_0$, soit minimum pour $x = x_0$, il faut et il suffit qu'on puisse trouver un nombre positif β tel que la dérivée $f'(x)$ soit négative dans l'intervalle $(x_0 - \beta, x_0)$ et positive dans l'intervalle $(x_0, x_0 + \beta)$.*

Les deux théorèmes précédents permettent de reconnaître si une fonction $f(x)$ est maximum ou minimum pour $x = x_0$, mais ils ne donnent pas une méthode commode pour déterminer le nombre x_0.

La détermination de ce nombre est facile quand la fonction $f(x)$ admet une dérivée non seulement dans les intervalles $(x_0 - \alpha, x_0)$, $(x_0, x_0 + \alpha)$ mais aussi pour $x = x_0$.

Elle résulte du théorème suivant :

Théorème VII. — *Si la fonction $f(x)$ est maximum ou minimum pour $x = x_0$, et si elle admet une dérivée pour $x = x_0$, on a*

$$f'(x_0) = 0.$$

En effet, le nombre *positif h* étant suffisamment petit, les deux rapports

$$\frac{f(x_0 + h) - f(x_0)}{h} \qquad\qquad \frac{f(x_0 - h) - f(x_0)}{-h}$$

sont de signes contraires; quand h tend vers zéro, leur limite commune $f'(x_0)$ est donc nulle.

212. Nous allons maintenant étudier d'une manière particulière le cas où, la fonction $f(x)$ admettant une dérivée dans l'intervalle $(x_0 - \alpha,\ x_0 + \alpha)$, on a

$$f'(x_0) = 0.$$

De tout ce qui précède il résulte que, pour $x = x_0$, la fonction $f(x)$ peut être *croissante* ou *décroissante, maximum* ou *minimum*.

La fonction sera *croissante* si, dans le domaine du point x_0, la dérivée $f'(x)$ n'est jamais *négative*.

La fonction sera *décroissante* si, dans le domaine du point x_0, la dérivée $f'(x)$ n'est jamais *positive*.

La fonction sera *maximum* pour $x = x_0$ si l'on a $f'(x_0 - h) > 0$ et $f'(x_0 + h) < 0$ pour toutes les valeurs positives de h inférieures à un certain nombre positif β.

La fonction sera *minimum* pour $x = x_0$ si, dans les mêmes conditions, on a

$$f'(x_0 - h) < 0 \qquad \text{et} \qquad f'(x_0 + h) > 0.$$

213. Emploi des dérivées des différents ordres pour reconnaître si une fonction est croissante ou décroissante, maximum ou minimum pour $x = x_0$. — La dérivée $f'(x)$ d'une fonction s'annulant pour $x = x_0$, il est quelquefois assez difficile de trouver le signe de $f'(x_0 \pm h)$, quand h varie entre $-\beta$ et $+\beta$.

Ce problème peut être facilement résolu, quand les dérivées de l'ordre supérieur au premier existent pour $x = x_0$.

Nous commencerons par établir une formule qui comprend, comme cas particulier, celle des accroissements finis.

Généralisation de la formule des accroissements finis.

Théorème VIII. — *Soient $f(x)$ et $\varphi(x)$ deux fonctions admettant des dérivées dans l'intervalle (a, b) sauf peut-être pour les valeurs* *limites a et b; si la dérivée $\varphi'(x)$ ne s'annule pour aucune valeur de x comprise entre a et b, on a*

$$\frac{f(b) - f(a)}{\varphi(b) - \varphi(a)} = \frac{f'(c)}{\varphi'(c)},$$

c désignant un nombre compris entre a et b.

Pour le démontrer, considérons la fonction

$$\psi(x) = f(x) - f(a) - [\varphi(x) - \varphi(a)]\frac{f(b) - f(a)}{\varphi(b) - \varphi(a)}.$$

Cette fonction qui s'annule pour $x = a$ et $x = b$, admet dans l'intervalle (a, b) une dérivée

$$\psi'(x) = f'(x) - \varphi'(x)\frac{f(b) - f(a)}{\varphi(b) - \varphi(a)}.$$

D'après un lemme établi (§ 208), $\psi'(x)$ s'annule au moins pour une valeur de c comprise entre a et b; on a donc

$$f'(c) - \varphi'(c)\frac{f(b) - f(a)}{\varphi(b) - \varphi(a)} = 0.$$

Comme $\varphi'(c)$ n'est pas nul, on tire de là

$$(7) \qquad \frac{f(b) - f(a)}{\varphi(b) - \varphi(a)} = \frac{f'(c)}{\varphi'(c)},$$

ou encore

$$\frac{f(a + h) - f(a)}{\varphi(a + h) - \varphi(a)} = \frac{f'(a + \theta h)}{\varphi'(a + \theta h)} \qquad 0 < \theta < 1$$

en posant $b = a + h$, $c = a + \theta h$.

Remarque. — Si l'on prend $\varphi(x) = x$, on retrouve la formule des accroissements finis

$$f(a + h) - f(a) = hf'(a + \theta h).$$

214. Considérons le cas où, dans l'intervalle (a, b), les fonctions $f(x)$ et $\varphi(x)$ admettent des dérivées d'ordre $1, 2, \ldots n-1, n$.

Si ces dérivées sont nulles pour $x = a$ jusqu'à celles de l'ordre $n-1$ *inclusivement*, si, en outre, les fonctions $\varphi'(x)$, $\varphi''(x) \ldots \varphi^{(n)}(x)$ ne s'annulent pour aucune valeur de x comprise entre a et b, on aura, en appliquant successivement la formule (7), les relations

$$\frac{f(b) - f(a)}{\varphi(b) - \varphi(a)} = \frac{f'(c)}{\varphi'(c)}$$

$$\frac{f''(c)}{\varphi'(c)} = \frac{f'(c) - f'(a)}{\varphi'(c) - \varphi'(a)} = \frac{f''(c_1)}{\varphi''(c_1)}$$

$$\cdot \; \cdot \; \cdot \; \cdot \; \cdot \; \cdot \; \cdot \; \cdot \; \cdot \; \cdot$$

$$\cdot \; \cdot \; \cdot \; \cdot \; \cdot \; \cdot \; \cdot \; \cdot$$

$$\frac{f^{(n-1)}(c_{n-2})}{\varphi^{(n-1)}(c_{n-2})} = \frac{f^{(n-1)}(c_{n-2}) - f^{(n-1)}(a)}{\varphi^{(n-1)}(c_{n-2}) - \varphi^{(n-1)}(a)} = \frac{f^{(n)}(c_{n-1})}{\varphi^{(n)}(c_{n-1})},$$

les nombres $c, c_1, \ldots, c_{n-1}$ étant compris entre a et b.

On déduit de là l'égalité

$$\frac{f(b) - f(a)}{\varphi(b) - \varphi(a)} = \frac{f^{(n)}(c_{n-1})}{\varphi^{(n)}(c_{n-1})}$$

qui prend la forme

$$\frac{f(a+h) - f(a)}{\varphi(a+h) - \varphi(a)} = \frac{f^{(n)}(a+\theta h)}{\varphi^{(n)}(a+\theta h)} \qquad 0 < \theta < 1$$

en posant $b = a + h$, $c_{n-1} = a + \theta h$.

En prenant $\varphi(x) = (x - a)^n$ la relation précédente donne la formule

$$(8) \qquad f(a+h) - f(a) = \frac{h^n}{n!} f^{(n)}(a + \theta h).$$

Cette formule va nous permettre d'établir le théorème suivant :

Théorème IX. — *Soit une fonction $f(x)$ admettant, pour $x = x_0$, des dérivées des ordres 1, 2, ... $n-1$, n; si l'on a*

$$f'(x_0) = 0 \quad f''(x_0) = 0 \quad \ldots \quad f^{(n-1)}(x_0) = 0 \quad f^{(n)}(x_0) \gtrless 0,$$

et si, en outre, la dérivée $f^{(n)}(x)$ est continue pour $x = x_0$:

1° *La fonction $f(x)$ est croissante ou décroissante pour $x = x_0$ quand n est impair, selon que $f^{(n)}(x_0)$ est positif ou négatif.*

2° *La fonction $f(x)$ est minimum ou maximum pour $x = x_0$ quand n est pair, selon que $f^{(n)}(x_0)$ est positif ou négatif.*

En effet, soient α un nombre positif assez petit pour que la dérivée $f^{(n)}(x)$ ne change pas de signe dans l'intervalle $(x_0 - \alpha, x_0 + \alpha)$ et h un nombre positif quelconque moindre que α, la formule (8) appliquée à la fonction $f'(x)$, donne les relations

$$f'(x_0 + h) = \frac{h^{n-1}}{(n-1)!} f^{(n)}(x_0 + \theta h) \qquad 0 < \theta < 1$$

$$f'(x_0 - h) = (-1)^{n-1} \frac{h^{n-1}}{(n-1)!} f^{(n)}(x_0 - \omega h) \qquad 0 < \omega < 1$$

dans lesquelles $f^{(n)}(x_0 + \theta h)$, $f^{(n)}(x_0 - \omega h)$ ont le signe de $f^{(n)}(x_0)$.

Cela étant, on voit que, si n est *impair*, $f'(x_0 + h)$ et $f'(x_0 - h)$ ont le même signe que $f^{(n)}(x_0)$; la fonction $f(x)$ est donc *croissante* ou *décroissante* pour $x = x_0$, selon que $f^{(n)}(x_0)$ est positif ou négatif.

On voit aussi que, si n est pair, $f'(x_0 - h)$ a un signe contraire à celui de $f^{(n)}(x_0)$, tandis que $f'(x_0 + h)$ a le même signe que $f^{(n)}(x_0)$; la fonction $f(x)$ est donc *minimum* ou *maximum*, pour $x = x_0$, selon que $f^{(n)}(x_0)$ est positif ou négatif.

Remarque sur la théorie des maxima et des minima.

215. Une fonction $f(x)$ qui est définie seulement dans un intervalle (a, b) est en général maximum ou minimum pour chacune des valeurs limites a et b; il peut arriver cependant que, pour ces valeurs limites, la dérivée $f'(x)$ ne s'annule pas, sans cesser d'exister.

Cette exception au théorème VII du paragraphe 211 est facile à expliquer.

Supposons, pour fixer les idées, que la fonction $f(x)$ soit *minimum* pour $x = a$, on aura

$$\frac{f(a + h) - f(a)}{h} > 0$$

quand h varie depuis zéro jusqu'à un certain nombre positif β, et, par suite

$$f'(a) \geq 0.$$

Comme la fonction $f(x)$ *n'est pas définie* pour les valeurs de x de la forme $x = a - h$, le rapport

$$\frac{f(a - h) - f(a)}{-h}$$

n'a pas de sens, et le raisonnement par lequel on a démontré le théorème VII n'est plus applicable.

On comprend ainsi que la dérivée $f'(x)$ peut ne pas s'annuler pour $x = a$, bien que la fonction $f(x)$ soit maximum ou minimum pour $x = a$.

Il est facile de faire rentrer dans le cas général le cas exceptionnel que nous venons de signaler.

Pour cela, on fera un changement de variable en posant

$$x = \varphi(t),$$

la fonction $\varphi(t)$ étant définie dans l'intervalle $(- \alpha, + \alpha)$ et assujettie à rester comprise entre a et b, tout en atteignant les valeurs limites a et b.

On pourra prendre, par exemple,

$$\varphi(t) = \frac{a + b}{2} + \frac{b - a}{2} \cdot \frac{2t}{1 + t^2}.$$

Quand t varie de $-\infty$ à $+\infty$, cette fonction reste comprise entre a et b; elle atteint les valeurs limites a et b pour $t = \mp 1$.

Après ce changement de variable $f(x)$ devient une fonction de t dont la dérivée par rapport à t est

$$f'(x) \cdot \varphi'(t).$$

Les valeurs de t pour lesquelles x est égal à a ou à b correspondant à un minimum ou à un maximum de $\varphi(t)$, annuleront $\varphi'(t)$ et, par suite, la dérivée de $f(x)$ considérée comme fonction de t.

Le problème suivant donne un exemple bien simple du cas exceptionnel qui nous occupe; il a été introduit autrefois par Sturm et Liouville dans les cours de l'École Polytechnique.

Problème. — *Etant donnés un cercle* O *et un point* P *dans son plan, trouver le maximum et le minimum de la distance du point* P *à un point* M *de la circonférence de ce cercle.*

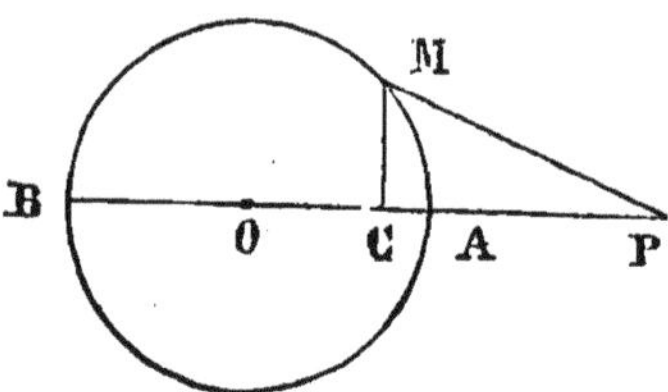

Il est évident que PM a pour maximum PB et pour minimum PA, A et B étant les extrémités du diamètre PO.

Désignons par R le rayon du cercle, par a la distance OP et par x l'abscisse du point C projection du point M sur le diamètre OP; on a

$$y = \overline{MP}^2 = a^2 + R^2 - 2ax$$

et

$$y'_x = -2a.$$

Cette dérivée ne s'annule pas, bien que la fonction y admette un minimum et un maximum pour $x = \pm R$.

Cette circonstance s'explique, d'après ce qui précède, en remarquant que la fonction $y = \overline{MP}^2$ n'est définie que pour les valeurs de x appartenant à l'intervalle $(-R, +R)$.

Pour rentrer dans le cas général, nous poserons

$$x = \mathrm{R} \cdot \frac{2t}{1 + t^2}.$$

On a alors

$$y'_t = y'_x \cdot x'_t = -4a\mathrm{R}\frac{1 - t^2}{(1 + t^2)^2};$$

la dérivée y'_t s'annule pour $t = \pm 1$ et les valeurs correspondantes de x sont $\pm\,\mathrm{R}$.

On reconnaît d'ailleurs facilement que $t = +1$ correspond à un minimum pour y et $t = -1$ à un maximum.

Marche à suivre pour étudier les variations d'une fonction.

216. Soit $f(x)$ une fonction dont on se propose d'étudier les variations.

On commencera par former les intervalles dans lesquels cette fonction est définie et continue; on intercalera ensuite, dans chacun de ces intervalles, les valeurs de x pour lesquelles la dérivée de la fonction change de signe en s'annulant ou en cessant d'exister.

On obtiendra ainsi une suite d'intervalles dans chacun desquels la fonction $f(x)$ sera continue et admettra une dérivée, et l'on pourra appliquer à l'étude de ses variations les théorèmes établis aux paragraphes 209 et 211.

Nous allons appliquer ces considérations à quelques exemples.

Exemple I. — *Étudier les variations de la fonction*

$$y = \mathrm{C}(x - 1)^2(2 - x)^3$$

C *étant égal à* $\dfrac{5^5}{2^2 \cdot 3^3}$.

La fonction est continue pour toutes les valeurs de x et a pour dérivée

$$y' = \mathrm{C}(x - 1)(2 - x)^2(7 - 5x).$$

Cette dérivée s'annule en changeant de signe pour $x = 1$ et pour $x = \dfrac{7}{5}$; elle est positive pour les valeurs de x comprises entre 1 et $\dfrac{7}{5}$ et négative pour toutes les autres valeurs de x.

On forme facilement le tableau suivant qui indique les variations de la fonction.

On a également tracé la courbe qui représente ces variations.

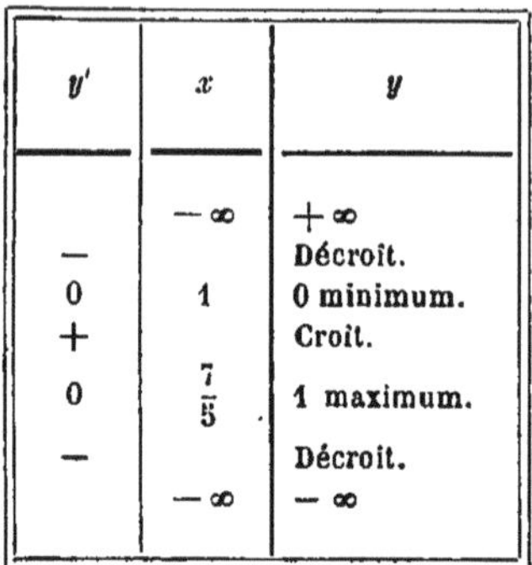

y'	x	y
$-$	$-\infty$	$+\infty$ Décroît.
0	1	0 minimum. Croît.
$+$		
0	$\dfrac{7}{5}$	1 maximum.
$-$		Décroît.
	$-\infty$	$-\infty$

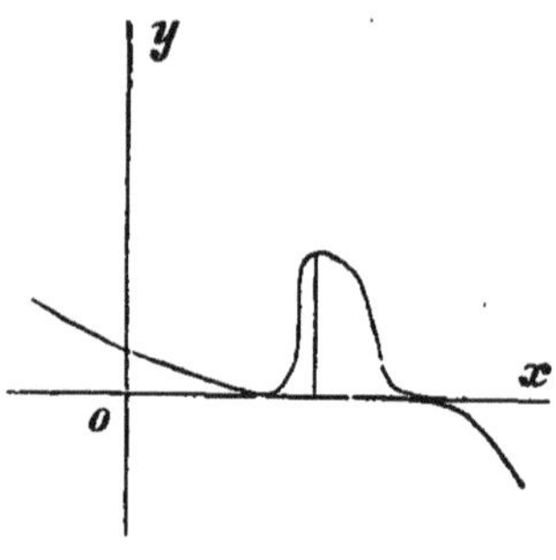

Exemple II. — *Étudier les variations de la fonction*

$$y = 1 + (x - 1)^{\frac{1}{3}}.$$

La fonction est continue pour toutes les valeurs de x et a pour dérivée

$$y' = \frac{1}{3(x-1)^{\frac{2}{3}}}.$$

La dérivée cesse d'exister pour $x = 1$, mais elle est positive pour toutes les autres valeurs de x; la fonction y croît donc constamment quand x varie de $-\infty$ à $+\infty$.

Cette fonction est égale à $\pm\infty$ pour $x = \pm\infty$; nulle pour $x = 0$ et égale à l'unité pour $x = 1$.

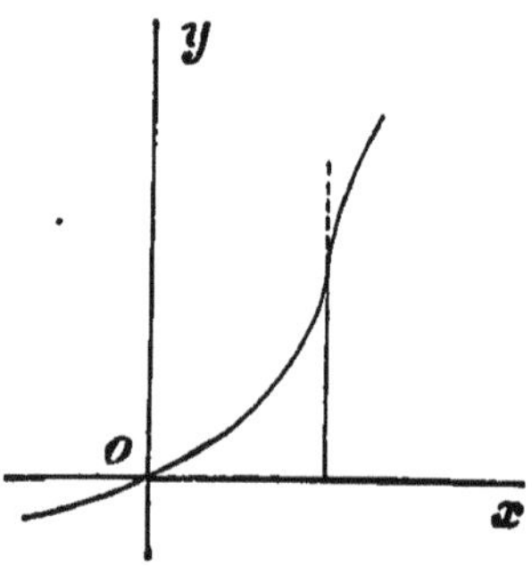

Les variations de la fonction sont représentées par la figure ci-dessus.

Exemple III. — *Étudier les variations de la fonction*

$$y = 1 + (x - 1)^{\frac{2}{3}}.$$

La fonction est continue pour toutes les valeurs de x et a pour dérivée

$$y' = \frac{2}{3(x - 1)^{\frac{1}{3}}}.$$

La dérivée change de signe pour $x = 1$ en cessant d'exister; elle est négative dans l'intervalle $(-\infty, 1)$ et positive dans l'intervalle $(1, +\infty)$; la fonction est donc minimum pour $x = 1$.

On forme facilement le tableau suivant qui indique les variations de la fonction.

On a également tracé la courbe qui représente ces variations.

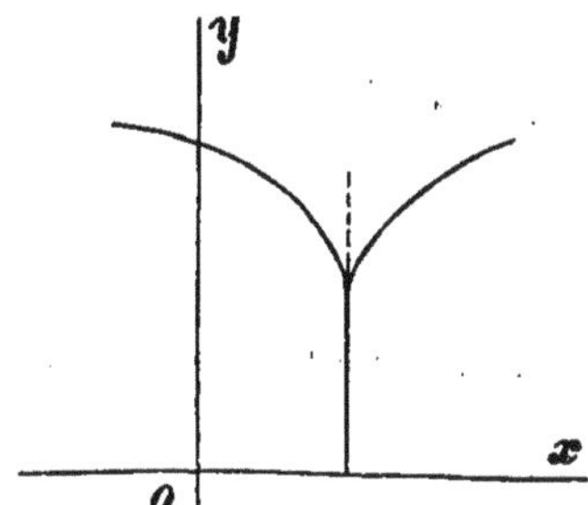

y'	x	y
$-$	$-\infty$	$+\infty$
		Décroît.
	1	1 minimum.
$+$		Croît.
	$+\infty$	$+\infty$

Exemple IV. — *Étudier la variation de la fonction*

$$y = x^{\frac{1}{x}}.$$

Cette fonction n'est définie que pour les valeurs *positives* de x; elle est continue dans l'intervalle $(\varepsilon, +\infty)$, ε désignant un infiniment petit positif.
La dérivée

$$y' = x^{\frac{1}{x} - 2}(1 - \mathrm{L}x)$$

s'annule pour $x = e$; elle est positive pour $x < e$ et négative pour $x > e$, la fonction atteint donc, pour $x = e$, une valeur maximum qui est égale à $e^{\frac{1}{e}}$.

On a vu (§ 178) que $x^{\frac{1}{x}}$ tend vers l'unité quand x devient infini.

Si l'on pose $x = \frac{1}{z}$ on a

$$y = x^{\frac{1}{x}} = \frac{1}{z^{z}};$$

y tend donc vers zéro quand x tend vers zéro par valeurs positives, car z devient alors infini.

On forme facilement le tableau suivant qui indique les variations de la fonction.

On a également tracé la courbe qui représente ces variations.

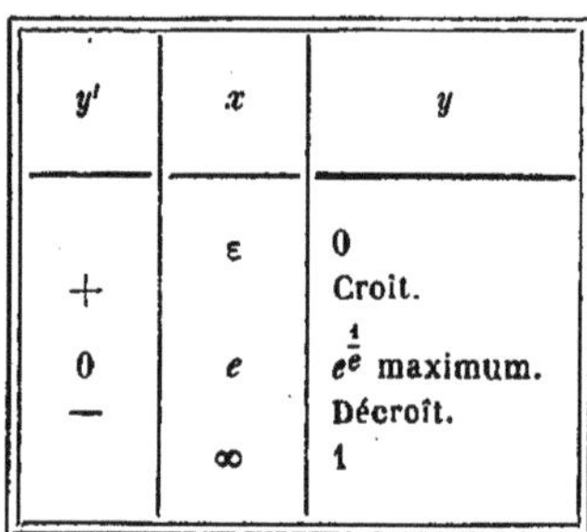

y'	x	y
	ε	0
$+$		Croît.
	e	$e^{\frac{1}{e}}$ maximum.
0		Décroît.
$-$	∞	1

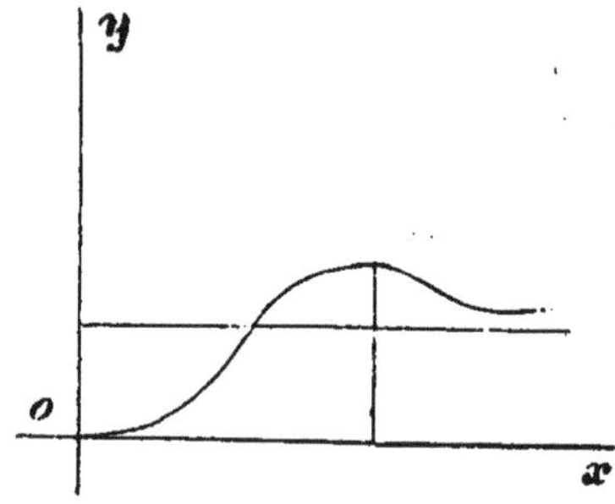

Exemple V. — *Étudier les variations de la fonction*

$$y = \left(1 + \frac{1}{x}\right)^{x}.$$

Cette fonction n'est définie que si l'on a

$$1 + \frac{1}{x} > 0 \qquad \text{ou} \qquad x(x+1) > 0 \,;$$

on devra donc faire varier x seulement dans les intervalles $(-\infty, -1)$ et $(0, +\infty)$.

Dans chacun de ces intervalles la fonction y est continue; elle a pour dérivée

$$y' = y\left[\mathrm{L}\left(1 + \frac{1}{x}\right) - \frac{1}{x+1}\right].$$

Le facteur y étant positif, la dérivée a le signe de la quantité

$$z = \mathrm{L}\left(1 + \frac{1}{x}\right) - \frac{1}{x+1}.$$

Pour déterminer le signe de z nous allons étudier cette fonction qui est définie dans les mêmes intervalles que la fonction y.

La fonction z a pour dérivée

$$z' = -\frac{1}{x(x+1)^2}.$$

Dans l'intervalle $(-\infty, -1)$, z' est positif et la fonction z est croissante ; comme z est nul pour $x = -\infty$, cette fonction est positive dans l'intervalle considéré.

Dans l'intervalle $(0, +\infty)$, z' est négatif et la fonction z est décroissante ; comme z est nul pour $x = +\infty$, cette fonction est positive dans le deuxième intervalle considéré.

De ce qui précède il résulte que la dérivée y' est toujours positive et que la fonction y est croissante dans les deux intervalles $(-\infty, -1)$, $(0, +\infty)$.

Pour $x = -1 - \varepsilon$ on a

$$y = \left(1 - \frac{1}{1+\varepsilon}\right)^{-1-\varepsilon} = \left(\frac{1+\varepsilon}{\varepsilon}\right)^{1+\varepsilon} ;$$

sous cette forme on voit que quand le nombre positif ε tend vers zéro, y devient infini.

Pour $x = \varepsilon$, on a

$$y = \left(1 + \frac{1}{\varepsilon}\right)^{\varepsilon} = \frac{(1+\varepsilon)^{\varepsilon}}{\varepsilon^{\varepsilon}} ;$$

sous cette forme on voit que quand le nombre positif ε tend vers zéro, y tend vers l'unité (§ 178. — **Corollaire II**).

On forme facilement le tableau suivant qui indique les variations de la fonction.

On a également tracé la courbe qui représente ces variations.

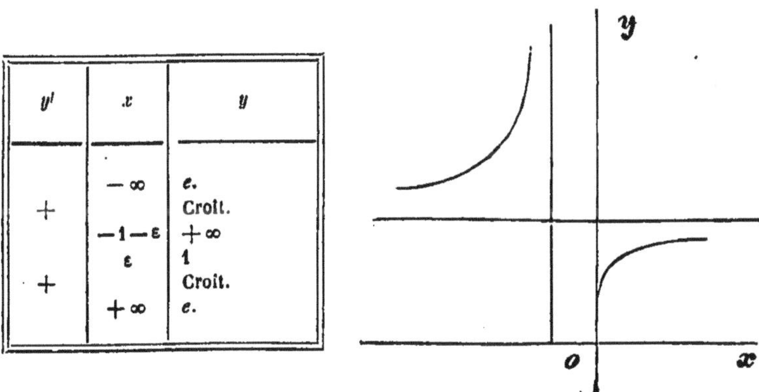

y'	x	y
	$-\infty$	e.
$+$		Croît.
	$-1-\varepsilon$	$+\infty$
	ε	1
$+$		Croît.
	$+\infty$	e.

Remarque. — De l'étude précédente il résulte que la quantité $\left(1 + \frac{1}{x}\right)^{x}$ atteint sa limite e en croissant quand x augmente indéfiniment en restant positif ; au contraire elle atteint sa limite e en décroissant quand x augmente indéfiniment en restant négatif.

EXERCICES

1° Étudier les variations des fonctions suivantes :

$$y = x - \frac{1}{3} \tang x - \frac{2}{3} \sin x. \qquad\qquad y = \arc \tang x - \frac{x}{1+x^2}.$$

$$y = \arc \tang x - \frac{13 x^3 + 3 x^2}{3 x^4 + 14 x^2 + 3}. \qquad\qquad y = e^{\frac{x^2}{x^2-1}}.$$

$$y = x e^{-\frac{1}{2}\left(x + \frac{1}{x}\right)} \sin u, \qquad\qquad y = \frac{\sin (x - \alpha)}{\sin^4 x};$$

on supposera $0 < \alpha < \dfrac{\pi}{2}$.

2° Étudier les variations des fonctions suivantes :

$$y = x - \mathrm{L}_a x, \qquad\qquad y = \frac{\mathrm{L}_a x}{x},$$

$$y = a^x - x, \qquad\qquad y = \frac{a^x}{x};$$

déduire de l'étude de ces fonctions la solution du problème suivant :

Problème. — *Trouver les bases des systèmes de logarithmes dans lesquels il y a des nombres égaux à leur logarithme.*

3° Étudier les variations des fonctions

$$y = x - \mathrm{L}x - 1 \qquad z = \mathrm{L}x + \frac{1}{x} - 1 \qquad u = \mathrm{L}\left(1 + \frac{1}{x}\right) - \frac{1}{x+1}.$$

Par des changements de variables on peut donner aux fonctions z et u la forme de la fonction y.

Appliquer les résultats obtenus à la démonstration du théorème suivant :

Théorème. — (α). *Si l'on pose*

$$\varphi(n,a) = \frac{1}{a} + \frac{1}{a+1} + \cdots + \frac{1}{a+n-1} \qquad (a > 0)$$

on a

$$\mathrm{L}\left(1 + \frac{n}{a}\right) < \varphi(n,a) < \frac{2}{a} - 1 + \mathrm{L}(a + n - 1).$$

(On s'appuiera sur les inégalités

$$\frac{a+1}{a} + \frac{a+2}{a+1} + \cdots + \frac{a+n}{a+n-1} > n\left(1 + \frac{n}{a}\right)^{\frac{1}{n}}$$

$$\frac{1}{a} + \frac{a}{a+1} + \cdots + \frac{a+n-2}{a+n-1} > n\,(a+n-1)^{-\frac{1}{n}}.$$

(β). *La différence*

$$\varphi\,(n,a) - \mathrm{L}\left(1 + \frac{n-1}{a}\right)$$

va en décroissant quand n augmente et tend vers une limite quand n devient infini.

Cas particulier. — En supposant $a = 1$, on aura

$$1 + \frac{1}{2} + \frac{1}{3} + \cdots + \frac{1}{n} - \mathrm{L}\,n = \mathrm{C} + \varepsilon_n$$

ε_n tendant vers zéro quand n devient infini.

Le nombre C est appelé la *constante* d'Euler ; il a pour valeur approchée

$$\mathrm{C} = 0,577\ 215\ 664\ 901\ 532\ \ldots$$

(Euler. — *Institutiones calculi differentialis*, § 143.)

Remarque. — On voit immédiatement que, n devenant infini, la quantité

$$\frac{1}{a} + \frac{1}{a+1} + \cdots + \frac{1}{a+n-1} - \mathrm{L}\left(1 + \frac{n-1}{a}\right)$$

tend vers une limite en remarquant que la série

$$\frac{1}{a} + \left(\frac{1}{a+1} - \mathrm{L}\,\frac{a+1}{a}\right) + \cdots + \left(\frac{1}{a+n-1} - \mathrm{L}\,\frac{a+n-1}{a+n-2}\right) + \cdots$$

est convergente.

4° Étudier les variations de la fonction.

$$y = (1 + x)^m - 1 - mx \qquad 0 < m < 1.$$

Application. — Quelle est la plus grande des deux quantités $(1 + x)^m$, $1 + mx$.

5° Étant donnés une courbe C et un angle yox, mener à cette courbe une tangente telle que la portion AB de cette droite comprise entre les deux côtés de l'angle soit minimum. (**Newton** — *Opuscules*).

Montrer que la normale à la courbe C au point où elle est touchée par AB et les perpendiculaires menées l'une par le point A sur ox, l'autre par le point B sur oy sont trois droites concourantes.

6° Les données étant les mêmes, mener la tangente AB de telle sorte que le triangle A o B ait une surface maximum ou minimum.

Montrer que le point M où la droite AB touche la courbe C est le milieu de AB.

Application. — Parmi les polygones convexes d'un même nombre de côtés circonscrits à une courbe fermée convexe, trouver celui qui a l'aire minimum.

Cas particulier. — La courbe est une ellipse et le polygone est un triangle circonscrit à cette ellipse.

7° Soient A, A' deux points situés respectivement sur deux courbes données C, C', on demande de déterminer le rectangle d'aire maximum parmi ceux qui ont deux sommets sur la droite AA' et les deux autres sommets M, M' respectivement sur les courbes C, C' (**Newton**. — *Opuscules*).

Montrer que le côté MM' du rectangle d'aire maximum est à égale distance de la droite AA' et du point de concours des tangentes menées l'une par le point M à la courbe C, et l'autre par le point M' à la courbe C'.

Remarque. — Les courbes C, C' peuvent coïncider.

8° Aux deux foyers d'une ellipse sont placées deux lumières d'intensités inégales ; on demande quels sont les points de plus grande ou de plus petite illumination sur le périmètre de la courbe.

CHAPITRE XIX

SÉRIES DE TAYLOR ET DE MACLAURIN

217. Nous avons établi (§ 195) la formule

$$f(a+h)=f(a)+\frac{h}{1}f'(a)+\ldots+\frac{h^{n-1}}{(n-1)!}f^{(n-1)}(a)+\ldots+\frac{h^{m}}{m!}f^{(m)}(a),$$

$f(x)$ étant une fonction entière du degré m.

Si l'on arrête cette formule au terme de rang n et si l'on désigne par R_n la somme des termes suivants, elle prend la forme

$$(1)\quad f(a+h)=f(a)+\frac{h}{1}f'(a)+\ldots+\frac{h^{n-1}}{(n-1)!}f^{(n-1)}(a)+R_n.$$

La quantité R_n est appelée le terme *complémentaire ou le reste;* elle a pour valeur

$$(2)\quad R_n=h^n\left[\frac{f^{(n)}(a)}{n!}+h\frac{f^{(n+1)}(a)}{(n+1)!}+\ldots+\frac{h^{m-n}}{m!}f^{(m)}(a)\right].$$

On peut évidemment appliquer la formule (1) dans le cas où la fonction $f(x)$ n'est plus entière pourvu qu'elle admette des dérivées des ordres 1, 2, ... $n-1$, mais le reste R_n n'a plus alors la valeur définie par l'équation (2).

Nous allons démontrer que, sous certaines conditions, ce reste R_n peut être mis sous la forme

$$R_n=\frac{(1-0)^{n-p}}{p}\cdot\frac{h^n}{(n-1)!}f^{(n)}(a+0h),$$

p désignant un nombre *positif quelconque* et θ un nombre *positif moindre que l'unité*.

Nous nous appuierons sur le lemme suivant qui conduit à une formule un peu plus générale que celle des accroissements finis.

Lemme. — *Soit $f(x)$ une fonction admettant une dérivée pour toutes les valeurs de x comprises entre a et $a + h$, on a la relation*

$$f(a+h) - f(a) = \frac{h}{p(1-\theta)^{p-1}} f'(a+\theta h);$$

p désignant un nombre positif quelconque et θ un nombre positif moindre que l'unité.

Dans la formule

$$(3) \qquad \frac{f(a+h) - f(a)}{\varphi(a+h) - \varphi(a)} = \frac{f'(a+\theta h)}{\varphi'(a+\theta h)}$$

établie au paragraphe 213, remplaçons la fonction $\varphi(x)$ par la fonction

$$\varphi(x) = [\varepsilon(a+h-x)]^p$$

ε étant une constante *ayant le signe de h.*

Dans ces conditions le produit $\varepsilon(a + h - x)$ sera *positif* pour toutes les valeurs de x comprises entre a et $a + h$ et, par suite, la fonction $\varphi(x)$ sera *définie*.

Le nombre p étant *positif*, $\varphi(a + h)$ est nul; on a d'ailleurs

$$\varphi(a) = (\varepsilon h)^p \quad \text{et} \quad \varphi'(x) = -p\varepsilon[\varepsilon(a+h-x)]^{p-1}.$$

Pour la fonction particulière $\varphi(x)$ que nous avons choisie, la formule (3) devient

$$\frac{f(a+h) - f(a)}{(\varepsilon h)^p} = \frac{f'(a+\theta h)}{p\varepsilon(\varepsilon h)^{p-1}(1-\theta)^{p-1}},$$

d'où l'on tire

$$(4) \qquad f(a+h) - f(a) = \frac{h}{p(1-\theta)^{p-1}} f'(a+\theta h).$$

218. Ce lemme étant établi, considérons une fonction $f(x)$ admettant, dans l'intervalle $(a, a+h)$ des dérivées des ordres $1, 2 \ldots n-1, n$; dans cet intervalle, les fonctions

$$f(x), f'(x) \ldots f^{(n-1)}(x)$$

seront continues puisqu'elles ont des dérivées.

De la formule (1) appliquée à la fonction $f(x)$, on tire

$$R_n = f(a+h) - f(a) - \frac{h}{1} f'(a) - \ldots - \frac{h^{n-1}}{(n-1)!} f^{(n-1)}(a).$$

Dans le second membre de cette égalité remplaçons a par x, puis, dans le résultat ainsi obtenu, h par $a+h-x$ nous obtiendrons la fonction

$$F(x) = f(a+h) - f(x) - \frac{a+h-x}{1} f'(x) - \ldots - \frac{(a+h-x)^{n-1}}{(n-1)!} f^{(n-1)}(x).$$

La fonction $F(x)$ admet dans l'intervalle $(a, a+h)$ une dérivée qui est

$$F'(x) = - \frac{(a+h-x)^{n-1}}{(n-1)!} f^{(n)}(x);$$

on peut donc lui appliquer la formule (4).

En remarquant que l'on a

$$F(a+h) = 0 \qquad\qquad F(a) = R_n,$$

on obtient la relation

$$(5) \qquad R_n = \frac{(1-\theta)^{n-p}}{p} \cdot \frac{h^n}{(n-1)!} f^{(n)}(a+\theta h).$$

Cette valeur de R_n portée dans la relation (1) donne la formule

$$(6) \quad f(a+h) = f(a) + \frac{h}{1} f'(a) + \ldots + \frac{h^{n-1}}{(n-1)!} f^{(n-1)}(a) + \frac{(1-\theta)^{n-p}}{p} \cdot \frac{h^n}{(n-1)!} f^{(n)}(a+\theta h)$$

qui est connue sous le nom de formule de Taylor.

La valeur R_n du reste définie par l'égalité (5) est due à MM. Schlömich et Roche (**Journal de Liouville, tome III**).

Dans la pratique on remplace ordinairement le nombre positif p, par n ou par l'unité, ce qui donne, pour le reste, les expressions suivantes :

$$r_n = \frac{h^n}{n!}\, f^{(n)}(a + \theta h), \qquad \rho_n = \frac{(1 - \theta)^{n-1} h^n}{(n-1)!}\, f^{(n)}(a + \theta h);$$

la première est due à Lagrange et la deuxième à Cauchy.

219. Série de Taylor. — Supposons que, dans l'intervalle $(a,\ a + h)$, la fonction $f(x)$ admette des dérivées des ordres 1, 2, 3 …. jusqu'à l'infini, la formule (6) sera applicable quel que soit n; supposons en outre que, n devenant infini, R_n tende vers zéro, la série ayant pour terme général

$$\frac{h^r}{r!}\, f^{(r)}(a)$$

sera convergente et aura pour somme $f(a + h)$.

Dans ces conditions on peut poser

$$f(a + h) = f(a) + \frac{h}{1} f'(a) + \frac{h^2}{2!} f''(a) + \ldots;$$

cette relation est connue sous le nom de série de Taylor.

Série de Maclaurin. — La série de Maclaurin est un cas particulier de la série de Taylor; on l'obtient en remplaçant dans cette dernière a par zéro et h par x, ce qui donne

$$f(x) = f(0) + \frac{x}{1} f'(0) + \frac{x^2}{2!} f''(0) + \ldots$$

Dans les mêmes hypothèses, on a

$$R_n = \frac{(1 - \theta)^{n-p}}{p} \cdot \frac{x^n}{(n-1)!}\, f^{(n)}(\theta x),$$

$$r_n = \frac{x^n}{n!}\, f^{(n)}(\theta x), \qquad \rho_n = \frac{(1 - \theta)^{n-1} x^n}{(n-1)!}\, f^{(n)}(\theta x).$$

La série de Maclaurin donne le développement d'une fonction $f(x)$ en série ordonnée suivant les puissances croissantes de x.

Elle pourra être appliquée sous les deux conditions suivantes :

1° *La fonction $f(x)$ admet, dans l'intervalle $(0, x)$, des dérivées des ordres 1, 2, 3 ... jusqu'à l'infini.*

2° *Le reste R_n tend vers zéro quand n devient infini.*

220. Il n'est pas toujours facile de reconnaître si le reste R_n tend vers zéro quand n devient infini; la solution de cette question peut être simplifiée par les considérations suivantes.

En premier lieu pour que la fonction $f(x)$ puisse être représentée par la série ayant pour terme général

$$\frac{x^n}{n!},$$

il *faut* que cette série soit convergente.

Supposons que la série ne soit convergente que pour les valeurs de x appartenant à l'intervalle (a, b); dans l'étude du reste R_n on pourra se borner à considérer ces valeurs de x.

Considérons en particulier le cas où, dans l'intervalle (a, b), *toutes* les dérivées de la fonction $f(x)$ sont, en valeur absolue, moindres qu'un nombre fixe A.

Dans cette hypothèse, le reste R_n tend vers zéro quand n devient infini.

En effet, en prenant ce reste sous la forme donnée par Lagrange, on a

$$|r_n| = \left| \frac{x^n}{n!} f^{(n)}(\theta x) \right| < A \frac{|x|^n}{n!};$$

quand n devient infini, $|r_n|$ tend donc vers zéro car, la série

$$1 + A \cdot \frac{|x|}{1} + A \cdot \frac{|x|^2}{2!} + \ldots + A \cdot \frac{|x|^n}{n!} + \ldots$$

étant convergente, son terme général $A \dfrac{|x|^n}{n!}$ tend vers zéro.

Ainsi *toute fonction $f(x)$ admettant, dans l'intervalle (a, b), des* *dérivées des ordres 1, 2, 3 ... jusqu'à l'infini est développable en série par la formule de Maclaurin si, dans cet intervalle, ses dérivées sont limitées.*

221. Nous allons appliquer la formule de Maclaurin au développement de quelques fonctions, en séries ordonnées suivant les puissances de x.

Développement de e^x. — On a

$$f^{(n)}(x) = e^x.$$

Toutes les dérivées étant limitées, quel que soit x, la fonction e^x est développable par la série de Maclaurin.

En remarquant que l'on a $f^{(n)}(0) = 1$, on trouve

$$e^x = 1 + \frac{x}{1} + \frac{x^2}{2!} + \cdots + \frac{x^n}{n!} + \cdots$$

Remarque. — On a

$$a^x = e^{x\,\mathrm{L}\,a}$$

et, par conséquent,

$$a^x = 1 + \frac{x}{1}\,\mathrm{L}\,a + \frac{x^2}{2!}(\mathrm{L}\,a)^2 + \cdots + \frac{x^n}{n!}(\mathrm{L}\,a)^n + \cdots$$

égalité qui donne le développement de a^x en série.

Développement de $\sin x$. — On a

$$f^{(n)}(x) = \sin\left(x + n\,\frac{\pi}{2}\right).$$

Toutes les dérivées étant limitées, quel que soit x, la fonction $\sin x$ est développable par la formule de Maclaurin.

En remarquant que l'on a

$$f(0) = 0 \qquad f^{2p}(0) = \sin p\pi = 0 \qquad f^{2p+1}(0) = \sin\left(p\pi + \frac{\pi}{2}\right) = (-1)^p,$$

on trouve

$$\sin x = x - \frac{x^3}{3!} + \frac{x^5}{5!} + \cdots + (-1)^p \frac{x^{2p+1}}{(2p+1)!} + \cdots$$

Développement de $\cos x$. — Par une méthode analogue à la précédente on trouve

$$\cos x = 1 - \frac{x^2}{2!} + \frac{x^4}{4!} - \cdots + (-1)^p \frac{x^{2p}}{2p!} + \cdots$$

222. Développement de $(1+x)^m$. — Nous supposerons $x > -1$, afin que la fonction $(1+x)^m$ soit définie pour toutes les valeurs de m.

On a

$$f^{(n)}(x) = m(m-1) \ldots (m-n+1)(1+x)^{m-n},$$

puis

$$f^{(n)}(0) = m(m-1) \ldots (m-n+1)$$

et, par conséquent,

$$(7) \quad (1+x)^m = 1 + \frac{m}{1}x + \frac{m(m-1)}{2!}x^2 + \ldots + \frac{m(m-1)\ldots(m-n+2)}{(n-1)!}x^{n-1} + R_n.$$

On a vu (§ 161) que la série

$$1 + \frac{m}{1}x + \frac{m(m-1)}{2!}x^2 + \ldots$$

qui a pour terme général

$$u_n = \frac{m(m-1)\ldots(m-n+1)}{n!}x^n$$

est convergente pour toutes les valeurs de x comprises entre -1 et $+1$.

Nous allons démontrer que, pour ces valeurs de x, le reste R_n tend vers zéro, quand n devient infini.

On a

$$R_n = \frac{(1-\theta)^{n-p}}{p} \cdot \frac{x^n}{(n-1)!}\, m(m-1)\ldots(m-n+1)(1+\theta x)^{m-n}$$

et cette quantité peut être mise sous la forme

$$(8) \qquad R_n = \frac{1}{p} \cdot \left(\frac{1-\theta}{1+\theta x}\right)^{n-p}(1+\theta x)^{m-p}(nu_n).$$

Faisons $p = 1$ ce qui revient à prendre le reste sous la forme donnée par Cauchy, nous aurons

$$\rho_n = \left(\frac{1-\theta}{1+\theta x}\right)^{n-1}(1+\theta x)^{m-1}(nu_n).$$

De l'inégalité $x > -1$ on déduit

$$1+\theta x > 1-\theta \qquad \text{puis} \qquad \frac{1-\theta}{1+\theta x} < 1;$$

le facteur $\left(\frac{1-\theta}{1+\theta x}\right)^{n-1}$ est donc moindre que l'unité.

D'un autre côté $(1 + \theta x)^{m-1}$ est fini et nu_n tend vers zéro pour n infini, puisque la série

$$u_1 + u_2 + \dots + u_n + \dots$$

est *absolument* convergente.

Il résulte de là que ρ_n tend vers zéro, pour n infini, sous la condition $|x| < 1$; on a donc

$$(9) \quad (1 + x)^m = 1 + \frac{m}{1} x + \frac{m(m-1)}{2!} x^2 + \dots + \frac{m(m-1)\dots(m-n+1)}{n!} x + \dots$$

L'égalité précédente a lieu, quel que soit m, pour toutes les valeurs de x comprises entre -1 et $+1$; nous allons montrer qu'elle reste vraie, sous certaines conditions, quand x est égal à l'une des limites $+1$ ou -1.

$1°$ *On a* $x = 1$. — La série (9) devient

$$(10) \quad 1 + \frac{m}{1} + \frac{m(m-1)}{2!} + \dots + \frac{m(m-1)\dots(m-n+1)}{n!} + \dots;$$

elle est convergente pour $m > -1$ (§ 101).

Maintenant pour $x = 1$, l'égalité (7) devient

$$2^m = 1 + \frac{m}{1} + \frac{m(m-1)}{2!} + \dots + \frac{m(m-1)\dots(m-n+2)}{(n-1)!} + R_n$$

et nous allons démontrer que R_n tend vers zéro quand n devient infini.

Pour cela faisons $p = n$ dans la relation (8) ce qui revient à prendre le reste R_n sous la forme donnée par Lagrange.

En remarquant que l'on a $x = 1$, nous aurons

$$r_n = \frac{u_n}{(1 + \theta)^{n-m}}.$$

La série (10) étant convergente, u_n tend vers zéro quand n devient infini; d'un autre côté, n étant plus grand que m, le facteur $\dfrac{1}{(1 + \theta)^{n-m}}$ ne peut pas dépasser l'unité.

Il résulte de là que r_n tend vers zéro et que l'on a

$$2^m = 1 + \frac{m}{1} + \frac{m(m-1)}{2!} + \frac{m(m-1)(m-2)}{3!} + \dots$$

En résumé l'égalité (9) subsiste pour $x = 1$, sous la condition $m > -1$.

$2°$ *On a* $x = -1$. — La série (9) devient

$$1 - \frac{m}{1} + \frac{m(m-1)}{2!} - \dots + (-1)^n \frac{m(m-1)\dots(m-n+1)}{n!} + \dots;$$

elle est convergente pour $m > 0$ (§ 161), et ses termes ont le même signe, à partir d'un certain rang.

Maintenant pour $x = -1$, l'égalité (7) devient

$$0 = 1 - \frac{m}{1} + \frac{m(m-1)}{2!} - \cdots + (-1)^{n-1} \frac{m(m-1) \ldots (m-n+2)}{(n-1)!} + R_n ;$$

nous allons démontrer que R_n tend vers zéro quand n devient infini.

Pour $x = -1$, la relation (8) donne

$$R_n = \frac{1}{p} (1-0)^{m-p} . n u_n.$$

Donnons au nombre p qui est seulement assujetti à être positif, une valeur positive moindre que le nombre *positif m*, le facteur $(1-0)^{m-p}$ ne pourra pas dépasser l'unité.

D'un autre côté le produit $n u_n$ tend vers zéro quand n devient infini, il en est donc de même pour le reste r_n et l'on a

$$0 = 1 - \frac{m}{1} + \frac{m(m-1)}{2!} - \frac{m(m-1)(m-2)}{3!} + \cdots$$

En résumé l'égalité (9) subsiste pour $x = -1$, sous la condition $m > 0$. De tout ce qui précède résulte le théorème suivant :

Théorème. — *La série*

$$1 + \frac{m}{1} x + \frac{m(m-1)}{2!} x^2 + \cdots + \frac{m(m-1) \ldots (m-n+1)}{n!} x^n + \cdots$$

a pour limite $(1+x)^m$, *quel que soit m, quand x est compris entre* -1 *et* $+1$.

2° *Pour* $x = 1$, *elle a encore pour limite* $(1+x)^m = 2^m$, *sous la condition* $m > -1$.

3° *Pour* $x = -1$, *elle a encore pour limite* $(1+x)^m = 0$, *sous la condition* $m > 0$.

223. Développement de $L(1+x)$. — Nous supposerons $x > -1$, afin que la fonction $f(x) = L(1+x)$ soit définie.

On a

$$f^{(n)}(x) = (-1)^{n-1} \frac{(n-1)!}{(1+x)^n}$$

et

$$f(0) = 0 \qquad f^{(n)}(0) = (-1)^{n-1} (n-1)! ;$$

il en résulte

$$L(1+x) = \frac{x}{1} - \frac{x^2}{2} + \frac{x^3}{3} - \cdots + (-1)^{n-2} \frac{x^{n-1}}{n-1} + R_n.$$

La série

$$\frac{x}{1} - \frac{x^2}{2} + \frac{x^3}{3} - \cdots + (-1)^{n-2} \frac{x^{n-1}}{n-1} + \cdots$$

est convergente pour toutes les valeurs de x comprises entre -1 et $+1$.

Nous allons démontrer que, pour ces valeurs de x, le reste R_n tend vers zéro, quand n devient infini.

On a

$$R_n = (-1)^{n-1} \cdot \frac{(1-0)^{n-p}}{p} \cdot \frac{x^n}{(1+\theta x)^n}.$$

Faisons $p=1$, ce qui revient à prendre le reste sous la forme donnée par Cauchy, nous aurons

$$\rho_n = (-1)^{n-1} \frac{(1-\theta)^{n-1}}{(1+\theta x)^n} \cdot x^n = (-1)^{n-1} \left(\frac{1-\theta}{1+\theta x}\right)^{n-1} \cdot \frac{x^n}{1+\theta x}.$$

La valeur absolue de x étant moindre que l'unité, le facteur $\dfrac{x^n}{1+\theta x}$ tend vers zéro quand n devient infini, et l'autre facteur $\left(\dfrac{1-\theta}{1+\theta x}\right)^{n-1}$ ne peut pas surpasser l'unité.

Il résulte de là que ρ_n tend vers zéro, pour n infini, sous la condition $|x| < 1$, et l'on a

$$L(1+x) = x - \frac{x^2}{2} + \frac{x^3}{3} - \cdots + (-1)^{n-1} \frac{x^n}{n} + \cdots$$

Remarque. — L'égalité précédente reste vraie pour $x=1$; en effet en prenant le reste R_n sous la forme donnée par Lagrange, c'est-à-dire en posant $p=n$, on a

$$r_n = \frac{(-1)^{n-1}}{n} \cdot \frac{1}{(1+0)^n}$$

et l'on voit que r_n tend vers zéro, pour n infini.

Ainsi on a

$$L2 = 1 - \frac{1}{2} + \frac{1}{3} - \cdots + (-1)^{n-1} \frac{1}{n} + \cdots$$

Calcul des logarithmes népériens.

224. De la série

$$L(1+x) = x - \frac{x^2}{2} + \frac{x^3}{3} - \frac{x^4}{4} + \cdots$$

on déduit, en changeant x en $-x$,

$$L(1-x) = -x - \frac{x^2}{2} - \frac{x^3}{3} - \frac{x^4}{4} - \cdots$$

En retranchant la deuxième série de la première on a

$$L(1+x) - L(1-x) = L\frac{1+x}{1-x} = 2\left(\frac{x}{1} + \frac{x^3}{3} + \frac{x^5}{5} + \cdots\right).$$

Posons maintenant

$$\frac{1+x}{1-x} = \frac{n+h}{n} \qquad \text{d'où} \qquad x = \frac{h}{2n+h},$$

nous aurons

$$(11) \quad L(n+h) - Ln = 2\left(\frac{h}{2n+h} + \frac{h^3}{3(2n+h)^3} + \frac{h^5}{5(2n+h)^5} + \cdots\right)$$

et, pour $h = 1$,

$$(12) \quad L(n+1) - Ln = 2\left(\frac{1}{2n+1} + \frac{1}{3(2n+1)^3} + \frac{1}{5(2n+1)^5} + \cdots\right).$$

Les séries (11) et (12) font connaître le logarithme népérien des nombres $n+h$ ou $n+1$, quand on connaît le logarithme népérien de n ; elles sont d'autant plus convergentes que le nombre n est plus grand.

Calcul des logarithmes vulgaires.

Pour déduire les logarithmes vulgaires des logarithmes népériens il faut multiplier ces derniers par le module

$$M = \frac{1}{L10}.$$

Pour calculer ce module faisons $n=8$, $h=2$ dans la formule (11) puis $n=1$ dans la formule (12), nous aurons

$$L10 + 3L2 = 2\left(\frac{1}{9} + \frac{1}{3 \cdot 9^3} + \frac{1}{5 \cdot 9^5} + \cdots\right)$$

$$L2 = 2\left(\frac{1}{3} + \frac{1}{3 \cdot 3^3} + \frac{1}{5 \cdot 3^5} + \cdots\right).$$

L'élimination de $L2$ entre les deux relations précédentes conduira à une formule donnant $L10$.

On trouve

$$L10 = 2,\ 30\ 25\ 85\ 09\ 30 \ldots$$

$$M = 0,\ 43\ 42\ 94\ 48\ 19 \ldots$$

Le module M étant connu, on calculera les logarithmes vulgaires par la formule

$$\text{Log } (n+1) - \log n = 2\text{M} \left(\frac{1}{2n+1} + \frac{1}{3(2n+1)^3} + \frac{1}{5(2n+1)^5} + \cdots \right).$$

Sur les erreurs commises en cherchant, à l'aide des tables de Callet, le logarithme d'un nombre donné ou le nombre correspondant à un logarithme donné.

225. Les tables de Callet donnent, avec sept décimales, les logarithmes des nombres qui, abstraction faite de la virgule, ne dépassent pas 108000.

Pour trouver le logarithme d'un nombre qui, abstraction faite de la virgule surpasse 108000, ou le nombre correspondant à un logarithme non inscrit dans la table *on admet que les accroissements des nombres sont sensiblement proportionnels aux accroissements correspondants de leurs logarithmes.*

Nous nous proposons de trouver des limites des erreurs ainsi commises soit dans la recherche du logarithme d'un nombre, soit dans celle du nombre qui correspond à un logarithme donné.

Soit a un nombre qui, abstraction faite de la virgule, dépasse 108000 ; dans ce qui suit nous supposerons qu'en déplaçant convenablement la virgule, on a mis le nombre a sous la forme

$$a = n + h,$$

h étant un nombre positif moindre que l'unité et n un entier tel que l'on a

$$10^4 < n \leqslant 108000 ;$$

le nombre entier n sera inscrit dans la table.

Posons

$$\delta = \log (n+h) - \log n = \log \left(1 + \frac{h}{n} \right)$$

$$\Delta = \log (n+1) - \log n = \log \left(1 + \frac{1}{n} \right)$$

Δ sera la différence tabulaire.

Dans la recherche du logarithme du nombre $a = n + h$ on substitue au nombre δ le nombre approché.

$$\delta' = h \Delta ;$$

l'erreur commise est

$$\varepsilon = \delta - h \Delta.$$

Dans la recherche du nombre a qui correspond au logarithme donné log $(n+h)$, on substitue au nombre h qu'il faut ajouter à n pour avoir a, le nombre approché

$$h' = \frac{\delta}{\Delta} \; ;$$

l'erreur commise est

$$\varepsilon' = \frac{\delta}{\Delta} - h = \frac{\varepsilon}{\Delta}.$$

Pour obtenir des limites de ces erreurs réduisons à son premier terme la série qui donne log $(1+x)$ le nombre x étant compris entre 0 et 1, nous aurons

$$\log\,(1+x) = M\left[x - \frac{x^2}{2(1+\theta x)^2}\right] = M\left[x - \frac{\lambda x^2}{2}\right] \qquad (0 < \lambda < 1).$$

En remplaçant x par $\dfrac{h}{n}$ puis par $\dfrac{1}{n}$, on a

$$\delta = M\left(\frac{h}{n} - \frac{\lambda h^2}{2 n^2}\right)$$

$$\Delta = M\left(\frac{1}{n} - \frac{\lambda'}{2 n^2}\right),$$

et, par suite,

$$\varepsilon = M\,\frac{\lambda' h - \lambda h^2}{2 n^2} \qquad\qquad \varepsilon' = \frac{\lambda' h - \lambda h^2}{2 n - \lambda'}.$$

Les quantités h, λ, λ' sont comprises entre 0 et 1 et M est moindre que $\dfrac{1}{2}$; on a donc

$$|\varepsilon| < \frac{1}{4 n^2} \qquad |\varepsilon'| < \frac{1}{2 n - 1},$$

ou

$$|\varepsilon| < \frac{1}{4 \cdot 10^8} \qquad |\varepsilon'| < \frac{1}{2 \cdot 10^4 - 1}$$

car n surpasse 10^4.

En résumé *si l'on admet la proportion*

$$\frac{\delta}{h} = \frac{\Delta}{1},$$

l'erreur commise en cherchant le logarithme d'un nombre non écrit dans la table, n'affecte pas la septième décimale; et l'erreur commise en cherchant le nombre correspondant à un logarithme donné non écrit dans la table, n'affecte pas la quatrième décimale.

226. Développement de arc tang x. — En posant

$$y = f(x) = \text{arc tang } x$$

on a (§ 207).

$$f^{(n)}(x) = 1.2 \ldots (n-1) \cos^n y \, \sin\left(ny + n\frac{\pi}{2}\right).$$

On déduit de là

$$f(0) = 0 \qquad f^{(2p)}(0) = 0 \qquad f^{(2p+1)}(0) = (-1)^p 1.2 \ldots 2p$$

en supposant toutefois que y reste compris entre $-\frac{\pi}{2}$ et $+\frac{\pi}{2}$.

Il en résulte

$$\text{Arc tang } x = \frac{x}{1} - \frac{x^3}{3} + \frac{x^5}{5} - \qquad + (-1)^q \frac{x^{2q+1}}{2q+1} + R_n.$$

La série

$$\frac{x}{1} - \frac{x^3}{3} + \frac{x^5}{5} - \ldots$$

est convergente pour $|x| \leqslant 1$; pour ces valeurs de x, le reste R_n tend vers zéro quand n devient infini.

Pour le voir il suffit de prendre ce reste sous la forme indiquée par Lagrange, ce qui donne

$$r_n = \frac{x^n}{n} \cos^n (\text{arc tang } \theta x) \sin (n \frac{\pi}{2} + n \text{ arc tang } \theta x).$$

En ne considérant que les valeurs de arc tang x comprises entre $-\frac{\pi}{2}$ et $+\frac{\pi}{2}$, on a donc

$$(13) \qquad \text{arc tang } x = x - \frac{x^3}{3} + \frac{x^5}{5} \ldots + (-1)^q \frac{x^{2q+1}}{2_{q+1}} + \ldots$$

sous la condition $x \leqslant 1$.

Application au calcul du nombre π.

Pour $x = 1$, la formule (13) donne

$$\frac{\pi}{4} = 1 - \frac{1}{3} + \frac{1}{5} - \ldots + \frac{(-1)^q}{2q+1} + \ldots$$

Cette formule n'est pas avantageuse, car le second membre converge très lentement.

Pour obtenir une série plus rapidement convergente, posons

$$a = \text{arc tang } \frac{1}{5} \qquad \text{d'où} \qquad \text{tang } a = \frac{1}{5},$$

la formule

$$\tan 4a = \frac{4 \tan a - 4 \tan^3 a}{1 - 6 \tan^2 a + \tan^4 a}$$

donne

$$\tan 4a = \frac{120}{119}.$$

Le nombre $4a$ étant moindre que $\frac{\pi}{4}$, on est conduit à poser

$$\frac{\pi}{4} = 4a - b \qquad \text{d'où} \qquad b = 4a - \frac{\pi}{4},$$

et l'on a

$$\tan b = \frac{\tan 4a - 1}{\tan 4a + 1} = \frac{1}{239} \qquad \text{d'où} \qquad b = \text{arc } \tan \frac{1}{239}.$$

Des résultats précédents on tire

$$\pi = 16a - 4b = 16 \text{ arc } \tan \frac{1}{5} - 4 \text{ arc } \tan \frac{1}{239}$$

c'est-à-dire

$$\pi = \begin{cases} + \dfrac{16}{5} - \dfrac{16}{3.5^3} + \dfrac{16}{5.5^5} - \cdots \\ - \left(\dfrac{4}{239} - \dfrac{4}{3.239^3} + \dfrac{4}{5.239^5} - \cdots \right) \end{cases}$$

La formule précédente qui permet de calculer le nombre π à l'aide de deux séries assez rapidement convergentes est due à Méchain.

227. La formule de Maclaurin permet de développer certaines fonctions en séries ordonnées suivant les puissances entières, positives et croissantes de la variable x, c'est-à-dire en séries de la forme

$$a_0 + a_1 x + a_2 x^2 + \cdots + a_n x^n + \cdots$$

Ces séries sont appelées *séries entières.*

Nous allons démontrer que si une fonction est développable en une série entière, elle ne peut être développée sous cette forme que *d'une seule manière.*

Cette proposition est la conséquence de quelques propriétés des séries entières que nous allons d'abord établir.

Théorème I. — *Soient*

$$(14) \qquad u_0 + a_1 x + \cdots + a_n x^n + \cdots$$

une série entière et α un nombre positif; si, pour toutes les valeurs de n supérieures à p on a

$$A_n \alpha^n < M$$

A_n *étant la valeur absolue de* a_n *et* M *un nombre fixe, la série sera convergente pour toutes les valeurs de* x *apppartenant à l'intervalle* $(-\alpha, \alpha)$.

En négligeant les p premiers termes de la série (14), on peut supposer que l'inégalité $A_n \alpha^n < M$ a lieu à partir du premier terme.

Cela étant, la série à termes positifs

$$A_0 + AX + A_2 X^2 + \ldots + A_n X^n + \ldots$$

où X représente la valeur absolue de x, est convergente pour $X < \alpha$.

En effet ses termes sont moindres que les termes de même rang de la progression géométrique décroissante

$$M + M\left(\frac{X}{\alpha}\right) + M\left(\frac{X}{\alpha}\right)^2 + \ldots + M\left(\frac{X}{\alpha}\right)^n + \ldots$$

Il résulte de là que la série (14) est convergente et même absolument convergente pour $|x| < \alpha$, car la série des modules de ses termes est convergente.

Ce théorème est dû à Abel; il est vrai en particulier si pour $x = \alpha$ la série (14) est convergente.

En effet, on a alors lim $A_n \alpha^n = 0$ pour n infini et, par suite,

$$A_n \alpha^n < M$$

pour toutes les valeurs de n supérieures à un certain entier p, le nombre positif M étant choisi arbitrairement.

Du théorème précédent il résulte qu'une sérié entière peut être convergente pour toutes les valeurs de x appartenant à un intervalle $(-\beta, +\beta)$, les valeurs limites n'étant pas exceptées.

Dans cet intervalle la série définit une fonction de x; nous allons montrer que cette fonction est continue.

Théorème II. — *La fonction définie par une série entière convergente dans l'intervalle* $(-\alpha, +\alpha)$ *est continue dans cet intervalle.*

Appelons $f(x)$ la somme de la série entière

$$a_0 + a_1 x + a_2 x^2 + \ldots$$

pour une valeur quelconque de x appartenant à l'intervalle $(-\beta, +\beta)$, $f_n(x)$ la somme des n premiers termes et $R_n(x)$ le reste correspondant; nous aurons

$$f(x) = f_n(x) + R_n(x).$$

Pour une autre valeur $x + h$ de la variable appartenant encore à l'intervalle $(-\beta, +\beta)$, on aura

$$f(x + h) = f_n(x + h) + R_n(x + h)$$

et, par suite,

$$f(x+h) - f(x) = [f_n(x+h) - f_n(x)] + [R_n(x+h) - R_n(x)].$$

La série considérée étant absolument convergente pour $x = \beta$, au nombre positif donné ε correspond un entier p tel que l'on aura

$$A_{n+1}\beta^{n+1} + A_{n+2}\beta^{n+2} + \cdots < \frac{\varepsilon}{3}$$

pour toutes les valeurs de n supérieures à p.

Dans les mêmes conditions, on aura à fortiori

$$|R_n(x)| < \frac{\varepsilon}{3} \qquad |R_n(x+h)| < \frac{\varepsilon}{3}.$$

D'un autre côté la fonction *entière* $f_n(x)$ étant continue, on peut trouver un nombre positif γ indépendant de x et tel que l'on ait

$$|f_n(x+h) - f_n(x)| < \frac{\varepsilon}{3}$$

sous la condition $|h| < \gamma$.

Il résulte de là que, x et $x+h$ étant deux valeurs de la variable appartenant à l'intervalle $(-\beta, +\beta)$, on aura

$$|f(x+h) - f(x)| < \varepsilon$$

sous la condition $|h| < \gamma$; la fonction $f(x)$ est donc continue dans cet intervalle.

Corollaire. — *Si la fonction définie par une série entière convergente dans l'intervalle* $(-\beta, +\beta)$, *s'annule pour* $x = 0$, *on peut assigner un nombre positif* γ *tel que l'on ait.*

$$|f(x)| < \varepsilon$$

sous la seule condition $|x| < \gamma$.

De ce corollaire on déduit le théorème suivant:

Théorème III. — *Deux séries entières*

$$(15) \qquad a_0 + a_1 x + a_2 x^2 + \cdots$$

$$(16) \qquad b_0 + b_1 x + b_2 x^2 + \cdots$$

qui ont la même somme $f(x)$ *pour toutes les valeurs de* x *appartenant à un intervalle* $(-\beta, +\beta)$, *sont identiques terme à terme.*

En effet, dans ces conditions, la série entière

$$(17) \qquad a_0 - b_0 + (a_1 - b_1) x + (a_2 - b_2) x^2 + \cdots$$

a une somme nulle pour toutes les valeurs de x appartenant à l'intervalle $(-\beta, +\beta)$.

En particulier, si l'on pose $x = 0$, on voit que la différence $a_0 - b_0$ doit être nulle.

Supposons que toutes les différences

$$a_1 - b_1 \qquad a_2 - b_2 \quad \ldots \quad a_{n-1} - b_{n-1}$$

soient aussi nulles, nous allons démontrer que *la différence suivante* $a_n - b_n$ *doit être également nulle.*

En effet, dans notre hypothèse, la série (17) peut être mise sous la forme

$$x^n [a_n - b_n + \varphi(x)],$$

en posant

$$\varphi(x) = (a_{n+1} - b_{n+1}) x + (a_{n+2} - b_{n+2}) x^2 + \ldots$$

D'après le corollaire précédent, on peut assigner un nombre γ tel que l'on ait

$$| \varphi(x) | < | a_n - b_n |$$

pour toutes les valeurs de x comprises entre $-\gamma$ et $+\gamma$.

Il y aurait alors une infinité de valeurs de x pour lesquelles la somme de la série (17) ne serait pas nulle, ce qui est contraire à l'hypothèse : on doit donc avoir $a_n - b_n = 0$.

Il résulte de là que l'on a $a_p = b_p$ pour toutes les valeurs entières de p, c'est-à-dire que les séries (15) et (16) sont identiques terme à terme.

Le théorème précédent montre qu'une fonction $f(x)$ ne peut être développée que d'une seule manière en série ordonnée suivant les puissances entières et positives de la variable x.

Formes illusoires. — Règle de l'Hospital.

278. Il peut arriver qu'une fonction définie par une expression algébrique cesse d'avoir un sens pour des valeurs particulières de la variable ; on dit alors que la fonction prend, pour ces valeurs, une forme *illusoire*.

Ainsi, par exemple, les fonctions

$$\frac{1 - \cos x}{x^2} \qquad x^x$$

n'ont plus de sens pour $x = 0$; elles prennent respectivement les formes *illusoires*

$$\frac{0}{0} \qquad 0^0.$$

Supposons que, pour $x=a$, la fonction $F(x)$ prenne une forme illusoire; si cette fonction tend vers une limite λ quand x tend vers a, on convient de lui attribuer la valeur λ pour $x=a$ et l'on dit que λ est *la vraie valeur* de cette fonction pour $x=a$.

Le développement en série permet, dans beaucoup de cas, de déterminer la vraie valeur d'une fonction qui, pour $x=a$, prend une forme illusoire.

Considérons, en effet, une fraction de la forme

$$\frac{f(x)}{\varphi(x)}$$

qui, pour $x=a$, prend l'une des formes illusoires $\dfrac{0}{0}$, $\dfrac{\infty}{\infty}$.

Posons $x=a+h$ et admettons que, par des développements en série, on ait pu mettre les fonctions $f(a+h)$, $\varphi(a+h)$ sous les formes

$$f(a+h)=h^{n}f_{1}(h)$$
$$\varphi(a+h)=h^{p}\varphi_{1}(h),$$

$f_{1}(h)$, $\varphi_{1}(h)$ désignant des séries ordonnées suivant les puissances entières de h, ayant un terme indépendant de h et convergentes pour $|h|<\alpha$.

On aura

$$\frac{f(x)}{\varphi(x)}=\frac{f(a+h)}{\varphi(a+h)}=h^{n-p}\cdot\frac{f_{1}(h)}{\varphi_{1}(h)}.$$

Quand h tend vers zéro, les fonctions *continues* $f_{1}(h)$, $\varphi_{1}(h)$ tendent respectivement vers $f_{1}(0)$ et $\varphi_{1}(0)$.

Il résulte de là que la vraie valeur de la fonction $\dfrac{f(x)}{\varphi(x)}$ sera zéro si l'on a $n>p$ et $\dfrac{f_{1}(0)}{\varphi_{1}(0)}$ si l'on a $n=p$.

Cette fonction deviendra infinie pour $h=0$, si l'on a $n<p$.

Nous allons appliquer les considérations précédentes à quelques exemples.

Exemple I. — *Trouver la vraie valeur de la fraction*

$$y=\frac{x-\sin x}{x^{3}}$$

pour $x=0$.

En développant $\sin x$ en série, on trouve

$$y = \frac{1}{3!} - \frac{x^2}{5!} + \cdots$$

La vraie valeur de la fraction est donc $\frac{1}{6}$.

Exemple II. — *Trouver la vraie valeur de la fraction*

$$y = \frac{(1+x)^{\frac{1}{x}} - e}{x}$$

our $x = 0$.

Pour développer $(1+x)^{\frac{1}{x}}$ en série, posons

$$z = (1+x)^{\frac{1}{x}},$$

nous aurons

$$L z = \frac{1}{x} \cdot L(1+x) = 1 - \frac{x}{2} + \alpha x^2$$

la quantité α restant finie quand x tend vers zéro.

On tire de là

$$z = e \cdot e^{-\frac{x}{2}} \cdot e^{\alpha x^2}$$

puis

$$z = e\left(1 - \frac{x}{2} + \beta x^2\right)(1 + \gamma x^2)$$

ou encore

$$z = e\left(1 - \frac{x}{2} + \delta x^2\right),$$

les quantités β, γ et par suite δ, restant finies quand x tend vers zéro.

On a donc

$$y = e\left(-\frac{1}{2} + \delta x\right) ;$$

et la vraie valeur de y, pour $x = 0$, est $-\frac{e}{2}$.

Exemple III. — *Trouver la vraie valeur de la fonction*

$$y = \frac{e^x}{x^n}$$

pour x infini ; n désignant un nombre positif.

Pour que la fonction x^n soit définie, quelque soit n, on ne donnera à x que des valeurs positives. Pour x infini la fraction y prend la forme illusoire $\dfrac{\infty}{\infty}$; en désignant par p le plus grand nombre entier contenu dans n et développant e^x en série, on aura

$$y = \frac{1}{x^n} + \frac{1}{1}\cdot\frac{1}{x^{n-1}} + \cdots + \frac{1}{p!}\cdot\frac{1}{x^{n-p}} + \frac{1}{(p+1)!}\,x^{p+1-n} + \cdots$$

Sous cette forme, on voit que y devient infini, quand le nombre positif x devient lui-même infini.

Règle de l'Hospital.

279. Nous allons maintenant établir des règles connues sous le nom de règles de l'Hospital qui permettent, dans certaines conditions, de déterminer les vraies valeurs des fonctions qui prennent des formes illusoires.

Ces règles sont les conséquences de théorèmes que nous allons d'abord établir.

Forme illusoire $\dfrac{0}{0}$. — Soit $\dfrac{f(x)}{\varphi(x)}$ une fraction qui pour $x = a$ prend la forme illusoire $\dfrac{0}{0}$.

Nous supposerons que l'on peut former un intervalle $(a-\alpha,\, a+\alpha)$, jouissant des propriétés suivantes :

1° *Dans cet intervalle les fonctions $f(x)$ et $\varphi(x)$ sont continues et admettent des dérivées, sauf peut-être pour $x = a$;*

2° *Dans cet intervalle la dérivée $\varphi'(x)$ ne s'annule pour aucune valeur de x, sauf peut-être pour $x = a$.*

Ces conditions étant remplies, nous pouvons énoncer le théorème suivant :

Théorème IV. — *Quand la fraction $\dfrac{f(x)}{\varphi(x)}$ prend, pour $x = a$, la forme illusoire $\dfrac{0}{0}$, si, x tendant vers a, le rapport $\dfrac{f'(x)}{\varphi'(x)}$ tend vers une limite l, le rapport $\dfrac{f(x)}{\varphi(x)}$ tend vers la même limite.*

Pour fixer les idées, nous supposerons que x tend vers a par des valeurs moindres que a ; la démonstration serait la même si x tendait vers a par des valeurs plus grandes que a.

Posons $x = a + h$; le rapport $\dfrac{f'(a+h)}{\varphi'(a+h)}$ ayant l pour limite quand h tend vers zéro, au nombre positif ε correspond un nombre positif β que l'on prendra au plus égal à α et tel que l'on a

$$\left| \frac{f'(a+h)}{\varphi'(a+h)} - l \right| < \varepsilon,$$

sous la seule condition $|h| < \beta$.

Pour ces mêmes valeurs de x on a, en remarquant que $f(a)$ et $\varphi(a)$ sont nuls,

$$\frac{f(a+h) - f(a)}{\varphi(a+h) - \varphi(a)} = \frac{f(a+h)}{\varphi(a+h)} = \frac{f'(a+\theta h)}{\varphi'(a+\theta h)}, \qquad 0 < \theta < 1.$$

La quantité $\theta|h|$ étant moindre que β, on aura

$$\left| \frac{f'(a+\theta h)}{\varphi'(a+\theta h)} - l \right| < \varepsilon$$

et, par suite,

$$\left| \frac{f(a+h)}{\varphi(a+h)} - l \right| < \varepsilon.$$

Cette dernière inégalité ayant lieu pour toutes les valeurs de h comprises entre $-\beta$ et 0, la fraction $\dfrac{f(x)}{\varphi(x)}$ tend vers l quand x tend vers a.

Remarque. — Le théorème précédent ne suppose pas l'existence des dérivées $f'(x)$ et $\varphi'(x)$ pour $x = a$; en particulier, il reste vrai si ces dérivées deviennent infinies pour $x = a$.

Considérons, par exemple, la fraction

$$y = \frac{\sqrt{x} - \sqrt{a} + \sqrt{x-a}}{\sqrt{x^2 - a^2}}$$

qui, pour $x = a$, prend la forme illusoire $\dfrac{0}{0}$.

En prenant les dérivés des deux termes on obtient la fraction

$$u = \frac{1}{2} \cdot \frac{\dfrac{1}{\sqrt{x}} + \dfrac{1}{\sqrt{x-a}}}{\dfrac{x}{\sqrt{x^2 - a^2}}},$$

qui, pour $x = a$ prend la forme $\dfrac{\infty}{\infty}$.

On a

$$u = \frac{1}{2} \frac{\sqrt{x} + \sqrt{x-a}}{x\sqrt{x}} \cdot \sqrt{x+a},$$

d'où l'on tire

$$u = \frac{1}{\sqrt{2a}}$$

en remplaçant x par a.

Ainsi, quand x tend vers a, la fraction $u = \dfrac{f'(x)}{\varphi'(x)}$ tend vers une limite $\dfrac{1}{\sqrt{2a}}$; la fraction y a donc la même limite d'après le théorème IV.

Nous allons maintenant supposer que les dérivées $f'(x)$, $\varphi'(x)$ existent même pour $x = a$.

En résumé, nos hypothèses sont les suivantes :

1° Dans l'intervalle $(a - \alpha,\ a + \alpha)$ les fonctions $f(x)$, $\varphi(x)$ admettent des dérivées pour chaque valeur de x et sont, dès lors, continues ;

2° Dans cet intervalle, les dérivées $f'(x)$, $\varphi'(x)$ sont continues et la deuxième $\varphi'(x)$ ne s'annule pas.

De cette dernière hypothèse il résulte que la fonction $\dfrac{f'(x)}{\varphi'(x)}$ est continue dans l'intervalle considéré.

Ces conditions étant remplies, nous pouvons énoncer le théorème suivant :

Théorème V. — *Quand la fraction $\dfrac{f(x)}{\varphi(x)}$ prend, pour $x = a$, la* *forme illusoire* $\dfrac{0}{0}$, *si,* x *tendant vers* a, *le rapport* $\dfrac{f(x)}{\varphi(x)}$ *tend vers une limite* λ, *le rapport* $\dfrac{f'(x)}{\varphi'(x)}$ *tend vers la même limite.*

Posons encore $x = a + h$.

Par hypothèse, la fraction $\dfrac{f(a+h)}{\varphi(a+h)}$ a pour limite λ quand h tend vers zéro et la fraction $\dfrac{f'(a+h)}{\varphi'(a+h)}$ est une fonction de h qui *est continue* pour $h = 0$; au nombre positif ε correspond donc un nombre positif β égal ou inférieur à α, et tel que l'on aura

$$\left| \frac{f(a+h)}{\varphi(a+h)} - \lambda \right| < \frac{\varepsilon}{2}$$

et

$$(18) \qquad \left| \frac{f'(a+z)}{\varphi'(a+z)} - \frac{f'(a+z_1)}{\varphi'(a+z_1)} \right| < \frac{\varepsilon}{2}$$

pour toutes les valeurs de h, z et z_1 comprises entre $-\beta$ et $+\beta$.

Pour ces mêmes valeurs de h on aura encore

$$\frac{f(a+h)}{\varphi(a+h)} = \frac{f'(a+\theta h)}{\varphi'(a+\theta h)}$$

et, par suite,

$$(19) \qquad \left| \frac{f'(a+\theta h)}{\varphi'(a+\theta h)} - \lambda \right| < \frac{\varepsilon}{2}.$$

Quand h varie de $-\beta$ à $+\beta$, θh prend *des* valeurs appartenant à l'intervalle $(-\beta +\beta)$, mais on ne peut pas affirmer que θh prend *toutes* les valeurs appartenant à cet intervalle.

Soit z une des valeurs que n'atteint pas θh, la relation (18) appliquée aux quantités z et θh donne

$$(20) \qquad \left| \frac{f'(a+z)}{\varphi'(a+z)} - \frac{f'(a+\theta h)}{\varphi'(a+\theta h)} \right| < \frac{\varepsilon}{2}.$$

La comparaison des inégalités (19) et (20) conduit à l'inégalité

$$\left| \frac{f'(a+z)}{\varphi'(a+z)} - \lambda \right| < \frac{\varepsilon}{2}$$

qui aura lieu pour *toutes* les valeurs de z comprises entre $-\beta$ et $+\beta$; il résulte de là que la fraction $\dfrac{f'(a+h)}{\varphi'(a+h)}$ tend vers λ quand h tend vers zéro.

280. Par les théorèmes précédents, la recherche de la vraie valeur de la fonction $\dfrac{f(x)}{\varphi(x)}$ qui, pour $x = a$, prend la forme illusoire $\dfrac{0}{0}$ est ramenée à celle de la limite de la fonction $\dfrac{f'(x)}{\varphi'(x)}$, pour $x = a$.

Le problème ne sera pas résolu si, pour $x = a$, la fonction $\dfrac{f'(x)}{\varphi'(x)}$ prend elle-même la forme illusoire $\dfrac{0}{0}$.

Plus généralement nous allons examiner le cas où les fonctions $f(x)$ et $\varphi(x)$ nulles pour $x = a$, admettent, dans un certain intervalle $(a - \alpha,\ a + \alpha)$, des dérivées des ordres $1, 2, \ldots n - 1$ qui sont *toutes* nulles pour $x = a$.

Si, dans l'intervalle $(a - \alpha,\ a + \alpha)$, ces dérivées ne s'annulent pour aucune valeur de x autre que a, on aura (§ 214)

$$\frac{f(a+h)}{\varphi(a+h)} = \frac{f^{(n)}(a+\theta h)}{\varphi^{(n)}(a+\theta h)}, \quad 0 < \theta < 1.$$

Cette relation montre que les théorèmes IV et V du paragraphe 279 restent vrais quand on substitue à la fraction $\dfrac{f'(x)}{\varphi'(x)}$ la fraction $\dfrac{f^{(n)}(x)}{\varphi^{(n)}(x)}$ et, à la fonction $\varphi'(x)$, la fonction $\varphi^{(n)}(x)$.

281. Des propositions que nous venons d'établir résulte la règle suivante :

Règle de l'Hospital. — *Pour trouver la vraie valeur d'une fraction* $\dfrac{f(x)}{\varphi(x)}$ *qui prend, pour* $x = a$, *la forme illusoire* $\dfrac{0}{0}$, *on calcule les dérivées successives des fonctions* $f(x)$ *et* $\varphi(x)$ *jusqu'à ce qu'on arrive à deux dérivées de même ordre* $f^{(n)}(x)$, $\varphi^{(n)}(x)$ *qui ne* *sont pas toutes les deux nulles pour $x = a$; la fraction $\dfrac{f^{(n)}(a)}{\varphi^{(n)}(a)}$ est la vraie valeur cherchée.*

Exemple. — *Trouver la vraie valeur de la fraction*

$$y = \frac{\mathrm{L}(1-x) + x + \dfrac{x^2}{2}}{\sin x - x}$$

pour $x = 0$.

Cette fraction tend, pour $x = 0$, vers la même limite que les fractions

$$\frac{-\dfrac{1}{1-x} + 1 + x}{\cos x - 1}, \qquad \frac{-\dfrac{1}{(1-x)^2} + 1}{-\sin x}, \qquad \frac{\dfrac{2}{(1-x)^3}}{\cos x}.$$

La limite du dernier rapport est 2, pour $x = 0$; la vraie valeur de la fraction y est donc 2.

282. Forme illusoire $\dfrac{\infty}{\infty}$. — Soit $\dfrac{f(x)}{\varphi(x)}$ une fraction qui, pour $x = a$ prend la forme illusoire $\dfrac{\infty}{\infty}$; nous nous proposons de chercher si cette fraction tend vers une limite quand x tend vers a par des valeurs moindres que a.

L'analyse serait la même si x tendait vers a par des valeurs plus grandes que a.

Nous supposerons que l'on peut former un intervalle $(a - \alpha, a)$ jouissant des propriétés suivantes :

1° *Pour toutes les valeurs de x comprises entre $a - \alpha$ et un nombre quelconque b appartenant à l'intervalle $(a - \alpha, a)$ les fonctions $f(x)$ et $\varphi(x)$ admettent des dérivées ;*

2° *Dans l'intervalle $(a - \alpha, a)$ la dérivée $\varphi'(x)$ ne s'annule pas.*

Ces conditions étant remplies, nous pouvons énoncer le théorème suivant :

Théorème VI. — *Quand la fraction $\dfrac{f(x)}{\varphi(x)}$ prend, pour $x = a$, la* *forme illusoire* $\frac{\infty}{\infty}$, *si x tendant vers a, la fraction $\frac{f'(x)}{\varphi'(x)}$ tend vers une limite l, la fraction $\frac{f(x)}{\varphi(x)}$ tend vers la même limite.*

La fraction $\frac{f'(x)}{\varphi'(x)}$ ayant l pour limite quand x tend vers a, au nombre positif ε correspond un nombre positif β que l'on prendra au plus égal à α, et tel que l'on a

$$(21) \qquad \left| \frac{f'(x)}{\varphi'(x)} - l \right| < \varepsilon$$

sous la seule condition $a - \beta < x < a$.

Soit x_0 un nombre *fixe* compris entre $a - \beta$ et a, on aura

$$\frac{f(x) - f(x_0)}{\varphi(x) - \varphi(x_0)} = \frac{f'(x_1)}{\varphi'(x_1)} ;$$

le nombre x_1 étant compris entre x_0 et x, satisfait à l'inégalité (21) et l'on a

$$\left| \frac{f(x) - f(x_0)}{\varphi(x) - \varphi(x_0)} - l \right| < \varepsilon,$$

c'est-à-dire

$$(22) \qquad \left| A \frac{f(x)}{\varphi(x)} - l \right| < \varepsilon,$$

en posant

$$A = \frac{1 - \dfrac{f(x_0)}{f(x)}}{1 - \dfrac{\varphi(x_0)}{\varphi(x)}}.$$

La relation (22) qui a lieu pour *toutes* les valeurs de x comprises entre $a - \beta$ et a, prouve que le produit $A \frac{f(x)}{\varphi(x)}$ tend vers l quand x tend vers a par des valeurs moindres que a.

D'un autre côté, comme $f(x)$ et $\varphi(x)$ deviennent infinis pour $x = a$, le facteur A tend vers l'unité ; la fraction $\frac{f(x)}{\varphi(x)}$ tend donc vers l.

Remarque. — En général si $f(a)$ et $\varphi(a)$ sont infinis, il en est de même pour $f'(a)$ et $\varphi'(a)$; le théorème précédent donne donc seulement le moyen de remplacer une difficulté par une autre de même nature.

Toutefois, il arrivera souvent que la fraction $\dfrac{f'(x)}{\varphi'(x)}$ se présentera sous une forme plus simple, permettant d'obtenir la vraie valeur cherchée.

Pour compléter cette remarque il reste à montrer que si une fonction $f(x)$ est infinie pour $x = a$, sa dérivée est, en général, également infinie.

Pour fixer les idées, faisons tendre x vers a par valeurs moindres que a.

Nous supposerons que l'on peut former un intervalle $(a - \alpha,\ a)$ jouissant de la propriété suivante :

Pour toutes les valeurs de x comprises entre $a - \alpha$ et un nombre quelconque b appartenant à l'intervalle $(a - \alpha,\ a)$ la fonction $f(x)$ admet une dérivée.

Cela étant, si la dérivée n'est pas infinie, pour $x = a$, elle sera limitée dans un intervalle $(a_1,\ a)$, le nombre a_1 étant égal ou supérieur à $a - \alpha$; sa valeur absolue admettra donc, dans cet intervalle, une limite maximum M.

Soit x un nombre appartenant à l'intervalle $(a_1,\ a)$, on aura

$$\frac{f(x) - f(a_1)}{x - a_1} = f'(x_1), \qquad (a_1 < x_1 < a)$$

et, par suite,

$$|f(x) - f(a_1)| < (x - a_1)\mathrm{M}$$

et, à fortiori,

$$|f(x) - f(a_1)| < (a - a_1)\mathrm{M},$$

pour toutes les valeurs de x comprises entre a_1 et a.

L'inégalité précédente ne peut pas avoir lieu pour toutes ces valeurs de x, car, quand x tend vers a, la fonction $f(x)$ croît, en valeur absolue, au delà de toute limite en restant continue ; $f'(x)$ est donc infini pour $x = a$.

Nous allons maintenant établir un théorème qui est, en quelque sorte, la réciproque du théorème VI, mais qui n'est vrai que sous certaines conditions.

Théorème VII. — *Quand la fraction $\dfrac{f(x)}{\varphi(x)}$ prend, pour $x = a$, la forme illusoire $\dfrac{\infty}{\infty}$, si, x tendant vers a, la fraction $\dfrac{f(x)}{\varphi(x)}$ tend vers une limite λ, la fraction $\dfrac{f'(x)}{\varphi'(x)}$ tend vers la même limite.*

On peut déduire ce théorème du théorème V du paragraphe 279. Posons pour cela

$$f(x) = \frac{1}{F(x)} \qquad \varphi(x) = \frac{1}{\Phi(x)},$$

nous aurons

$$\frac{f(x)}{\varphi(x)} = \frac{\Phi(x)}{F(x)}$$

et le second membre de cette égalité qui, pour $x = a$, prend la forme $\dfrac{0}{0}$, a pour limite λ.

Si l'on admet que les fonctions $F(x)$, $\Phi(x)$, $F'(x)$, $\Phi'(x)$ satisfont aux conditions que l'on a supposé remplies par les fonctions $f(x)$, $\varphi(x)$, $f'(x)$, $\varphi'(x)$ en établissant le théorème V, on pourra appliquer ce théorème à la fraction $\dfrac{\Phi(x)}{F(x)}$, et l'on aura

$$\lambda = \lim \frac{\Phi'(x)}{F'(x)}$$

pour $x = a$, c'est-à-dire

$$\lambda = \lim \left[\frac{f(x)}{\varphi(x)}\right]^2 \cdot \frac{\varphi'(x)}{f'(x)} = \lambda^2 \lim \frac{\varphi'(x)}{f'(x)}.$$

Si λ n'est pas nul, on tire de l'égalité précédente

$$\lim \frac{f'(x)}{\varphi'(x)} = \lambda.$$

La même conclusion subsiste quand λ est nul.

Pour le démontrer, considérons la fraction

$$\frac{f(x) + C\varphi(x)}{\varphi(x)} = \frac{f(x)}{\varphi(x)} + C$$

qui, pour $x = a$, a pour limite la constante arbitraire C.

Comme C n'est pas nul, on aura, pour $x = a$,

$$C = \lim \frac{f'(x) + C\varphi'(x)}{\varphi'(x)} = C + \lim \frac{f'(x)}{\varphi'(x)}$$

et, par conséquent,

$$\lim \frac{f'(x)}{\varphi'(x)} = 0 = \lim \frac{f(x)}{\varphi(x)}.$$

Des théorèmes VI et VII on déduit facilement que la règle de l'Hospital établie pour les fractions qui prennent la forme illusoire $\dfrac{0}{0}$, s'applique à celles qui prennent la forme illusoire $\dfrac{\infty}{\infty}$.

283. Remarque I. — En établissant les théorèmes IV, V, VI et VII, on a supposé que, pour $x = a$ les fractions $\dfrac{f(x)}{\varphi(x)}$ ou $\dfrac{f'(x)}{\varphi'(x)}$ avaient des limites finies.

Ces théorèmes sont encore vrais quand l'une ou l'autre de ces fractions devient infinie, car, appliqués aux fractions inverses, ils donnent

$$\lim \frac{\varphi(x)}{f(x)} = \lim \frac{\varphi'(x)}{f'(x)} = 0,$$

et les deux expressions $\dfrac{f(x)}{\varphi(x)}$, $\dfrac{f'(x)}{\varphi'(x)}$ deviennent infinies pour $x = a$.

Remarque II. — En établissant les mêmes théorèmes, on a supposé que la fraction $\dfrac{f(x)}{\varphi(x)}$ prenait une forme illusoire pour une valeur *finie* de x.

Ils sont encore vrais quand cette forme illusoire se présente pour une valeur *infinie* de x.

Pour le démontrer posons $x = \dfrac{1}{y}$; nous serons ramenés à chercher la vraie valeur de la fraction

$$\frac{f\left(\dfrac{1}{y}\right)}{\varphi\left(\dfrac{1}{y}\right)}$$

pour $y = 0$.

On peut appliquer les théorèmes établis et l'on aura

$$\lim \frac{f\left(\dfrac{1}{y}\right)}{\varphi\left(\dfrac{1}{y}\right)} = \lim \frac{-\dfrac{1}{y^2}f'\left(\dfrac{1}{y}\right)}{-\dfrac{1}{y^2}\varphi'\left(\dfrac{1}{y}\right)} = \lim \frac{f'\left(\dfrac{1}{y}\right)}{\varphi'\left(\dfrac{1}{y}\right)}$$

pour $y = 0$.

On conclut de là

$$\lim \frac{f(x)}{\varphi(x)} = \lim \frac{f'(x)}{\varphi'(x)}$$

pour x infini.

Exemple I. — *Trouver la vraie valeur de la fonction*

$$\frac{a^x}{x^n}$$

pour x infini; le nombre n étant positif et le nombre a plus grand que l'unité.

Pour que la fonction x^n soit définie, quel que soit n, on ne donnera à x que des valeurs positives.

Soit p le plus grand nombre entier contenu dans n; en prenant le rapport des dérivées d'ordre $p + 1$ des fonctions a^x, x^n on obtient la fonction

$$\frac{(\mathrm{L}a)^{p+1}}{n(n-1)\dots(n-p)} a^x \cdot x^{p+1-n}$$

qui devient infinie avec x.

La fraction $\dfrac{a^x}{x^n}$ devient donc infinie, quand x croît au delà de toute limite.

Exemple II. — *Trouver la vraie valeur de la fraction*

$$y = \frac{x - \sin x}{x + \cos x}$$

pour x infini.

On a évidemment lim $y = 1$ et cependant la fraction

$$\frac{1 - \cos x}{1 - \sin x},$$

obtenue en prenant les dérivées des deux termes de la proposée, ne tend vers aucune limite, pour x infini.

Ce résultat n'est pas en contradiction avec le théorème VII.

Pour le montrer, posons

$$x = \frac{1}{z} \qquad F(z) = \frac{1}{\frac{1}{z} - \sin \frac{1}{z}} \qquad \Phi(z) = \frac{1}{\frac{1}{z} + \cos \frac{1}{z}},$$

nous aurons

$$y = \frac{\Phi(z)}{F(z)},$$

et cette nouvelle fraction prendra, pour $z = 0$, la forme illusoire $\frac{0}{0}$.

On trouve facilement

$$F'(z) = \frac{1 - \cos \frac{1}{z}}{\left(1 - z \sin \frac{1}{z}\right)^2} \qquad \Phi'(z) = \frac{1 - \cos \frac{1}{z}}{\left(1 + z \sin \frac{1}{z}\right)^2},$$

et l'on voit que les fonctions $F(z)$, $\Phi(z)$ *n'ont pas de dérivées* pour $x = 0$; le théorème VII n'est donc pas applicable à la fraction considérée y.

284. Nous allons maintenant examiner d'autres formes illusoires que l'on peut ramener aux formes précédentes.

Formes illusoires $0 . \infty$. — Soit $f(x) . \varphi(x)$ un produit qui, pour $x = a$, prend la forme illusoire $0 . \infty$; l'identité

$$f(x) . \varphi(x) = \frac{f(x)}{[\varphi(x)]^{-1}} = \frac{\varphi(x)}{[f(x)]^{-1}}$$

montre que l'on est ramené à considérer les formes illusoires $\frac{0}{0}$ ou $\frac{\infty}{\infty}$.

Formes illusoires. — 0^0, 1^∞, ∞^∞. — Considérons la fonction

$$y = [f(x)]^{\varphi(x)}$$

qui pour $x = a$ prend l'une des formes illusoires 0^0, 1^∞, 8^∞.

On ramène immédiatement ce cas au précédent en remarquant que l'on a

$$y = e^{\varphi(x) \cdot \mathrm{L}f(x)};$$

en effet, l'exposant $\varphi(x) \cdot \mathrm{L}f(x)$ prend la forme $0 \cdot \infty$.

Remarque. — Quand la fonction y prend la forme 1^∞, on peut aussi poser

$$f(x) = 1 + \alpha \qquad \varphi(x) = \frac{1}{\beta},$$

α et β étant des fonctions de x qui tendent vers zéro, pour $x = a$.

On a en effet

$$y = (1 + \alpha)^{\frac{1}{\beta}} = \left[(1 + \alpha)^{\frac{1}{\alpha}}\right]^{\frac{\alpha}{\beta}}$$

et, par suite,

$$\lim y = e^{\lim \frac{\alpha}{\beta}} = e^{\lim [f(x) - 1] \cdot \varphi(x)}.$$

Forme illusoire $\infty - \infty$. — Soit $f(x) - \varphi(x)$ une fonction qui, pour $x = a$, prend la forme illusoire $\infty - \infty$. On a

$$f(x) - \varphi(x) = f(x) \cdot \left[1 - \frac{\varphi(x)}{f(x)}\right].$$

Si, pour $x = a$, la fraction $\dfrac{\varphi(x)}{f(x)}$ ne tend pas vers l'unité, la fonction $f(x) - \varphi(x)$ est infinie, pour $x = a$.

Si la fraction $\dfrac{\varphi(x)}{f(x)}$ tend vers l'unité, on est ramené à la forme $\infty \cdot 0$.

Exemple I. — *Trouver la vraie valeur de la fonction*

$$y = \sin x \cdot \mathrm{L}x$$

qui, pour $x = 0$, prend la forme $0 \cdot \infty$.

On a

$$\lim y = \lim \frac{\mathrm{L}x}{\frac{1}{\sin x}} = \lim \frac{\frac{1}{x}}{-\frac{\cos x}{\sin^2 x}} = \lim \left(-\frac{\sin x}{x} \cdot \tan x\right) = 0.$$

Exemple II. — *Trouver la vraie valeur de la fonction*

$$y = x^{\sin x}$$

qui, pour $x = 0$, prend la forme 0^0.

On a

$$\lim y = e^{\lim \sin x \,.\, \mathrm{L}x} = e^0 = 1.$$

Exemple III. — *Trouver la vraie valeur de la fonction*

$$y = (\sin x + \cos x)^{\frac{1}{\sin x}}$$

qui, pour $x = 0$, prend la forme 1^∞.

On a

$$\lim y = e^{\lim \frac{\mathrm{L}(\sin x + \cos x)}{\sin x}} = e^{\lim \frac{\cos x - \sin x}{(\sin x + \cos x)\cos x}} = e.$$

Autre solution. — Posons

$$\sin x + \cos x = 1 + \alpha \qquad \frac{1}{\sin x} = \frac{1}{\beta}.$$

On a

$$\lim \frac{\alpha}{\beta} = \lim \frac{\sin x + \cos x - 1}{\sin x} = \lim \frac{\cos x - \sin x}{\cos x} = 1 ;$$

èt, par suite,

$$\lim y = e.$$

Exemple IV. — *Trouver la vraie valeur de la fonction*

$$y = \mathrm{L}x + \frac{1}{x}$$

qui, pour $x = 0$, prend la forme $\infty - \infty$.

On a

$$y = \frac{x\,\mathrm{L}x + 1}{x} = \frac{\mathrm{L}x^x + 1}{x} ;$$

donc y devient infini quand x tend vers zéro.

Exemple V. — *Trouver la vraie valeur de la fonction*

$$y = (x^3 + 3x^2 + 1)^{\frac{1}{3}} - (x^2 + 1)^{\frac{1}{2}}$$

qui, pour x infini et positif, prend la forme $\infty - \infty$.

Posons $x = \dfrac{1}{z}$, la quantité z tendra vers zéro quand x devient infini.

On a

$$\lim y = \lim \frac{(1+3z+z^3)^{\frac{1}{3}}-(1+z^2)^{\frac{1}{2}}}{z} = \lim [(1+z^2)(1+3z+z^3)^{-\frac{2}{3}}-z(1+z^2)^{-\frac{1}{2}}] = 1.$$

EXERCICES

1° Appliquer la série de Taylor à la démonstration du théorème IX, § 214.

2° Développer par la série de Taylor la fonction arc tang $(x+h)$.

En posant arc tang $x = \frac{\pi}{2} - y$, on trouve

$$\text{arc tang}\,(x+h) = \text{arc tang}\,x + \frac{h}{1}\sin^2 y - \frac{h^2}{2}\sin^2 y \sin 2y + \frac{h^3}{3}\sin^3 y \sin 3y - \ldots$$

Cas particuliers. — Si l'on fait $h = -x$ on a

$$\frac{\pi}{2} - y = \sin y \cos y + \frac{\cos^2 y \sin 2y}{2} + \frac{\cos^3 y \sin 3y}{3} + \ldots$$

Si l'on fait $h = -x - \frac{1}{x}$, on a

$$\frac{\pi}{2} = \frac{\sin y}{\cos y} + \frac{1}{2}\frac{\sin 2y}{\cos^2 y} + \frac{1}{3}\frac{\sin 3y}{\cos^3 y} + \ldots$$

Si l'on pose $h = -\sqrt{1+x^2}$, on a

$$\frac{\pi - y}{2} = \sin y + \frac{1}{2}\sin 2y + \frac{1}{3}\sin 3y + \ldots$$

3° Appliquer la série de Taylor à la recherche de la dérivée n^e, par rapport à x, de la fonction

$$y = f(u)$$

dans laquelle on a

$$u = \varphi(x).$$

(Si l'on pose

$$\delta = \varphi(x+h) - \varphi(x) = \frac{h}{1} u' + \frac{h^2}{2!} u'' + \frac{h^3}{3!} u''' + \ldots$$

on aura

$$f(u+\delta) = f(u) + \frac{\delta}{1} f'(u) + \frac{\delta^2}{2!} f''(u) + \ldots$$

En calculant les puissances successives de δ, on obtiendra le développement de $f(u+\delta)$ ordonné par rapport aux puissances entières et positives de h ; le coefficient de $\frac{h^n}{n!}$ sera égal à $\frac{d^n y}{dx^n}$).

Cette dérivée est de la forme

$$n! \left[\frac{A_n}{n!} f^{(n)}(u) + \frac{A_{n-1}}{(n-1)!} f^{(n-1)}(u) + \dots + \frac{A_1}{1} f'(u) \right];$$

A_p étant le coefficient de h^n dans δ^p.

Cas particuliers. — (α) $u = x^2$, on a $\delta = h(2x + h)$ et

$$A_p = \frac{p(p-1) \dots (2p - n + 1)}{(p-1)!} (2x)^{2p-n}$$

(β) $u = \dfrac{1}{x}$, on a

$$\delta = - \frac{h}{x(x+h)}$$

et

$$A_p = \frac{(-1)^p}{x^{p+1}} \cdot \frac{p(p+1) \dots (n-1)}{(n-1)!}.$$

Cas général. — Le coefficient de $\dfrac{h^n}{n!}$ dans

$$\delta^p = [\varphi(x+h) - \varphi(x)]^p$$

est la dérivée n^e de cette quantité prise par rapport à h, dans laquelle on fait ensuite $h = 0$; on trouve ainsi

$$A_p = \frac{1}{n!} \left[(u^p)^{(n)} - \frac{p}{1} (u^{p-1})^{(n)} + \frac{p(p-1)}{2!} (u^{p-2})^{(n)} - \dots \right].$$

4° Développer, par la série de Maclaurin, les fonctions

$$\text{arc sin } x \qquad \frac{x \sin a}{1 - 2x \cos a + x^2} \qquad \sqrt{1 - x + x^2}$$

$$e^{x \cos b} \sin (a + x \sin b) \qquad e^{x \cos b} \cos (a + x \sin b).$$

5° Développer, par la série de Maclaurin, la fonction

$$y = (1 - 2xz + z^2)^{-\frac{1}{2}}.$$

En posant

$$(1 - 2xz + z^2)^{-\frac{1}{2}} = 1 + X_1 z + X_2 z^2 + \dots + X_n z^n + \dots,$$

démontrer les relations suivantes :

$$X_n = \frac{1.3.5\ldots(2n-1)}{n!}\left[x^n - \frac{n(n-1)}{2(2n-1)}x^{n-2} + \frac{n(n-1)(n-2)(n-3)}{2.4.(2n-1)(2n-3)}x^{n-4} - \ldots\right]$$

$$X_n = \frac{1}{2^n . n!} \cdot \frac{d^n(x^2-1)^n}{dx^n}.$$

$$(1-x^2)\frac{d^2 X_n}{dx^2} - 2x\frac{dX_n}{dx} + n(n+1)X_n = 0.$$

$$(n+1)X_{n+1} - (2n+1)xX_n + nX_{n-1} = 0.$$

Les fonctions X_n sont connues sous le nom de *polynômes de Legendre.*
6° Trouver les vraies valeurs des fonctions suivantes :

Pour $x=a$

$$\frac{x^2 - a\sqrt{ax}}{a - \sqrt{ax}} \qquad\qquad \frac{a}{\sqrt{x^2-a^2}}\,L\,\frac{x - \sqrt{x^2-a^2}}{a}.$$

$$\left(1 - \frac{x}{a}\right)^{\tan\frac{\pi x}{a}} \qquad\qquad \frac{a^n - x^n}{L(a^n) - L(x)^n}.$$

Pour $x=0$

$$\frac{e^x - e^{\sin x}}{x - \sin x} \qquad \frac{\sin x - xe^x}{\cos x - e^{2x} + 2x} \qquad \frac{xL(1+\sin x)}{e^{\tan x} - x - 1}$$

$$\frac{(a+x)^x - a^x}{x^3} \qquad \left(\frac{1}{x}\right)^{\sin x} \qquad \frac{x - \arcsin x}{x^3}$$

$$\frac{\tan\pi x - \pi x}{2x^2 \tan\pi x} \qquad \frac{\sin(\tan\pi x)}{\tan(\sin x)} \qquad \frac{e^x - 1 - L(1+x)}{x^3}$$

$$\frac{L\tan ax}{L\tan x} \qquad \frac{\pi x - 1}{2x^2} + \frac{\pi}{x(e^{x\pi} - 1)} \qquad \frac{2\tan x - \tan 2x}{x(1 - \cos 3x)}$$

$$\left(\frac{\tan x}{x}\right)^{\frac{1}{x^2}} \qquad (\cos ax)^{\frac{b}{x^2}} \qquad \text{(\textit{cas particuliers} } n = 1, 2, 3)$$

$$\frac{L(1+x+x^2) + L(1-x+x^2)}{\sec x - \cos x} \qquad \frac{x\sin(\sin x) - \sin^2 x}{x^6} \qquad \frac{(1+x)^{\frac{1}{x}} - e + \frac{ex}{2}}{x^2}.$$

$$\text{Pour } x = 1$$

$$\frac{Lx}{\sqrt{1-x}} \qquad \frac{x^x - x}{1-x+Lx} \qquad \frac{L \sin \frac{\pi x}{2}}{(x-1)^2}$$

$$\frac{\pi \ \text{tang} \frac{1}{2}\pi x}{4x} - \frac{1}{1-x^2} \qquad \frac{L \cos (x-1)}{1 - \sin \frac{\pi x}{2}} \qquad \frac{x-(n+1)x^{n+1}+nx^{n+2}}{(1-x)^2}.$$

$$\text{Pour } x = \frac{\pi}{4}$$

$$\frac{\sqrt{2} - \sin x - \cos x}{L \sin 2x} \qquad \text{tang } 2x \cdot \cot \left(x + \frac{\pi}{4}\right) \qquad 4x \ \text{tang } 2x - \frac{\pi}{\cos 2x},$$

$$\text{Pour } x = \frac{\pi}{2}$$

$$(\sin x)^{\text{tang } x} \qquad (\text{tang } x)^{\cos x} \qquad (a + be^{\text{tang } x})^{\pi - 2x}.$$

$$\text{Pour } x = \infty$$

$$x - x^2 L\left(1 + \frac{1}{x}\right) \qquad 3x^2\left(1 + \frac{1}{x}\right)^n - 8ex^3 L(1+x)$$

$$\left(\frac{a_1^{\frac{1}{x}} + a_2^{\frac{1}{x}} + \dots + a_n^{\frac{1}{x}}}{n}\right)^{nx}.$$

7° De la formule du binôme on tire

$$\frac{(1+x)^m - 1}{m} = x + \frac{m-1}{2!} x^2 + \frac{(m-1)(m-2)}{3!} x^3 + \dots;$$

trouver la vraie valeur du premier membre de cette égalité quand m tend vers zéro; démontrer que, dans la même hypothèse, le deuxième membre a pour limite la série

$$x - \frac{x^2}{2} + \frac{x^3}{3} - \frac{x^4}{4} + \dots$$

Déduire de là le développement de $L(1+x)$ en série.

8° On pose

$$\varphi(x) = \frac{1.2.3 \dots n}{\sqrt{2\pi} \cdot e^{-x} \cdot x^{x + \frac{1}{2}}},$$

(α). — Démontrer que les fonctions

$$\frac{\varphi(x)}{\varphi(2x)} \qquad \frac{[\varphi(x)]^2}{\varphi(2x)}$$

tendent vers l'unité quand x devient infini.

(β). — Conclure de là que, x devenant infini, $\varphi(x)$ tend vers l'unité, c'est-à-dire que l'on a approximativement, pour de très grandes valeurs de x,

$$1.2.3 \ldots n = \sqrt{2\pi} \cdot e^{-x} \cdot x^{x+\frac{1}{2}}.$$

Ce résultat est dû à Stirling.

Remarque. — Pour démontrer que la fraction $\dfrac{\varphi(x)}{\varphi(2x)}$ tend vers l'unité pour x infini, on mettra cette fraction sous la forme

$$\frac{\varphi(x)}{\varphi(2x)} = e^{\frac{\theta}{x}} \qquad (0 < \theta < 1).$$

Pour démontrer que la fraction $\dfrac{[\varphi(x)]^2}{\varphi(2x)}$ tend vers l'unité, pour x infini, on admettra la formule de Wallis.

$$\frac{\pi}{2} = \lim \frac{2}{1} \cdot \frac{2}{3} \cdot \frac{4}{3} \cdot \frac{4}{5} \cdots \frac{2n}{2n-1} \cdot \frac{2n}{2n+1} \cdots$$

9· Trouver l'ordre infinitésimal d'une fonction donnée $f(x)$ qui est infiniment petite pour $x = 0$.

On considérera la fraction $\dfrac{f(x)}{x^n}$ *et l'on déterminera l'exposant* n *par la condition que la vraie valeur de cette fraction, pour* $x = 0$ *soit finie.*

Application. — $f(x) = \tang x - \sin x$; — $f(x) = \sqrt{x} - \sin x$. — $f(x) = \tang px - p \tang x$.

CHAPITRE XX

INTÉGRALE DÉFINIE. — INTÉGRALE INDÉFINIE

285. Nous avons établi au chapitre XVII des règles permettant de trouver les dérivées des fonctions élémentaires ; nous allons maintenant résoudre le problème inverse qui peut être énoncé comme il suit :

Problème. — *Une fonction $f(x)$ étant donnée, existe-t-il une onction qui admette $f(x)$ pour dérivée ?*

On a d'abord résolu ce problème à l'aide de considérations géométriques qui n'ont, par elles-mêmes, aucune valeur.

On construisait la courbe ayant pour équation $y = f(x)$ en coordonnées rectangulaires, et l'on considérait l'aire comprise entre cette courbe, l'axe des x, une ordonnée *fixe* AB et une ordonnée *ariable* $y = $ MP.

On regardait cette aire comme une fonction F(x) de l'abscisse oP $= x$ et l'on montrait que F(x) avait pour dérivée $f(x)$.

Il est clair qu'à moins d'admettre que la notion d'aire est une notion première, la solution que nous venons de résumer manque de rigueur.

Nous allons donner une solution rigoureuse du problème proposé ; elle repose sur la définition de 'Intégrale définie.*

Intégrale définie.

286. Soit $f(x)$ une fonction définie et limitée dans l'intervalle (a, b) ; elle admettra une limite maximum L et une limite minimum l.

Partageons l'intervalle (a, b) en n intervalles égaux ou inégaux

$$d_1 \quad d_2 \quad \ldots \quad d_n$$

et soient L_p, l_p les limites maximum et minimum de la fonction $f(x)$ dans l'intervalle d_p, $(p = 1, 2, 3 \ldots n)$; nous désignerons par f_p un nombre quelconque compris entre l_p et L_p, et pouvant d'ailleurs atteindre ces limites.

Cela étant, on dit que la fonction $f(x)$ est *intégrable* dans l'intervalle (a, b) si la somme

$$\sigma = d_1 f_1 + d_2 f_2 + \ldots + d_n f_n$$

tend vers une limite, quand le nombre des intervalles d augmente indéfiniment, chacun d'eux tendant vers zéro.

Pour fixer les conditions dans lesquelles la fonction $f(x)$ est intégrable, nous étudierons d'abord les sommes

$$S = d_1 L_1 + d_2 L_2 + \ldots + d_n L_n$$

$$s = d_1 l_1 + d_2 l_2 + \ldots + d_n l_n$$

obtenues en remplaçant dans σ la quantité f_p successivement par sa limite maximum L_p et par sa limite minimum l_p ; les sommes S et s sont appelées *somme supérieure* et *somme inférieure*.

Relativement aux sommes S et s, nous établirons le théorème suivant dû à M. Darboux.

Théorème I. — *Soit $f(x)$ une fonction définie et limitée dans l'intervalle (a, b), les sommes, l'une supérieure, l'autre inférieure*

$$S = d_1 L_1 + d_2 L_2 + \ldots + d_n L_n$$

$$s = d_1 l_1 + d_2 l_2 + \ldots + d_n l_n$$

relatives à cet intervalle, tendent respectivement vers des limites U et u, quand le nombre des intervalles d augmente indéfiniment, chacun d'eux tendant vers zéro.

Considérons d'abord la somme inférieure s ; si l'on fait varier la loi de division de l'intervalle (a, b) en intervalles partiels, on obtiendra une infinité de sommes inférieures formant un ensemble *limité supérieurement*, car, de l'inégalité $l_p \leqslant L$, on déduit

$$s \leqslant (b - a)\, L.$$

L'ensemble étant limité supérieurement admettra une limite maximum u et il existera au moins un mode de division de l'intervalle (a, b), défini par une suite

$$(x) \qquad a \quad x_1 \quad x_2 \quad \ldots \quad x_{n-1} \quad b$$

tel qu'en posant

$$s_x = (x_1 - a)\, m_1 + (x_2 - x_1)\, m_2 + \ldots + (b - x_{n-1})\, m_n,$$

on aura

$$u > s_x > u - \frac{\alpha}{2}\,;$$

m_p désignant la limite minimum de la fonction $f(x)$ dans l'intervalle (x_{p-1}, x_p) et α un nombre positif choisi aussi petit que l'on voudra.

Il est important de remarquer que le nombre n est *déterminé* par le mode de décomposition défini par la suite (x).

Cela posé, soit δ un nombre inférieur au plus petit des intervalles de la suite (x), ce nombre étant d'ailleurs aussi petit que l'on voudra.

Considérons une suite *quelconque*

$$(x') \qquad a \quad x'_1 \quad x'_2 \quad \ldots \quad x'_{r-1} \quad b$$

définissant un mode de division de l'intervalle (a, b) en intervalles moindres que δ ; entre deux termes quelconques de la suite (x), il y aura au moins un terme de la suite (x').

A cette suite correspondra la somme inférieure

$$s_{x'} = (x'_1 - a)\, m'_1 + (x'_2 - x'_1)\, m'_2 + \ldots + (b - x'_{r-1})\, m'_r,$$

m'_p désignant la limite minimum de la fonction $f(x)$ dans l'intervalle (x'_{p-1}, x'_p).

Rangeons les termes des suites (x), (x') par ordre de grandeur croissante, de manière à former la suite unique

$$a \quad x'_1 \quad x'_2 \ldots x'_{g-1} x_1 \quad x'_g \ldots x'_{h-1} x_2 \quad x'_h \ldots x'_{q-1} x_{n-1} x'_q \ldots x'_{r-1} b,$$

nous pourrons mettre la somme $s_{x'}$ sous la forme suivante :

$$s_{x'} = (x'_1 - a) m'_1 + (x'_2 - x'_1) m'_2 + \ldots + (x_1 - x'_{g-1}) m'_g$$
$$+ (x'_g - x_1) m'_g + (x'_{g+1} - x'_g) m'_{g+1} + \ldots + (x_2 - x'_{h-1}) m'_h$$
$$+ (x'_h - x_2) m'_h + \ldots$$
$$+ \ldots \ldots \ldots \ldots \ldots \ldots \ldots \ldots \ldots \ldots$$
$$+ (x'_q - x_{n-1}) m'_q + (x'_{q+1} - x'_q) m'_{q+1} + \ldots + (b - x'_{r-1}) m'_r.$$

Les quantités m qui entrent dans la *première* ligne de cette égalité, satisfont aux relations

$$m'_1 \geqq m_1 \quad m'_2 \geqq m_1 \quad \ldots \quad m'_{g-1} \geqq m_1$$
$$m'_g > m_1 - (L - l) ;$$

la première ligne est donc supérieure à

$$(x_1 - a) m_1 - (x_1 - x'_{g-1})(L - l). \qquad (\alpha).$$

Les quantités m qui entrent dans la *deuxième* ligne de la même égalité, satisfont aux relations

$$m'_{g+1} \geqq m_2 \quad \ldots \quad m'_{h-1} \geqq m_2$$
$$m'_g > m_2 - (L - l) \quad m'_h > m_2 - (L - l) ;$$

(α). — *Pour établir la relation*

$$m'_g > m_1 - (L - l)$$

il suffit de remarquer que l'on a

$$m'_g > l \qquad L > m_1.$$

la deuxième ligne est donc supérieure à

$$(x_2 - x_1) m_2 - \left[(x'_g - x_1) + (x_2 - x'_{h-1}) \right] (L - l) ;$$

et ainsi de suite.

Enfin, les quantités m qui entrent dans la *dernière* ligne de la même égalité, satisfont aux relations

$$m'_{q+1} \geqq m_n \quad \ldots \quad m'_{r-1} \geqq m_n \qquad m'_r \geqq m_n$$
$$m'_q > m_n - (L - l) ;$$

la dernière ligne est donc supérieure à

$$(b - x_{n-1}) m_n - (x'_q - x_{n-1}) (L - l).$$

Des remarques que nous venons de faire résulte l'inégalité

$$s_{x'} > s_x - (x'_g - x'_{g-1} + x'_h - x'_{h-1} + \ldots + x'_q - x'_{q-1}) (L - l).$$

Chacune des $n-1$ différences $x'_g - x'_{g-1}, x'_h - x'_{h-1}, \ldots, x'_q - x'_{q-1}$ étant moindre que δ, on a enfin

$$s_{x'} > s_x - (n - 1) \delta (L - l).$$

Le nombre n étant déterminé, on peut prendre pour δ un nombre positif satisfaisant à l'inégalité

$$(n - 1) \delta (L - l) < \frac{\alpha}{2} \quad \text{d'où} \quad \delta < \frac{\alpha}{2 (n - 1) (L - l)}.$$

Dans ces conditions, au aura

$$s_{x'} > s_x - \frac{\alpha}{2} > u - \alpha.$$

En résumé, quel que soit le mode de division de l'intervalle (a, b) en intervalles partiels qui tendent vers zéro, on a

$$u - \alpha < s_{x'} < u,$$

inégalités qui montrent que les sommes inférieures $s_{x'}$ ont u pour limite.

287. Considérons maintenant la somme supérieure S ; si l'on fait varier la loi de division de l'intervalle (a, b) en intervalles partiels, on obtiendra une infinité de sommes supérieures formant un ensemble *limité inférieurement*, car de l'inégalité $L_p \geq l$ on déduit

$$S \geq (b - a)\, l.$$

Si l'on désigne par U la limite minimum de cet ensemble, il existera au moins un mode de division de l'intervalle (a, b) défini par une suite

$$(y) \qquad a \quad y_1 \quad y_2 \quad \ldots \quad y_{m-1} \quad b,$$

tel qu'en posant

$$S_y = (y_1 - a)\, M_1 + (y_2 - y_1)\, M_2 + \ldots + (b - y_{m-1})\, M_m,$$

on aura

$$U < S_y < U + \frac{\alpha}{2};$$

M_p désignant la limite maximum de la fonction $f(x)$ dans l'intervalle (y_{p-1}, y_p) et α un nombre positif choisi aussi petit que l'on voudra.

Cela posé, soit δ un nombre inférieur au plus petit des intervalles de la suite (y), ce nombre étant d'ailleurs aussi petit que l'on voudra.

Considérons une suite *quelconque*

$$(y') \qquad a \quad y'_1 \quad y'_2 \quad \ldots \quad y'_{t-1} \quad b$$

définissant un mode de division de l'intervalle (a, b) en intervalles moindres que δ ; entre deux termes quelconques de la suite (y), il y aura au moins un terme de la suite (y').

A cette suite correspondra la somme supérieure

$$S_{y'} = (y'_1 - a)\, M'_1 + (y'_2 - y'_1)\, M'_2 + \ldots + (b - y'_{t-1})\, M'_t,$$

M'_p désignant la limite maximum de la fonction $f(x)$ dans l'intervalle $(y'_{p-1},\ y'_p)$.

En raisonnant comme dans le cas précédent, on établira l'inégalité

$$\mathrm{S}_{y'} < \mathrm{S}_y + (m-1)\delta(\mathrm{L}-l) < \mathrm{S}'_y + \frac{\alpha}{2},$$

sous la condition

$$\delta < \frac{\alpha}{2(m-1)(\mathrm{L}-l)}.$$

On aura donc, quel que soit le mode de division de l'intervalle $(a,\ b)$ en intervalles partiels qui tendent vers zéro,

$$\mathrm{U} < \mathrm{S}_{y'} < \mathrm{U} + \alpha,$$

inégalités qui montrent que les sommes supérieures $\mathrm{S}_{y'}$ ont U pour limite.

288. Du théorème de M. Darboux résulte immédiatement la proposition suivante qui donne la condition nécessaire et suffisante pour que la fonction $f(x)$ soit intégrable.

Théorème II. — *Pour qu'une fonction $f(x)$ définie et limitée dans l'intervalle $(a,\ b)$ soit intégrable dans cet intervalle, il faut et il suffit que les sommes supérieures et inférieures aient la même limite.*

1° *La condition est nécessaire.*— En effet, si la fonction $f(x)$ est intégrable, la somme

$$\sigma = d_1 f_1 + d_2 f_2 + \dots + d_n f_n$$

tend vers une limite λ, la quantité f_p étant un nombre *quelconque* compris entre l_p et L_p et *pouvant d'ailleurs atteindre ces limites.*

Il résulte de là que les sommes S et s ont λ pour limite.

2° *La condition est suffisante.* — En effet, les inégalités

$$s \leqq \sigma \leqq \mathrm{S}$$

montrent que si s et S tendent vers une même limite λ, la somme σ a aussi λ pour limite.

289. Nous allons faire voir que la fonction $f(x)$ est intégrable dans deux cas particuliers qui se présentent souvent.

1° *La fonction $f(x)$ est intégrable dans l'intervalle (a, b) si elle est continue dans cet intervalle.* — Pour le démontrer considérons la différence

$$S - s = d_1(L_1 - l_1) + d_2(L_2 - l_2) + \cdots + d_n(L_n - l_n).$$

La fonction $f(x)$ étant continue dans l'intervalle (a, b), on peut former une suite

$$(x) \qquad a \quad x_1 \quad x_2 \quad \cdots \quad x_{n-1} \quad b$$

telle que dans chaque intervalle de cette suite, l'oscillation de la fonction soit moindre que $\dfrac{\alpha}{b-a}$, si petit que soit le nombre positif α.

Dans ces conditions, si l'on prend

$$d_1 = x_1 - a \quad d_2 = x_2 - x_1 \quad \cdots \quad d_n = b - x_{n-1},$$

on aura

$$S - s < \alpha;$$

les sommes S, s *tendent donc vers la même limite.*

2° *La fonction $f(x)$ est intégrable dans l'intervalle (a, b), si elle varie toujours dans le même sens dans cet intervalle.*

Pour fixer les idées nous supposerons la fonction $f(x)$ constamment *croissante ;* la démonstration serait la même si elle était constamment *décroissante.*

Dans notre hypothèse, on a

$$l_p = f(x_{p-1}) \qquad L_p = f(x_p);$$

si donc D désigne le plus grand des intervalles $d_1, d_2, \ldots, d_n$, on aura

$$S - s \leq D[f(x_1) - f(a) + f(x_2) - f(x_1) + \cdots + f(b) - f(x_{n-1})],$$

c'est-à-dire

$$S - s \leq D[f(b) - f(a)].$$

En choisissant la suite qui définit les intervalles $d_1, d_2, \ldots d_n$ de telle sorte que l'on ait

$$D < \frac{\alpha}{f(b) - f(a)},$$

en résultera

$$S - s < \alpha.$$

Cette dernière inégalité montre que les sommes S et s *tendent vers la même limite.*

Remarque. — La fonction $f(x)$ est évidemment intégrable dans l'intervalle (a, b), si elle reste constante dans cet intervalle.

290. Définition. — *La fonction $f(x)$ étant intégrable dans l'intervalle (a, b), on appelle intégrale définie de cette fonction la limite λ vers laquelle tend la somme*

$$\sigma = d_1 f_1 + d_2 f_2 + \ldots + d_n f_n$$

lorsque le nombre des intervalles d augmente indéfiniment, chacun d'eux tendant vers zéro.

Le nombre λ qui dépend de la fonction $f(x)$ et des nombres a et b, est représenté par le symbole

$$\lambda = \int_a^b f(x)dx$$

que l'on énonce : *somme depuis a jusqu'à b de $f(x)dx$.*

Remarque I. — En définissant l'intégrale définie on a suppose $a < b$; il est facile de montrer que la somme

$$\sigma = d_1 f_1 + d_2 f_2 + \ldots + d_n f_n$$

tend vers une limite quand on a $a > b$.

Désignons par x_{p-1}, x_p les valeurs de x qui limitent l'intervalle d_p, nous aurons

$$\sigma = (x_1 - a)f_1 + (x_2 - x_1)f_2 + \ldots + (b - x_{n-1})f_n,$$

et les facteurs $(x_1 - a)$, $(x_2 - x_1)$, $\ldots$, $(b - x_{n-1})$ seront *négatifs* dans l'hypothèse $a > b$.

Cela étant, considérons la somme

$$\sigma_1 = (x_{n-1} - b)f_n + (x_{n-2} - x_{n-1})f_{n-1} + \cdots + (a - x_1)f_1$$

qui est égale à $-\sigma$.

Dans la même hypothèse, les facteurs

$$(x_{n-1} - b),\ (x_{n-2} - x_{n-1}),\ \ldots,\ (a - x_1)$$

sont *positifs* et l'on peut appliquer à la somme σ_1 tout ce qui a été dit aux paragraphes 286, 287; cette somme σ_1 tend donc vers une limite λ_1 quand le nombre des intervalles $(x_{p-1} - x_p)$ augmente indéfiniment, chacun d'eux tendant vers zéro.

Dans les mêmes conditions, la somme σ tend vers une limite λ égale à $-\lambda_1$.

Par définition, on a

$$\lambda_1 = \int_b^a f(x)\,dx\ ;$$

il résulte de   que, si b étant *plus petit* que a, on convient de représenter par . symbole

$$\int_a^b f(x)dx$$

quantité $-\displaystyle\int_b^a f(x)\,dx$ qui a un sens bien défini et représente $-\lambda_1$, on pourra écrire

$$\lambda = \int_a^b f(x)dx$$

même en supposant $a > b$.

Si l'on avait $a = b$ la somme σ et, par suite λ, seraient nuls; l'égalité précédente sera encore vraie si l'on regarde le symbole

$$\int_a^a f(x)dx$$

comme représentant zéro.

Remarque II. — La limite λ de la somme σ étant indépendante de la loi d'après laquelle on divise l'intervalle (a, b) en intervalles partiels ainsi que de la valeur choisie pour le nombre f_p pourvu qu'il appartienne à l'intervalle (l_p, L_p), on pourra partager l'intervalle $(a, b))$ en n intervalles partiels égaux à

$$dx = \frac{b-a}{n},$$

et prendre

$$f_p = f(a + \overline{p-1} . dx).$$

Le nombre λ sera alors la limite, pour n infini, de la somme

$$[f(a) + f(a + dx) + f(a + 2dx) + \ldots + f(a + \overline{n-1} . dx)] . dx.$$

Remarque III. — Soient a, b, c trois nombres quelconques; si la fonction $f(x)$ est intégrable dans le plus grand des intervalles formés en associant ces trois nombres deux à deux, on aura

$$\int_a^b f(x)\,dx + \int_b^c f(x)\,dx + \int_c^a f(x)\,dx = 0.$$

En effet, supposons d'abord $a < b < c$ et partageons l'intervalle (a, c) en intervalles partiels au moyen de la suite

$$a \quad x_1 \quad x_2 \ldots x_{n-1} \quad b \quad y_1 \quad y_2 \ldots y_{n-1} \quad c;$$

nous aurons

$$\int_a^b f(x)\,dx = \lim [(x_1 - a)f(x_1) + \ldots + (b - x_{n-1})f(x_{n-1})]$$

$$\int_b^c f(x)\,dx = \lim [(y_1 - b)f(y_1) + \ldots + (c - y_{n-1})f(y_{n-1})],$$

pour n infini.

En ajoutant, on obtient la relation

$$\int_a^b f(x)\,dx + \int_b^c f(x)\,dx = \int_a^c f(x)\,dx$$

c'est-à-dire la relation

$$\int_a^b f(x)\,dx + \int_b^c f(x)\,dx + \int_c^a f(x)\,dx = 0.$$

On montrera que cette relation est générale comme on établit en Géométrie la relation $ab + bc + ca = 0$ entre les segments formés par trois points en ligne droite.

Plus généralement on a

$$\int_{a_1}^{a_2} f(x)\,dx + \int_{a_2}^{a_3} f(x)\,dx + \ldots + \int_{a_n}^{a_1} f(x)\,dx = 0$$

de même que l'on a entre les segments formés par n points en ligne droite, la relation

$$a_1 a_2 + a_2 a_3 + \ldots + a_{n-1} a_n + a_n a_1 = 0.$$

Le théorème suivant qui est très souvent utile est, comme les remarques précédentes, une conséquence de la définition de l'intégrale définie.

291. Théorème III. — *Si* L *et* l *désignent les limites maximum et minimum de la fonction* $f(x)$ *dans l'intervalle* (a, b), *il existe un nombre compris entre* L *et* l *et tel que l'on a :*

$$\int_a^b f(x)\,dx = (b - a)\mu,$$

μ *étant compris entre* L *et* l.

En effet, en se reportant à la définition de l'intégrale définie, on vérifie immédiatement les inégalités

$$(b - a)l < \int_a^b f(x)\,dx < (b - a)\,\mathrm{L}.$$

On pourra donc écrire

$$\int_a^b f(x)\,dx = (b - a)\mu,$$

μ étant compris entre l et L.

Corollaire. — Si la fonction $f(x)$ est continue, elle prend la valeur μ au moins pour une valeur c comprise entre a et b, et l'on a alors

$$\int_a^b f(x)\,dx = (b-a)f(c).$$

Fonction primitive d'une fonction donnée.

292. Définition. — *On appelle fonction primitive d'une fonction $f(x)$ une autre fonction $\mathrm{F}(x)$ ayant pour dérivée $f(x)$.*

L'existence de la fonction primitive d'une fonction donnée, c'est-à-dire la réponse au problème posé au commencement de ce chapitre résulte du théorème suivant :

Théorème IV. — *Toute fonction $f(x)$ continue dans l'intervalle (a, b) admet une infinité de fonctions primitives dans cet intervalle.*

En effet, pour chaque valeur de x appartenant à l'intervalle (a, b), l'intégrale

$$\int_a^x f(x)\,dx$$

a une valeur *unique bien déterminée;* cette intégrale représente donc, dans cet intervalle, une fonction $\mathrm{F}(x)$ de la variable x.

Nous allons montrer que la fonction $\mathrm{F}(x)$ est continue et a pour dérivée $f(x)$.

1° *La fonction $\mathrm{F}(x)$ est continue.* — On a en effet (**Théorème III**)

$$\mathrm{F}(x+h) - \mathrm{F}(x) = \int_x^{x+h} f(y)\,dy = \mu h,$$

μ étant compris entre l et L, limites minimum et maximum de la fonction $f(x)$.

Il résulte de là que, pour $h = 0$, on a

$$\lim \left[\mathrm{F}(x+h) - \mathrm{F}(x)\right] = 0 ;$$

la fonction $\mathrm{F}(x)$ est donc continue et ce résultat ne suppose pas la fonction $f(x)$ continue ; il suffit qu'elle soit limitée dans l'intervalle (a, b).

2° **La fonction $F(x)$ a pour dérivée $f(x)$.** — Pour établir cette propriété nous supposerons la fonction $f(x)$ continue ; dans cette hypothèse on a (**Théorème III. — Corollaire**)

$$F(x + h) - F(x) = hf(x + \theta h) \qquad (0 < \theta < 1).$$

On tire de là

$$\frac{F(x + h) - F(x)}{h} = f(x + \theta h) ;$$

quand h tend vers zéro, $f(x + \theta h)$ tend vers $f(x)$ car la fonction $f(x)$ est continue ; donc la fonction $F(x)$ a pour dérivée $f(x)$.

Ainsi la fonction $f(x)$ a pour *fonction primitive* $F(x)$; elle a même une infinité de fonctions primitives que l'on obtient en ajoutant une *constante arbitraire* à $F(x)$.

Soit en effet $\varphi(x)$ une fonction primitive quelconque de $f(x)$, les deux fonctions $F(x)$, $\varphi(x)$ ayant l'une et l'autre $f(x)$ pour dérivée, la différence $\varphi(x) - F(x)$ est constante, car sa dérivée est nulle ; on a donc

$$\varphi(x) = F(x) + C,$$

C étant une constante arbitraire.

Remarque. — En remplaçant $F(x)$ par sa valeur $\displaystyle\int_a^x f(y)\,dy$ l'égalité précédente devient

$$\varphi(x) = \int_a^x f(y)\,dy + C,$$

et elle a lieu pour toutes les valeurs de x appartenant à l'intervalle (a, b).

En particulier elle donne $\varphi(a) = C$, pour $x = a$; on a donc

$$\int_a^x f(y)\,dy = \varphi(x) - \varphi(a).$$

On tire de là, en faisant $x = b$,

$$\int_a^b f(y)\,dy = \varphi(b) - \varphi(a).$$

De là résulte le théorème suivant qui permet souvent de calculer la valeur d'une intégrale définie.

Théorème V. — *Si $\varphi(x)$ désigne une fonction primitive quelconque de la fonction $\int_a^x f(y)\,dy$, l'intégrale définie $\int_a^b f(y)\,dy$ est égale à la différence $\varphi(b) - \varphi(a)$.*

Intégrales indéfinies.

293. L'une quelconque des fonctions primitives d'une fonction $f(x)$ est appelée son *intégrale définie* ; on représente l'intégrale indéfinie par le symbole

$$\int f(x)\,dx.$$

La valeur de ce symbole n'est déterminée qu'à une constante près.

Exemples.

Nous avons réuni dans le tableau suivant quelques fonctions dont on peut écrire immédiatement les fonctions primitives.

$$\int x^m\,dx = \frac{x^{m+1}}{m+1} + C \quad (m+1) \gtrless 0 \qquad\qquad \int \frac{dx}{x} = \mathrm{L}\,Cx$$

$$\int a^x\,dx = \frac{a^x}{\mathrm{L}a} + C \qquad\qquad\qquad \int e^x\,dx = e^x + C$$

$$\int \sin x\,dx = -\cos x + C \qquad\qquad \int \cos x\,dx = \sin x + C$$

$$\int \frac{dx}{\cos^2 x} = \operatorname{tang} x + C \qquad\qquad \int \frac{dx}{\sin^2 x} = -\cot x + C$$

$$\int \frac{dx}{\sqrt{1-x^2}} = \arcsin x + C \qquad\qquad \int \frac{dx}{1+x^2} = \operatorname{arc\,tang} x + C$$

Méthodes d'intégration.

294. Nous allons exposer sommairement deux méthodes qui permettent, dans certains cas, de trouver la fonction primitive d'une fonction donnée $f(x)$.

Méthode par substitution.

Cette méthode consiste dans le changement de la variable indépendante.

Considérons l'intégrale définie

$$\lambda = \int_a^b f(x)\, dx$$

dans laquelle $f(x)$ désigne une fonction continue dans l'intervalle (A, B) et a, b des nombres appartenant à cet intervalle.

Posons

$$x = \varphi(t)$$

la fonction $\varphi(t)$ ayant les propriétés suivantes :

1° *On a* $\varphi(t_0) = a$, $\varphi(t_1) = b$ *et* $t_0 \gtrless t_1$;

2° *La fonction* $\varphi(t)$ *admet une dérivée continue pour toutes les valeurs de* t *appartenant à l'intervalle* (t_0, t_1) *et aussi pour les valeurs limites* t_0, t_1 ;

3° *Pour ces mêmes valeurs de* t *la fonction* $\varphi(t)$ *reste comprise entre A et B.*

Ces conditions étant remplies, on a

$$\int_a^b f(x)\, dx = \int_{t_0}^{t_1} f[\varphi(t)] \cdot \varphi'(t)\, dt.$$

En effet, la fonction $f[\varphi(t)] \cdot \varphi'(t)$ étant continue dans l'intervalle (t_0, t_1) est intégrable dans cet intervalle.

Il résulte de là que l'égalité

$$\Phi(t) = \int_{t_0}^t f[\varphi(t)] \cdot \varphi'(t)\, dt$$

définit une fonction $\Phi(t)$ dans l'intervalle $(t_0,\ t_1)$, et l'on aura

$$\dot{\Phi}'(t) = f[\varphi(t)] \cdot \varphi'(t)\,dt.$$

Dans la fonction $F(x)$ définie, dans l'intervalle $(a,\ b)$, par l'égalité

$$F(x) = \int_a^x f(x)\,dx,$$

remplaçons x par $\varphi(t)$, nous obtiendrons une fonction

$$F_1(t) = F[\varphi(t)].$$

On aura

$$F_1'(t) = F'(x) \cdot \varphi'(t) = f(x) \cdot \varphi'(t) = f[\varphi(t)] \cdot \varphi'(t)\,;$$

et, par suite,

$$\Phi'(t) = F_1'(t).$$

Les deux fonctions $\Phi(t)$, $F_1(t)$ ayant même dérivée, ne peuvent différer que par une constante ; d'ailleurs, cette constante est nulle, car l'hypothèse $t = t_0$ donne

$$\Phi(t_0) = 0 \qquad F_1(t_0) = F_1[\varphi(t_0)] = F(a) = 0.$$

En résumé on a, pour toute valeur de t appartenant à l'intervalle $(t_0,\ t_1)$,

$$\Phi(t) = F_1(t) = F[\varphi(t)].$$

Pour $t = t_1$, cette égalité donne

$$\Phi(t_1) = F[\varphi(t_1)] = F(b)\,;$$

on a donc

$$\int_{t_0}^{t_1} f[\varphi(t)] \cdot \varphi'(t)\,dt = \int_a^b f(x)\,dx.$$

Si l'on sait calculer l'intégrale définie qui forme le premier membre de la relation précédente, on connaîtra l'intégrale définie

$$\lambda = \int_a^b f(x)\,dx.$$

Exemple I. — *Calculer l'intégrale*

$$\int_{\frac{\pi}{2}}^{x} \frac{dx}{\sin x}.$$

On sait que toutes les lignes trigonométriques de l'arc x s'expriment rationnellement en fonction de la quantité $t = \tan \frac{x}{2}$; on est ainsi conduit à poser

$$x = 2 \, \text{arc tang} \, t.$$

On tire de là

$$dx = \frac{2\,dt}{1 + t^2} \qquad \sin x = \frac{2t}{1 + t^2} ;$$

et l'on a

$$\int_{\frac{\pi}{2}}^{x} \frac{dx}{\sin x} = \int_{1}^{t} \frac{dt}{t} = \mathrm{L}\,t = \mathrm{L} \, \tan \frac{x}{2}.$$

Exemple II. — *Calculer l'intégrale*

$$\int_{a}^{x} \frac{dx}{(x-a)^2 + b^2}.$$

Posons

$$x = a + bt \qquad \text{d'où} \qquad dx = b\,dt ;$$

nous aurons

$$\int_{a}^{x} \frac{dx}{(x-a)^2 + b^2} = \frac{1}{b} \int_{0}^{t} \frac{dt}{1 + t^2} = \frac{1}{b} \, \text{arc tang} \, t = \frac{1}{b} \, \text{arc tang} \, \frac{x-a}{b}.$$

Le symbole arc tang $\dfrac{x-a}{b}$ représente un arc compris entre $-\dfrac{\pi}{2}$ et $+\dfrac{\pi}{2}$.

Intégration par parties.

295. De la relation

$$\frac{d(uv)}{dx} = u \, \frac{dv}{dx} + v \, \frac{du}{dx}$$

on tire

$$(1) \qquad \int u \, \frac{dv}{dx} \, dx = uv - \int v \, \frac{du}{dx} dx.$$

Cette égalité ramène la recherche de l'intégrale $\displaystyle\int u \frac{dv}{dx} dx$ à celle de l'intégrale $\displaystyle\int v \frac{du}{dx} dx$.

Plus généralement on peut ramener l'une à l'autre les deux intégrales

$$\int u \frac{d^{n+1} v}{dx^{n+1}} dx \qquad \text{et} \qquad \int v \frac{d^{n+1} u}{dx^{n+1}} dx.$$

En effet, en appliquant successivement la formule (1), on a :

$$\int u \frac{d^{n+1} v}{dx^{n+1}} dx + \int \frac{du}{dx} \cdot \frac{d^n v}{dx^n} dx = u \frac{d^n v}{dx^n} ;$$

$$\int \frac{du}{dx} \cdot \frac{d^n v}{dx^n} dx + \int \frac{d^2 u}{dx^2} \cdot \frac{d^{n-1} v}{dx^{n-1}} dx = \frac{du}{dx} \cdot \frac{d^{n-1} v}{dx^{n-1}} ;$$

$$\cdot \quad \cdot \quad \cdot \quad \cdot \quad \cdot \quad \cdot \quad \cdot \quad \cdot \quad \cdot \quad \cdot \quad \cdot$$

$$\int \frac{d^n u}{dx^n} \frac{dv}{dx} dx + \int \frac{d^{n+1} u}{dx^{n+1}} \cdot v\, dx = \frac{d^n u}{dx^n} \cdot v.$$

En ajoutant ces égalités membre à membre, après les avoir multipliées respectivement par 1, (-1), $(-1)^2 \ldots (-1)^n$, on obtient la formule

$$(2) \qquad \int u \frac{d^{n+1} v}{dx^{n+1}} dx + (-1)^n \int v \frac{d^{n+1} u}{dx^{n+1}} dx = \varphi(x),$$

où l'on a posé

$$\varphi(x) = u \frac{d^n v}{dx^n} - \frac{du}{dx} \cdot \frac{d^{n-1} v}{dx^{n-1}} + \frac{d^2 u}{dx^2} \cdot \frac{d^{n-2} u}{dx^{n-2}} - \ldots + (-1)^n \frac{d^n u}{dx^n} v.$$

Le calcul de l'une des intégrales qui entrent dans le premier membre de la relation (2) est ramené au calcul de l'autre.

Exemple I. — *Calculer l'intégrale indéfinie*

$$\int x^{n-1} \cdot \mathrm{L}x\, dx.$$

Appliquons la formule (1) en posant $u = \mathrm{L}x$, $dv = x^{n-1}dx$ d'où $v = \dfrac{x^n}{n}$, nous aurons

$$\int x^{n-1} \cdot \mathrm{L}x\,dx = \frac{x^n}{n} \cdot \mathrm{L}x - \frac{1}{n} \int x^{n-1}dx = \frac{x^n}{n}\left(\mathrm{L}x - \frac{1}{n}\right) + \mathrm{C}.$$

Exemple II. — *Calculer l'intégrale indéfinie*

$$\int e^{ax}\,\mathrm{F}(x)\,dx$$

où $\mathrm{F}(x)$ *est un polynôme entier en* x *et du degré* n.

Appliquons la formule (2) en posant

$$u = \mathrm{F}(x) \qquad\qquad v = \frac{e^{ax}}{a^{n+1}}$$

ce qui donne

$$\frac{d^{n+1}u}{dx^{n+1}} = 0 \qquad \text{et} \qquad \frac{d^{n+1}v}{dx^{n+1}} = e^{ax},$$

nous aurons

$$\int e^{ax}\mathrm{F}(x)\,dx = \frac{e^{ax}}{a}\left[\mathrm{F}(x) - \frac{\mathrm{F}'(x)}{a} + \ldots + (-1)^n\frac{\mathrm{F}^{(n)}(x)}{a^n}\right].$$

Exemple III. — *Appliquer la formule* (2) *en posant*

$$u = f(a + hx) \qquad\qquad v = \frac{(1-x)^n}{n!},$$

la fonction $f(z)$ *admettant des dérivées des ordres* 1, 2, …, $(n+1)$ *dans l'intervalle* $(a,\ a+h)$.

On a

$$\frac{d^{n+1}u}{dx^{n+1}} = h^{n+1}f^{(n+1)}(a+hx) \qquad \frac{d^{n+1}v}{dx^{n+1}} = 0$$

et, par suite en prenant 0 et 1 comme limites de l'intégration,

$$(3) \quad (-1)^n\frac{h^{n+1}}{n!}\int_0^1 (1-x)^n f^{(n+1)}(a+hx)\,dx = \varphi(1) - \varphi(0).$$

Or on trouve facilement

$$\varphi(x) = (-1)^n\left[f(a+hx) + \frac{h}{1}(1-x)f'(a+hx) + \ldots + \frac{h^n}{n!}(1-x)^n f^{(n)}(a+hx)\right]$$

ce qui donne

$$\varphi\,(0) = (-1)^n \left[f(a) + \frac{h}{1} f'(a) + \frac{h^2}{2!} f''(a) + \dots + \frac{h^n}{n!} f^{(n)}(a) \right]$$

$$\varphi\,(1) = (-1)^n f(a+h).$$

En portant ces valeurs dans la relation (3), elle prend la forme

$$f(a+h) = f(a) + \frac{h}{1} f'(a) + \dots + \frac{h^n}{n!} f^{(n)}(a) + \mathrm{R}_n$$

en posant

$$\mathrm{R}_n = \frac{h^{n+1}}{n!} \int_0^1 (1-x)^n f^{(n+1)}(a+hx)\,dx.$$

Nous retrouvons la série de Taylor par une méthode due à M. Darboux, (*Sur les développements en série des fonctions d'une seule variable. —* **Journal de Liouville, 3ᵉ série, tome II, p. 295).**

Exemple IV. — *Calculer l'intégrale définie*

$$\mathrm{I}_m = \int_0^{\frac{\pi}{2}} \sin^m x\,dx$$

m étant un entier positif.

Remarquons d'abord que l'on a

$$\mathrm{I}_0 = \int_0^{\frac{\pi}{2}} dx = \frac{\pi}{2} \qquad \mathrm{I}_1 = \int_0^{\frac{\pi}{2}} \sin x\,dx = \big[-\cos x\big]_0^{\frac{\pi}{2}} = 1.$$

Cela étant, on peut mettre I_m sous la forme

$$\mathrm{I}_m = \int_0^{\frac{\pi}{2}} \sin^{m-1} x \,\sin x\,dx.$$

Intégrons par parties en posant $u = \sin^{m-1} x$, $v = -\cos x$, nous aurons

$$\mathrm{I}_m = -\big[\sin^{m-1} x \,\cos x\big]_0^{\frac{\pi}{2}} + \int_0^{\frac{\pi}{2}} (m-1)\,\sin^{m-2} x \,\cos^2 x\,dx,$$

et, en remplaçant $\cos^2 x$ par $1 - \sin^2 x$,

$$\mathrm{I}_m = (m-1)\,(\mathrm{I}_{m-2} - \mathrm{I}_m),$$

On tire de là

$$I_m = \frac{m-1}{m}\, I_{m-2},$$

puis

$$I_{2p} = \frac{(2p-1)(2p-3)\ldots 1}{2p(2p-2)\ldots 2} \cdot I_0 = \frac{1.3\ldots(2p-1)}{2.4\ldots 2p} \cdot \frac{\pi}{2}$$

et

$$I_{2p+1} = \frac{2p(2p-2)\ldots 2}{(2p+1)(2p-1)\ldots 3} \cdot I_1 = \frac{2.4\ldots 2p}{3.5\ldots(2p+1)}.$$

Des formules précédentes, on déduit

$$\frac{\pi}{2} = \frac{[2.4\ldots 2p]^2}{1.3\ldots(2p-1)\,.\,3.5\ldots(2p+1)} \cdot \frac{I_{2p}}{I_{2p+1}}.$$

Il est aisé de montrer que le rapport

$$\frac{I_{2p}}{I_{2p+1}}$$

tend vers l'unité, quand p devient infini.

On a en effet

$$I_m - I_{m+1} = \int_0^{\frac{\pi}{2}} (1 - \sin x)\sin^m x\, dx.$$

Cette intégrale est positive car, pour x compris entre 0 et $\frac{\pi}{2}$, les facteurs $1 - \sin x$, et $\sin^m x$ sont positifs.

Posons successivement $m = 2p-1$ et $m = 2p$, nous aurons

$$I_{2p-1} > I_{2p} > I_{2p+1}$$

d'où

$$1 < \frac{I_{2p}}{I_{2p+1}} < \frac{I_{2p-1}}{I_{2p+1}},$$

c'est-à-dire

$$1 < \frac{I_{2p}}{I_{2p+1}} < \frac{2p+1}{2p}.$$

Ces dernières inégalités montrent que la fraction $\dfrac{I_{2p}}{I_{2p+1}}$ tend vers l'unité, pour p infini; on a donc, dans la même hypothèse,

$$\frac{\pi}{2} = \lim \frac{[2.4\ldots 2p]^2}{1.3\ldots(2p-1)\,.\,3.5\ldots(2p+1)}.$$

Cette relation est connue sous le nom de *Formule de Wallis.*

Application des intégrales définies au développement
d'une fonction $f(x)$ en série.

296. Lemme I. — *Soient*

$$(a) \qquad a_0 + a_1 x + \ldots + a_{n-1} x^{n-1} + \ldots$$

une série entière (a) convergente dans l'intervalle $(-\alpha, +\alpha)$, les limites n'étant pas exceptées, et $f(x)$ la fonction qu'elle définit; la série qui a pour terme général

$$\int_{x_1}^{x} a_{n-1} x^{n-1}\, dx = \frac{a_{n-1}}{n}(x^n - x_1^n) \qquad (-\alpha < x_1 < x < \alpha)$$

est convergente dans le même intervalle et a pour limite l'intégrale

$$\int_{x_1}^{x} f(x)\, dx.$$

On a en effet

$$f(x) = a_0 + a_1 x + \ldots + a_{n-1} x^{n-1} + R_n(x)$$

d'ou

$$\int_{x_1}^{x} f(x)\, dx = a_0(x - x_1) + \ldots + \frac{a_{n-1}}{n}(x^n - x_1^n) + \int_{x_1}^{x} R_n(x)\, dx.$$

La série (a) étant absolument convergente pour $x = \alpha$, au nombre positif ε pris aussi petit que l'on voudra, correspond un entier positif p tel que l'on a

$$|a_n|\alpha^n + |a_{n+1}|\alpha^{n+1} + \ldots < \varepsilon$$

et, *à fortiori,*

$$|R_n(x)| < \varepsilon,$$

sous la condition $n > p$.

On aura donc aussi

$$\left| \int_{x_1}^{x} R_n(x)\, dx \right| < \varepsilon(x - x_1) < 2\alpha\varepsilon;$$

il résulte de là que la série qui a pour terme général $\dfrac{a_{n-1}}{n}(x^n - x_1^n)$ est

convergente et a pour limite $\displaystyle\int_{x_1}^{x} f(x)\, dx.$

Lemme II. — *Les données étant les mêmes;* 1° *la série*

$$(a') \qquad a_1 + 2a_2 x + \ldots + na_n x^{n-1} + \ldots$$

obtenue en prenant les dérivées des termes de la série (a) *est convergente dans l'intervalle* $(-\alpha, +\alpha)$ *les limites pouvant être exceptées :*

2° *Cette série représente la dérivée* $f'(x)$ *de la fonction* $f(x)$;

1° *La série* (a') *est convergente.* — En effet la série (a) étant convergente pour $x = \alpha$ on a (§ 277. — **Théorème I**)

$$| a_n | \alpha^n < \mathrm{M}$$

pour $n > p$; M étant un nombre positif donné.

Il résulte de là que les valeurs absolues des termes de la série (a') sont respectivement moindres que les termes de la série évidemment convergente

$$\frac{\mathrm{M}}{\mathrm{X}} \left[1 + 2\, \frac{\mathrm{X}}{\alpha} + \ldots + n \left(\frac{\mathrm{X}}{\alpha} \right)^n + \ldots \right],$$

où X est égal à $| x |$; la série (a') est donc *absolument convergente.*

2° *La série* (a') *représente la dérivée* $f'(x)$ *de la fonction* $f(x)$. — Désignons par $\varphi(x)$ la limite de la série convergente (a'), nous aurons

$$\varphi(x) = a_1 + 2a_2 x + \ldots + na_n x^{n-1} + \ldots$$

d'où l'on tire (**Lemme I**),

$$\int_{x_1}^{x} \varphi(x)\,dx = a_1(x - x_1) + a_2(x^2 - x_1^2) + \ldots + a_n(x^n - x_1^n) + \ldots$$

Le second membre de cette égalité est la différence des deux séries convergentes

$$a_1 x + a_2 x^2 + \ldots + a_n x^n + \ldots$$

$$a_1 x_1^2 + a_2 x_1^2 + \ldots + a_n x_1^n + \ldots$$

dont la première représente $f(x)$; on a donc

$$f(x) - \int_{x_1}^{x} \varphi(x)\,dx = a_1 x_1 + a_2 x_1^2 + \ldots + a_n x_1^n + \ldots$$

Cette dernière relation dont le second membre ne dépend pas de la variable x, montre que $f(x)$ a pour dérivée $\varphi(x)$.

Des lemmes précédents il résulte que l'on pourra développer une fonction $f(x)$ en série entière, si l'on sait développer sa dérivée $f'(x)$ sous cette forme. Pour résoudre ce problème, il suffira d'intégrer chaque terme de la série qui représente la dérivée $f'(x)$, entre des limites x_1 et x appartenant à l'intervalle dans lequel cette série est convergente.

Exemple. — *Développer en série la fonction*

$$y = \text{arc sin } x \qquad \left(-\frac{\pi}{2} < y < \frac{\pi}{2}\right).$$

On a

$$y' = (1 - x^2)^{-\frac{1}{2}} = 1 + \frac{1}{2}x^2 + \frac{1.3}{2.4}x^4 + \cdots + \frac{1.3 \ldots (2n-1)}{2.4 \ldots 2n}x^{2n} + \cdots;$$

en intégrant entre les limites 0 et $x < 1$ et appliquant le lemme II, on trouve

$$\text{arc sin } x = x + \frac{1}{2} \cdot \frac{x^3}{3} + \frac{1.3}{2.4} \cdot \frac{x^5}{5} + \cdots + \frac{1.3 \ldots (2n-1)}{2.4 \ldots 2n} \cdot \frac{x^{2n+1}}{2n+1} + \cdots$$

Règle de convergence de certaines séries.

297. Soit $f(x)$ une fonction de x intégrable dans l'intervalle (a, x_1) où x_1 désigne un nombre *quelconque* plus grand que a.

Si, x_1 devenant infini, l'intégrale

$$\mathrm{I} = \int_a^{x_1} f(x)\,dx$$

tend vers une limite, on la représente par le symbole

$$\int_a^{\infty} f(x)\,dx$$

Cauchy a déduit de la considération des intégrales dans lesquelles la limite supérieure devient infinie, une règle permettant de reconnaître si certaines séries sont convergentes ou divergentes.

Remarquons d'abord qu'en posant

$$x - a = y - 1.$$

on pourra supposer la limite inférieure a égale à l'unité.

Théorème VI. — *Soit $f(x)$ une fonction qui, pour $x > 1$, est positive et décroissante, et qui tend vers zéro quand x devient infini; la série à termes positifs*

$$(u) \qquad\qquad f(1) + f(2) + \ldots + f(n) + \ldots$$

est convergente si l'intégrale

$$I = \int_1^n f(x)\,dx$$

tend vers une limite pour n infini; elle est divergente si cette intégrale devient infinie avec n.

En effet, la fonction $f(x)$ étant positive et décroissante, on a

$$(4) \qquad f(p) > \int_p^{p+1} f(x)\,dx > f(p+1) \qquad (p = 1, 2, 3 \ldots)$$

De ces inégalités et de l'égalité

$$\int_1^n f(x)\,dx = \int_1^2 f(x)\,dx + \int_2^3 f(x)\,dx + \ldots + \int_{n-1}^n f(x)\,dx$$

on déduit facilement les relations

$$(5) \qquad f(2) + f(3) + \ldots + f(n) < \int_1^n f(x)\,dx$$

$$(6) \qquad f(1) + f(3) + \ldots + f(n-1) > \int_1^n f(x)\,dx.$$

La relation (5) montre que la série proposée est convergente si l'intégrale I a une limite pour n infini.

La relation (6) montre que cette série est divergente si cette intégrale devient infinie avec n.

Remarque. — Désignons par S_n la somme des n premiers termes de la série (u), la différence

$$\varphi(n) = S_n - \int_1^n f(x)\,dx$$

aura évidemment une limite si la série (u) est *convergente*.

Nous allons montrer qu'il en est encore de même quand la série (u) est *divergente*.

En effet, de l'inégalité (6), on tire

$$\varphi(n) = S_n - \int_1^n f(x)\,dx > f(n) > 0.$$

D'un autre côté, on a

$$\varphi(n+1) = S_n + f(n+1) - \int_1^n f(x)\,dx - \int_n^{n+1} f(x)\,dx,$$

c'est-à-dire

$$\varphi(n+1) = \varphi(n) - \left[\int_n^{n+1} f(x)\,dx - f(n+1) \right].$$

La deuxième des inégalités (4) montre que la quantité entre crochets est *positive*; la quantité $\varphi(n)$ *décroissant constamment* quand n augmente *en restant positive* tend vers une limite.

Exemple I. — *La série qui a pour terme général*

$$f(n) = \frac{1}{n\,\mathrm{L}\,n\,\mathrm{L}^2 n \ \ldots\ \mathrm{L}^{p-1} n\,(\mathrm{L}^p n)^{1+\alpha}}$$

est convergente si α est positif et divergente si α est négatif ou nul.

Le symbole $\mathrm{L}^p n$ représente la quantité

$$\mathrm{L}\mathrm{L} \ \ldots\ \mathrm{L}\,n,$$

le nombre des logarithmes que l'on doit prendre successivement étant égal à p.

Pour que $f(n)$ ait un sens il faut que n soit au moins égal au plus petit des nombres entiers a pour lequel $\mathrm{L}^{p-1} n$ est positif; on formera donc la série en remplaçant dans $f(n)$ l'entier n successivement par a, $a+1$, ...

Cela étant on a

$$f(x) = \frac{1}{x\,\mathrm{L}\,x\,\mathrm{L}^2 x \ \ldots\ \mathrm{L}^{p-1} x\,(\mathrm{L}^p x)^{1+\alpha}} = -\frac{1}{\alpha}\frac{d}{dx}\left[\frac{1}{(\mathrm{L}^p x)^\alpha}\right]$$

d'où

$$\mathrm{I} = \int_a^n f(x)\,dx = \frac{1}{\alpha}\left[\frac{1}{(\mathrm{L}^p a)^\alpha} - \frac{1}{(\mathrm{L}^p n)^\alpha}\right].$$

Si α est *positif*, I tend vers une limite, pour n infini; la série est donc *convergente.*

Si α est *négatif*, I devient infini avec n; la série est donc *divergente.*

Supposons enfin $\alpha = 0$; on a

$$f(x) = \frac{1}{x\,\mathrm{L}\,x\,\mathrm{L}^2 x \ \ldots\ \mathrm{L}^p x} = \frac{d}{dx}[\mathrm{L}^{p+1} x]$$

d'ou

$$\mathrm{I} = \int_a^n f(x)\,dx = [\mathrm{L}^{p+1} n - \mathrm{L}^{p+1} a].$$

Cette intégrale devenant infinie avec n, la série est divergente.

Les séries précédentes ont été considérées par M. Bertrand. (*Journal de Liouville*, 2ᵉ série, t. VII).

Exemple II. — *La série harmonique*

$$1 + \frac{1}{1} + \frac{1}{2} + \cdots + \frac{1}{n} + \cdots$$

est divergente.

En effet l'intégrale $\displaystyle\int_1^n \frac{dx}{x} = \mathrm{L}\,n$ devient infinie avec n.

De la remarque faite à la suite du théorème VI, il résulte que la quantité

$$1 + \frac{1}{2} + \frac{1}{3} + \cdots + \frac{1}{n} - \mathrm{L}\,n$$

tend vers une limite C quand n devient infini.

Cette limite est appelée la constante d'Euler, sa valeur approchée est

$$\mathrm{C} = 0{,}577\ 215\ 664\ 901\ 532 \ldots$$

Remarque. — De ce qui précède il résulte que le rapport des quantités

$$\psi(n) = 1 + \frac{1}{2} + \cdots + \frac{1}{n} \qquad \text{et} \qquad \mathrm{L}\,n$$

tend vers l'unité, pour n infini.

Ce résultat explique pourquoi on a pu, pour compléter la règle de Raabe et Duhamel, faire usage, tantôt de la fonction $\psi(n)$, (§ 160. — Théorème XII), tantôt de la fonction $\mathrm{L}\,n$, (§ 189).

Aire d'une courbe.

298. Soit

$$y = f(x)$$

l'équation d'une courbe C rapportée à deux axes faisant entre eux l'angle θ, continue dans l'intervalle (α, β) et située par rapport à ox dans la région des abscisses positives.

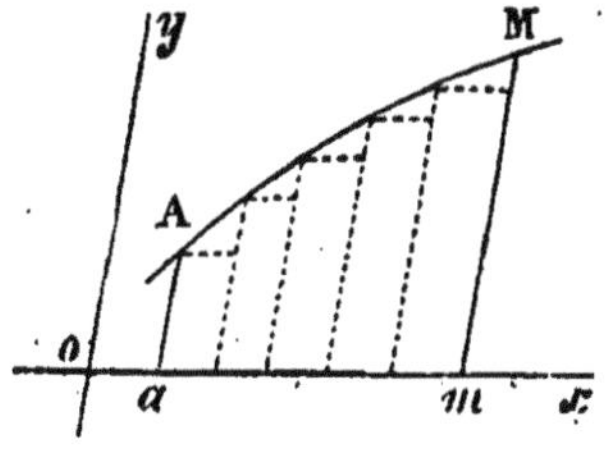

Prenons sur cette courbe deux points A, M d'abscisses $oa = \alpha$,

$om = x$, $(\alpha < x < \beta)$; puis marquons sur ox, entre a et m, des points m_1, m_2, ... m_{n-1} ayant pour abscisses x_1, x_2, ... x_{n-1}.

Par chacun de ces points et par les points a, m menons des ordonnées, puis, par le point de rencontre de chaque ordonnée avec la courbe, une parallèle à ox.

Nous formerons ainsi n parallélogrammes dont les aires sont respectivement égales aux termes de la somme

$$S = [(x_1 - a)f(a) + (x_2 - x_1)f(x_1) + \ldots + (b - x_{n-1})f(x_{n-1})] \sin \theta.$$

Quand le nombre des parallélogrammes devient infini, les bases de chacun d'eux tendant vers zéro, nous savons que la somme S tend vers une limite représentée par l'intégrale

$$\sin \theta \int_{\alpha}^{x} f(x)\,dx.$$

Cette limite est appelée, *par définition*, l'aire de la courbe C, comprise entre l'arc AM, l'axe des x et les ordonnées Aa, Mm.

Examinons maintenant le cas où la courbe C coupe l'axe ox en des points situés entre a et m.

Pour fixer les idées, supposons qu'il y ait un seul point de rencontre D d'abscisse d.

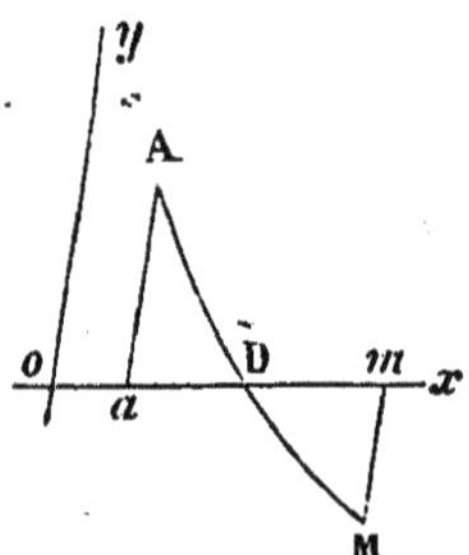

On sait que l'on a

$$\sin \theta \int_{\alpha}^{x} f(x)\,dx = \sin \theta \left[\int_{\alpha}^{d} f(x)\,dx + \int_{d}^{x} f(x)\,dx \right].$$

L'intégrale $\sin \theta \displaystyle\int_{\alpha}^{d} f(x)\,dx$ représente l'aire AaD et l'intégrale

$\sin \theta \displaystyle\int_{d}^{x} f(x)\,dx$ *changée de signe*, représente l'aire DMm.

Il résulte de là que l'intégrale $\sin\theta \int_{\alpha}^{x} f(x)\,dx$ représentera encore l'aire $A\,a\,M\,m\,a$ pourvu que l'on regarde comme *négatives* les aires situées par rapport à ox dans la région des ordonnées négatives.

Remarque. — L'aire $A\,a\,M\,a$ que nous représenterons par Σ est une fonction de x qui a pour dérivée $y\sin\theta$ si les coordonnées sont obliques, et y si elles sont rectangulaires.

Exemple. — Trouver l'aire Σ comprise entre la cissoïde et son asymptote.

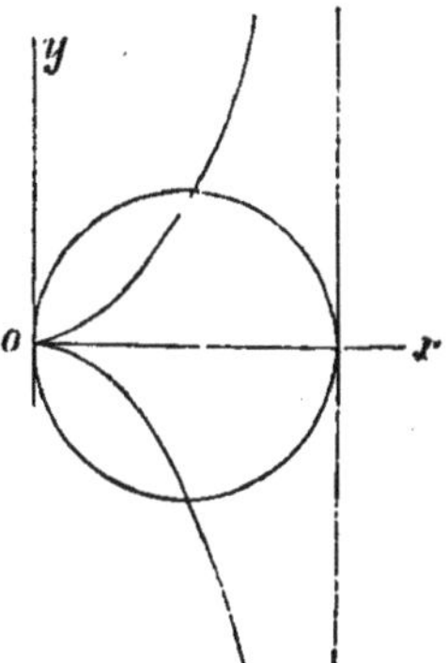

L'équation de la cissoïde rapportée aux axes ordinaires t

$$y = \frac{x\sqrt{x}}{\sqrt{2R - x}},$$

et l'on a

$$\frac{1}{2}\Sigma = \int_{0}^{2R} \frac{x\sqrt{x}}{\sqrt{2R - x}}\,dx.$$

Posons

$$x = 2R\sin^2\varphi\,;$$

nous aurons

$$\frac{1}{2}\Sigma = 8R^2 \int_{0}^{\frac{\pi}{2}} \sin^4\varphi\,d\varphi$$

c'est-à-dire $\Sigma = 3\pi R^2$, en remarquant que l'on a

$$2^4\sin^4\varphi = 2\cos 4\varphi - 8\cos 2\varphi + 6.$$

Ainsi l'aire Σ est égale à trois fois celle du cercle qui sert à définir la cissoïde.

EXERCICES

Intégration par substitution.

1° Trouver les fonctions primitives des fonctions suivantes :

$$y' = \frac{1}{1 + e^x} \qquad \text{Réponses.} \qquad y = \text{L}\,\frac{e^x}{1 + e^x};$$

On pose $e^x = z$.

$$y' = \frac{1}{a + b \cos x} \quad \begin{cases} 1° \ \dfrac{a - b}{a + b} = k^2 & y = \dfrac{2}{\sqrt{a^2 - b^2}}\ \text{arc tang}\left(k\,\text{tang}\,\dfrac{x}{2}\right) \\[3mm] 2° \ \dfrac{a - b}{a + b} = -k^2 & y = \dfrac{1}{\sqrt{b^2 - a^2}}\ \text{L}\ \dfrac{1 + k\,\text{tang}\,\dfrac{x}{2}}{1 - k\,\text{tang}\,\dfrac{x}{2}} \\[3mm] 3° \ a = b & y = \dfrac{1}{a}\,\text{tang}\,\dfrac{x}{2}; \end{cases}$$

On pose $x = 2$ arc tang z.

$$y' = \frac{1}{a \cos^2 x + b \sin^2 x} \quad \begin{cases} 1° \ b = ak^2 & y = \dfrac{1}{\sqrt{ab}}\ \text{arc tang}\,(k\,\text{tang}\,x) \\[3mm] 2° \ b = -ak^2 & y = \dfrac{1}{\sqrt{-ab}}\ \text{L}\ \dfrac{1 + k\,\text{tang}\,x}{1 - k\,\text{tang}\,x}; \end{cases}$$

On pose $x =$ arc tang z.

$$y' = \frac{1}{a + b\,\text{tang}\,x} \qquad\qquad y = \frac{ax + b\,\text{L}\,(a\,\cos x + b\,\sin x)}{a^2 + b^2};$$

On pose encore $x =$ arc tang z; *on peut aussi ajouter et retrancher* $\dfrac{a}{a^2 + b^2}$ *à la dérivée* y'.

2° Démontrer que l'on a

$$\text{I} = \int \frac{dx}{\sqrt{x^2 + m}} = -\,\text{L}\left(-x + \sqrt{x^2 + m}\right);$$

On pose $\sqrt{x^2 + m} = x + z$.

3° Démontrer que l'on a

$$\text{I}_1 = \int \frac{dx}{\sqrt{m^2 - x^2}} = \text{arc sin}\,\frac{x}{m};$$

On pose $x = mz$.

Remarque. — Pour simplifier l'écriture on n'a pas écrit la constante arbitraire dans les résultats indiqués ci-dessus.

Intégration par parties.

4° Trouver les intégrales indéfinies.

$$J = \int \sqrt{x^2 + m}\, dx \qquad J_1 = \int \sqrt{m - x^2}\, dx$$

L'intégration par parties donne

$$2\,J = x\,\sqrt{x^2 + m} + m$$
$$2\,J_1 = x\,\sqrt{m^2 - x^2} + m^2$$

et l'on est ramené aux exercices 2 et 3.

5° Trouver les intégrales indéfinies

$$U = \int \frac{dx}{\sqrt{R}} \qquad V = \int \sqrt{R}\, dx$$

où

$$R = c + bx + \varepsilon x^2 \qquad (\varepsilon = \pm 1)\,;$$

En posant

$$x + \varepsilon \cdot \frac{b}{2} = z$$

on est ramené à l'un des exercices 2, 3 ou 4.

Remarque. — Si R est de la forme $\pm (x - \alpha)(x - \beta)$ on peut encore obtenir les intégrales U et V en posant $\sqrt{R} = (x - \alpha)\,z$.

6° Démontrer que l'intégrale

$$I = \int_\alpha^\beta \frac{dx}{\sqrt{F(x)}}$$

où α et β sont deux racines consécutives de l'équation $F(x) = 0$, a pou limite

$$\pi \sqrt{\frac{2}{F''(\alpha)}}$$

quand β tend vers α.

On suppose la fonction $F(x)$ limitée et positive dans l'intervalle (α, β).

Si l'on pose $F(x) = (x - \alpha)(\beta - x) f(x)$ et si l'on appelle α', β' les valeurs de x qui correspondent aux limites supérieures et inférieures de $f(x)$, on montrera que I est compris entre les intégrales

$$\frac{1}{\sqrt{f(\alpha')}} \int_\alpha^\beta \frac{dx}{\sqrt{(x - \alpha)(\beta - x)}} \qquad \frac{1}{\sqrt{f(\beta')}} \int_\alpha^\beta \frac{dx}{\sqrt{(x - \alpha)(\beta - x)}}.$$

7° Démontrer la relation

$$\int_{-1}^{+1} (1 - x^2)^n \cos \alpha x \, dx = \frac{n!}{\alpha^{2n+1}} (P \sin \alpha + Q \cos \alpha),$$

P, Q étant des fonctions entières de α de degrés inférieurs à $2n + 1$ et à coefficients entiers.

Déduire de la relation précédente que le nombre π est incommensurable.

On posera $\alpha = \dfrac{\pi}{2}$ *puis* $\dfrac{\pi}{2} = \dfrac{b}{a}$, $\dfrac{b}{a}$ *étant une fraction irréductible ; on aura ainsi la relation*

$$\int_{-1}^{+1} (1 - x^2)^n \cos \frac{\pi}{2} x \, dx = \frac{n!}{b^{2n+1}} \cdot E_n,$$

où E_n *est un nombre entier.*

On montrera que cette relation ne peut pas avoir lieu si grand que soit n.

8° Démontrer que l'intégrale

$$\int_0^u e^{-x^2} x^{n-1} \, dx$$

dans laquelle u est un nombre positif, tend vers u e limite pour n infini.

Si l'on pose

$$\Gamma(n) = \int_0^\infty e^{-x^2} x^{n-}$$

établir la relation

$$\Gamma(n+1) = n\Gamma(n).$$

Déduire de là que, si n est entier, on a

$$\Gamma(n) = n!$$

9° On pose

$$I_n = \int_x^\infty \frac{dx}{(x^2 - a^2)^n}$$

démontrer que l'on a

$$(1 - 2n) I_n = -\frac{x}{(x^2 - a^2)^n} + 2na^2$$

Déduire de là la relation

$$\frac{1}{2} L \frac{x+a}{x-a} = x \left[\frac{a}{x^2 - a^2} - \cdots + (-1)^{n-1} \frac{2.4 \ldots (2n-2)}{3.5 \ldots (2n-1)} \cdot \frac{a^{2n-1}}{(x^2 - a^2)^n} \right] + R_n$$

en posant

$$R_n = (-1)^n \frac{2.4 \ldots (2n-2)}{3.5 \ldots (2n-1)} \cdot 2na^{2n+1} \cdot I_{n+1}.$$

Montrer que, pour $x^2 > 2a^2$, on a

$$2na^{2n+1} \cdot \mathrm{I}_{n+1} < \frac{2n}{2n+1} \left(\frac{a\sqrt{2}}{x} \right)^{2n+1} \cdot \sqrt{2}.$$

Conclure de là que R_n tend vers zéro quand n devient infini et que la série

$$x \left[\frac{a}{x^2 - a^2} - \frac{2}{3} \cdot \frac{a^3}{(x^2 - a^2)^3} + \frac{2.4}{3.5} \cdot \frac{a^5}{(x^2 - a^2)^5} - \cdots \right]$$

qui est convergente pour $x^2 > 2a^2$, a pour limite $\frac{1}{2} \mathrm{L} \frac{x+a}{x-a}$.

10° Développer en série entière les fonctions

$$\text{arc tang } x \quad - \quad \mathrm{L}(1 \pm x),$$

dont on sait développer les dérivées sous cette forme, dans l'hypothèse $|x| < 1$.

11° Démontrer la relation

$$(a) \quad (x+a)^m = x^m + \frac{m}{1} a(x+\alpha)^{m-1} + \frac{m(m-1)}{2!} a(a-2\alpha)(x+2\alpha)^{m-2} + \cdots$$

$$+ \frac{m(m-1)\ldots(m-p+1)}{p!} a(a-p\alpha)^{p-1}(x+p\alpha)^{m-p} + \cdots$$

$$+ \cdots + \frac{m}{1} a(a-\overline{m-1}\,\alpha)^{m-2}(x+\overline{m-1}\,\alpha) + a(a-m\alpha)^{m-1}.$$

$$\text{(Abel)}.$$

En multipliant par $(m+1)\,dx$ les deux membres de l'égalité (a) et intégrant on aura

$$(b) \quad (x+a)^{m+1} = x^{m+1} + \frac{m+1}{1} a(x+\alpha)^m + \frac{(m+1)m}{2!} a(a-2\alpha)(x+2\alpha)^{m-1} + \cdots$$

$$+ \cdots + \frac{m+1}{1} a(a-m\alpha)^{m-1}(x+m\alpha) + \mathrm{C}.$$

Pour déterminer la constante C on remplacera x par $-(m+1)\alpha$ dans les égalités (a) et (b) ; en combinant les résultats obtenus, on trouvera

$$\mathrm{C} = (a - \overline{m+1}\,\alpha)\,a.$$

On verra ainsi que l'égalité (a), supposée vraie pour l'exposant m est vraie pour l'exposant $m+1$ et l'on en conclura qu'elle est générale.

La méthode que nous venons d'indiquer a été donnée par Abel. (Œuvres tome I, p. 102).

CHAPITRE XXI

FONCTIONS DE PLUSIEURS VARIABLES INDÉPENDANTES

Dérivées partielles.

299. Soit

$$f(x, y, z, \dots)$$

une fonction de plusieurs variables définie pour toutes les valeurs de x, y, z … appartenant respectivement aux intervalles (a, A), (b, B), (c, C) …

Donnons à y, z … des valeurs *déterminées* appartenant aux intervalles (b, B), (c, C) …, $f(x, y, z …)$ représentera une fonction de la *seule variable x*.

Si cette fonction de x admet une dérivée dans l'intervalle (a, A) et si cela a lieu pour chaque valeur de y, z …, on dit que la fonction $f(x, y, z …)$ admet une *dérivée partielle du premier ordre*, par rapport à x.

Cette dérivée partielle est une fonction des variables x, y z … dans les intervalles (a, A), (b, B) … ; on la représente par le symbole

$$f'_x (x, y, z \dots).$$

On définit de même les *dérivées partielles du premier ordre* par rapport à y, z, … et on les représente par les symboles

$$f'_y (x, y, z \dots) \qquad f'_z (x, y, z, \dots) \quad \dots$$

Les dérivées partielles du premier ordre sont aussi représentées par les symboles

$$\frac{\partial f}{\partial x} \qquad \frac{\partial f}{\partial y} \qquad \frac{\partial f}{\partial z} \quad \dots$$

Les dérivées partielles des dérivées partielles du premier ordre
sont les *dérivées partielles du second ordre* de la fonction f.

On les représente par les symboles

$$f''_{xx}(x, y, \ldots) \qquad f''_{xy}(x, y, \ldots) \qquad f''_{yx}(x, y, \ldots) \quad \ldots$$

ou encore par les symboles

$$\frac{\partial^2 f}{\partial x^2} \qquad \frac{\partial^2 f}{\partial x \partial y}, \qquad \frac{\partial^2 f}{\partial y \partial x} \quad \ldots$$

Les *dérivées partielles* des dérivées partielles du second ordre
sont les *dérivées partielles du troisième ordre* de la fonction f et
ainsi de suite.

En général une dérivée partielle d'ordre n s'indique par la
caractéristique

$$f^{(n)}_{yxxy \ldots z \ldots};$$

l'indice supérieur indique l'ordre de la dérivée partielle, l'indice
inférieur est formé par la succession des n lettres $x, y, z \ldots$
disposées dans l'ordre où l'on a effectué les dérivations.

On la représente aussi par le symbole

$$\frac{\partial^n f}{\partial y \partial x^2 \partial y \ldots \partial z \ldots}.$$

Relativement aux dérivées partielles nous établirons le théorème suivant qui est fondamental.

Théorème I. — *La valeur d'une dérivée partielle d'une fonction
de plusieurs variables est indépendante de l'ordre dans lequel on
effectue les dérivations, le nombre des dérivations relatives à chaque
variable demeurant le même.*

Tout revient à démontrer que l'on peut changer l'ordre de
deux dérivations consécutives.

En effet, s'il en est ainsi, on pourra placer les indices inférieurs du symbole

$$f^{(n)}_{yxxy \ldots}$$

dans tel ordre que l'on voudra, en permutant deux indices *consé-cutifs,* c'est-à-dire sans changer la valeur du résultat final.

Cela étant, reprenons la fonction $f(x, y, z, \dots)$ et considérons en particulier les variables x et y ; nous allons démontrer que les deux fonctions

$$f''_{xy}(x, y) \qquad f''_{yx}(x, y)$$

sont égales, pourvu qu'elles soient *continues.*

Pour simplifier l'écriture on n'a pas mis en évidence les variables z, u, … qui, dans ce qui suit, sont considérées comme des constantes.

Représentons par les caractéristiques Δ_x^h, Δ_y^k les accroissements que prend une fonction des variables x et y quand on attribue à la variable x l'accroissement h ou à la variable y l'accroissement k ; on aura

$$\Delta_x^h \Delta_y^k = \Delta_y^k \Delta_x^h.$$

On a en effet

$$\Delta_y^k f = f(x, y+k) - f(x, y) \qquad \Delta_x^h f = f(x+h, y) - f(x, y)$$

et, par suite,

$$\Delta_x^h \Delta_y^k f = f(x+h,\ y+k) - f(x+h,\ y) - f(x,\ y+k) + f(x,\ y)$$

$$\Delta_y^k \Delta_x^h f = f(x+h, y+k) - f(x, y+k) - f(x+h, y) + f(x, y) ;$$

égalités qui démontrent la propriété énoncée.

Cela étant établi, posons

$$\Delta_y^k f = f(x, y+k) - f(x, y) = \varphi(x) ;$$

la formule des accroissements finis donne

$$\Delta_x^h \Delta_y^k f = \varphi(x+h) - \varphi(x) = h \varphi'(x + \theta h) \qquad (0 < \theta < 1)$$

c'est-à-dire

$$\Delta_x^h \Delta_y^k f = h \left[f'_x(x + \theta h, y+k) - f'_x(x + \theta h, y) \right].$$

En appliquant de nouveau la formule des accroissements finis au second membre de l'égalité précédente, on a enfin

$$(1) \qquad \Delta_x^h \Delta_y^k f = hk f''_{xy}(x + \theta h, y + \theta_1 k) \qquad (0 < \theta_1 < 1).$$

On démontrerait de même l'égalité

$$(2) \qquad \Delta_y^k \Delta_x^h f = kh f''_{yx}(x + \omega h, y + \omega_1 k),$$

ω et ω_1 étant compris entre 0 et 1.

De la comparaison des égalités (1) et (2) on déduit

$$(3) \qquad f''_{xy}(x + \theta h, y + \theta_1 k) = f''_{yx}(x + \omega h, y + \omega_1 k).$$

Par hypothèse, les fonctions $f''_{xy}(x, y)$, $f''_{yx}(x, y)$ sont continues, si donc on fait tendre h et k vers zéro, l'égalité (3) devient

$$f''_{xy}(x, y) = f''_{yx}(x, y) ;$$

la propriété que nous avions en vue est donc établie.

La démonstration précédente est due à M. O. Bonnet.

Du théorème que l'on vient d'établir, il résulte qu'une fonction $f(x, y, z)$ de trois variables indépendantes, par exemple, a *trois* dérivées partielles du premier ordre

$$f'_x \qquad f'_y \qquad f'_z ;$$

six dérivées partielles distinctes du second ordre

$$f''_{x^2} \qquad f''_{y^2} \qquad f''_{z^2} \qquad f''_{yz} \qquad f''_{zx} \qquad f''_{xy}$$

dont les indices inférieurs sont, abstraction faite des coefficients, les termes du développement de $(x + y + z)^2$ et ainsi de suite.

En général, les indices inférieurs des dérivées partielles distinctes d'ordre p d'une fonction de m variables indépendantes $x_1, x_2 \ldots x_m$ sont, abstraction faite des coefficients, les termes du développement de $(x_1 + x_2 + \ldots + x_m)^p$.

Le nombre de ces dérivées est égal à

$$\Gamma_m^p = \frac{(m + p - 1)(m + p - 2) \ldots m}{p!}.$$

Exemple. — Considérons la fonction de deux variables

$$f(x, y) = x^3 + y^3 - 3axy,$$

Elle a pour dérivées partielles

$$f'_x = 3x^2 - 3ay \qquad f'_y = 3y^2 - 3ax$$

$$f''_{x^2} = 6x \cdot \quad f''_{xy} = -3a \qquad f''_{y^2} = 6y$$

$$f'''_{x^3} = 6 \qquad f'''_{x^2y} = 0 \qquad f'''_{xy^2} = 0 \qquad f'''_{y^3} = 6.$$

Fonctions composées.

300. Définition. — *On appelle fonction composée une fonction qui dépend de plusieurs fonctions de la variable indépendante x.*

Ainsi, u, v, w ... étant des fonctions de x, $f(u, v, w, \ldots)$ est une fonction composée ; les fonctions u, v, w, ... sont appelées *fonctions composantes*.

Supposons que les fonctions u, v, w, ... admettent des dérivées pour toutes les valeurs de x appartenant à l'intervalle (a, b) ; supposons en outre que, pour ces valeurs de x, la fonction $f(u, v, w, \ldots)$ admette des dérivées partielles du premier ordre *continues*

$$f'_u \qquad f'_v \qquad f'_w \quad \ldots,$$

nous allons démontrer que, sous ces conditions, la fonction $f(u, v, w \ldots)$ considérée comme fonction de x, admettra une dérivée et déterminer cette dérivée.

Théorème II. — *La dérivée d'une fonction composée*

$$y = f(u, v, w, \ldots)$$

a pour expression

$$y' = u'f'_u + v'f'_v + w'f'_w + \ldots$$

Pour abréger l'écriture, nous considérerons une fonction

$$y = f(u, v)$$

de deux fonctions composantes u et v.

Soient Δy, Δu, Δv les accroissements des fonctions y, u, v qui correspondent à l'accroissement Δx de la variable x; on a

$$\Delta y = f(u + \Delta u,\ v + \Delta v) - f(u,\ v)$$

ou encore

$$\Delta y = [f(u + \Delta u,\ v + \Delta v) - f(u,\ v + \Delta v)] + [f(u,\ v + \Delta v) - f(u,\ v)],$$

en ajoutant et retranchant la quantité $f(u,\ v + \Delta v)$.

La formule des accroissements finis donne

$$f(u + \Delta u,\ v + \Delta v) - f(u,\ v + \Delta v) = \Delta u f'_u (u + \theta \Delta u,\ v + \Delta v)$$

$$f(u,\ v + \Delta v) \qquad - f(u,\ v) \qquad = \Delta v f'_v (u,\ v + \omega \Delta v)$$

$$(0 < \theta < 1) \qquad\qquad\qquad (0 < \omega < 1) ;$$

on a donc

$$(4) \qquad \frac{\Delta y}{\Delta x} = \frac{\Delta u}{\Delta x} f'_u (u + \theta \Delta u,\ v + \Delta v) + \frac{\Delta v}{\Delta x} f'_v (u,\ v + \omega \Delta v).$$

Quand Δx tend vers zéro, les rapports $\dfrac{\Delta u}{\Delta x}$, $\dfrac{\Delta v}{\Delta x}$ tendent, par hypothèse, vers des limites u', v'; il en résulte que Δu et Δv tendent vers zéro.

D'un autre côté, les dérivées partielles f'_u, f'_v étant continues, les coefficients de $\dfrac{\Delta u}{\Delta x}$ et de $\dfrac{\Delta v}{\Delta x}$ dans la relation (4), tendent vers $f'_u (u,\ v)$ et $f'_v (u,\ v)$; il résulte de là que, pour $\Delta x = 0$, le rapport $\dfrac{\Delta y}{\Delta x}$ a *une limite* y' donnée par la relation

$$y' = u' f'_u + v' f'_v.$$

Remarque. — La différentielle de la fonction y est donnée par la relation

$$dy = f'_u\, du + f'_v\, dv.$$

Exemple I. — Soit la fonction composée

$$y = uvw \ldots st.$$

On aura

$$y' = vw \ldots t \cdot u' + uw \ldots t \cdot v' + \ldots + uv \ldots s \cdot t';$$

nous retrouvons la formule qui donne la dérivée d'un produit.

Exemple II. — Soit la fonction composée

$$(5) \qquad\qquad y = u^v \qquad\qquad (u > 0).$$

Cette fonction admet des dérivées partielles

$$\frac{\partial y}{\partial u} = vu^{v-1} \qquad\qquad \frac{\partial y}{\partial v} = u^v \, \mathrm{L}\, u$$

qui sont continues pour toutes les valeurs de x rendant u positif; la fonction y admet donc une dérivée y' donnée par la relation

$$y' = vu^{v-1} \cdot u' + u^v \, \mathrm{L}\, u \cdot v' = u^v \left(v \cdot \frac{u'}{u} + v' \mathrm{L}\, u \right),$$

en supposant toutefois que les fonctions u et v aient des dérivées.

Remarque. — Dans la pratique, on prend ordinairement les logarithmes Népériens des deux membres de la relation (5), ce qui donne

$$\mathrm{L}\, y = v \mathrm{L}\, u \, ;$$

d'où l'on déduit

$$\frac{y'}{y} = v \cdot \frac{u'}{u} + v' \mathrm{L}\, u,$$

puis

$$y' = u^v \left(v \cdot \frac{u'}{u} + v' \cdot \mathrm{L}\, u \right).$$

La formule précédente appliquée aux fonctions

$$y = x^x \qquad\qquad z = \left(1 + \frac{1}{x} \right)^x$$

donne

$$y' = x^x(1 + \mathrm{L}\, x) \qquad\qquad z' = \left(1 + \frac{1}{x} \right)^x \left[\mathrm{L} \left(1 + \frac{1}{x} \right) - \frac{1}{x+1} \right].$$

Extension de la formule des accroissements finis aux fonctions de plusieurs variables.

301. Pour fixer les idées, considérons une fonction $f(x, y)$ de deux variables x et y définie pour toutes les valeurs de x et de y

appartenant respectivement aux intervalles (a, A), (b, B), et admettant, dans ces intervalles, des dérivées partielles continues.

Soient (x, y), $(x + h, y + k)$ deux systèmes de valeurs de ces variables appartenant aux intervalles considérés. Nous allons, à l'aide de la règle donnant la dérivée d'une fonction composée, transformer la différence

$$f(x + h, y + k) - f(x, y).$$

Pour ramener le problème à la considération d'une fonction d'une seule variable, posons

$$\varphi(t) = f(x + ht, y + kt).$$

Dans l'intervalle $(0, 1)$ la fonction composée $\varphi(t)$ de la variable t, admet une dérivée

$$\varphi'(t) = h f'_x(x + ht, y + kt) + k f'_y(x + ht, y + kt) ;$$

on peut donc appliquer à cette fonction la formule du paragraphe 208 qui donne

$$\varphi(1) - \varphi(0) = \varphi'(\theta) \qquad (0 < \theta < 1).$$

En remplaçant $\varphi(1)$, $\varphi(0)$, $\varphi'(\theta)$ par leurs valeurs, on obtient la relation

$$(6) \quad f(x + h, y + k) - f(x, y) = h f'_x(x + \theta h, y + \theta k) + k f'_y(x + \theta h, y + \theta k)$$

qui résout la question proposée.

On a une formule analogue pour une fonction d'un nombre quelconque de variables indépendantes.

Corollaire. — Il résulte de la formule (6) qu'une fonction de plusieurs variables indépendantes qui admet des dérivées partielles continues, est elle-même continue.

Fonctions homogènes.

302. Définition. — *On dit qu'une fonction $f(x, y, z, \ldots)$ est homogène et du degré m quand, en y remplaçant $x, y, z, \ldots$ par*

tx, ty, tz, ... *on a, quel que soit t,*

$$f(tx, ty, tz, \ldots) \equiv t^m f(x, y, z, \ldots).$$

Si l'on pose, en particulier, $t = \dfrac{1}{x}$, l'identité précédente devient

$$f(x, y, z, \ldots) \equiv x^m f\left(1, \frac{y}{x}, \frac{z}{x}, \ldots\right);$$

ainsi, *toute fonction homogène du degré m des variables x, y, z, ... peut être mise sous la forme*

$$x^m f\left(1, \frac{y}{x}, \frac{z}{x}, \ldots\right).$$

Théorème d'Euler. — *Toute fonction $f(x, y, z, \ldots)$ homogène et du degré m satisfait à l'identité*

$$(7) \qquad x f'_x + y f'_y + z f'_z + \ldots \equiv mf.$$

En effet, la fonction f étant homogène, on a l'identité

$$f(tx, ty, tz, \ldots) \equiv t^m f(x, y, z, \ldots).$$

En prenant les dérivées des deux membres par rapport à t d'après la règle des fonctions composées, on trouve

$$x f'_{tx}(tx, ty, \ldots) + y f'_{ty}(tx, ty, \ldots) + \ldots \equiv m t^{m-1} f(x, y, \ldots).$$

Si l'on pose $t = 1$, cette identité devient

$$x f'_x(x, y, \ldots) + y f'_y(x, y, \ldots) + \ldots \equiv mf(x, y, \ldots).$$

Réciproquement, *toute fonction $f(x, y, z, \ldots)$ qui vérifie l'identité (7) est homogène et du degré m.*

En effet, si, dans cette identité, on remplace x, y, z, ... par tx, ty, tz, ... elle devient

$$\frac{x f'_{tx}(tx, ty, \ldots) + y f'_{ty}(tx, ty, \ldots) + \ldots}{f(tx, ty, \ldots)} = \frac{m}{t},$$

c'est-à-dire

$$(8) \qquad \frac{\varphi'(t)}{\varphi(t)} - \frac{m}{t} = 0,$$

en posant

$$\varphi(t) = f(tx, ty, \ldots).$$

Le premier membre de la relation (8) est la dérivée logarithmique de la fraction $\dfrac{\varphi(t)}{t^m}$; cette fraction est donc égale à une constante C, puisque sa dérivée est nulle.

Ainsi, on a

$$f(tx, ty, tz, \ldots) \equiv C t^m.$$

Pour déterminer la constante, posons $t = 1$, nous aurons

$$f(x, y, z, \ldots) = C$$

et, par suite

$$f(tx, ty, tz, \ldots) \equiv t^m f(x, y, z, \ldots) ;$$

la fonction f est donc homogène et du degré m.

Fonctions implicites.

303. Définition. — *On appelle fonction implicite celle qui est liée à la variable par une équation non résolue.*

Ainsi, soit

$$(9) \qquad f(x, y) = 0$$

une équation entre deux variables x et y ; s'il existe une fonction

$$y = \varphi(x)$$

de la variable x, telle que l'on ait identiquement

$$f[x, \varphi(x)] \equiv 0$$

pour toutes les valeurs de x appartenant à l'intervalle (a, A), $\varphi(x$

sera, dans cet intervalle, une fonction *implicite* de x définie par l'équation (9).

Dérivée d'une fonction implicite. — Admettons l'existence de la fonction implicite $\varphi(x)$ dans l'intervalle (a, A) ; supposons en outre cette fonction *continue*, et soit (b, B) l'intervalle qui comprend toutes les valeurs que prend $\varphi(x)$ quand x varie de a à A.

Désignons par x_1 une valeur quelconque de x appartenant à l'intervalle (a, A) et par y_1 la valeur *correspondante* de $y = \varphi(x)$, laquelle appartiendra à l'intervalle (b, B).

Nous supposerons : 1° *Que pour chacun des groupes formés par ces valeurs x_1, y_1 de x et de y, la fonction $f(x, y)$ admet des dérivées partielles du premier ordre continues*

$$f'_x(x_1, y_1) \qquad f'_y(x_1, y_1) ;$$

2° *que la dérivée partielle $f'_y(x_1, y_1)$ n'est pas nulle.*

Nous allons démontrer que, sous ces conditions, la fonction implicite $y = \varphi(x)$ *admet une dérivée* dans l'intervalle (a, A).

Soient x_1, $x_1 + h$ deux valeurs de x appartenant à l'intervalle (a, A) et $y_1 = \varphi(x_1)$, $y_1 + k = \varphi(x_1 + h)$ les valeurs correspondantes de $\varphi(x)$.

En appliquant la formule des accroissements finis et remarquant que les quantités $f(x_1 + h, y_1 + k)$, $f(x_1, y_1)$ sont nulles, on aura

$$hf'_x(x_1 + \theta h, y_1 + \theta k) + kf'_y(x_1 + \theta h, y_1 + \theta k) = 0.$$

De la relation précédente on tire

$$\frac{k}{h} = -\frac{f'_x(x_1 + \theta h, y_1 + \theta k)}{f'_y(x_1 + \theta h, y_1 + \theta k)}.$$

La fonction $\varphi(x)$ étant continue, par hypothèse, k tend vers zéro avec h.

Il résulte de là que les fonctions $f'_{x_1}(x_1 + \theta h, y_1 + \theta k)$, $f'_{y_1}(x_1 + \theta h, y_1 + \theta k)$ qui sont continues dans le domaine du point x_1, y_1 tendent vers $f'_x(x_1, y_1)$ et $f'_y(x_1, y_1)$, pour $h = 0$.

Comme $f_y'(x_1, y_1)$ n'est pas nul, le rapport $\dfrac{k}{h}$ tend vers une limite.

La fonction implicite $y = \varphi(x)$ a donc, pour $x = x_1$, $y = y_1$, une dérivée donnée par la relation

$$y' = -\frac{f_x'(x_1, y_1)}{f_y'(x_1, y_1)}.$$

304. Dans ce qui précède nous avons admis l'existence d'une fonction $\varphi(x)$ telle que l'on a identiquement

$$f[x, \varphi(x)] \equiv 0$$

pour toutes les valeurs de x appartenant à un intervalle (a, A).

L'existence de cette fonction n'est pas évidente, mais on peut montrer qu'elle existe quand certaines conditions sont remplies.

Théorème III. — *Soit $f(x, y)$ une fonction des variables x et y qui s'annule pour $x = x_0$, $y = y_0$; si cette fonction admet des dérivées partielles du premier ordre continues dans les intervalles $(x_0 - a, x_0 + a)$, $(y_0 - b, y_0 + b)$ et si l'on a, en outre,*

$$f_y'(x_0, y_0) \gtrless 0,$$

l'équation

$$f(x, y) = 0$$

définira une fonction y implicite de x dans le domaine du point x_0, y_0, c'est-à-dire dans un intervalle $(x_0 - c, x_0 + c)$ compris dans l'intervalle $(x_0 - a, x_0 + a)$ ou identique avec lui.

Pour fixer les idées, nous supposerons que la quantité $f_y'(x_0, y_0)$ qui n'est pas nulle, a une valeur positive, et nous désignerons par l un nombre positif *moindre* que $f_y'(x_0, y_0)$.

La dérivée partielle $f_y'(x, y)$ étant continue dans les intervalles considérés, on peut assigner deux nombres positifs u et v égaux ou inférieurs l'un à a, l'autre à b et tels que l'on aura

$$|f_y'(x_0 + h, y_0 + k) - f_y'(x_0, y_0)| < f_y'(x_0, y_0) - l$$

sous les seules conditions

$$|h| < u \qquad \text{et} \qquad |k| < v.$$

Il résulte de là que l'on aura

$$f_y'(x, y) > l$$

non seulement pour $x = x_0$, $y = y_0$, mais toutes les valeurs de x et de y appartenant respectivement aux intervalles $(x_0 - u,\ x_0 + u)$, $(y_0 - v,\ y_0 + v)$.

Cela étant, soit L un nombre positif supérieur à la plus grande des valeurs absolues de $f'_x(x, y)$ dans les intervalles précédents et c un nombre égal au plus petit des deux nombres u et $\dfrac{lv}{L}$.

Pour toute valeur de $|h|$ égale ou inférieure à c, on a, en appliquant la formule des accroissements finis et remarquant que $f(x_0, y_0)$ est nul,

$$f(x_0 + h,\ y_0 + v) = h f'_x(x_0 + \theta h,\ y_0 + \theta v) + v f'_y(x_0 + \theta h,\ y_0 + \theta v)$$

$$f(x_0 + h,\ y_0 - v) = h f'_x(x_0 + \omega h,\ y_0 - \omega v) - v f'_y(x_0 + \omega h,\ y_0 - \omega v)$$

$$(0 < \theta < 1) \qquad\qquad (0 < \omega < 1).$$

Dans les seconds membres de ces égalités, les valeurs absolues des premiers termes sont inférieures à cL et, par suite à lv, tandis que les valeurs absolues des deuxièmes termes sont plus grandes que lv.

Ces deuxièmes termes étant l'un *positif* et l'autre *négatif*, on a

$$f(x_0 + h,\ y_0 + v) > 0 \qquad \text{et} \qquad f(x_0 + h,\ y_0 - v) < 0.$$

La fonction continue $f(x_0 + h,\ y)$ de la *seule variable* y s'annule donc au moins pour une valeur de y comprise entre $y_0 - v$ et $y_0 + v$; elle ne s'annule d'ailleurs qu'une fois dans cet intervalle car, par hypothèse, sa dérivée $f'_y(x_0 + h,\ y)$ est positive.

En résumé, à chaque valeur x_1 de x appartenant à l'intervalle $(x_0 - c,\ x_0 + c)$ correspond *une* et *une seule* valeur y_1 de y appartenant à l'intervalle $(y_0 - v,\ y_0 + v)$ et telle que l'on a

$$f(x_1,\ y_1) = 0.$$

L'ensemble de ces valeurs de y constitue une fonction implicite $\varphi(x)$ définie par l'équation

$$f(x,\ y) = 0,$$

dans l'intervalle $(x_0 - c,\ x_0 + c)$.

Nous allons démontrer que, dans cet intervalle, la fonction $\varphi(x)$ est *continue*.

En prenant, dans cet intervalle, une valeur de x égale à $x_0 + h$ et désignant par $y_0 + k$ la valeur correspondante de y, c'est-à-dire la quantité $\varphi(x_0 + h)$, on aura, comme au paragraphe précédent, la relation

$$(10) \qquad h f'_x(x_0 + \theta h,\ y_0 + \theta k) + k f'_y(x_0 + \theta h,\ y_0 + \theta k) = 0.$$

Quand h tend vers zéro, le premier terme de la somme précédente tend vers zéro, car le coefficient de h est fini.

Il résulte de là que k tend aussi vers zéro, car le coefficient de k reste supérieur à la quantité l qui n'est pas nulle; la fonction $\varphi(x)$ est donc continue dans l'intervalle $(x_0 - c,\ x_0 + c)$.

En résolvant la relation (10) par rapport à $\dfrac{k}{h}$ et faisant ensuite tendre h vers zéro, on verra, comme au paragraphe précédent, que la fonction $y = \varphi(x)$ a, pour $x = x_0$, $y = y_0$, une dérivée donnée par la relation

$$y' = -\frac{f'_x(x_0,\ y_0)}{f'_y(x_0,\ y_0)}.$$

Exemple. — Considérons l'équation

$$(11) \qquad f(x,\ y) = x^2 + y^2 - a^2 e^{2n \text{ arc tang } \frac{y}{x}} = 0 ;$$

$$f'_x = 2x + 2na^2 \cdot \frac{y}{x^2 + y^2} e^{2n \text{ arc tang } \frac{y}{x}}$$

$$f'_y = 2y - 2na^2 \cdot \frac{x}{x^2 + y^2} e^{2n \text{ arc tang } \frac{y}{x}}.$$

Ces dérivées partielles sont continues pour tous les systèmes de valeurs de x et de y, sauf pour $x = 0$.

Si l'équation (11) est vérifiée pour $x = x_0$ et $y = y_0$; si, en outre, $f'_y(x_0,\ y_0)$ n'est pas nul, cette équation définira, dans le domaine du point $(x_0,\ y_0)$, une fonction implicite ayant pour dérivée

$$y' = -\frac{x_0 + na^2 \dfrac{y_0}{x_0^2 + y_0^2} e^{2n \text{ arc tang } \frac{y_0}{x_0}}}{y_0 - na^2 \dfrac{x_0}{x_0^2 + y_0^2} e^{2n \text{ arc tang } \frac{y_0}{x_0}}}$$

c'est-à-dire

$$y' = -\frac{x_0 + ny_0}{y_0 - nx_0},$$

en tenant compte de la relation

$$x_0^2 + y_0^2 = a^2 e^{2n \text{ arc tang } \frac{y_0}{x_0}}.$$

Fonctions inverses.

305. Considérons le cas particulier où la fonction $f(x,\ y) = 0$ est de la forme

$$(12) \qquad F(y) - x = 0 ;$$

on aura

$$f'_x = -1 \qquad f'_y = F'(y).$$

Supposons que la dérivée $F'(y)$ *existe, soit continue et ne s'annule pas* dans l'intervalle (b, B) ; cette dérivée aura un signe constant dans cet intervalle et sera positive, par exemple,

Quand y varie de b à B, la quantité $x = F(y)$ croît constamment de $a = F(b)$ à $A = F(B)$.

A chaque valeur x_1 de x appartenant à l'intervalle (a, A) correspond *une et une seule* valeur y_1 de y comprise entre b et B ; l'équation (12) définit donc, dans l'intervalle (a, A) une fonction $y = \varphi(x)$ de la variable x dont les valeurs appartiennent à l'intervalle (b, B).

Il résulte du théorème III (§ 304), que la fonction y est continue dans l'intervalle (a, A) et a une dérivée

$$y' = - \frac{f'_x}{f'_y} = \frac{1}{F'(y)}.$$

La fonction φ est appelée *la fonction inverse* de la fonction f.

Exemple I. — Soit l'équation

$$(13) \qquad\qquad y^2 - x = 0.$$

On a $F'(y) = 2y$, et cette dérivée est continue et ne s'annule pas dans les intervalles $(-\varepsilon, -\infty)$, $(\varepsilon, +\infty)$, ε étant un nombre positif aussi petit que l'on voudra.

Quand y varie de $\pm \varepsilon$ à $\pm \infty$, x croit de ε^2 à $+\infty$; donc :

1° *Dans l'intervalle* $(\varepsilon^2, +\infty)$, *l'équation* (13) *définit une première fonction y de la variable x dont les valeurs appartiennent à l'intervalle* $(+\varepsilon, +\infty)$.

On la représente par le symbole

$$y = + \sqrt{x};$$

elle a pour dérivée

$$y' = \frac{1}{2y} = \frac{1}{2\sqrt{x}}.$$

2° *Dans l'intervalle* $(\varepsilon^2, +\infty)$, *l'équation* (13) *définit une deuxième fonction y de la variable x dont les valeurs appartiennent à l'intervalle* $-\varepsilon, -\infty)$·

On la représente par le symbole

$$y = - \sqrt{x};$$

elle a pour dérivée

$$y' = \frac{1}{2y} = - \frac{1}{2\sqrt{x}}.$$

Exemple II. — Soit l'équation

$$(14) \qquad\qquad a^y - x = 0 \qquad\qquad (a > 0.$$

On a $F'(y) = a^y \, \mathrm{L}\, a$, et cette dérivée est continue et ne s'annule pas dans l'intervalle $(-\infty, +\infty)$.

Quand y varie de $-\infty$ à $+\infty$, x croît de 0 à $+\infty$ ou décroît de $+\infty$ à 0 selon que a est plus grand ou plus petit que l'unité ; donc

Dans l'intervalle $(0, +\infty)$, l'équation (14) définit une fonction y de la variable x dont les valeurs appartiennent à l'intervalle $(-\infty, +\infty)$.

On la représente par le symbole

$$y = \mathrm{L}_a x \, ;$$

elle a pour dérivée

$$y' = \frac{1}{a^y \, \mathrm{L}\, a} = \frac{1}{x \, \mathrm{L}\, a}.$$

Exemple III. — Soit l'équation

$$(15) \qquad\qquad \sin y - x = 0.$$

On a $F'(y) = \cos y$, et cette dérivée est continue et ne s'annule pas dans l'intervalle $\left(n\pi - \dfrac{\pi}{2}, \ n\pi + \dfrac{\pi}{2} \right)$; n désignant un entier quelconque.

Quand y varie de $n\pi - \dfrac{\pi}{2}$ à $n\pi + \dfrac{\pi}{2}$, x croît de -1 à $+1$ si n est pair ou décroît de $+1$ à -1 si n est impair ; donc

Dans l'intervalle $(-1, +1)$, l'équation (15) définit une fonction y de la variable x dont les valeurs appartiennent à l'intervalle $\left(n\pi - \dfrac{\pi}{2}, \ n\pi + \dfrac{\pi}{2} \right)$.

On la représente par le symbole

$$y = \text{arc sin } x \, ;$$

elle a pour dérivée

$$y' = \frac{1}{\cos y} = \frac{(-1)^n}{\sqrt{1 - x^2}},$$

car $\cos y$ est *positif* ou *négatif* suivant que l'entier n est *pair* ou *impair*.

Extension des formules de Taylor et de Maclaurin aux fonctions de plusieurs variables.

306. Lemme. — *Soit*

$$\omega = f(u, v, w, \ldots)$$

une fonction composée de la variable t, les fonctions composantes étant de la forme

$$u = x + ht \qquad v = y + kt \qquad w = z + lt \ \ldots$$

On a symboliquement

$$\frac{d^n \omega}{dt^n} = \left(h \frac{\partial \omega}{\partial u} + k \frac{\partial \omega}{\partial v} + \ldots \right)^n$$

pourvu que dans le développement du second membre on remplace les produits de la forme

$$\left(\frac{\partial \omega}{\partial u} \right)^\alpha \left(\frac{\partial \omega}{\partial v} \right)^\beta \left(\frac{\partial \omega}{\partial w} \right)^\gamma \ldots \qquad (\alpha + \beta + \gamma + \ldots = n)$$

par la dérivée d'ordre n

$$\frac{\partial^{\alpha + \beta + \gamma + \cdots} \omega}{\partial u^\alpha \partial v^\beta \partial w^\gamma \ldots}.$$

En effet en prenant successivement les dérivées par rapport à t des ordres 1, 2, 3, …. de la fonction ω et appliquant la règle des fonctions composées, on voit facilement que l'on a

$$(16) \qquad \frac{d^n \omega}{dt^n} = \Sigma A \frac{\partial^{\alpha + \beta + \cdots} \omega}{\partial u^\alpha \partial v^\beta \ldots} h^\alpha k^\beta \ldots$$

A étant une constante et le symbole Σ indiquant la somme de tous les termes obtenus en remplaçant les entiers non négatifs α, β, γ, …, par toutes les solutions de l'équation

$$\alpha + \beta + \gamma + \ldots = n.$$

Le coefficient A étant indépendant de la nature de la fonction f, on peut, pour le calculer, poser

$$\omega = e^u \cdot e^v \cdot e^w \ldots = e^{u + v + w + \cdots}.$$

Pour cette valeur de ω l'équation (16) devient

$$\omega (h + k + l + \ldots)^n = \omega \Sigma A h^\alpha k^\beta l^\gamma \ldots$$

c'est-à-dire

$$(h + k + l + \ldots)^n = \Sigma A h^\alpha k^\beta l^\gamma \ldots ;$$

on a donc $A = \dfrac{n!}{\alpha! \, \beta! \ldots}$ et l'on peut écrire symboliquement

$$\frac{d^n \omega}{dt^n} = \left(h \frac{\partial \omega}{\partial u} + k \frac{\partial \omega}{\partial v} + l \frac{\partial \omega}{\partial w} + \ldots \right)^n.$$

Ce lemme étant établi, soit

$$\omega = f(x, y, z, \dots)$$

une fonction de m variables indépendantes.

Nous nous proposons de développer l'expression

$$f(x + h, y + k, z + l, \dots)$$

en une somme ordonnée suivant les puissances entières et positives de $h, l, \dots$

Pour ramener ce cas à celui d'une fonction d'une seule variable, posons

$$\varphi(t) = f(x + ht, y + kt, z + lt, \dots) = \Omega.$$

En appliquant la formule de Maclaurin à la fonction $\varphi(t)$ d'une seule variable t, on a

$$(17) \qquad \varphi(t) = \varphi(0) + \frac{t}{1}\varphi'(0) + \frac{t^2}{2!}\varphi''(0) + \dots + \frac{t^{n-1}}{(n-1)!}\varphi^{(n-1)}(0) + \mathrm{R}_n$$

avec

$$\mathrm{R}_n = \frac{t^n}{n!}\varphi^{(n)}(\theta t) \qquad (0 < \theta < 1).$$

Pour calculer $\varphi^{(p)}(0)$, posons

$$u = x + ht \qquad v = y + kt \qquad w = z + lt \quad \dots$$

nous aurons, en appliquant le lemme précédent,

$$\varphi^{(p)}(t) = \left(h\frac{\partial\Omega}{\partial u} + k\frac{\partial\Omega}{\partial v} + \dots \right)^p$$

et

$$\varphi^{(p)}(0) = \left(h\frac{\partial f}{\partial x} + k\frac{\partial f}{\partial y} + \dots \right)^p$$

en remarquant que, pour $t = 0$, on a

$$\Omega = \omega = f(x, y, z, \dots)$$

$$\frac{\partial\Omega}{\partial u} = \frac{\partial f}{\partial x} \qquad \frac{\partial\Omega}{\partial v} = \frac{\partial f}{\partial y} \quad ,$$

Quant au reste R_n il est égal à $\dfrac{t^n}{n!}$ multiplié par la valeur que prend

$\dfrac{d^n \Omega}{dt^n}$ quand on y remplace t par θt; on a donc

$$R_n = \frac{t^n}{n!} \left(h \frac{\partial f}{\partial x} + k \frac{\partial f}{\partial y} + \ldots \right)^n_{x+\theta ht,\, y+\theta kt,\, \ldots},$$

les indices $x + \theta ht$, $y + \theta kt$, $\ldots$ exprimant qu'il faut remplacer dans le développement symbolique du coefficient $\dfrac{t^n}{n!}$ les variables x, y, $\ldots$, par $x + \theta ht$, $y + \theta kt$, $\ldots$

En remplaçant $\varphi^{(p)}(0)$ par sa valeur dans le second membre de la relation (17) et faisant ensuite $t = 1$ on aura

$$(18) \quad f(x+h,\, y+k,\, \ldots) = f(x,\, y,\, \ldots) + \left(h \frac{\partial f}{\partial x} + k \frac{\partial f}{\partial y} + \ldots \right) + \ldots$$
$$+ \frac{1}{(n-1)!} \left(h \frac{\partial f}{\partial x} + k \frac{\partial f}{\partial y} + \ldots \right)^{n-1} + R_n,$$

avec

$$R_n = \frac{1}{n!} \left(h \frac{\partial f}{\partial x} + k \frac{\partial f}{\partial y} + \ldots \right)^n_{x+\theta h,\, y+\theta k,\, \ldots}.$$

Lorsque le reste R_n tend vers zéro, quand n devient infini, le second membre de la relation (18) devient une série qui a pour limite le premier membre.

Remarque I. — Si l'on se rapporte aux conditions que suppose la formule de Maclaurin dans le cas d'une seule variable, on reconnaîtra que la formule (18) exige que la fonction f admette des dérivées partielles des ordres 1, 2, 3, $\ldots$, n dans les intervalles $(x,\, x+h)$, $(y,\, y+k)$, $\ldots$

Remarque II. — Si la fonction f est entière et du degré m, le second membre de la formule (18) est une fonction *entière* du même degré des quantités h, k, $\ldots$; cette formule devient alors

$$f(x+h,\, y+k,\, \ldots) = f(x,\, y,\, \ldots) + \left(h \frac{\partial f}{\partial x} + k \frac{\partial f}{\partial y} + \ldots \right) + \ldots$$
$$+ \frac{1}{m!} \left(h \frac{\partial f}{\partial x} + k \frac{\partial f}{\partial y} + \ldots \right)^m.$$

On le voit immédiatement en remarquant que le reste R_{m+1} est identiquement nul.

Pour établir ce résultat sans le déduire de la formule de Taylor, on posera encore

$$\varphi(t) = f(x + ht,\, y + kt,\, \ldots) = \Omega.$$

La fonction $\varphi(t)$ sera un polynôme entier du degré m par rapport à t, et l'on aura (§ 195)

$$\varphi(t) = \varphi(0) + \frac{t}{1}\,\varphi'(0) + \frac{t^2}{2!}\,\varphi''(0) + \ldots + \frac{t^m}{m!}\,\varphi^{(m)}(0).$$

En remplaçant $\varphi^{(p)}(0)$, $(p = 1, 2, \ldots m)$ par sa valeur

$$\left(h\,\frac{\partial f}{\partial x} + k\,\frac{\partial f}{\partial y} + \ldots \right)^p,$$

et posant $t = 1$, on obtiendra le développement de la fonction entière $f(x + h,\ y + k,\ \ldots)$ ordonnée suivant les puissances de $h,\ k,\ \ldots$

Série de Maclaurin. — Pour avoir la formule de Maclaurin étendue aux fonctions de plusieurs variables, il suffira de remplacer, dans la relation (18), d'abord $x, y, z, \ldots$, par zéro, puis $h, k, l, \ldots$, respectivement par $x, y, z, \ldots$

On obtient ainsi la formule

$$f(x, y, z\ \ldots) = f_0 + \left[x\left(\frac{\partial f}{\partial x}\right)_0 + y\left(\frac{\partial f}{\partial y}\right)_0 + \ldots \right]$$

$$+ \frac{1}{2!}\left[x\left(\frac{\partial f}{\partial x}\right)_0 + y\left(\frac{\partial f}{\partial y}\right)_0 + \ldots \right]^2 + \ldots$$

$$+ \frac{1}{(n-1)!}\left[x\left(\frac{\partial f}{\partial x}\right)_0 + y\left(\frac{\partial f}{\partial y}\right)_0 + \ldots \right]^{n-1} + R_n$$

avec

$$R_n = \frac{1}{n!}\left[\left(\frac{\partial f}{\partial x}\right)_\theta + y\left(\frac{\partial f}{\partial y}\right)_\theta + \ldots \right]^n.$$

L'indice zéro exprime que $x, y, \ldots$ doivent être remplacés par zéro dans les fonctions $f, \dfrac{\partial f}{\partial x}, \dfrac{\partial f}{\partial y} \ldots$; l'indice θ exprime que les mêmes variables doivent être remplacées par $\theta x, \theta y, \theta z, \ldots$ dans les fonctions $\dfrac{\partial f}{\partial x}, \dfrac{\partial f}{\partial y}, \ldots$

Théorème relatif aux fonctions homogènes.

307. Soit

$$f(x,\ y,\ z,\ \ldots)$$

une fonction homogène du degré m des variables $x,\ y,\ z\ldots$

Si l'on multiplie chacune de ces variables par $1 + \alpha$, on aura

$$f(x + \alpha x,\ y + \alpha y,\ z + \alpha z,\ \ldots) = (1 + \alpha)^m f(x,\ y,\ z,\ \ldots)$$

En prenant pour l'arbitraire α une quantité positive moindre que l'unité, on pourra développer $(1 + \alpha)^m$ par la formule du binôme et le deuxième membre de la relation précédente deviendra

$$\left(1 + \frac{m}{1}\,\alpha + \frac{m(m-1)}{2!}\,\alpha^2 + \ldots \right] f.$$

Si l'on développe le premier membre par la formule de Taylor, ce que nous supposerons possible, il devient

$$f + \alpha \left[x\frac{\partial f}{\partial x} + y\frac{\partial f}{\partial y} + - \right] + \frac{\alpha^2}{2!} \left(x\frac{\partial f}{\partial x} + y\frac{\partial f}{\partial y} + \ldots \right)^2 + \ldots$$

En égalant les coefficients des mêmes puissances de α dans les deux développements on obtient les relations

$$x\frac{\partial f}{\partial x} + y\frac{\partial f}{\partial y} + \ldots \quad = mf$$

$$\left(x\frac{\partial f}{\partial x} + y\frac{\partial f}{\partial y} + \ldots \right)^2 = m(m-1)f$$

$$\left(x\frac{\partial f}{\partial x} + y\frac{\partial f}{\partial y} + \ldots \right)^3 = m(m-1)(m-2)f$$

$$\cdots \cdots \cdots \cdots \cdots \cdots \cdots \cdots \cdots$$

La première de ces relations a été établie (§ 302) ; il est facile de montrer qu'elle entraîne toutes les autres.

Remarquons d'abord que les dérivées partielles d'ordre p d'une fonction homogène de degré m sont des fonctions homogènes du degré $m - p$.

En effet si l'on prend la dérivée par rapport à x de l'identité

$$f(tx,\ ty,\ tz,\ \ldots) \equiv t^m f(x,\ y,\ z,\ \ldots)$$

on a

$$tf'_x(tx,\ ty,\ tz,\ \ldots) = t^m f'_x(x,\ y,\ z,\ \ldots)$$

c'est-à-dire

$$f'_x(tx,\ ty,\ tz,\ \ldots) = t^{m-1} f'_x(x,\ y,\ z,\ \ldots).$$

La dérivée partielle f'_x est donc homogène et du degré $m - 1$ et il en est de même des autres dérivées partielles du premier ordre.

Le même raisonnement appliqué successivement aux dérivées partielles des ordres 2, 3, ..., montre que les dérivées partielles de l'ordre p sont homogènes et du degré $m - p$.

Cela étant, le théorème d'Euler, appliqué aux dérivées partielles du premier ordre, donne les identités

$$x f''_{x^2} + y f''_{xy} + z f''_{xz} + \cdots \equiv (m-1) f'_x$$

$$x f''_{yx} + y f''_{y^2} + z f''_{yz} + \cdots \equiv (m-1) f'_y$$

$$x f''_{zx} + y f''_{zy} + z f''_{z^2} + \cdots \equiv (m-1) f'_z$$

$$\cdots \cdots \cdots \cdots \cdots \cdots$$

En ajoutant membre à membre ces identités, après avoir multip'ié la première par x, la deuxième par y, ..., on obtient facilement l'identité

$$\left(x \frac{\partial f}{\partial x} + y \frac{\partial f}{\partial y} + \cdots \right)^2 \equiv m(m-1) f.$$

Les autres identités s'établissent de la même manière.

Maximum et minimum
des fonctions de plusieurs variables indépendantes.

308. Définition. — *On dit que la fonction $f(x, y, z, \ldots)$ de plusieurs variables indépendantes est maximum pour $x = x_0$, $y = y_0$, $z = z_0$, ..., quand on peut assigner un nombre positif α tel que l'on ait*

$$f(x_0 + h, y_0 + k, z_0 + l, \ldots) < f(x_0, y_0, z_0, \ldots)$$

pour toutes les valeurs de $h, k, l, \ldots$ comprises entre $-\alpha$ et $+\alpha$.

On dit que la fonction $f(x, y, z, \ldots)$ est minimum pour $x = x_0$, $y = y_0$, $z = z_0$, ..., quand on peut assigner un nombre positif α tel que l'on ait

$$f(x_0 + h, y_0 + k, z_0 + l, \ldots) > f(x_0, y_0, z_0, \ldots)$$

pour toutes les valeurs de $h, k, l, \ldots$ comprises entre $-\alpha$ et $+\alpha$.

Supposons que les valeurs $x = x_0$, $y = y_0$, ... répondent à un maximum ou à un minimum de la fonction $f(x, y, z, \ldots)$, et donnons à $y, z, \ldots$ les valeurs $y_0, z_0, \ldots$; notre fonction deviendra

$$f(x, y_0, z_0, \ldots).$$

Cette fonction de la *seule* variable x étant maximum ou minimum pour $x = x_0$, sa dérivée

$$f'_x(x, y_0, z_0, \ldots)$$

est *nulle ou cesse d'exister* pour $x = x_0$ (§ 211).

Ainsi, dans notre hypothèse, la dérivée partielle

$$f'_x(x, y, z, \ldots)$$

de la fonction $f(x, y, z, \ldots)$ est nulle ou cesse d'exister pour $x = x_0$, $y = y_0$, $\ldots$

Le même raisonnement est applicable aux autres dérivées partielles f'_y, f'_z, $\ldots$

En résumé, les valeurs de x, y, z, $\ldots$ qui répondent à un maximum ou à un minimum de la fonction $f(x, y, z, \ldots)$ sont comprises parmi celles pour lesquelles les dérivées partielles du premier ordre de cette fonction sont *nulles ou cessent d'exister*.

Il resterait à donner des règles permettant de reconnaître si ces valeurs correspondent réellement à un maximum ou à un minimum.

Nous ne résoudrons pas cette question ; dans le plus grand nombre des cas, il sera possible d'établir *a priori* l'existence d'un maximum ou d'un minimum.

Exemple. — *Trouver dans le plan d'un triangle donné le point dont les distances aux sommets du triangle ont une somme minimum.*

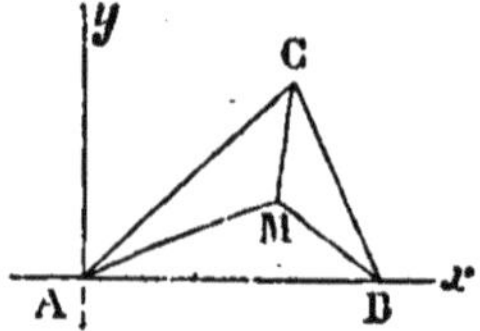

Prenons pour axe des x le côté AB du triangle donné ABC et pour axe des y la perpendiculaire élevée au point A sur AB.

Désignons par c l'abscisse du point B, par α, β les coordonnées du point C et par x, y celles du point cherché M.

La fonction dont on demande le minimum a pour expression

$$S = \sqrt{x^2 + y^2} + \sqrt{(x - c)^2 + y^2} + \sqrt{(x - \alpha)^2 + (y - \beta)^2} \,;$$

il est évident *à priori* que la somme S a un minimum et qu'elle n'a pas de maximum.

En égalant à zéro les dérivées partielles S'_x, S'_y on a, pour déterminer x et y, les équations

$$(19) \begin{cases} \dfrac{x}{\sqrt{x^2 + y^2}} + \dfrac{x - c}{\sqrt{(x - c)^2 + y^2}} + \dfrac{x - \alpha}{\sqrt{(x - \alpha)^2 + (y - \beta)^2}} = 0 \\[2mm] \dfrac{y}{\sqrt{x^2 + y^2}} + \dfrac{y}{\sqrt{(x - c)^2 + y^2}} + \dfrac{y - \beta}{\sqrt{(x - \alpha)^2 + (y - \beta)^2}} = 0. \end{cases}$$

Pour résoudre ces équations, désignons par λ, μ, ν les angles que forment les directions AM, BM, CM avec la direction Ax. On a

$$\cos \lambda = \frac{x}{\sqrt{x^2 + y^2}} \qquad\qquad \sin \lambda = \frac{y}{\sqrt{x^2 + y^2}}$$

$$\cos \mu = \frac{x - c}{\sqrt{(x - c)^2 + y^2}} \qquad\qquad \sin \mu = \frac{y}{\sqrt{(x - c)^2 + y^2}}$$

$$\cos \nu = \frac{x - \alpha}{\sqrt{(x - \alpha)^2 + (y - \beta)^2}} \qquad\qquad \sin \nu = \frac{y - \beta}{\sqrt{(x - \alpha)^2 + (y - \beta)^2}},$$

et les équations (19) deviennent

$$\cos \lambda + \cos \mu = -\cos \nu \qquad \sin \lambda + \sin \mu = -\sin \nu.$$

En ajoutant les deux équations précédentes après les avoir élevées au carré, on obtient la relation

$$1 + 2 \cos (\mu - \lambda) = 0 \qquad \text{d'où} \qquad \cos (\mu - \lambda) = -\frac{1}{2}.$$

Ainsi l'angle $\mu - \lambda$ qui n'est autre chose que l'angle AMB est égal à 120 degrés.

On conclut de là que le point inconnu M est à l'intersection de trois segments capables de 120 degrés décrits respectivement sur AB, BC, CA.

Il est aisé de voir que, pour que ces trois segments, se coupent réellement en un même point M, il *faut* et il *suffit* qu'aucun des angles du triangle ne soit supérieur à 120 degrés.

Si les trois angles sont moindres que 120 degrés, le point M est à l'intérieur du triangle.

Si l'un des angles A par exemple est égal à 120 degrés le point M coïncide avec le sommet A.

Supposons enfin que l'un des angles A du triangle soit supérieur à 120 degrés; les équations (19) sont alors incompatibles mais leurs premiers membres cessent d'avoir une signification quand on y remplace x et y par zéro, c'est-à-dire par les coordonnées du sommet A.

Il est facile de vérifier que la somme S est alors minimum quand le point M coïncide avec le sommet A.

Désignons par ρ la distance AM, par b le côté AC du triangle et par A l'angle CAB; nous aurons

$$S = \rho + c\left[1 - 2\left(\frac{\rho}{c}\cos\lambda - \frac{\rho^2}{2c^2}\right)\right]^{\frac{1}{2}} + b\left[1 - 2\left(\frac{\rho}{b}\cos(A-\lambda) - \frac{\rho^2}{2b^2}\right)\right]^{\frac{1}{2}}.$$

Dans le domaine du point A on peut supposer ρ assez petit pour que chaque radical soit développable en série par la formule du binôme.

On trouve ainsi

$$\left[1 - 2\left(\frac{\rho}{c}\cos\lambda - \frac{\rho^2}{2c^2}\right)\right]^{\frac{1}{2}} = 1 - \left(\frac{\rho}{c}\cos\lambda - \frac{\rho^2}{2c^2}\right) - \frac{1}{2}\left(\frac{\rho}{c}\cos\lambda - \frac{\rho^2}{2c^2}\right)^2 - \cdots$$

$$= 1 - \frac{\rho}{c}\cos\lambda + \frac{\rho^2}{2c^2}\sin^2\lambda + \alpha\rho^3,$$

α étant une quantité qui est finie pour $\rho = 0$.

En remplaçant c et λ par b et $A-\lambda$, on a de même

$$\left[1 - 2\left(\frac{\rho}{b}\cos(A-\lambda) - \frac{\rho^2}{2b^2}\right)\right]^{\frac{1}{2}} = 1 - \frac{\rho}{b}\cos(A-\lambda) + \frac{\rho^2}{2b^2}\sin^2(A-\lambda) + \beta\rho^3,$$

β étant une quantité qui est finie pour $\rho = 0$.

En tenant compte des développements précédents, l'expression de S devient

$$S = (b+c) + \rho\left[1 - 2\cos\frac{A}{2}\cos\left(\frac{A}{2} - \lambda\right)\right]$$

$$+ \frac{\rho^2}{2}\left[\frac{\sin^2\lambda}{c} + \frac{\sin^2(A-\lambda)}{b}\right] + (c\alpha + b\beta)\rho^3.$$

Pour $\rho = 0$, S est égal à $b+c$ et, si l'on suppose ρ infiniment petit la différence $S - (b+c)$ a le signe de la quantité

$$u = 1 - 2\cos\frac{A}{2}\cos\left(\frac{A}{2} - \lambda\right),$$

si cette quantité n'est pas nulle.

Nous distinguerons trois cas :

1° $A < 120$ *degrés*. — Le facteur $2\cos\dfrac{A}{2}$ est plus grand que l'unité et u change de signe quand λ varie; il en résulte que $b+c$ ne correspond ni à un maximum ni à un minimum de S.

2° $A = 120$ *degrés*. — La quantité u s'annule pour $\lambda = \dfrac{A}{2}$, et la différence $S - (b+c)$ est positive car le coefficient de ρ^2 est positif; pour les autres valeurs de λ, u est aussi positif.

Il résulte de là que $b + c$ est un minimum pour S.

$3°$ $A > 120$ *degrés*. — Le facteur $2 \cos \dfrac{A}{2}$ étant moindre que l'unité, u est positif pour *toutes* les valeurs de λ; la quantité $b + c$ est donc un minimum pour S.

Remarque. — Le problème précédent a été proposé à Fermat par Toricelli ; il a été étudié par M. Bertrand. (**Journal de Liouville**, t. VIII).

EXERCICES

$1°$ Trouver toutes les fonctions f telles que l'on ait

$$f(x) + f(y) = f(x + y) \qquad \textbf{Réponses.} \qquad f(x) = ax$$

$$f(x) + f(y) = f(xy) \qquad\qquad\qquad f(x) = L_a x$$

$$f(x) \cdot f(y) = f(x + y) \qquad\qquad\qquad f(x) = a^x$$

$$f(x) \cdot f(y) = f(xy) \qquad\qquad\qquad f(x) = x^a$$

$$f(x + y) = \frac{f(x) + f(y)}{1 - f(x) \cdot f(y)} \qquad\qquad f(x) = \tang\, ax$$

a désigne une constante.

$2°$ Soit

$$z = \frac{x}{x^2 + y^2}$$

une fonction des deux variables indépendantes x et y, démontrer que l'on a :

$$\frac{\partial^n z}{\partial x^n} = (-1)^n \frac{n!}{\rho^{n+1}} \cos (n+1) \alpha$$

$$\frac{\partial^{2n} z}{\partial x^{2n}} = (-1)^n \frac{(2n)!}{\rho^{2n+1}} \cos (2n+1) \alpha$$

$$\frac{\partial^{2n+1} z}{\partial x^{2n+1}} = (-1)^{n+1} \frac{(2n+1)!}{\rho^{2n+2}} \sin (2n+2) \alpha.$$

On a posé $\rho^2 = x^2 + y^2$ et $\alpha = \text{arc tang} \dfrac{y}{x}$.

$3°$ Démontrer que la fonction y définie par l'équation

$$xy = ae^x + be^{-x}$$

satisfait à l'équation

$$x \frac{d^2 y}{dx^2} + 2 \frac{dy}{dx} = x$$

4° Démontrer que la fonction y définie par l'équation

$$A x^2 + 2 B xy + C y^2 + 2 D x + 2 E y + F = 0$$

satisfait à l'équation

$$9 \left(\frac{d^2 y}{d x^2}\right)^2 \frac{d^5 y}{d x^5} - 45 \frac{d^2 y}{d x^2} \cdot \frac{d^3 y}{d x^3} \cdot \frac{d^4 y}{d x^4} + 40 \left(\frac{d^3 y}{d x^3}\right)^3 = 0.$$

5° La fonction z définie par l'équation

$$y - bz = \varphi(x - az)$$

satisfait à l'équation

$$a \frac{\partial z}{\partial x} + b \frac{\partial z}{\partial y} = 1.$$

6°   fonction z définie par l'équation

$$\frac{x - \alpha}{z - \gamma} = \varphi \left(\frac{y - \beta}{z - \gamma}\right)$$

satisfait à l'équation

$$(x - \alpha) \frac{\partial z}{\partial x} + (y - \beta) \frac{\partial z}{\partial y} = z - \gamma.$$

7° La fonction z définie par l'équation

$$(x - \alpha)^2 + (y - \beta)^2 + (z - \gamma)^2 - R^2 = \varphi(ax + by + cz + d)$$

satisfait à l'équation

$$[b(z - \gamma) - c(y - \beta)] \frac{\partial z}{\partial x} + [c(x - \alpha) - a(z - \gamma)] \frac{\partial z}{\partial y} = a(y - \beta) - b(x - \alpha).$$

8° La fonction z définie par l'équation

$$z = \varphi \left(\frac{y}{x}\right)$$

satisfait à l'équation

$$x \frac{\partial z}{\partial x} + y \frac{\partial z}{\partial x} = 0.$$

9° La fonction z définie par les deux équations

$$z = \alpha x + y \varphi(\alpha) + F(\alpha)$$
$$0 = x + y \varphi'(\alpha) + F'(\alpha)$$

où α est un paramètre variable, satisfait à l'équation

$$\frac{\partial^2 z}{\partial x^2} \cdot \frac{\partial^2 z}{\partial y^2} = \left(\frac{\partial^2 z}{\partial x \partial y}\right)^2.$$

10° La fonction z définie par l'équation

$$z = x \varphi\left(\frac{y}{x}\right) + \psi\left(\frac{y}{x}\right)$$

satisfait à l'équation

$$y^2 \frac{\partial^2 z}{\partial x^2} + 2xy \frac{\partial^2 z}{\partial x \partial y} + y^2 \frac{\partial^2 z}{\partial y^2} = 0.$$

11° Soit u une fonction des deux variables x et a, on a, quelle que soit la fonction désignée par le symbole F,

$$\frac{\partial}{\partial a}\left[F(u)\frac{\partial u}{\partial x}\right] = \frac{\partial}{\partial x}\left[F(u)\frac{\partial u}{\partial a}\right].$$

Application. — Soient z une fonction de x et de a définie par l'équation

$$z = a + x \varphi(z)$$

et u une fonction quelconque $f(z)$ de z, démontrer que l'on a

$$\frac{\partial^n u}{\partial x^n} = \frac{\partial^{n-1} u}{\partial x^{n-1}}\left[\varphi(z)^n \frac{\partial u}{\partial a}\right].$$

Déduire de là que, si la fonction $u = f(z)$ est développable en série entière de la variable x, on a

$$f(z) = f(a) + x \varphi(a) f'(a) + \frac{x^2}{2!}\frac{\partial}{\partial a}[\varphi(a)^2 f'(a)] + \frac{x^3}{3!}\frac{\partial^2}{\partial a^2}[\varphi(a)^3 f'(a)] + \ldots$$

La relation précédente est connue sous le nom de *Formule de Lagrange*.
Appliquer cette formule au développement en série ordonnée suivant les puissances de a d'une des racines de l'équation

$$az^2 - bz + c = 0.$$

(On mettra cette équation sous la forme

$$z = \frac{c}{b} + \frac{a}{b} z^2$$

et, dans la formule de Lagrange on posera $f(z) = z$).

CHAPITRE XXII

FORMES LINÉAIRES. — FORMES QUADRATIQUES.

Formes linéaires.

309. Définition. — *On appelle forme linéaire une fonction entière, homogène et du premier degré d'un nombre quelconque de variables $x_1, x_2, \ldots, x_n$.*

Ainsi le polynôme

$$a_1 x_1 + a_2 x_2 + \ldots + a_n x_n$$

dans lequel $a_1, a_2, \ldots, a_n$ sont des constantes est une forme linéaire.

Théorème I. — *Pour qu'une forme linéaire soit nulle, quelles que soient les valeurs attribuées aux variables dont elle dépend, il faut et il suffit que les coefficients de ces variables soient tous nuls.*

Ces conditions sont *nécessaires*; en effet, si la forme linéaire

$$a_1 x_1 + a_2 x_2 + \ldots + a_n x_n$$

est nulle quelles que soient les valeurs attribuées aux variables, elle sera nulle en particulier pour les valeurs

$$x_1 = x_2 = \ldots = x_{i-1} = x_{i+1} = \ldots = x_n = 0$$

$$x_i \gtrless 0;$$

on a donc

$$a_i = 0.$$

D'ailleurs a_i représente l'un quelconque des coefficients a.

Les conditions énoncées sont évidemment *suffisantes*.

310. Formes linéaires distinctes. — Soient p formes linéaires

$$X_1 = a_1^1 x_1 + a_1^2 x_2 + \ldots + a_1^n x_n$$
$$X_2 = a_2^1 x_1 + a_2^2 x_2 + \ldots + a_2^n x_n$$
$$\cdots\cdots\cdots\cdots\cdots\cdots\cdots$$
$$\cdots\cdots\cdots\cdots\cdots\cdots\cdots$$
$$X_p = a_p^1 x_1 + a_p^2 x_2 + \ldots + a_p^n x_n$$

qui dépendent de n variables x_1, x_2 ...; x_n; on dit que ces formes sont *distinctes* quand on peut attribuer simultanément à chacune d'elles des valeurs arbitraires.

D'après cela si l'on désigne par u_1, u_2, ..., u_p des quantités arbitraires données, les formes linéaires X_1, X_2, ..., X_p seront distinctes si les équations

$$(1) \qquad X_1 = u_1 \qquad X_2 = u_2 \quad ... \quad X_p = u_p$$

sont compatibles.

Le théorème de M. Rouché donne immédiatement les conditions nécessaires et suffisantes pour que p formes linéaires soient distinctes.

Théorème II. — *Pour que p formes linéaires*

$$X_1 \qquad X_2 \quad ... \quad X_p$$

soient distinctes, il faut et il suffit que le déterminant principal δ déduit du tableau formé avec les coefficients des n variables

$$x_1 \qquad x_2 \quad ... \quad x_n$$

soit du degré p.

1° *La condition est nécessaire.* — En effet, si les formes linéaires considérées sont distinctes, les équations (1) sont compatibles quelles que soient les valeurs attribuées aux quantités u_1, u_2, ..., u_p.

Soit q le degré du déterminant principal δ de ces équations; dans tout ce qui suit nous le supposerons formé avec les coefficients des variables x_1, x_2, ..., x_q prises dans les formes X_1, X_2, ..., X_q.

On sait déjà que q ne peut pas surpasser p; nous allons montrer qu'on ne peut pas avoir $q < p$.

En effet, dans cette hypothèse, aux équations (1) correspondent $p-q$ déterminants caractéristiques (§ 76)

$$\delta_{q+r} = \begin{vmatrix} a_1^1 & a_1^2 & ... & a_1^q & u_1 \\ a_2^1 & a_2^2 & ... & a_2^q & u_2 \\ \vdots & \vdots & & \vdots & \vdots \\ a_q^1 & a_q^2 & ... & a_q^q & u_q \\ a_{q+r}^1 & a_{q+r}^2 & ... & a_{q+r}^q & u_{q+r} \end{vmatrix}$$

$$(r = 1, 2, 3, ..., p - q).$$

Dans ces déterminants le coefficient de u_{q+r} est égal à δ; les coefficients des quantités u_1, u_2, ..., u_p ne sont donc pas tous nuls et les équations (1) ne sont pas compatibles quelles que soient les quantités u_1, u_2, ..., u_p.

Il résulte de là que, si les formes X_i sont distinctes, on a $q = p$.

2° *La condition est suffisante.* — En effet, si le déterminant principal δ est de degré p, on peut résoudre les équations (1) par rapport aux variables

$$x_1 \quad x_2 \quad \ldots \quad x_p$$

les autres variables et les quantités u_i restant arbitraires.

Corollaire. — Des formes linéaires

$$X_1 \quad X_2 \quad \ldots \quad X_p$$

ne peuvent pas être distinctes quand leur nombre p surpasse le nombre n des variables dont elles dépendent.

En effet le degré du déterminant principal δ des équations (1) ne peut pas alors être égal au nombre p des formes linéaires, car ce degré ne peut pas surpasser n.

En d'autres termes avec n variables x_1, x_2, $\ldots$, x_n on ne peut pas composer plus de n formes linéaires *distinctes*.

Théorème III. — *Quand p formes linéaires ne sont pas distinctes, elles sont liées par $p - q$ relations linéaires et homogènes, q désignant le degré du déterminant principal des équations* (1).

Dans le déterminant principal δ_{q+r} remplaçons les quantités $u_1, u_2, \ldots, u_{q+r}$, respectivement par X_1, X_2, $\ldots$, X_q, X_{q+r} nous obtiendrons le déterminant

$$\delta'_{q+r} = \begin{vmatrix} a_1^1 & a_1^2 & \ldots & a_1^q & X_1 \\ a_2^1 & a_2^2 & \ldots & a_2^q & X_2 \\ \vdots & & & & \\ a_q^1 & a_q^2 & \ldots & a_q^q & X_q \\ a_{q+r}^1 & a_{q+r}^2 & \ldots & a_{q+r}^q & X_{q+r} \end{vmatrix}$$

$$(r = 1, 2, \ldots, p - q).$$

Dans ce déterminant, le coefficient de x^β est nul quand β a l'une des valeurs suivantes

$$1 \quad 2 \quad 3 \quad \ldots \quad q,$$

comme déterminant ayant deux colonnes identiques; il est nul aussi quand β a l'une des valeurs suivantes

$$q+1 \quad q+2 \quad \ldots \quad n, \quad \ldots$$

comme déterminant dont le degré surpasse celui du déterminant principal.

En développant δ'_{q+r} par rapport aux éléments de la dernière colonne on obtient la relation

$$\alpha_1^r X_1 + \alpha_2^r X_2 + \ldots + \alpha_q^r X_q + \delta X_{q+r} = 0,$$

$$(r = 1, 2, \ldots, p - q)$$

dans laquelle δ n'est pas nul.

On voit que les formes X_i sont liées par $p - q$ relations linéaires et homogènes.

C'est pour cette raison que l'on dit souvent que des formes linéaires distinctes sont *linéairement indépendantes*.

Il est d'ailleurs évident qu'il ne peut exister entre des formes linéaires distinctes aucune relation *linéaire* ou *non*.

311. Soit $f(x_1, x_2, \ldots, x_n)$ une fonction des n variables $x_1, x_2, \ldots, x_n$; si l'on pose

$$(2) \qquad x_i = b_i^1 y_1 + b_i^2 y_2 + \ldots + b_i^n y_n$$

$$(i = 1, 2, 3, \ldots, n),$$

on dit que l'on fait *une substitution linéaire.*

Le déterminant formé avec les coefficients des nouvelles variables y est appelé le *module* de la substitution.

Après cette substitution la fonction f devient une fonction $F(y_1, y_2, \ldots, y_n)$ qui est dite la *transformée* de f.

Théorème IV. — *Si l'on considère p formes linéaires distinctes, elles restent distinctes après qu'on y a fait une substitution linéaire, pourvu que le module de cette substitution ne soit pas nul.*

En effet les formes

$$X_i = a_i^1 x_1 + a_i^2 x_2 + \ldots + a_i^n x_n \qquad (i = 1, 2, \ldots, p)$$

étant distinctes, si l'on désigne par $u_1, u_2, \ldots, u_p$ des quantités arbitraires, les équations

$$u_i = X_i \qquad (i = 1, 2, \ldots, p)$$

sont compatibles et donnent pour les variables $x_1, x_2, \ldots, x_n$ des valeurs $x_1', x_2', \ldots, x_n'$.

Si l'on porte ces valeurs dans les formules de substitution (2), on obtiendra n équations

$$(3) \qquad x_i' = b_i^1 y_1 + b_i^2 y_1 + \ldots + b_i^n y^n$$

$$(i = 1, 2, 3, \ldots, n),$$

qui sont compatibles, car le déterminant des inconnues y n'est pas nul; elles donneront pour $y_1, y_2, \ldots, y_n$ des valeurs $y_1', y_2', \ldots, y_n'$.

Si l'on substitue ces valeurs dans les formes linéaires Y_i *transformées* des formes linéaires X_i, elles prendront respectivement les valeurs $u_1, u_2, \ldots, u_p$ qui sont choisies arbitrairement; les formes Y_i sont donc distinctes.

Formes quadratiques.

342. Définition. — *On appelle forme quadratiqne une fonction entière, homogène et du second degré d'un nombre quelconque de variables $x_1, x_2, \ldots, x_n$.*

Nous représenterons par a_i^i le coefficient du carré de la variable x_i et, indifféremment par $2a_i^j$ ou $2a_j^i$ le coefficient du produit des deux variables distinctes x_i, x_j; on a donc

$$a_i^j = a_j^i.$$

D'après ces conventions une forme quadratique $f(x_1, x_2, \ldots, x_n)$ à n variables aura pour expression

$$f = \sum_{i=1}^{i=n} \sum_{j=1}^{j=n} a_i^j x_i x_j.$$

Par exemple, pour $n = 2$, on a

$$f = a_1^1 x_1^2 + 2 a_1^2 x_1 x_2 + a_2^2 x_2^2.$$

Une forme quadratique f à n variables a n dérivées partielles du premier ordre; nous désignerons par f_i la *demi-dérivée* de f par rapport à x_i; nous poserons donc

$$f_i = \frac{1}{2} \frac{\partial f}{\partial x_i} = a_i^1 x_1 + a_i^2 x_2 + \cdots + a_i^n x_n$$

$$(i = 1, 2, \ldots, n).$$

Nous nous proposons d'exposer les principales propriétés des formes quadratiques.

Théorème V. — *Toute forme quadratique à n variables peut être décomposée en une somme algébrique de carrés de formes linéaires distinctes de ces variables, dont le nombre est au plus égal à n.*

Ce théorème est vrai pour une forme quadratique à une variable, car on a

$$f = a_1^1 x_1^2 = \left(x_1 \sqrt{a_1^1} \right)^2.$$

Pour montrer qu'il est général, il suffira de faire voir que, s'il est vrai pour une forme ayant moins de n variables, il est alors vrai pour une forme à n variables.

Nous distinguerons deux cas.

Premier cas. — *Tous les coefficients a_i^i ne sont pas nuls.* — Pour fixer les idées supposons $a_1^1 \gtrless 0$; en ordonnant la forme f par rapport à x_1, on a

$$f = a_1^1 x_1^2 + 2\,\mathrm{P}\,x_1 + \mathrm{Q},$$

P désignant une forme *linéaire* des variables $x_2, x_3, \ldots, x_n$ et Q une forme *quadratique* des mêmes variables.

On a identiquement

$$f = \frac{1}{a_1^1}\left(a_1^1 x_1 + \mathrm{P}\right)^2 + \mathrm{Q} - \frac{\mathrm{P}^2}{a_1^1}$$

ou bien

$$f = \mathrm{X}_1^2 + \varphi,$$

en posant

$$\mathrm{X}_1 = \frac{a_1^1 x_1 + \mathrm{P}}{\sqrt{a_1^1}} = \frac{f_1}{\sqrt{a_1^1}} \qquad\qquad \varphi = \mathrm{Q} - \frac{\mathrm{P}^2}{a_1^1}.$$

La fonction φ est une forme quadratique ne contenant pas x_1, c'est-à-dire à moins de n variables.

Par hypothèse on a

$$\varphi = \mathrm{X}_2^2 + \mathrm{X}_3^2 + \cdots + \mathrm{X}_p^2$$

$\mathrm{X}_2, \mathrm{X}_3, \ldots, \mathrm{X}_p$ étant des formes linéaires *distinctes* des variables $x_2, x_3, \ldots, x_n$ et p étant au plus égal à $n-1$; de là résulte l'égalité

$$f = \mathrm{X}_1^2 + \mathrm{X}_2^2 + \cdots + \mathrm{X}_p^2 \qquad\qquad (p \leqslant n).$$

La fonction X_1 contenant la variable x_1 qui n'entre pas dans les formes $\mathrm{X}_2, \ldots, \mathrm{X}_n$, les formes

$$\mathrm{X}_1 \qquad \mathrm{X}_2 \qquad \mathrm{X}_3 \quad \ldots \quad \mathrm{X}_n$$

sont distinctes et le théorème est démontré.

Deuxième cas. — *Tous les coefficients a_i^i sont nuls.* — Dans ce cas, l'un au moins des coefficients a_i^j n'est pas nul; pour fixer les idées, supposons $a_1^2 \gtrless 0$.

En ordonnant la forme f par rapport à x_1 et à x_2, on a

$$f = 2 a_1^2 x_1 x_2 + 2\,\mathrm{P}\,x_1 + 2\,\mathrm{Q}\,x_2 + \mathrm{R}$$

P et Q désignant des formes *linéaires* des variables $x_3, x_4, \ldots, x_n$ et R une forme *quadratique* des mêmes variables.

Pour ramener ce cas au précédent, posons

$$x_1 = \frac{y_1 + y_2}{2} \qquad x_2 = \frac{y_1 - y_2}{2} \qquad x_3 = y_3 \ldots x_n = y_n.$$

Après ce changement de variables la forme f contiendra les carrés des variables y_1, y_2 et l'on sera ramené au premier cas.

La forme f peut donc être décomposée en une somme algébrique de p carrés de formes linéaires distinctes des variables $y_1, y_2, y_3, \ldots, y_n$, le nombre p étant au plus égal à n.

D'un autre côté, ces fonctions linéaires resteront distinctes ($\S$ 311. — **Théorème IV**), quand on remplacera les variables y_i par leurs valeurs

$$y_1 = x_1 + x_2 \qquad y_2 = x_1 - x_2 \qquad y_3 = x_3 \quad \ldots \quad y_n = x_n;$$

le théorème est donc établi dans tous les cas.

Remarque I. — La méthode suivie pour établir ce théorème donne un procédé pratique pour décomposer une forme quadratique en une somme algébrique de carrés de formes linéaires distinctes.

Ce procédé dû à Gauss peut être résumé dans deux identités.

1° *Le coefficient a_1^1 n'est pas nul.* — On a identiquement

$$f = \frac{1}{a_1^1}\,(f_1)^2 + \varphi$$

en posant

$$\varphi = f(0,\, x_2,\, x_3\, \ldots,\, x_n) - \frac{1}{a_1^1}\,(f_1)_0^2,$$

l'indice *zéro* exprimant que l'on doit remplacer x_1 par zéro dans le carré de f_1.

On est ramené à décomposer en somme de carrés une forme quadratique φ ayant moins de n variables.

2° *Tous les coefficients a_i^i sont nuls.* — Supposons $a_1^2 \gtrless 0$, nous aurons, comme on l'a vu précédemment,

$$f = 2a_1^2 x_1 x_2 + 2\mathrm{P}\,x_1 + 2\mathrm{Q}\,x_2 + \mathrm{R}$$

P, Q désignant des formes *linéaires* des variables x_3, x_4, $\ldots$, x_n et R une forme quadratique des mêmes variables.

Cette égalité peut être mise sous la forme

$$f = \frac{2}{a_1^2}\left(a_1^2 x_2 + \mathrm{P}\right)\left(a_1^2 x_1 + \mathrm{Q}\right) + \mathrm{R} - \frac{2}{a_1^2}\,\mathrm{P}\cdot\mathrm{Q}$$

ou encore sous la forme

$$f = \frac{2}{a_1^2}\,f_1\cdot f_2 + f(0,\, 0,\, x_3,\, \ldots,\, x_n) - \frac{2}{a_1^2}\,(f_1\cdot f_2)_{x_1 = x_2 = 0}.$$

Si l'on pose

$$X_1 = f_1 + f_2 \qquad X_2 = f_1 - f_2 \qquad \varphi = f(0, 0, x_3, \ldots, x_n) - \frac{2}{a_1^2} (f_1 \cdot f_2)_{x_1 = x_2 = 0}$$

on a

$$f = \frac{1}{2 a_1^2} \left(X_1^2 - X_2^2 \right) + \varphi,$$

et l'on est ramené à décomposer en une somme de carrés une forme quadratique φ ayant au plus $n - 2$ variables.

Remarque II. — *Une forme quadratique peut être décomposée d'une infinité de manières en une somme de carrés de formes linéaires distinctes.*

Soit, en effet,

$$f = X_1^2 + X_2^2 + \cdots + X_p^2$$

une décomposition quelconque; si l'on pose, par exemple,

$$Y_1 = X_1 \cos \omega - X_2 \sin \omega \qquad Y_2 = X_1 \sin \omega - X_2 \sin \omega$$

on aura $Y_1^2 + Y_2^2 = X_1^2 + X_2^2$ et, par suite,

$$f = Y_1^2 + Y_2^2 + X_3^2 + \cdots + X_p^2$$

En faisant varier ω on aura une infinité de décompositions, les formes linéaires qui correspondent à chacune d'elles étant distinctes.

Remarque III. — *Une forme quadratique f peut être décomposée en une somme algébrique de carrés dont le nombre est aussi grand que l'on veut, quand les formes linéaires correspondantes ne sont pas distinctes.*

Considérons en effet la forme quadratique φ définie par l'égalité

$$\varphi = Y_1^2 + Y_2^2 + \cdots + Y_q^2,$$

Y_i désignant des formes linéaires des variables $x_1, x_2, \ldots, x_n$ et l'entier q étant quelconque; on aura identiquement

$$f \equiv \varphi + (f - \varphi).$$

Par la méthode de Gauss on pourra décomposer $f - \varphi$ en une somme de p carrés et la forme quadratique f sera alors décomposée en une somme de $q + p$ carrés, le nombre q étant quelconque.

Décompositions irréductibles.

313. Définition. — *On dit qu'une décomposition est irréductible quand elle renferme le plus petit nombre possible de carrés.*

Théorème VI. — *Quand une forme quadratique f est décomposée en une somme de carrés de formes linéaires distinctes, la décomposition est irréductible.*

Supposons en effet que l'on ait obtenu les deux décompositions

$$f = X_1^2 + X_2^2 + \cdots + X_p^2$$

$$f = Y_1^2 + Y_2^2 + \cdots + Y_q^2,$$

les formes linéaires X_i étant distinctes ainsi que les formes linéaires Y_i; on aura $p = q$.

Démontrons par exemple qu'on ne peut pas avoir $q > p$.

Les formes X_1, X_2, ..., X_p étant distinctes, on pourra résoudre les p égalités

$$X_p = a_r^1 x_1 + a_r^2 x_2 + \cdots + a_r^n x_n$$

$$(r = 1, 2, \ldots, n),$$

qui les définissent, par rapport à p variables qui seront, par exemple, x_1, x_2, .. , x_p et substituer ces valeurs dans les fonctions Y.

Ces fonctions Y_i ainsi transformées deviendront des formes linéaires *distinctes* des quantités

$$X_1 \quad X_2 \quad \ldots \quad X_p \quad x_{p+1}, \ldots, x_n;$$

nous allons démontrer que les formes linéaires Y_i ainsi transformées ne contiennent aucune des variables x_{p+1}, x_{p+2}, ..., x_n.

Soit x l'une quelconque de ces variables; en prenant les dérivées par rapport à x des deux membres de l'égalité

$$X_1^2 + X_2^2 + \cdots + X_p^2 = Y_1^2 + Y_2^2 + \cdots + Y_q^2,$$

on a

$$0 = Y_1 \frac{\partial Y_1}{\partial x} + Y_2 \frac{\partial Y_2}{\partial x} + \cdots + Y_q \frac{\partial Y_q}{\partial x}.$$

Les dérivées $\dfrac{\partial Y_i}{\partial x}$ sont des *constantes* et ces constantes doivent être nulles puisque les fonctions Y_i sont distinctes.

En résumé, les q formes linéaires transformées Y_i ne dépendent que des p variables X_1, X_2, ..., X_p; comme elles sont distinctes, on ne peut pas avoir $q > p$ (§ **310**. — **Corollaire**).

On verrait de même qu'on ne peut pas avoir $p > q$; on a donc $p = q$.

Théorème VII. — *Quand une forme quadratique f est décomposée en une* *somme de carrés de formes linéaires non distinctes, la décomposition n'est pas irréductible.*

Supposons en effet que l'on ait

$$(4) \qquad f = X_1^2 + X_2^2 + \cdots + X_p^2,$$

les formes linéaires X_i n'étant pas distinctes.

Si q est le degré du déterminant principal relatif à ces formes, on pourra exprimer linéairement $p - q$ de ces formes en fonction de q d'entre elles qui seront, par exemple,

$$X_1 \qquad X_2 \ \ldots \ X_q.$$

En substituant les valeurs ainsi trouvées dans l'égalité (4), la forme quadratique f ne dépendra plus que de q variables $X_1, X_2, \ldots, X_q$ et sera décomposable en une somme de q carrés distincts au plus ; la décomposition (4) n'est donc pas irréductible.

Des théorèmes VI et VII résulte le corollaire suivant :

Corollaire. — *Pour qu'une décomposition en une somme de carrés soit irréductible il faut et il suffit que les formes linéaires qui correspondent à cette décomposition soient distinctes.*

Classification des formes quadratiques.

314. Nous avons vu qu'une forme quadratique peut être décomposée d'une infinité de manières en une somme de carrés de formes linéaires distinctes, mais, pour chacune de ces décompositions, le nombre des carrés est *le même ;* ce nombre est donc un *invariant* qui peut servir à classer les formes quadratiques de n variables.

Définitions. — *On dit qu'une forme quadratique de n variables est de la classe zéro, si toutes ses décompositions irréductibles contiennent n carrés.*

On dit qu'elle est de la première classe si ses décompositions irréductibles contiennent $n - 1$ carrés.

En général, on dit que la forme est de la p^e classe, si ses décompositions irréductibles contiennent $n - p$ carrés.

Nous allons faire connaître les conditions analytiques qui caractérisent les formes quadratiques des différentes classes.

Discriminant d'une forme quadratique. — *On appelle discriminant d'une forme quadratique le déterminant ayant pour éléments les coefficients des variables dans les demi-dérivées partielles du premier ordre de la forme.*

Ainsi, soit la forme quadratique à n variables

$$f = \sum_{i=1}^{i=n} \sum_{j=1}^{j=n} a_i^j x_i x_j,$$

on a

$$f_1 = a_1^1 x_1 + a_1^2 x_2 + \ldots + a_1^n x$$

$$f_2 = a_2^1 x_1 + a_2^2 x_2 + \ldots + a_2^n x$$

$$\cdots \cdots \cdots \cdots \cdots \cdots$$

$$\cdots \cdots \cdots \cdots \cdots \cdots$$

$$f_n = a_n^1 x_1 + a_n^2 x_2 + \ldots + a_n^n x_n.$$

Le discriminant de la forme est défini par l'égalité

$$\Delta_n = \begin{vmatrix} a_1^1 & a_1^2 & \ldots & a_1^n \\ a_2^1 & a_2^2 & \ldots & a_2^n \\ \vdots & \vdots & & \vdots \\ a_n^1 & a_n^2 & \ldots & a_n^n \end{vmatrix}.$$

La relation $a_i^j = a_j^i$ montre que le discriminant Δ_n est un déterminant symétrique ; il est d'ailleurs évident que tout déterminant symétrique est le discriminant d'une certaine forme quadratique.

Théorème VIII. — *Pour qu'une forme quadratique de n variables soit de la classe p, il faut et il suffit que tous les déterminants mineurs d'ordre $p-1$ déduits de son discriminant Δ_n soient nuls et que l'un au moins des déterminants mineurs d'ordre p ne soit pas nul.*

1° *La condition est nécessaire.* — En effet supposons que l'on ait

$$(5) \qquad f = X_1^2 + X_2^2 + \ldots + X_{n-p}^2$$

avec

$$X_i = b_i^1 x_1 + b_i^2 x_2 + \ldots + b_i^n x_n,$$

$$(i = 1, 2, \ldots, n-p).$$

Les formes linéaires X_i étant distinctes, par hypothèse, leur déterminant principal δ est du degré $n-p$; soit

$$\delta = \begin{vmatrix} b_1^1 & b_1^2 & \ldots & b_1^{n-p} \\ b_2^1 & b_2^2 & \ldots & b_2^{n-p} \\ \vdots & & & \\ b_{n-p}^1 & b_{n-p}^2 & \ldots & b_{n-p}^{n-p} \end{vmatrix}$$

ce déterminant principal.

En prenant successivement les dérivées des deux membres de l'égalité (5),
par rapport aux variables x_1, x_2, ..., x_n, on a

$$f_1 \;\; = b_1^1 \;\; X_1 + b_2^1 \;\; X_2 + \ldots + b_{n-p}^1 X_{n-p}$$

$$f_2 \;\; = b_1^2 \;\; X_1 + b_2^2 \;\; X_2 + \ldots + b_{n-p}^2 X_{n-p}$$

$$\cdot \;\cdot\;\cdot\;\cdot\;\cdot\;\cdot\;\cdot\;\cdot\;\cdot\;\cdot\;\cdot\;\cdot$$

$$f_{n-p} = b_1^{n-p} X_1 + b_2^{n-p} X_2 + \ldots + b_{n-p}^{n-p} X_{n-p}$$

$$\cdot \;\cdot\;\cdot\;\cdot\;\cdot\;\cdot\;\cdot\;\cdot\;\cdot\;\cdot\;\cdot\;\cdot$$

$$f_n \;\; = b_1^n \;\; X_1 + b_2^n \;\; X_2 + \ldots + b_{n-p}^n X_{n-p};$$

on voit que ces dérivées sont des fonctions linéaires et homogènes des $n-p$
formes linéaires distinctes X_1, X_2, ..., X_{n-p}.

Si l'on considère $n-p+1$ *quelconques* de ces dérivées elles ne sont pas
distinctes, car elles constituent un groupe de $n-p+1$ formes linéaires
qui dépendent seulement de $n-p$ variables.

Il résulte de là que tous les déterminants du degré $n-p+1$ c'est-à-dire
tous les déterminants mineurs d'ordre $p-1$ déduits du discriminant de la
forme, sont nuls.

D'un autre côté, les dérivées f_1, f_2, ..., f_{n-p} sont des fonctions *distinctes*
des variables X_1, X_2, ..., X_{n-p} puisque le déterminant δ n'est pas nul ; ces
dérivées sont donc des formes linéaires *distinctes* des variables x_1, x_2, ..., x
(§ 311. — **Théorème IV**).

Il résulte de là qu'il y a au moins un déterminant mineur d'ordre p du
discriminant Δ_n qui n'est pas nul.

2° *La condition est suffisante.* — Supposons qu'un déterminant mineur
d'ordre p du discriminant Δ_n ne soit pas nul, tous ceux de l'ordre $p-1$
étant nuls ; et soit $n-q$ le nombre des carrés d'une décomposition irréductible de la forme f.

Nous allons démontrer que l'on a $q = p$.

En effet, si l'on avait $q < p$, un déterminant mineur au moins, d'ordre
inférieur à p, du discriminant Δ_n ne serait pas nul, ce qui est contre
l'hypothèse,

Si l'on avait $q > p$, tous les déterminants mineurs d'ordre p du discriminant Δ_n seraient nuls, ce qui est encore contre l'hypothèse.

Cas particuliers. — 1° *Pour qu'une forme quadratique soit de la forme
zéro il faut et il suffit que son discriminant ne soit pas nul.*

2° *Pour qu'une forme quadratique soit réductible à un seul carré, c'est-à-
dire carré parfait, il faut et il suffit que tous les déterminants mineurs du
deuxième degré de son discriminant soient nuls, l'un au moins des éléments
de la forme n'étant pas nul.*

Remarque. — *Parmi les déterminants mineurs d'ordre p du discriminant*

Δ_n *qui ne sont pas nuls, quand la forme quadratique* f *est de la classe p, il y a au moins un déterminant symétrique.*

Supposons en effet que l'on ait

$$(5) \qquad f = X_1^2 + X_2^2 + \cdots + X_{n-p}^2$$

avec

$$(6) \qquad X_i = b_i^1 x_1 + b_i^2 x_2 + \cdots + b_i^n x_n$$

$$(i = 1, 2, \ldots, n - p)$$

et

$$\delta = \Sigma b_1^1 b_2^2 \cdots b_{n-p}^{n-p} \lessgtr 0.$$

Dans l'égalité (5) faisons

$$x_{n-p+1} = x_{n-p+2} = \cdots = x_n = 0,$$

elle devient

$$f(x_1, x_2, \ldots, x_{n-p}, 0, 0, \ldots, 0) = Y_1^2 + Y_2^2 + \cdots + Y_{n-p}^2$$

avec

$$Y_i = b_i^1 x_1 + b_i^2 x_2 + \cdots + b_i^{n-p} x_{n-p}$$

$$(i = 1, 2, \ldots, n - p).$$

Comme δ n'est pas nul les fonctions Y_i sont distinctes et la forme quadratique $f(x_1, x_2, \ldots, x_{n-p}, 0, 0, \ldots, 0)$ à $n - p$ variables est de la classe *zéro*.

Le discriminant de cette forme, c'est-à-dire le déterminan

$$\Delta_{n-p} = \begin{vmatrix} a_1^1 & a_1^2 & \cdots & a_1^{n-p} \\ a_2^1 & a_2^2 & \cdots & a_2^{n-p} \\ \vdots & & & \\ a_{n-p}^1 & a_{n-p}^2 & \cdots & a_{n-p}^{n-p} \end{vmatrix}$$

n'est donc pas nul, ce qui démontre la propriété énoncée.

De cette remarque résulte le corollaire suivant ;

Corollaire. — *Quand tous les déterminants mineurs d'ordre* $p-1$ *d'un déterminant symétrique* Δ_n *sont nuls et que tous ceux d'ordre p ne sont pas nuls, il y a au moins un déterminant mineur symétrique d'ordre p qui n'est pas nul.*

En effet, tout déterminant symétrique est le discriminant d'une certaine forme quadratique.

345. Nous allons maintenant indiquer la marche à suivre pour appliquer le théorème VIII.

Nous venons de voir que, parmi les déterminants mineurs d'ordre p du discriminant Δ_n qui ne sont pas nuls, quand la forme f est de la classe p, se trouve toujours un déterminant symétrique.

On est ainsi conduit, pour exprimer qu'une forme quadratique f est de la classe p, à supposer successivement que chaque déterminant *symétrique* d'ordre p du discriminant Δ_n n'est pas nul.

Nous allons montrer que, dans chacune de ces hypothèses, il ne sera pas nécessaire d'annuler tous les déterminants mineurs d'ordre $p-1$ du discriminant Δ_n, pour exprimer que la forme f est de la classe p.

En égalant à zéro $\dfrac{p(p+1)}{2}$ de ces déterminants convenablement choisis, tous les autres seront nuls.

Soient

$$
\begin{aligned}
f_1 \quad &= a_1^1 \quad x_1 + \cdots + a_1^{n-p} x_{n-p} + \cdots + a_1^n \quad x_n \\
&\vdots \\
(7) \quad f_{n-p} &= a_{n-p}^1 x_1 + \cdots + a_{n-p}^{n-p} x_{n-p} + \cdots + a_{n-p}^n x_n \\
&\vdots \\
f_n \quad &= a_n^1 \quad x_1 + \cdots + a_n^{n-p} x_{n-p} + \cdots + a_n^n \quad x_n
\end{aligned}
$$

les égalités qui définissent les dérivées partielles du premier ordre de la forme f.

Pour fixer les idées, supposons que le déterminant symétrique d'ordre p qui n'est pas nul, soit

$$
\Delta_{n-p} = \begin{vmatrix}
a_1^1 & a_1^2 & \cdots & a_1^{n-p} \\
a_2^1 & a_2^2 & \cdots & a_2^{n-p} \\
\vdots & \vdots & & \vdots \\
a_{n-p}^1 & a_{n-p}^2 & \cdots & a_{n-p}^{n-p}
\end{vmatrix} .
$$

Appelons U_r^q le déterminant

$$
\begin{vmatrix}
& & & a_1^{n-p+q} \\
& & & \vdots \\
\Delta_{n-p} & & & \vdots \\
& & & a_{n-p}^{n-p+q} \\
a_{n-p+r}^1 & & a_{n-p+r}^{n-p} & a_{n-p+r}^{n-p+q}
\end{vmatrix}
\qquad
\begin{aligned}
(r &= 1, 2, \ldots, p) \\
(q &= 1, 2, \ldots, p)
\end{aligned}
$$

obtenu en bordant *inférieurement* Δ_{n-p} par une ligne ayant pour éléments les coefficients

$$
a_{n-p+r}^1 \quad a_{n-p+r}^2 \quad \cdots \quad a_{n-p+r}^{n-p}
$$

des variables $x_1, x_2, \ldots, x_{n-p}$ dans l'expression de la demi-dérivée f_{n-p+r} et, *à droite*, par une colonne ayant pour éléments les coefficients

$$a_1^{n-p+q} \quad a_2^{n-p+q} \quad \ldots \quad a_{n-p}^{n-p+q} \quad a_{n-p+r}^{n-p+q}$$

de la variable x_{n-p+q} dans les expressions des demi-dérivées

$$f_1, f_2, \ldots, f_{n-p}, f_{n-p+r}.$$

Le nombre des déterminants U_r^q est égal à p^2.

Cela étant, nous démontrerons le théorème suivant :

Théorème IX. — *Si, le déterminant mineur symétrique Δ_{n-p} n'étant pas nul, les p^2 déterminants U_r^q sont nuls, tous les mineurs d'ordre $p-1$ du discriminant Δ_n sont également nuls.*

Pour le démontrer éliminons $x_1, x_2, \ldots, x_{n-p}$ entre les $n-p$ premières égalités (7) et l'égalité de rang $n-p+r$, nous obtiendrons la relation

$$\begin{vmatrix} & & & & f_1 & -V_1 \\ & & & & \vdots & \vdots \\ & \Delta_{n-p} & & & \vdots & \vdots \\ & & & & \vdots & \vdots \\ \cdots & \cdots & \cdots & & f_{n-p} & -V_{n-p} \\ a_{n-p+r}^1 & \cdots & a_{n-p+r}^{n-p} & & f_{n-p+r} & -V_{n-p+r} \end{vmatrix} = 0$$

qui se réduit à

$$\begin{vmatrix} & & & & f_1 \\ & & & & \vdots \\ & \Delta_{n-p} & & & \vdots \\ & & & & \vdots \\ \cdots & \cdots & \cdots & & f_{n-p} \\ a_{n-p+r}^1 & \cdots & a_{n-p+r}^{n-p} & & f_{n-p+r} \end{vmatrix} = 0$$

puisque tous les déterminants U_r^q sont nuls.

On a posé

$$V_i = a_i^{n-p+1} x_{n-p+1} + \ldots + a_i^n x_n.$$

On voit que les p demi-dérivées f_{n-p+r} sont des formes linéaires des demi-dérivées $f_1, f_2, \ldots, f_{n-p}$.

Et se reportant à la démonstration du théorème VIII, on conclut de là que *tous* les déterminants d'ordre $p-1$ du discriminant Δ_n sont nuls.

De ce qui précède il résulte que si Δ_{n-p} n'est pas nul, il suffira, pour exprimer que la forme f est de la classe p, d'égaler à zéro les p^2 déterminants U_r^q.

Toutes les relations ainsi obtenues ne sont pas distinctes.

En effet les p relations $U_r^r = 0$ dont les premiers membres sont des déterminants symétriques sont généralement distinctes; mais les $p^2 - p = p(p-1)$ relations

$$U_r^q = 0 \qquad (r \gtrless q)$$

sont deux à deux identiques, car, le discriminant Δ_n étant un déterminant symétrique, on a

$$U_r^q = U_q^r.$$

En résumé quand on connaîtra le déterminant mineur symétrique d'ordre p du discriminant Δ_n qui n'est pas nul, il faudra écrire $p + \dfrac{p(p-1)}{2} = \dfrac{p(p+1)}{2}$ relations pour exprimer que la forme f est de la classe p.

Exemple. — *Exprimer que la forme quadratique à quatre variables*

$$f = A x^2 + A' y^2 + A'' z^2 + 2B yz + 2B' zx + 2B'' xy + 2C xt + 2C' yt + 2C'' zt + F t^2$$

est de la deuxième classe.

On a

$$\Delta_4 = \begin{vmatrix} A & B'' & B' & C \\ B'' & A' & B & C' \\ B' & B & A'' & C'' \\ C & C' & C'' & F \end{vmatrix};$$

si l'on suppose

$$\begin{vmatrix} A & B'' \\ B'' & B' \end{vmatrix} \gtrless 0,$$

les trois conditions cherchées seront

$$\begin{vmatrix} A & B'' & B' \\ B'' & A' & B \\ B' & B & A'' \end{vmatrix} = 0 \quad \begin{vmatrix} A & B'' & C \\ B'' & A' & C' \\ C & C' & F \end{vmatrix} = 0 \quad \begin{vmatrix} A & B'' & C \\ B'' & A' & C' \\ B' & B & C'' \end{vmatrix} = 0.$$

Invariants.

316. Définition. — *On appelle invariant d'une fonction f des variables $x_1, x_2, \ldots, x_n$ toutes fonctions φ de ses coefficients, telle que, si l'on fait une substitution linéaire, la fonction semblable des coefficients de la trans-*

formée F *est égale à la première fonction* φ *multipliée par une puissance du module* M *de la substitution.*

Ainsi soit $f(x_1, x_2, \ldots, x_n, \alpha_1, \alpha_2, \ldots)$, une fonction ayant pour transformée $F(y_1, y_2, \ldots, y_n, \ldots, \beta_1, \beta_2, \ldots)$, les quantités $\alpha_1, \alpha_2, \ldots, \beta_1, \beta_2, \ldots$ étant des constantes ; si l'on a

$$\varphi(\beta_1, \beta_2, \ldots) = M^P \varphi(\alpha_1, \alpha_2, \ldots),$$

la fonction $\varphi(\alpha_1, \alpha_2, \ldots)$ sera un invariant de la fonction f.

Hessien. — *Soit* f *une fonction homogène des variables* $x_1, x_2, \ldots, x_n$, *le déterminant*

$$\begin{vmatrix} \dfrac{\partial^2 f}{\partial x_1^2} & \dfrac{\partial^2 f}{\partial x_1 \partial x_2} & \cdots & \dfrac{\partial^2 f}{\partial x_1 \partial x_n} \\[2em] \dfrac{\partial^2 f}{\partial x_2 \partial x_1} & \dfrac{\partial^2 f}{\partial x_2^2} & \cdots & \dfrac{\partial^2 f}{\partial x_2 \partial x_n} \\[2em] \vdots & \vdots & & \vdots \\[2em] \dfrac{\partial^2 f}{\partial x_n \partial x_1} & \dfrac{\partial^2 f}{\partial x_n \partial x_2} & \cdots & \dfrac{\partial^2 f}{\partial x_n^2} \end{vmatrix}$$

ayant pour éléments les dérivées partielles du second ordre de cette fonction est appelé son Hessien.

Il est facile de vérifier que le Hessien d'une forme quadratique n'est autre chose que son discriminant.

Lemme. — *Soient* $u_1, u_2, \ldots, u_n$ *des fonctions homogènes des variables* $x_1, x_2, \ldots, x_n$; *si l'on fait la substitution linéaire définie par les égalités*

$$x_i = b_i^1 y_1 + b_i^2 y_2 + \ldots + b_i^n y_n$$

$$(i = 1, 2, \ldots, n)$$

on aura

$$(8) \quad \begin{vmatrix} \dfrac{\partial u_1}{\partial y_1} & \dfrac{\partial u_1}{\partial y_2} & \cdots & \dfrac{\partial u_1}{\partial y_n} \\[1.5em] \vdots & \vdots & & \vdots \\[1.5em] \dfrac{\partial u_n}{\partial y_1} & \dfrac{\partial u_n}{\partial y_2} & \cdots & \dfrac{\partial u_n}{\partial y_n} \end{vmatrix} = M \begin{vmatrix} \dfrac{\partial u_1}{\partial x_1} & \dfrac{\partial u_1}{\partial x_2} & \cdots & \dfrac{\partial u_1}{\partial x_n} \\[1.5em] \vdots & \vdots & & \vdots \\[1.5em] \dfrac{\partial u_n}{\partial x_1} & \dfrac{\partial u_n}{\partial x_2} & \cdots & \dfrac{\partial u_n}{\partial x_n} \end{vmatrix},$$

M *étant le module de la substitution*

En effet, le théorème des fonctions composées donne les relations

$$\frac{\partial u_i}{\partial y_1} = b_1^1 \frac{\partial u_i}{\partial x_1} + b_2^1 \frac{\partial u_i}{\partial x_2} + \cdots + b_n^1 \frac{\partial u_i}{\partial x_n}$$

$$\frac{\partial u_i}{\partial y_2} = b_1^2 \frac{\partial u_i}{\partial x_1} + b_2^2 \frac{\partial u_i}{\partial x_2} + \cdots + b_n^2 \frac{\partial u_i}{\partial x_n}$$

$$\cdots \cdots \cdots \cdots \cdots \cdots \cdots$$

$$\frac{\partial u_i}{\partial y_n} = b_1^n \frac{\partial u_i}{\partial x_1} + b_2^n \frac{\partial u_i}{\partial x_2} = \cdots + b_n^n \frac{\partial u_i}{\partial x_n}$$

$$(i = 1, 2, \ldots, n).$$

Ces relations montrent que le déterminant

$$\Sigma \frac{\partial u_1}{\partial y_1} \frac{\partial u_2}{\partial y_2} \cdots \frac{\partial u_n}{\partial y_n}$$

est le produit des deux déterminants

$$M = \Sigma\, b_1^1 b_2^2 \cdots b_n^n \qquad \text{et} \qquad \Sigma \frac{\partial u_1}{\partial x_1} \frac{\partial u_2}{\partial x_2} \cdots \frac{\partial u_n}{\partial x_n}.$$

Théorème X. — *Le Hessien* H' *de la fonction* F *transformée d'une fonction homogène* f *des variables* x_1, x_2, $\ldots$, x_n *est égal au Hessien* H *de la fonction* f, *multiplié par le carré du module* M *de la substitution linéaire.*

En effet, de l'égalité

$$F(y_1, y_2, \ldots, y_n) = f(x_1, x_2, \ldots, x_n)$$

on tire

$$(9) \qquad \frac{\partial F}{\partial y_i} = b_1^i \frac{\partial f}{\partial x_1} + b_2^i \frac{\partial f}{\partial x_2} + \cdots + b_n^i \frac{\partial f}{\partial x_n}$$

$$(i = 1, 2, \ldots, n).$$

Ces relations montrent que les n quantités $\dfrac{\partial F}{\partial y_i}$ sont des fonctions des variables x_1, x_2, $\ldots$, x_n qui sont elles-mêmes des fonctions linéaires des variables y_1, y_2, $\ldots$, y_n ; on peut donc leur appliquer le lemme précédent.

En remplaçant dans la relation (8), u_i par $\dfrac{\partial F}{\partial y_i}$ on obtient l'égalité

$$(10) \quad \begin{vmatrix} \dfrac{\partial^2 F}{\partial y_1^2} & \dfrac{\partial^2 F}{\partial y_1 \partial y_2} & \cdots & \dfrac{\partial^2 F}{\partial y_1 \partial y_n} \\ \vdots & \vdots & & \vdots \\ \dfrac{\partial^2 F}{\partial y_n \partial y_1} & \dfrac{\partial^2 F}{\partial y_n \partial y_2} & \cdots & \dfrac{\partial^2 F}{\partial y_n^2} \end{vmatrix} = M \begin{vmatrix} \dfrac{\partial^2 F}{\partial y_1 \partial x_1} & \dfrac{\partial^2 F}{\partial y_1 \partial x_2} & \cdots & \dfrac{\partial^2 F}{\partial y_1 \partial x_n} \\ \vdots & \vdots & & \vdots \\ \dfrac{\partial^2 F}{\partial y_n \partial x_1} & \dfrac{\partial^2 F}{\partial y_n \partial x_2} & \cdots & \dfrac{\partial^2 F}{\partial y_n \partial x_n} \end{vmatrix}.$$

Maintenant, des relations (9) on déduit

$$\frac{\partial^2 F}{\partial y_i \partial x_1} = b_1^i \frac{\partial^2 f}{\partial x_1^2} + b_2^i \frac{\partial^2 f}{\partial x_1 \partial x_2} + \cdots + b_n^i \frac{\partial^2 f}{\partial x_1 \partial x_n}$$

$$\cdots \cdots \cdots \cdots \cdots \cdots$$

$$\cdots \cdots \cdots \cdots \cdots \cdots$$

$$\frac{\partial^2 F}{\partial y_i \partial x_n} = b_1^i \frac{\partial^2 f}{\partial x_n \partial x_1} + b_2^i \frac{\partial^2 f}{\partial x_n \partial x_2} + \cdots + b_n^i \frac{\partial^2 f}{\partial x_n^2}$$

$$(i = 1,\ 2,\ 3,\ \ldots,\ n).$$

Ces égalités montrent que, dans la relation (10), le coefficient de M est égal au produit de M par le Hessien de la fonction f, on a donc

$$H' = M^2 H.$$

Corollaire. — *Le discriminant d'une forme quadratique est un invariant.*
En effet, pour une forme quadratique, les Hessiens H, H' étant égaux aux discriminants Δ_n, Δ'_n de la forme f et de sa transformée F, on a

$$\Delta'_n = M^2 \Delta_n.$$

317. Il est évident que le produit de toute puissance du discriminant Δ_n par une constante est un invariant ; nous allons démontrer que ces produits sont *les seuls* invariants d'une forme quadratique f.

Supposons que l'invariant Δ_n ne soit pas nul ; on pourra, par une substitution linéaire de module M, mettre la fonction f sous la forme

$$F = X_1^2 + X_2^2 + \cdots + X_n^2,$$

X_i étant une forme linéaire des variables x_1, x_2, $\ldots$, x_n.
Le discriminant de la forme F transformée de f étant égal à l'unité, on a

$$1 = M^2 \Delta_n ;$$

soit I un invariant quelconque de f et I' la valeur de cet invariant pour la forme F, on aura

$$I' = M^p I ;$$

et, par suite,

$$I = I' \cdot \Delta_n^{\frac{p}{2}}.$$

Les coefficients des variables X_i dans F étant égaux à l'unité, I' est *un nombre;* I est donc proportionnel à une puissance de Δ_n, et la propriété que nous voulions établir est démontrée.

Application. — Soit f une forme quadratique de n variables $x_1, x_2, \ldots, x_n$ dans laquelle les coefficients ont des valeurs *indéterminées;* en appliquant la méthode de Gauss on pourra mettre f sous la forme

$$F = \varepsilon_1 X_1^2 + \varepsilon_2 X_2^2 + \ldots + \varepsilon_n X_n^2,$$

X_i désignant une fonction linéaire et homogène ne contenant pas les variables $x_1, x_2, \ldots, x_{i-1}$, et dans laquelle le coefficient de x_i est l'*unité*.

Nous nous proposons de calculer les constantes $\varepsilon_1, \varepsilon_2, \ldots, \varepsilon_n$.

On passe de la forme F à la forme f par la substitution linéaire

$$X_1 = x_1 + b_1^2 x_2 + \ldots + b_1^n x_n$$
$$X_2 = \qquad x_2 + b_2^3 x_3 + \ldots + b_2^n x_n$$
$$\cdots\cdots\cdots\cdots\cdots\cdots\cdots$$
$$X_n = \qquad\qquad\qquad\qquad x_n,$$

dont le module est égal à l'unité; les fonctions F et f ont donc des discri minants égaux.

Le discriminant de F est $\varepsilon_1 \varepsilon_2 \ldots \varepsilon_n$; si l'on désigne toujours par Δ_n celui de f on aura

$$\varepsilon_1 \varepsilon_2 \ldots \varepsilon_n = \Delta_n.$$

Posons $x_n = x_{n-1} = \ldots = x_{n-p+1} = 0$; f se réduira à une forme quadratique f_1 des $n - p$ variables $x_1, x_2, \ldots, x_{n-p}$, dont le discriminant Δ_{n-p} est égal au déterminant obtenu en supprimant dans Δ_n les lignes et les colonnes de rangs $n - p + 1$, $n - p + 2$, $\ldots, n$.

D'un autre côté F devient

$$F_1 = \varepsilon_1 X_1^2 + \varepsilon_2 X_2^2 + \ldots + \varepsilon_{n-p} X_{n-p}^2,$$

et l'on passera de la forme F_1 à la forme f_1 par une substitution ayant encore l'unité pour module; on a donc

$$\varepsilon_1 \varepsilon_2 \ldots \varepsilon_{n-p} = \Delta_{n-p}.$$

En résumé on a les relations

$$\varepsilon_1 = \Delta_1 \qquad \varepsilon_1\varepsilon_2 = \Delta_2 \qquad \varepsilon_1\varepsilon_2\varepsilon_3 = \Delta_3 \quad \ldots \quad \varepsilon_1\varepsilon_2 \ldots \varepsilon_n = \Delta_n,$$

d'où l'on tire

$$\varepsilon_1 = \Delta_1 \qquad \varepsilon_2 = \frac{\Delta_2}{\Delta_1} \qquad \varepsilon_3 = \frac{\Delta_3}{\Delta_2} \quad \ldots \quad \varepsilon_n = \frac{\Delta_n}{\Delta_{n-1}}$$

et, par suite,

$$f = \Delta_1 X_1^2 + \frac{\Delta_2}{\Delta_1} X_2^2 + \ldots + \frac{\Delta_n}{\Delta_{n-1}} X_n^2.$$

La relation précédente subsiste tant qu'aucun des invariants

$$\Delta_1 \qquad \Delta_2 \quad \ldots \quad \Delta_n$$

n'est égal à zéro.

318. La méthode que nous venons d'exposer est due à M. Hermite; elle fait connaître les constantes ε_i mais ne détermine pas les fonctions X_i.

Jacobi a donné une méthode permettant d'obtenir chaque fonction X_i et le coefficient ε_i.

Soit encore f une forme quadratique à n variables x_1, x_2, ..., x_n, on a

$$f_i = a_i^1 x_1 + a_i^2 x_2 + \ldots + a_i^n x_n$$
$$(i = 1, 2, \ldots, n),$$

et le théorème d'Euler relatif aux fonctions homogènes donne la relation

$$f = f_1 x_1 + f_2 x_2 + \ldots + f_n x_n.$$

Cela étant, il est facile de voir que le déterminant

$$U = \begin{vmatrix} & & \cdot & f_1 \\ & & \cdot & f_2 \\ & \Delta_n & \cdot & \\ & & \cdot & \\ & & \cdot & \\ \cdot & \cdot \cdot \cdot \cdot & \cdot & f_n \\ f_1 & f_2 \cdots & f_n & f \end{vmatrix}$$

est identiquement nul.

En effet, les éléments de la dernière colonne étant des polynômes à n termes, ce déterminant est la somme de n déterminants. Dans ces déterminants partiels on peut mettre respectivement en facteurs x_1, x_2, ..., x_n et les coefficients de ces variables sont nuls comme ayant deux colonnes identiques.

Cela étant, posons d'une manière générale

$$\Delta_p = \begin{vmatrix} a_1^1 & a_1^2 & \ldots & a_1^p \\ a_2^1 & a_2^2 & \ldots & a_2^p \\ \vdots & & & \vdots \\ a_p^1 & a_p^2 & \ldots & a_p^p \end{vmatrix} \qquad R_p = \begin{vmatrix} & & & & \cdot & f_1 \\ & & & & \cdot & f_2 \\ & & \Delta_p & & \cdot & \cdot \\ & & & & \cdot & \cdot \\ & & & & \cdot & f_p \\ f_1 & f_2 & \ldots & f_p & 0 \end{vmatrix}$$

$$A_p = \begin{vmatrix} a_1^1 & a_1^2 & \ldots & a_1^p \\ \vdots & \vdots & & \vdots \\ a_{p-1}^1 & a_{p-1}^2 & \ldots & a_{p-1}^p \\ f_1 & f_2 & \ldots & f_p \end{vmatrix}.$$

La relation $U = 0$, donne

$$f = - \frac{R_n}{\Delta_n} ;$$

on a en outre (§ **90.** — **Remarque**), en désignant pour plus de clarté par α_i^j l'élément de R_p situé dans la ligne de rang i et dans la colonne de rang j, la relation

$$\frac{\partial R_p}{\partial \alpha_{p+1}^{p+1}} \cdot \frac{\partial R_p}{\partial \alpha_p^p} - \frac{\partial R_p}{\partial \alpha_{p+1}^p} \cdot \frac{\partial R_p}{\partial \alpha_p^{p+1}} = R_p \cdot \frac{\partial^2 R_p}{\partial \alpha_{p+1}^{p+1} \partial \alpha_p^p}$$

c'est-à-dire

$$\Delta_p R_{p-1} - A_p^2 = \Delta_{p-1} R_p,$$

ou encore

$$- \frac{A_p^2}{\Delta_p \Delta_{p-1}} = \frac{R_p}{\Delta_p} - \frac{R_{p-1}}{\Delta_{p-1}}.$$

En résumé on a les relations

$$f = -\frac{R_n}{\Delta_n} \qquad - \frac{A_n^2}{\Delta_n \Delta_{n-1}} = \frac{R_n}{\Delta_n} - \frac{R_{n-1}}{\Delta_{n-1}} \ldots - \frac{A_2^2}{\Delta_2 \Delta_1} = \frac{R_2}{\Delta_2} - \frac{R_1}{\Delta_1},$$

qui donnent

$$f = \frac{f_1^2}{\Delta_1} + \frac{A_2^2}{\Delta_2 \Delta_1} + \ldots + \frac{A_n^2}{\Delta_n \Delta_{n-1}},$$

en remarquant que $- R_1$ est égal à f_1^2.

La relation précédente subsiste tant qu'aucun des invariants

$$\Delta_1 \quad \Delta_2 \quad \ldots \quad \Delta_n$$

n'est égal à zéro.

Il est aisé de vérifier que A_p ne contient pas les variables $x_1, x_2, \ldots, x_{p-1}$ et que le coefficient de x_p est égal Δ_p.

319. Considérons maintenant le cas où la forme quadratique f est de la classe p et supposons en outre qu'aucun des déterminants $\Delta_1, \Delta_2, \ldots, \Delta_{n-p}$ ne soit égal à zéro.

Nous allons montrer que le déterminant

$$U = \begin{vmatrix} & & & \cdot & f_1 \\ & & & \cdot & \\ & \Delta_{n-p} & & \cdot & \\ & & & \cdot & \\ & & & \cdot & \\ \cdot & \cdot & \cdot & \cdot & f_{n-p} \\ f_1 & \cdots & f_{n-p} & f & \end{vmatrix}$$

est identiquement nul.

En effet, les éléments de la dernière colonne étant des polynômes à n termes, ce déterminant est la somme de n déterminants. Dans les déterminants partiels on peut mettre respectivement en facteurs $x_1, x_2, \ldots, x_n$.

Les coefficients des variables $x_1, x_2, \ldots, x_{n-p}$ sont nuls comme déterminants ayant deux colonnes identiques.

Le coefficient de la variable x_r, $(r = n-p+1, n-p+2, \ldots, n)$ est

$$C_r = \begin{vmatrix} & & & \cdot & a_1^r \\ & & & \cdot & a_2^r \\ & \Delta_{n-p} & & \cdot & \cdot \\ & & & \cdot & \cdot \\ & & & \cdot & \cdot \\ \cdot & \cdot & \cdot & \cdot & a_{n-p}^r \\ f_1 & & f_{n-p} & f_r & \end{vmatrix}.$$

Dans le déterminant C_r les éléments de la dernière ligne sont des polynômes à n termes, et l'on voit facilement que C_r est la somme de n déterminants qui contiennent respectivement en facteurs $x_1, x_2, \ldots, x_n$.

Les coefficients des variables $x_1, x_2, \ldots, x_{n-p}$ sont nuls comme déterminants ayant deux lignes identiques ; les coefficients des autres variables sont nuls comme déterminants mineurs d'ordre $p-1$ du discriminant Δ_n.

De la relation $U = 0$ on tire

$$f = -\frac{R_{n-p}}{\Delta_{n-p}}.$$

En raisonnant comme dans le cas précédent, on a enfin

$$f = \frac{f_1^2}{\Delta_1} + \frac{A_2^2}{\Delta_2 \Delta_1} + \ldots + \frac{A_{n-p}^2}{\Delta_{n-p} \Delta_{n-p-1}}.$$

Formes quadratiques à coefficients réels.

320. Dans tout ce qui précède, on n'a fait aucune hypothèse sur la nature des coefficients des formes quadratiques. Nous allons maintenant supposer que ces coefficients sont des quantités réelles.

Nous avons vu que toute forme quadratique peut être ramenée à la forme

$$f = \varepsilon_1 P_1^2 + \varepsilon_2 P_2^2 + \ldots + \varepsilon_r P_r^2.$$

Dans notre hypothèse, les fonctions P_i seront à coefficients réels et les constantes ε_i seront des quantités réelles *positives* ou *négatives*.

On pourra remplacer $\varepsilon_i P_i^2$ par $\left(P_i \sqrt{\varepsilon_i}\right)^2$ si ε_i est positif et par $-\left(P_i \sqrt{-\varepsilon_i}\right)^2$ si ε_i est négatif; de sorte que f étant à coefficients réels, on aura

$$f = X_1^2 + X_2^2 + \ldots + X_p^2 - Y_1^2 - Y_2^2 - \ldots - Y_q^2,$$

les fonctions X_i, Y_i étant à coefficients réels.

Définition. — *On dit que deux sommes de carrés de formes linéaires sont de même espèce quand elles contiennent le même nombre de carrés précédés du signe $+$ et le même nombre de carrés précédés du signe $-$.*

Nous allons démontrer, relativement aux diverses décompositions d'une même forme quadratique en somme de carrés, une proposition importante désignée par Sylvester sous le nom de *Loi d'Inertie*.

Nous adopterons la démonstration donnée par Jacobi.

Lemme. — *Soient*

$$A_1 \quad A_2 \quad A_3 \quad \ldots \quad A_p$$

p formes linéaires distinctes définies par les égalités

$$(11) \qquad A_i = a_i^1 x_1 + a_i^2 x_2 + \ldots + a_i^n x_n$$

$$(i = 1, 2, 3, \ldots, p)$$

et q formes linéaires distinctes ou non $B_1, B_2, \ldots, B_q$ des mêmes variables $x_1, x_2, \ldots, x_n$.

Si q est plus petit que p, on peut annuler toutes les fonctions B sans que les valeurs correspondantes de toutes les fonctions A soient nulles.

En effet, les formes linéaires A_i étant distinctes, on pourra résoudre les p

égalités (11) qui les définissent par rapport à p variables qui seront, par exemple, x_1, x_2, ..., x_p, et substituer ces valeurs dans les fonctions B_j.

Ces fonctions B_j ainsi transformées deviendront des formes linéaires des variables indépendantes

$$A_1 \qquad A_2 \quad ... \quad A_p \qquad x_{p+1} \quad ... \quad x_n.$$

En égalant à zéro les formes transformées B_j on aura un système de q équations linéaires et homogènes à n inconnus $A_1, A_2, ..., A_p, x_{p+1}, ..., x_n$ dont le déterminant principal sera d'un degré μ moindre que p, car μ est au plus égal à q, et, par hypothèse, on a $q < p$.

On pourra donc prendre *arbitrairement* $n - \mu$ inconnues parmi lesquelles se trouvera au moins une des inconnues $A_1, A_2, ..., A_p$, car on a

$$n - \mu > n - p.$$

En attribuant aux quantités A_i qui restent arbitraires, des valeurs différentes de zéro, toutes les fonctions B_j seront nulles sans que toutes les fonctions A_i le soient.

Théorème XI. — *De quelque manière que l'on décompose une forme quadratique à coefficients réels en une somme de carrés de formes linéaires réelles et distinctes, on obtient toujours des décompositions de même espèce.*

Soit f une forme quadratique à coefficients réels des variables $x_1, x_2, ..., x_n$ et supposons que, par des transformations différentes, on ait trouvé

$$f = X_1^2 + X_2^2 + \cdots + X_r^2 - Y_1^2 - Y_2^2 - \cdots - Y_s^2$$

et

$$f = Z_1^2 + Z_2^2 + \cdots + Z_h^2 - T_1^2 - T_2^2 - \cdots - T_k^2;$$

les formes linéaires $X_1, X_2, ..., X_r, Y_1, ..., Y_s$ étant *distinctes* et les formes linéaires $Z_1, Z_2, ..., Z_h, T_1, ..., T_k$ pouvant être *distinctes ou non*.

Nous allons démontrer que l'on a nécessairement

$$h \geqslant r \qquad \text{et} \qquad k \geqslant s.$$

Démontrons, par exemple, la relation $h \geqslant r$.

Pour cela appliquons le lemme précédent en prenant les formes linéaires

$$X_1 \quad X_2 \quad ... \quad X_r \quad Y_1 \quad Y_2 \quad ... \quad Y_s$$

pour les fonctions A, et les formes linéaires

$$Z_1 \quad Z_2 \quad ... \quad Z_h \quad Y_1 \quad Y_2 \quad ... \quad Y_s$$

pour les fonctions B.

Si l'on suppose $h < r$ le nombre des fonctions B sera moindre que celui des fonctions A et l'on pourra annuler *toutes* les fonctions B l'*une au moins* des fonctions A n'étant pas nulle.

En résumé, il existera des valeurs de x_1, x_2, ..., x_n annulant à la fois

$$Z_1 \quad Z_2 \quad ... \quad Z_h \quad Y_1 \quad Y_2 \quad ... \quad Y_s$$

et n'annulant pas une au moins des quantités X_1, X_2, ..., X_r.

Ce résultat est impossible car, pour ces valeurs de x_1, x_2, ..., x_n, le premier membre de l'identité

$$X_1^2+X_2^2+ ... +X_r^2-Y_1^2- ... -Y_s^2 = Z_1^2+Z_2^2+ ... +Z_h^2-T_1^2-T_2^2- ... -T_k^2$$

est *positif* et le deuxième membre est *négatif* ou *nul*.

On doit donc avoir $h \geq r$, c'est-à-dire $h-r \geq 0$.

On verrait de même que l'on a $k \geq s$, c'est-à-dire $k-s \geq 0$.

Supposons maintenant que la deuxième décomposition soit irréductible comme la première, on aura

$$h+k=r+s \quad \text{d'où} \quad (h-r)+(k-s)=0 ;$$

les nombres $h-r$ et $k-s$ seront donc nuls, car ils ne peuvent être que positifs ou nuls, et l'on aura

$$h=r \quad \text{et} \quad k=s.$$

C'est le théorème que nous venons d'établir qui est connu sous le nom de *Loi d'Inertie*.

EXERCICES

1° Soient

$$f = \sum_{i=1}^{i=n} (a_i^1 x_1 + a_i^2 x_2 + ... + a_i^n x_n)^2$$

une somme de carrés de n formes linéaires à n variables x_1, x_2, ..., x_n et

$$x_i = b_i^1 y_1 + b_i^2 y_2 + ... + b_i^n y_n$$
$$(i = 1, 2, 3, ..., n)$$

une substitution linéaire qui donne à la fonction f la forme

$$f = A_1 y_1^2 + A_2 y_2^2 + ... + A_n y_n^2 ;$$

démontrer que le produit $A_1 A_2 ... A_n$ est un carré parfait.

2° Décomposer en une somme de n carrés la forme quadratique

$$x_1^2 + x_2^2 + ... + x_n^2 + z(x_1 + x_2 + ... + x_n)^2.$$

3° La fonction

$$f = z(x_1^2 + x_2^2 + \ldots + x_n^2) + 2(x_1 x_2 + x_2 x_3 + \ldots + x_{n-1} x_n)$$

peut, en général, être mise sous la forme

$$f = \Delta_1 X_1^2 + \frac{\Delta_2}{\Delta_1} X_2^2 + \ldots + \frac{\Delta_n}{\Delta_{n-1}} X_n^2,$$

X_p étant une forme linéaire qui contient x_p avec un coefficient égal à l'unité mais ne contient pas les variables x_1, x_2, $\ldots$, x_{p-1}.

(α). — Démontrer que l'on a

$$\Delta_{2p} = 1 + P_2 + P_4 + \ldots + P_{2p},$$
$$\Delta_{2p-1} = P_1 + P_3 + P_5 + \ldots + P_{2p-1}$$

P_r étant égal à

$$\left(\frac{z + \sqrt{z^2 - 4}}{2} \right)^r + \left(\frac{z - \sqrt{z^2 - 4}}{2} \right)^r.$$

(β). — Si z est moindre que 2, on pourra poser

$$z = 2 \cos \varphi ;$$

démontrer que l'on a alors

$$\Delta_r = \frac{\sin r\varphi}{\sin \varphi}.$$

(γ). — Si z est plus grand que 2, on pourra poser

$$z = e^\varphi + e^{-\varphi} ;$$

démontrer que l'on a alors

$$\Delta_r = \frac{e^{r\varphi} - e^{-r\varphi}}{e^\varphi - e^{-\varphi}}.$$

4° **Définition.** — Soient

$$f = a_1^1 x_1^2 + \ldots + a_1^n x_n^2 + 2 a_1^2 x_1 x_2 + \ldots + 2 a_{n-1}^n x_{n-1} x_n$$

une forme quadratique à n variables, Δ son discriminant et f_i la demi-dérivée partielle $\frac{1}{2} \frac{\partial f}{\partial x_i}$;

La fonction

$$F = \frac{\partial \Delta}{\partial a_1^1} f_1^2 + \ldots + \left(\frac{\partial \Delta}{\partial a_1^2} + \frac{\partial \Delta}{\partial a_2^1} \right) f_1 f_2 + \ldots$$

a été appelée par Gauss *la fonction adjointe* de la forme f.

Démontrer que l'on a

$$F = \Delta f.$$

5° Appelons forme *réciproque* de f la fonction

$$\varphi = \frac{\partial \Delta}{\partial a_1^1} x_1^2 + \cdots + \left(\frac{\partial \Delta}{\partial a_1^2} + \frac{\partial \Delta}{\partial a_2^1} \right) x_1 x_2 + \cdots$$

obtenue en remplaçant dans F la demi-dérivée f_i par la variable x_i ; on propose de démontrer les propriétés suivantes :

(α). — Le discriminant Δ' de la forme φ réciproque de f est égal à Δ^{n-1}.

(β). — Si le discriminant Δ de la forme f est nul, la forme réciproque φ est un carré parfait.

(γ). — Soient U et V deux formes quadratiques à n variables, U_1 et V_1 leurs formes réciproques ; on peut toujours, par *une même* substitution linéaire, passer de U à $u V_1$ et de V à $v U_1$, u et v étant les discriminants de U et de V.

Le module M de cette substitution est un déterminant symétrique égal à la moyenne géométrique entre les discriminants des formes U_1 et V_1.

Si l'on considère M comme le discriminant d'une forme quadratique W_1, on peut, par *la même* substitution linéaire, réduire les trois formes U_1, V_1, W_1 à ne contenir que les carrés des variables, et alors un coefficient de W_1 est égal à la moyenne géométrique entre les coefficients homologues de U_1 et de V_1.

Dans le cas de $n = 3$, l'équation

$$W_1 = 0$$

représente les *quatre* coniques par rapport auxquelles les coniques ayant pour équations

$$U_1 = 0 \qquad V_1 = 0$$

sont polaires réciproques.

Paris. — Imprimerie PAUL DUPONT, 4, rue du Bouloi (CI) 73 de 90.

9 782013 477352